林学概论

（第二版）

姚延梼　主编

中国农业科学技术出版社

图书在版编目（CIP）数据

林学概论／姚延梼主编．—2 版．—北京：中国农业科学技术出版社，2016. 12
ISBN 978 – 7 – 5116 – 2869 – 5

Ⅰ. ①林…　Ⅱ. ①姚…　Ⅲ. ①林学 – 概论　Ⅳ. ①S7

中国版本图书馆 CIP 数据核字（2016）第 300005 号

责任编辑　白姗姗
责任校对　贾海霞

出 版 者　中国农业科学技术出版社
　　　　　北京市中关村南大街 12 号　邮编：100081
电　　话　（010）82106638（编辑室）（010）82109704（发行部）
　　　　　（010）82109709（读者服务部）
传　　真　（010）82106650
网　　址　http://www. castp. cn
经 销 者　各地新华书店
印 刷 者　北京建宏印刷有限公司
开　　本　889mm × 1 194mm　1/16
印　　张　24. 25
字　　数　786 千字
版　　次　2016 年 12 月第 2 版　2018 年 7 月第 2 次印刷
定　　价　56. 00 元

《林学概论（第二版）》
编 委 会

主　编：姚延梼

副主编：杨秀清　王　林　郝晓燕

编　者：赵世魁　胡铭卿　樊艳平

前 言

姚延梼主编的《林学概论》一书自2008年第一版出版以来，林学相关的基础科学有了很大的发展，我国林业也发生了很大的变化，在现代林业经营、森林生态、矿区植被恢复等相关领域有了较快的发展，原来的版本不能全面反映林业方面近年来的新发展，需要补充反映林学领域新发展的内容，为此，我们组织人员撰写和出版了此书，以满足高等农业院校农林经济管理、农村区域发展专业的大学本科学生或从事大林业专业工作的读者使用。

此书在撰写过程中，其编写大纲、具体内容、知识结构、知识深度、科技水平注意补充了一些新内容，城市森林植物栽培与应用技术、功能防护林栽培与应用技术、自然林栽培技术与思想、矿区植被恢复的新技术、一些和现代社会经济发展密切相关树种栽培与应用技术都被引入。此书是作者在30年教学、科研、实践工作基础上完成的，反映了现代社会最新研究成果和社会实践，无论在林木种子生产经营、优质苗木培育生产经营、森林经营管理、树种栽培技术、功能林以及城市森林植物栽培技术、矿区植被恢复等方面，都赋予了新思想、新理论。本书的编写还注重了基础知识的简要介绍，方便非林学背景读者的理解，使此书以崭新的面貌出现在读者面前。

全书共分35章，由六篇组成：第一篇（第一章至第三章，森林的基本知识）主要阐述林业概述、森林与环境、森林的功能与效益；第二篇（第四章至第八章，林木种子生产与苗木培育）主要阐述林木良种生产，林木结实，林木种子采集、调制与贮藏，种子休眠与发芽，苗木培育理论与技术；第三篇（第九章至第十三章，森林营造）主要阐述造林概述、树种选择、人工林结构设计、造林施工技术、农林复合经营；第四篇（第十四章至第二十二章，森林经营）主要阐述森林经营的理论基础、森林抚育间伐的基础、森林抚育采伐技术、人工整枝和摘芽、森林主伐与更新、低价植林的经营、功能用林的经营、主要造林树种、有关森林的法律法规；第五篇（第二十三章至第二十八章，城市森林植物培育）主要阐述“近自然林”理论及其在城市森林植物培育中的应用、市区森林的培育、市区内各功能区域绿地建设分析、郊区森林的培育、城市森林经营、城市森林的利用；第六篇（第二十九章至第三十五章，矿区植被恢复及森林健康与维护）主要阐述矿区植被恢复现状、矿区开采的生态环境影响及植被恢复理论基础、土地整理与土壤改良技术、植被建植及管理技术、矿区植被恢复的植物选配、森林病虫害防治、森林防火。

此书在撰写过程中，编者投入了大量的精力和体力，但由于编者水平有限，错误和疏漏之处在所难免，敬请读者批评指正。

编 者

2016年11月

前言

目　录

第一篇　森林的基本知识

第二篇　林木种子生产与苗木培育

第三篇 森林营造

第四篇 森林经营

第五篇　城市森林植物培育

第六篇　矿区植被恢复及森林健康与维护

第 一 篇

森林的基本知识

第一章　林业概述

第一节　林业与林学的概念

一、林业的概念与内涵

林业，顾名思义，是培育、保护、管理和利用森林的事业。一般认为，林业是大农业的组成部分，与农业中的种植业相似，区别在于其种植对象是木本植物。这种认识在20世纪以前的传统林业概念中还是有代表性的，但随着人类文明的进步和社会经济的发展，林业的内涵和范畴已经发生了巨大的变化。古代的林业主要是开发利用原始林，以取得燃料、木材及其他林产品。中世纪以后，随着人口增加及森林资源渐次减少，局部地区出现缺林少材现象，人们开始关心森林的恢复和培育，保护森林和人工种植森林逐渐成为林业的经营内容。近代的林业认识到森林资源，特别是木材的永续利用的必要性，要使开发利用森林和培育保护森林保持相对的均衡，开始把林业经营放在比较科学的基础之上。现代的林业则正在逐渐摆脱单纯生产和经营木材的传统观念，重视森林的生态和社会效益，以多目的综合经营森林和高效率深度利用森林资源为其特征。

在20世纪，林业在以下3个方面取得重大进展：①继续以生产木材为主要经营目标，但其培育走向定向化、集约化、保护走向综合化、广域化，管理走向科学化、系统化，利用走向高效化、深层化，其效果是从有限的林地面积上生产出更大量多样的木材制品，不断满足了人类文明发展对木材的需求。②培育、开发和利用森林中除木材以外的其他林产资源，这方面的资源利用门类很多，包括果实、茶叶、油脂、松香、树汁、橡胶、生漆、栲胶、紫胶、食用菌、药材、调料、香料、花卉、森林饮料等。随着人们对自然认识的不断提高，可开发利用的资源门类几乎每年都有可能增加。③研究认识和发挥利用森林所具有的多种公益效能。这个方面在20世纪下半叶取得了巨大的进展，人们对森林的防风固沙、保护水土、涵养水源、净化大气、美化风景等公益性功能有了充分深刻的理解和认识。特别是对森林作为地球上生物多样性的最大宝库和生物圈中维持大气成分平衡的最基本因素的初步认识，把人类对森林的认识已经提高到了“绿色意识”的高度。正是在这种认识的基础上，才产生了自然保护区网络的建设、大规模防护林体系的建设、大量森林公园的设立和经营、城镇绿化迅速发展等一系列行动。

目前，许多学者以及一些发达国家政府，已经把森林的公益性效益放在森林的经济效益之上，成为培育和经营森林的主要目的，特别是在1992年于巴西召开的联合国环境与发展大会的推动下，森林问题已经上升为世界性的资源和环境问题的重点。这样，林业的地位和作用当前已经从大农业的一部分演变为横跨大农业和资源环境事业的重要行业，特别是在当今自然资源日益枯竭、生态环境日益恶化的世界上，林业几乎是唯一既能改善生态环境，又能生产可再生资源的特别产业，从而在未来世界上将会占有越来越重要的地位。因此，不能把林业单纯地看做一项产业或公益事业，要从可持续发展的战略高度上来理解林业。

二、林学的概念及内涵

林学是有关林业生产（特别是营林生产）科学技术的知识系统及其有关的科学基础知识系统的集合，基本上是一门应用学科。广义的林学包括以木材采运工艺和加工工艺为中心的森林工业技术学科；狭义的林学以培育和经营管理森林的科学技术为主体，包含诸如森林植物学、森林生态学、林木育种学、森林培育学、森林保护学、木材学、测树学、森林经理学等许多学科，有时也可称之为营林科学，尤其是现在对于森林的重新认识，已经把合理的可持续发展的经营理念渗透到森林经营中，重视的不是砍伐而是科学的经营手段。

林学的主要研究对象是森林，它包括自然界保存的未经人类活动显著影响的原始天然林，原始林经采伐或破坏后自然恢复起来的天然次生林，以及人工林。森林既是木材和其他林产品的生产基地，又是调节、改造自然环境从而使人类得以生存繁衍的天然屏障；与工农业生产和人民生活息息相关，是一项非常宝贵的自然资源。

林学是一门实践性很强的课程，讲授与学习这门课程均力求理论联系实际，加强实践性教学环节。林学又是一门与浩繁的生物界及多变的环境密切相关的学科，要掌握这门学科必须要深刻理解其基本原理，具备必要的基本知识，并善于灵活地运用这些基本原理和知识。结合具体地区的条件和特点，进行全面的周密的分析和综合，得出适当的结论，以解决林业生产上的问题。任何教条式的生搬硬套，或违背基本科学原理的盲目行动都是十分有害的。

第二节　中国林业发展现状与趋势

一、中国林业的发展

森林是人类文明的摇篮。源于森林的原始人类信赖森林的恩赐维持部落的生存，他们对森林的热爱和保护是朴素而真挚的。森林在人类社会的资本积累时期作为生产木材的资源，而林业则很长时间一直被当作单一生产木材的行业。随着森林资源被肆意地掠夺破坏和所带来的生态灾难，人类才重新认识到森林的重要性，意识到人类的生存兴亡与森林生态系统的密切关系。今天，森林已经被看成是人类社会可持续发展的基础。

中国是世界上的文明古国之一，5 000 年的璀璨文化在其形成和发展过程中同样伴随着林业的兴衰，中国林业的发展大致分为以下几个阶段。

（一）狩猎林业阶段（公元前 475 年以前）

这一阶段包括原始社会和奴隶社会。远古时期，中国森林茂密，先民生活在森林中，衣食住行都离不开森林。《庄子》有记载：“古者禽兽多而人少，于是民皆巢居以避之，昼拾橡栗，暮栖土木”。进入到奴隶社会，农牧业有较大的发展，但人口密度低，生产力低下，仍然信赖森林的恩赐维持部落生存，主要活动是狩猎、采集或原始的农业耕作。这一阶段的主要特点是森林共有，人口少，资源丰富。

（二）农耕林业阶段（公元前 475 年—公元 1949 年）

这一阶段包括封建社会和半殖民地社会。从春秋开始，中国进入了农业社会，早期人们尚注意保护森林，把发展林业看成是发展农业和富国富民、衡量人心向背、国势盛衰的关键标志。例如，司马迁在《史记》中记载，秦始皇焚书坑儒也焚“种树之书”；《孟子》和《荀子》提出了“斧斤以时入山林”和“不夭其生，不绝其长”这些朴素的森林永续利用理论；西汉的《汜取之书》和东汉的《四民月令》中有关于植树技术的详细记载；北魏《齐民要求》中关于林农间作和林木轮伐的记述。但随着人口增加，社会对耕地的进一步需求，森林一度变成农牧业发展的主要障碍。人们大肆毁林开荒，如《阿房宫赋》有“蜀山兀，阿房出”的感叹。但在隋朝至元代，中国古代林业曾有很大的成就和创新，如宋代的《东坡杂记》和元代《农桑辑要》《王祯农书》，其中关于针叶树的栽培技术的描述细致而完善，几乎与当今的育苗技术无二致。唐宋时期的木工技术高度发展，木材用途更加扩展，应州木塔、汴京木拱桥、木雕板和雕版活字印刷、胶合板的雏形——襞叠板都闻名于世。封建社会的后期，由于朝廷的腐败、封建经济基础根深蒂固以及外族侵略，中国的林业遭受巨大损失，仅沙俄和日本就割占了 $7\,000 \times 10^4$ 公顷以上的原始森林。随着闭关锁国的大门被外国列强暴力打开后，四方国这发展林业的思想和林业科学技术也随之传入，如德国和日本的森林经营理论、森林抚育理论和技术相继引入中国，逐渐形成了中西交融的中国近代林业科学技术。一些省先后成立设有林科的高等农业学堂，1917 年中国第一个林学学术团体“中华森林会”（后改名为中华林学会）诞生，以及 1939 年陈嵘《中国树木分类学》的出版，都对近代中国林业的发展产生了积极的影响。

（三）工业利用型林业阶段（1949—1992 年）

新中国成立以后至 20 世纪末，我国林业发展变化又经历了两个阶段，第一阶段是从 20 世纪 50 年代到 70 年代末，是以木材利用为主的阶段。这一阶段的主要特征是：以木材利用为中心，森林资源过量消耗。木材成为经济建设最为便利的资源，以采伐为主的 135 个森工企业的绝大部分是在这个时期建立的，这一时期的主要任务就是多生产木材，以满足经济、社会的需要。第二阶段是从 20 世纪 70 年代末到 20 世纪末，进入培育和利用并重的阶段。虽然早在 50 年代毛泽东主席就指出“要看到林业、造林，这是我们将来的根本问题之一”；周总理在 60 年代也提出林业建设要实现“越采越多、越采越好、青山常在、永续利用”，但是受当时诸多原因的影响，这些指示都没能得到完全落实。在邓小平倡议下，从 80 年代初开展全民义务植树活动，特别是“三北”工程的启动，标志着中国森林资源进入了培育和利用并重的阶段。这一阶段的主要特征是：注重森林资源总量的扩张，兼顾森林资源的综合利用。尤其是进入 90 年代以来，我国人工造林、飞播造林和封山育林分别以年均 420 万公顷、60 万公顷和 400 万公顷的速度推进，人工林保存面积达 4 666万公顷，约占全球人工林面积的 26%，居世界第一位。这一阶段森林面积增加 3 835万公顷（其中人工林面积增加 1 885万公顷），是新中国成立以来森林面积增加最快的阶段。逐步扭转了长期以来森林蓄积量持续下降的被动局面，实现了森林资源面积和蓄积的“双增长”。

（四）走向可持续发展林业阶段（1992 年至今）

1992 年在巴西里约热卢召开的联合国环境与发展大会以后，中国认识到作为发展中国家所面临的发展经济和保护环境的双重任务，强调经济发展必须与环境保护相协调，并把实现经济、社会、资源、环境的协调可持续发展作为国家发展的战略选择，先后制定了《21 世纪议程 · 林业行动计划》，提出实现森林可持续发展在社会、经济发展中不可替代的作用，确立了科教兴林战略，并逐步建立起比较完备的林业生态体系和比较发达的林业产业体系。以 1997 年江泽民总书记提出了“再造秀美山川”的伟大号召和 1998 年国务院提出了封山育林、退耕还林、退田还湖等改善生态环境的 32 字方针，以及 21 世纪之初中国林业六大重点工程（天然林资源保护工程、三北和长江中下游地区等防护林体系建设工作、退耕还林工程、京津风沙源治理工程、野生动植物保护及自然保护区建设工程、重点地区速生丰产用材林基地建设工程）的实施为标志，中国林业进入了一个以可持续发展理论为指导的发展新阶段。这一阶段的主要特征是在保护好现有森林资源的基础上加速总量的扩张，同时全面提高森林资源质量。

二、中国林业的现状

我国从 70 年代到现在，以 5 年为间隔期，一共进行了六次全国森林资源清查。

根据第六次全国森林资源清查（1999—2003 年）结果，全国森林面积 17 490. 92万公顷，森林覆盖率为 18. 21%，活立木总蓄积 136. 18 亿立方米，森林蓄积 124. 56 亿立方米。我国森林面积居世界第 5 位，森林蓄积列居世界第 6 位。除香港特别行政区、澳门特别行政区和中国台湾外，全国天然林面积 11 576. 20万公顷，蓄积 105. 93 亿立方米；人工林面积 5 325. 73万公顷，蓄积 15. 05 亿立方米，人工林面积高居世界首位。

森林面积按土地权属划分，国有 7 334. 33万公顷，占 42. 45%；集体 9 944. 37万公顷，占 57. 55%。森林面积按林木权属划分，国有 7 284. 98万公顷，占 42. 16%；集体 6 483. 58万公顷，占 37. 52%；个体 3 510. 14万公顷，占 20. 32%。在现有未成林造林地中个体比例达 41. 14%。

林分按林种分为防护林、用材林、薪炭林、特用林。防护林面积 5 474. 63万公顷，蓄积 550 084. 48 万立方米；特用林面积 638. 02 万公顷，蓄积 102 810. 26万立方米，两者合计分别占林分面积、蓄积的 42. 81% 和 53. 97%；用材林面积 7 862. 58万公顷，蓄积 551 241. 94万立方米；薪炭林面积 303. 44 万公顷，蓄积 5 627. 00万立方米。

按龄组分，在林分中，幼龄林面积 4 723. 79 万公顷，蓄积 128 496. 60 万立方米；中龄林面积 4 964. 37万公顷，蓄积 342 572. 18万立方米；近熟林面积 1 998. 73万公顷，蓄积 224 550. 99万立方米；

成熟林面积 1 714.79万公顷，蓄积 301 660.98万立方米；过熟林面积 876.99 万公顷，蓄积 212 482.93 万立方米。幼中龄林面积所占比重较大，幼龄林、中龄林面积占林分面积的 67.85%，蓄积占林分蓄积的 38.94%。

按优势树种（组）分，栎类、马尾松、杉木、桦木、落叶松 5 个优势树种（组）面积、蓄积所占比重较大，其面积合计 7 130.78万公顷，占林分面积的 49.94%；蓄积合计 449 414.98万立方米，占林分蓄积的 37.15%。

林分针叶林、阔叶林、针阔混交林的面积比为 47 : 50 : 3。林分单位面积年均生长量为 3.55 立方米/公顷，平均郁闭度 0.54，平均胸径 13.8 厘米。林分单位面积蓄积量为 84.73 立方米/公顷。

进入 21 世纪以来，我国林业贯彻“生态建设、生态安全、生态文明”的战略思想，坚持“严格保护、积极发展、科学经营、持续利用”的指导方针，实施以生态建设为主的林业发展战略，森林资源保护与发展取得了显著成绩。第六次森林资源清查结果表明，全国森林资源总量持续增长，森林质量有所改善，林种结构渐趋合理，林业所有制形式和投资结构趋向多元化，局部地区生态状况明显好转，我国生态建设步入了治理与破坏相持的关键阶段。两次清查间隔期内，我国森林资源变化呈现如下特点。

一是森林面积持续增长。森林面积增加 1 596.83万公顷，森林覆盖率由 16.55% 增加到 18.21%，增长了 1.66 个百分点。

二是森林蓄积稳步增加。林木年均净生长量 4.97 亿立方米，年均采伐消耗量为 3.65 亿立方米，继续呈现长大于消的趋势。活立木总蓄积量净增 7.98 亿立方米，年均增加 1.62 亿立方米，森林蓄积量净增 8.89 亿立方米，年均净增 1.78 亿立方米。

三是森林质量有所改善。林分每公顷株数增加了 72 株，林分每公顷蓄积量增加了 2.59 立方米，中龄林和近熟林面积比例提高了 2.99 个百分点，阔叶林和针阔混交林面积比例增加了 3 个百分点，龄组结构、树种结构发生可喜变化。

四是林种结构渐趋合理。防护林面积 5 474.63 万公顷，特用林面积 638.02 万公顷，两者合计占林分面积的 42.81%，上升了 21 个百分点；用材林面积 7 862.58 万公顷，占林分面积的 55.07%，比第五次清查下降了 19 个百分点。

五是非公有制林业成效突显。非公有制森林面积比例为 20.32%，森林蓄积比例为 6.77%。在现有的未成林造林地中，非公有制比例达 41.14%。

上述情况表明，以生态建设为主的林业发展战略已初见成效，林业发展后劲较大。但是，我国森林资源保护和发展仍面临一些不容忽视的问题，主要表现在以下几个方面。

一是森林资源总量不足。我国森林覆盖率仅相当于世界平均水平的 61.52%，居世界第 130 位；人均森林面积 0.132 公顷，不到世界平均水平的 1/4；人均森林蓄积 9.421 立方米，不到世界平均水平的 1/6。二是森林资源分布不均。东部地区森林覆盖率为 34.27%，中部地区为 27.12%，西部地区只有 12.54%，而占国土面积 32.19% 的西北 5 省区森林覆盖率只有 5.86%。三是森林质量不高。全国林分平均每公顷蓄积量只有 84.73 立方米，相当于世界平均水平的 84.86%。四是经营管理水平有待加强。人工林经营水平不高，树种单一，林地流失、林木过量采伐现象依然存在。五是森林生态系统的整体功能还非常脆弱，与社会需求之间的矛盾仍相当尖锐，保护和发展森林资源任重道远。

造成上述问题的原因主要有以下几个方面。

一是国民经济发展，人口膨胀对森林资源形成巨大压力。中国农业文明的发展，对森林有着巨大的影响，为了满足对大面积农耕地的需求，从小规模的毁林开垦到大面积的农业垦殖，使林地面积和森林蓄积日趋缩减。新中国成立之初百废待兴，广袤的森林成了最直接和便利的能源和原材料，林业产值曾经位列国民经济各部门前 5 名，为国民经济的发展做出了巨大贡献。到 2001 年，已累计向社会提供木材近 24 亿立方米，竹材 73 亿多根。随着国民经济的高速发展对木材需求进一步加大，据估计，2000 年我国商品材消费量为 1.5 亿立方米，与 1981 年的 7 560万立方米相比将近翻了一番，年递增约 40%。进口木材数量由 1981 年的 840 万立方米增长到 2000 年的 8 000多万立方米（包括纸浆、纸制品、人造板等林产品折算），20 年间增长了 9.5 倍，进口额达 90 多亿美元。客观上加重了对森林资源的压力。

同时，随着人民生活水平的提高，人们对林木制品以及森林的生态环境效益的要求也将快速增加。

二是国有林区森林资源管理体制不顺。新中国成立以来，为了满足国民经济建设的需要，国家先后在东北、内蒙古、西南等重点林区建成了135个森工企业局。这些国有森工企业政企职责不分，森工企业集“所有者”与“经营者”于一体，既是企业，又行使政府管理职能，造成国家与企业的资产关系模糊不清，所有权和使用权划分不明，权利与义务、责任不统一，国家对企业资产运营、资源状况不能实施有效的监管。同时，国家长期对林区“重取轻予”的不合理经济政策，以及沉重的社会负担，使企业过度消耗森林资源求生存，长期过量采伐，最后导致可采资源危机。

三是森林、林木和林地的产权不清。从法律角度来讲，我国森林产权的宏观概念是清晰的，但实际上，当林权所有者具体行使产权所有者的权利时，森林资源产权的概念却十分模糊。国有林名为国家所有，但实际上其产权是由企业行使。当国家需要木材，国家利益与企业利益一致时，这种体制的矛盾并不突出。但当国家强调森林的生态效益，国家利益与企业利益发生冲突时，企业将会牺牲国家利益而关心其局部利益。可以讲对大多数的国有林而言，是只有利用主体，而没有经营管理主体。集体林的产权关系与国有林在逻辑上是完全一样的。这种产权虚置的体制严重制约了对森林资源的科学管理，是导致我国森林资源质量和数量下降的主要原因之一。

四是森林经营的指导思想有偏差。从我国的林业情况来看，在新中国成立后相当长的一段时期内，我们林业工作都是紧紧围绕为国民经济建设这个中心服务的，这在当时的历史条件下，无疑是正确的，但这也在客观上造成了森林经营管理指导思想的错位，在深度和广度两个方面对森林资源的地位和作用没有得到应有的认识，特别是对森林的生态效益、社会效益的重要性认识不足，“重砍轻造”“重取轻予”，使森林采育比例失调，造成森林资源的浪费和消费失控，这种状况直到20世纪90年代才初步扭转。目前我国的森林经营实际上还处于由单一的木材利用向多效益利用的转变阶段，与林业发达国家有很大的差距，与林业可持续发展的要求还远不适应。

三、中国林业的发展趋势

林业本身的自然性、可再生性、低能耗性和环境友好性，决定了林业作为经济社会可持续发展与生态环境资源可持续利用的桥梁，其特殊作用是不可替代的。当代中国林业的发展在全面建设小康社会的基础上，以增强可持续发展能力，改善生态环境，提高资源利用效率，促进人与自然的和谐关系为目标，推进整个社会生产发展、生活富裕、生态良好的文明发展。因此，21世纪中国林业的总体发展呈现如下趋势。

（一）森林资源将稳步上升

随着六大林业重点工程的深入实施和国有 1×10^8 公顷。宜林荒山荒地绿化的推进，国家计划再用50年时间，全面完成各项林业生态工程和用材林、经济林、燃料林等商品林基地建设。力争在2010年将全国的森林覆盖率提高到19%以上，到2050年森林覆盖率达到26%，且森林资源布局合理，少林地区森林面积和蓄积逐步提高。

（二）森林经营思想由强调木材永续利用转变为森林多目标经营和可持续发展

汲取以往将林业生态建设和产业发展割裂、对立的经验教训，充分认识发挥森林的经济、生态和社会效益的重要性，以生态建设为重点，加强林业产业发展，多渠道解决社会用材和群众生产、生活问题，切实保护森林资源，实现生态建设的目标。

（三）生态环境建设中林业的主体作用得到进一步维持与发挥

“生态建设”为中心是根据新时期经济社会发展对林业主导需求的变化，体现生态优先的理念，实现可持续发展的全新林业发展思路。是从资源匮乏、黄河断流、长江洪灾、水土流失、荒漠化扩大和沙尘暴肆虐等生态灾难中领悟到，人与自然较力必须尊重自然、遵循规律的辩证法。深入开展对退化生态系统的恢复与重建工作，重点治理目前生态环境最脆弱的长江黄河两大流域、荒漠化严重地区、天然林保护重点的国有林区。同时，加强生物多样性保护，通过建设不同类型的自然保护区保护野生动植物资源。

（四）人工商品林的重要性日益突出

我国木材的年消耗量约 2.26×10^8立方米，随着天然林资源保护工程的实施，木材生产将越来越依赖于人工林。目前我国人工林面积占森林总面积的 20%，每公顷蓄积量仅为 33.4 立方米，提供的木材不足 8%，未来我国人工林将呈现三大动向：生产基地向热带、亚热带移动；集约化经营程度提高，无性系和施肥技术大量应用；林、工、贸一体化的发展方向。

（五）林业对社会发展的贡献将得到充分重视，社会参与林业经营的模式日益普遍

建立以林果业为主的区域支柱产业，促进山区、沙区的经济发展和社会稳定；通过防护农田增产、生产木本粮食和木本饲料，为解决全国粮食问题服务；保护森林传统和文化遗产，促进民族团结；发展城市林业，提高城市整体绿化水平；建立合理的融资机制，促进林业基础设施建设和国际林业合作等。

（六）科技在林业中的地位和作用不断强化

通过先进林业科技成果的推广与应用，使得森林经营管理科学化、智能化，并应用木质和非木质材料研制新型材料。

第三节　世界林业的发展趋势

纵观世界林业的发展，可以看出，尽管各个地区和不同国家间的社会和经济发展水平差异较大，但进入 20 世纪 80 年代以后出现了日益趋同化的趋势，概括为以下几个方面。

一、由传统林业向生态化林业转变

从历史发展角度看，世界各个国家的经济发展普遍经历了和正在经历着原始农业社会的自然经济阶段和资本主义萌芽阶段、工业社会的工业革命阶段、工业化阶段和现代工业大发展阶段，以及以 1972 年斯德哥尔摩会议为起点的生态化社会阶段。人类社会已由农业文明和工业文明转向生态文明。

在上述不同社会经济发展阶段的背景下，世界各国的林业也相应地经历了和正在经历着森林原始利用阶段、林业产业形成阶段、林业产业停滞和恢复阶段、林业产业大发展阶段和生态、社会及经济效益全面发展阶段，即生态化林业阶段。工业化国家的林业正在由传统林业向生态化林业过渡，其特点是生态和社会效益在经营目标中日益上升到重要地位。在广大发展中国家，经济发展较快的一部分南美国家（如巴西、智利）和东南亚国家（如印度尼西亚、马来西亚），其林业已进入以经济效益为主的大发展阶段，并开始重视林业的生态和社会效益，制定和采取了相应的政策和措施。当然，一些经济发展比较滞后的国家（如西非诸国和大洋洲一些岛国），其林业依然处于产业形成阶段，甚至仍停留在原始利用阶段。

二、城市林业和社会林业的迅猛崛起

随着城市化的不断发展和人们对改善生态环境愿望的越发强烈，发展城市林业已是世界各国人民的共同愿望与任务，也是当今世界城市建设的一个重要内容。城市林业以注重林业的生态和社会效益为主，兼顾经济效益，为改善城市生态环境、减少空气污染、缓解交通和工业及居民生活噪音、调节小气候、提供优美生活环境和游憩休闲场所、开展林业科普教育等方面起着越来越重要的作用。因此，其发展也越来越受到政府和公众的重视，并正在向追求更趋自然美的方向发展。

根据第八届世界林业大会对社会林业的定义，社会林业（乡村林业）是指在一个具体的社会、经济、生态范围内，由当地居民自主的或直接参与植树造林和经营管理资源，按照森林生态系统规律和森林社会协调发展规律，力求获得并维持最大生产力和最大效益，以达到永续地、最适度地满足当地居民多种需求及持久地改善居民生活条件，发展社会经济，改善生态环境的目的。社会林业的发展虽然只有二三十年的历史，但其发展速度和普及广度令人鼓舞，其发展目标由最初的单一生产目标和简单的发展目标很快向生产目标、农村经济发展目标和生态发展目标的多目标方向发展。社会林业由于受到政府的高度重视和广大农民的积极参与及国际间合作的加强，特别在发展中国家社会林业的繁荣与发展正在对

森林资源的恢复与环境的改善发挥着愈来愈重要的作用。

三、由传统的永续利用向持续发展转变

林业作为国民经济的一个重要组成部分，肩负着保护国土环境、改善生活条件、提供工业原材料和维持物种资源等多方面的使命。但其具体任务和经营目标，则是随着不同时期的社会需求的变化而变化。如在农业社会，人们向森林索取的只是为满足生存所需要的薪炭材、生活和建筑用材，以及为发展农业经济所需要的生产用材。在工业社会，经营林业的主要目的在于满足发展工业所需要的各种原材料，即实现以满足木材需求为主要目的的木材永续利用为主要目标。而在生态化社会，人们对林业的需求已由单一的经济需求转向生态、社会和木材等多方面需求，并且出现了享受性需求超过经济需求的新趋势。为满足这种多元化需求，则通过对森林实行持续经营来达到森林持续发展的目的。

"森林持续发展"的内涵与传统的以生产木材为主要目标的"森林永续利用"有着本质的差别。前者要求森林经营者在开发利用森林资源时不仅要长期保持林地原有生产力和再生能力，而且要保存原有物种资源和生态多样性。而"森林永续利用"含义狭窄，仅是以实现木材资源的消长平衡作为衡量林业经营水平的主要标志。

四、由单纯开发天然林向培育人工速生林转变

为了发挥森林的综合效益，解决环境和木材需求之间的矛盾，工业化国家和许多发展中国家都把大力发展速生人工林作为解决21世纪木材需求的根本性措施，并且普遍制定了长期的人工林发展规划。

在工业发达国家，出自维护环境和改善生活条件的需要，划为各种保护林的天然林面积迅速扩大，可供大规模工业利用的天然林资源日趋减少。同时，随着优质天然林大径材的减少，锯材和胶合板产量急剧降低，可供生产非单板型人造板和制浆的加工剩余物亦随之减少。在这种形势下，为了保证林产工业的持续发展和满足国民经济对林产品的需求，很自然地由原来依靠开发天然林转向大规模营造人工速生林。人工速生林占地面积小，产量高，生产周期短，交通方便，可采用现代化集约经营措施，因此资金回收快，经济效益好，而且随着科学技术的发展，通过改进加工工艺和生产设备已可利用人工速生材生产出代替天然林大径材的产品。因此，即使一些天然林资源十分富饶的国家也把未来的木材供应寄托在人工速生用材林上。

五、由生产锯材、胶合板向生产各种纸产品、非单板型人造板转变

锯材和胶合板是建立在大量消耗优质天然林大径材的基础上的工业产品，随着天然林面积的急剧减少和供材能力不断减弱，两种产品生产势将日趋萎缩。实际上，制材和胶合板工业在工业化国家已呈现出夕阳工业的迹象。如在1981—1991年间，发达国家的胶合板产量为负增长，年递减率达0.4%；锯材产量年均增长率亦只有0.3%，大大低于其他加工产品。在此期间，发展中国家的胶合板产量虽然大幅度上升（年增率高达68%），但这主要是由于印度尼西亚和马来西亚等少数国家近年来胶合板工业的迅猛发展造成的；锯材产量的年均增长率为1.8%，亦低于其他加工产品。事实上，印度尼西亚的胶合板工业现已近于极限，出现了原料不足的局面。

目前，利用现代加工技术已经可以利用人工林提供的木材生产出可以代替天然林大径材的各种产品，如各种非单板型人造板、纸和纸板，以及各种积成材（人造成材）等。工业化国家的经验表明，利用人工速生材和小径木及次生劣质材生产的结构型刨花板（包括华夫板、定向华夫板和定向刨花板）和中密度纤维板及纸板等，性能好，成本低，可广泛用于建筑业、家具业和包装业及车、船内部装修，是锯材和胶合板的良好的替代材料。因此，在1975—1990年间很多传统产品都很不景气，甚至萎缩的情况下（普通纤维板和刨花板的年均增长率只有1.2%和2.5%），中密度纤维板、结构型刨花板和纸、纸板产量却出现了持续迅猛发展的势头，年增率分别达到23%、13%和8.4%。可以预计，这种趋势在发展中国家，首先是经济发展较快的国家（如中国、巴西、智利和马来西亚等）也必将出现。

六、森林经营理念的变革

森林经营理论和思想在其诞生以来的200多年时间里，一直在不断发展和完善，以适应社会经济发

展对林业的需求。由于世界各国社会经济发展水平的差异，森林经营理论、思想与实践在发达国家与发展中国家呈不均衡的态势。发达国家的森林经营理论与思想比较活跃，以德国和美国为代表，德国林学家马尔提希（G. L. Martig）、柯塔（H. Cotta）、洪德斯哈根（J. Ch. Hurdeshagen）、盖耶尔（K. Gayer）在18世纪末、19世纪初和19世纪末相继提出了“森林永续经营”“龄级法”“法正林”“接近自然的林业”等森林经营理论。在20世纪中叶，德国又陆续出现了“林业政策效益论”“船迹理论”“和谐理论”“林业服务于国家和社会理论”和“森林多功能理论”等森林经营理论。美国林学家在20世纪70—80年代分别提出了“林业分工论”和“新林业理论”。发展中国家由于受到经济发展水平的限制，基本处于应用现有的理论进行森林经营的阶段。

森林经营思想的真正变革应该说是1991年的第十届世界林业大会和1992年联合国环境与发展大会以后，“森林可持续经营”渐渐成为世界范围内森林经营理念的主流，它不仅丰富了以前森林经营理论的内容，而且将可持续经营作为森林经营和林业发展的目标，极大地丰富了森林经营理论的内涵，标志着传统林业思想向现代林业思想的转变。尽管对于森林可持续经营在世界范围内尚未完全达成共识并形成完整的理论体系，但围绕这一理论的各项研究已经广泛开展。相信，随着“森林可持续经营”思想的不断运用和完善以及相关领域研究的不断深入，该理论必将很快得到系统的发展和完善，这将是森林经营思想的历史性变革。

七、由传统经营模式向持续经营模式转变

为了发挥森林的多种效益和实现持续发展，发达国家和发展中国家普遍实施森林分类经营原则，即根据不同的经营目标划分林种，其中包括工业林（或商业林）、公益林和多功能林。目前出现的明显趋势是，公益林（包括各种防护林、自然保护区和森林公园等）所占比重日益扩大，工业用材林比重逐步缩小。不同的林种代表着不同的生态系统，政府主管部门要求林业经营者按不同林种制定符合各自生态系统要求的经营措施，最终实现各林种持续发展的目标。多数国家都对本国森林资源进行了经营目标区划（林种区划），一些经济发展比较快的国家，尤其是经济发展水平已进入中上等收入行列的国家，亦出现了公益林比重逐渐扩大，人工速生林在用材林中比重明显增加和天然林提供的工业材所占比重日趋缩小的良好趋势。

为了发挥森林的多种效益和实现可持续发展目标，有些国家（如德国等）还提出了发展“接近自然的林业”和实行三大效益一体化的经营方针；在美国西北部天然林区有人则提出了融保护和生产为一体的“新林业”经营理论。这些方针和理论都是根据本国和本地区的具体情况提出的，其可行性依然有待实践的验证。

八、高科技在林业中的广泛应用

林学及其基础学科的完善和发展、高新技术的应用将成为林业科研的主攻方向。科学技术是第一生产力。特别是在林学学科起步晚，落后于农学和医学的前提下，在未来林业发展中，林业科学及其相关基础、应用科学的研究必将作为重要内容，引起重视。林业科技必须在科学认识的基础上，大量吸收、引进、消化其相关学科知识，充分应用高新技术，发展、完善传统技术。展望对林业科技能起作用的新技术，主要有生物技术、信息技术和新材料技术等。生物技术的应用研究将主要集中在林木的优质高产和抗逆性品种的繁育、森林主要病虫害的防治、森林生物多样性的保护、林产品的深精加工和林产品中特有物质开发利用等方面；信息技术的应用研究主要包括计算机数据与图像处理、自动化控制、遥感和规划决策技术等方面；新材料技术应用开发将主要指以木质材料为基础的各种新型复合材料的研究等内容。

与此同时，部分基础学科在林业的应用研究也是未来林业研究急需补上的一课，主要包括树木生态习性、生理活动和遗传规律的研究，树木从个体到种群、群落、生境、生态系统和地理景观多个层次的自然特性和变化规律的研究等。

第二章　森林与环境

森林与环境的相互作用是森林最基本的特征。林木的生存依赖于环境，林木从周围环境中吸收生长发育必需的营养物质和能量。因此，在不同的环境条件下，常常形成不同类型的森林。同时，林木在生长发育过程中，又以枯枝落叶、蒸腾水分和气体交换等形式，把物质和能量归还于环境。这种能量的转换和物质的循环，就是森林与环境相互作用的基础。

第一节　森林与环境的概念

一、森林的概念与特点

（一）森林的概念

陆地上丰富多彩的森林（Forest）是指一个以木本植物为主体，包括乔木、灌木、草本植物以及动物、微生物等其他生物，占有相当大的空间，并显著影响周围环境的生物群落复合体。它是地球上主要的植被类型之一。

（二）森林的特点

植被类型，可分为木本植物群落、草本植物群落、荒漠植物群落3个基本类型，森林属于木本植物群落类型。与其他植被类型相比，森林主要具有以下几方面的特点。

（1）寿命长，生长周期长。树木是多年生植物，其寿命短则数十年，长则数百年，甚至可达千年以上。森林的这一特点，决定了林业生产的周期长。同时，在生产实践中，无论是对某一树种的评价，或者是确定某种措施的合理性，都需要从长计议。不应仅仅根据一时的表现，也不能只从眼前效果考虑。

（2）成分复杂，产品丰富多彩。森林的组成成分非常复杂，草原、农田、果园等，都远远不能与之相比。森林的组成成分复杂性表现在它不仅含有乔木、灌木、草本植物、鸟类、兽类、小动物、昆虫及各种微生物，而且这些生物的种类众多。我国木本植物达8 000种，大部分能生长在林区，由于这种特点，在培育森林、开展各种经营管理活动时，要因林因地制宜，采取相应合理的经营措施。

（3）体积庞大，地理环境多种多样，类型复杂。森林在自然界常常占地广大，外形变化万千，生态环境更是多种多样，因而形成各种各样的森林类型。不仅生产力相差很大，而且功能也不相同。不同类型的森林都有自己的发生、发展及变化的规律，只有掌握其规律，熟悉其特性，才能取得良好效果。

（4）森林具有天然更新的能力，是一种可以再生的生物资源。森林可以天然更新，自行恢复，只要合理利用，科学经营，这种资源可以取之不尽，用之不竭。反之，这种再生不息的资源，也会像其他矿藏一样，最后将告枯竭。因此，应采取有效的措施，充分发挥森林的天然更新这一有利特性，以确保森林的可持续利用。

（5）具有巨大的生产能力，拥有最大的生物产量。现在世界森林面积约为40.3×10^8公顷，占陆地总面积的30%左右，陆地生态系统中生物量总计约为$1\,832\times10^9$吨，其中森林生物总量达$1\,648\times10^9$吨，占整个陆地生物总量90%左右。全部陆地生态系统每年提供的净生产量约为107×10^9吨，其中森林提供的干物质占65%。因此，森林在制造有机物，维持生物圈的动态平衡中具有重要的地位。

（6）对周围环境具有巨大的影响力。森林是全球陆地最大的生态系统，在生物圈中扮演着重要的角色，它对生物圈中水分循环、碳氧及其他气体的循环、土壤中各种元素的生物地球化学循环以及太阳能的光合作用都有着影响，起着重要的作用。森林的减少必将影响地球的生物圈及生物圈的环境（包括大气圈、水圈和土壤岩石圈），从而影响着地球的生态平衡，影响到人类的生存。森林是全球环境问题的核心。

（三）森林的植物成分

森林是以乔木树种为主的生物群落，除乔木树种外其他植物成分还很多。各种植物成分反映着森林植被的特点，起着不同的作用。森林中的植物根据其所处的地位可以分成林木、下木、幼苗幼树、活地被物和层外植物（层间植物）。

1. 林木

林木或称立木。它指森林植物中的全部乔木。构成上层和中层林冠，立木层中的树种因其经济价值、作用和特点不同，分为以下几类。

（1）优势树种，又称建群树种。在森林中，株数材积最大和次大的乔木树种分别称为优势树种和亚优势树种，优势树种对群落的形态、外貌、结构及对环境影响最大，它决定着群落的特点以及其他植物的种类、数量、动物区系、更新演替方向。

（2）主要树种，又称目的树种。是符合人们经营目的的树种，一般具有最大的经济价值，如果主要树种同时又是优势树种，是比较理想的。但有些天然林中，主要树种不一定数量最多，在天然次生林中，往往缺少主要树种。

（3）次要树种，又称非目的树种。它是群落中不符合经营目的要求的树种，经济价值低，经济价值以木材价值为准，在次生林中大多由次要树种组成，这类树种生长快、易更新。如华北山区的桦木林、山杨林，保水改良土壤作用强，次生林具有一定的经济效益及其重要的生态效益，对树种价值的认识不应该是一成不变的。

（4）伴生树种，又称辅佐树种。它是陪伴主要树种生长的树种，一般比主要树种耐阴，其作用促使主要树种干材通直、抑制其萌条和侧枝发育。在防护林带中，增加树冠层的厚度和紧密度，提高防护效益。

（5）先锋树种，稳定的森林被破坏后迹地裸露，小气候剧变，特别是光强、温度变幅大，此时稳定群落中的原主要树种难以更新，而不怕日灼、霜害，不畏杂草的喜光树种，依靠其结实和传播种子的能力，适者生存抢先占据了地盘，这些树种，被人们誉为先锋树种。

2. 下木

下木即林内的灌木和小乔木，其高度一般终生不超过成熟林分平均高的1/2。下木数量多少和种类因地区的建群种而异，以喜光树种为优势树种的林下一般下木数量多。森林中下木种类与荒山上的灌木种类不同，森林形成后，原有的灌木种类减少甚至消失。森林采伐后，原林下的下木种类又会减少或消失。下木能保护幼苗幼树，减少地表径流和地表蒸发，有些下木种类还能为其他动物提供食物，还能改良土壤或具有一定的经济价值。但下木过度繁茂对幼苗幼树生长发育不利，应及时加以调节。

3. 幼苗幼树

林内1年生幼龄树木（慢生树种2～3年生者）总称为幼苗，超此年龄以上但其高度尚未达到乔木林冠层一半则称为幼树。这是老一代林木的接替者，应受到经常的抚育和保护。

4. 活地被物

这是林内的草本植物和半灌木、小灌木、苔藓、地衣、真菌等组成植物层次，居林内最下层，往往又可分2个层次：草本层和苔藓地衣层。这些草本、苔藓植物受群落中立木和下木的制约，上层不均匀性造成该地被种类、数量的分布差异，上层若是郁闭，活地被中喜光的种类愈少，其数量也随之减少；上层若是喜光郁闭度差，活地被种类数量多，该地被物明显影响森林的更新过程。活地被物中有着极丰富的药用植物和经济植物，如人参、天麻、三七、何首乌、半夏、党参均生长在林下。同时活地被物对立地、林型有指示作用，即根据林下植物的种类、数量判断森林的环境条件。

5. 层外植物（层间植物）

层外植物是林内没有固定层次的植物成分，如藤本植物、附生植物、寄生和半寄生植物。层外植物往往是湿热气候的标志，亚热带、热带林内比在高纬度或高山寒冷气候条件下的林内发达的多，层外植物具有双重性，有的具有很高的经济价值，有的缠绕在树干上可使林木致死，被称为“绞杀植物”。

二、环境的概念与类型

（一）环境的概念

环境（Environment）是指生物（个体或群体）生活空间的外界自然条件的总和，包括生物存在的空间及维持其生命活动的物质和能量。具有相对性、主体性和动态性。

森林环境（Forest environment）是指森林生活空间（包括地上空间和地下空间）外界自然条件的总和。包括对森林有影响的种种自然环境条件以及生物有机体之间的相互作用和影响。

（二）环境的类型

1. 按环境的范围大小，可将环境分为宇宙环境、地球环境、区域环境、生境、微环境和体内环境

（1）宇宙环境（Space environment）是指大气层以外的宇宙空间，也有人称之为星际环境或空间环境。它是由广阔的宇宙空间和存在其中的各种天体及弥漫物质组成，它对地球环境产生了深刻的影响。例如，太阳黑子的活动、月球和太阳对地球的引力作用产生的潮汐现象，直接影响着生物活动。

（2）地球环境（Global environment）是指大气圈中的对流层、水圈、土壤圈、岩石圈和生物圈，又称为全球环境。当地球表面上第一批生物诞生时，遇到了空气、水和地表岩石的风化壳，在生物的活动下，岩石圈的表层形成了土壤圈。大气圈的对流层、水圈、岩石圈、土壤圈和生物圈共同组成了地球的生物圈的环境。

（3）大气圈（Atmosphere）是指地球表面的大气层。它的厚度虽然有 1 000千米以上，但直接构成植物气体环境的对流层厚度只有约 16 千米。大气中含有植物生活所必需的物质如 CO_2、O_2等。对流层还含有水汽、粉尘等，在气温作用下，形成风、雨、霜、雪、露、雾、冰雹等，调节着地球环境的水分平衡，影响着植物的生长发育，有时还会给植物带来破坏和损害。

（4）水圈（Hydrosphere）是指地球表面的海洋、内陆淡水水域及地下水等。水体中溶有各种化学物质、溶盐、矿质营养、有机营养物质；各个地区的水质、水量不同，便带来了植物环境的生态差异。液态水通过蒸发、蒸腾，转为大气圈中的水汽、再转变为降水回到地表，构成物质循环的一个方面。

（5）岩石圈（Lithosphere）是指地球表面 30～40 千米厚的地壳。它是水圈和土壤圈最牢固的基础。岩石圈是植物所需矿质营养的贮藏库。由于各种岩石组成成分不同，风化后形成不同的土壤类型。

（6）土壤圈（Pedosphere）是指岩石圈表面风化壳上发育的土壤。它是一种介于无机物和生物之间的物质，有自己特有的结构和性质。它提供了植物生活所必需的矿质营养、水分、有机质、生物等，是植物生长发育的基地。

（7）生物圈（Biosphere）是指地球上生活物质及其生命活动产物所集中的部位，包括整个水圈、土壤圈、岩石圈上层（风化层）及大气圈下层（对流层）。根据生物分布的幅度，生物圈的上限可达海平面以上 10 千米的高度，下限可达海平面以下 12 千米的深处。在这一广阔范围内，最活跃的是生物，其中绿色植物摄取太阳能，吸收土壤中水分、养分和大气中的 CO_2等，使生物圈与地球的自然圈之间发生物质和能量的相互渗透，形成整个地球表面的能量转化和物质循环。在生物圈中，生物间、生物与环境间不断进行能量、物质转化，构成一个相互制约、相互依存的矛盾统一体，即生态系统。生物圈是地球上最大的生态系统。生物圈中的植物层称为植被（Vegetation）。

（8）区域环境（Regional environment）是指占有某一特定地域空间的自然环境。由于地球表面不同地区的自然圈配合的差异，形成不同的地区环境特点（如江河、湖泊、高山、高原、平原、丘陵；热带、亚热、温带和寒温带），出现不同的植被类型（如森林、草原、稀树草原、荒漠、沼泽、水生植被以及农作物等）。植被类型是由群落类型构成。群落的一切特征都与地域环境密切相关，简单的复杂的、初级的和高级的群落单位，都由其所处的地域环境特点所决定，同时群落又对其所处环境进行改造。

（9）生境（Habitat）是指植物或群落生长的具体地段的环境因子的综合。各种植物的生境质量有高有低，如云杉、冷杉在阴坡生长较好，而在阳坡不能生长或生长不良。各种植物的生境，可以重叠、连续或交叉或为分离。例如不同山体的阴坡或阳坡，都可为不相连接的，但都是相同的阳坡生境和阴坡生境。

(10) 微环境和体内环境 (Micro - environment and inner environment)。微环境是指接近植物个体表面，或个体表面不同部位的环境。例如植物根系附近的土壤环境，叶片表面附近的大气环境，由温度、湿度、气流变化所形成的微气候，对树冠的影响都可产生局部生境条件的变化。植物体内环境指生物体内组织或细胞间的环境。例如叶片内部，直接与叶肉细胞接触的气腔、气室、通气系统，都是形成体内环境的场所。体内环境的形成受气孔的调控。叶肉细胞都是在体内环境中完成其生理反应的（光合作用、呼吸作用等）。体内环境中的温度、湿度、CO_2和O_2的供应状况直接影响细胞的功能，体内环境的特点为植物本身所创造，是外部环境不可代替的。

2. 按环境的主体分人类环境和生物环境

人类环境是以人为主体，其他的生命物质和非生命物质都被视为人类环境要素。生物环境是以生物为主体，生物体以外的所有环境要素均称为生物环境。

3. 按环境的性质分人工环境、自然环境、社会环境

人工环境，广义地讲包括所有的栽培植物，引种驯化及农作物所需环境和人工经营森林、草地、绿化造林，甚至自然保护区内一些控制、防治等措施。此外环境污染、干扰、破坏植物资源都使自然环境受到人类不同程度的影响，降低了自然环境的质量。狭义地讲，人工环境指在人为控制下的植物环境，例如利用薄膜大棚育苗、北方的土法温室，现代化的温室及阿拉伯干热地带的玻璃房。自然环境就是指前述的环境。社会环境一般指人类社会的经济状况、文化、宗教等。

第二节　有关森林的生态因子

生态因子 (Ecological factors) 指环境中对生物的生长、发育、生殖、行为和分布有直接和间接影响的环境要素。对森林产生各种影响的环境因子称森林生态因子。生态因子中生物生存所不可缺少的环境条件也称为生物的生存条件。

(一) 生态因子的分类

生物的生存环境中存在很多生态因子，它们的性质、特性、强度各不相同，彼此间相互制约、组合，构成了复杂多样的生存环境，为生物的生存进化创造了多种多样的生境类型。这些因子尽管很多，但主要有作为能量因子的太阳辐射、大气圈中的气候现象、水圈中的自由水、岩石圈中的地形和土壤及生物圈中的生物。

一般根据生态因子的性质将其归纳为五类。

气候因子：包括光、温度、水分、大气、风等。

土壤因子：包括土壤水分、土壤温度、土壤质地、土壤结构和土壤生物等。

地形因子：包括地表起伏、地貌、山体海拔、坡向、坡度、坡位等。

生物因子：生物间各种相互关系，如捕食、共生、寄生、竞争等和生物对环境的影响。

人为因子：人类对植物资源的利用、改造、发展、破坏过程中的作用及环境污染的危害作用。

(二) 气候因子

1. 光因子

光谱成分、光照强度和日照时间都会对植物产生重要的生态作用，影响其生长发育、生理代谢和形态结构等，从而使植物产品的产量和质量发生变化。植物长期生长在一定的光照环境中，对光照强度、光质和日照时间都产生一定的要求和适应性，形成不同的植物生态类型。

(1) 光谱成分的生态作用。光主要由紫外线、可见光和红外线三部分组成。到达地面的光谱成分中，红外线占50%～60%，紫外线只占1%～2%，可见光占38%～49%。不同的光谱成分对植物产生的作用不同。

紫外线能抑制植物的生长。大气同温层中的臭氧 (O_3) 能吸收紫外线，所以正常情况下，地球表面的太阳辐射中仅含有很少的紫外线，植物能适应这样的紫外线辐射环境，植物表皮能截留大部分紫外线，仅2%～5%的紫外线进入叶深层，所以表皮是紫外线的有效过滤器，保护着叶肉细胞。高山紫外线较强，会破坏细胞分裂和生长素而抑制生长。许多高山植物生长矮小，节间短，就是因为高海拔处紫外线较强的缘故。紫外线透入活组织时，会破坏分子的化学键，对生物组织具有极大的破坏作用，并可引起突变。少量的紫外线亦为植物生长所必需，可抑制植物茎的徒长，促进花青素的形成。

大气同温层中，紫外线能使臭氧生成，臭氧吸收紫外线，正常情况下，臭氧形成和分解之间存在着平衡。近代排入大气并扩散到同温层的氯氟烃，如氟利昂（$CFCl_3$）等，其中氯原子能催化臭氧分解，破坏了臭氧层，产生臭氧层空洞，使大量紫外线射到地面，影响生物生产力和人类健康，为世界各国所关注。

红外线促进植物的生长和发育，提高植物体的温度。波长大于700纳米的近红外线，叶片很少吸收，大部分被反射和透过，而对远红外线吸收较多。叶片对红外线的反射，阔叶树比针叶树更明显。利用红外感光片进行航空摄影和遥感技术以区别针、阔叶树的原理即寓于此。波长更长的红外线，可用热遥感器探知，从而快速准确地发现和预报森林火灾和森林病虫害，因为感染病虫害的树木要比健康者温度高。

可见光是植物色素吸收利用最多的光波段。在太阳辐射中，植物光合作用和色素吸收，具有生理活性的波段称生理有效辐射或光合有效辐射（Photosynthetically active radiation）。光合有效辐射中的波长为380～740纳米，它与可见光波段基本相符，对植物有重要意义。可见光中，红、橙光是被叶绿素吸收最多的部分，具有最大的光合活性，红光还能促进叶绿素的形成。蓝、紫光也能被叶绿素、类胡萝卜素所吸收。光合作用很少利用绿光，主要被叶片透射和反射。不同波长的光对光合产物的成分也有影响，实验表明，红光有利于碳水化合物的合成，蓝光有利于蛋白质的合成。在诱导植物形态建成、向光性和色素形成等方面，不同波长的光其作用有异。蓝紫光与青光对植物伸长及幼芽形成有很大作用，能抑制植物的伸长而使其形成矮态，还能引起植物向光性的敏感，并能促进花青素等植物色素的形成。红光影响植物开花、茎的伸长和种子萌发。红外线和红光是地表热量的基本来源，对植物的影响主要以热效应间接地反映。

（2）光照强度的生态作用。光合作用是一个光生物化学反应，当光照强度为零时，植物的净光合速率为负值，其数值的大小等于呼吸速率。随着光照强度的增加，植物的光合速率增大，达到一定数值时，光合速率和呼吸速率相等，净光合速率为零，此时的光照强度即为该植物的光补偿点。在很大范围内，植物的光合速率和光照强度之间几乎呈正相关关系，但超过一定限度后继续增加光照强度，光合速率增加开始转慢，达到一定阈值以后，光合速率达到最大值，这一点被称为光饱和点。达到光饱和点以后，如果继续增加光照强度，光合速率反而下降，这种现象被称为光抑制现象。植物在长期进化过程中，已经形成多种方式或方法用以减轻或避免光抑制或光破坏。例如，通过叶片运动、叶片表面覆盖蜡质层或着生绒毛等减少光吸收，亦或通过提高光合能力而增加对光能的利用等。

根据光饱和点和光补偿点的不同，可将树种分为3种不同的生态类型。

①喜光树种：喜光树种的光饱和点和光补偿点都比较高，只有在全光照条件下才能正常生长发育，在光照不足的生境中生长不良甚至死亡。常见的喜光树种有落叶松属、松属（不包括华山松、红松）、桦木属、桉属、杨属、柳属、栎属的树种，以及合欢、臭椿、乌桕、泡桐等。

②耐阴树种：耐阴树种的光饱和点和光补偿点都比较低，在较弱的光照条件下比在全光照下生长良好，这是由于在全光照生境中会出现光抑制甚至光破坏。八角金盘是木本耐阴植物，但典型的耐阴树种较少。

③中性树种：中性树种对光照强度的需求介于喜光树种和耐阴树种之间，在其他环境因子适宜的前提下，通常呈现出喜光树种的倾向。如榆属、朴属、榉属、樱花、枫杨等为中性偏阳。然而，它们通常也具有一定的耐阴能力，如冷杉属、云杉属、铁杉属、红豆杉属、椴属，以及杜英、甜槠、阿丁枫、荚蒾、常春藤、八仙花、山茶、桃叶珊瑚、枸骨、海桐、忍冬、罗汉松、紫楠、棣棠、香榧等树种均属此类，耐阴程度因种类不同而有很大差别。

（3）光周期对植物的影响。除了光照强度以外，光照时数的长短对植物的开花也有明显的影响。

由于长期适应不同光周期的结果，有些植物需在长日照条件下才能开花，另一些植物则在短日照条件下才能开花。每日日照时数长短对植物开花的影响称为植物的光周期现象。根据植物对光周期的不同反应，可以将植物归纳为4类。

①长日照植物：植物开花之前的一段时期内，每日日照时数超过某一临界值（一般为14小时）才能正常开花的植物被称为长日照植物。对于这类植物而言，日照时数越长，开花越早。否则，就只能维持营养生长而不能正常开花结实。

②短日照植物：每日日照时数少于某一临界值（一般为12小时）才能正常开花的植物被称为短日照植物。对短日照植物而言，在一定范围内，黑暗时数越长则花期越早，在长日照条件下只能进行营养生长而不能开花。

③中日照植物：有些植物只有当昼夜长短相当时才能正常开花，这类植物被归类于中日照植物。

④中间型植物：对光照与黑暗的长短没有严格的要求，只要发育成熟，无论长日照还是短日照条件都能正常开花结实，这类植物被称为中间型植物。

2. 温度因子

（1）温度对植物生物化学过程的影响。温度通过对植物生理活动的影响而影响植物代谢过程。根据反应速度—温复定律（RRT定律），在一定范围内，反应速度随温度升高而呈现指数式增加，呼吸作用和光合作用的温度反应基本上都符合这种定律。例如，在寒冷的最适温度以下时，光合速率随温度升高而增加，直到最适值。在最适范围以上温度时，则破坏与碳代谢和物质运输有关的各种反应之间的相互关系，光化学反应过程也受到抑制，最终导致光合作用迅速衰退。非常高的温度则使CO_2吸收完全停止，甚至使植物结构受到损害。

温度的变化常常引起环境中其他生态因子的改变，如引起湿度、降水、风、氧在水中的溶解度以及食物和其他生物活动、行为方式的改变等，这是温度对生物的间接影响。此外，温度还经常与光和湿度联合起作用，共同影响生物的各种功能。

（2）节律性变温对树木的影响。

①物候和物候期：节律性变温主要包括季节变温和昼夜变温2种。植物在系统发育过程中的形态形成和其内部的生命活动，总的来说是与温度的季节性变化和昼夜性变化节律相适应的，植物的这种习性通常被称为生物钟。与温度的季节性变化相伴随的植物内部的生理和外部形态的节律性变化被称为树木的年生长周期。而树木在形态上发生的有节奏地进行萌芽、抽枝、展叶、开花、结果、落叶、休眠等规律性的周年变化被称为物候，与之相适应的树木各器官的动态时期称为物候期，不同物候期树木器官所表现出来的外部形态特征称为物候相。

②树木主要物候期：对落叶树种而言，主要物候期包括：萌芽期，该期是树木由休眠期转入生长期的标志；生长期，在萌动之后，经幼叶初展至叶柄形成离层，直至叶片脱落为止的时期；落叶期，从叶柄开始形成离层至叶片落尽或完全失绿为止；休眠期，从叶落尽（或完全变色）至树液开始流动为止的时期。

常绿树种各器官的物候极为复杂，其特点是没有明显的落叶休眠期。叶片在树冠中不是周年脱落，而是在春季新叶抽出前后，老叶才逐渐脱落，而且不同树种叶片脱落的叶龄也不同，一般都在一年以上，表现出整体上的终年常绿特征。

③非节律性变温对树木的影响：节律性变温对树木的影响一般总和树木产生相应的适应性联系在一起，而非节律性变温条件下树木往往不能及时形成相应的适应性。非节律性变温对树木影响的因素有极端温度的高低、持续时间、发生的突然性、温度变幅、树木自身的抗性和树木的发育阶段等，其中，极端温度的高低对树木的影响最大。

第一，低温对树木的影响。温度超过植物适宜温度的下限后，会对林木产生不利影响，甚至造成不同程度的危害。常见的低温危害主要有以下3种表现形式。

冷害：也称寒害，是指喜温植物在零度以上的低温条件下所受到的伤害甚至死亡。冷害主要发生在我国南方地区，例如热带植物丁香发生寒害的临界温度为6.1℃，三叶橡胶在0℃以上即发生叶片变黄、脱落的受害症状。在温暖地区树种北移时，也容易发生寒害。

冻害：是指气温低于0℃的低温对树木组织造成的伤害或死亡的现象。气温降到0℃的冰点以后，植物体内形成冰晶，而冰晶的形成将导致原生质膜破裂和蛋白质失活与变性。研究表明，在0℃以下植物体内形成冰晶以后，温度每下降1℃时，水势负压增加12帕，当降到－5℃以下时约增加60帕，－10℃以下时约增加120帕。随着温度的不断降低，冰晶不断扩大，水势负压亦进一步增大，细胞液浓度进一步增加，植物受到的伤害程度也进一步加重。

霜害：指由于温度急剧下降至冰点以下甚至更低，使空气中的饱和水汽在树体表面凝结成霜，从而导致树木幼嫩组织或器官产生伤害的现象。霜害多数发生在树木生长季节。

第二，高温对树木的影响。温度超过植物适宜温度的上限后，同样会对林木产生不利影响。高温对林木的影响主要有2种途径，即扰乱或破坏林木内部的代谢平衡或对林木的组织和器官造成直接伤害。

皮烧是由于树木受到强烈光照而导致树木的皮部和形成层坏死的现象。树皮光滑的树木容易发生皮烧危害，这为病原菌的侵入提供了条件。

根颈伤害，也称为颈烧、日灼或干切。它是由于过高的土壤温度使苗木根颈部位的皮部和形成层受到灼伤而致死的现象，多发生于高温干旱的夏季。

④极端温度对树种分布的影响：树木正常生长发育需要具备适宜的有效积温环境，然而环境温度总是保持在最适宜的范围几乎是不存在的。因此，树木还需要适应一定的温度变幅。极端温度（高温和低温）常常成为限制树木分布的重要因素。例如，由于高温的限制，白桦、云杉在自然条件下不能在华北平原生长，苹果、梨、桃不能在热带地区栽培。低温对树木分布的限制作用更为明显，例如橡胶分布的北界是北纬24°40′（云南盈江），海拔高度的上限是960米（云南盈江）。

3. 水分因子

水分条件是树木生存的一个至关重要的“先天性”环境条件。①它是树木的重要组成部分。②它是树木一切生命活动的重要介质，树体内部的养分运输、废物的排除、激素的传递，包括光合和呼吸作用在内的许多代谢活动、矿质养分的吸收等都离不开水分介质。③原生质的活化状态是以充足含水量为前提的，水分亏缺会使原生质活性下降甚至变性或死亡。④水分也是光合作用的重要原料。

（1）树木和水分的关系。因蒸腾作用和蒸发作用的存在，树木地上部分的失水不可避免，所丧失的水分需要从土壤中得到及时补充才能维持树体内的水分平衡。水分被根系吸收、在体内运输和叶面蒸腾蒸发是关系水分平衡的几个连续过程。显然，树木体内的水分平衡具有动态特点，它依靠土壤水分的持续供给来维持。树木吸收水分的主要器官是根系，只要细根中的水势低于根际土壤的水势，根系就可以从土壤中吸水。根系的吸收表面越大，从土壤中吸水就越容易，吸收速率也就越快。

（2）树木的水分损失。整个植物的外表面以及与空气接触的内表面都可以蒸发水分，蒸腾和蒸发是树木失水的主要途径。

湿润表面与空气之间的水汽压力梯度越大，裸露水面在单位时间和单位面积的水蒸气损失就越多。在水分供应不受限制和水汽移动不受阻碍条件下的蒸发称为潜在蒸发。干旱的亚热带地区的潜在蒸发达10～15毫米/天，在地中海气候的干旱季节为5～6毫米/天，赤道地区为3～4毫米/天。当然，来自湿润表面（土壤）的实际蒸发通常小于潜在蒸发，因为水分的补充永远不会像失水那样迅速。

在自然生境中蒸发有规律发生的条件下，植物无阻碍的蒸发强度被称为最大蒸腾：最大蒸腾速度与植物的生活型（根据植物对环境的适应性在外貌上反映出来的特点而划分的类型），以及物种的生境类型（如水生植物、沼生植物、耐阴植物、喜光植物和旱生植物）密切相关。

（3）树木的水分平衡。树木内部的水分平衡状态取决于水分吸收和水分损失之间的差额。该差额的正负大小反映出偏离平衡的方向与程度。当水分吸收不能满足蒸腾的需求时，平衡即变为负值，而当气孔开度因这种水分亏缺而缩小时，蒸腾作用减弱但吸水却无变化，故水分平衡又慢慢得到恢复。

（4）树木的水分生态类型。根据树木对水分的适应性，可把树木分为旱生树种、湿生树种和中生树种3种类型。

①湿生树种：抗旱能力小，不能长时间忍受缺水，生长在光照弱、湿度大的森林下层，或生长在日光充足、土壤水分经常饱和的环境中。

②旱生树种：能忍受较长时间的干旱，主要分布于干热和荒漠地区。

③中生树种：适于生长在水湿条件适中的环境中，其形态特征及适应性均介于湿生树种和旱生树种之间，是种类最多、分布最广和数量最大的生态类型。

（5）森林对水分因子的影响。森林对水分因子具有很大影响。一方面森林参与水分循环过程，影响降水的形成；另一方面又起到重新分配降水量的作用，导致有林区和无林区水分状况的明显差异。

①森林在水分循环中的作用：水分循环包括大循环和小循环2种类型。大循环是指由海洋蒸发的水汽，遇冷凝结降水于地面，通过江河又流回到大海的过程。它具有全球性的特点。小循环是指陆地蒸发的水汽，进入大气遇冷凝结降水，又回到地面的过程。它只是大循环的一个补充，具有区域性的特点，如土壤水分蒸发和植物蒸腾等。

从大循环的全球范围来看，陆地降水总量中约40%来自海洋水分蒸发，约60%来自陆地水分蒸发；从小循环系统的范围来看，森林的分布特点对小循环具有十分重要的作用。

②森林对降水量的影响：森林能减少地表径流，促使更多的水分通过蒸腾作用进入大气，增加空气中的水分含量。同一纬度、同等面积的森林与海洋相比，森林所蒸发的水分比海洋要多50%。在通常情况下，森林上空及其附近的空气湿度要比无林地高15%～25%。主要原因是树木从土壤中吸收大量水分，通过蒸腾作用，把水汽逸散到空气中，增加了空气的相对湿度，为成云致雨创造了条件。

（6）森林对涵养水源和保持水土的作用。从森林能增加林区降水量、增加大气湿度、减少地表蒸发和地表径流，使地表径流转变为地下径流等森林对水分的综合作用来看，森林起到贮存降水、补充河水和地下水的作用。森林的这种增加降雨量，减少地表径流，均匀而长期不断地流入河流或水库，在枯水期间仍能维持一定水量进入河流或水库的现象，称为森林的水源涵养作用。

森林涵养水源和保持水土的作用与森林本身特征、环境条件以及人们的生产活动有着密切的联系。抚育间伐、主伐更新、林分改造等措施，也会直接或间接地影响森林水源涵养与水土保持作用的发挥。因此，在制定有关营造、经营和利用森林的技术措施时，应该以森林与水分因子相互作用的规律为理论依据，达到既提高森林生产量，又发挥森林涵养水源、保持水土功能的目的。

4. 大气因子

大气是指地球表面到高空1 110千米或1 400千米范围内的空气层。在大气层中，空气的分布是不均匀的，越往高空，空气越稀薄。在地面以上约12千米范围内空气层，其质量约占总空气质量的95%。这一层温度上冷下热，产生活跃的空气对流，形成风、云、雨、雪、雾等各种天气现象，这个空气层称为对流层。大气对森林的生态意义主要是发生在从地球表面到离地面100米高度的大气层里。

（1）大气的组成及其生态意义。大气的组成成分非常复杂，含有多种气体，通常洁净的大气在干燥状态下，按体积计算，含78%的氮、21%的氧、0.94%的氩和0.032%的二氧化碳，以及微量的氢、氖、氦、臭氧、甲烷、氪等稀有气体。其中，氧与二氧化碳对植物最为重要。

空气中氧气的含量基本上是不变的，但植物根部土壤中氧气浓度常常不足，从而抑制了根的伸长以致影响全株的生长发育。因此，在栽培上经常要耕松土壤避免土壤板结。在黏质土地上，有时需多施有机质或换土以改善土壤物理性质，在盆栽中也要经常更换具有优良理化性质的培养土。

在大气各种成分中，二氧化碳是生态意义最大的因子，是植物光合作用的主要原料。二氧化碳浓度对植物生长具有显著影响，在一定范围内（0～600微升/升），随着二氧化碳浓度的升高，许多树种的光合生产力几乎呈线性增加，如杨树、银杏、马褂木等。这表明，目前大气二氧化碳浓度（350微升/升）仍然是树木光合作用的限制因子。因此，在现代栽培技术中有对温室植物施用CO_2气体的措施。据研究，在自然光照强度范围内，二氧化碳浓度增加3倍，光合作用强度也增加3倍；而光照强度增加3倍时，光合作用强度只增加1倍。这说明调节大气中二氧化碳浓度比调节光照强度对树木光合作用的影响更大，更具有现实意义。

空气中的氮虽约占体积比例的78%，但是高等植物却不能直接利用它，只能被固氮微生物、蓝绿藻吸收和固定。根瘤菌是与植物共生的一类固氮微生物，其固氮能力因所共生的植物种类而异。据测算每公顷的紫花苜蓿1年可固氮200千克以上，每公顷大豆或花生可达50千克左右；非共生固氮微生物的固氮能力弱，一般每年每公顷仅5千克左右。

（2）污染物和污染源。现代工业和交通运输的迅速发展，造成全球范围内大气污染加剧。大气是全球环境中最敏感的部分：自然条件下，生物能生存的空气层仅为6 000米，在这相当薄的空气层中却沉积了人类活动产生的全部废气。许多大气污染物被雨、雪和雾从空气中洗出，然后下沉，形成酸雨湿润植物表面，并进入海洋、湖泊、河流和土壤，从而对海洋、陆地植被（包括森林）和土壤造成巨大污染和破坏。许多研究表明，这是世界许多地区森林衰落的重要原因。

目前，主要污染源有燃烧对排放的废气、汽车尾气、工厂排放或漏溢的毒气等。污染大气的有毒物质已达400余种，通常危害较大的有20余种，按其毒害机制可分为6个类型，即氧化性类型，如臭氧、过氧乙酰、硝酸酯类、二氧化氮、氯气等；还原性类型，如二氧化硫、硫化氢、一氧化碳、甲醛等；酸性类型，如氟化氢、氯化氢、氰化氢、三氧化硫、四氟化硅、硫酸烟雾等；碱性类型，如氨等；有机毒害型，如乙烯等；粉尘类型，按粒径大小又可分为落尘（>10微米）及飘尘（<10微米），如各种重金属无机毒物及氧化物粉尘等。

（3）风对树木的影响。风对树木的影响既有有利的一面，也有不利的一面，其利害作用取决于风的类型、强度和时间。

风对树木的有利影响主要表现在：风能降低空气温度和湿度，提高树木的蒸腾速率；降低高温生境树木的温度；有利于促进水分、矿物质的运输；通过风媒传粉与林木种子的风播来影响树木的繁殖。

风对树木的不利影响则主要体现在：风速较大或强烈的旱风危害时，树木蒸腾作用过分加强，耗水过多，光合生产受到抑制，树木的生长量大幅度下降；风速过大还会导致大量落花、落果现象的发生；风速超过10米/秒的大风，能对林木产生强烈的破坏作用。

（4）森林对风的影响。森林具有高大的树体、茂盛的枝叶、发达的根系和复杂的群体结构，对空气的流动具有阻碍作用，其结果是削弱风速、改变风向。

森林可以显著地减低强风的危害，甚至变害风为有利风。这主要体现在如下几个方面：在风沙、干旱、霜冻等自然灾害易发地区，建立防护林可以显著地减低风速，从而达到控制风沙的目的；防护林通过降低风速减少了水分蒸发，提高了气温、土壤热容量和含水率，在一定程度上缓解了土壤旱情和霜冻危害，特别是在我国寒流、倒春寒等寒害易发地区和干热风等旱害易发地区以及在我国沿海台风易发地区，防护林更是成了人民生命财产的“卫士”。

（三）土壤因子

土壤是森林植物生长发育的基础，植物的生命过程所需要的水分和矿质营养元素，都是通过根系从土壤中吸收来的。因此，土壤母岩性质、土层厚度、理化性质等对树木的生长发育具有重要影响。只有在适宜的土壤水分、养分、通气和温度条件下，树木才能繁茂生长，从而实现森林的速生、丰产和优质的目的。

1. 土壤母质对树木的影响

在相同气候和地形条件下，不同土壤母质会形成具有不同理化性质特点的土壤，如土粒大小、结构、含水量、通气性，以及它的吸附性能、化学组成、pH值等。最终体现在不同的森林类型的分布和生长发育上，如南方石灰岩山地富含钙质元素，榔榆、青檀等榆科喜钙树种在森林树种组成中极为常见，并且表现出显著的速生特性。

2. 土层厚度对森林的影响

土层厚度是影响森林分布和生长的重要因素之一。在江南丘陵山地，森林的分布或生长状况表现出一定的规律性。在土层瘠薄、干旱的上坡主要分布马尾松、竹林等，中部主要分布麻栎、栓皮栎、枫香等树种；在土层较厚的中下部主要有湿地松、杉木等树种，而土层肥厚、湿润的下部，南方黑杨派无性系树种表现优良。据南京林业大学研究，在进行杨树速生丰产林立地选择时，必须保证土层不小于1米和潜水埋深不超过1米这2个基本条件。另外，土层厚度还是决定森林生产力的重要因素，它决定着土壤水分和养分的总贮量大小，以及林木根系可分布的空间范围。

3. 土壤质地和土壤结构对森林的影响

土壤质地和结构是森林土壤最重要的物理性质。土壤质地是指组成土壤的各种矿质颗粒（石块、沙、粉沙和黏粒）的相对比例。土壤质地对土壤的水肥状况影响甚大，反映土壤贮水能力大小的重要指标是田间持水量，而田间持水量与土壤质地密切相关。砂土渗水快，持水能力低；黏土渗水慢，但持水能力强。对林木生长最为有利的土壤质地是壤土或砂壤土，这种中性质地的土壤具有较强的水气平衡能力。如果说田间持水量反映了土壤的绝对含水量，那么凋萎系数则反映了土壤水分的可利用能力。所谓的凋萎系数是指维持林木生存的最低土壤含水量，它与土壤质地之间有着密切的联系。田间持水量与凋萎含水量之差，则反映了土壤有效水分范围的大小。从土壤有效水分范围来看，中等质地的壤土或砂壤土要高于粗质地砂土和细质地的黏土。一般情况下，在壤土和砂壤土质地上，林木生长良好。

一般而言，土壤质地越细，表面积越大，保持养分越多，土壤的肥力也越高。一般随着土壤中黏粒数量的增加，林分的木材产量也提高，但过于黏重的土壤肥力可利用性下降。

土壤结构是指土壤颗粒排列的状况，如团状、片状、柱状、块状和核状等。团粒结构是对林木生长最有利的土壤结构，在土壤水分和透气性之间，以及在养分的供给与保持之间具有最好的平衡能力。团粒结构的形成与土壤质地、腐殖质含量、土壤整地等因素密切相关。中性质地的砂壤土更有利于团粒结构的形成，增施有机肥、适时耕地和耙地等也都有利于创造理想的土壤团粒结构。

4. 土壤水气条件和土壤温度对森林的影响

土壤内水分和空气的多少主要与土壤质地和结构有关。但任何土壤内的空隙不被水分所填充，便被空气所充满，前者增多，后者就自动减少。要使林木生长良好，既需要有足够的水分，又需要有适量的空气。土壤水分不仅为植物本身不可缺少，而且林木所需要的养分只有溶于水中才能被吸收并运输到树体各个部分。土壤空气也是林木生长发育的重要因素，它有利于林木根系呼吸及生理机能的活动，还影响到土壤微生物的呼吸作用和有机质的分解，从而间接影响林木的营养状况。

土壤温度与树木生长有直接关系：林木根系生长的最适土壤温度一般为 20 ~ 25℃，过高或过低都不利于根系的生长活动，这是因为土壤温度影响到根系的呼吸、吸收和再生能力。土壤温度对根系吸收水分和矿质元素的能力也有显著影响，一般随着土壤温度降低吸收能力减弱；土壤温度还可通过对各种盐类溶解度、气体交换、微生物活动、有机质分解速度及养分转化等间接影响林木的生长发育。另外，土壤温度还影响种子萌发和扦插生根，土壤温度过高容易引起霉变或腐烂，过低则处于休眠状态甚至导致寒害或冻害，因此，种子萌发和扦插生根必须在一定的土壤温度条件下进行。

5. 森林对土壤的影响

森林对土壤的影响，体现在无生命的枯落物和有生命的森林活体对土壤性质的影响，以及森林在矿质元素循环中的作用 3 个方面。

森林活体对土壤形成和土壤性质有重要影响。地下部分根系的穿插、盘结和根系分泌物的产生，对土层厚度、土壤结构和水土保持有很大影响，有些固氮树种还能直接增加土壤中的氮素；地上部分的林冠则发挥着改善小气候、保持水土、涵养水源、改良土壤等作用。

林地上的死地被物包括当年的凋落物、累积的凋落物和生物残骸等。林内死地被物积累是土壤养分元素和腐殖质的主要来源。

森林中矿质元素的循环主要包括两大部分：一是森林内部的循环，即林木与土壤之间的养分元素交换，称为生物循环；二是森林外部的生物地球化学循环。森林生态系统除内部的生物循环外，还有外界养分的输入和系统本身养分的损失（输出）而参与生物圈内更大范围的生物地球化学循环。

（四）地形因子

地形是间接的生态因子，它通过对光、温度、水分、养分等的重新分配而起作用。大地形对生态因子的影响范围较广，而小地形的影响范围则相对较小。为了便于了解地形对森林的影响，可将地形分为平原、山地、丘陵、高原和盆地 5 种类型。大地形的差异形成了大生态条件的差异，并最终形成与各自生态条件相适应的森林类型。在山地条件下，可按海拔、相对高度的不同，将地形分为高山、中山、低山和丘陵 4 种类型。高山海拔超过 2 000米，相对高度在 1 000米以上；中山海拔为 1 000 ~2 000米，相对高度为 500 ~1 000米；低山海拔为 500 ~1 000米。相对高度为 200 ~500 米；丘陵海拔小于 500 米，相对高度在 200 米以下。

地形是影响林木生长的重要因素，因此森林的培育和经营都必须考虑地形条件。现从海拔、坡向、坡度和坡位几个方面简单介绍地形对森林的影响。

1. 海拔高度

海拔高度是山地地形变化最明显的因子之一。海拔的变化常常引起气温、降水量、空气湿度、云量、风速、太阳辐射、土壤肥力、土壤含水量等因子的明显变化，这些变化则导致了植被类型的变化。其中，海拔影响最大的是温度和水分条件的变化。一般来说，气温随海拔高度增加而降低，海拔每上升100米，气温下降0.6℃。温度变化影响微生物的活动，进而影响有机质的分解和积累。海拔对降水量的影响也表现出明显的魂擘性。在一定范围内，降水量则随着海拔的升高而升高，但超过一定高度后反而下降。

2. 坡度

坡度的大小影响土层厚度、水分截留、土层养分等因子，因此对植物生长和分布也有较大影响。坡度越陡，土壤、水分越易流失，土层厚度越薄，土壤水分条件和养分条件越差，对植物的生长和分布也越不利。一般来说，平坦地土层深厚、肥沃，适于喜肥耐湿树种的生长，森林生产力高，但平坦地往往排水不畅、易积水，因而造林时要注意排水问题；缓坡（6°~15°）及斜坡（16°~25°）排水良好，土层较厚，适合许多森林植物的生长，生产力也比较高；而陡坡（26°~35°）和急坡（36°~45°）往往土层瘠薄、干燥，石砾多，森林生产力低。同一地区不同坡度山地森林生长发育的差异，很大程度上正是坡度对生态因子重新分配的结果。

3. 坡向

山坡的光、温、水分状况还与坡向有关，因而坡向也影响森林生产力。在高纬度地区，由于南北坡太阳光的入射角度不同，所获得的热量和接受太阳照射的时间也不同。在同一个山地上，北坡多生长着耐寒、耐阴、喜阴湿植物，南坡多生长喜暖、喜光、耐旱植物，所以常把南坡称为阳坡，北坡称为阴坡。但在低纬度地区，南坡和北坡的温度差异一般不存在，因为热带地区南坡与北坡受热程度基本相同，当然，寒潮入侵可能会引起阳坡和阴坡的温度差异，因为南坡是背风坡，北坡是迎风坡。因此，在林业生产实践中，阳坡应栽植喜光树种，阴坡应栽植耐阴树种。

4. 坡位

坡位是指山坡的不同部位。一般将山坡的坡位划分为上坡、中坡和下坡三部分。生态因子组合总的特点是从上坡到下坡光照强度递减，而土层厚度、土壤肥力、土壤水分和空气湿度递增，森林生产力也递增。一般来说，上坡多分布耐干旱、瘠薄的喜光树种，而下坡多分布喜阴湿肥沃的树种。例如，在南京紫金山南坡，上坡分布着耐干旱、瘠薄的先锋树种马尾松纯林，林冠稀疏，生产力低；中下坡分布着马尾松、麻栎、栓皮栎混交林；山麓缓坡也是混交林，但树种为枫香、黄连木、麻栎、白栎等，森林生产力高。

（五）生物因子

生物因子包括动物、植物和微生物。这些生物因子并不是孤立存在的，每个有机体不仅处于无机环境之中，而且也为其他有机体所包围。处于同一环境的有机体之间，在利用环境的物质和能量过程中存在着复杂的相互关系。

1. 森林植物间的相互关系

森林植物之间存在有相互有利或不利的关系，或对一方有害或相互有害，这种利害关系可能发生在种内个体间，也可能发生在种间。发生在种内个体之间的关系，称为种内关系；发生在种与种之间的关系则称为种间关系。

（1）直接关系。

①寄生关系：一种植物着生于另一种植物的体上或体内，并从其组织中吸取营养的生活方式。前者称为寄主物，后者称为寄生。寄生现象广泛存在于自然界中，我国常见的高等寄生植物有菟丝子（寄生于赤杨、柳树、杨树等树种上）、无根藤等。

②附生关系：一种植物的器官（干、枝、叶等）成为另外一些较小植物的居住地，这种现象称为附生。附生植物借助于吸根着生于附主植物表面，与附主没有任何营养关系，是自养植物。矿质元素来自附主植物表面的降尘和死的皮部分解物，水分来自大气。因而，在晴朗干燥的天气条件下，失水后便处于假死状态。在高纬度地区，附生植物有苔藓、地衣和一些蕨类植物；在热带雨林中，附生植物种类

繁多、数量庞大，除苔藓、地衣、蕨类植物外，还有兰科植物。

③共生关系：两种植物共同生活在一起，或者一种生活在另一种体内，双方互相依赖都能取得利益的生活现象，如豆科植物和根瘤菌的关系就是共生关系，前者为后者提供水和营养物质，后者则为前者提供氮素，两者相得益彰。另外，林木根系与真菌之间的关系也是共生关系，并在生产实践中得到应用。

④树干摩擦作用：森林中的林木受风的影响经常发生相互撞击的现象，在针阔混交林中，这种作用常使针叶、芽和嫩叶受害。

⑤根系连生：这种现象大多发生在同一树种之间，不同树种之间罕见。相邻生长的林木根系，在接触处由于粗生长而产生的压力，使根系由简单的接触到根组织的连接，即根系连生。在密度较大的林分中，易出现连生现象，如三角枫、皂荚等。连生现象既可发生在同种树种之间，也可发生在不同树种之间。据报道，密集的欧洲松林、云杉林和栎树林中，根系连生比较普遍。

⑥攀缘：藤本植物具有缠绕和攀缘的茎以及各种不同的卷须和钩刺，利用树干作为支柱，向上攀缘生长，以便使它获得更多的阳光。藤本植物喜温暖湿润的环境条件，寒带不能生长，温带不多，亚热带和热带较多。在热带雨林中，木质藤本植物的直径可达 20～30 厘米，长度可达 300 米。

（2）间接关系。任何植物都要与环境发生关系，这种关系一旦发生，就必然会影响到与其相邻的其他植物。森林植物的间接关系十分常见，主要有 3 种表现形式。

①竞争：植物对环境资源的要求在一定程度上超过了当时环境资源的供应能力，从而产生对空间和环境资源的争夺，这种现象即为竞争。竞争对于竞争双方的数量和生长发育都有影响。在资源不足时，只有那些最适生态适应性的个体，才能充分利用空间和环境资源，在竞争中获胜，也有在竞争中双方均受抑的现象。因此，在森林培育和林业生态工程建设中，必须合理控制造林密度，避免过度竞争而使经济和生态效益下降。

②他感作用：又称异株克生。它是指一种植物产生的某些生物化学物质释放到环境中，对其他植物的生长发育产生抑制或有益的作用。例如，栎树根系对绿白蜡有良好的作用，而白榆则对它们都产生不利的影响。这些生物化学物质可来源于植物体的任何部分，但最大浓度出现在叶片、果实和根部，通过挥发、淋洗和渗透释放出来。挥发性物质可被其他植物直接从空气中吸收，如苹果的挥发物——乙烯，能促进周围果实成熟、提早落叶等。

③改变环境条件：在森林生态系统中，相邻的植物互为环境，某种植物所创造的环境对另一种植物可能有利，也可能不利。例如，阔叶树的枯枝落叶形成软腐殖质，对其他伴生树种的生长有利；而红松等针叶树的枯枝落叶形成粗腐殖质，不利于其他植物的生长，这是树木通过土壤环境影响另一个树种生长的实例。又如在荒山荒地上，马尾松作为先锋树种首先成林，但成林后形成了荫庇的环境，反而不利于其自身生长，这是树木通过改变小气候，影响自身及其他树种生长的实例。

2. 动物与森林植物之间的关系

动物是森林生态系统中的重要组成成分。任何森林都有数目庞大、种类繁多的动物。森林与动物之间的关系可以概括为动物对森林的依赖和动物对森林的影响两个方面。依赖关系主要表现在以森林为居所和以森林为食物两方面。森林中的动物包括植食性动物、肉食性动物、杂食性动物和腐食性动物 4 种类型。

动物总是与森林相互依存和相互适应的，从而直接或间接地影响森林的生长发育。动物对森林的直接作用表现为以植物为食物、帮助传授花粉、散播种子、林木病虫害的生物防治等；间接作用包括对土壤理化性质的影响等。动物对森林的影响最终将以有利和有害 2 种基本形式综合作用于森林的生长发育过程。

（1）森林对动物的影响。动物生存最基本的条件有 2 个，一是要有采食、隐蔽和休眠的场所，以维持个体的生命；二是要有繁殖场所，以维持种群的繁衍。从这两个方面来说，森林是动物最丰富、最理想的场所。森林与其他生态系统不同，拥有发达的空间构造和巨大的生物量。首先，森林空间层次多、地域广，环境条件各异，不同生境分别栖息着相应的动物类群。其次，森林能为动物提供充足的食物，加大个体数目的容纳能力，使生态习性类似的多种动物能够共存，如危害冷杉新芽的卷蛾有 20 多种全部栖息于同一林分中。森林越复杂，可以提供的生存空间和食物越多样化，动物就越丰富。华南地区温暖湿润，森林类型多、空间结构复杂，因而动物种类就比华北、东北多，华南有哺乳动物150种，而东北地区只有70~80种。

由于各种动物的生活习性不同，经常栖息的环境也不相同。麝、狍、野山羊等经常栖息于阔叶混交林内；紫貂、猞猁、松鸡等喜密林深处的针叶林。因此，不同森林类型动物区系有很大差异，如大兴安岭栖息着属于寒温带针叶林的动物类群，这里有世界上最大的鹿——驼鹿；而东北东部温带针阔混交林则栖息着温带森林的动物类群，如东北虎、梅花鹿、紫貂等；在四川西部、甘肃南部海拔2 000~4 000米的高山箭竹林内，栖息着大熊猫。

（2）动物对森林的影响。动物对森林的影响是多种多样的，通常依据动物生命活动过程中某一阶段对森林的作用，把动物划分为有益和有害两大类。其实，不少动物既有有益的一面，又有有害的一面。例如，朝鲜花鼠以松子为食，对红松天然更新是有害的，但在贮存种子过程中，将其散布到其他地方，扩大了种子分布范围，这又是有利的；再如，许多鸟类在育雏期以食虫为主，而秋冬季则以种子、芽为食物，危害森林。动物对森林的影响主要表现在以下几个方面。

①动物对种子的影响：有些昆虫、鸟类和啮齿类动物常以林木种子为食，影响天然更新。森林中的松鼠、田鼠等，能消耗大量种子；每公顷有400只鼠，一个冬季就要消耗0.5吨橡实，几乎等于1年的产量；南京地区的麻栎和栓皮栎种子，有30%~60%遭受象鼻甲的危害。许多鸟兽在采食、搬运种子时，一部分被食用，一部分被贮存，一部分种子由于具有钩刺和黏液，能附在动物身上散布到其他地方，并生根发芽，扩大了树种的分布范围。在苗圃和直播造林地上，常有鸟兽挖食播下的种子，从而影响出苗率，如松鼠挖食松子、野猪挖食栎实等。

②动物对森林生长发育的影响：动物对森林生长发育的影响很大，林内幼苗、幼树常遭到啮齿类、偶蹄类动物的危害。野兔、狍、鹿、山羊等常取食幼枝嫩叶，啃食树皮，使造林保存率大大下降；熊冬眠复苏后喜啃食树皮、吸吮树液，使冷杉等针叶树种受害。

③动物对植物授粉的影响：森林植物除靠风传粉外，还依靠昆虫和其他动物传粉，地球上的虫媒植物非常广泛，约占植物总数的90%，如椴树、刺槐、板栗靠昆虫（以蜂蝶类为主）传粉；芭蕉、木槿和刺桐则靠蜂鸟、太阳鸟等传粉。

④动物传播疾病：动物在森林中活动和取食的时候，也传播疾病，危害森林健康。如鸟类传播板栗疫病，蜜蜂传播病原细菌，蝉、蚜虫等动物吸器吸入林木液汁时也将病毒带入植株。

但是，森林动物之间存在着“捕食和被捕食”的关系，对森林生态系统起到稳定作用。如寄生蜂、步行虫、瓢虫及蚂蚁等肉食性昆虫能消灭大量害虫；另外，两栖类的蟾蜍、蛙、蛇、蜥蜴及蜘蛛也能消灭大量森林害虫。

3. 微生物对森林的影响

土壤里有数量相当庞大的微生物。据计算，每克土壤里微生物的数目可达数千至数十亿个。种类也相当复杂，有细菌、真菌、放线菌、藻类等。它们在土壤里分布很不均匀，依土壤性质而定。在温湿和通气适宜的森林土壤条件下，土壤细菌的数量不仅多，而且单位容积质量也大，每公顷森林土壤内细菌质量可达1 600千克。土壤中存在着这么多的细菌，每年可以分解大量的枯枝落叶，补充土壤养分。北方的云杉、冷杉林或高海拔的森林内，在冷湿和酸性土壤条件下，一般不适于细菌生存，而真菌却能很好的生活，每公顷林地真菌质量可达1吨之多，它们对于死地被物的分解，同样起着非常重要作用。

第三节　森林与环境作用的一般规律

一、生态因子与森林作用的规律

（一）限制因子定律

1. 限制因子

森林中生物的生存和繁殖依赖于各种环境因子的综合作用，其中限制生物生存和繁殖的关键性因子就是限制因子。任何一种环境因子只要接近或超过植物的耐受范围，它就会成为这种植物的限制因子。当生态因子处于最低状态时，生理现象全部停止；在最适状态下，生理活动达到最大观测值；在最大状态之上，生理现象又停止。植物对每一种环境因子都有一个耐受范围，只有在耐受范围内，生物才能存活。

如果某森林植物对一种环境因子的耐受范围广，而且这种因子又非常稳定，那么这种因子就不大可能成为限制因子；相反，如果一种植物对一种环境因子的耐受范围很窄，而且这种因子又易变化，那么这种因子就很可能是限制因子。限制因子的概念颇具实用价值，例如一种植物在特定条件下生长缓慢，这并非所有因子都具有同等重要性，只要找出可能引起限制作用的因子，便能找出生长缓慢的原因。

2. 最小因子定律

最小因子定律是德国化学家利比希（Liebig）于1840年提出的，他分析了土壤与植物生长的关系，认为每种植物都需要一定种类与一定数量的营养元素，且在必需元素中，供给量最少的元素决定着植物产量，如硼、锌等。利比希指出："植物的生长取决于处在最小量状况的食物的量"，这一概念被称作"利比希最小因子定律"。

不少学者认为，应对利比希最小因子定律作2点补充，即一方面，这一定律只适用于稳定状态，即物质和能量的流入和流出处于平稳的情况下才适用；另一方面，要考虑生态因子间的相互作用。同一个生态因子，由于伴随的其他因子不同，对生物所起的作用也不一样。如光照强度不足时，提高 CO_2 浓度可使光合作用强度有所提高。因而，最低因子并不是绝对的。

（二）耐性定律

生物的存在与繁衍依赖于综合环境因子，只要其中一项因子的量（或质）过多或不足时，超过了生物的耐性限度，则该物种不能生存甚至灭亡。这一概念被称作 Shelford 耐性定律。森林植物对生存环境的适应有一个最小量和最大量的界限，只有处在这两个界限范围之间植物才能生存，这个最小到最大的限度范围称为植物的耐性范围，即所谓的生态幅。耐性定律说明，植物只有在环境条件完全具备的情况下才能正常生长发育，任何一个因子数量上的不足或过剩，均会影响其生长发育。由此可见，任何接近或超过耐性限度的因子都可能是限制因子。

森林植物对一种生态因子的耐性是长期进化的结果，随着环境条件的变化，植物的耐性也不断变化。植物对不同环境因子的耐性限度不同，不同植物对同一环境因子的耐性限度也不相同。也就是说，植物可能对一个环境因子有较广的耐性范围，而对另一环境因子的耐性范围则很窄，如作物对磷、钾肥的耐性范围比氮肥的耐性范围宽的多。同种植物在不同发育阶段对多种环境因子的耐性范围不同，繁殖期通常是一个临界期，对生态条件的要求最严格，耐性范围最窄，生长期的耐性范围宽于繁殖期；有时，一种植物种对一个环境因子的适应范围较宽，而对另一个因子的适应范围很窄，这时生态幅常常为后面一个环境因子所限制。

森林植物的生态幅对植物的分布具有重要作用。但在自然界中，植物通常并不是处于最适环境条件下，这是因为植物间存在相互竞争，使它们不能得到最适宜的环境条件。因此，每种植物的分布区，是由它的生态幅与环境相互作用决定的。

（三）生态因子作用的一般特征

1. 综合性

生境是由许多生态因子构成的综合体，因而对植物起着综合生态作用。环境中各个生态因子不是孤立的，而是相互联系、相互制约的。一个因子变化会引起另一个因子不同程度的变化，如光照强度会引起温度、湿度的变化，还会引起土壤温度和湿度的变化。

2. 非等价性（主导因子作用）

组成生境所有的生态因子，都为植物直接或间接所必需，但在一定条件下必然有一个或两个起主导作用，这种起主要作用的因子称主导因子。如干旱地区的水分不足，林分郁闭前的杂草竞争等。当所有的生态因子在质和量相当时，某一主导因子变化会引起植物全部生态关系的变化；如大气因子由静风转变为暴风时所起的作用。对植物而言，由于某因子的存在与否和数量变化，会引起植物生长发育的显著变化，如植物春化阶段的低温因子，若低温不足或缺乏，则不能发育。主导因子不是一成不变的，随时间、空间、植物种类、同种植物不同发育阶段而变化。如北方的干旱，南方喜温植物所遇到的低温，光周期现象中的日照长度等。

3. 不可替代性和互补性

植物的生存条件，即光、热、水、空气、无机盐类等因子，对植物的作用虽不是等价的，但同等重要而且不可缺少，若缺少任一生态因子，植物的生长发育受阻，且任一因子都不能由另一因子所取代。如植物的矿质营养元素氮、磷、钾和铁、硼的功能等。但在一定的条件下，某一因子量的不足，可由另一因子增加而得到调剂，仍会获得相似的生态效应。例如增加 CO_2浓度，可补偿由于光照强度减弱所引起的光合速率降低的效应，又如夏季田间高温可通过灌溉得到缓和。

4. 限定性（阶段性作用）

生物生长发育不同阶段中往往需要不同的生态因子或生态因子的不同强度。生态因子（或相互关联的若干因子组合）的作用具有阶段性，即随植物生长发育阶段而变化，植物的需要也是分阶段的，并不需要固定不变的因子，如生长初期和旺盛阶段，植物需氮量高，而生长末期对磷、钾需要量高。又如生态因子在植物某一发育阶段起作用，而在另一发育阶段不起作用，如日照长度在植物光周期和春化阶段起着重要作用。

5. 直接作用性与间接作用性

区别生态因子作用的直接性和间接性，对认识生物的生长、发育、繁殖及分布都非常重要。许多地形因子如地形起伏、坡向、坡位、海拔以及经度、纬度对植物的作用不是直接的，而是通过影响光照、温度、雨量、风速、土壤性质等，对植物产生间接影响，从而引起植物和环境生态关系发生变化。如四川的二郎山，东坡为常绿阔叶林，西坡为干燥的草坡，因由东向西运动的潮湿气流（团）受阻于东坡，而引起东西坡湿度变化的差异。

二、森林与环境相互作用的一般形式

森林与环境之间相互作用的形式主要有生态作用、生态适应和生态反作用 3 种。森林与环境因子的关系在各个等级层次上均存在，并且在方式上是相似的。

（一）生态作用

由于环境因子对森林发生作用，使森林的结构和功能发生相应的变化，环境因子对森林的作用形式主要体现在因子的质、量和持续时间 3 个方面。

1. 环境因子质的影响

环境因子的质指的是因子的状态是否对森林有意义。例如，森林植物的生长发育是在日光的全光谱照射下进行的，但是不同光质对植物的光合作用、色素形成、向光性等影响是不同的。光合作用的光谱范围只有在可见光区（380 ~ 760 纳米）内才有意义，其中红、橙光对叶绿素的形成有促进作用；蓝、紫光也能被叶绿素和类胡萝卜素吸收，我们将这部分辐射称为生理有效辐射；而绿光则很少被吸收利用，称为生理无效辐射。可以说，环境因子的“质”相当于“开关变量”，对森林植物的生长发育来说是“有”和“无”的关系。

2. 环境因子量的影响

环境因子的量是在因子的“质”对森林有意义的前提下，环境因子对森林的作用程度随其“量”的变化而变化。例如，水因子是森林存在的重要条件，水量对森林植物的生长发育有一个最高、最适和最低 3 个基点。低于最低点，植物萎蔫、生长停止；高于最高点，植物根系缺氧、窒息和烂根；只有处于最适范围内，才能维持植物的水分平衡。由此可见，环境因子的量对森林来说是“多”与“少”的关系。

3. 环境因子持续时间的影响

在质和量的基础上，环境因子对森林的作用必须有一定的持续时间才能起作用，使森林做出响应。例如，植物在不同季节、不同生境条件下，做出相应的节律性变化，只有一定时间的温度积累，才能呈现出不同的物候期。

（二）生态适应

生态适应是森林处于特定环境条件（特别是极端环境）下发生的结构和功能的改变，这种改变有利于森林的生存和发展。生态适应有短期适应和长期适应两类。短期适应一般都发生在植物的生长发育当年或近年，特别是幼年时期，其结果表现为森林结构的改变，而在过程和功能上偏离了原来的状态。森林植物如果长期适应特定的环境压力，就可能引起基因的改变并保留下来。例如，长期生长在极端干旱条件下的植物形成了各种节水或贮水结构，比如仙人掌和瓶子树等，这是植物长期适应干旱环境的结果。

（三）生态反作用

森林在生长发育过程中对环境也起着改造作用，森林对环境的反作用是人类利用和改造森林，特别是植物群落改善环境的基础。例如，森林可以调节气候、净化大气、蓄水固水、改良土壤等。

第三章　森林的功能与效益

第一节　我国的生态环境现状及存在的问题

新中国成立以来，我国生态环境建设取得了巨大的成就，特别是改革开放以来，国家先后实施三北防护林、长江中上游防护林、沿海防护林等一系列林业生态工程，开展黄河、长江等七大流域水土流失综合治理，加大荒漠化治理力度，推广旱作节水农业技术，加强草原和生态农业建设，使我国的生态环境建设进入了新的发展阶段。但由于我国生态环境条件先天不足，人口压力大，普遍存在资源过度开发的情况；加之我国经济建设步伐加快，不合理的开发建设项目使生态环境遭到新的破坏，致使我国生态环境恶化的趋势还未得到遏制，生态环境问题仍很严重。主要表现在以下几个方面。

一、自然环境先天脆弱

我国土地总量虽然较大，位居世界第三，但人均占有土地面积只有0.8公顷，是世界平均水平的1/3，人均耕地只有0.1公顷。山地、高原、丘陵面积占国土面积的69.27%，所构成的复杂地质地形条件，在水力、风力、重力等外应力作用下易造成水土流失，加上地质新构造运动较活跃，山崩、滑坡、泥石流危害严重。同时，还有分布广泛、类型多样、演变迅速的生态环境脆弱带，如沙漠、戈壁、冰川、永久冻土及石山、裸地等面积就占国土面积的28%。此外，还有沼泽、滩涂、荒漠、荒山等利用难度大的土地。特殊的地理位置使地区差异和年内、年际变化大，导致全国范围内洪涝灾害频繁，严重影响社会经济的可持续发展。我国暴雨强度大、分布广，是易造成洪涝、水土流失乃至泥石流、山崩、塌方、滑坡的重要原因。在我国独特的地质地貌基底上，一旦植被破坏，水热优势就会立即转化为强烈的破坏应力。

二、水土流失日趋严重

中华人民共和国成立时，中国有116×10^4平方千米的土地有严重的水土流失现象。到1989年底，这一面积增加了2.16倍，土壤侵蚀面积达到367×10^4平方千米，占国土总面积的38.2%，其中水蚀面积179×10^4平方千米，风蚀面积188×10^4平方千米。

每年流失土壤总量达50×10^8吨，占世界年流失量的19.2%。黄土高原面积约为64×10^4平方千米，是我国水土流失最严重的地区。由于气候干燥，植被稀少，增加了控制水土流失工作的难度，水土流失面积占该区总面积的70%，并成为黄河泥沙的主要来源。恶劣的气候和地形，加上人为的破坏因素，如不合理的耕作方式、过度放牧、乱砍滥伐和破坏植被等，也导致我国其他地区大范围的水土流失现象。土壤侵蚀带走了大量的有机质和氮、磷、钾等养分，使土层越来越薄、越来越贫瘠，直接导致耕地面积减少，肥力下降；我国经过几十年的治理，虽然取得了很大成绩，东中部地区水土流失有了一定好转，但由于“边治理、边破坏”严重，很多地区水土流失面积、侵蚀强度、危害程度仍呈加剧的趋势，全国平均每年新增水土流失面积10 000平方千米，水土流失灾害严重的形势并没有发生根本性改变。

三、荒漠化面积不断扩大

我国荒漠化土地总面积为262.2×10^4平方千米，占国土总面积的27.3%，超过全国现有耕地面积的总和。其中，风蚀荒漠化160.7×10^4平方千米，水蚀荒漠化20.5×10^4平方千米，冻融荒漠化36.3×10^4平方千米，土壤盐渍化23.3×10^4平方千米，其他类型21.4×10^4平方千米。目前，荒漠化土地正以每年2 460平方千米的速度扩大，相当于每年损失一个中等县的土地面积；全国有近4亿人口受到荒漠化的威胁，每年因荒漠化造成的直接经济损失高达540亿元；荒漠化主要分布在东北、华北和西北地区，涉及18个省（自治区、直辖市）的470个县（旗、市），形成万里风沙线。我国荒漠化不但影响范围大、类型多，而且程度严重。据综合评价，我国轻度荒漠化面积为95.1×10^4平方千米，中度64.01×10^4平方千米，重度103.0×10^4平方千米，分别占荒漠化总面积的36.3%、24.2%和39.3%。近半个世纪以来，我国荒漠化治理虽然取得一定成就，但荒漠化的发生、发展并未得到有效控制，总面积仍在扩大，且呈愈演愈烈的趋势。

四、森林覆盖率低，部分地区森林覆盖率减少

我国生态环境恶劣、自然灾害频繁的主要原因之一是森林覆盖率低，仅为16.55%，且分布不均。我国森林面积为158.9×10^4平方千米，主要集中在东北和西南地区，华东、华中、华南地区的森林面积只占全国森林面积17.96%，华北和西北地区森林则更少。广大的西部干旱、半干旱地区大片森林退化，覆盖率还不到1%。虽然我国每年都开展了大规模的植树造林，但成活率不高，而且通常是用稀疏、单一和较差的林分取代成熟和生物多样性丰富的森林。再加上管理水平低、乱砍滥伐以及林地逆转等问题，森林面积增长缓慢。因为不合理的砍伐，在一段时期内，某些局部地区森林覆盖率不但没有增加反而减少。如占长江流域上游面积56%的原四川省（含重庆），森林覆盖率由20世纪50年代的20%下降到80年代的13%；三峡库区从50—80年代森林面积减少一半以上。大面积的森林遭到破坏，大大降低了其防风固沙、蓄水保土、涵养水源、净化空气、保护生物多样性等生态功能。自1998年发生灾难性洪灾后，我国陆续启动了六大林业生态工程，森林面积正稳步增长。

五、生物多样性受到严重破坏

我国是世界上生物多样性最丰富的国家之一，MeNeely等根据一个国家的脊椎动物、昆虫中的凤尾蝶科和高等植物数目评定出12个“巨大多样性国家”，我国位居第8位。我国的野生动物和植物分别占世界总数的9.8%和9.9%，陆地森林生态系统有16大类和185类，区系丰富，生态类型多，为野生动植物栖息和繁衍创造了优越的环境条件，其中陆地野生动、植物有80%以上在森林中生存。然而由于天然林遭到严重破坏，再加上人为的捕猎，物种数量减少，有的濒临灭绝。我国已有15%～20%的动植物种类处于濒危和受到威胁状态，高于世界10%～15%的水平。近几十年来，已绝迹的高等植物就有200多种，野生动物有10余种，还有20多种濒临灭绝。

六、水资源紧缺，污染严重

我国是一个水资源短缺、水旱灾害频繁的国家。按水资源总量考虑，我国位居世界第6位，但我国人口众多，按1997年人口统计，人均水资源2 220立方米，不到世界人均水平的1/4，在世界各国排名中仅列第121位，被联合国列为13个贫水国家之一。而且我国水资源分布严重不均，东南部水量占全国总水量的82.2%，西北地区仅占17.8%。城市缺水也相当严重，我国已有100多个城市地下水开采过量，导致地面下沉、塌陷，并有继续发展的趋势。在水质方面，我国7大水系均存在不同程度的污染，位于7条主要河流旁的15座主要城市中，13座城市已受到河水污染。对532条中国河流进行的调查表明，有82%受到了一定程度的污染。此外，我国各主要湖泊富营养化日益严重。

七、大气污染和酸雨

据世界银行1997的报告，我国环境污染的规模居世界首位。1985—1994年间，全国废气排放总量年平均增长4.9%，二氧化硫排放量年平均增长0.98%。1992年，全国废气排放总量达10.5×10^8立方米，还不包括乡镇工业。其中，烟尘排放量$1\,414\times10^4$吨，比1991年增长7.6%；SO_2排放量$1\,685\times10^4$吨，比1991年增长3.9%。汽车尾气、工业锅炉和居民燃煤产生的污染物，使主要大中城市中的总悬浮颗粒物（TSP）和二氧化硫（SO_2）含量已超过世界卫生组织推荐标准的2倍。1996年，全国酸雨区面积已超过国土总面积的29%，我国南部和西南部广东、广西、四川、贵州4省（自治区）已成为

继欧洲、北美之后的第三大酸雨区。酸雨造成粮食减产、水体酸化、建筑材料腐蚀受损、人体健康受到损害，生态环境严重恶化，每年因酸雨造成的损失高达140亿元。

因此，在社会经济发展中，应该确立科学的发展观，既要促进经济快速增长，又要保护和改善环境，珍惜我们赖以生存和发展的森林资源，充分发挥其功能和效益，提高人们的生存质量，促进社会经济的可持续发展。

第二节　森林的功能与效益

森林是以乔木为主体，包括灌木、草本植物以及其他生物在内，占有相当大的空间，密集生长，并能显著影响周围环境的一种生物群落。森林与环境是对立统一的，不可分割的总体，在森林生态学中，森林被看做一种生态系统，是一个整体。

森林与人类息息相关，它既是人类的摇篮，也是一种宝贵的资源，但是它与一般的资源如煤、石油、天然气等不同，是可再生性资源，具有再生性、多效益性、连续性和社会性几个特点。其中，再生性是指森林植物利用水和二氧化碳，在阳光的作用下合成有机物、能够生长的这种特性。煤和石油是现代工业社会的主要能源，但它们是非再生性的能源，用多少就少多少，总有用光的时候。由于森林具有再生性的特点，美国、加拿大某些公司已在研究怎样把木材转化成石油，并且已经取得了一定进展。森林的多效益性表现在森林具有各种各样的效益，概括起来说主要包括直接效益和间接效益，下面将作详细介绍。森林的连续性是指由于森林具有再生性，因而就可以“永续利用”。所谓永续利用，就是根据林分的生长量和蓄积量的关系，确定合理的采伐量，以达到合理轮伐，实现“越采越多，越采越好，青山常在，永续利用”的目的。永续利用又叫“永续作业”。此外，森林与社会发展密切相关，繁茂的森林是一个国家经济发达、文化繁荣的标志，表现出明显的社会性。日本是一个岛国，森林覆盖率高达66%，是我国的好几倍，但是他们并不大量连续开采这些森林，而主要从第三世界国家进口。日本这样做，就是因为已经认识到了森林的功能和效益及其与社会发展的关系，森林不仅有生产木材等直接效益，还具有涵养水源、保持水土、净化空气、保护人们身心健康等许多间接效益。

森林的功能就是森林的功用、作用、用途，或在森林生态经济系统中的岗位职能，统称为森林在自然生态和经济社会中所起的功能。森林能为人们提供多种功能，如森林用材功能、燃料功能、保持水土功能、涵养水源功能、保护野生动物功能、提供富氧环境功能等。这些功能又同处于一个具体的森林生态系统中，森林诸功能有机地组合在一起形成森林的功能系统，各个功能之间具有内在的、不可分割的联系。

森林功能中种种使用价值的体现成了森林的效用。在森林效用中，对人类社会中有用的那部分效用，称为森林效益。因此，森林效益是人们对那些于人类社会有益的森林效用所作的评价。简言之，森林效益是对人类社会有益的森林效用。在人类社会诞生之后，改变环境的能力日益增强，人类社会与森林之间的物质交换日益扩大，对森林的认识日益提高，已由单一利用木材逐步转向综合利用森林效益。

一、森林的三大效益

作为林业经营对象的森林，既有有形的产品效益，同时在经营的过程中又发挥着巨大的系统效益，人们一般称之为三大效益，即经济效益、生态效益和社会效益。经济效益过去又称作直接效益，后二者称间接效益，总称为森林的综合效益。这些效益来自同一森林生态系统中，相互之间有密切的联系，但也各有特点。

（一）生态效益

人类在社会实践中通过劳动不断地扩大、深化对森林生态系统的系统功能、效用的认识。森林生态效益，是指在森林生态系统及其影响所及范围内，对人类有益的全部效用。它包括森林生态系统中，以木本植物为主体的生物系统，即生命系统所提供的效益，及与这些生命系统相适应的环境系统所提供的效益，生命系统和与其相适应的环境系统在进行各种生态生理作用过程中所形成的大于其组成部分之和的整体效益。

（二）经济效益

森林的经济效益主要是指在森林生态系统及其影响所及范围之内，被人们开发利用的那部分已变为经济形态的那部分效益，泛指被人们认识且可能变为经济形态的森林效益。由此可见前者特指森林实现的经济效益，后者特指森林潜在的经济效益。

森林光合作用生产的有机物是构成木材的主要成分之一，早就被人们开发利用实现经济价值，因此它作为森林的经济效益不难为人们理解。但对许多树种在生产1吨有机物质的同时释放出来的氧气的认识则很不充分，主要是没有被人们大量开发利用表现为经济形态，所以没有把它作为森林的经济效益。实际上，没有大量开发不等于不能开发。有的将森林里的富氧空气制成压缩罐头用于医疗、保健事业，这时氧气也是森林效益的一部分；有的将疗养院设在森林中，直接利用森林净化空气、降低噪音等，发挥多种卫生保健效能，这也是开发利用的一种形式，只要将它们变为经济形态，就是森林经济效益的一部分。

（三）社会效益

森林的社会效益，是指在森林生态系统及其影响所及范围内，被人们认识，并且为社会服务的那部分效益。其一是指是否对绝大多数人有益；其二是指是否已经为社会服务、为社会所利用。包括对人类身心健康的促进、对人类社会结构改进和对人类社会精神文明状态的改善。它是森林效益的最终归属，是林业经营的最后目标。

森林是陆地生态系统中的主体，森林释放的氧气比其他植物高9～14倍，在全球大气平衡中起主导作用，对全人类有益，因此从宏观的角度看，森林释放氧气的社会效益是好的；从中观或微观的角度看，如将疗养院设在森林中，或在城市中建森林公园等，除了表现为经济形态的那部分以外，都属于森林社会效益的范畴。

二、森林的直接效益

森林的直接效益包括3个方面：木材收益、能源收益、林副特产品收益。森林的直接效益是指人类对森林生态系统进行经营活动时所取得的，并已纳入现行货币计量体系，可在市场上交换而获利的一切收益，也称经济效益。包括以森林资源为原料的一切产品收入，以赢利为目的的利用森林非原料功能的收益，如森林公园、森林旅馆、疗养院、森林旅游业中相关的收益。

（一）森林生产木材的作用

人类从原始社会到现代，从陆地到海洋再到天空，随时随处都离不开森林的生产品——木材。木材在国家建设和人民生活中起着越来越重要的作用，任何经济建设部门都需要木材，尤其是在钢铁、煤矿和建筑等方面更显得重要。

1. 工、矿、交通事业方面

在房屋建筑方面，据测算每修建1 000平方米厂房，用钢筋水泥结构，约需木材100立方米，用混合结构则需木材130立方米。尽管新技术、新材料层出不穷，木材已经有了代用品，但在人们崇尚自然、回归自然的今天，还是离不开天然、环保、无害的木材。

在铁路建设方面，每修建1千米长的铁路，用枕木1 800根，约需300立方米木材，即需采伐森林1～1.5公顷。由于森林资源日益紧张，目前在铁路建设中，人们越来越多地使用钢筋、水泥制品代替枕木。

在开采煤矿方面，为了防止坍塌、保障煤矿安全，需要用木材作支撑，每开采100吨煤需要用矿柱材2.5立方米。

此外，车辆、船舶、桥梁、码头、飞机以至家具、农具、文具、玩具、运动器具、乐器、火柴等的制造，无一不需要木材。

2. 木材加工利用和林产化学方面

木材经过机械和化学加工，可制成各种工业品，来满足工业、农业和人民生活的需要。

（1）造纸。造纸是我国古代的四大发明之一，曾推动了人类的文明进步，如今纸是社会经济生活和科学文化教育中不可或缺的用品。木材的重要成分是纤维和木质素，将木质素和其他杂质去掉，留下的木纤维就是纸浆，可用来造纸，世界各国所需的造纸原料98%是木材，每造1吨纸需木材3~6吨。

(2) 制造人造丝和人造羊毛。1立方米木材可制出200千克木纤维，再制成人造丝160千克，相当于0.5公顷棉田所生产的棉花，而成本只及天然丝的1/10。人造丝比天然丝要细8~9倍，比棉花纤维细7.5倍。木材做成的人造丝和人造羊毛，质地柔软，色泽鲜艳，美观大方，经久耐用。

(3) 代替钢铁。经过化学及物理加工过的压缩木及它的制成品，是木材在近代机械工业上的新用途。其结构紧密坚实，不怕摩擦和水泡，可代钢铁使用，硬度赛似钢铁，但却比钢轻且廉价，可制轴承、齿轮、飞机螺旋桨及各种耐高压的材料。

(4) 制造板材。随着社会经济的迅速发展和人们生活水平的不断提高，在建筑装潢中需要大量各种各样的板材，最常见的是胶合板，花纹颜色比普通木材美观，又较抗压，不弯不裂，是建筑、装修、家具及包装的好材料。3.3毫米厚的胶合板可代替12毫米的木板使用；其次是纤维板，是由木材废料的木纤维加胶加压制成的，3立方米废材可制成1立方米纤维板，相当于5.7立方米好板材，且坚固、不扭曲、无裂缝，用途很广；再如刨花板，可充分利用木材废料，变废为宝，制成优良板材。

(5) 代用淀粉。因木材纤维素的分子式与淀粉的分子式相同，木材经化学处理可转化成糖再发酵成酒精，利用废弃的锯末制成酒精，可给社会节省大量粮食，同时降低成本15~20倍。

(6) 电木制品。木纤维溶解后的胶液，可制成各种工业品，即电木制品。现世界上已有20 000种电木制品，如电讯工具、乐器、唱片、胶卷、笔杆、眼镜框、烟盒等。

(二) 森林林副产品的重要经济意义

森林除了能生产大量主产品——木材外，还能生产许多珍贵的林副产品，如树皮、树叶、树脂(树胶)、果实等，不仅是轻化工业和医药制造方面的重要原料，还可以食用，提高人们生活水平，其中有许多是重要的出口资源，其经济价值有的远远大于木材本身的收益，在国民经济中占有重要地位。

1. 重要的工业、医药原料

(1) 宣纸。青檀又名檀皮树，是我国特有植物，广泛分布于辽宁、河北、山东、河南、江苏、安徽、浙江、四川等地，尤以安徽分布最多，安徽则以宣城地区最为集中，其树皮是造宣纸不可缺少的原料。优质宣纸由80%的檀皮和20%的稻草混合制成，一般的宣纸则用60%的檀皮和40%的稻草制成。

(2) 桐油。是油桐果实中的油，为我国特产，在中南地区产量最多，现已引种到欧美各国。桐油是举世无双的干性植物油，我国桐油产量占世界的90%左右。近代工业有1 000多种需要用到桐油，其主要用途是油漆、防水剂、油墨、防腐、医药等。

(3) 樟脑和樟油。樟油是很好的溶剂，樟脑主要用于医药及化学和国防工业上。樟脑和樟油是从樟树的根、干、枝、叶中提炼出来的，樟树分布在我国台湾和南方各地，远在2 000多年前，我国人民就已掌握了提炼樟脑和樟油的方法。我国的樟油和樟脑产量占世界的90%，居世界首位。

(4) 松香和松节油。从松类树干中提取的树脂即松脂，松脂中含松香70%、松节油30%。松香和松节油都是工业不可缺少的原料，我国的马尾松、云南松、华山松和红松都能生产松脂。马尾松是我国主要的产脂树种，树脂产量占全国的90%。

(5) 杜仲。杜仲树的干燥树皮，入药称为杜仲，为我国特产。它是珍贵的药材，能治高血压。杜仲树的叶、皮、果实含有丰富的杜仲胶，是一种硬性橡胶，绝缘性好，硬度大，是各种电器的优良材料。

(6) 栓皮。即软木，是栓皮栎的树皮（东北的黄波罗也有栓皮层）。栓皮栎主要产于我国，遍布秦岭以南、南岭以北各省。栓皮比重小、浮力大、弹性好、不透水、耐酸碱，对热、声、电的绝缘性好，是重要的工业原料。

(7) 橡胶。是橡胶树的副产品，而橡胶树是天然橡胶的主要原料植物。它不仅是国计民生中的重要物资，而且它还和钢铁、石油和煤炭合称为世界四大工业原料。橡胶树原产南美亚马孙河流域，主产巴西，现已引种到世界上30多个国家，以东南亚各国栽培最盛，马来西亚、泰国、斯里兰卡、印度尼西亚和印度产量占世界总产量的90%以上。到目前为止，橡胶树栽培不过100多年的历史，年产胶

350×10^4吨，我国年产干胶超过13×10^4吨（占3.7%），居世界第6位。

我国自1904年以来，在云南、广东和台湾进行引种栽培。从20世纪50年代起我国注意了橡胶树的发展，在引种栽培和抗寒育种等方面做出了巨大贡献。在云南研究成功的人工生态群落——胶茶群落，无论在理论还是在实践上都取得了重要突破。茶树在橡胶林下间作，密度适当时可产生干热效应，使冬季温度比对照高0.5℃，从而对胶树越冬起到保护作用；茶树间作可减少冲刷量，减轻水土流失，据研究胶茶群落的冲刷量是76.05千克/公顷·年，而农田则是54.71吨/公顷·年，相差竟达700倍以上。

此外，花椒、八角、厚朴、白蜡、枸杞、棕榈、紫胶、五倍子、三尖杉、喜树等都是工业和医药原料及调味品，也是我国重要的出口商品。

2. 食用珍品

在古代，我国就有栽培经济林的习惯，春秋战国时代的《战国策》记述“北有枣、栗之利，民虽不田作，枣、栗之实，足是于民矣。”可见在当时栽培枣树和栗树已有相当的规模。在我国森林植物中，可用来食用的植物非常丰富，常见的有以下几种。

（1）松子。我国松树种类很多，松类种子中可食用的主要有红松、华山松、白皮松等，其营养价值高，是珍贵的食品。

（2）茶油。从油茶种子中提取，是我国南方重要的食用油，加工后可作工业和医药原料，也是国际市场上的畅销商品。

（3）榛子。是榛树的果实，含油率高达50%～60%，高过油茶、芝麻、花生，而与核桃不相上下，但其蛋白质含量超过核桃，每年大量出口外运。

（4）香榧。是榧树的果仁，我国特产，熟食生食均可，香脆可口，为干果中的上品名产。

（5）板栗。是我国特产的主要干果，营养丰富，味美适口，驰名中外。在国际市场上称为“中国甘栗”，是传统的出口商品。

（6）银杏。又名白果，是银杏树的种子。可供食用和医用，为我国特产，一直属于我国传统的出口商品。

（7）枣。是我国传统的出口商品，既可食用又可药用。华北和西北地区数量最多，质量也好。枣树是栽培历史最悠久的果树之一，至少有3 000年的历史。

此外，还有众所周知的茶、竹笋、椰子等许多有价值的食品。

3. 其他林副产品

森林不仅本身能出产木材和食用珍品，它又是野生植物和动物资源的宝库。在我国的南疆北域广大的天然林中，出产许多名贵的药材、美味的食品和大量的珍禽异兽。现将主要的说明如下。

（1）蘑菇。在东北大多自然生长，在南方均是人工栽培，尤以安徽、福建、浙江、江西等地最为丰富。蘑菇是人们日常生活中最常见的食品。

（2）木耳。在栎树类腐木上培育，以陕西、四川、贵州、湖北为主要产区。东北的木耳也很有名。木耳有3种：黑木耳，普通作为菜食用；白木耳，是贵重的补品，可与人参齐名；红木耳，更是名贵，又称“金耳”。

（3）人参。是东北林区的特产，尤其以长白山区较多，是中药中最珍贵的补品，有温补的特效，除供应国内市场外，还向南洋和其他国家出口。

（4）竹荪。在竹林下培育的一种食用菌，很名贵，市场上少见，现已可以人工栽培。

此外，我国森林中还有贝母、党参、当归、白芍、半夏等，非常丰富，举不胜举。

我国森林中动物资源也很丰富，有珍贵的药材如虎骨、熊胆、蛇胆、犀角、羚羊、麝香等，有珍贵的毛皮兽如水獭、灰鼠、紫貂、猞猁、狐、旱獭等。

三、森林的间接效益

森林除具有直接效益外，还有许多间接效益，主要包括涵养水源，保持水土；调节气候，增加降水；降低风速，防风固沙；净化大气，改善环境；保护生态环境，提高生物多样性等。

(一) 涵养水源、保持水土

水在自然界起着循环作用，人们对水调节的好，就是水利；调节的不好，就是水害。有森林的山丘区，在下暴雨的时候，很少出现水土流失现象，暴雨之后，不致造成洪水泛滥，也不会因为干旱而使河川枯竭；而光山秃岭，一旦遇到暴雨，水土大量流失，甚至引起山洪暴发，洪水泛滥，造成很大危害。俗语说："山上没有树，水土保不住；山上栽满树，等于修水库；雨多它能吞，雨少它能吐。"大量研究表明，我国各地河流含沙量与流域内森林覆盖率成明显的正相关关系，森林覆盖率越高，河流含沙量越低；反之，含沙量越高（表3-1）。森林之所以具有这种功能作用的原因在于以下几个方面。

表3-1　我国各地河流含沙量与流域森林覆盖率的关系

地区或河流	森林覆盖率（%）	径流总量（$\times10^8$立方米）	含沙量（千克/立方米）	年输沙量（$\times10^8$吨）
东北	29.6	1 702	0.51	0.86
华北	4.5	172	8.72	1.50
黄河	6.7	430	37.00	15.93
淮、沂、沭河	16.2	598	0.25	0.15
浙闽区各河流	43.7	2 462	0.11	0.26
长江	20.8	9 293	0.54	5.02
珠江及华南各河流	28.6	467	0.22	0.95
西南地区各河流	19.1	2 158	0.75	1.62

1. 林冠对天然降雨的截留作用

在降雨过程中，雨滴对裸露土壤表现出直接的侵蚀破坏作用。郁闭的森林，枝叶繁茂，树冠相接，直接承受着雨水的冲击，使林地土壤免受暴雨的打击，削弱了雨滴对土壤的击溅作用，减轻了土壤侵蚀，延长了产生地表径流的过程。

一般地，在中等降雨强度下（10~20毫米/小时），由于森林的存在，林冠可截留降雨量的15%~30%，而后再蒸发到大气中去。但大部分降雨落到林内，一部分被林内枯枝落叶吸收，一部分则渗入土壤变成地下径流，两者之和为降雨量的50%~80%，还有5%~10%的雨水从林内蒸发掉，只有0%~10%的降雨形成地表径流。而裸露地上，渗入土壤内的雨水只有0%~10%，形成地表径流的则高达70%~80%，加之裸露地表几乎没有什么障碍，地表径流速度快，极易引起土壤侵蚀。

2. 林地死地被物层的水文和水土保持功能

森林死地被物层是指覆盖在林地表面的枯枝落叶、落花、落果，以及其他动植物残体。因为该层主要由森林凋落物组成，故又称凋落物层或枯枝落叶层。死地被物层不仅是土壤有机养分的重要来源，而且在森林涵养水源和保持水土中具有极其重要的意义。

死地被物的水文效应主要取决于森林凋落物的种类、成分、数量和分解程度等因素。一般情况下，森林通过凋落物每年可给每公顷林地增加1.5~10.0吨有机物质。据报道，四川西部高山冷杉林，每年凋落物量为1.05~3.01吨/公顷，但不同地区、不同的森林类型、密度和林龄等，林下凋落物种类、成分和质量都有很大差异。死地被物层的生物量还与自然地理分布带有密切关系。据报道，高山森林每年可产生凋落物量为1.6吨/公顷，寒温带和暖温带分别为3.6吨/公顷和5.8吨/公顷，热带森林则高达9.2吨/公顷。低纬度地区虽然凋落物量大，但气温高、湿度大，分解速度快，现存量少；高纬度地区则相反，凋落物量少，但分解慢，现存量大。

良好的死地被物层具有相当大的容水性和透水性（表3-2）。森林凋落物层吸水性能的大小，一方面与其厚度成正比，另一方面与形成凋落物的树种及其年龄有着密切的关系。一般说来，混交林凋落物层比纯林的厚度大；阔叶林的凋落物层比针叶林厚度大；树龄大的凋落物层要比树龄小的厚度大。据南京林业大学对江苏沿海几种人工林的测定，15年生的刺槐林，其凋落物层厚度和吸水能力分别为2.3厘米、15.4吨/公顷；7年生的意大利杨林为1.5厘米、9.2吨/公顷；10年生的柳杉、水杉混交林为

2.5 厘米、18.7 吨/公顷；经营 12 年的竹林为 3.5 厘米、26.5 吨/公顷。凋落物层厚度越大，吸水能力越强，对涵养水源和保持水土的作用也越大。

表 3-2 不同森林类型死地被物容水量

森林类型	地点	死地被物（吨/公顷）	容水量		
			质量（吨/公顷）	占死地被物的%	相当于水深（毫米）
红皮云杉林	内蒙古	21.2	6.36	298.58	6.3
杨桦林	吉林松花湖	9.91	45.61	460.29	4.5
落叶松林	吉林松花湖	18.92	59.61	315.06	5.9
苔藓云杉林	甘肃祁连山	97.26	363.99	374.25	36.4
冷杉林	四川西部	40～43	240～258	600.00	24～25.8
辽东栎林	陕北黄龙山	41.3	72.6	175.79	7.3
油松林	福建	10.06	30.18	300.00	3.0

森林凋落物层不仅能吸收降水、保护表土免遭雨滴的直接冲击，防止土壤板结，而且还可增加地面粗糙度，起到阻挡、分散径流和调节河川流量、削弱洪峰的作用。由于凋落物层的挡雨、吸水和缓流作用，使径流不能短时间内集中，因而可减缓洪峰流量、降低洪枯比。但是，森林削弱洪峰流量的作用是有限的，对一次暴雨比较明显，对连续暴雨或多年一遇的暴雨就不那么明显了，其作用多在 25% 以下。

3. 林地土壤的渗水、蓄水作用

森林有改良土壤结构的作用，表土一般为团粒结构，土壤孔隙率特别是非毛管孔隙率大，为水分渗透、蓄积降水创造了良好条件。

（1）森林土壤的透水作用。林地土壤具有强大的透水性和容水性，这是因为森林改善了土壤理化性质。森林每年都产生大量的枯枝落叶，同时土壤中还有相当数量的树根和草根腐烂，可大量增加土壤中的有机质。有机质经分解，变成黑色的腐殖质，与土壤结合形成良好的团粒结构，使土壤密度减小、孔隙度增大。据测定，林地土壤具有大量大团粒结构的土层可深达 40～50 厘米，而一般草地和农田土壤只有少量小团粒结构，且主要分布在土壤表层。

其次，根系腐烂形成了大量孔道。森林土壤中林木根系盘根错节，且分布较深，林木采伐后，这些根系逐渐腐烂，形成根系孔道。据研究，黄土高原 20 年生的刺槐人工林，每公顷垂直根系通道在 15 000条以上，许多侧根是从中心辐射出去的，因而腐烂后也形成辐射状的孔道，有利于水分迅速地分散到较深的土层中。

此外，土壤动物活动形成了大量洞穴、孔道。森林中大量的枯枝落叶，给土壤动物提供了丰富的食物和良好的隐蔽场所，这些动物不仅疏松了土壤，产生了大量的洞穴、孔道，而且其排泄物能在土壤表面形成良好的水稳性团粒结构，增大土壤空隙。

由于上述原因，在森林土壤中水分下渗速度很快（表 3-3）。如果林地渗透速率以 100 计，则采伐迹地、草地、崩塌地分别为 62、39 和 39，步道土壤紧实，仅为 4。处在斜坡上的森林不仅有能力接纳林地上空的降水，而且可能还有余力接纳来自上方（农田、牧场或荒地）的地表径流。

表 3-3 林地与非林地土壤渗透能力

调查内容	林地			非林地			
	针叶林	阔叶林	合计	采伐迹地	草地	崩塌地	步道
调查样点数	13	10	23	13	3	8	4
渗透能力（毫米/小时）	246	272	259	160	191	99	11
相对值（%）	96	106	100	62	39	39	4

（2）森林土壤的蓄水作用。土壤能够贮存水的总量取决于它的孔隙率和土层厚度。由于森林土壤

的孔隙率远比其他形式的用地大，因而其贮水能力很强。在土壤孔隙中，毛管孔隙所贮存的水分能够抵抗住重力作用而保持在孔隙中，这种水分对江河水流和地下水不起作用，但坡地植被所需的水分几乎全靠它们供应。非毛管孔隙除形成水分运动的通道外，还为水分的暂时贮存提供了场所。当水分进入土壤的速度大于它流到底层的速度时，水分就贮存在孔隙中，延长了水分向底层渗透的时间。森林的这种减少地表径流，促进水流均匀进入河川或水库，在枯水期间仍能维持一定水位、水量的作用，称为森林的水源涵养作用。而森林涵养水源能力可用贮水量来表示，其公式为：

每公顷林地降水贮存量（吨）=10 000（平方米）×土层深度（米）×土壤非毛管孔隙率（%）×水的密度（吨/立方米）

这里的非毛管孔隙，是指土壤能使降水凭借重力渗透下去的孔隙。非毛管孔隙率越大，土壤贮水量也越大，越有利于涵养水源，而毛管孔隙中的水分粘附在土壤颗粒上，不能再往下层渗透移动，也就不能发挥涵养水源的作用。必须注意，由这个公式计算出来的林地贮水量是静态蓄水量，而森林涵养水源的过程是一个动态过程，因而它不能完全反映森林涵养水源的功能。

（二）调节气候，增加降雨

1. 森林对气候的影响

当大面积的森林郁闭成林后，它能有效地促进林地及其周围地区的热量和水分状况的变化，森林对气温的影响主要表现在降低平均气温，缩小年温差、日温差，使温度变化趋于缓和。据测定，在森林上空 500 米范围内，有林地年平均气温比无林地低 0.7~2.3℃。夏季林内气温比林外低 3~4℃，冬季气温则高于林外 1~2℃。一天之中最高温度林内低于林外，而最低温度则林内高于林外；一般白天林内温度低于林外，夜间和黎明则高于林外。

森林对气温的这种影响，主要是通过林冠层的活动达到的。在晴朗的白天，太阳辐射强烈，由于林冠层的遮挡，约有 80% 的太阳辐射被茂密的林冠阻挡而不能直射林地，穿透林冠的部分，又为林内灌木、地被物所吸收，因而辐射能量大大降低。据观测，白天林内辐射强度只有林外的 10%~15%。林冠遮阴，加之本身的蒸腾吸热，使林内气温在一定时间和时期（白天、夏季）较无林地低；而林冠的覆盖又使林内空气对流大大减弱，因此又使林地气温在一定时间和时期（夜间、冬季）较无林地高。

森林对气温、土壤温度和空气湿度的调节作用，不仅对林木本身的生长发育十分有利，而且对林地附近农作物的生长也十分有利，并且还可减少各种灾害性天气的发生。夏季白天气温、地表土温降低，可以减少蒸发，抗旱保墒，另外因林冠强大的蒸腾作用降低了气温，从而可避免气流急速上升，破坏产生冰雹的条件，故有林地区很少有冰雹危害；春季和秋冬气温和土壤温度升高，则可延长林木生长期，提高生长量，还可减轻霜害。农田防护林就是通过这种作用对农作物起保护作用的。若城市周围有森林，这种空气环流可减轻热岛效应，同时消散城市上空的废气。

2. 森林对降雨的影响

森林对降雨的影响，主要是因为森林具有强大的蒸腾作用。一个地区降雨多少很大程度上取决于大气中水汽含量的多少。在无林空旷地，只有地表蒸发，蒸发量小，对空气中水汽含量影响不大。而在有林地区，林木在生长过程中以其强大的根系吸收土壤深层水分，向上空大量蒸腾。据测定，在夏季，1 株树一天中散失的水分相当于本身叶重的 5 倍，而 1 株树枝叶面积要比这株树所占的土地面积大 75 倍，由于蒸腾面积比空旷地大得多，这就大大增加了输送到空气中的水量。由林冠蒸发的大量湿气被迅速带到上空，由于森林附近空气湿度大、温度低，为水分凝结形成降水创造了条件。

在一个地区，当有较大规模的森林时，不论是集中成片还是均匀成块状或带状分布，就能形成一个优越的气候区，有效地增加降水量。甘肃是我国有名的干旱少雨省份，但“森林雨”现象比较明显，存在着以林区为中心的多雨区，如以陇南白龙江为中心的多雨区，面积约 5 000平方千米，年降水量达 700 毫米，比周围无林区多 100~200 毫米。广东雷州半岛在新中国成立前，林木稀少，干旱严重；新中国成立后，造林 24×10^4公顷，森林覆盖率达23%，年降水量增加32%。据前苏联资料，有林地区降水量比无林地区多3.6%~17.6%，最高可达26.6%。对法国南锡地区的研究表明，林区比无林区年降水量多16%。一般认为，森林面积在 7 000公顷左右，即可起到增加降水的作用。

（三）降低风速，防风固沙

空气流动就成为风。同其他任何事物一样，风既有有利的一面，又有有害的一面。风可以将海洋的湿气吹至大陆，还可以调节植物体温，促进植物生长等。但当风速大于 5 米/秒时，轻则可以使农作物倒伏，重则毁地扒苗，吹落枝叶，吹折茎秆，使植物过度蒸腾，造成凋萎，落花、落果、落叶，发育不良，生长衰退，甚至死亡等。在风沙区危害更大，陕西榆林地区北部沙地，每当大风一来则飞沙走石，沙丘移动，威胁村镇，填塞河渠，破坏农田，阻碍交通等。

1. 林带降低风速的作用

俗话说："树大招风"。其实，风是大气环流、空气流动形成的，树不仅不会招风，反而能挡风。那么，在风大的天气站在树下，为什么觉得风大呢？实际上，那是树木在和狂风展开激烈搏斗所发出的叵声，由于响声大，使人感到风也大，树招来了风，这是一种错觉。

当前进中的风遇到林木后，一小部分从枝、叶、干的空隙中挤过去，在这个过程中经过摩擦、碰撞，风力就减弱了；大部分风由于林木阻挡、迫使它沿林冠向高空吹去，然后再逐渐回到地面，这本身就会使风速减小，而且当和透过林木的气流会合时，又削弱了一部分风力。如果是成片林，人们只听到风声，却感觉不到有大风：由于动能削弱，越向林内风速越小。如果是防护林网，被削弱的风在没有恢复到原来的风速时，就被另一条林带所阻挡。这样，经过几次阻挡，强风就被驯服了。据测定，在疏透结构林带背风面相当于树高 20～25 倍的地方，风速才恢复到原来的 80%；如果遇到第 2 道林带，风力又要在同样的距离按同样的百分比递减。这样，风力就由强变弱，由弱变无了。

2. 林带防风固沙作用

由于防护林降低了风速，故有效地起到防风固沙作用。以"风库"著称的新疆吐鲁番，在 1961 年 5 月 31 日刮了一场持续了 13 小时的 12 级大风，由于没有林带防护，全县受灾农田达 1.5×10^4 公顷，其中 1×10^4 公顷基本无收。但在 1979 年 4 月一场持续 20 小时的 12 级大风中，由于有了防护林带的保护，全县受灾面积只有 0.23×10^4 公顷，只占前次的 18%，现在，8 级以下的大风基本无灾害。所以，群众说："沙地没有林，有地不养人；沙地有了林，沙地变黄金。"

3. 林带改善小气候和增产作用

林带风速降低后，引起了一系列气候因子的变化，改善了气候条件，给农作物稳产高产创造了有利条件，我国黄淮海地区，在小麦灌浆期有一段持续较长的干热风，常使小麦减产。据观测，在农田中间栽植泡桐（7 年生），同未栽植泡桐的农田比较，风速降低 35%～58%，地面蒸发减少 20%～40%，空气湿度增加 9%～29%，土壤湿度提高 24%，温差缩小。这样就能有效地减轻干热风危害，为小麦生长创造了良好的环境条件，使小麦增产 10%～30%，获得桐粮双丰收。

（四）净化大气，改善环境

森林通过吸收同化、吸附阻滞等形式成为污染物归宿的浩大汇库，能使污染物离开对人畜产生危害的环境而转移到另外一个环境，这种功能称为净化作用。据测定，树木每生产 1 千克干物质就要过滤 3 111立方米的空气。每公顷热带雨林每年净化空气为 $6\ 813 \times 10^4$ 立方米，亚热带杉木林为 $3\ 000 \times 10^4$ 立方米，东北混交林为 $2\ 000 \times 10^4$ 立方米。全世界森林每年生产的干物质约为 737.5×10^8 立方米，能净化空气量约为 $229\ 436.25 \times 10^{12}$ 立方米，把这些洁净的空气平铺在地球表面足有 449 米厚，可供 40 亿人呼吸消耗 1 万余年。

1. 森林的除尘功能

据统计，全世界每年向大气排放烟尘约 10^8 吨。每燃烧 1 吨煤，就给空中增加十几千克煤烟，烟尘中最有害的部分是 <0.05 微米的颗粒，即粉尘。其组成因地区、燃料的种类和工业原料的不同而异。除尘埃外，尚含有油灰、炭粒、铅、汞等金属小粒以及附着在烟尘中的微生物和病原菌等。它们通过肺直接进入血液，较大的颗粒沉积于肺中，使人易患气管炎、支气管炎、尘肺、矽肺、肺炎等疾病。当悬浮在大气中的灰尘浓度较大时，能降低太阳照明度和辐射强度，特别是减少紫外线辐射，从而降低太阳光的杀菌和医疗作用。

而森林对大气中的烟灰和粉尘却具有吸附和阻滞作用。一方面，森林以它高大的树干、稠密的林冠减弱风速，降低空气携带灰尘的能力，使空气中混杂物沉降下来；另一方面，树木叶片有一个较强的蒸腾面，晴天要蒸腾大量水分，使树冠周围和森林表面保持较大湿度；同时它可以利用自身不同的生物学特性，如叶表面粗糙、多绒毛、分泌黏液可滞留空气中的漂尘，从而大大降低空气中灰尘的含量。在城镇中，街道林带的减尘率为44.2%，乔木行道树减尘率为63.1%～89.7%，乔木和绿篱结合的绿化带减尘率可达95.7%。以森林面积而言，1公顷云杉每年能滤尘约320吨，1公顷水青冈可滤尘68吨，每1株树滤尘量相当于本身重的几倍。森林蒙尘后，经雨水淋洗，还可以恢复滞尘作用。

2. 森林吸碳放氧的功能

森林通过光合作用吸收二氧化碳、放出氧气，又通过呼吸作用吸收氧气放出二氧化碳，从而起到调节大气中氧气、二氧化碳浓度的作用。森林有很大的叶面积，吸收二氧化碳的能力很强，叶片要形成1克葡萄糖，需要消耗2 500升空气中所含的二氧化碳，而形成1千克的葡萄糖，就必须吸收250×10^4升空气所含的二氧化碳。如樟树在进行光合作用时，每平方厘米的樟树叶片每小时就能吸收0.07立方厘米的二氧化碳。1公顷的阔叶林在生长季节一天可以消耗1吨二氧化碳，放出0.73吨的氧气。落叶林每年释放氧气16吨/公顷，针叶林每年释放氧气30吨/公顷，常绿阔叶林每年释放氧气20～35吨/公顷。一个成年人每天呼吸需要消耗氧气为0.75千克，排出二氧化碳为0.9千克。如果在晴天最适宜生态条件下，有25平方米的树林叶面积，就可以释放一个人所需的氧气和吸收掉二氧化碳。

大量研究表明，森林生产干物质的能力，就是生产氧气的能力。大气中的氧气是亿万年来植物生命活动所积累的，地球上60%的氧气来自于陆地植物，尤其是森林（表3－4）。

表3－4 地球上各种生态系统放氧量

生态系统类型	面积（10^6平方千米）	放氧量［吨/（公顷·年）］	放氧总量（10^8吨/年）
北方针叶林	15	15.6	23.4
温带森林	8	31.2	25.0
热带、亚热带森林	10	39.0	39.0
干旱林地	14	5.2	7.3
农用地	15	10.4	15.6
草地	26	7.8	20.3
冻原	12	2.6	3.1
荒漠	32	2.6	8.3
冰川	15		

3. 森林吸收有害气体的功能

树木一方面受毒气所害，另一方面对有毒气体具有抗性和除毒能力。不少树木，可把浓度不大的有毒气体吸收掉，从而避免在大气中累积达到有害的浓度，在有毒气体浓度太大时也会伤害树木，因此在一定浓度下，才能发挥林木净化大气的作用。

大气中常见的污染气体如二氧化硫、氟化物等均可被森林吸附。二氧化硫常和漂尘结合在一起，进入人体肺部危害人体健康；二氧化硫被树木吸收后形成硫酸盐，贮存在林木体内，只要二氧化硫的浓度不超过临界浓度，树木叶片可以不断吸收二氧化硫（表3－5）。空气湿度的大小，对吸收能力影响很大，相对湿度为80%以上时，比湿度10%～20%时吸收速度要快5～10倍。由于森林能提高空气湿度，所以在吸收二氧化硫方面有特殊重要的意义。如柳杉林每年吸收二氧化硫720千克/公顷，华山松林在1个月内可吸收二氧化硫70千克/公顷。

表3－5 树叶吸收SO_2和F的能力

树种	每克干叶含SO_2数量（毫克）	树种	每克干叶含F数量（毫克）
合欢	7.54	大叶黄杨	0.15
悬铃木	7.14	臭椿	0.095
加杨	7.08	加杨	0.084
臭椿	6.56	泡桐	0.056

（续表）

树种	每克干叶含 SO_2 数量（毫克）	树种	每克干叶含 F 数量（毫克）
梧桐	6.12	女贞	0.048
构树	4.74	榉树	0.045
夹竹桃	4.22	桑树	0.035
女贞	3.54	垂柳	0.021

树木吸收氟化物的能力亦很强。氟及其化合物是一种毒性较大的污染物，它比二氧化硫的毒性要大10～100倍。在正常情况下，树木体内的氟含量为0.5～25毫克/升。但在氟污染地区，树木叶片含氟量可为正常叶片含氟量的几百倍至数千倍。如在氟化氢污染情况下，侧柏树叶中含氟量可为正常含氟量的1 387倍，槐树为1 488倍，泡桐为1 580倍，华山松为1 616倍。其他有害气体如氯气、氨气、汞和铅的蒸汽也可被树木吸收。

4. 森林的杀菌功能

种类繁多的细菌，散布在广阔的大气中。空气中通常含有37种杆菌、26种球菌、20种丝状菌和7种芽生菌以及各种病毒，给人们身心健康带来很大威胁。大量研究表明，森林具有杀菌作用，可有效地降低空气中的含菌量。例如，在南京市闹市区空气含菌量高达49 700个/立方米，公园为1 372个/立方米，而郊区植物园只有1 046个/立方米，仅为闹市区的2.1%。

树木具有杀菌作用。有些树木的叶、花、果、皮等产生一种挥发性物质，称为“杀菌素”，能杀死伤寒、副伤寒病原菌、痢疾杆菌、链球菌、葡萄球菌等。杀菌素是由树木的特殊组织——油腺在新陈代谢过程中分泌出来的香精、酒精、有机酸、醚、醛、酮等。愈是芬芳的树种，分泌的杀菌素愈多，它一方面以其香味掩蔽有臭味的空气污染物，另一方面以其杀菌素杀死污染物中的有害细菌。由于森林的杀菌作用，使有森林的地方与无森林的地方空气含菌量差别极大，森林外细菌含量为3×10^4～4×10^4个/立方米，而森林内仅为300～400个/立方米，如松树、圆柏、云杉、桦木、山杨、椴树、樟树、圆柏等都有这样的特性。据测定，1公顷阔叶林整个夏季可分泌3千克杀菌素，针叶林为5～10千克，而圆柏林则达30千克。

一般来说，能分泌挥发油类的树种其杀菌能力都比较强。在城市绿化中，具有很强杀菌能力的树种有黑胡桃、柠檬桉、悬铃木、紫薇、圆柏、橙、柠檬、茉莉、薜荔、复叶槭、柏木、白皮松、柳杉、稠李、雪松等。另外，树木根系的分泌物也能杀灭土壤中的病原菌，从而对土壤起消毒作用。据报道，水流在通过30～40米宽的林带后，细菌量减少了1/2；在流经50米宽、30年生的杨桦混交林后，含菌量减少90%以上。由此可见，森林对净化空气和水质都有显著作用。

（五）保护生态环境，提高生物多样性

远古时代，人们靠狩猎和采集野生植物的果实过着茹毛饮血的生活，虽然有时也放火围猎大型哺乳动物，刀耕火种地破坏森林，但当时人口稀少，对森林生态环境影响不大。但随着人口激增，对资源的消耗急剧增加，于是人们大肆采伐、破坏森林资源。由于森林环境为许多动、植物的生存和发展创造了条件，森林的破坏就必然使许多生物失去生存环境，其物种也必然随之消亡。据估计，在人类主宰地球后，每天有100种生物消失，地球上30%～50%的植物在今后100年内将不复存在。目前，全球物种灭绝速度比自然进化灭绝速度至少高25 000倍。我国生物多样性丰富程度虽然很高，但由于种种原因，已有15%～20%的生物物种受到严重威胁，高于世界10%～15%的平均水平，天然林毁灭的速度大大高于世界平均水平的每年1%。目前，由于我国实施天然林资源保护工程，天然林及野生动植物资源受到了良好的保护。

森林之所以能够保护自然生态环境，是野生动植物的乐园和庇护所，主要是因为它具有时空优势、种群优势、生产优势和演替优势。地球上凡是能够生长森林的地方，不管它目前是什么样的陆地生态系统，最终都将演替为森林生态系统。如南京中山陵风景区在20世纪初基本上没有森林，后来广植马尾松，马尾松成为主要树种，在林分中占绝对优势。随着林分的自然演替，落叶和常绿树种侵入，现马尾松逐渐衰退，生长势下降，终将形成亚热带常绿阔叶林。再如大兴安岭火灾之后，以兴安落叶松为主要

树种的林分被破坏，喜光的落叶树种首先侵入，但经过若干年后又形成对兴安落叶松有利的环境条件，最终将形成以落叶松为主的林分。森林的这种演替优势为丰富生物多样性提供了良好的环境。

生物多样性是一定空间范围内多种活有机体有规律地结合在一起的总称，包括所有植物、动物、微生物以及所有的生态系统和它们形成的生态过程。1995 年，联合国环境规划（UNEP）在《全球生物多样性评估》中给出一个较简单的定义是：生物多样性是生物和它们组成的系统的总体多样性和变异性。森林对生物多样性的保护作用主要表现在以下 3 个方面。

1. 维护生态系统的多样性

我国幅员广大，地域辽阔，南北跨越热带、亚热带、暖温带、温带和寒温带，气候类型多，再加上地质地貌复杂多变，为我国丰富生物多样性提供了优越的自然环境条件。不同地带具有不同地带性森林植被类型，这些类型又由地带性的植物、动物、微生物等共同构成地带性的森林生态系统。我国陆地生态系统有 27 大类、460 类，其中森林生态系统占 16 大类和 185 类，在保护生态系统多样性方面发挥了巨大作用。

在各类生态系统中，森林生态系统拥有的生物多样性最高。我国生物资源无论种类和数量都在世界上占有重要地位。从植物区系的种类数目看，我国约有高等植物 30 000种，居世界第 3 位。全世界裸子植物共 12 科 71 属 700 余种，我国就有 11 科 41 属近 300 种。此外，我国许多古老的特有种在世界上也占有重要地位。我国还是世界上野生动物资源最丰富的国家之一，有许多特有珍稀种类。据统计，我国陆栖脊椎动物约有 2 340种，约占世界陆栖脊椎动物的 10%，我国鸟类是世界上种类最多的国家之一，约占世界鸟类的 13%。到目前为止，全国共建立各级各类自然保护区 2 349个，总面积占陆地国土面积 15%。这些保护区中包括国家级自然保护区 265 个，国家级风景名胜区 187 个，国家森林公园 627 个，国家地质公园 138 个。各类保护区网络的建立，使全国 90% 的陆地生态系统类型、85% 的野生动物物种和 65% 的高等植物群落以及 300 多种重点保护的野生动物和 130 多种重点保护的野生植物栖息地得到了有效保护。这些国家重点保护的区域，生态系统保存相对完好、生物多样性丰富、植被和地貌景观多样，是维持我国重要生态系统功能的主要组成部分，基本构筑了我国陆地生态安全支撑体系框架，也是维护未来我国国家生态安全的重要屏障。

2. 保护物种的多样性

物种多样性常用物种丰富度来表示。所谓物种丰富度是指一定面积内种的数量。我国有木本植物 8 000多种，其中 2 000种乔木树种，这是构成森林生态系统的主体。森林是物种最丰富的区域。森林不但为植物和微生物提供了生存的基底和营养来源，也为动植物提供了栖息场所和丰富的食物。在森林生态系统中，植物多样性决定了动物多样性。我国陆生的野生动物有 80% 以上在森林中生存。全世界热带森林虽只占陆地总面积的 7%，然而它却集中了世界物种总数的 50% ~70%。我国热带森林生态系统面积只占国土面积的 0. 5%，却拥有全国物种资源总数的 25% 左右。

森林是许多生物的摇篮，任何生物要生存和发展，仅靠自己的能力是不够的，需要生物之间相互依存、协调发展，这种需要是全方位的，植物与植物，植物与动物，植物与微生物，以及动物与动物，动物与微生物，这种复杂的关系链群相互联系，相互支撑；物种越丰富，链群越复杂，支撑越牢固，生态系统就越稳定，从而更好地满足人类的需要。

3. 保护遗传基因多样性

森林物种的多样性孕育着遗传基因的多样性，森林生态系统的多样性是遗传多样性和物种进化的保证。林木种质资源蕴藏着极为丰富的遗传变异，变异越丰富，物种对环境的适应能力愈强，物种进化的潜力也越大。人们可以利用这些遗传特性，运用基因工程的方法，培育出高产、优质、抗病的经济动植物品种。

众所周知，每一个物种都是一个宝贵的基因库，这些基因是在生物进化的漫长岁月中形成的，也许要经过几百万年甚至上亿年的历史。生物种的灭绝，其基因也随之消失，就会造成不可弥补的损失。例如，杂交水稻在我国粮食生产中起了很大作用，可是其父本却是在海南发现的野生水稻，如果这种水稻灭绝，也许我们今天就培育不出杂交稻。水杉在发现以前，仅天然生长于湖北利川县和四川石柱县的天然林中，试想如这两地的水杉被砍完了，基因消失了，那么人类就可能失去一个优良的用材、观赏树种。因此，保护森林是保护遗传基因多样性的有效途径。

第 二 篇

林木种子生产与苗木培育

第四章　林木良种生产

林木种子是育苗和造林中最基本的物质基础。使用遗传品质和播种品质两方面都优良的种子育苗造林成活率高，成林快，林分质量高。只有保证有足够数量的优质种子才能保证育苗造林任务按计划完成。为了实现林木良种化，获得优良种子，必须在掌握林木开花结实的自然规律基础上，建立良种繁育基地（如采种母树林、种子园、采穗圃等），应用先进的生产技术，提高种子的产量和质量。

本章主要介绍实现林木良种化生产的3条主要途径：母树林的改建、种子园的营建和管理、良种采穗圃的建立。

第一节　母树林的改建

一、母树林的概念

母树林是以大量生产播种品质和遗传品质有一定程度改善的林木种子的林分。它是从现有的天然或人工林分中选择优良林分，进行去劣留优的逐步改建和加强管理的基础上建成的。

二、母树林的林分选择

改建成母树林的林分选择时应符合以下标准：地理起源清楚；林分中优良林木占优势，林分去劣留优后的疏密度不低于0.6；一般应为同龄林，如选异龄林，则母树间的年龄差异要小；林分处于盛果初期；林分以纯林为好，如选用混交林，则目的树种的株数占50%以上。此外，还要求林分的生产力较高，周围无同类树种低劣林分，林分面积较大，立地条件较好等。

三、母树林的疏伐改建技术

（一）母树林改建的关键技术措施

母树林改建的关键技术措施是去劣疏伐。目的是淘汰表现低劣的树木，提高林分种子的平均遗传品质；改善林分内的光照条件，促进母树的生长和冠幅发育，促进开花，提高种子产量。

（二）疏伐的对象

在改建母树林的林分已确定的基础上，需要对林分内树木的生长状况、植株的分布状况进行调查，从生长量、干形、树冠结构和冠幅、抗病虫害能力和结实能力等方面对林木分类评价，性状表现良好的植株作为母树选留；对生长差、干形弯曲、冠形不整、侧枝粗大、受明显的病虫害感染和结实差的植株，要首先伐除。

（三）疏伐的原则

疏伐的原则是留优去劣和照顾适当的株间距。疏伐可分2或3次进行。首先要根据生长状况伐去杂树和低劣母树，尽量保留优良植株，疏伐的强度对母树的生长发育影响较大，要根据树种特点、郁闭度、林龄和立地条件等来确定。第一次疏伐的强度可以大些，在50%～60%，使郁闭度降至0.5左右，保留母树的树冠间距在1～2米，以后根据母树生长和开花结实状况隔数年疏伐1次，以提高单位面积的种子产量。

（四）合理的管理

为利于母树的生长和结实，在必要的条件下，对母树林还要实施除草、施肥、病虫害防治等管理。

第二节　林木种子园营建和管理技术

一、种子园的概念

种子园是由优树的无性系或家系组建的，以大量生产优质种子为目的的特种林。对该林分需采取与外界花粉隔离和集约经营，以保证种子的优质高产、稳产和便于采摘。利用种子园生产的种子具有遗传品质好、结实较早、多且稳定、管理方便、育苗简便，效益显著等优点。我国的杉木、长白落叶松、马尾松、油松、湿地松、日本落叶松、红松等部分树种通过建立种子园其材积、通直度及抗病增益都有不同程度的提高。

二、种子园主要类别

种子园可按繁殖方式、繁殖世代、改良程度等划分类别。按繁殖方式可分无性系种子园和实生苗种子园。无性系种子园是用优树的枝条通过嫁接方式建成的种子园，是当前种子园的主要形式。实生苗种子园是用优树种子繁殖的实生苗建成的种子园。按改良程度和世代可分为第一代种子园和多世代种子园，其中，第一代种子园又有初级无性系种子园和改良无性系种子园之分；多世代种子园又可分为第二代种子园和改良高世代种子园等。

三、种子园地域特点与规模确定

（一）种子园的地域性特点

每个种子园的供种范围都有一定的区域限制，生产的良种只有在适宜的地区利用，才能体现其增产潜力。通常种子园要建在它的供种区域内。即种子园种子主要供应给与优树产地生态条件相似地区，或在试验基础上确定供种范围；为增加种子产量，北部种子园区的优树可以转移到中、南部气候条件好的地区建园。

（二）种子园的规模和产量确定

可根据供种区内树种年造林任务和种子需要量建立种子园；对种子园单位面积产量的预测来确定种子园规模；面积确定还要为进一步发展和调整留有余地。

四、园址的选择与规划设计

（一）园址选择

1. 建园地点的生态因子

（1）气象因子。应选择有较高的积温、适度的降水、避免灾害性气候频发的地区作为建园地点；

（2）地形条件。一般要求地形平缓（小于25度）、开阔、向阳、面积大且完整、使用权清楚；

（3）土壤条件。要求土层厚、肥力中等、透气排水好、酸碱性适宜该树种、有灌溉条件等的土壤条件。

2. 遗传环境

要求与同种或近缘树种林分有一定距离。

3. 交通及社会经济条件

要求考虑到建园地点要符合交通方便、劳力充足等条件。

（二）种子园及其他相关育种群体的规划

在种子园规划时，其他育种中的群体，如优树收集圃、子代测定林、苗圃等是必备的，并需要设置在一定范围内，所以要同时进行规划。

（1）当种子园、收集圃、测定林位于同一地段时，种子园应位于上风位置且有一定的距离。

（2）为管理和无性系配置方便，种子园要分区经营。经营大区一般 3～10 公顷，视集约程度、地形等因素划定，配置小区一般0.3～1公顷，取决于无性系配置方式、数量等。

(3) 建筑物、道路等设置要利于生产和生活及防火等。

(4) 种子园规划要为进一步发展留有余地。

(三) 建园无性系（家系）数量

从供种范围、遗传基础、减少近亲繁殖影响和初级种子园的去劣疏伐考虑，建园无性系或家系要有一定数量，但不是越多越好，建园无性系或家系数量太多，遗传增益降低，且测定工作量加大。对于初级种子园要考虑花期同步和去劣疏伐，10～30公顷的以50～100个无性系为宜；大于30公顷的以100～200个无性系为宜；改良种子园为初级种子园的1/3～1/2；特殊配合力种子园可以更少。实生种子园数量应多于无性系种子园。

五、无性系种子园营建

种子园营建技术包括栽植密度的确定、无性系的合理配置、繁殖材料准备、整地和定植等几项内容。

(一) 栽植密度的确定原则

要有利于植株生长与开花结实；充分利用异交；考虑是否进行去劣疏伐且有利于良种单位面积高产。树种速生、立地条件好、改良种子园或无性系种子园，以及无性系数量少时，密度宜小；而树种慢生、立地条件差、初级种子园或实生种子园，以及无性系数量多时，密度宜大。

(二) 无性系配置

即确定种子园内不同重复中无性系间的相对位置。配置原则要使无性系间充分自由交配且近交几率最小。要求做到以下几方面。

(1) 同一无性系各分株的间距最大（降低自交几率）。

(2) 避免各无性系植株间的固定搭配（扩大遗传基础）。

(3) 便于施工、管理。

(4) 无性系间的生长和产量可以统计比较（降低系统误差）。

(三) 苗木准备

营建种子园时可以先嫁接后定植，也可以先定砧后嫁接，另外，对于实生苗种子园要用超级苗，同时还要考虑到补接和补植的问题。要根据具体的建园方式和用苗时间及用苗数量准备好苗木。

(四) 整地与定植

整地形式有大穴、水平或反坡梯田，与造林整地形式相同（详细内容见第三篇森林营造部分）；定植有单株无性系、群状实生苗等形式。

六、种子园管理

种子园管理的主要目标是保证和增加种子产量，提高种子的遗传品质。种子园管理的主要技术内容包括：土壤管理、病虫害防治、树体管理、去劣疏伐、花粉管理和技术档案。其目标是为了提高种子产量，改善种子品质。

1. 土壤管理

土壤管理包括改善土壤的理化性质、调整根系分布以保证养分供应，有效提高产量；还包括花芽分化前的深根断根；在土壤或叶子养分分析基础上的合理施肥；利于保水保肥的地表管理及适宜的灌溉。

2. 病虫管理

病虫管理关系到种子的产量和质量，是种子园管理的重要内容。

3. 促进开花和辅助授粉

采用树干的局部环割或束缚等方法促进开花或在种子园花粉不足时采用喷粉器、纱布袋、风力灭火器搅扰等方法进行辅助授粉。

4. 树体管理

目的是降低结实层方便采摘果实，改善光环境提高种子产量。树体管理的方法有树干截顶、整形修剪等。

5. 去劣疏伐

去劣疏伐种子园经营中提高种子遗传品质及产量的措施。去劣疏伐的主要依据有：自由和控制授粉子代遗传表现；无性系结实能力；无性系间的花期同步状况；单株所在位置；无性系生长和抗病虫、逆境能力。

6. 技术档案

（1）文字档案。种子园规划设计书，技术合同，管理和技术报告，研究论文等。

（2）图面档案。种子园总体规划图，各配置区的无性系配置设计图，优树收集图、子代测定林等有关设计和定植图等。

（3）表格档案。优树登记表、优树与无性系编号表、无性系生长和结实调查与登记表，无性系花期调查和统计表等。

第三节　良种采穗圃的营建与管理

一、良种采穗圃的概念

采穗圃是大量生产无性繁殖材料（接穗或插条）的专门圃地。良种采穗圃是为优良无性系造林提供插条和种根的采穗圃，它是用经过测定、遗传品质确实优异的无性系或实生优良植株建成的。建立采穗圃进行良种生产其优越性体现在：穗条集约经营，大幅度提高繁殖系数；采取幼化措施，降低成熟与位置效应；采取修剪、施肥等措施，可保证穗条生长健壮、充实，提高繁殖成活率；集中管理，方便病虫害防治以及穗条采取；避免穗条长途运输、保管，随采随用，保证成活率。

二、良种采穗圃的建立

选择作业方便、条件优良的圃地，为采穗圃生产奠定基础。适时整形修剪，将伏化控制贯穿于采穗圃经营的全过程。加强水肥管理，保证种条质量，延长采穗圃使用寿命。合理密植，提高单位面积的穗条产量与效益。块状定植，标识清楚，避免品种或无性系混杂。

三、良种采穗圃的管理

良种采穗圃管理的主要内容包括土壤管理、采穗母树的整形修剪和复壮。土壤管理与种子园土壤管理基本相同，采穗母树的整形修剪主要是为了改善光环境，提高穗条的产量和质量。林木品种复壮可采用根茎萌条法、反复修剪法、幼砧嫁接法、连续扦插法、组织培养法等，退分化返幼复壮结合茎尖培养、理化处理病毒等方法达到复壮的目的。

第五章　林木结实

种子和林木是森林培育的物质基础，除了地衣、苔藓、蕨类等低等植物外，植物类群中的高等植物包括被子植物和裸子植物，都必须经过开花、传粉和受精作用才能产生种子，利用种子繁殖后代，使其生生不息。育苗造林中所谓的林木，都属于此类种子植物，而且都是木本种子植物。那么植物种子为什么能够用来繁殖后代？这是由种子的形态构造决定的。从植物学的观点出发，种子是由胚珠发育而成的繁殖器官，因而种子应具有完整的胚，是幼小植物的缩影。从林业生产的角度来看，种子的含义相对比较广泛，播种用的种子和果实统称为林木种子或林木种实。

要了解林木结实规律，首先了解林木发育过程；林木结实年龄受多方面因素影响有所差异；花芽分化导致林木开花结实；林木结实有自身的规律性，同时环境条件作为林木结实的受控因素对其影响很大。

第一节　林木发育与结实

一、林木发育阶段

从种子萌发到林木死亡这个大周期（林木小周期：也叫年周期，从林木芽苞开放、营养器官生长、开花、结果到生长结束进入休眠期）中，从种子经营观点出发，通常将林木分为下列不同生长发育阶段。

（1）种子时期。由合子形成到种子发芽。

（2）幼年时期。从种子发芽到第一次开花结果。这一时期以营养生长为主，为生殖器官的形成积累有机物质和矿质营养，是林木个体建造的重要时期。

（3）青年时期。从林木第一次开花结果到结实量大幅度上升，是林木生长发育逐渐成熟的时期。这个时候，母树以营养生长为主逐渐转入与生殖生长相平衡的过渡时期。

（4）壮年时期。从林木结实量大幅度上升到结实量大幅度下降，是林木结实盛期，也是采种的最佳时期。

（5）老年时期。从林木结实量大幅度下降到林木死亡。

二、林木结实年龄

（1）林木开始结实的两个先决条件，其一是林木必须达到一定的年龄；其二是林木必须达到一定的个体大小。也就是说林木结实既受林木遗传基因的控制，同时也受林木营养水平的控制。

（2）不同树种，林木开始结实的早晚和持续时间长短差异十分明显。

（3）同一树种，在不同立地条件下开始结实的早晚和持续时间长短差异也较为明显。表明林木生物学特性和环境条件的适应关系对林木结实的早晚和持续时间长短也有一定程度的影响。

（4）树种的耐阴性不同，结实的早晚和持续时间长短有所差异。一般喜光、速生的阳性树种开始结实早，喜阴、生长缓慢的树种开始结实晚。油松 7 ~ 10 年，落叶松 14 年左右，云杉要 50 ~ 60 年。

（5）林木起源不同，结实的早晚和持续时间长短也有差异。人工林比天然林结实早，因为人工林相对环境条件好，比如红松的人工林 20 年结实，而天然林需要 80 ~ 140 年开始结实。

（6）由于各种原因，林木营养生长发育不能正常进行，会造成林木提前开花结果，这是一种不正常现象，林业上称之为“未老先衰”。

三、林木花芽分化与种子形成

（1）林木花芽分化概念。个体生长发育到一定程度，营养物质积累到一定水平，有良好环境条件，有激素的诱导作用，顶端分生组织要分化成叶芽和花芽，这一过程称为花芽分化。树木在早年其体内激素优先用于营养生长，经过若干年后，营养生长下降，分生组织中的激素才能积累到足够高的水平引导分生组织的分化，也就是能够达到导致开花的临界浓度，这时才能开花。

（2）林木花芽分化时间。多在开花结果前一年夏季到秋季之间。如油松雄花花芽分化期是7月上旬至8月中旬，雌花花芽分化期是7月中旬至8月中旬，第2年5月上旬开花授精，第3年春天受精后的球果开始发育。有些树种的林木，花芽分化在春季完成，有些树种一年多次花芽分化。

（3）种子形成受控因素较多。受精过程、胚胎发育、杂种夭折、杂种不育等。

第二节　影响林木结实的因素

林木结实有自身的规律性，从花芽分化、开花、传粉、受精到形成种子的一系列生长发育过程中，林木结实要受母树自身条件的影响。但外界环境因子对林木结实的影响也很重要，当某一环节受到阻碍时，必然会影响到种子的形成，影响结实的数量和质量。总结内外因素，影响林木结实的主要影响因素可归纳为如下几个方面。

（一）林木个体自身生长发育情况

林木个体自身生长发育情况是开花结果的基础。从林木生长发育的阶段性看，林木总是要经过一定年龄，达到一定个体大小，营养物质积累到一定水平才能开花结实，在开始结实的早期阶段结实量小，随着年龄的增长结实量逐渐加大，壮年时期结实量最大最好，这一时期也是最佳采种时期，进入老年时期结实量明显下降。

不同树种结实情况大有不同。同一树种不同林分的结实也有差异。即使是同一树种同一林分的不同林木个体之间，可能由于遗传原因或局部环境原因，林木个体的生长发育状况也有差别，表现在开花结实的能力上常有很大差别。

（二）土壤条件

土壤水分条件对林木结实有很大影响。适时适量的土壤水分供给有利于花芽的形成和果实的发育。如果在开花传粉后，子房开始膨大期间，正遇土壤干旱又不能及时灌溉供水，会引起落花落果，或造成果实发育不良，种粒小，不饱满，种子发芽率低。同一树种，在湿润土壤上的母树种子，要比干旱土壤上的种粒大，质量好。在干旱的造林地区常会出现林木提早结实现象，这是由于水分供应不足，加速林木细胞液浓度的提高而引起的，属于不正常现象，这种母树上的种子不宜用于育苗造林。

土壤肥力问题也在很大程度上影响林木结实。土壤肥力状况，可以影响林木同化器官的形成，有效积累营养物质，促进花芽分化，满足开花和形成种子所需的营养物质。土壤肥力高的林分，林木个体生长健壮，种子产量高，质量也较好。土壤肥力差的林分，林木生长缓慢，树干矮而弯曲，林木个体生长发育状况不良，结实量低，种子质量差。

另外，土壤结构和土壤酸碱度也会不同程度地影响林木结实。土壤水肥等条件可以通过施肥、灌溉、间种绿肥、细致整地、除草松土等措施得到改善，进而促进林木生长发育，提高林木结实量。

（三）光照条件

光照是林木重要的生活因子。充足的阳光有利于光合作用的进行，有效地积累碳水化合物等营养物质。光是热能的主要来源，有效提高地温，使土壤微生物活动旺盛，以释放矿质营养，供应树体养分需要。所以充足的光照有利于树体的营养积累，促进花芽分化和种子的形成。

孤立木、林缘木由于受光充足，光能利用率高，光合作用的产物积累较多，因而进入正常结实的年龄较早，结实量大，种子质量也高。

林分密度影响林内光照情况，因而种实的产量和质量也会有很大差异。郁闭度小的林分光照充足，土壤温度较高，土壤微生物活动旺盛，林地枯落物中矿物质营养释放多，林木光合作用效率高，营养条件好，树冠大，结实量多且质量好。而郁闭度较大的林分，枝条重叠，树冠受光不足，光合作用降低，导致花芽分化不良，致使林分的结实量不多。

同一林分不同林木个体由于分化导致个体发育状况有差异，占据林冠上层的接受光照条件好，结实情况就好。有些个体生长发育弱，处于林冠层以下，光照不足，结实量低或不结实。即使是同一林分同一林木个体的不同部位由于受光不同，结实量也不同。接受直射光的树冠上方和阳面结实量多，而树冠背阴面结实量少。

坡向对林木结实也有一定影响。山区林分生长在不同坡向，接受的光照强度不同，林分结实量有明显差异。一般分布在阳坡、半阳坡的林木，由于光照时间长，温度也较高，母树的同化作用旺盛，营养积累也好，林木开始结实比阴坡早，结实量也高。质量也比阴坡好。

（四）温度条件

同一树种生长在不同地区个体种子质量、数量、结实规律有所差异。生长在温暖地区的林木，由于生长期长，生长发育条件较好，所以林木开始结实早，结实的间隔期短，又因种子发育和积累营养物质的时间长，形成的种子种粒饱满，种子产量高，质量好。

不同树种开花结果对温度有不同要求。不同林木开花对温度有一定的要求，如果温度满足不了，则不能正常开花。在花芽分化期，如果平均气温较高，会提高母树枝叶细胞液的浓度，促进蛋白质的合成，而有利于花芽形成。如红松开花需要气温稳定在 17 ~ 18℃，华北落叶松需要春季5℃以上积温值等于或大于 170℃时，才能开花、授粉。据中国林业科学研究院亚热带林业研究所对油茶花期生态及结实力的研究，如盛花期气温低于常年，则下年为歉年；如盛花期气温高于常年，则下年为丰年。

温度剧烈变化对开花结果的影响。如果在花期遇到低温害，不仅会推迟花期，还会使花大量死亡，果实发育期遇上低温，会使幼果发育缓慢，种粒不饱满，或不能成熟，导致种子减产，质量下降。

（五）降雨、风、传粉对开花结果的影响

开花时期，如遇连续下雨，花粉会被雨水冲走，柱头上的糖分和其他物质也会被冲掉，而此类物质是花粉发芽所必需的。因此，花期多雨，会妨碍花粉发育，多雨天气还限制了昆虫的活动，影响虫媒花授粉，空气湿度过大的天气，也会影响风媒花传粉，所以花期多雨对异花授粉树种结实量的影响尤为严重。夏季种实形成时期，如遇久雨不晴的天气，会影响光合作用的正常进行，光合产物减少，种子的成熟期推迟，既影响种子产量，又影响种子质量。暴雨和冰雹会对林木结实产生直接灾害，干旱少雨也会导致落花落果，降低当年林木结实量。

风利于花的授粉。但大风也会吹落花朵和幼果，影响结实量。

林木的传粉条件对种子产量和质量影响很大。从林木的开花习性看，有些树种如刺槐、泡桐等为两性花；但有许多树种是单性花，如松科、柏科、杉科等针叶树种及栎类、核桃、桦木等多数阔叶树种；还有一些树种雄雌异株，如银杏、杜仲、毛白杨等树种。而且大多数树种是异花传粉，这些特性都影响林木结实。两性树相距太远，会影响传粉。风媒花的花粉虽然可以传播很远，但随着距离的增加，花粉飞散密度相应减小，影响授粉和受精过程，或授粉、受精不足，使子房产生的激素不够，不能调运足够的养分促进子房的膨大生长，影响正常结实。一些雌雄异株的树种，如果两性植株的比例相差太大或分布不均匀，会使传粉和受精发生困难。如毛白杨在山东和江苏，几乎全是雄株，而不能结实；在河北省又多为雌株，雄株少，也影响到结实。如苏州对银杏栽培有悠久历史，但由于对雄株保护不够，而影响了银杏结实量。雌雄花比例不适当也会影响结实量。据日本学者调查，落叶松结实间隔期长的原因是雌雄花比例差异大造成的，主要是雄花多，雌花少，甚至在极端情况下，只有雄花，而不能结实。雌雄异熟也会影响林木结实，即雌蕊和雄蕊不同时成熟，一般是雄蕊先熟，花粉飞散时，雌蕊还未成熟，不能受粉，形成花多而无果实的现象。散生的孤立木，常因授粉不好或易形成自花授粉，种子空粒比重大，种子质量不好，播种品质差。

所以，要使林木结实良好，还要注意适当地配置授粉树，使不同的母树距离不能太远，使雌雄株数比例适当，分布均匀，创造良好的传粉条件。

（六）生物因子

病菌、昆虫、鸟、兽、鼠类的为害常使种子减产，同时也使种子质量下降。

第六章　林木种子采集、调制与贮藏

要获得大量品质优良的种子，必须了解林木结实的规律并做到适时采种和及时处理。确定适合的采种期和采种方法对种子采收的效率和种子品质影响很大；种实调制有利于种子贮藏和提高种子利用率；种子贮藏的目的是为了延长种子生命力，种子含水量决定了种子贮藏的方法。

本章主要介绍以下内容：林木种子采集、调制与贮藏的理论基础、林木种子采集、调制与贮藏技术。

第一节　林木种子采集、调制与贮藏的理论基础

一、林木结实间隔期与种子生产的关系

（一）林木结实间隔期的概念

在天然林或人工林中，已经开始结实的树种，因受各种因子的影响，每年结实量差异很大，有的年份结实量多，有的年份结实量中等，而有的年份结实量少甚至不结实。一般把结实量多的年份叫大年或丰年。结实量中等的年份叫平年，结实量很少或没有产量的年份叫小年或歉年。两个丰年之间的间隔年数称为结实间隔期。林木结实丰年和歉年交替出现的现象叫做林木结实周期性。

（二）产生结实间隔期的原因

不同树种结实间隔期不同，有的树种结实量非常稳定；有的树种结实量基本稳定；而有些树种结实量极不稳定。造成结实间隔期的原因除了生理的原因导致树体营养失调，限制花芽形成之外，环境条件通过营养状况对林木的结实也产生很大影响。

1. 林木自身调控

林木在营养生长及生殖生长过程中，自身营养重心会不断发生变化，在林木结实量丰富的年代，为了自身生命的延续，林木会通过自身的调节，将大量营养供应于种子及果实的发育，从而导致当年的花芽分化不良，使次年出现歉年。

2. 树体营养供应

林木经过结实大年之后，树体消耗大量养分，造成花芽分化的关键时期营养不足花芽分化不能正常进行或不能够形成足够数量的花芽，下年就出现歉年；再者由于养分的消耗不仅影响到花芽分化，而且造成下年结实所需营养物质不足，导致授粉率、着果率都会降低，甚至出现落花落果的现象影响种子产量。

3. 环境条件

通过影响营养物质的供应、合成、积累与分配而影响树木的结实。如水分与养分的供应不足，会使花芽分化和花芽发育受到不良影响，降低结实量。

4. 栽培技术

为了缩短林木结实间隔期，要实行集约栽培，用科学的方法调控林分密度，加强水肥管理，及时补充丰年消耗的营养物质，合理控制每年的结实量，必要时进行适当的疏花疏果，保证树体良好的营养条件。

5. 不合理采种

丰年时林木结实量多，种子的品质也较好，应大量组织采种、贮藏，以补歉年不足。但采种时一定要使用合理的采种方法，以免人为加剧结实的间隔期现象。

二、种子成熟与种子采集和贮藏的关系

（一）种子成熟的过程

种子成熟过程是胚和胚乳的发育过程，是受精后的卵细胞发育成具有胚根、胚茎（轴）、胚芽、子叶的全过程，也就是说形成植物的一个小的缩影。

种子成熟过程中，种子内部各种不同类型有机或无机物质在不断发生一系列生物化学变化，最后使种子具备种的延续和繁殖能力，也即具备发芽能力时即为种子成熟。

种子成熟包括生理成熟和形态成熟两个过程。

（二）生理成熟

生理成熟：指种胚发育到种子具备发芽能力，其特点是含水量高，内含物质处于易溶状态，种皮不致密，保护组织不健全，水分散失快，内含物质也容易损失，贮藏性能较差。

（三）形态成熟

形态成熟：是指种子外部表现出来的特征，特点是内含物质由易溶状态变为难溶状态，树体营养停止向种子运输，种子营养物质积累结束，种皮具备了良好的保护功能，整个种子抗逆性强，耐贮藏。

真正成熟的种子具备的几个特点：营养物质积累停止，内含物质不再增加；种子内含物质成贮藏状态，具有很强的抗逆性能；种皮致密而坚硬，呈现特有的色泽；种胚具发芽能力，能够发育成苗木。

（四）种子成熟的外部特征

一般种子达到成熟时，球果或果实皮色由绿色变为深暗的颜色，常可依据球果或果实外部颜色的特征确定采种期。

（1）球果类。果鳞干燥、硬化、微裂、变色。如油松、侧柏、白皮松、杉木变为黄褐色，落叶后变为淡黄色等。

（2）干果类。荚果、蒴果、翅果等果皮多由绿色变为褐色。果皮干燥、紧缩、硬化。如刺槐荚果赤褐色，水曲柳、色木翅果黄褐色。榆树翅果是由绿色变为白色。

（3）肉质果类。果皮软化，颜色随树种变化较大。如山杏、银杏为黄色，山丁子为红黄色，小蘖变为红色，桑树聚花果呈紫黑色。

（五）种子成熟的感官鉴定

成熟的果实中酸味下降，果实变甜，因为果实中的有机酸在成熟过程中，较变为糖，增加果的甜味，如李、杏。有些树种的果实早期无甜味，成熟过程中淀粉较变为糖，而增加甜味，如枣。有些果实在成熟中，单宁被氧化成无涩味的过氧化物，而使涩味消失，如柿、香蕉等，果实成熟时，产生脂肪酸和醇的复合物而具有香味。

三、林木种实类型与种实调制

种实是种子、球果和果实的总称。林业上一般所用的种子，有的是种子，如油松和马尾松；有的是果实，如糖槭、白蜡、橡实。

种实调制是指种实采集后，对其进行脱粒、净种、干燥、去翅和分级等技术。

在生产上为了制定科学的种实调制方法，一般把调制方法相同或相近的种实归并分类为球果、干果、肉质果3种类型。

球果类：包括绝大多数针叶树种，如松属、冷杉属、落叶松属、杉科以及柏科等。

干果类：指荚果、蒴果、翅果、坚果等。

肉质果类：指浆果、核果、肉质果等。

四、影响种子寿命的因素

种子寿命有多长，能在多长的时间内保持生命力？受众多因素影响，但不管影响的因素有多少，总

的来说可以分为内因和外因两种。

(一) 影响种子寿命的内在因素

从内在因素看，种子的寿命长短与养分构成、种皮结构和种子含水量有关，此外种子的成熟程度，种子的机械损伤程度等也对种子寿命有重要影响。

1. 种子内含物

不同树种种子的内部所含物质的性质不同，其寿命长短亦异。一般认为富含脂肪和蛋白质的种子寿命长，而含淀粉多的种子寿命短。这是因为复杂的脂肪和蛋白质转变为可利用状态的物质所需时间长，同时被分解释放出的能量也比淀粉高，营养转化慢，单位养分释放的能量比淀粉高，只要有少量的脂肪和蛋白质释放能量就能满足种子微弱呼吸作用的需要，由于单位时间内维持种子生命力所消耗的物质比淀粉少，所以种子的寿命较长。据测定 1 克脂肪能放出 38. 9 焦耳热能，1 克蛋白质能放出 22. 6 焦耳热能，1 克淀粉放出的热能为 17. 2 焦耳热能，如松柏类种子和豆科树种的种子含的脂肪、蛋白质较多，种子寿命长。栎类、板栗等种子含淀粉多，种子寿命较短。

2. 种皮结构

种皮致密、坚硬，有蜡质，不易透水、透气的种子寿命长。皂荚、山楂、椴树、圆柏、红松、合欢、刺槐、漆树、黑荆、相思树等种子种皮致密、坚硬、透水性差，通气性差，种子寿命较长。花椒、漆树等种子的种皮还有蜡质，阻碍水分和氧气进入种子内部，抑制种子的呼吸作用与物质转化，有利于保持种子生命力。

有些种皮中含有较多抑制萌发的物质，使种子寿命较长，如山楂、红松、椴树、水曲柳、漆树等树种的种子属于这种类型。有些种皮薄、膜质的种子氧气和空气中水分已进入种子，使呼吸作用加强，营养物质消耗较多，因而寿命较短，如杨树、柳树、榆树、桦树等种子属这种类型。油桐、油茶、核桃等树种的种子虽富含脂肪，但寿命较短，其原因是种皮较脆薄，有的种皮细胞壁部分木质化，缺少弹性，在采集调制，运输贮藏中易受温度、湿度影响，易受机械损伤，这时期呼吸作用加强，消耗营养物质多，而缩短了种子寿命。

3. 种子含水量

水是一切生命活动的基本条件之一。种子内部的一切生理活动和生化活动都和水有直接关系。种子本身是一小团亲水胶体，种子内的水分有的处于同胶体结合的状态，称为胶体结合水，而有的是处于游离状态的自由水。

种子含水量高时，种子内自由水增加，酶活性增加，种子呼吸作用加强，营养物质消耗多，种子寿命缩短。如果呼吸所释放的水和二氧化碳及热不能及时排除，还会导致种子发生自潮、自热和霉烂现象，影响种子生活力。

种子含水量低时，水分主要部分处于胶体结合状态，与蛋白质、淀粉牢固地结合在一起很难移动，不受外面大气变化的影响，呼吸作用及其微弱。无微生物活动所需的水分和热量条件。在低温条件下，种子内的胶体接合水不易结冰，种子也不易遭受冻害。所以含水量低的种子，对不良环境条件抵抗力强，也不会发生自潮、自热和霉烂现象，因而有利于保持种子生命力。

种子含水量高时影响生活力，但含水量过低时也会降低种子生活力。如麻栎种子含水量降低至 30% 以下时，就变质发黑，显著降低发芽率。所以不能认为有树种的种子含水量越低越好，而是因树种不同，各有一定适宜的维持种子生命力所必需的含水量称为安全含水量，又称标准含水量，贮藏含水量，是种子贮藏期间维持活动所需要最低度的水分百分率。

有些树种种子的安全含水量较低，可低于气干状态时含水量，可视为低含水率类型。如针叶树种子、杨属、柳属、豆科、蝶形花科、桦木等许多树种的种子属于低含水率类型，安全含水量大多在 3% ~14%，其中针叶树种子在 5% ~10%，阔叶树种多在 5% ~14%。杨树和榆树种子含水率在 3% ~4% 时，也有较好贮藏效果，但极度干燥易使种子受到伤害。豆科种子含水率过低时容易形成硬粒。

有些树种的种子安全含水量较高，可称为高含水率类型，这类种子安全含水量在 20% 以上，多在 20% ~50%。如麻栎和栓皮的安全含水量为 40% ~50%。不同树种的种子安全含水量不同。同一树种，如果产地不同，种子的安全含水量也不相同。

4. 种子成熟度和健康状况

没有充分成熟的种子，种皮不具备正常的保护功能，含水量较高，呼吸作用强，易溶物质变成贮藏物质的转化还未完成。种子大多营养物还是易溶状态，对微生物的活动也有利，种子容易发热，容易感染病菌而发霉腐烂，致使种子丧失生命力。因此充分成熟的种子寿命较短，且难贮藏。

种子受机械损伤和冻伤外，种皮不完整，空气能自由的进入种子中，促进呼吸作用。种子受冻后，酶的分解作用加强，可溶性糖和含氮物增多促使呼吸作用加强。同时微生物也从种子破伤处侵入，损害种子，致使种子丧失生命力。

在采集贮运过程中，受过潮的种子，及时将其干燥到原来的水分含量，其呼吸强度仍比未受过潮的种子为大。这是因为受过潮的种子，内部已经增加了可溶性物质，增加了酶的活性，且不能再度干燥而使其酶活性恢复到原来的水平。所以经过萌动和经过浸种的种子，酶活性加强，呼吸强度增加，都不易继续贮藏。

（二）影响种子寿命的外在因素

种子的生活力在一定的程度上受内在因素制约，但环境因素也起着重要的作用。在环境因素中，对种子生活力影响的主要因素有空气温度和湿度，其次是通气条件和生物因素。了解各环境因子对生命力的影响作用，从而可通过采用不同措施，进行人工和调节，以延长种子寿命。

1. 温度

温度是影响种子寿命的主要环境条件之一，是影响种子内部新陈代谢的主要因素。种子在低温条件下，呼吸作用微弱，物质与能量消耗较少，种子寿命较长。当温度升高时，酶活性增强，会促使种子内部物质成分结合转化。在一定的温度范围内（0～55℃）种子的呼吸作用随温度升高而增加，加速了贮藏物质的消耗，缩短了种子寿命。当温度升高到50～60℃，呼吸强度急剧下降，原生质的结构陷入紊乱，蛋白质凝固，种子死亡。若温度过低，会使种子内自由水结冰，使种子受机械作用及生理上的原因而死亡。

一般种子，最适宜的贮藏温度时0～5℃。在这种温度条件下，种子的生命活动微弱，而又不致发生冻害，利于种子生活力的保存。许多试验表明，充分干燥的种子，用超低温贮藏效果良好，即在0～20℃的低温条件下贮藏种子，能较好地延长种子寿命。

种子对温度的适应范围因树种而异。如日本赤松种子在－20～2℃温度范围内贮藏效果都很好，而日本柳杉用－20℃比2℃的好。

种子的含水量不同，对温度的适应范围也不相同。含水量低的种子，细胞液浓度高，在各温度条件下，呼吸强度变化不显著。而含水量高的种子，随着温度的增高，呼吸强度几乎是直线上升。白蜡树种子含水量为20%～25%时，于－4℃温度时可贮藏1～2年；种子含水量降到12%～20%时，于－10～－4℃温度下可贮藏2～3年，种子含水量降至7%～10%时，于－10℃的条件，可贮藏3年以上。

高含水量类型的种子，多数在0～3℃的温度条件下贮藏效果较好，少数种子可在0℃以下的环境中贮藏，但一般情况在0℃或更低的温度环境中，种子易受冻害。

低含水量类型的种子，能耐低温。如松树、刺槐、白蜡、桑等种子可在较低温度下贮藏。

温度如果经常发生剧烈变化，也会降低种子生活力，总的来说，在种子贮藏过程中，要依据种子及贮藏方法的特点，应尽量维持一定的温度，不要使温度变幅过大。

2. 空气相对湿度

种子是一种多孔的胶体物质，具有很强的吸水能力，能从空气中直接吸收水汽，因而空气湿度对种子寿命影响很大。空气湿度大，种子吸水多，体内会出现大量的自由水，酶的水解能力增强，酶的活性增强，促进种子的生化活动，呼吸旺盛，物质消耗快，会缩短种子寿命。

3. 通气条件

通气条件也影响种子的生活力，其影响的程度与种子含水量和温度有关。一般来说，含水量低的种子，生命活动很微弱，需氧极少，在低温密封条件下能较长时间保持其生活力。但温度高时必须通气，否则，使种子生活力受影响。

含水量高的种子，呼吸作用较强。如雨通气不良，呼吸作用放出的水汽、二氧化碳和热不易排除，积累在种子周围，使种子与氧气隔绝，产生缺氧呼吸，而在种子周围积累大量的乙醇等有毒物质，毒害种子，丧失种子生活力。所以贮藏含水量不能过分降低的种子时，应当适当通气。贮藏种子的种子库，应有通风换气设备。

4. 生物因素

在种子贮藏期间，微生物、昆虫及鼠类等会直接危害种子，使种子的生活力降低，有时微生物和昆虫呼吸可使种子堆发生自潮和自热，引起种子变质发霉，丧失生活力。

微生物中的青霉菌等真菌及细菌，含有大量的各种酶，依靠这些酶从种子中摄取蛋白质，碳水化合物、脂肪及其他物质。有的酶能透过种皮进入胚和胚乳中，促使种子内的酶活动起来，加速种子内生化反应，加速物质消耗，导致种子败坏。实践证明，高温、多湿和通气不良是微生物活动的有利条件。如20℃的温度条件下，霉菌能很快发展而危害种子。一般霉菌发展所需最低湿度为15%～16%，种子含量低于12%，微生物很少活动。

除微生物外，昆虫和鼠类也影响种子生活力。它们咬破种皮，蛀食胚及胚乳，在种子堆中繁殖、呼吸可使其发热和败坏。种子受虫、鼠害后又易感染霉菌。一般种子含水量低于7%时，能抑制昆虫的生长发育，在40℃左右的温度条件下干草的种子，能杀死种子附带的昆虫。为了防止生物危害，首先要进行严格净重，提高种子的净度，尽力保持种皮完好无损，降低贮藏重地环境的温度和湿度，特别要降低种子的含水量，是抑制生物活动，减少生物对种子危害的重要手段。

第二节　林木种子采集、调制与贮藏技术

一、种子采集技术

（一）制定采种期的原则

采种期主要根据种子的成熟和脱落时间来定。由于环境条件对种子的成熟有一定的影响，每年种子成熟的时间可能有所不同，所以在每年采种前，都要实地进行调查，确定适合的采种期。

一般来说，根据种子成熟期、种实构造和脱落特点采取下述原则确定采种期。

（1）成熟期和脱落期相一致，种子轻小，有翅或有毛，成熟后易随风飞散的种子，应在成熟后脱落前采收。如杨、柳、榆等在春末、夏初成熟，4—5月。

（2）成熟后虽不立即脱落，但一经脱落，不易从地面采集的种子，应在种子脱落前从树上采集。如落叶松、油松、侧柏的秋果，秋季成熟。

（3）成熟后经较短期即脱落的大粒种子，可在成熟脱落后在地面上收集。如橡栎类、板栎、核桃、银杏等种子。

（4）成熟后较长时间不脱落的阔叶树种，虽然可延长采种时期，但不能延迟太长，以免因长期挂在树上降低种子品质。如苦楝、皂荚、槐树等的种子。

（二）采种方法

采种方法是根据种粒的大小、种子成熟后脱落的特点和时间的不同，分为树上采集、地面采集和伐倒木上采集等方法。

（1）地面采集。适用于种实较重、秋季成熟后即落于地面的树种，如橡栎类。另外，槭树、榆树、椴树、鹅耳枥等树种的种子有时也可在强风刮后在地面采收。常用工具为箩筐等。

（2）伐倒木上采集。结合伐木进行。仅适用于种子成熟至脱落期间进行伐木作业的情况下，如果夏季就很难利用采伐木采收种子。

（3）树上采集。适用于在球果成熟后很快开裂，种子立即飞出球果而脱落的树种，如冷杉、落叶松、油松、侧柏等；果实成熟后立即脱落的阔叶树种，如杨、柳、榆、桦等；稀有树种和珍贵树种等。常用工具有蹬树鞋、木梯、软梯、升降机、震动机、高枝剪、采种网、采种兜等。

（三）种子登记

当一个采种单位可能采集到许多批种子时，采集地、采集树种、采种时间和采种林分状况等可能会

有所区别，为了不使种子混杂，使用种单位了解种子每批情况，合理地使用种子，需要建立种子登记制度，每批种子应该按照要求的内容分别填写种子采收登记表。

二、林木种实调制技术

一般种实的调制包括脱粒、净种、干燥、去翅和分级等。但并不是所有的种子类型都必须经过这些工序，有的只需经过其中的一项或几项即可。

（一）球果的脱粒

脱粒就是将种子从果实中取出的过程。球果类的脱粒，首先要经过干燥，使球果的鳞片失水后反曲开裂，脱出种子。针叶树球果的脱粒分为自然干燥法和人工加热干燥法 2 种。

1. 自然干燥法

采用自然条件使球果干燥脱粒的方法。球果鳞片易开裂的树种，如落叶松、油松、侧柏、云杉等树种可采用自然干燥法。具体方法是将球果摊放在向阳干燥的场院上暴晒，干燥过程中应经常翻动，晚间或阴雨天将球果迅速堆积覆盖，经 5～10 天，球果的鳞片开裂，种子脱出。对未脱净种子的球果，可用棒敲打，使其继续脱出，直到种子全部脱出为止。这种方法简单易行，要求条件低，但脱粒速度往往较慢。

2. 人工加热干燥法

以人为加热措施使球果干燥脱粒的方法。球果在树上成熟期间渐渐地释放水分，对于一些树种来说，需要几个月的时间才能达到干燥脱粒的目的，采用自然干燥法脱粒也满足不了快速脱粒的要求，所以常采用人工加热干燥来缩短脱粒时间。这种方法脱粒速度快，但要求条件较高，如果干燥过程中温湿度和气体交换控制不好，易使种子受损伤，降低种子的生命力。

（1）干燥条件的控制。同一树种的球果干燥时，果鳞的爆裂时间绝大多数不是同时的，而是相继逐渐进行的，不同树种的球果果鳞的开裂也是一个不均匀的过程，有些树种果鳞很容易开裂。如日本落叶松、油松、侧柏、杉木等；而另外一些树种则具有较大的开裂阻力，如红松、华山松。因此，不同的树种，根据其开裂的难易程度，应采取不同的干燥措施。干燥条件主要控制干燥温度、干燥的通气措施两方面。

（2）干燥方法。我国常用室内干燥法（干燥箱法）。具体方法是，在具有温度和湿度控制设备，如暖气、蒸汽管或电气加热等设备的干燥室内，将球果置于干燥架上（干燥柜中），使球果脱粒。不同树种，温度不同，比如落叶松不超过 40℃，樟子松、云杉不超过 45℃，一般干燥初期温度保持在 20～25℃，然后逐渐上升至允许范围内。从球果中脱出的种子，应及时放到干燥凉爽的地方。

（二）干果类的调制

干果类的调制，根据其含水量的不同，可分别采用晒干法（阳干法）和阴干法脱粒。荚果类树种刺槐、合欢等含水量低、种皮保护力强，可直接置于太阳下晒干，然后敲打使种粒脱出。坚果类树种橡栎、板栗、榛子等种实含水量高，种实丧失水分多则易失去生命力，宜采用阴干法干燥，摘除果皮即可。

（三）肉质果类的调制

包括浆果、核果、梨果等，如樟树、桑树、檫木、油桐、山楂、银杏等树种。这类果实的果皮肉质多汁，含有较高的果胶和糖类，容易腐烂，因而采集后需及时调制。否则会降低种子的品质。处理的方法一般多采用捣烂后用水淘洗取出种子，去掉果皮、果肉和渣滓，摊在席子、其他铺垫物或干燥的地板上阴干，当达到适宜的含水量时即可贮藏。

（四）净种及种粒分级

种实脱粒后，需要及时净种和种粒的分级。

（1）净种。去掉脱粒后种子内混杂物如鳞片、果片、果柄、枝叶碎片、空粒、土块、异类种子的技术措施。目的是提高种子的纯度，便于种子的贮藏。根据种子和夹杂物的大小和轻重，可分别采用风选、筛选或水选等方法净种。

(2) 干燥。经过净种的种子，还须进行干燥，使种实内的含水量达到安全含水量的水平，即能维持种实生命活动所需的最低限度的种实含水量。不同树种的安全含水量不一样。一般含水量低的种子可在日光下晒干，如针叶树种子、豆科种子。而安全含水量高、粒小、种皮薄、成熟后代谢旺盛的种子，如杨、柳、榆、桑树等要在通风良好的地方阴干。

(3) 种粒分级。把同一批种子按种粒的大小进行分级叫种粒分级。在生产上采用分级后的种子进行播种育苗以及造林都有重要意义。因为同—批种子种粒越大，越重，其发芽能力越高。种子分级后，能提高种子的利用率，出苗整齐，苗木生长发育均匀，减轻苗木分化，有利于经营管理。

种粒分级的方法，大粒种子如栎类、桃类、油桐等可用粒选，中小粒种子可用不同孔径的筛子进行分级。分级后的种子应挂上标签，分别进行包装、贮藏和播种。

三、种实贮藏技术

种子含水量决定了种实贮藏的方法。因此，根据种子安全含水量的高低，可以把种子的贮藏分为干藏和湿藏 2 类。

(一) 干藏法

将充分干燥的种子，置于干燥的环境中贮藏称为干藏。这种方法要求有一定的低温和适当干燥的条件。适用于安全含水量比较低的种子，如大部分针叶树种和杨、柳、榆、桑、桦、刺槐、白蜡、紫穗槐、皂荚、桃、李、杏等树种的种子。

干藏又分为普通干藏法和密封干藏法 2 种。

1. 普通干藏法

把经过充分干燥的种子，装入麻袋、箩筐、箱、桶、缸、罐等容器中，置于低温、干燥、通风的库内（可藏于仓库、普通房间、地窖或专门的种子库房内）贮藏的方法。适用于大多数针、阔叶树种的种子短期贮藏，如秋采、冬储、春播。

2. 密封干藏法

将充分干燥到安全含水量的纯净种子，装入已消过毒的容器内并密封贮藏的方法。主要适用于需要长期贮藏的和用普通干藏法容易失去生活力的种子，如杨、柳、桉、落叶松等。这种方法使种子与外界空气隔离，因而种子能够经常保持干燥状态，呼吸作用很微弱，贮藏效果良好。

贮藏时，将种子放入玻璃瓶或铅桶、铁罐、聚乙烯容器中，装九成满，为防止种子吸湿，容器中可放入木炭、氯化钙、变色硅胶等吸湿剂，然后加盖，用石蜡、火漆黏土等密封，附以标签、置于种子库内。放置吸湿剂的数量，因树种和吸湿剂的种类而异。

长期贮藏大量种子时，为了做到安全贮藏，应建造专门的种子库。目前我国已经建造了许多低温种子库，控制温度在 -5 ~5℃，相对湿度在40% ~60%，贮藏种子效果较好。

(二) 湿藏法

将种子置于湿润、低温、通气条件下贮藏称为湿藏。此法适用于安全含水量高的种子，如栎类、核桃、银杏、紫杉、檫树、樟树、油桐、油茶、油棕等树种的种子及杨、柳的插穗等。

湿藏期间，要求环境条件：经常保持湿润，以防种子失水干燥；适度低温，以 0 ~5℃为宜，一般不能高于 7℃，以防霉菌活化，抑制种子发芽；通气良好，使种子周围二氧化碳及时排除，新鲜氧气满足供给。

湿藏方法很多，主要有露天埋藏和室内堆藏法。

第七章　种子休眠与发芽

种子的休眠是种子由于内在因素和外界环境条件的影响而使种子不能立即发芽或发芽困难的自然现象。种子休眠对种子的保存是相当有利的，在林业上有重要的作用，但也会给生产带来一定的困难，如播种后发芽迟缓，或出苗不整齐。多数情况下，林木种子播种前需要经过催芽处理，即以人为的方式打破种子休眠，并促进种子出芽的处理。本章从种子休眠入手，探讨种子催芽的实质。

第一节　种子休眠类型及成因

一、种子休眠的类型和成因

因树种不同，种子休眠程度差异很大，按照休眠的特点，可以将种子分为下列类型。

（一）强迫休眠的种子

强迫休眠的种子因缺少它发芽的水分、温度、氧气以及光等条件而休眠。一旦给予适宜发芽条件，种子很快就能发芽。如油松、樟子松、黑松、赤松、侧柏、落叶松、杉木、柳杉、马尾松、杨树、柳树、榆树、桦木、栎类等都属于此类。

（二）非强迫休眠（生理休眠）的种子

非强迫休眠种子由于种种原因本身不具备发芽条件，在给予适宜水分、发芽温度、氧气和光照条件后，种子仍不能萌发，还要求特殊处理。如红松、铁杉、银杏、圆柏、白皮松、油棕、鹅掌楸、水曲柳、椴树等。造成种子非强迫休眠的原因比较复杂，总的来说，可分为种皮的机械障碍、种子含萌发抑制物质和生理后熟等原因。

1. 种子的种（果）皮透（水、气）性与机械障碍

一种是由于种子（包括果皮）坚硬致密，透性差或不透水（硬实）。这类型的种子一般都有一个坚实而不透的种（果）皮，也有一些树种种子种皮有油脂、蜡质等而使种子不透水、不透气，即使给予适宜的发芽条件种胚也不能发育，而导致种子休眠。如刺槐、相思树、皂荚、合欢、核桃、山桃、山杏、山楂、漆树、沙枣、花椒、园柏等。使种子透性不良的原因因树种不同而异。

另一种是由于种皮阻碍气体交换，氧气渗透率底。种子要发芽，内部的有机物质生物转化是最基础的条件，是种子发芽所需能量的源泉。当然不同树种的种子发芽时物质代谢的途径和对能量的基本要求是不完全一样的，但种子缺氧或氧气不足是普遍现象。

2. 胚后熟

这类型树种的种子需要在比较潮湿、低温条件下经过一段时间完成后熟过程才能解除休眠。这种类型树种的种子可依据情况分为两种。其一是由于胚的器官发育不完善（形态后熟），一个完整的胚相当于一个成年植物的缩影，但是有些植物如银杏、七叶树、卫茅等，种子成熟时，胚发育不完善，需要经过一段时间，胚发育才能完善。其二是胚发育已经完善但就是不具备发芽能力。许多树种的种子，如苹果、梨、桃、杏等，需要在低温、潮湿环境条件下经过几周到几个月才能完成后熟过程。这一类型的树种种子，一般只有采用低温层积的方法，才能获得满意的效果。

3. 种子含抑制物质

红松、白蜡、扁桃等林木种子由于种子各部分含有抑制发芽物质而不能发芽。近几年来通过内源抑制物质的研究已证明，在相当数量的植物种实中，含有种类繁多的萌芽抑制物质，如脱落酸、香豆素、乙烯、芥子油以及某些酚类、醛类、有机酸、生物碱等。这些物质能抑制胚的代谢作用，使胚处于休眠状态。

4. 二度休眠

已经解除休眠的种子，遇到不合适发芽条件，如缺氧、高二氧化碳、高温、光、暗等，就再度回到休眠状态，再发芽时必须再次解除休眠。

二、解除种子休眠的途径

依据种子休眠类型的不同，采取相对应的解除休眠的方法。对于强迫休眠的种子，解除休眠的方法就是给予种子创造适宜的种子萌发条件。对于种子的种（果）皮透（水、气）性与机械障碍引起的休眠，胚后熟引起的休眠，种子含抑制物质引起的休眠属生理性休眠，需采取催芽的办法打破休眠。对于二度休眠的种子需二度打破休眠。

三、种子催芽

1. 种子催芽的作用

在育苗工作中，播前进行种子催芽是苗木生产中的一项重要技术措施。

从种子休眠的类型分析，强迫休眠的种子，较易发芽，而生理休眠的种子，由于上述 4 方面的原因，发芽较难。催芽的目的主要就是消除生理休眠的 3 大障碍：种皮、胚和抑制物对发芽的阻碍。因此，催芽的主要作用是：软化种皮，增加透性，使种子在低温条件下，氧气溶解度增大，保证种胚呼吸活动时所必需的氧气，从而解除休眠；消除抑制种子发芽的物质，如红松种子所含的抑制物质经催芽后消除；对生理后熟的种子，如银杏，经过催芽，胚明显长大，完成后熟后，种子即可发芽。

2. 种子催芽的方法

常用的催芽方法有层积催芽和水浸催芽两种。

（1）层积催芽。把种子和湿润物混合或分层放置，促进其达到发芽程度的方法叫层积催芽。

（2）水浸催芽。用一定水温的水浸泡种子，使其达到发芽程度的方法。不同树种催芽的水温、催芽时间不同。可分为以下几种。

①冷水浸种：经过干藏的种实，在播种前要浸种。浸种时间长短因贮藏期长短和树种而异。浸种浸种能刺激种子增强新代谢作用，提高种子活力，播种后出苗快而且齐壮，有明显的增产效果。

②热水浸种：水温为 40～60℃。不耐高温的种子宜低，而种皮厚耐高温的种子宜高些。

③高温浸种：水温 70～90℃。可用于种皮坚硬、致密、透水性很差的种子。

3. 其他方法催芽

用化学药剂、微量元素、植物生长激素、物理方法均可解除种子休眠，加强种子的内部生理过程，促进种子提早萌发，使种子发芽整齐，幼苗生长健壮。

第二节　关于低温层积

低温层积是林业生产使用最广泛、效果最好的方法，可以适合于各林木种子。

（一）低温层积的原理

首先，种子在层积过程中解除休眠。通过层积软化了种皮，增加了透性，特别对于渗透性弱的种子，萌动时氧气不足，不能发芽。低温条件下，氧气容解度增大，可保证种胚在开始呼吸活动时所必需的氧气，从而解除休眠。其次，低温层积过程中可使内含物发生变化，消除导致种子休眠物质，同时可增加内源生长刺激物质，利于发芽。第三，一些生理后熟的种子，如银杏、七叶树，在低温层积过程中，胚明显长大，经过一定时间，胚即长到应有的长度完成其后熟过程。第四，低温层积过程中，新陈代谢的方向与发芽方向一致。研究资料表明，山楂种子积层中，种子内的酸度和吸胀能力都得到提高，同时通过低温层积，提高了水解酶和氧化酶的活性能力，并使复杂的化合物转变为简单的化合物。

(二) 低温层积技术要素

首先是一定的低温条件。低温层积催芽首先要求有一定的低温条件，不同树种要求的低温条件有所差异，多数树种为0～5℃，及少数树种可达6～10℃。因为这样的温度条件下，利于消除种子休眠，同时种子呼吸弱，消耗氧分少。层积中若温度过高，使种子处于高温、高湿的环境中，种子呼吸的强度大，消耗养分多，又容易腐烂。若温度过低，种子内部的自由水就会结冰，种子就会受冻害，因而层积中，温度一般应略高于0℃为宜。

其次应保持一定的湿度。经过干藏的种子水分不足，催芽前应进行浸种，浸种的时间因树种不同而异。一般为1～3天，种皮坚硬的种子如核桃为4～7天。为保证在催芽过程中所必需的水分，其介质必须湿润。适宜的介质湿度，以沙子为例，含水量60%为宜。若用湿泥炭，含水量可达饱和程度。

第三应考虑通气条件。种子在催芽过程中，由于内部进行这一系列的物质转化活动，呼吸作用较旺盛，需要一定量的氧气，同时呼吸作用会放出一定量的二氧化碳，需要及时排除，因而低温层积中必须有通气设备。

第四应考虑催芽天数。要取得满意的催芽效果，低温层积催芽应有一定的时间，催芽时间太短达不到目的。以元宝枫种子为例，用低温层积催芽30天、15天和对照，发芽率分别为95%、72%和13.5%。低温层积催芽所需的时间因树种不同而差异很大。现有资料表明，强迫休眠的种子一般为1～2个月，非强迫休眠的种子需2～7个月。

(三) 低温层积具体操作方法

低温层积催芽一般多在室外进行，故又叫露天埋藏。其具体方法是：选择地势高燥，排水良好、背风向阳的地方挖坑，坑的深度应依据当地的土壤冻结深度而定，原则上要在地下水位以上，而且应保证种子在催芽期间所需要的温度范围。山西北部一般为60～80厘米，山西南部一般为50～60厘米。坑的宽度一般为0.8～1.0米，坑的长度依所需催芽的种子数量而定。坑底铺10～15厘米的湿沙层或河卵石或做专门的木支架，在其上仍要铺10～15厘米的湿沙层。

如果是干种子，在催芽前先用温水浸种，并进行种子消毒，然后将种子和沙子按1∶3的比例（容积）混合，或分层放入坑内，其厚度一般为40～50厘米为宜，过厚上下温度不均匀。当种沙混合物放到据坑沿10～20厘米为止，其上覆沙，最后用土培成屋脊形，坑的周围挖小排水沟。

催芽期间要定期检查，如果发现温度和湿度不符合条件时，应及时调节。如果在播种前种子发芽强度未达到要求时，可于播种前1～2周取出种子进行变温层积催芽，即把种子层积于自然湿润环境下催芽。当露胚根和裂嘴种子之和达到种子总数的20%～30%时，即可播种。

第八章　苗木培育理论与技术

优良的林木种子是林业育苗和造林的物质基础，而壮苗，即优良苗木，是造林最理想的用苗，利用壮苗造林后能较早恢复创伤，造林成活率高，幼林生长快，因此，优质苗木的培育对森林培育工作尤为重要。苗木的培育工作在苗圃中进行，本章首先介绍苗圃的建立及苗圃作业，之后分别介绍几种重要的林业育苗方法及育苗技术，苗木抚育工作的目的是使苗木合乎出圃的规格直至苗木出圃。

第一节　苗圃的建立及苗圃作业

一、苗圃分类

（一）以育苗的用途和任务分类

根据苗木的用途和任务可将苗圃分为森林苗圃、防护林苗圃、园林苗圃、果树苗圃、特用经济林苗圃、教学及实验苗圃。森林苗圃的任务是以培育用材林苗木为主，苗木的年龄一般较小，为1～3年生苗；防护林苗圃足以培育各种类型防护林用苗为主的苗圃，苗木年龄一般较大，年龄范围也较大；园林苗圃是培育城市、公园、居民区、道路等绿化所需苗圃，苗木种类多、年龄大，且要求有一定的树形。有时还专门有花圃；果树苗圃以培育果苗为主，多采用嫁接苗；特用经济林苗圃用以培育特用经济树种用苗，如桑苗、油茶苗、油橄榄苗、枸杞苗、花椒苗等；教学及实验苗圃是专供教学和科研用的。另外，许多苗圃并非功能单一的苗圃，同时生产多种用苗，这类型苗圃可称为综合苗圃，也可以其主要功能命名。

（二）以权属分类

按照苗圃所有权可将苗圃分为国营苗圃、集体苗圃、个体苗圃。国营苗圃一般面积都较大，技术力量强，生产苗木种类多。大型的固定苗圃多属于这一类；集体苗圃多是根据地方和集体的需要建立的，有固定的也有临时的，生产的苗木相对较少但能结合本地的需要；个体苗圃一般是临时的，有时是为满足某项任务用苗而建立，其设置完全以经济效益为主，一旦育苗无纯收入，苗圃地将转为他用。

（三）以使用年限分类

可分为固定苗圃和临时苗圃。固定苗圃：又称永久苗圃，其特点是使用期限长，连续育苗可长达10余年乃至几十年；一般面积较大，便于集约经营和机械作业；便于安装现代化的灌溉设施；生产苗木种类较多；能充分利用投资及先进的生产技术，大批量生产苗木；有利于开展科学研究工作，有利于培养技术干部和技术工人。临时苗圃是为完成某一地区林木栽培任务而临时设置的苗圃，当完成任务或土壤肥力严重消耗不宜育苗即停止使用。其特点是使用年限较短；距林木栽培地近，避免苗木长距离运输，易于降低栽培成本和提高成活率；生产的苗木对栽培地立地条件适应性强；苗期管理及保护工作方便；但常常由于无条件进行科学的肥水管理和保护措施，致使苗木的产量较低和质量较差。

二、苗圃地选择条件

苗圃作为培育各种苗木的基地，要以最低的消耗培育出最优质最高产的苗木，就必须对苗圃经营管理条件及自然条件进行深入细致的调查了解，对经营及自然条件进行全面的分析研究，以选择最适的地块做苗圃地。特别是固定苗圃因使用期限长显的更为重要。若苗圃地选择不当，就会给育苗工作带来不可弥补的损失，不仅达不到使苗木优质高产的目的，且会浪费大量人力、物力、财力。因而无论何种苗圃，都必须因树因地制宜，认真选地，确保苗木优质高产。

（一）经营条件

（1）苗圃宜设在造林地的附近或其中心地区。苗圃的设置应以林木栽培地为中心或靠近林木栽培地为原则。使培育的苗木对林木栽培地的立地条件有较强的适应性，同时又可避免长距离运输对苗木造成的失水干燥和机械损伤，确保苗木质量，提高林木栽培成活率。

（2）苗圃要尽量设在交通较方便的地方，以利于运输育苗所需生产资料。尤其是一些固定的、大批量生产优质苗木的大型苗圃，一方面能保证苗木在最短的时间内运往林木栽培地；另一方面又能较容易获得先进的育苗技术及育苗信息、育苗资料和育苗材料，同时又容易赢得客户，提高苗圃经营的经济效益，也给苗圃职工提供一个便利的生活条件。

（3）距居民点较近的地方，便于招用季节工人和解决职工的住房问题。有条件的地方，苗圃的设置还应考虑尽量靠近林业机构，以及时获得技术指导和信息指导。

（二）自然条件

1. 地形

地形对圃地的光照及温度情况影响极大，苗圃地的条件应该使苗木在生长过程中能获得充足光照。同时应该使苗木能获得合理的温度，特别是昼夜温变幅不能过大。如在山西1 500米海拔以上的地区，东南坡向温度高，昼夜温差变幅小，适宜做苗圃地；而在西北坡向上，由于秋季易遭西北风为害，同时温度较低且温度昼夜变幅大，不适宜做苗圃地。一般情况下，固定的大型苗圃应设置在排水良好、有灌溉条件的平坦地或1～3度的缓坡地上。若因条件限制只能在坡度较大地方建立苗圃时，应注意进行水平耕作或修筑水平梯田，还应选择利于苗木生长发育的坡向。北方高寒地区应特别注意冻拔及霜对苗木生长的危害；南方温暖地区应特别注意阳光直射、土壤于燥，使幼苗易产生枯萎的问题。培育耐旱、喜光的树种如刺槐、麻栎、臭椿、苦楝等苗木，应选择东及东南坡向，阳光充足，日照时间长，苗木生长健壮；培育比较耐阴的树种如杉木、云杉、冷杉、银杏等苗木应选日照较短的东北向坡为宜，以利于阴性树种的生长。

为保证苗木质量，下列地形条件切忌不能做苗圃地：寒流汇集、积水的低洼地；光照过弱的山谷地；风害严重的风口地；岗脊地、重盐碱地；山区雨季易发生山洪、泥沙堆积的地段；平原雨季易受大雨淹没的地段。上述地形条件通常温度低、昼夜温差大、光照弱、通风不良且易遭受各种自然灾害，严重影响种子发芽和苗木生长发育。河滩和湖滩上的苗圃，应选用历年最高水位以上的地段。

2. 土壤

土壤直接为林木种子发芽、插穗生根及苗木生长发育提供所需要的养分、水分和空气，土壤条件的好坏直接影响苗木产量和质量。因而土壤是壮苗生产的重要条件，土壤条件的优劣可从以下几个方面得到反映。

（1）土壤水分。对种子发芽、插穗生根及苗木生长发育具有直接而重大的影响。土壤过于干燥，种子的发芽过程不能正常进行，插穗的“活命根”不能从土壤中获得足够的水分和养分。种子的发芽率及成苗率低，苗木根系发育不正常，常常主根长、侧根短而少；插穗根系发育不良，成苗率低。土壤过湿，通气状况不佳，育苗成苗率低或苗木地上部分易徒长，根系发育弱，甚至烂根引起病虫害，茎根比值大，秋季苗木不能及时木质化，易受早霜和低温的灾害，从而影响林木栽培成活率。土壤水分适宜苗木主根粗而短，侧根发达，茎根比值小，苗木地上部分生长发育均衡，发育良好。因而苗圃地应保持合适的土壤含水量，若土壤过于干燥或超过田间持水量状态，应采用人工手段进行调节。

（2）土壤结构及质地。团粒结构的土壤，其保水保肥力强，通气、透气、透水性好，且温热条件适中，有利于土壤微生物活动和有机质分解。一般临时苗圃，应尽量选择有团粒结构的土壤，无团粒结构的苗圃地，应增施有机肥，促进土壤团粒结构形成。

就土壤质地而言，土壤过黏，其结构差、透气透水性差、温度常较低、地表易干燥、易板结开裂，不利于苗木出土及生根，雨后泥泞不便作业，耕作困难，起苗时容易伤根。难以培育优质高产的壮苗。沙土贫瘠、透水透气性虽好，但营养元素缺乏，水分不足，肥力低而又易出现旱象，保水保肥性能差，因而苗木易受旱害甚至引起风蚀和沙埋，夏季地表温度高易使苗木受灼伤。因而一般沙土不宜做苗圃地，随着现代技术的发展，培育低需肥树种如油松、樟子松、赤松、沙枣、花棒、锦鸡儿、红柳、刺槐、沙棘等树种时，在沙土已得到改良情况下，也可使用沙地育苗。一般来说，沙质壤土和轻质壤土育苗最佳，因为这两种质地的土壤结构疏松，透水透气性能良好；水分条件适宜；土温较高，养分条件较好。利于土壤微生物活动；利于根系呼吸；耕作及起苗都比较省工省力。同时这两种质地的土壤，由于透水透性良好，降雨时充分吸收降水，地表径流小，灌溉渗水均匀，有利于幼苗出土和根系生长发育，有利于优质高产壮苗的培育。

(3) 土壤肥力。土壤肥力高的条件下，才能以较低的消耗培育出适应性强、抗逆性强的优质苗木，为林木栽培成活、成林、成材打下坚实基础；在瘠薄的土壤上，由于养分缺乏而苗木生长不良、适应性弱、抗逆性差，林木栽培成活成林困难。因而在选择苗圃地时，应尽量选择肥力高的土壤。通常是选用土层深厚、土壤肥沃的，同时应注意避免选用新垦荒地。

(4) 土壤酸碱度。土壤酸碱度对许多营养元素的可溶性有很大影响，从而在相当大程度上影响苗木生长和发育。不同树种适宜土壤酸碱度不同，pH 值过高或过低，都会使苗木生长不良、抗性减弱，甚至死亡，导致育苗工作失败。多数阔叶树种以 pH 值6.5～7.5，中性或微碱性为宜；多数针叶树种以中性或微酸性为宜。较重的盐碱土，一般不用来育苗，因为盐分过多，提高了土壤溶液浓度，使苗木系不易吸收水分和养分，且碱土中含有碳酸钠、硫酸氢钠等，对植物有很大毒害作用，很多树种不能忍受土壤中所含的这种盐分，只有少数树种如苦楝、刺槐、侧柏、臭椿、白榆等在含盐0.1%以下时尚能生长。

苗圃土壤 pH 值达到7时，各种营养元素的溶解性较高，许多营养元素的有效性也最大。但猝倒病发病也很严重。当 pH 值在6.5～7.5范围时，最适合于硝化细菌活动，能使养分供给苗木生长，pH 值过高，不利于硝化细菌活动，利于猝倒病发生，同时利于和苗木争夺养分的真菌大量繁殖发展，对苗木生长不利，且毒害苗木的物质比较多。微酸性土壤，抑制了对苗木有害的微生物繁殖，利于苗木生长。但若 pH 值过低，pH 值<4.7时，土壤中的营养元素就不易被苗木吸收利用，且有些营养元素容易被淋失，如 pH 值≤5时钾就易被淋失。pH 值过高或过低，都不能使磷肥发挥作用。

总之，在选择苗圃地时必须要考虑到土壤酸碱度以及所培育树种苗木与土壤酸碱度的适应关系。

(5) 地下水位。地下水位过高，土壤容易盐渍化，会使苗木生长发育不良，造成徒长，苗木质量差、木质化不良，易受寒害及生理干旱；地下水位过低，苗木不能有效利用地下水，抗寒、抗旱、抗病虫害能力差。只有在地下水位合适的条件下，苗木才能有效利用地下水，又不致造成徒长，木质化程度优良，各种抗逆性强。一般沙土地下水位1～1.5米为宜；沙壤土地下水位1.5～2.0米为宜；轻壤土地下水位2.5米为宜；轻黏土地下水位4米为宜。

最后确定用什么样的土壤作苗圃地，还应考虑树种，如油松、马尾松、刺槐、桦木对土壤肥力要求不高，以沙土壤土为宜。而杉木、核桃、杨树、泡桐、落叶松则要求土壤肥沃，应选用轻（黏）壤土。

3. 水源

水分是苗木生长发育的必须因子，也是培育优质高产壮苗的最重要条件之一。因而选择的苗圃地应具备一定的水源条件，以利于苗木生长发育过程中进行灌溉。这样，苗圃地最好选设在靠近河流、湖泊、池塘和水库的地方；如无这些水源条件，应该考虑是否可以打井灌溉，打井时还应考虑地下水的矿化度。同时需要注意，苗圃地也不可离河流、湖泊、池塘和水库过近，以防地下水位过高，不利用苗木培育。

4. 病虫害及动物害

避免选用有病虫害和鸟兽为严重的地方。选苗圃之前要进行病虫害调查工作。在实际工作中应坚持“防重于治”的原则，选择苗圃地时，应详细地进行苗圃地病虫害调查，发现土壤中地下害虫数量很多或感染病菌严重，应及早采取各种技术措施，以防蔓延。未消灭以前不宜用做育苗地。

三、苗圃区划及设施

1. 苗圃生产区

包括各种苗木生产区和采条母树区。科研项目较多的苗圃还可设置科研试验区。

2. 苗圃辅助用地的设置原则

道路网：面积较大的苗圃，由于运输和工作的需要，应设置主道、副道、步道和周围圃道。注意减低辅助用地面积。

排灌系统：灌溉系统和排水系统。灌溉方法分为：侧方灌溉（用于高床和大田式作业）、漫灌（用于低床育苗）、喷灌和滴灌。前两种方法一般需要有固定的灌水渠道。现在一般采用喷灌和滴灌，灌溉效率高、质量好，便于控制灌溉定额，而且占地很少，大大提高土地利用率。

3. 防风林带

（1）减低风速，减少地面蒸发和苗木蒸腾量，改善林带内的小气候。

（2）防止风蚀表土。

（3）冬季增加积雪。

（4）忌选和育苗病虫害有关的，是苗木病虫害中间寄主的，是苗木传染病源的。

（5）应用常绿树种比较理想。

4. 建筑物和场院

苗圃建筑物包括办公室、宿舍、仓库、种子贮藏室、苗木分级室、机车室等。圃内场院包括晾晒场和积肥场等。建筑物一般应设在土壤条件较差地段。大型苗圃办公室应尽量设在苗圃中央，以便于生产经营管理。要注意苗圃的辅助用地面积按国家规定应控制在总面积的20%~25%。从当前社会经济发展来看，在苗圃规划设计过程中，应尽量控制和减少辅助用地面积，以提高土地利用率。

四、苗圃作业

（一）整地

1. 整地的意义

整地能改善土壤的理化性状，促进土壤的风化过程，提高土壤营养元素的有效性，使土壤中的潜在肥力发挥作用，以达到调节土壤中水、养、气、热的作用，并能起到消灭杂草和病虫害的作用。现分述如下。

（1）提高土壤供水能力。土壤经过耕作之后，耕作层疏松，并切断了耕作层土壤的毛细管作用。一方面大大减少了土壤水分的蒸发量，防止了因土壤水分蒸发而造成的下层土壤盐分上升；另一方面增加了土壤孔隙度，提高了土壤的透水性能，能较大限度地吸收降水，减少地表径流。同时能提高土壤的持水量，给土壤保水保墒提供了良好条件，这一作用对干旱地区尤其重要。

（2）促进气体交换。耕作层土壤疏松，孔隙度增加，使土壤的通气性能提高，土壤内外气体易于交换，给好气性土壤微生物活动创造了良好条件，有利于有机质的分解和土壤养分的释放，对黏土效果尤为明显。土壤气体交换条件的改善，有利于二氧化碳和其他有害气体排出，提高苗木附近大气二氧化碳含量，利于苗木进行光合作用。同时也有利于苗木根系呼吸的正常进行。

（3）促进土壤风化。土壤耕作后，在北方，土壤垡块可在冬季经过冻垡、晒垡；在南方，土壤可经过暴晒，均有促进土壤风化、加速土壤有机质分解及释放潜在养分，提高土壤营养元素有效性的作用，从而相对提高了土壤肥力。

（4）改善土壤的温热条件。土壤耕作以后，土壤中含水量相对增加，空气相对增多。因为水的热容量大，空气又是热的不良导体，从而使土壤温热条件发生变化。全天内温变幅减小。这种温热条件的变化有利于根系生长发育，又不致于夏日由于太阳的强烈辐射、地表温度过高而使苗木发生日灼害。

（5）改善土壤结构。土壤耕作配合施用有机肥料，能形成水稳性的团粒结构。这种水稳性的团粒结构与土壤肥力较为密切，特别是在西北干旱地区的砂质壤土上，水稳性团粒结构的存在能够增加土壤的保水保肥能力，往往是土壤肥力提高的标志之一。即使在黏质土壤上，这种有机质胶结的、水稳性团粒结构，由于疏松多孔，大小孔隙搭配得宜，既有利于通气透水，又有利于保水保肥，也是提高土壤肥力的重要因素。同时，这种结构的土壤有利于根系呼吸和林木生长。

（6）消灭杂草和防除病虫害。秋季土壤耕作后，使表层的杂草种子、虫卵、病菌孢子一起翻入土壤深层，将其消灭。对于怕低温进入土壤深层越冬的害虫，可随耕作被翻到土壤表层或表面，被鸟类啄食或被冻死。

2. 整地的主要环节

（1）耕地。又称为犁地，是整地环节中最主要的环节。它的作用最大而全面。耕地季节：北方在秋季耕地效果最好；南方在秋冬季耕地效果最好。耕地深度对整地效果影响最大，对土壤的通气性、透水性、水分状况和养分供应以及对根系的分布深度等都有直接影响。一般播种苗生产区的耕地深度以18～25厘米为宜；移植苗区和插条苗区因根系分布较深，在一般的土壤条件下耕地深度以25～35厘米为宜；在沙地的耕地深度可比上述浅些；盐碱地为了防止返盐碱，耕地深度要达到40～50厘米。

（2）耙地。耕地后进行的表土耕作环节。耙地的作用：是耙碎垡块，覆盖肥料，平整地面，清除杂草，破坏地表结皮，保蓄土壤水分。耙地的时间：北方地区一般为早春时期（冬季积雪，保蓄水分，所以秋耕后不耙地）；南方地区一般在秋季随耕随耙。

（3）镇压。目的是破碎土块，压实松土层，促进耕作层的毛细管作用；在干旱地区春季耕作层土壤疏松，通过春季镇压能够减少气态水的损失。对于保墒（土壤是否能够保住水分的状况）有较好的效果。

（二）苗圃施肥

1. 苗圃施肥的必要性

施用有机肥，能给土壤增加有机质和各种营养元素。同时将大量的有益微生物带入土中，加速土壤中无机营养的释放，还能改善土壤的通透性和气、热条件，给土壤微生物的生命活动和苗木根系生长创造有利条件。

2. 苗圃施肥的时期与方法

圃地施肥必须合理。有条件的地方可以通过土壤营养元素测定来确定施肥种类和数量。

为林业苗圃后期施肥要视苗情合理施用，强壮苗可少施，弱势苗可多施。施肥种类最好以磷、钾肥为主，尽量不施氮肥，以防苗木陡长。

（1）基肥。耕地进行前撒于圃地；以腐熟的有机肥为主，将有机肥和无机肥料混合或配合施用圃地应施足基肥。基肥可结合整地、作床时施用，以有机肥为主，也可加入部分化肥。施肥数量应按土壤肥瘠程度、肥料种类和不同的树种来确定。一般每亩（1亩≈667平方米。全书同）施基肥5 000千克左右。幼苗需肥多的树种要进行表层施肥，并加施速效肥料。

（2）追肥。一般用速效肥料。分为土壤追肥和根外追肥两种，主要为补充基肥之不足，可根据需要在苗木生长期适时追肥2～4次。追肥应使用速效肥料，一般苗木以氮肥为主，对高生长旺盛的苗木在生长后期可适当追施钾肥。

土壤追肥时间对追肥效果影响很大，其深度应掌握达到苗木主要根系分布层为宜。早春是苗木根系生长时期，需要磷和氮，所以早施磷肥和氮肥能促进根系生长提高苗木质量。幼苗对磷和氮敏感，如果不足会影响生长。追肥以早为宜。第一次土壤追肥，应在幼苗期的前期或中期较好。以后的追肥时间宜在幼苗期的后期和苗木速生期的前半期，因为苗木在速生期的生理代谢作用最旺盛，地上地下生长量最大，需要的肥料最多。生产上采用的追肥方法有沟施法、浇灌法和撒施法。从措施和效果来看，许多肥料用沟施法的效果好。其他方法由于不便于把肥料埋于土中，所以肥料损失较大。土壤追肥次数因圃地土壤的保肥情况和苗木生长情况而异，总的来说2～5次。

根外追肥是用速效化学肥料的溶液喷与苗木的叶子上的施肥方法。因为叶子是苗木制造碳水化合物最重要的器官，肥料喷到叶子上很快就会渗透到叶部的细胞中去，通过光合作用制造碳水化合物，最后形成苗木需要的营养物质。主要特点是：吸收快，喷后20～30分钟至2个小时，苗木就开始吸收，且节省肥料可达2/3；一般在急需补充磷、钾或微量元素时应用；溶液浓度不宜过高，以免烧伤苗木；根外追肥一般要喷多次，尤其是短期（2日内）遇到降雨情况。

3. 关于施肥的几个原则

（1）依天施肥。要依据育苗施肥时的天气情况，采取适宜的施肥方法、技术和时间，避免肥料损失，提高施肥效果。

（2）依土施肥。根据苗圃的土壤养分情况，缺什么元素就施什么肥（酸性砂土磷钾供应不足）。质地较黏的土壤通透性不好，一般施肥应有机肥，以改善土壤的物理性状；砂土有机质少，保水保肥能力较差，也要施有机肥。酸性土壤要选用碱性肥料，碱性土壤宜先用酸性肥料。

（3）依苗施肥。不同树种的苗木，生长发育过程中所需肥料的种类和数量有很大差异，应依据苗木培育过程中对养分的吸收量、利用量、归还量及循环规律进行施肥。

（4）多种肥料可配合使用，如氮、磷、钾和有机肥料混合使用以获得较好的施肥效果。

（5）有机肥料是维持土壤肥力效果的最好的肥料。长期使用大量的化学肥料会使土壤的物理性质恶化。化学肥料使用过多，可以造成土壤板结，破坏土壤内部的空间结构，自然地力趋于下降。同时，在施肥过程中，深度一定要达到苗木主要根系分布层。

（三）轮作与绿肥

1. 连作与轮作

（1）连作使苗木质量和产量下降的原因。

①某些树种对某种元素有特殊的需要和吸收能力，在同一块圃地上连续多年培育同一树种的苗木容易引起某些营养元素的缺乏，致使苗木生长不良，降低抗性；②长期培育同一树种的苗木，给某些病原菌和病虫害造成适宜的生活环境，使之容易发展。

（2）轮作的必要性。

①能够充分利用土壤肥力；②防除病虫害和杂草；③以苗木和绿肥植物或牧草轮作效果最好。主要效果在于：增加土壤有机质；绿肥和牧草能提高土壤含氮量，将空气中的氮固定到土壤中；抑制圃地上盐碱上升；改善土壤结构，提高土壤保水保肥能力；可增加可溶性养分，促进土壤养分活化，并防止土壤养分淋失。

（3）轮作方法。

有三种：①苗木与绿肥植物轮作：实绿肥是种植一些植物（绿肥植物 Green Manure Plants）在土地上，再把这些植物翻入泥中让其腐烂，以释出养分。所以运用绿肥需要一个种植过程。青荀、太阳麻、油菜花等都是绿肥植物。②苗木与农作物（根系留在土壤中）轮作。③不同树种的苗木轮作（抗病虫害，选择无共同病虫害的苗木进行）。

2. 绿肥

（1）含营养元素全面，属于完全肥料，也是含氮素较多的有机质肥料。

（2）改良土壤效果显著。

（3）有些绿肥植物的根系吸收能力强，能吸收利用难溶性的矿物质，故可增加可溶性养分，促进土壤养分活化，并防止土壤养分淋失。

（4）种类较多。

第二节　播种育苗

从本节开始介绍各种苗木的培育方法及其生长发育规律。首先了解不同类型的苗木及其特点。

一、苗木种类及壮苗

凡是在苗圃中培育的树苗，无论年龄大小，在苗木出圃之前均叫苗木。对于萌芽力强的树种，把树干切掉时，成为切干苗。

（一）苗木种类

依据育苗所用的材料和方法，可把苗木分为实生苗、营养繁殖苗和移植苗。

1. 实生苗

指用种子繁殖的苗木。其中以人工播种培育的苗木叫播种苗，包括一年生和多年生（无论移植与否）播种苗。在野外由母树天然下种长出来的苗木叫野生实生苗。

播种苗由于经过人工培育，根系发达，苗冠圆满，苗木生长整齐、健壮、质量好。野生实生苗的根系不发达，根量比较少，偏根偏冠现象较明显，苗木分化现象较严重，质量较差，但苗木对造林地适应性较强。

2. 营养繁殖苗

指用乔灌木树种的枝条、苗干、根、叶、芽等营养器官做繁殖材料培育的苗木，非种子繁殖，即(非实生)。营养繁殖苗也有野生苗。同时，营养繁殖苗又可分为以下几种。

(1) 插条苗。是截取树木的一段枝条插入土壤中培育而成的苗木。

(2) 埋条苗。是将整个枝条水平埋入土壤中，培育而成的苗木。

(3) 插根苗。用树木的根，插入或埋入土中育成的苗木。

(4) 根蘖苗。又叫留根苗，是利用在地下的根系萌发出的新条与育成的苗木。

(5) 压条苗。把未脱离母体的枝条压如土中，或在空中包以湿润物使之生根，而后切离母体培育成的苗木。

(6) 嫁接苗。用嫁接的方法培育的苗木，多用于经济树种的育苗。

(7) 插叶和组织培养繁殖苗。

3. 移植苗

是实生苗或营养繁殖苗经过移植后培育成的苗木。

(二) 壮苗

壮苗是优良苗木的简称。壮苗生命力旺盛，抵抗各中不良环境能力强，造林后能较早恢复创伤，造林成活率、保存率高，幼林生长较快。因而，壮苗是造林最理想用苗。苗木是优是劣，目前我国主要是依据苗木的形态指标来衡量的，从形态指标来讲，壮苗应具有以下条件。

(1) 苗木根系发达，侧根和须根数量多，主根短而直，主、侧根均有一定长度。

(2) 苗木粗而直，上下较均匀，有一定的高度，木质化程度高，色泽正常。

(3) 苗木的根茎比值（苗木地下部分与地上部分鲜重之比）大，且地上部分和地下部分重量都大。

(4) 苗木无病虫害、日灼伤和机械损伤等。

(5) 萌芽力弱的针叶树种如油松、冷杉等苗木，应有发育正常而饱满的顶芽。如果失去顶芽，苗木就不能形成通直的苗干，影响造林质量。顶芽无显著的秋生长现象。壮苗必须具备上述条件，否则不能算壮苗。如果根系过短、侧根过少或无侧根，机械损伤严重的苗木，严重受冻害和病虫害严重的苗木，萌芽力弱的针叶树种无顶芽的苗木都应视为废苗，不能用于造林。

二、播种苗的培育

用种子繁殖的苗木称为播种苗。播种苗有完整的根系和饱满的顶芽，对环境条件适应性强，后期生长快，材质好，寿命长，能形成稳定的林分，多数树种适于播种育苗。

(一) 育苗方式

育苗方式有苗床育苗和大田育苗 2 种。

1. 苗床育苗

常用的苗床有高床和低床 2 种。

(1) 高床。高床指床面高出步道的苗床（图 8－1)。

高床的优点是排水良好，增加肥土层厚度，步道可用于侧方灌溉和排水，床面不易板结，能提高土壤温度。缺点是做床费工，成本高。适用于易积水的凹地和降水较多或气候寒冷的地区。多用于不耐水湿树种，如落叶松、红松、云杉、冷杉、樟子松、油松等针叶树和部分阔叶树，可防积水淹苗。

(2) 低床。低床指床面低于步道的苗床（图 8－2)。

低床的优点是利于保持土壤水分，便于灌溉，但灌水后易使土壤板结，通透性差。一般用于降水较少，无积水的干旱地区，或培育对土壤水分要求不严的树种，如大部分阔叶树和部分针叶树种（侧柏、松类等)。

2. 大田育苗

大田育苗分为高垄和平作 2 种。

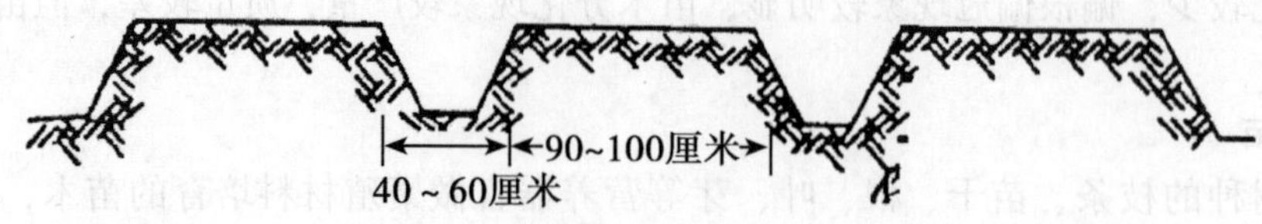

图8-1 高床

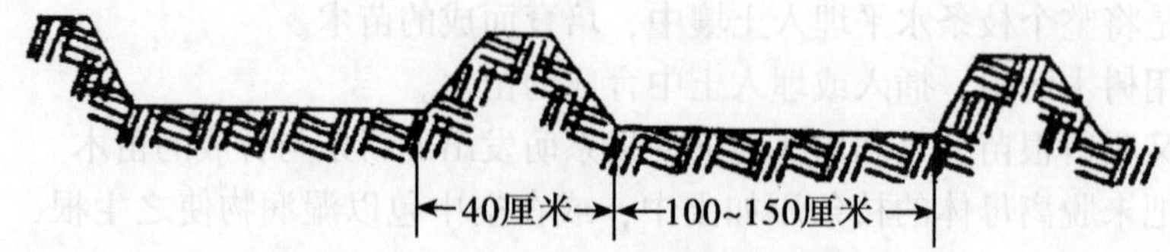

图8-2 低床

(1) 高垄。垄高10~20厘米，垄底宽50~80厘米，其有高床的优点，苗木质量高，便于机械育苗，效率高，省劳力，但产量低（图8-3）。

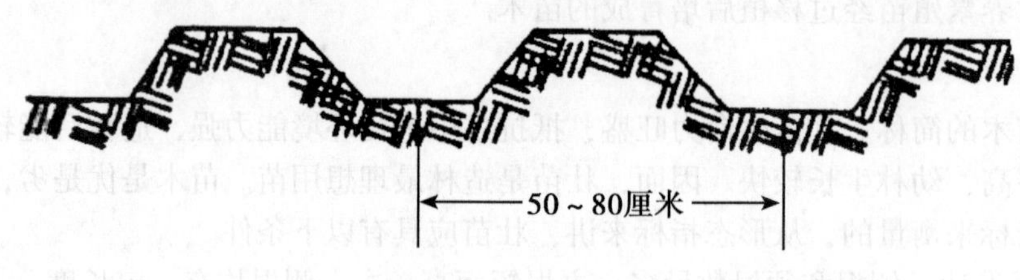

图8-3 高垄

(2) 平作。不做床垄，将田地整平后进行育苗。一般采用多行式带状。它能提高土地利用率和单位产苗量，便于机械化作业，但灌溉和排水不便。

(二) 播种前种子处理

播种前种子处理的目的是为了促进种子发芽，预防病虫和鸟兽害。种子处理主要包括种子精选、消毒和催芽等环节。

1. 种子精选

为了培育壮苗，就必须在播种前对种子施行精选。可以利用风筛、水筛和筛选法。大粒种子可进行粒选。精选的种子出苗率高，幼苗出土整齐，苗木粗壮，造林成活率高。

2. 种子消毒

为预防苗木发生病虫害，播种前要进行种子消毒。消毒药剂主要有福尔马林、硫酸铜、高锰酸钾和敌克松等。

3. 种子的催芽

根据种子休眠的类型，强迫休眠种子的催芽相对简单，生理休眠的种子催芽则较为复杂。常用的催芽方法有层积催芽和水浸催芽2种。

(1) 层积催芽。把种子和湿润物混合或分层放置，促进其达到发芽程度的方法叫层积催芽。对于生理休眠的种子采用层积催芽效果较好。

(2) 水浸催芽。用一定水温的水浸泡种子，使其达到发芽程度的方法。强迫休眠的种子可采用这种方法。不同树种催芽的水温、催芽时间不同。

(3) 其他方法催芽。用化学药剂、微量元素、植物生长激素、物理方法均可解除种子休眠，加强种子的内部生理过程，促进种子提早萌发，使种子发芽整齐，幼苗生长健壮。

无论何种方法催芽，一般催芽强度，即裂嘴和发芽的种子达20%~30%时即可播种。

(三) 播种

1. 播种季节

在育苗工作中，各地应依据育苗树种的生物学特性及当地的自然条件，选择最佳的播种期。北方地区春播、夏播、秋播均有，以春播较为普遍。南方冬季也可播种。

2. 播种量和苗木密度

播种量是指单位面积或长度上所播种子的重量。苗木密度是指单位面积或长度上的苗木数量。播种量是决定合理密度的基础，它直接影响单位面积上的苗木产量和质量。播种量过多不仅浪费种子，增加间苗工作量，而且苗木营养面积小，光照不足，通风不良，使苗木生长细弱，主根长，侧根不发达，降低苗木质量。播种量少达不到合理密度，苗间空隙大，使土壤水分大量蒸发，杂草容易侵入，增加抚育管理用工，提高苗木成本，特别是针叶树幼苗太稀时，阳光太强容易灼死。一般合适的播种量应根据种子干粒重、净度、发芽率和损耗系数等进行计算。

3. 播种方法

播种方法有条播、撒播和点播 3 种。

（1）条播。是按一定行距将种子均匀地播到播种沟里，是应用最广泛的方法。其优点表现为：①苗木有一定的行间距离，便于土壤管理、抚育保护和机械化作业。②比撒播省种子。③行距较大，使苗木受光均匀，有良好的通风条件。质量较好。④起苗工作比撒播方便。此方法适用于一切树种。

（2）撒播。将种子均匀地播种到育苗地上的播种方法。其主要优点为：分布均匀，苗木产量较高。缺点表现为：①不便于土壤管理等工作。②苗木密度大，易造成光照不足，通风不良，使苗木生长不良，有时会降低苗木抗性，甚至使苗木质量下降。③撒播的用种量较大。除极小粒种子（如杨、柳、桉、桑、泡桐、马尾松种子）外一般不采用该方法。

（3）点播。是按一定的株行距将种子播于播种沟内的播种方法。一般只适用于大粒种子，如核桃、板栗、山桃等。

4. 播种技术要点

播种技术要点主要包括开沟、播种、覆土、镇压。做到播种的深度一致，分布均匀，覆土适当，下实上虚。它们直接影响到种子发芽、幼苗出土、苗木的产量和质量。

（1）开沟。沿播种行开沟，沟要直，沟底要平，深度要均匀一致，深度依种粒大小、土壤条件和气候条件而定。

（2）播种。播种要均匀，应按行或床计划好播种量。避免漏播或大风天播种。

（3）覆土。播种后应立即覆土，以防播种沟内的土壤和种子干燥，覆土厚度均匀一致。一般覆土厚度为种子长度 2~2.5 倍。土壤黏重的播种地，可用沙子、腐殖土、锯末等覆盖。

（4）镇压。为使种子和土壤紧密结合，使种子充分利用毛细管水，在气候干旱、土壤疏松或土壤水分不足的情况下，覆土后要进行轻镇压，但要防止土壤板结。

（四）育苗地的管理

育苗地的管理是指从播种开始，幼苗出土直至苗木出圃整个时间播种育苗的管理工作。

1. 播种地的管理

主要指从播种开始到幼苗出土为止这一时期的管理工作。目的在于在播种后给种子发芽和幼苗出土创造适宜的条件。具体包括以下几个方面。

（1）覆盖。保蓄土壤水分，减少灌溉量，防止因土壤水分蒸发而造成土壤板结现象，减少幼芽出土的阻力；同时可以起到增温作用，缩短出苗期。塑料薄膜覆盖效果最好。

（2）灌溉。适宜的温度和水分是发芽的两个主要条件。播种地在幼芽未出土前有时需要灌溉。是否要灌溉，灌溉的次数，主要决定于种粒的大小、当地的气候、土壤条件及覆土厚度和覆盖与否。

（3）松土、除草和病虫害防治。播种地土壤板结，应立即进行松土；适时除草并防止病虫害发生。

（4）沙地播种育苗要设风障。防止风吹覆土，沙打幼苗。

2. 苗期管理

主要指从幼苗出土时开始，至幼苗出圃这一时期的苗木管理工作。苗期管理的主要内容有：灌溉与排水、降温、中耕除草、适时间苗、灾害性因子的防除、截根和苗木越冬保护。

（1）灌溉与排水。

①灌溉方法：苗圃中现主要采用的灌溉方法有：漫灌、侧方灌溉、喷灌和滴灌。

漫灌。又称畦灌，多用于低床（畦）和大田平作育苗。漫灌优点是省水，但灌后土壤易出现板结，通气不良，灌后应及时松土。

侧方灌溉。适用于高床和高垄作业，水分侧方浸润到苗床和高垄中，优点是床面不易板结，地温高，通气好，缺点是耗水量大，中间不易通气，灌溉不均匀。

喷灌。又称人工降雨，有机械和人工喷灌两种，其优点是省水，省工，便于降温，可以降冻，可以洗碱，而且减少田间沟渠，提高土地利用率，田间不平也能灌均匀，是目前我国比较先进的灌溉方法，但一次性投资较高。

滴灌。在一定低压水头作用下，通过输水、配水管道和滴头，让水一滴滴地浸滴苗木根系范围的土层，使土壤含水量达到苗木需要的最佳状态。其优点是比以上3种方法均省水，而且灌后土壤疏松，温差小，有利于苗木生长，但投资高，设置较复杂，广泛应用于塑料大棚和温室育苗。

②排水：排除圃地的积水是育苗工作中防涝和防除病虫害的重要措施。我国南方多雨，要注意苗圃的排水工作，北方较干旱，但也要注意雨季的排水问题。

（2）中耕。中耕作业主要包括作物行间锄草、松土、培土和间苗等内容。及时中耕，可以消灭杂草，蓄水保墒，提高地温，促使有机物的分解，为作物生长发育创造良好环境。

（3）适时间苗和幼苗移植。

①间苗：在播种育苗中，往往出现苗木过密或出苗不整齐、密度不均匀的情况。密度如果过大，由于光照不足，通风不良，每株苗木营养面积不够，使苗木生长细弱，会降低苗木质量，还易引起病虫害。所以密度过大时，必须去除一部分苗木，称之为间苗。间苗时要注意间苗时间、间苗对象和间苗强度。间苗宜早不宜迟。间苗对象：受病虫害的、机械损伤的、生长不良和不正常（霸王苗）的幼苗。间苗强度不宜一次过大，一般分为2～3次进行。

②幼苗移植：一般用于种子很少的珍贵树种，也可用于生长特别迅速要在幼苗期进行移植的树种。有时为调节苗木密度而补苗也用幼苗移植。掌握苗木移植最佳时期，因树种而异。一般选在阴雨天，且移植后及时要及时浇灌，必要时进行遮阴。

（4）灾害性因子的防除。幼苗时期，苗木非常幼嫩，很易遭日灼、霜冻、病虫等危害，严重影响苗木的质量和产量，所以必须做好苗期的保护工作。

①防除日灼危害：有些树种，如落叶松、云杉、杨树等幼苗出土后，常因太阳直射，地表温度增高，使幼嫩的苗木根颈处呈环状灼伤，或朝向阳光方向倒伏死亡。这样的日灼危害常采用遮阳和喷灌的方法降温防除。遮阴主要在幼苗期进行，要适宜，遮阴过重，影响苗木光合作用强度，降低苗木质量；喷灌降温在高温时期既能降温又能提高空气相对湿度和土壤湿度。

②防止霜冻害：苗木尚未木质化时，组织幼嫩，含水也较多，常因气温短时间内降低到0℃以下而使细胞间隙的水分结冰，细胞脱水，苗木枯萎死亡。霜冻害主要是早霜和晚霜。主要通过育苗技术措施、熏烟、喷灌等方法预防霜冻。

③病虫害的防治：苗圃常见病虫害有猝倒病、根腐病，蚜虫、地老虎等，因此在育苗过程中要特别加强病虫害的防治工作。防治病虫害应遵循“防重于治”的原则。科学育苗，培育出有抗性的壮苗。一旦发现病虫害，应及时用药剂治愈（具体防治见后面林木病虫害防治部分）。

（5）截根。1年生苗木秋季切根高生长停止，15℃有利于切根形成愈伤组织发新根。截根是为了限制主根生长，促进苗木多生侧根和须根以获得发达根系使苗木生长健壮。截根时间、深度因树种而不同，一般应在苗木当年进入休眠前1～1.5个月进行。

（6）苗木越冬保护。

①苗木越冬死亡的原因：我国北方地区，冬季气候寒冷，春季风大、干旱、气温回升很快，越冬苗木常遭冻害，其次，生理干旱是造成苗木越冬死亡的另一个重要原因，生理干旱在我国北方地区最严重，一般发生在早春因干旱风的吹袭，苗木地上部分失水太多，地下部分土壤冻结，根系不能供应水分，苗木体内失去水分平衡而致死。此外，还有地裂伤根也常常引起苗木越冬死亡。

②越冬保苗的方法：针对以上苗木越冬死亡常用的预防措施有以下几种。

一是覆盖。到了冬季，用稻草、落叶、马粪、塑料薄膜、土壤等在苗行或将苗木全部覆盖起来，进行保暖防寒。覆土防寒就是用土埋苗防寒的措施。它既能保温，又能保持土壤水分，且简单经济，是最常用的方法。一些极易患生理干旱的苗木，如红松、云杉、冷杉、油松、樟子松、核桃等常用此法防寒。

二是灌水和排水。对生理干旱不太严重的苗木，于土壤结冻前，灌 1～2 次冻水，即可预防生理干旱。但对容易遭受冻拔害的苗木，应在苗木生长后期停止灌溉，注意排水。此外，还可利用设防风障和架暖棚等方法保护苗木越冬。

（五）一年生播种苗的年生长发育规律及育苗技术要点

依据播种苗的生长发育状况，可将一年生播种苗分为出苗期、幼苗期、速生期和苗木硬化期 4 个时期。

生物在不同的生长阶段，各部分的生长及其对环境条件的要求各不相同。苗木的生长也是如此，对于一年生播种苗而言，从播种—苗木出土—苗木生长结束，苗木在不同生长阶段，地上、地下部分生长特点不同，导致其对环境条件的要求各不相同，各时期育苗工作的中心任务和育苗技术要点也各不相同。

1. 出苗期

苗木的出苗期是从播种开始到幼苗出土，地上部分出现真叶，地下部分出现侧根时为止。这一时期苗木的生长发育特点表现为无真叶，不能进行光合作用，苗木自身没有制造营养物质的能力；无侧根，吸收营养物质的能力差，地下部分生长快，地上部分生长慢；刚出土，抗逆性很弱。

出苗期育苗的中心工作和任务是促使苗木出土，这个时期是保证育苗成功的重要阶段，根据实践经验，这个时期的中心工作要做到促使苗木出土达到早、多、齐、匀。

可结合出苗期苗木的生长发育特点和此时期育苗的中心工作和任务采取相应的育苗技术：要使苗木出土早，播种前应进行催芽；要使苗木出土多，播种前应进行细致整地、作床；要使苗木出土齐，保证播后覆土厚度均匀并注意轻镇压；要使苗木出土匀，下种要均匀、适量。另外，此时苗木无真叶、无侧根、刚出土、抗性弱，所以需适时适量浇水，播前施足基肥，播时适量施用种肥。注意病虫害的防治，连续育苗地发生过病虫害的播种前应进行土壤消毒。

2. 幼苗期

幼苗期是苗木幼嫩时期，从幼苗地上部分出现真叶，地下部分出现侧根开始，至幼苗的高生长量大幅度上升时为止。这一时期苗木的生长发育特点表现为：①出现真叶、侧根，幼苗开始进行光合作用制造营养物质；②叶子数量不断增加，叶面积逐渐扩大；③地上部分的生长由慢转快；④幼苗还比较弱小，抗逆性还较差。

幼苗期育苗工作和中心任务是保苗并促进苗木根系生长发育，给速生期打下良好基础。

幼苗期的育苗技术要点：①适时适量浇灌；②幼苗对磷、氮元素比较敏感，开始施用磷、氮肥；③进行间苗和定苗；④幼苗抗性弱——注意做好病虫害的防治工作，特别注意苗木的猝倒病。

3. 速生期

速生期是苗木生长最旺盛的时期。是从苗木高生长最大幅度上升时开始，到高生长最大辐度下降时为止。这一时期苗木生长发育特点表现为：①叶子数量和叶面积都很快增加，生长量达最大值；②地上部分及地下部分生长量均最大，生物量也最大；③根系发达、枝叶茂盛，已形成了发达的营养器官，根系能吸收较多的水分和各种营养元素；④地上部分能制造大量的碳水化合物。

速生期育苗工作的中心任务是促进苗木的生长发育，提高苗木质量及合格苗产量。

速生期育苗的技术要点：①对苗木的肥、水管理应当适时适量；②及时中耕松土，保证土壤的良好通透性；③速生期前期应追肥 2～3 次，到后期要及时停止施用氮肥及灌溉；④及时防治病虫害，以利苗木健康生长。

4. 苗木硬化期

苗木硬化期是苗木地上、地下部分充分木质化，进入休眠的时期。从苗木高生长量大幅度下降开始，到苗木直径和根系生长停止时为止。硬化期苗木生长发育特点表现为：①高生长速度急剧下降，不久高生长停止，继而出现冬芽；②直径和根系都在继续生长并会出现一个小的生长高峰；③苗木体内含水率逐渐降低，干物质逐渐增加，营养物质逐渐转入贮藏状态；④地上部分地下部分完全木质化；⑤落叶树种苗木落叶，进入休眠期。

苗木硬化期的主要工作和中心任务是促进苗木木质化，防止徒长，提高苗木各种抗逆性。

硬化期育苗技术要点：①凡能促进苗木生长的一切措施都应停止；②促使苗木的木质化，前期要适量施用钾肥；③采取截根等措施——减少苗木对水分、养分的吸收，促进苗木木质化；④进行越冬防寒工作。

总之，1 年生播种苗各个生长时期的生长特点差异很大，应当依据各个生长时期的不同生长特点采取不同的育苗技术措施，保证育苗技术措施的科学合理运用，从而获得优质、高产的苗木。

第三节　营养繁殖育苗

一、营养繁殖苗培育的意义

营养繁殖苗的培育具有以下意义。

（1）有利于优良品种和类型的繁殖，依据孟德尔遗传变异理论，种子繁殖常常发生性状分离，树种的优良特性和品质不能稳定遗传给后代，而营养繁殖苗可以解决这一问题，可以将母树的优良品质稳定地保留下来。

（2）营养繁殖苗可以提早开花结果，从发生学讲，营养繁殖苗的发育阶段母体营养器官的延续，发育年龄相对较大，因而可以提早开花结果。

（3）可以利用营养繁殖进行高接换头，改变同种雌雄异株的性别；可以随意确定和控制树种高度和树冠形状；可以为北方冬天增加常绿阔叶树种。

（4）对于不容易得到种子的树种，采用营养繁殖正好可以克服这一缺点。

（5）由于发育方面的原因，营养繁殖苗生长发育快，栽培初期幼林生长发育也较迅速。

（6）营养繁殖苗培育技术简单易行。

（7）营养繁殖苗有时因材料不足而使育苗工作受到限制。

（8）林木衰老早，成林后生长发育状况不如种子林。

二、营养繁殖育苗的方法

林木育苗中常用营养繁殖育苗的方法有以下几种。

1. 插条法

插条育苗是截取林木的苗干或枝条的一部分做育苗材料进行育苗的方法。适宜于大多数树种，且方法最简单。插条可在当年生带叶枝条和落叶后枝条上截取。

2. 插根法

截取乔灌木树种的根，插入或埋入土壤中，使其生根发芽的繁殖方法。一般用于根蘖萌发力强的树种，如泡桐、山杨、漆树、板栗、刺槐等。

3. 埋条法

截取母树一年生枝条，横卧埋入土中，使其生根发芽的繁殖方法。一般用于插条育苗成活率低的树种，如毛白杨、泡桐等。有时埋条也带根，叫埋苗。

4. 压条法

把生长在母树上的一年生或二年生枝条部分埋在潮土中，使生根后再断离母体，继续培育成 1 棵独立的新植株的方法。可借助母体的养分、水分。适于难生根或生根时间长的树种，如桑、樱桃、龙眼、荔枝和桂花等。压条法的成活率较高。

5. 嫁接法

将 2 个不同个体的植物接合在一起，长成为一个个体的方法。该法多用于种子园的建立和花木的培养。毛白杨就可用嫁接法。

6. 根蘖法

苗木出圃后，地里留下很多断掉的幼根，有些树种的根易形成不定芽（如毛白杨、泡桐和刺槐等），进而形成植株，利用这种特性繁殖苗木的方法叫根蘖法。但此法培育的苗木参差不齐，苗木分化现象严重，合格苗的产量较低。

7. 组织培养法

在无菌情况下，给予植物的细胞、组织或器官的生长发育所必需的物质，进行离体培养繁殖苗木的方法。多应用于花、药和经济树种优树繁殖。

通过上述方法培养的苗木，分别称之为插条苗、插根苗、埋条苗、压条苗、嫁接苗、根蘖苗和组织培养苗。

在林业生产上，应用较为普遍的是插条育苗法（扦插育苗法）和嫁接育苗法，因此，本节主要介绍这两种方法。

三、插条育苗

插条育苗法是截取树木枝条或苗干的一部分做繁殖材料进行育苗的方法。经过截制的繁殖材料叫做插穗。用插条法培育的苗木叫插条苗。

（一）插穗成活原理

插条育苗能否成活，取决于插穗能否生根，能生根则活，不能生根则死；生根快的树种成活率高，生根慢的树种成活率低。插穗生根机理如下。

1. 皮部生根原理

林木生长发育过程中，枝条或主干皮下已形成根原始体，是特殊的薄壁细胞组成的群体，插穗插入土壤后，根原始体获得营养和氧气在适宜的温热条件下长出不定根进而长出新根。

2. 愈合组织生根原理

绿色植物局部受伤后，具有恢复生机、保护伤口、形成愈合组织的能力；截制插穗以后，愈伤激素会大量向下切口运输，在愈伤激素的刺激作用下，形成一种初生愈合组织（具有明显细胞核的半透明、不规则瘤状突起物），形成新生长点，分化产生根原始体，插穗插入土壤后，根原始体获得营养和氧气在适宜的温热条件下长出不定根进而长出新根。

（二）插条育苗技术

按照枝条的成熟和木质化程度可以把插条分为嫩枝（半木质化）和硬枝（充分木质化）2 种，相应地，插条育苗可分为硬枝扦插和嫩枝扦插 2 种。硬枝扦插应用较为广泛，这里仅介绍硬枝扦插育苗法。

硬枝扦插是用充分木质化的枝条为材料培养苗木的方法。

1. 采条

选择生长迅速、干形良好、无病虫害的幼龄树其干上的萌发条，或一二年生苗的茎干。采条时间宜在秋末冬初落叶（休眠）后采集。采条过早营养物质积累不多，木质化程度不好，不利于插穗贮藏和成活；过晚。水分损失较多，特别是树液流动后，芽膨大，大量养分消耗于芽的生长，插后成活率低。

2. 制穗

种条采回后，应立即制穗。首先剪去无芽或大于 2 厘米粗的基部和发育不充实的梢头。然后用锋利剪刀将种条截成 12 ~ 20 厘米长的插穗。技术要求：①上切口距芽 1.0 ~ 1.5 厘米，下切口距芽 0.5 厘米左右；②切口要平滑，防止劈裂。对难生根树种，下切口宜剪成斜面，增加水分吸收面积。③常绿树种的叶子尽量保留。为防止扦插失水过多，可将插穗下部枝叶剪掉，剪掉数量占插穗全长的 1/3 ~ 2/5。④根据树种选择插穗的长度和粗度。⑤为防止插穗失水，制穗应在蔽荫处进行。⑥插穗的第一芽和其他侧芽要保护好（尤其是阔叶树种和萌芽力弱的树种）。⑦截制好的插穗，按粗细分级，上下不颠倒，每 50 ~ 100 根一捆，然后进行贮藏。

3. 促进插穗生根的技术

为了提高插条育苗的成活率，对一些生根困难的树种，进行插穗处理。可用 ABT 生根粉或生长刺激素处理，刺激插穗愈合生根。生产上也常用浸水催根的方法促进插穗生根。

4. 扦插

技术要求：①扦插时间春、秋皆可，但以春季成活率高，多以高垄扦插。②扦插密度一般行距为30～80厘米，株距10～30厘米。目前，扦插育苗向大株行距发展，密度因树种和环境而异。③扦插方法以直插为好，但以插穗长短、圃地气候及土壤条件而定。插穗过长，气候湿润，土壤黏重，生根困难时，斜插有利于生根；短穗或带顶芽的插穗，干旱气候，沙壤土宜直插。④扦插深度一般为插穗上端第一个芽与地面平，但秋插应将插穗全部插入土中，插后踏实，立即灌水，使其与土壤密接。

5. 育苗地管理

扦插后要及时灌溉，春插阔叶树需经常喷水，针叶树可少灌，以免降低土温。灌溉和降雨后应及时松土，保持良好的土壤通透性，以利生根。其他如追肥、除草和病虫害的防治可参照播种育苗部分。

（三）扦插注意事项

注意覆土问题、枝条极性问题、下切口与土壤密接问题、插后灌水问题、插时不损伤芽子问题等。

（四）影响插穗成活的因素

1. 内在因素

（1）树种的遗传特性。不同树种生根难易程度有所不同，这是由遗传性所决定的。容易生根的树种有杨、柳、悬铃木、白蜡、黄杨、水杉、葡萄、紫穗槐等；比较难生根树种有云冷杉、刺槐、花椒、枫杨、泡桐、侧柏、落叶松等；极不易生根树种有松类、核桃、栎类、山杨、苦楝、苹果、枣、柿、胡杨等。

（2）母树状况及枝条年龄。发育年龄越大，新陈代谢和生活力越低。年幼的母树再生能力强，含抑制生根的物质较少，所含营养物质主要用于营养生长，所以其枝条的生根能力强，成活率高。选择作为插条的枝条一般按以下顺序：实生苗干——一年生营养繁殖苗干——根茎处萌蘖枝条——树干一级侧枝，严禁从树冠外围采取插条。

（3）枝条的部位及生长发育状况。同一株树上，根茎处萌发的枝条再生能力强（发育年青），着生在主干伤的枝条再生能力也较强，插穗生根率较高。相反，树冠部分和多级侧枝再生能力弱，生根率较低。

同一枝条的不同部位，生长发育状况不同。枝条下部粗壮，木质化程度好；枝条上部细弱，贮存的营养物质较少，含根原始体的数量也较少；枝条中部粗壮，生活力强，贮存营养物质较多，根原始体数量也较多，故中部生根率最高。但枝条部位与插穗成活率的关系，因树种不同，差异很大。如加杨、青杨、小叶杨等，同一枝条以中、下部位的插穗成活率高，梢部最差，水杉枝条梢部插穗成活率最高。凡萌芽力弱的树种（如油松），插穗应带顶芽。

（4）枝条营养物质的含量。扦插后形成新器官及生长初期所需要物质的主要来源，依赖于枝条贮存的营养物质。特别是枝条贮存的碳水化合物。一般是枝条的碳水化合物含量高，生根容易。C/N比值大，插穗发根快而多，C/N比值小，则对生根不利。

（5）抑制物质含量。抑制物质含量越高，插穗越不容易生根。

（6）插穗带叶。叶子能提供营养物质及生长激素，有利于促进生根。

（7）插穗粗度。插穗适宜粗度因树种而异，阔叶树多为0.5～2厘米；多数针叶树种粗度为0.3～1厘米。

（8）插穗长度。决定于插穗快慢（树种特性）、环境条件。在保证成活率的基础上，插穗越短越好。

（9）插穗水分。严防枝条或插穗失水过多。

2. 外界条件

（1）土壤温度。一般树种以15～20℃比较适宜，常绿阔叶树要求土壤温度高一些，一般为23～25℃。为了延长苗木生长期，应该利用插穗生根最低温的条件在早春扦插。

（2）土壤湿度。一般树种扦插以后，往往是先放叶后生根，或带叶扦插，水分蒸腾很快，而这些水分主要靠切口从土壤中吸收，因此，在生根期间，水分供需矛盾十分尖锐，扦插以后往往由于蒸腾量大于吸收量；导致插穗内部水分短缺而枯萎干缩。所以，在插穗生根期间，加强灌溉，保持土壤湿润非常重要。

(3) 土壤的通气条件。插穗生根时，要进行一系列的物质转化活动。并且要进行旺盛的呼吸作用，需要氧气，所以进行插条苗时应尽量选择质地疏松的土壤。太黏重的土壤和过湿的圃地，氧气不足，不适于插条育苗。

(五) 提高插穗成活率的关键措施

1. 选择母树

选择生长旺盛、健壮、无病虫害植株作为母树采条。

2. 插穗年龄

具体与树种有关。一般以一年生枝条生根能力强，生根快，最适宜作为插穗，二年生以上的枝条，没芽子，不定芽萌发力弱。杨树一年生枝条成活率最高。

3. 枝条的发育状况和生长部位

要求枝条发育充实、粗壮和充分木质化。

4. 枝条部位

一般枝条的中部插穗的成活率最高，但各有不同。

5. 插穗长度

插穗的长短对成活率和苗木生长情况也有明显影响。一般落叶树种，插穗长度以 14 ~ 25 厘米为宜。常绿树种一般以 10 ~ 35 厘米为宜。

6. 插穗粗度

插穗的粗细与营养物质的多少和充实度有关。插穗粗，积累的营养物质多，成活率高，苗木生长较好。多数树种的插穗粗度以 0.3 ~ 2 厘米为宜；针叶树种较细 0.3 ~ 1.0 厘米，阔叶树种较粗 1.5 厘米左右较为理想。

7. 插穗必须有最上面的两个芽

8. 插穗的水分

严防枝条或插穗失水过多用水浸插穗不仅增加了插穗的水分，还能减少抑制物质的抑制作用，对某些树种有提高成活率的效果。干旱区造林尤为必要。

9. 环境条件

温度、土壤湿度和通气条件。

(六) 插条苗的年生长规律及育苗技术要点

插条苗从扦插到秋季苗木生长停止。在年生长周期中，按生长过程中各种时期的生长特点，可将插条苗划分为成活期、幼苗期与生长初期、速生期和苗木硬化期 4 个时期。

1. 成活期

成活期自插穗插入土壤开始到插穗下部生根，插穗上部芽子萌发放叶，新生幼苗能独立制造营养物质为止（长绿树种的插穗产生不定根）。

苗木成活期的生长特点及育苗技术：插穗无根，落叶树种也无叶，插穗成活过程中的养分及能量来源，主要是插穗自身所贮存的营养物质及其转化。插穗的水分除了自身贮存的外，主要是从插穗下切口通过木质部导管从土壤中吸收的。但这种吸收是很有限的，插穗最早生出少数根为活命根，活命根是苗木成活的重要标志。

成活期的持续期各树种之间差异很大，生根快的树种需 2 ~ 8 周，如柳树、柽柳、杨树（青杨及黑杨）2 ~ 4 周，毛白杨及夏插黄杨需 5 ~ 7 周。生根慢的针叶树种需 3 ~ 6 个月，最长的甚至达 1 年左右，如水杉需 3 ~ 6 周，雪松需 7 ~ 9 周。成活期苗木培育的中心任务是促进苗木生根，对于插穗未生根而已发芽发叶的情况需特别注意。

插穗由于在发芽、放叶、形成愈合组织、生根等过程中都要进行营养物质转化和旺盛的呼吸作用，需要适宜的土壤温度、水分和氧气条件。这些条件合适与否对插穗成活起着关键性作用。为了提高插穗成活率，插穗贮藏期间可采用激素类药剂处理，以促进愈合组织的形成；亦可在激素处理的同时，采用倒立催芽的办法，促进下切口尽快形成愈合组织，以便生根。提高插穗成活率，亦应设法提高土壤温度。提高土温的办法有：用地膜覆盖扦插低；于前插地喷施地表增温剂；有条件的地方可在塑料大棚（或温室）内扦插育苗。生根困难的树种，在较高温度（25～28℃，很少超过30℃）较高的空气相对湿度（80%～90%）的环境中容易生根。但针叶树种生根需时较长，在高温高湿的环境中，必须防止插穗腐烂，做好病虫害的防治工作，因而应经常进行通气降温，嫩枝插穗尤其必要。

光对长绿树中的插穗生根作用明显，凡是插穗带叶的，有适宜光照都促进生根，因而带叶扦插应给于适量光照。但要注意光照强，会使温度升高，使插穗消耗水分过多，不利于成活；叶量过多，也会是插穗过渡消耗水分，不利于成活，因而插穗硬留叶适量。为了提高带叶插穗成活率，一般要适当遮阴，在不降低成活率的前提下，透光度可适当大一些。经常性的适时量喷水是促进常绿树种和嫩枝插穗生根的关键技术措施之一。

插穗成活率期适当进行松土一至数次，以保证插穗生根的良好通气条件。当然，适时适量的灌水也是必不可少的。

2. 幼苗期与生长初期

落叶树种的插穗，地上新生出幼茎，地下形成完整根系，成为幼苗期。常绿树中的下形成完整根系，因已具备木质化的上部分，但生长缓慢，故称生长初期。

幼苗期是从插穗地下部分产生不定根，插穗上端已发芽开始（常绿树中的生长初期是从地下部分已生出不定根，地上部分开始生长时起），到苗木高生长量大幅度上升时为止。

该时期苗木的生长特点：落叶树种插穗的幼苗因地下部分已有不定根，能从土壤中吸收水分和各种元素，地上部分有叶子能进行光合作用，制造碳水化合物，因而在幼苗期的前期，苗木根系生长快（根的数量和长度都增加较快），形成完整的苗木根，而地上部则生长较缓慢。到幼苗期的后期，地上部分生长较快，逐渐进入速生期。常绿树种生长初期的地上部分和地下部分的生长过程，与落叶树种幼苗期基本相同。

插条苗扦插当年就表现出两种生长类型的生长特点。幼苗期和生长初期的持续期，不同类型的树种有所差异。前期型树种约为2周，全期生长型1～2个月。

该期育苗工作的中心任务是促进苗木根系生长发育，尽快形成完整而强大的根系，为苗木速生期奠定坚实的基础。

该期育苗工作技术要点：由于插穗已有根，能从土壤中吸收矿质营养，为了促进根系生长和发育，在这一时期应适量施用一些营养元素，施用的营养元素以全面为宜。幼苗娇嫩对不良环境的抵抗能力弱，应注意防止过地或过高温度危害。生根要求土壤通气条件良好，水分养分充足，因而还应该适时适量地进行灌溉并及时进行中耕，松土除草。灌水施肥的深度已达到苗木根系主要分布层为宜，幼苗期后期亦应继续施肥灌水，保证苗木生长的肥源水源，为速生期肥水的供应奠定良好的基础。该期苗木幼小，是许多病虫害的发生时期，一旦发生病虫害，会对育苗工作造成巨大损失，应认真做好病虫害的防治工作，切不可掉以轻心。为保真苗木的高生长，前期型的阔叶落叶树种，依据幼苗生长情况，依据插穗萌芽的丛生嫩枝，择优留1株。全期型树种如柳、杨树在幼苗高达15～20厘米时，也要除掉插穗萌发的丛生嫩枝，择优选留1株。

若在温室或大棚内嫩枝扦插，在幼苗期后期应逐渐增加通风透光程度，使幼苗逐渐适应自然条件。

前期生长型树种的“插根苗”，扦插当年的苗木不表现该生长类型的生长特点，到第二年才表现出该生长类型的生长特点，采取育苗技术措施是应注意这一点。

3. 速生期

插条苗的速生期是从插条苗高生长量大幅度上升时开始，到高生长量大幅度时为止，是决定苗木质量的关键时期。

速生期的苗木生长特点：由于插条苗当年就表现出两种生长类型的生长特点，因而前期生长类型苗木速生其根短，至5—6月间就结束，而全期生长型的树种速生其持续时间较长，北方树种在6月下旬

(少数到9月上旬)，南方树种到9、10月。

速生期育苗的中心任务是促进苗木生长，提高苗木质量。

这一时期的育苗技术要点：对于前期生长型的苗木、追肥灌溉一定要提前。在速生期前期追肥1次，追肥灌溉深度应已达到苗木根系主要分布层为宜。对于杨树、柳树等一些需要抹芽的苗木，抹芽工作应在速生期前进行。其他的育苗技术措施可参照留床苗速生期。要特别注意前期型苗木的“二次生长”问题。

4. 苗木硬化期

硬化期苗木高生长量大幅度下降，直至苗木直径和根系生长停止时为止。

硬化期苗木生长发育特点表现为：高生长速度急剧下降，不久高生长停止；苗木体内含水率逐渐降低，干物质逐渐增加，营养物质逐渐转入贮藏状态；地上部分地下部分完全木质化；落叶树种苗木落叶，进入休眠期。

苗木硬化期的主要工作和中心任务是促进苗木木质化，防止徒长，提高苗木各种抗逆性。

硬化期育苗技术要点：凡能促进苗木生长的一切措施都应停止；采取截根等措施，以减少苗木对水分、养分的吸收，促进苗木木质化；进行越冬防寒工作。

插条苗的生长过程与埋条苗基本相同，插条苗的生长特点和育苗技术要点，同样地适用于埋条苗。

四、嫁接育苗

嫁接繁殖，是将一个植株的芽或短枝条，与另一植株的茎段或带根系植株适当部位的形成层间相互结合，从而愈合生长在一起并发育成一新植株的方法。用作繁殖对象的枝或芽称接穗，承接接穗的部分称砧木，用该法育成的苗木称嫁接苗。

(一) 嫁接成活的原理

嫁接成活，主要是依靠砧木，接穗结合部位的形成层的再生能力，嫁接后首先是形成薄壁细胞进行分裂，形成愈合组织，再进一步分化出输导组织，并与砧木，接穗的输导组织相通，保证水分，养分的上下沟通，这样两种植物合而一体，形成一个新的植株。嫁接成活的主要关键，是接穗和砧木形成层的紧密结合，两者结合面愈大，愈易成活。

实践证明，为使两者形成层紧密结合，必须使接触面平滑且大，嫁接时砧，穗要对齐，贴紧并捆紧，有利于成活。

(二) 影响嫁接成活的主要因素

1. 嫁接的亲合力

砧木和接穗在内部组织结构上，生理和遗传上，彼此相同或相近从而能互相结合在一起的能力。嫁接亲合力是指接穗和砧木通过嫁接能愈合生长的能力，它是决定嫁接成活的主要因素。

并非所有植物都能嫁接成活，有的不能成活，有的接活后产生种种不良现象，有的愈合体已形成，甚至已长成树，而嫁接部位还会脱落死亡，这主要是两者之间亲合力不强的结果。内在亲缘关系又是影响亲合力大小的关键，一般亲缘关系越近，亲合力愈强。种内品种间嫁接亲合力最强，叫做“共砧”(桂花嫁桂花、板栗嫁板栗、油茶嫁油茶)；同属异种间，因树木种类不同而异，有些亲合力很好。海棠×苹果，酸橙×甜橙，山玉兰×白玉兰；同科异属间，亲合力一般较小，但也有嫁接成活的组合。枫杨×桃核，枸橘×橘子，女贞×桂花；不同科树种之间亲合力更弱，很难获得嫁接成功。

2. 砧、穗的生长状态及树种特性

树木生长健壮，营养器官发育充实，体内贮藏的营养物质多，嫁接成活率高，一般说，树木生长旺盛时期，形成层细胞分裂最活跃，进行嫁接容易成活。

此外，要注意砧木和接穗的物候期，一般是砧木萌动期较接穗早的，嫁接成活率高。这是因为接穗萌动所需的水分和养分可由砧木及时供给。

3. 外界环境条件

影响愈合组织形成的条件，主要有温度、湿度、光线、空气。

（1）温度。温度高低影响愈合组织的生长，一般树种在25℃左右为愈合组织生长的最适温度。

（2）湿度。湿度对愈伤组织的生长影响有两个方面。

①愈伤组织生长本身需一定的湿度条件。②接穗要在一定湿度条件，才能保持生活力。砧木有根系能吸收水分，一般枝接后需一定的时间（15～20天），砧、穗才能愈合，在这段时间内，保持接穗及接口处的湿度，是嫁接成活的重要关键。

（3）空气。空气也是愈合组织生长的必要条件之一，尤以砧、穗接口处的薄壁细胞都需要有充足的氧气，才能保持正常的生命活动。注意土壤含水量不宜过湿。

（4）光线。光线对愈合组织的生长有较明显的抑制作用，在黑暗条件下，接口上长出的愈合组织多，是乳白色，很嫩，砧、穗容易愈合，而在光照条件下，愈合组织少而硬呈浅绿色或褐色，砧、穗不易愈合，这说明光线对愈合组织是有抑制作用的。

在生产实践中，嫁接后创造黑暗条件，采用培土或用不透光的材料包捆，以利于愈合组织的生长，促进成活。

在影响嫁接成活的诸多因素中：①内因：在具亲合力的嫁接组合中，砧木与接穗的生活力是嫁接成活的决定性因素；②外因：湿度在嫁接成活中起决定性作用。至于湿度与接穗生活力的关系更是非常重要的，没有一定湿度的保证，接穗很快干死，丧失了生活力，这也是生产上嫁接失败常见的原因。由此可见，湿度是影响嫁接成活的外部因素中主导因素，无论在生产实践中，无论嫁接什么树种，用什么方法，都必须保持适宜的湿度，才能获得较高的成活率。

（三）嫁接苗培育技术

1. 枝条和砧木的选择

要繁育优良品种，接穗一定要在优良母树上选择，且母树无检疫病虫害，枝条要充实，芽要饱满；枝条一般用1～2年生枝。采穗期因树种、嫁接方法不同而不同。落叶树种在落叶后到发芽前2～3周进行。针叶树在春季母树萌动前进行；采集的接穗要存放在湿度适宜、温度较低的地方。夏季采集接穗要剪去叶片，留下1厘米叶柄，以便检查成活率，保存期不得超过10天，最好随采随接。

砧木要根据育苗需要选择，应选择本区适生、根系发达、生长健壮的树种，且嫁接亲和力强。要充分利用砧木某些优良特性，如抗性强、易生根等特性，以增强嫁接苗适应性。

2. 嫁接方法

目前，嫁接方法很多，有芽接、枝接、根接、靠接等。芽接有丁字形和方块形2种方法；枝接有切接、劈接、插皮接、髓心形成层对接法等。

3. 嫁接苗管理

嫁接后10～20天即可检查其成活与否，凡接芽新鲜，叶柄一触即落者说明芽已成活。待新梢长到20～30厘米长时应解除绑扎物。未成活者应补接。

芽接剪砧可分2次，第一次在接口以上，留一定高度砧木代替支柱，新梢长至20厘米以上时，绑新梢防风，等风季过后第二次剪砧。剪砧后要及时除掉砧木上的萌蘖条。枝接时，当接穗成活后，要分次将土轻轻扒开，解除绑扎物，接穗萌发后，保留一个健壮芽，其余摘除。

第四节　移植育苗

移植就是把苗木从原来的育苗地换栽到另一个育苗地继续培育成苗的方法，也叫换床。经过移植的苗木叫移植苗。

一、苗木移植的作用

1. 扩大营养面积，促进侧须根和地径的生长

未经移植的苗木密度较大，经移植的苗木是按照一定的株行距栽植的，因此扩大了苗木的营养面积，改善了通风透光条件，从而促进了苗木侧根、须根和地径的生长，提高了苗木质量。

2. 切断主根，减小茎根比

经过移植的苗木，主根被切断，促进了侧根和须根的生长，抑制了高生长，茎根比值（苗木地上部分鲜重与地下部分鲜重之比值）小，造林易成活。

二、移植季节

一般主要在苗木休眠期，即在秋季苗木径生长高峰过后及春季苗木发叶前的这一段时间内进行移植。常绿树种可在生长期的雨季移植。

三、移植密度

即苗木株行距大小。株行距过大，浪费土地，而且产量低；株行距过小，不便于经营管理，更不利于机械化经营。一般针叶树一二年生苗株距 6 ~ 20 厘米，行距 20 ~ 30 厘米为宜；阔叶树种稍大一些，株距 15 ~ 20 厘米，行距 60 ~ 100 厘米。大苗移植，株距 40 ~ 50 厘米，行距 70 ~ 100 厘米。

四、移植苗龄

移植苗龄根据苗期生长速度而定，移植年龄过大延长育苗年限，过小移植效果不佳。

五、苗木移植技术

1. 移植前的准备

（1）苗木的保护。为使苗木不失水，提高成活率，应做到随起苗随分级，随运送、随栽植，移植过程中保持根系湿润，切勿晒根。

（2）分级。在移植前对苗木要进行分级，分级的目的是将不同规格的苗木分布栽植，使栽植后苗木生长均匀，减少苗木的分化现象。

（3）修剪。剪去过长和劈裂的根系，一般根系长度小苗应在 12 ~ 15 厘米。大苗可长些。

2. 栽植技术要点

三埋两踩一提苗。大苗穴植小苗沟植（按预定行距开沟预定株距插入沟内。）注意：移植时保证苗木根系完整；移植前灌透底水，移植后及时灌水保持土壤湿润；适时松土以提高地温；移植深度应比原土印深 1 ~ 2 厘米以防止土壤下陷根系外露，也不要过深以防根部受阴。移植时已经发芽的苗木要打掉侧枝和顶端苗梢以减少蒸腾防止苗木过度失水影响移植成活率和当年苗木生长量。

3. 移植后的抚育管理

苗木移植时，应随移随灌水，连续灌水两次以保成活。灌水后适时松土，改善土壤透性，以利于根系生长，要注意扶直苗干，平整圃地。

六、移植苗年生长发育规律及育苗技术要点

多数移植苗是 1 ~ 2 年生的苗木，也有培育移植大苗的。移植苗在年生长周期中，不同生长阶段的生长特点也是不相同的，依据移植苗在年生长周期中的生长状况，可将移植苗划分为成活起、生长初期、速生期和苗木硬化期 4 个时期。

（一）成活期

移植苗的成活期从苗木移植时开始，到苗木地上部分开始生长，地下部分伤口愈合恢复吸收功能为止。

1. 移植苗成活期苗木生长特点

移植时苗木根系被切断，吸收水分和养分的吸收根切掉一部分，苗木根系与原土壤之间的结构被破坏，苗木吸收水分和养分的能力大大降低，必须经过一段时间才能恢复其吸收功能，因而苗木移植之后要经过一个缓苗期。由于移植苗需要缓苗期，其高生长落后于留圃苗。但移植后苗木株行距加大，光照及通风条件得到明显改善营养面积大大增加。未切断的根系能较快恢复吸收功能，被切断的根在伤面形成愈合组织，愈合组织及其附近萌发出许多新根，因而移植苗的径生长量加大，成活期的持续期一般约

10 日乃至 1 个月左右。

2. 移植苗成活期育苗工作中心任务

移植苗成活期育苗工作中心任务是促进苗木受伤根系愈合并产生新根，恢复整个根系吸收功能，保证苗木成活。

3. 移植苗成活期育苗技术要点

①维持苗木体内水分平衡；②促进苗木受伤根系愈合；③给苗木提供适宜的通气条件；④注意提供适宜的温热条件；⑤移植时注意使苗木根系舒展，不窝根。

（二）生长初期

移植苗木从地上部分开始生长、地下部分产生新根，恢复吸收功能开始，到苗木高生长量大幅度上升时为止。

1. 移植苗生长初期苗木生长发育特点

①移植苗已度过缓苗期；②地上部分生长缓慢；③根系生长较快；④不同生长类型的苗木生长初期的持续期差异很大；⑤根系分布比播种苗木深；⑥光合作用正常进行。

2. 移植苗生长初期育苗技术要点

①追肥灌水工作一定要及时进行；②追肥灌水深度应达到苗木主要根系分布层；③营养力求全面；④注意及时进行松土除草；⑤做好病虫害防治工作。

（三）速生期

移植苗木速生期从苗木高生长量大幅度上升时始，到苗木高生长量大幅度下降止。

1. 移植苗木速生期苗木生长发育特点

①苗木高生长量最大；②苗木直径生长量最大；③苗木根系绝对生长量最大；④苗木整体生物生长量最大；⑤苗木根系分布比前一时期要深；⑥苗木生长表现出两种生长类型的特点。

2. 移植苗木速生期育苗技术要点

可以参照留床苗进行，但要注意施肥、灌水深度。

（四）苗木硬化期

开始于苗木高生长量大幅度下降时，结束于根系生长停止时。

1. 苗木硬化期中心任务

同其他类型苗木，但要注意两种不同类型苗木经营管理对策。

2. 苗木硬化期育苗技术要点

同其他类型苗木，同时应注意截根和及时停止一切可以促进苗木生长的措施。

第五节　容器育苗

一、容器育苗的定义

在育苗容器中装填育苗基质，播种或移植幼苗，通过水肥管理等措施培育苗木，称为容器育苗。用育苗容器育成的苗木，称谓容器苗。容器苗与裸根苗培育方法不同，它是在装填有基质的容器中培育苗木的方法。苗木的根系与基质在有限的容器内形成“根团”，起苗不伤根系，运输中风吹日晒不到根系，栽植时带着完整的根团。这样，在容器中育成的林木容器苗，在自然条件比较恶劣的栽植地和裸根栽植较难成活的树种，都有较高的造林成活率，对于加快荒山绿化，以及某些速生丰产林的培育，采用容器苗造林有着重要的意义。

二、容器育苗的优点

容器育苗是当代世界各国广泛使用于苗木生产科学性较强的一项新技术，在一些林业先进国家已实现育苗容器生产工业化，容器育苗工厂化，容器苗造林机械化。它的兴起与发展，之所以能迅速得到推广与应用，关键在于它与其他育苗方法相比，有着明显的优越性，主要表现为以下几方面。

1. 育苗周期短

容器育苗能在较短的时间内培育出大量苗木，并可不受季节的限制供给造林的需要。由于容器育苗所用的培养基质经过认真选择和人工配制，基质中具有按某一特定树种需要而配制的营养物质供苗木生长，而且有良好的保水、通气性能，水肥管理精细，苗木生长迅速。因此，育苗周期大为缩短。例如，南方的桉树、松树、相思类树种，在一般情况下，冬季培育容器苗需要 3 ~ 4 个月，春夏季只需要 2 ~ 3 个月，甚至 30 ~ 40 天就可以出圃造林；又如肉桂育苗，培育裸根苗一般为 2 年，而培育容器苗 1 年即可造林。容器苗培育周期比裸根苗培育周期缩短 1/2 时间。东北的兴安落叶松裸根苗两年一个生产周期，而容器苗 1 年可产三茬苗。由于容器育苗周期短，我们在选择育苗时间时应与造林季节紧密配合，否则延长育苗期，苗木生长密集纤细，形成弱苗，达不到用良种壮苗造林的目的。在实践中，往往到出圃时间，却因较长时间无雨不能造林，致使失去了容器苗的作用，甚至不能用于造林，为此，必须掌握造林地降雨季节及最适宜的造林季节，以便发挥容器育苗的优势。

2. 造林成活率高

在我国南方，特别是沿海地区，气候特殊，雨量虽然充沛，却分布不均匀，往往有较长的春旱，这给春季造林带来一定困难。采用容器苗造林，只要有小雨，造林穴湿润便能成活一般都比裸根苗造林成活率高，能达到 95% 以上。例如，柠檬桉裸根苗造林成活率只有 30%，甚至更低，而容器苗造林成活率均在 92% 以上。容器苗带根团造林，既能适应不良气候，又能在水土流失地区、流沙地区营建水土保持林和防风固沙林。东北的兴安落叶松容器苗在旱阳坡造林成活率为 92%，而裸根苗仅为 46%。内蒙古的梭梭是荒漠、半荒漠的主要造林树种，其飞播和扦插造林成效极低，直播造林平均成活率、保存率仅为 10% 左右。而采用 3 个月以上的梭梭容器苗造林，其成活率和保存率分别达到 88.2% 和 82.6%。若在非雨季造林，在用容器苗造林的同时使用吸水剂，同样可使造林成活率达到 70% 以上。因此，容器育苗能有效地加快荒山的绿化以及降低造林成本。

3. 造林初期恢复生长快

容器育苗起苗运输不须修剪根叶，具有完整的根团，造林后，苗木便可继续迅速生长。而裸根苗造林，阔叶树种在起苗时，为了克服苗木蒸腾与吸收水分之间的暂时矛盾，往往在苗木上山前要大量地剪去枝叶与根系；针叶树不修剪枝叶，起苗时也会严重损伤根系，这样，裸根苗造林后，便需一段恢复生长的过程，造林的当年幼树生长缓慢。

4. 延长造林季节，不与农业争农时

用裸根苗造林，一般以春季为主要造林季节，这时往往与农业争农时，争劳动力。因安排不及时或不够周密，经常有部分苗因为得不到及时起苗造林而报废，尤其马尾松裸根苗，因春季来临，气温回升，马尾松苗即抽薹，抽薹了的马尾松裸根苗很难栽植成活，所以过了季节，苗即报废。而采用容器培育的容器苗能延长造林季节。在气候温暖、雨量充沛的我国南方，几乎全年都可以用容器苗造林。在北方地区，春、夏、秋三季亦可造林。因此，容器苗造林不受季节限制，能比较合理地安排劳动力，利用农闲常年造林，与农业不争农时，又不会造成苗木的浪费。

5. 节约土地，提高单位面积产苗量

容器育苗对选择圃地的要求不很严，不必进行大面积的土壤改良，只需考虑充填容器的材料。如果建立永久性容器育苗场，其场地必需交通方便，水源充足，附近有适合用于配制基质的土壤，并靠近城镇有方便管理人员生活的场所。如果建立临时性容器育苗场，可考虑离造林地较近的缓坡地或荒地，并应有水源，配置基质的土壤取材方便，交通也较方便的场地，容器苗供应附近的宜林地栽植，以便减少苗木的长途运输。育苗量不多的，还可利用房前房后，场院空地，以至条件较好的荒坡、河滩来作容器育苗场所。

6. 节约种子，降低育苗成本

容器育苗所用的种子，一般都经过检验、精选和消毒，品质较高，经过浸种、催芽、露白之后，手工点播的种子，每个容器只需播 1 粒种子，如果不催芽的种子，机械播种或手工播种，则每个容器播 2 ~ 3 粒种子。很小粒的树种种子，如尾叶桉、窿缘桉的种子，每千克可达 30 万 ~ 100 万粒，就需要在苗床上，撒播培育幼苗后移植于容器，培育成合格容器苗，既可节约种子，又可培育较整齐的壮苗。马尾松、湿地松、云南松、相思类、木麻黄、黑荆树等树种用容器育苗比培育裸根苗节省50%～90%的种子。这意味着节约种子费用，降低育苗成本，这对缺乏种子和树种的地区有着特别重要的意义。

7. 有利于实现育苗工厂化，提高生产效率

现代容器育苗的发展，往往与机械化过程同步进行。容器育苗的全过程，从容器制作、培养基质调配、装填基质、播种、覆土、传送以及在温室或大棚内培育苗木，都可以实现机械化和自动化，以减轻劳动强度，提高生产效率。我国在“七五”和“八五”期间建成4座容器苗生产工厂，每生产100万株容器苗，可节约300个劳动力。而且培育的容器苗，生长整齐，合格率高，适宜植树机造林。

三、容器的种类

育苗容器的形状、大小和制作材料多种多样。形状有六角形、四方形、圆形、圆锥形等。其大小差异较大，主要受树种和苗木规格制约。瑞典使用的容器直径约3厘米，高约15厘米，主要培育云杉苗和松苗。我国南方育桉树苗，容器则较大。

按制作容器材料来分，目前主要应用的容器有两类：一类是可与苗木一起栽植入土的容器。这类容器主要有泥炭、纸张、黄泥、稻草等制成。它们在土壤中可被水溶解，被植物根系所分散或被微生物所分解，但这种容器由于各种原因（如在育苗的最后阶段容易分解、运输不便、成本高等）而不常被采用。另一类是不能与苗木一起栽植入土的容器。这类容器主要由聚乙烯、聚苯乙烯所制造的塑料构成。由于这种容器能反复使用，成本较低，且易于机械化生产，目前国内外应用较广。

容器育苗时，苗木根系常在容器内盘旋成团，定植后也难伸展，克服办法较多，最有效的防止办法是制作容器时，在容器壁上留出边缝，当侧根长到边缝接触空气时，根尖停止生长，具有活力的较尖可形或更多须根，且不会形成盘旋根。

四、容器育苗技术

（一）营养土（培养基）的配制

1. 营养土的种类

我国配制营养土的材料主要有泥炭、森林土、草皮土、塘泥、黄心土、炉渣、蛭石、火烧土、菌根土、腐殖质土等。营养土一般不是单一应用，而是两种或两种以上的营养土配合使用的。我国各地区都根据本地实际情况确定了适合本地区树种的基质成分和比例。如陕西、甘肃等地使用营养土为黄土50%～70%，腐殖土30%～50%，过磷酸钙2%，适用树种为油松、侧柏、云杉、冷杉、落叶松等。广东、海南等地使用的营养土为火烧土30%～50%，黄心土40%～60%，菌根土10%～20%，过磷酸钙3%，适用于马尾松、火炬松、黑荆树等。我国营养土多用天然土壤配成，其缺点是重量大，理化性状也不如泥炭和蛭石，优点是就地取材，成本较低。

菌根对与其共生的树种作用很大，容器育苗时，菌根菌难以传播，故在需要时应进行人工接种，往往从同树种森林中林木根系周围取土，或由同树种前茬苗床取土，拌入营养土或在播种后作覆土材料。

2. 营养土的消毒

为预防病虫害，营养土应进行消毒。可在营养土中拌入适量的杀菌剂，或进行高温蒸气消毒（即将营养土置于80℃以上30分钟），也可用化学药剂熏蒸处理，可将大多数细菌、真菌、昆虫、草籽等杀死。

（二）装杯播种

将营养土装入消过毒的容器，分层震实，直至容器上口1厘米处，然后将容器整齐排列在苗床上，并用沙土填充好容器间隙，培好床边。选用催好芽的种子，每个容器播1～2粒种子，播完一批后随后用沙子覆盖，其厚度为种子短轴直径的1.5～2倍。覆土后喷水灌透。

（三）苗期管理

主要为浇水、施肥、除草、间苗和灾害因子防除等。

灌溉是容器育苗成功与否的关键，一般使用喷灌。幼苗期水量要足，速生期要控制灌溉，促进苗木木质化，提高耐旱性。为促进苗木生根，应采取喷水与适当干燥交替进行。追肥应和灌水同时进行，但要防止肥料烧苗。每个容器中最后只留 1 株，其余的应分次间掉。对于死亡或生长不良者要及时补苗。

第六节 设施育苗

一、设施育苗的主要类型及优缺点

设施育苗指塑料大棚育苗和温室育苗。塑料大棚是利用塑料薄膜覆盖而建成的大棚，温室育苗则是在室内育苗。

塑料大棚的优点在于它可提高棚内温度和湿度，这对气候寒冷、生长季节短的地区十分重要，提高了温度就等于延长生长期。棚内湿度大，有利于光合作用，种子发芽快，缩短发芽期。棚内育苗的苗高、地径明显提高。另外，大棚内环境条件易控制，可防止风沙和霜冻。大棚设备良好，易于管理。

塑料大棚的缺点是投资大，育苗成本高，培育的苗木质量较差，这是由于棚内光照弱，CO_2不足造成的，表现为苗木干重小，耐低温能力差，造林成活率低。棚内温、湿度为病虫发生也提供了有利条件，故棚内病虫害较多。

温室内设备千差万别，简陋者可控制室内温度和湿度，现代化者还可控制 CO_2浓度，甚至有补充光照设备，它可按人的意志调控室内环境。因此，可给苗木提供各种需要的环境条件，它的缺点是设施多、投资大、成本极高，病虫害易滋生。

二、设施育苗中的水、热、肥、光、气管理

控制塑料大棚中温度是成功育苗的关键。在无特殊升降温设备的情况下，通常以通风口进行调节。白天温度不要超过 30℃，夜间保持 15℃，降温可用喷灌和遮阴方法。有调温设备的大棚，要根据苗木需要调节。

适时适量喷灌是塑料大棚育苗的主要环节。喷灌不仅供给苗木所需水分，还有调节空气湿度和降温作用。塑料大棚内空气流通差，常会造成 CO_2 短缺，所以夏季应及时通过通风补充 CO_2。在温度较低时，则可用燃煤或丙烷补充 CO_2，同时还可使棚内温度升高。

当夜间温度高于 15℃时，应适时逐步撤掉塑料棚，先撤周围塑料膜，再撤顶盖的薄膜，使苗木逐步适应露天环境，经受锻炼，在全光照下苗木易充分木质化，且提高苗木质量和造林成活率。

三、设施育苗在现代苗木培育中的作用

塑料大棚育苗的优点较多，但它投资大、成本高、易生病虫害。所以该法在气候寒冷、生长期短或晚霜危害大、风沙灾害重的地方应用，由于生长期延长，苗木生长量显著提高，并且可缩短育苗时间。温室育苗成本更高，所以只在培养一些珍贵苗木或科学实验中使用。

第七节 苗木出圃与贮藏

一、苗木出圃

在苗圃中所培育的各类苗木，达到造林规格要求（壮苗条件）后，即可起苗出圃造林。苗木出圃是育苗工作的最后工序，主要包括起苗、分级、产量统计和包装运输等环节。

（一）起苗

起苗时注意保护好苗木，否则会使育苗前功尽弃。

1. 起苗季节

原则上是在苗木休眠期进行，即秋季落叶后到春季苗木萌动前进行。

2. 起苗技术要求

（1）保留根系的长度。保证苗木根系有一定长度，一般针叶树小苗根系长度为15～25厘米，阔叶树20～40厘米，插穗移植苗可长一些。

（2）苗木保护措施。严防根系干燥，起苗时如圃地干燥应提前灌水，起苗时应做到边起、边拣、边统计、边包装、边假植，注意保护苗茎和顶芽。

（3）起苗方法。有人工起苗和机械起苗。人工起苗沿苗行一侧掘苗。机械起苗质量好，工效快。

（二）分级和统计

1. 苗木分级

苗木分级目的是保证苗木出圃合乎规格，栽植后生长整齐。分级应根据苗木分级指标，边起苗，边分级。其中以地径为主要指标，其次是苗高。

2. 数量统计

苗木产量包括Ⅰ、Ⅱ和Ⅲ级苗，统计时分别进行，废苗（病虫害、机械损伤苗）不统计产量。分级统计应在蔽荫无风处进行。苗木分级统计后，要立即包装，挂好标签。

（三）包装和运输

苗木分级后，及时运往造林地，在运输过程中，要妥善包装，严防失水，如油松1年生播种苗晒10分钟，成活率降至30%，晒1小时，成活率降至零。

运输时间越长，包装应越细致。带土坨的大苗，要单株包装，在运输过程中，要经常检查，防止苗根干燥发热。到达造林地后，若不立即造林，应马上假植。

近年来，用聚乙烯塑料袋包装，效果较好。但要防止袋内因阳光照射而发热。有条件的情况下可用冷藏车运送裸根苗，车内温度保持1℃，空气相对湿度为100%，效果也很好。

二、苗木贮藏

（一）苗木贮藏的目的

如果起苗后不能立即造林，为保护苗木免遭各种损害，需采取相应的苗木贮藏措施。苗木根系比较幼嫩，最易失水而丧失生命力，它又是苗木吸收水分的关键器官，苗木根系的好坏，直接影响着造林成活率。因此，苗木的贮藏，最重要的是要保护好苗木根系。

（二）苗木贮藏条件和方法

贮藏的目的是为了保持苗木质量，减少苗木失水，维护苗木体内水分平衡。现用的贮藏苗木方法有假植和低温贮藏。

1. 假植

起苗后，经消毒处理的苗木，如不及时栽植，就要进行假植或采用其他方法贮藏。假植有临时假植和越冬假植两种。临时假植是起苗后不能及时出圃栽植，临时采取的保护苗木的措施，假植时间较短，可就近选择地势较高、土壤湿润的地方，挖一条浅沟，沟一侧用土培一斜坡，将苗木沿斜坡逐个码放，树干靠在斜坡上，把根系放在沟内，将根系埋土踏实。越冬假植是秋季苗木起苗后来年春季才能出圃，需要经过一个冬季。应选择背风向阳、排水良好、土壤湿润的地方挖假植沟。沟的方向与当地冬季主风方向垂直，沟的深度一般是苗木高度的1/2，长度视苗木多少确定。沟的一端做成斜坡，将苗木靠在斜坡上，逐个码放，码一排苗木盖一层土，盖土深度一般达苗高的1/2～2/3处，至少要将根系全部埋入土内，盖土要实，疏松的地方要踩实、压紧。另外，如冬季风大时，要用草袋覆盖假植苗的地上部分。幼苗茎干易受冻害者，可在入冬前将茎干全部埋入土内。

2. 低温贮藏

贮藏是指在人工控制的环境中对苗木进行控制性贮藏，可掌握出圃栽植时间。苗木贮藏一般是低温贮藏，温度0～3℃，空气湿度80%～90%，要有通气设备。一般在冷库、冷藏室、冰窖、地下室贮藏。在条件好的场所，苗木可贮藏6个月左右。苗木的贮藏为苗木的长期供应创造了条件。

第八节　种苗培育新技术

近年来，随着科学技术的发展，种苗生产新技术不断涌现，如组培繁育、花药培养、人工种子生产、原生质体培养、细胞融合、转基因技术等，其中一些技术在科学研究中已成为现实，并且在苗木培育中具有美好前景。在此作一简要介绍。

一、组培繁育

（一）组培繁育的概念

植物组织培养是利用植物的离体器官、组织、细胞或原生质体，在适宜的人工培养基和无菌条件下培养，使其增殖，生长、分化形成小植株的方法。利用组织培养技术进行植物快速繁殖的方法称组培繁育，又叫试管繁殖。所得的苗木称试管苗或组培苗。

近年来，组培繁育技术的研究发展很快，不仅在花卉繁殖上取得了极大的成功，在林木试管苗培育中，已有百余树种取得了成功，有些树种试管苗，如桉树、杨树、北美黄杉已在生产上大面积应用。

组培繁育的优点是短期在实验室内可获得大量优质试管苗，一个 20 平方米实验室，一年可生产 100 万株试管苗。若用茎尖组织培育技术，可从感染病毒植株中，经过培养获得无病植株。有利于保存优良品种、好的变异。它的缺点是初期投资大，技术性强。

（二）组培繁育方法

1. 培养基及配制

培养基的成分有水、无机盐（主要是植物所需矿质营养）、有机营养（糖、维生素、烟酸、肌醇、吡哆醇、甘氨酸等）、植物生长调节剂（包括生长素、赤霉素和细胞激动素三类物质）。天然提取物（实际是有机物，但分子较大）和琼脂，配方很多，配制好后灭菌保存。

2. 外植体制备

由植物体上切取下来用于组织培养的部分称作外植体。理论上，植物的任何一部分均可做外植体，考虑到方便、难易、效益等方面，对取材部位、生理状况、发育年龄、取材季节、材料大小和质量要严格选择，一般选择幼苗、芽、茎尖等部位。取下后要对其消毒，消毒的药剂、浓度、时间因树种及部位不同而异，然后在解剖镜下，按预定大小切取生长点并保存。

3. 试管苗培养

组培繁育要在无菌条件下进行，故所用工具应严格消毒，将制好的外植体在超净工作台上分离，接种于培养基上。

培养基需置于严格控制的环境中，温度在（25±2）℃，湿度 60%～80%，光照 10～16 小时，光照强度，小苗要小，大苗要大，变动在 1 500～10 000 勒克斯，必要时通风，但换入的空气必须无菌。由外植体上生芽并使其增殖是快速繁育苗木的关键之一。为了扩大繁殖系数，当诱发的芽长度大于 1 厘米时，切下转入生根培养基中，对剩下的新梢切或若干段，转入增殖培养基中，培养一段时间后，再选取大的进行生根培养，剩下的再切成小段转入增殖培养。

4. 试管苗出瓶移植和管理

移苗前应先炼苗，所谓炼苗是为了试管苗能适应外界环境条件，保证移栽成活，将瓶置于自然光下，打开瓶盖 3～5 天即可。当试管苗在生根培养基上根尖突出的时候应将其移出瓶外，此时苗木适应性强，生根快，易成活。

移苗时要洗苗，通常是给瓶内注入清水，取出小苗，并洗掉黏在苗上的培养基，然后将苗上的水分吸掉，洗苗的水温 16%～20%；若瓶内有许多小苗，应将其分开并消毒。然后移栽于培养钵中，培养基质要通透性好。移植后要立即浇清水，不要浇灌营养液。扣上拱棚，湿度保持 70%，温度为 16～20℃，及时浇灌营养液，直至成苗。

二、细胞融合

（一）细胞融合的概念及意义

细胞融合又称体细胞杂交。它是通过将两种异源细胞融合产生杂种细胞，再将杂种细胞培育成新的植株，获得杂种的方法。这种方法克服了远缘杂交中不亲合性和子代不育的障碍。目前木本植物中柑橘的体细胞融合已取得重要进展，获得了柑橘属与蚝壳刺属、柑橘属与非洲樱桃橘属的杂种细胞。我国科学家也得到了金橘属与柑橘属杂种。

（二）细胞融合的方法

1. 原生质体的分离

植物由细胞构成，但细胞有细胞壁，要使两个细胞融合，必须取掉细胞壁，去掉细胞壁以后的那部分细胞质称原生质体，原生质体是细胞融合的好材料。

目前，普遍采用酶法降解细胞壁，这样可在短时间内获得大量有生活能力的原生质体。为了使分离出来的原生质体易融合，且能培育出完整的杂种单株，要对起始材料的种类、年龄、生理状态仔细分析。另外，原生质体分离过程的技术操作对原生质体数量、活力、分化潜力都有较大影响。起始材料细胞经过质壁分离，用酶降解细胞壁，然后用不锈钢网过滤、离心，除去酶和细胞碎片，获得纯原生质体。

2. 原生质体的融合

两个异源的原生质体融合成功与否并培养出杂种与正确选择原生质体有密切关系，首先原生质体要有活力，遗传一致；其次，双亲中至少有一方具有植株再生能力；第三，带有可供融合后识别异核体的性状，如颜色、染色体数等；第四，在异核体发育中，有能选择杂种的标记性状。这样才能达到预期效果。

融合的方法有离子诱导融合（采用的离子有 Na^+、Ca^{2+}等）、高分子诱导融合（如用聚乙二醇诱导融合）、电场诱导融合等。由于方法多式多样，目前融合频率已大大提高。

3. 体细胞杂种再生

当两个异源原生质体融合后就将其放入培养基中，培养基配方差异大，但它们都含有机物、矿物盐、天然提取物、激素、水等。

融合的原生质体培养方法很多。目前，浅层培养法被广泛应用，它适于原生质体分裂强的杂种。此外，有琼脂包埋培养、铺垫聚酯纤维培养等。不论哪种方法，都要给以适当的温度和光照。原生质体经过培养，首先形成细胞壁，继而细胞分裂，并形成细胞团的愈伤组织，愈伤组织再增殖，最后诱导出芽和根，再培养成完整植株，在这个过程中，不同阶段使用不同培养基。

三、林木基因工程

（一）基因工程的概念及意义

遗传转化指通过某种途径将外源基因导入受体基因组中，使之在受体细胞内发生功能表达。若将受体细胞培育成植株，则称为转基因植株。

在植物基因工程研究中，可用的目的基因很多，根据其功能有抗病、抗虫、抗除草剂、抗逆、抗污染等抗性基因，光合作用基因，雄性不育基因，改善蛋白和改善木材成分基因等。目前，根据不同育种目的已成功地将有价值基因转入相应的树种中，获得转基因植株。

（二）遗传转化方法

基因工程的最终目的是把有用基因转移到受体基因组，随着科技的发展已经寻找了相当多的有用基因。关键就看如何把它移到受体基因组中，目前已建立了许多不同途径的转化技术。

1. 根癌农杆菌介导的遗传转化系统

根癌农杆菌宿主很多，该菌内含有一种 Ti 质粒，它可以向许多植物转移外源基因，并使之表达。根据外植体的不同，转化方法有二：其一是叶圆片法，先用打孔器取好叶圆片，再切成若干小块，在带有外源有用基因农杆菌液中浸数秒钟，置于培养基上培养 2 ~3 天，再转到培养基上培养，使转化细胞长成再生植株。其二是原生质体和农杆菌共同培养法，将处于再生壁时期的原生质体与带有外源有用基因的农杆菌一起培养 36～48 小时，离心、洗涤、去菌后培养在含有抗生素的选择培养基上，就可得到转化的细胞增殖。

2. DNA 直接转化

最常用的是聚乙二醇，将原生质体悬浮于含有 DNA 的介质中，用聚乙二醇促进 DNA 摄取，从而使细胞转化。电穿孔法原理是在高压电脉冲作用下，原生质膜上形成可逆的瞬间信道，从而发生外源 DNA 的摄取。基因枪法基本原理是将有用的 DNA 包在钨粉或金粉微粒表面，在高压下使粉末喷射，高速穿过受体细胞或组织，使外源基因进入受体细胞核中整合并表达。

当 DNA 分子进入受体细胞核后，对该原生质体进行培养，使之长成植株，该植株即为转基因植株。

第 三 篇

森林营造

第九章　造林概述

第一节　造林、林种和造林地

一、造林的目的

造林的目的就是为了维持、改进和扩大森林资源，以生产更多的木材和其他各种林产品，并发挥森林的多种生态效益和社会效益。

二、造林的概念

造林可分为人工造林和人工更新2种，前者为在无林或原来不属于林业用地的土地上栽培林木，后者是在原来生长森林的迹地（采伐迹地、火烧迹地等）上栽培林木，它们都属于造林的范畴，没有本质的差别。

三、人工林

凡是用人工种植的方法营造起来的森林都称为人工林，它由2部分组成，造林地及其上生长的林木。

（一）林种的划分

由于所营造的森林发挥着各种各样的效益，把发挥不同效益的森林种类简称为林种。根据《中华人民共和国森林法》，我国将森林划分为防护林、用材林、经济林、薪炭林及特种用途林五大林种。

（1）用材林。以生产木材为主要目的的森林和林木称为用材林，包括以生产竹材为主要目的的竹林。

（2）经济林。以生产果品、食用油料、饮料、调料、工业原料和药材等为主要目的的林木称为经济林。

（3）防护林。以防护为主要目的的森林、林木和灌木丛称为防护林。包括水源涵养林、水土保持林、防风固沙林、农田、牧场防护林、护岸林、护路林。

（4）薪炭林。以生产燃料为主要目的的林木称为薪炭林。

（5）特种用途林。以国防、环境保护、科学实验等为主要目的的森林和林木称为特种用途林。包括国防林、实验林、母树林、环境保护林、风景林、名胜古迹和革命纪念地的林木、自然保护区的森林。

我们在营造每一片森林时，都有着一定的造林目的，但是除了发挥其主要功能外，还具有其他效益，如用材林具有防护效益，防护林也能提供一定量的木材，它们同时也具有美化环境的功能，因此不要孤立地去看待林种的作用。

（二）造林地

造林地有时也称宜林地，它是造林生产实施的地方，也是人工林生存的外界环境。造林地是气候、地貌、地形、土壤、水文、植被、人类活动及其他环境状况的综合体系。研究造林地实际上就是研究这一体系中的所有因子。当了解造林地的生产潜力后，可为其选择合适的造林树种，同时也可制定出相应的技术措施。下面将分造林地的立地条件和造林地种类两方面来讨论这些问题。

1. 造林地的立地条件

为了更好地研究造林地，我们把造林地上凡是与森林生长发育有关的自然环境因子综合称为造林地的立地条件（简称为立地，或称森林植物条件），它主要包括地形、土壤、水文、植被和人为活动五大环境因子（立地因子）。

（1）地形。包括海拔高度、坡向、坡度、坡位、坡形、小地形等。

（2）土壤。包括土壤种类、土层厚度、土壤质地、土壤结构、土壤养分、土壤腐殖质、土壤酸碱度、土壤侵蚀度、各土壤层次的石砾含量、土壤含盐量、成土母岩和母质的种类等。

（3）水文。包括地下水深度及季节变化、地下水的矿化度及其盐分组成，有无季节性积水及其持续期等。对于平原地区的一些造林地，水文起着很重要的作用。

（4）植被。主要指植物的组成、覆盖度及其生长状况等。在植被未受严重破坏的地区，植被状况能反映出立地的质量，特别是某些生态适应幅度窄的指示植物，更可以较清楚地揭示造林地的小气候、土壤水肥状况规律，帮助人们深化对立地条件的认识。例如，蕨类生长茂盛指示宜林地生产力高；马尾松、茶树指示酸性土壤等。在中国，多数造林地植被受破坏比较严重，用指示植物评价立地受到一定的限制。

（5）人为活动。土地利用的历史沿革及现状，各项人为活动对上述各环境因子的作用等。不合理的人为活动，如取走林地枯枝落叶、严重开采地下水，樵采、放牧等会使立地劣变，发生土壤侵蚀，降低地下水位。

上面列出的各项立地条件组成因子并非完整无缺，但也不是每块造林地都必须考虑上述所有的因子。从理论上讲，一块造林地上作用于林木生长的环境因子相当多，但各个因子所起的作用差异很大，有些因子对林木生长发育的作用微不足道，有的因子却起着决定性的作用，这些起决定性作用的因子，在造林学上称之为主导因子。一般而言，在分析立地与林木的关系时，没有必要对所有立地因子进行调查分析，只要找出主导因子，就能满足造林树种选择和制定造林技术措施的需要。

2. 造林地的种类

造林地的环境状况主要是指造林前土地利用状况、造林地上的天然更新状况、地表状况以及伐区清理状况等。这些环境因子对林木的生长发育没有显著的影响，因而没有包括在立地条件的范畴之内。但这些因子对造林措施的实施（如整地、栽植、抚育）具有一定的影响，所以为了造林工作的实施，根据造林地的环境状况之差异性，划分出不同的造林地种类，简单说，造林地种类就是造林地环境状况的种类。造林地种类有许多，归纳起来有 4 大类。

（1）荒山荒地。没有生长过森林植被，或在多年前森林植被遭破坏，已退化为荒山或荒地的造林地。荒山荒地是我国面积最大的一类造林地。

（2）农耕地、四旁地、撩荒地。农耕地指用于营造农田防护林及林粮间作的造林地种类；四旁地指路旁、水旁、村旁和宅旁植树的造林地种类。在这些地方植树常称为四旁植树，它本身不算作一个林种，但因其兼有生产、防护和美化的作用，在林业工作中具有重要地位；撩荒地指停止农业利用一定时期的土地。

（3）采伐迹地和火烧迹地。采伐迹地指森林采伐后腾出的土地；火烧迹地指森林被火烧后留下来的土地。

（4）已局部更新的迹地、次生林地及林冠下造林地。这类造林地的共同特点是造林地上已有树木，但其数量不足或质量不佳或树已衰老，需要补充或更替造林。

第二节　造林基本技术措施

造林既是一个以林木和林地为主要对象，以培育具有一定结构和功能的森林为主要目标的生产技术系统，又是一项涉及政策、人员、经费和物质的人为经营活动。造林应遵循生物学原则，它以森林生态学作为主要理论基础，受森林经理工作的调控，以林政学、林业经济学及企业管理学的知识作指导，涉及树木学、树木生理学、气象学、土壤学、自然地理学、林木遗传学和地理学等多个相关学科。因而造林基本技术措施是指在适地适树（生物原则）的原则下。

（1）良种壮苗和精细栽植。就是以良种壮苗来保证林木有一个优良的遗传基础，这是将来人工林生长发育的物质条件；以精细栽植来保证造林物质条件得以实现，保证林木个体优良健壮。

（2）细致整地。造林做到适地适树以后，林木和环境之间的矛盾是基本适应的，同时也存在一些不适应的部分，细致整地正是为了解决这一问题，营造更适合林木生长发育的环境条件。

（3）合理的组成与结构。以合理的配置密度和合理的树种组成来保证人工林有合理的群体结构。

（4）有条件下的施肥、灌水、松土、除草。以抚育保护及可能条件下的施肥灌水（排水）来长时间保证良好的林地环境条件。

以上造林基本技术措施中，良种壮苗和精细栽植主要通过合理的树种选择来完成；合理的组成与结构属人工林结构设计的内容；细致整地和有条件下的施肥、灌水、松土、除草包涵于造林施工技术的范畴之中。后面我们将分章逐步详细介绍造林技术系统中各项造林措施。

第十章　树种选择

树种选择是人工林营造中最重要的一项基本工作，是造林技术系统中非常重要的一项措施。树种选择就是要做到既符合造林目的，又能充分利用和发挥林地生产力以及其他目的效益的发挥。我国土地广阔，自然条件十分复杂，宜林地特性多样，树种资源丰富，所以在造林中应更加重视树种选择。

第一节　树种选择原则

一、树种选择的原则

树种选择应遵循经济学和生物学相兼顾的原则。

（一）生物学原则

指造林所选择的树种的生物学习性应尽可能与造林地的立地条件相适应，即适地适树原则。

（二）经济学原则

指造林所选择的树种的各项性状，主要是经济性状及效益性状要符合既定的育林目标的要求，即树种选择定向原则。

树种选择就是要使所造之林能够提供与立地生产力相应的材积和价值产量，即所选择的树和应尽可能地利用地力，但不使其衰竭，最好还能改善立地。所选择的树种必须构成足够稳定的林分。除此之外，还必须考虑以下辅助原则。

（1）因地制宜地确定针叶树种和阔叶树种、乔木和灌木的合理化比例，选择多树种造林，防止树种单一化。随着社会的发展，不仅需要提供多品种的木材，而且在改善环境，保障农牧业生产等方面也需要选择多种的优良树种，以满足各方面的需要。

（2）充分利用优良乡土树种，积极扩大引进取得成效的优良树种。在树种自然分布区内，分布最普遍，生长最正常的树种，是长期历史适应该地区条件而发展起来的树种，即乡土树种，它们适应性强，生长相对稳定，抗性强，繁殖容易，所以在造林时首先要考虑乡土树种。引进外来树种时，要先进行造林试验，对于获得成功的优良树种要积极推广。

（3）选择具有较好稳定性、抗病虫害能力强的树种。所选树种形成的林分应该长期稳定，要经得住一些极端气象灾害因子的考验，能抵抗一些毁灭性病虫害的侵袭。

（4）树种选择时还要考虑所选择树种在经营技术上是否可行。如有些树种从各方面性状看都很好，可以中选，但其种子和苗木来源有限，不可能大面积应用。有些树种虽生长效果很好，但栽培技术复杂，或需较大工料投入，或无栽培经验，成本高，最终经济效益不一定高。因此，在选择树种时，要考虑到可行性的原则，使树种选择切实可行、经济有利。

二、树种选择方案的确定

根据以上树种选择要统筹兼顾的两个主要原则，树种选择时要把握适地适树和定向选择。首先要按培育目标定向选择造林树种，不同的林种其培育目标不同，对树种的要求也不相同。因此，应依照培育目标对树种的要求，分析可能应选树种的有关目的性状，经过对比鉴别，提出树种选择方案。其次要弄清具体造林区或造林地段的立地性能，分析可能应选树种的生态学特性，然后进行对比分析，按适地适树原则选择造林树种。为了得出更可靠的有关树种选择的结论，可进行造林树种选择的对比试验。在一定造林地区的典型立地上，种植可能作为入选对象的树种，经过整个培育周期的对比试验，筛选出一些有前途的造林树种，剔除一些易遭失败的树种。不过对比试验需要时间较长，需要投入的人力物力较多，困难大。在生产上不可能对各树种都通过试验后再造林，有时就凭树种的天然分布及生长状况，根据树种生态学特性及以往的零星造林经验，就决定树种的选择。通过对现有人工林的调查研究，掌握不同树种人工林在各种立地条件下的生长状况，是选择造林树种时常用的方法。调查现有人工林时一方面要大量调查一个树种在不同立地条件下的生长效益，作出该树种生产力评价，得出该树种适生立地范围。另一方面对同一立地类型作多树种调查，作出多树种的立地评价，可为同一立地上选用哪个树种能更好地发挥林地生产力作出判断。

最后，确定造林树种方案时，依照林种布局和树种选择原则，充分分析对比造林地立地性能和各可选树种的生态学特性，并依据现有树木生长状况调查资料，把造林目的与适地适树的要求结合起来统筹安排。一方面要考虑到，同一个具体造林地区或造林地块上可能有几个适用树种，同一树种也可能适用于几种立地条件，经过分析比较，将最适生、最高产、经济价值最大的树种列为该区或该地块的主要造林树种。而将其他树种，如经济价值高但对立地条件要求过苛，或适应性很强但经济价值低的树种，列为次要树种。同时要注意树种不要单一化，要把针阔树种、珍贵树种也考虑在内，使所确定的方案既能充分利用和发挥多种立地的生产潜力，又能满足多方面的需要。另一方面，在最后确定树种选择方案时，还要考虑选定树种在一定立地条件上的落实问题。把立地条件较好的造林地，优先留给经济价值高对立地要求严的树种。把立地条件较差的造林地，留给适应性较强而经济价值较低的树种。同一树种若有不同的造林目的，应分配给不同的造林地，如培育大径材，分配较好的造林地，若是培育薪炭林、小径材，可落实在较差的立地上。

三、适地适树

从生物学原则出发，树种选择要求适地适树。

（一）适地适树的概念

适地适树就是要使造林树种的特性，主要是生态学特性和造林地的立地条件相适应，以充分发挥生产潜力，达到该立地在当前技术经济条件下可能取得的最佳效益。

（二）适地适树的标准

衡量适地适树的客观标准要根据造林的目的要求来确定，对于不同林种适地适树的标准不一样。对于防护林来说，成活率高，林分稳定性高，及早使防护效益达到最高限度为衡量适地适树的标准。对于经济林来说，除了林分的成活率和稳定性外，使林产品达到一定的数量和质量指标是衡量标准。对于用材林来说，起码要达到成活、成林、成材，还要有一定的稳定性，即对间歇性灾害因子有一定的抗御能力，同时应有一定的数量指标。衡量适地适树的数量指标主要有两种，一是立地指数，一是材积平均生长量。产品质量有时也应作为衡量适地适树的参考因子。

（三）适地适树途径和方法

适地适树反映的是树木生长与环境条件之间的协调关系。每一树种生长发育的特点主要是由它内在的生物学特性所决定，而环境条件的影响则是促进和影响它生长发育的外部原因。不同树种有不同的特性，同一树种在不同地区其特性表现也有差异。即使是在同一地区，同一树种在不同发育阶段，对环境条件的要求也不相同。造林中强调适地适树的原则，就是要正确地对待树木生长发育与环境条件之间的辩证关系。实践中，或是按具体的造林立地条件选择适宜的树种，或者是为具体的造林树种选择适宜的造林地，达到树和地的统一。如在含盐较高的土壤上造林，应选用耐盐能力较强的树种。另外，适地适树原则要求地和树相适，指的是地和树之间的矛盾部分在林木培育的主要过程中是相适的。可能在某个具体造林地，具体树种的某个发育阶段，地和树还存在着矛盾，要在实践过程中不断调节，逐步深入揭示树种的特性规律，通过人为措施改变其原有发展势态，并注意改善外界环境条件，使树和地这对矛盾的统一体向符合人们培育希望的方向发展。

在造林过程中，为了使“地”和“树”基本适应，可以通过 3 条途径加以实现。

1. 选择

包括选树适地和选地适树。选树适地：根据造林地的立地条件选择在此条件下最适生的树种。在确定了造林地以后，根据其立地条件选择适合的造林树种。如在北京市西山地区，阴坡、厚土层的立地条件下，水分较好，可选择油松为造林树种。选择时，以乡土树种为主，外来树种为辅。选地适树：根据树种的特性选择最适宜的造林地。根据当地的气候土壤条件确定了主栽树种或拟发展的造林树种后，选择适合的造林地。如侧柏比较耐干旱瘠薄，在北京市西山地区可选择阳坡薄土层的立地进行造林。

2. 改地适树

当造林地的条件不能满足造林树种的要求而又必须发展这一树种时，可以采用人为措施改善造林地条件，以适应造林树种的生长，使"树"和"地"两者相适应。如通过整地、施肥、灌溉、混交、土壤管理等措施改变造林地的生长环境，使其适合于原来不适应树种的生长。杨树可以在轻盐碱地上生长，如在重盐碱地上造林时，需要采用脱盐碱的措施（如排灌洗盐）来降低盐分含量，使之适合于林木生长。一般来说都是围绕土壤情况进行改地，如提高土壤肥力，增加土壤的蓄水能力，加厚土层，改变土壤的机械组成等，但该种途径难度较大。

3. 改树适地

改变树种某些特性，使之能适应造林地条件。如通过选种、育种、引种驯化等措施改变树种的原有特性，增强树种耐寒、耐旱、耐盐等特性，使之适应原来不适应的造林地立地条件。这方面比较典型的例子是毛竹北移及一些抗性树种的培育等。

这 3 条适地适树的途径是互相补充，相辅相成的，在当前的技术、经济条件下，改地、改树都是有限的，而且这两者也只有在地树尽量适应的基础上才能有效，我们还是应当提倡立足于乡土树种的栽培，因此，选择仍然是基础，如何选择树种是我们造林工作的中心任务。

第二节　树种定向选择

从经济学原则出发，为实现各林种的效益，造林树种的选择应各有定向，各林种对造林树种的要求决定了造林树种的定向选择技术。对于不同的林木培育方向，适地适树应有不同的标准，但都应该是客观的。

1. 用材林树种的选择

营造用材林的主要目的是获得较高的材积和木材应用价值，因此要求所选择的树种要具有"速生、丰产、优质和稳定"的性质。

（1）速生性。我国树种资源丰富，有乡土树种也有引进树种，如北方的落叶松、杨树，中部地区的泡桐、刺槐，南方的杉木、马尾松，从国外引进的松树、桉树和竹类等。这些树种少则 10～20 年，多则 40～50 年就能成材利用，应是营造用材林的主要对象。

（2）丰产性。丰产性是指单位面积产量高，即单位面积蓄积量高。杨树、松树、落叶松等速生树种单株长得快，单位面积蓄积量大。红松、云杉，属于后期生长较快的树种，由于其寿命长，往往能长成大树，单位面积也能达到较高的蓄积量。

（3）优质性。用材林树种的优质性主要包括良好的干形和材质 2 个方面。良好的用材林树种应具有树干通直、饱满、分枝细小稀少，整枝性能良好等特点。这样的树种出材率高；采运方便，用途广，因此，经济价值较大。一般用材都要求材质坚韧、质量系数较高、纹理通直均匀、不易变形、干缩小、容易加工、耐腐抗蛀等。

（4）稳定性。所选择树种营造林分，要具有一定的稳定性。如抗风（风大地区）、抗雪折（雪大地区）、抗病虫害的能力强。

2. 经济林树种的选择

经济林的培育目标是要生产干果、水果、食用油料、饮料、调料、香料、木本蔬菜、药材和工业原料等，所以经济林树种应具有优质、高产性状，选择树种时要依市场需要、重点发展名、特、优、新品种。其中，栽培以生产木本油料为主的经济林主要是为了收获种子、果实或其他器官，从中榨取油脂。

木本油料林树种的性状应是结实性能好（早熟、丰产、稳产、寿命长）、种实含油率高和油脂质量好等。我国经济林发展较快，经济林树种资源极为丰富，目前有些树种已形成生产规模，但还有大量资源有待开发利用。

3. 防护林树种的选择

防护林是个大的林种，根据生产的需要和不同防护林的功能，它可细分为农田防护林、水土保持林、水源涵养林、防风固沙林以及具有某种功能的特种防护林等次级防护林种。应根据防护对象选择适宜树种，一般应具有生长快，防护性能好、抗逆性强、生长稳定等优良性状。营造农田、经济林园、苗圃和牧草防护林的主要树种应具有树体高大、树冠适宜、深根性等特点。水湿地区的树种还应具有耐水湿的特性。经济林园防护林树种不能与林园树种有共同病虫害或是其中间寄主。严重风蚀风、干旱地区，要注意选择根系发达、耐风蚀、干旱、沙压的树种。

（1）农田防护林树种选择。农田防护林的作用：农田防护林是在农田周围有计划营造的纵横交叉构成网状的森林。其目的是防治害风及霜冻，保证农田高产、稳产，同时可提供各种林产品（如木材）以及起美化环境的作用。

①降低风速：林带可以减低风速。当害风通过林带时，通过树干和枝叶的摩擦和阻拦而使风力减弱；越过树冠的气流与穿过林带的气流接触后又产生摩擦、混合，继续消耗气流动能。

②调节气温和湿度：由于风速的减弱和林带树冠的蒸腾作用，使得林网内的空气温度和湿度得到了改善，有利于作物高产、稳产。

③积雪均匀而不易吹散：在多雪地区，积雪的覆盖是农作物高产的重要条件。有防护林网的保护，积雪不被强风吹散，网内风速的降低，使积雪均匀地分布在农田上。

④改良土壤：在林带的防护范围内，由于风速的减小，减轻或不发生土壤的风蚀。防护林带还能防止因灌溉不当所引起的土壤次生盐渍化。

⑤经济效益：除了林带防护作用所带来的经济效益外，林带本身尚可提供木材、薪材、编条、果品等产品以及一定程度上的美化作用。

农田防护林树种的选择原则：①生长迅速、树体高大、枝叶繁茂。如杨树和桉树，以便较早地发挥防护效益，延长防护距离。②寿命长、生长稳定，能够长期发挥作用，减少更新次数。③抗风力强、不易风倒和风折。④水平根不过分伸展，以减少胁地和遮地面积。如泡桐、箭杆杨，树冠较紧束不开张。⑤与农作物无共同病虫害。⑥树种有较高的经济价值，能生产木材和其他林副产品。

（2）水土保持林树种选择。水土保持林的作用：水土保持林是指水土流失地区以减少、阻拦及吸收地表径流，涵养水源、防止土壤侵蚀、改善农业生产条件为目的的防护林。其作用：①涵养水源，保持水土。主要是通过林冠层的截持、林地枯枝落叶层的调节、涵蓄降水及林下土壤的渗流等环节来实现水土保持林的涵养水源和保持水土的作用。②固持土壤。乔灌木树种依靠其深长的根系及扩展的水平根系，能在相当大的深度、广度范围内固持土体。如林内各树木植株间盘根错节的根系网，以及浅根和深根树种的混交搭配，牢牢地固持着土体。③调节区域气候、改善环境条件。

水土保持林树种的选择原则。

①根系发达：根系发达、根蘖性强的树种，可以固持土壤，增强土体的抗蚀能力。如刺槐、旱冬瓜等。

②生长迅速：这是防护林树种选择的共同原则。生长迅速、树冠茂密，能形成枯枝落叶层的树种，可减少落地降水数量，保护土层，如刺槐、沙棘、紫穗槐等。

③枯落物丰富：落叶丰富、易分解，能改良土壤理化性质，最好有固氮能力，以提高土壤肥力，如刺槐、紫穗槐等。

④适应性强：在一般情况下，营造水土保持林地区的自然条件较差，尽量选择适应性较强，耐干旱、贫瘠的树种，如侧柏、柠条、杜梨等。

（3）防风固沙林树种选择。防风固沙林的作用：一切以防止风沙危害、固定流沙为目的的森林称为防风固沙林。其作用是防止沙地风蚀，避免沙粒移动并合理利用沙地生产力。

①固持沙土：通过林木的枝叶减低风速，枯枝落叶覆盖地表，庞大的根系固持土壤，使沙地不起

沙、扬沙。

②改良土壤：通过林木的大量枯落物，增加沙地的有机质、腐殖质，改善土壤结构，提高土壤肥力，增强胶结抗蚀力。

③提供林产品：为沙区提供部分木材、薪炭、饲料、肥料及其他林产品。

防风固沙林树种的选择原则。

①根系深广、根蘖性强，以笼络土壤、固定流沙，如梭梭、沙拐枣。

②耐风沙裸根及沙埋，如沙柳、沙蒿、柽柳等，容易发生不定根，耐沙割。

③地上部分茂密，以防止因风起沙。

④落叶量大，能改良土壤，提高胶结能力。

⑤耐干旱瘠薄、耐地表高温，如花棒、樟子松。

⑥地下水位高的地方，应选耐水湿、排水力强和耐盐碱的树种，如胡杨、柽柳。

（4）环境保护林和风景林的选择。环境保护林和风景林的作用是保护和美化环境，宜选择具有杀菌、抗污染以及具有美化功能的树种。

（5）四旁绿化树种的选择。四旁植树不是一个单独的林种，它兼备其他林种的作用，路旁应选择树体高大、干直枝密的树种；水旁则喜湿耐淹、速生优质的树种。村旁、宅旁条件好，应选择立地条件要求高、价值高的树种及经济树种。

第十一章　人工林结构设计

本章着重说明有关人工林结构的设计问题。在主要造林树种确定以后，人工林结构的设计主要解决人工林密度大小的确定、种植点的配置，以及树种组成等问题。

第一节　造林密度的确定

造林密度是指单位面积造林地上栽植株数或播种（穴）数，通常以株或穴为计算单位。如杉树100～300株/亩；油茶3～5粒/穴；油桐2～3粒/穴，70～80穴/亩。造林密度，也称人工林的“初始密度”，指森林起源时形成的密度，它是森林生长发育各个时期的密度变化的基础，而将其他时期的密度称为“经营密度”。初始密度和经营密度是林分密度的不同表示形式，林分密度泛指单位面积林地上的林木的数量。由于密度在森林一生中不断变化，就冠以不同名称来称之。林分密度是造林时所能控制的主要因子，也是形成一定林分水平结构的数量基础，对林产品的质量、数量和林分的稳定性都有深刻的影响，探索合理密度是森林培育研究及生产的中心课题之一。根据密度在人工林培育过程中的作用规律，讨论制定造林密度的原则和方法。

一、造林密度的作用规律

造林密度以及由它发展成的后期林分密度在人工林整个成林成材过程中起着巨大的作用，了解和掌握这些作用规律，将有助于确定合理的造林密度。

密度对林木的作用，从幼林接近郁闭时开始出现，一直延续到成熟收获期，尤以在干材林阶段及中龄阶段最为突出。

1. 密度与树冠的关系

随密度增加，树冠减小，密度与树冠呈反比。说明密度大小明显影响树冠的发育，即冠幅、冠长、树冠表面积或体积。主要原因是随着密度增加，林分郁闭提前，树冠之间的矛盾就来得早，相互之间抑制也早，因此，冠幅就越小。

2. 密度与直径生长的关系

密度对直径生长具有明显的限制作用，即密度越大，直径生长越小，密度与直径呈反比关系。原因是随着密度增加，树冠减小，叶面积指数减小，制造的光合产物减少。对一个树种来说，一定的胸径与一定的密度相对应，而与年龄和立地无关。密度对直径生长的作用还表现在直径分布上，直径分布是研究林木及其树种结构的基础，在林分生长量、产量测定工作中起着重要的作用。一般密度对直径分布作用总的规律是密度加大使小径阶林木的数量增大，而大中径阶的数量减少。

3. 密度与树高生长的关系

密度与树高生长的关系比较复杂。在不同的地区条件下，对不同树种处在不同的年龄阶段和不同的密度范围内得出不同的结论。但综合起来可得出较为统一的认识。

（1）对于大多数树种，在相当宽的中等密度范围内，密度对树高生长没有明显的影响。原因是树木的高生长主要由树种的遗传特性、林分所处的立地条件来决定，这也是为什么把树高生长作为评价立地条件质量生长指标（立地指数）的基本道理。

（2）郁闭初期，以密促高作用有所表现，到中、后期随着密度提高，树高反而减少。原因是郁闭初期，林木都需要阳光，为了得到阳光，树高相互之间有促进作用。对强阳性树种表现明显，杨、落叶松由于密度比较大，竞争激烈个体生长受到抑制，也包括抑制高生长在内。较耐阴的树种以及侧枝粗壮，顶端优势不旺的树种才有可能在一定范围内，以密促高。

4. 密度与根系的关系

随着密度的提高，根系数量减少，密度与根系呈反比。原因是根系与地上部分即树冠的关系决定的，枝叶多，促进根系生长，即所谓的根深叶茂。地下空间随密度增大，个体间根系矛盾激烈，争夺地下营养空间激烈。

在密林中不但林木根系的水平分布范围小，垂直分布较浅。在全林中总根量也较少，而且同种林木根系易连生，加强了个体间的竞争和分化。在密林中生长物质的分配似乎更偏向于供应地上部分生长。地上部分生长纤细，根系发育受阻，树木易遭风倒、雪压及病虫侵袭的危害，林分处于不稳定状态。

5. 密度与材积（蓄积量）生长的关系

（1）密度越大，平均单株材积越小，且较平均胸径降低的幅度要大得多，密度与单株材积呈反比。原因是单株材积决定于树高 H、胸高断面积 $G_{1.3}$ 和树干形数 f 3 个因子。

（2）密度对林分干材产量的关系。蓄积量 $W = V \times N$，V 与 N 是两个互为消长因子，其乘积值取决于哪个因子居于支配地位。最终产量恒定法则说明，在较稀的密度范围内，密度本身起主要作用，林分蓄积量随密度的增大而增大，但当密度增大到一定程度时，密度的竞争效应增强，两个因素的交互作用达到平衡，蓄积量就保持在一定水平上，不再随密度增大而增大，这个水平的高低取决于树种、立地及栽培、集约度等非密度因素。

6. 密度与材质的关系

密植林分树干较易通直（主要对阔叶树种而言），形饱满（尖削度小），分枝细小，有利于自然整枝及减少木材中节疤数量及大小。稀植林分则相反。当然，林分过密，干材过于纤细，树冠过于狭窄，也不符合用材和健康要求。

7. 造林密度在郁闭成林过程中的作用

郁闭是人工林成长过程中的一个重要转折点，它能加强幼林对不良环境因子的抵抗能力，消除杂草的竞争，保持林分的稳定性。增强对林地环境的作用。

加大造林密度有利于提前郁闭成林。但郁闭并不是越早越好。过密在造成过早郁闭之后，也必然会过早地引起林木生长空间受限，使生长普遍衰退或过早地分化及自然稀疏，从生物学角度和经济学角度上看都是不利的。

8. 造林密度与林分稳定性的关系

不同密度的林分创造不同的林内生态条件。如北方湿润地区，林分过密，林内温度偏低，枯枝落叶层分解较差，对土壤和林木生长十分不利。过密林分内，地上部分生长纤细，根系发育受阻，树木扎根浅，树干细，树木易遭风倒、雪压及病虫侵袭的危害，林分处于不稳定状态。

总之，在人工林生长发育的全过程中，造林密度的作用是多方面的，客观上，对各个树种来说，在一定的立地条件及一定的阶段都存在一个最适密度范围，过密过疏都不好。探索密度作用规律的主要任务就是要把这个最适密度范围确定下来。

二、确定造林密度的原则

密度不是一个常数，林木生长的各个时期密度随各种因素的变化而变化，它有一个数量范围。初始密度是形成林分各个时期的基础，为此我们主要以初始密度来讨论确定造林密度的原则。

确定造林密度的总原则是：一定树种在一定的立地条件和一定的栽培条件下，根据一定的经营目的能取得最大的经济效益、生态效益和社会效益的造林密度，即为应采用的合理的造林密度。具体原则有下述 4 个方面。

（一）根据经营目的来确定造林密度

经营目的不同，造林密度也应有所区别。主要反映在林种和材种上。要考虑到结构和功能的统一。如培育大径级的速生、丰产、优质的用材林（锯材、枕材、胶合板材），密度应小些；如培育中小径级的矿柱材、杆材、造纸材等用材林或薪炭林，则造林密度应适当大一些；培育防护林，如水土保持林，要求林分迅速覆盖地面，发挥生态效益，其密度应较大；但水分不稳定区，可利用其原有植被，适当减少乔木树种的造林密度，形成乔灌草林分结构。培育经济林，为使林冠得到充足的光照，且在培育过程中不需疏伐，密度应小些；超短轮伐期的能源林是以高度密植为其特征的。

（二）根据树种特性来确定造林密度

树种不同，对外界环境条件的要求不同，生长速度也不同，造林密度也应有所区别。

喜光阳性树种、速生树种宜稀一些，如杨树、白桦、落叶松；阴性树种、慢生树种宜密一些，如红松、云杉、侧柏等；阔叶树种在足够密度情况下，天然整枝良好，可稀一些，如檫树等，对干形易弯且自然整枝较差的宜密一些，如蒙古栎。针叶树种，天然整枝不好，密度可大一些，但进行人工整枝的地方密度可小一些，对干形通直而自然整枝性能较好的宜稀一些，如落叶松。

（三）根据立地条件来确定造林密度

立地的好坏是林木生长快慢的最基本的条件。这个关系比较复杂，从单位面积上能够容纳一定大小的株数来看，立地条件好的地方能够容纳多些，立地条件差的地方少些。但从经营条件来看，立地条件好的造林地有利于林木生长，适于培育大径材，应适当稀植；立地条件差的造林地不利于林木生长发育，适于培育中小径材的宜密植（以求及时郁闭，随后通过疏伐，使之保持适当密度）。但在干旱、贫瘠的土壤上有限的水分和养分仅足够一定量的苗木生长的要求，因此密度也不能太大。

俗语：肥山稀、瘦山密；缓坡稀，陡坡密；山顶山腰密度大，山洼山足密度小。讲的是造林实践中所遵循一般规律。但在西部地区，大部分地分处于干旱或半干旱状态，水分环境承载力（水分环境容量）是主要限制因子。上述理论不适宜，故应该以降水资源环境容量（指在无灌溉条件下及无地下水补充土壤水分的干旱半干旱地区，在维持区域生态平衡及水量平衡的前提下，一定的降水资源所能容纳的树木种类及其数量，这个数量体现在林分结构上就是某一树种在不同发育阶段的最大林分密度或单位面积林地上所能容纳的最大林木株数）来确定密度。现有研究表明，半干旱地区树种的经营密度比现在常规的造林密度要小得多。

（四）根据栽培技术来确定造林密度

栽培技术越细致、集约，林木越速生，就越没有必要密植。

三、确定造林密度的方法

根据造林密度确定原则，在制定造林密度时可采取以下几种方法。

1. 经验的方法

分析过去不同造林密度的人工林的效益，确定新条件下的造林密度。

2. 试验的方法

通过不同密度的造林试验结果，确定合适的造林密度。但所需时间长、成本高。因此，对每一树种只能进行一些代表性试验，而推广到其他条件。

3. 调查的方法

调查现有林分密度与各项生长指标的关系，如胸径、树高、蓄积量、树冠，以及经济成本的关系，确定何种造林密度好。

4. 查图表的方法

查阅有关树种已有的造林密度表或密度管理图。

第二节 种植点的配置

人工林种植点配置是指一定密度的植株栽植点或播种点在造林地上的间距及其排列方式。种植点的配置主要影响着林木营养空间的问题。每一种造林密度必须以某种配置方式来体现，如造林密度相同配置不同，则由于植株的受光、营养空间分配状况不同及植株间的关系不同，具有不同的生物学及经济效果。通常采用行列状和群丛状两种配置方式。

一、行列状配置

行列状配置是单株（穴）分期有序排列的一种方式。分正方形、长方形和三角形配置。

1. 正方形配置

行距和株距相等，相邻株连线成正方形，即 a = b。苗木配置均匀，有利于树冠均匀发育，根系分布均匀，幼树能在地上和地下充分利用营养空间，是营造用材林和经济林较多采用的形式，多用在平坦的造林地（图 11 -1）。

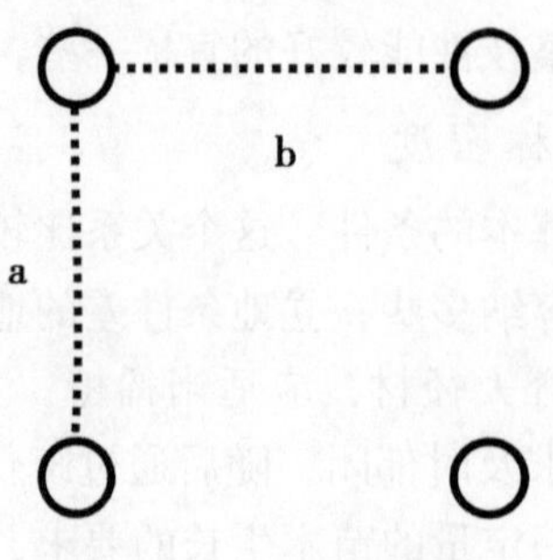

图 11 -1 正方形配置

2. 长方形配置

行距大于株距的配置，成长方形，即 b > a。虽不如正方形配置植株分布均匀，却有利于行内株间提前郁闭和行间进行机械化中耕除草及间作。在林区还有利于行间更新或保留天然阔叶林，实现栽针保阔。多用于用材林的营造（图 11 -2）。

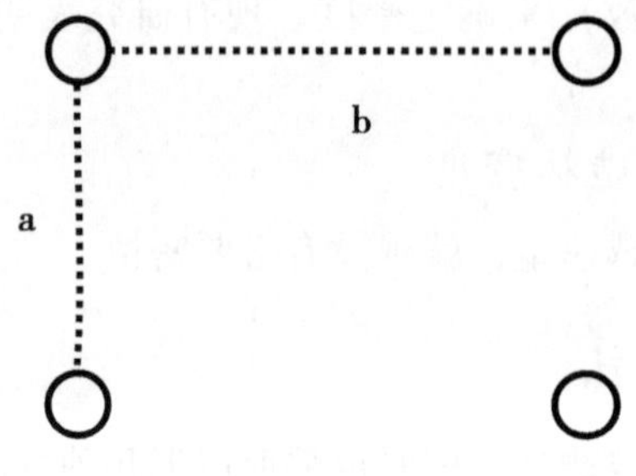

图 11 -2 长方形配置

3. 三角形配置

种植点成三角形（品字形）的配置，要求相邻行的种植点彼此错开，成品字形排列。等腰三角形（图 11 -3 左）：当植株沿等高线方向延伸时，品字形配置有利于保持水土；平地上的品字形排列有利于防风固沙，因此这是防护林常用的配置方式。正三角形（图 11 -3 右）：相邻株种植点排列呈正三角形排列，这种配置方式最均匀，且单位面积上株数可以增加 15%，用于平地经济林培育。山地定点较困难，故一般不采用。

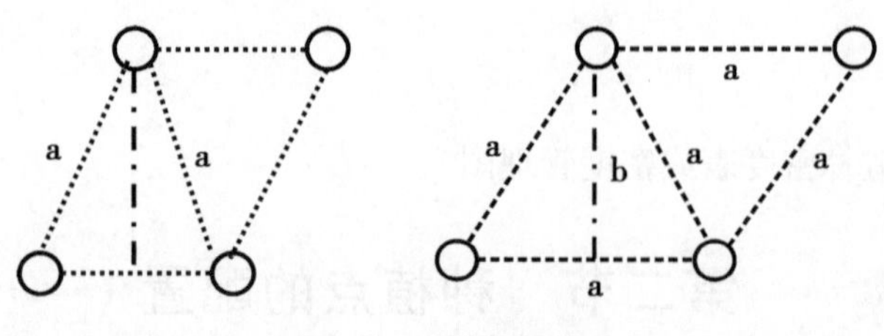

图 11 -3 三角形配置

二、群丛状配置

植株在造林地上呈不均匀的群丛状水平分布，群内植株密集，群间距离很大。群丛状配置的特点为：群内能很早达到郁闭，有利于抵御外界不良环境因子的危害，可提高造林的成活率。对适应恶劣环境有显著优点，以适用于较差的立地条件及幼年生长缓慢的树种。随着年龄增长，群内幼树间矛盾逐渐突出，株间竞争加剧，分化明显，应该人为地选株，留优去劣。

第三节　树种组成

人工林树种组成是指构成林分的树种成分及其所占比例。按树种组成可将人工林分为纯林和混交林。纯林是指由一种树种组成的人工林；混交林是指由两种或两种以上的树种组成的人工林。这里主要是针对混交林的树种组成而言的。

一、树种混交基本理论

营造混交林，首先要弄明白混交林中各树种间究竟存在什么样的矛盾，需要我们去认识和调节，这是营造混交林的中心问题。此外，混交林中各树种的作用是什么呢？如何根据其作用正确地组织、搭配、命名它们呢？这些问题综合构成了树种混交的基本理论。

1. 树种种间相互作用的主要表现形式

从树种混交的基本理论来看，混交林树种间的相互关系是一种生态关系，其种间关系的表现形式如下。

（1）双方有利。生态习性悬殊或生态要求不严，生态适应幅度较宽树种混交时，其种间关系的表现形式为双方有利。如加杨与刺槐混交，对双方均有利。

（2）双方有害。生态习性相似或生态要求严格，生态幅度较窄树种混交时，其种间关系的表现形式为双方有害。如加杨与榆混交，对双方均有害。

（3）单方有利或单方有害。如加杨与黄栌混交，对加杨有利，对黄栌有害。

有利、有害关系随时间，环境和其他条件的改变而变化。

2. 树种种间关系的作用方式

树种种间关系的作用方式是指混交林种间关系的发生途径。混交林种间关系的发生途径有很多，概括起来可分为直接途径和间接途径两种。前者包括机械作用途径和生物作用途径，后者包括物理作用途径、化学作用途径和生理生态作用途径。

（1）机械作用。机械作用途径是指通过机械作用造成一树种对另一个树种伤害的种间关系类型。如树冠、树干、枝条之间的撞击和摩擦，根系的相互挤压，藤本和蔓生植物之间的缠绕和绞杀等。这种作用一般很少发生，只是在密度过大情况下或以乔木为依附藤本植物存在时，才会明显地发生作用。

（2）生物作用。生物作用途径是指不同树种间通过杂交授粉、根系连生以及寄生等方式而发生的一种种间关系类型。根系连生的树种常发生一树种抢夺另一树种体内养分和水分的现象，开始时使其生长受抑，最终甚至导致其死亡。又如半寄生的常绿小乔木檀香，其根尖的吸盘可以附在寄主林木上吸收营养。实践表明，当用南洋楹、裸花紫珠、黄钟花、儿茶、苏木、木麻黄等寄主与檀香伴生时，檀香生长良好；改用番木瓜或槭科植物寄主时，檀香会很快死亡。

（3）生物物理作用。物理作用途径是指不同树种间通过生物场（辐射场、电磁场、热场等）而发生的一种种间关系类型。目前对这一树种种间关系作用途径的研究甚少。

（4）生物化学作用。化学作用途径是通过树木不同器官挥发或分泌出某些物质（醌、单宁、酚、苯甲酸、香豆素、生物碱、简单水溶性有机酸、直链醇、类黄酮、烯萜类等，以及酶、维生素等具有生理活性的物质），改变了周围环境的成分，对其他树种的生长和发育产生抑制或促进作用的一种种间关系类型，也称为他感作用。有试验表明，刺槐根浸提液（根水比为1：4）可使北京杨的光合速率提高164.7%，北京杨的根浸提液（根水比为1：4）则使刺槐的光合速率降低了14.7%，但刺槐和北京杨地上部分的挥发物质对对方光合速率都有抑制作用，前者使后者下降了5.7%，后者使前者下降了15.2%。这可以解释刺槐和北京杨混交林中后者生长为什么会受到一定促进的原因。

（5）生理生态作用。生理生态作用途径是指不同树种间通过对光、温、水、肥等因子的竞争或互利而形成的一种种间关系类型。如生长比较迅速的树种，可以较快地形成稠密的冠层，使林内光量减少，光质异变，对适应此种荫蔽条件的耐阴树种的生长有利，而对不适应这种低光照条件的阳性树种的生长则产生不良影响。林内温度变化小，有利于耐寒性较差的树种避开霜害和其他低温危害。又如由于不同树种的枯落物数量、成分及分解速度是有差异的，利用这种差异可使一树种给另一树种创造良好的营养条件，落叶量大、养分含量高、分解迅速的阔叶树与针叶树混交，往往可以明显地促进针叶树的生长。生理生态作用途径是不同树种间相互作用的主要方式，也是当前营造混交林搭配树种及选择混交方法、比例的重要依据。

3. 混交林中的树种分类

根据混交林中各树种的作用进行分类，可分为如下 3 种。

（1）主要树种。是作为人们培育目的的树种。它在林地上生长最稳定，生产力高，起主要的经济作用和防护作用。林分中数量最多，是优势树种，一般为高大乔木。在一个混交林分中，主要树种一般只有一个，也可以是两三个。

（2）伴生树种。在一定时期与主树种相伴而生并为其生长创造有利条件的乔木树种，经济价值较低，数量上不占优势，多乔木，林分生长中后期占居第二层。又称辅佐树种或次要树种，其主要作用表现为：

辅佐：给主要树种造成侧方遮阴，并能促进主要树种树干通直和天然整枝。

护土：以自身树冠，根系，遮蔽地表，固持土壤，减少水分蒸发，防止杂草丛生。

改良土壤：见森林枯落物回归土壤，或利用某些树种的生物固氮能力，提高土壤肥力，改善理化性质。

一般地，伴生树种为耐阴树种或中性树种。

（3）灌木树种。在一定时期内与主要树种伴生，并为其生长创造有利条件的灌木树种，经济价值不高，在林内数量依立地条件不同不占优势或稍占优势，林分生长中后期往往自行消失或处于林冠最低层。其主要作用表现为：利用其分枝多，树冠大，叶量丰富根系密集耐干旱瘠薄的特点，覆盖地表，抑制杂草丛生，增加土壤有机质和固氮含量，分散径流，防止土壤侵蚀。

4. 混交树种的选配

树种选配就是要使混交树种相互有利共生，林分更加稳定。从不同的角度出发，有不同的混交类型划分方法。

（1）根据经营目的划分。根据经营目，混交林类型可划分为四大类，即主要树种与主要树种混交类型，主要树种与伴生树种混交类型，主要树种与灌木树种混交类型，主要树种、伴生树种与灌木的混交类型。

①主要树种与主要树种混交类型：反映两种或两种以上的目的树种混交时的种间关系。两个主要树种都是阳性树种时，多构成单层林，种间矛盾出现得早且尖锐，调节难度较大；当两个主要树种分别为阳性和阴性树种时，多形成复层林，种间的有利关系持续时间长，林分比较稳定，种间矛盾易于调节。一般地说，这种类型森林对立地质量要求较高，森林的第一生产力也较高，同时可以获得多种木材。

②主要树种与伴生树种混交类型：反映主要树种与伴生树种混交时的种间关系。这种类型森林的林相多为复层林，主要树种居第一林层，伴生树种居第二林层。主要树种与伴生树种的矛盾比较缓和，即使种间矛盾变得尖锐时，也比较容易调节。一般地说，这种类型森林对立地质量要求也较高，但不如主主混交类型。林分的生产率较高，防护性能较好，森林稳定性也比较强。主要适用于立地条件较好的用材林、水源涵养林的营造。如东北地区红松与椴树等阔叶树种组成的针阔混交林，生长很稳定，红松为主要树种居第一林层，阔叶树种居于下层，为辅佐树种，林分生长率较高，对立地条件要求也较高。

③主要树种与灌木树种混交类型：反映主要树种与灌木树种混交时的种间关系。这种类型森林树种种间关系缓和，矛盾易于调节，林分稳定，灌木的辅佐作用明显，混交初期，灌木可给主树种的生长创造各种有利的条件，如郁闭地面，减少水分的蒸发，防止杂草侵入，保持水土，改良土壤，促进乔木的生长。郁闭后，林冠下光照不足灌木渐渐衰老、死亡。成林后林冠重新疏开，灌木又会在林内出现，继续发挥作用。乔灌木混交类型多用于立地条件较差的地方，如干旱地地区或水土流失严重的地区，而且条件越差，灌木的比重应越大。

④主要树种、伴生树种与灌木的混交类型：反映由主要树种、伴生树种和灌木树种共同构成的混交林中的树种间相互关系，可称为综合性混交类型。综合性混交类型兼有上述3种混交类型的特点，形成多层次结构林分。一般可用于立地条件较好的地方，较适用与农田防护林、水土保持林的营造。南方热带地区，多形成多层次结构林分。

（2）根据树种类型划分。根据树种类型，混交类型还可划分为针阔混交类型、阴阳混交类型和其他混交类型等多种。

①针阔混交类型：是由针叶树种和阔叶树种进行混交的林分，主要是利用针叶树种与阔叶树种对养分、光照的不同需求等特点以及互补关系达到混交互利优势的发挥目的。针叶树种材质好、含脂高、酸性物质高，容易形成粗地被物、酸性腐殖质，易造成土壤理化性质恶化，地力衰退；阔叶树种落叶量大、灰分元素多，可改善理化性质，提高林地肥力。如油松和栎类的混交、杉木和楠木的混交、红松和水曲柳的混交。

②阴阳混交类型：第一林层的阳性树种为第二林层的阴性树种的生长创造有利的气候条件。相反阴性树种的存在，在某种程度上又改善了林地的环境条件，促进了上层主要林木的生长，其影响主要决定于混交树种的选择和配置。

不管何种类型，都要求主要树种、伴生树种之间在生物学特性方面有合理搭配，种间有利关系多、斗争不突出或较易调节，才能实现树种选配使混交树种相互有利共生，林分更加稳定的目的。

5. 混交林种间关系的相对性

混交林中树种的种间关系是随着时间、空间和其他条件的不同而发展变化的，这表明了混交林种间关系的相对性。这种相对性主要表现在如下几个方面。

（1）树种种间关系随林分生长发育阶段的不同而不同。一般随着林龄增大，林木生长加快，要求占有较大的营养空间，这样原来以有利作用为主的种间关系则可能演变为有害作用为主。混交林中不同树种种间关系在一个世代里的变化，可作为成功地营造和培育混交林的重要依据。

（2）树种之间的关系随着立地条件的变化而变化。如北京低山地区的油松与元宝枫混交林，在海拔较高的地方，立地条件比较优越，油松生长速度不亚于元宝枫，可以形成相当稳定的针阔叶树种混交林分，而在海拔较低的地方，立地条件差，不适于油松生长，较耐旱的元宝枫反而生长好些，造成对油松的压抑，并最终把油松从林内排除。

（3）树种之间的关系因树种组成、密度、配置方法、混交方法、混交比例等不同而不同。如北方低山地区，采用带状或块状混交的松栎混交林，生长良好，如采用行间或株间混交则出现油松被严重抑制的现象。

因此，在进行混交林营造时，不仅要采用科学合理的混交技术，还应具有发展的眼光，充分了解混交树种之间关系的时空特点，及时采取相应的调节措施，充分发挥混交林的最大效益。

二、混交林营造技术

制定混交林营造技术措施的关键是如何调节好树种间的关系，尽量使主要树种受益而少受害。这种关系调节好了，混交林的效益也就能够得到最大的发挥。目前主要通过混交树种的选择、混交比例和混交方法以及栽培抚育等措施来调节树种间的关系。

（一）混交树种的选择

为既定的造林树种选配合适的混交树种是混交林营造一项关键技术。混交树种选择的合适与否，关系到造林目的能否实现的问题。选择不当会压抑或取代主要树种，也可能被主要树种排挤出去。

混交树种是指伴生树种和灌木树种，主要起辅佐、护土和改良土壤作用。只有当主要树种和主要树种混交时，此时的主要树种才称混交树种。选择混交树种总的原则就是利用其所具有的优点促进主要树种的生长，以期造林目的的实现，选择时具体考虑如下条件。

（1）混交树种必须具有辅佐（改善主要树种的干形，加速自然整枝）、护土和改良土壤作用。

（2）它与主要树种间的矛盾不太大，对养分、水分的要求有差别，生长慢，耐阴。

（3）无共同的病虫害。

（4）较高的经济价值。

（5）混交树种最好有萌芽力强、繁殖容易等优点，便于进行育苗、造林、更新和调节与主要树种间的关系。

需要指出，在任何情况下，要使树木配合得十全十美是不可能的。因此必须掌握主导方面，至于其他一些不利方面，可以采取一些调节种间关系的措施去解决。选择混交树种的具体做法，一般可在主要树种确定后，根据混交的目的和要求，参照现有树种混交经验和树种的生物学特性，同时借鉴天然林中树种自然搭配的规律，提出一些可能与之混交的树种，并充分考虑林地自然植被成分，分析它们与主要树种之间可能发生的关系，最后加以确定。

（二）混交比例

混交林中各树种所占的百分比，简称混交比例。在营造混交林时，应确定合理的混交比例，使混交林后期各阶段的组成符合造林的要求。

在确定混交林初期的组成时，必须保证主要树种在将来林分中占优势。因此，在大多数情况下，主要树种的混交比例都应在50%以上。竞争力强的主要树种，混交比例可小些，竞争力弱的树种，混交比例可大些。伴生树种经济价值高，作用大时，其比例可大些，否则宜小些。一般在混交林中起辅助作用的树种，其混交比例可在50%以下。灌木的混交比例和立地条件有密切关系，立地条件越差，灌木的比例应越大。

通过调节混交比例，可防止竞争力强的树种排挤其他树种，使竞争力弱的树种保持一定数量以利于形成稳定的混交林分，所以树种混交比例是营造混交林，调节种间关系的主要技术环节，也是决定混交效果和人工林产量和质量的关键之一，确定合理的混交比例是混交林营造一项关键技术。

（三）混交图式

即在混交林设计中各项技术措施的图面表示形式。混交图式的内容包括造林地的立地条件、混交类型、树种组成、混交比例、混交方法及株行距等。

混交图式是造林图式的组成部分，纯林图式也是造林图式的组成部分。因此，通常所指的造林图式既包括混交图式，又包括纯林图式。造林设计时一般多用造林图式这一概念。

（四）混交方法

不同树种在造林地上的配置方式称为混交方法。在同一块造林地上栽植几个不同的树种时，混交方法不同，各树种间的相互位置不同，种间关系也发生变化，种间矛盾出现的早晚、激烈程度也有所差异，因此，它是调节种间关系，决定混交林混交效果的又一关键技术环节。为了保证主要树种的正常生长发育，有必要对混交方法进行研究，常用的混交方法有如下几种。

1. 株间混交

如图11－4所示，即在同一种植行内隔株种植不同树种。此种方法，种间位置十分接近，有利于发挥种间互助作用，但由于种间关系十分密切，矛盾出现也较早。如种间搭配得当，主树种直接为伴生树种包围，能较快起辅助作用，种间关系以有利为主。如种间搭配不当，种间矛盾不易调节，施工不便，不利于机械化造林，在生产实践中不常使用，一般用于乔灌木混交。

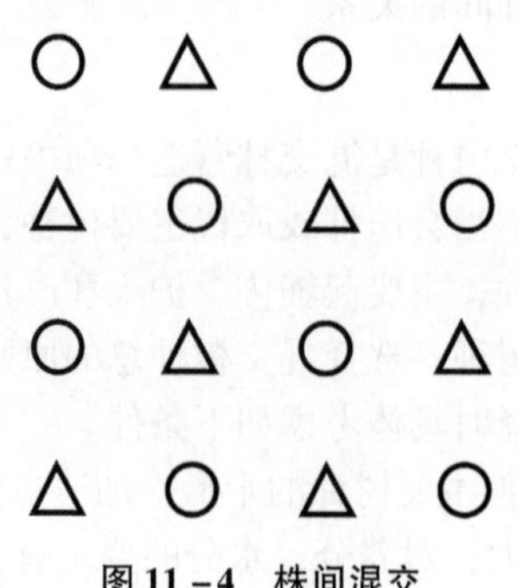

图11－4　株间混交

2. 行间混交

如图 11－5 所示，隔行混交，即一行一个树种与另一行其他树种依次配置的方法。与株间混交相比，种间相互有利或有害关系出现较迟，一般多在郁闭后才明显出现；种间矛盾比株间混交易调节，便于施工，较常用，多用于乔灌木混交、主要树种与伴生树种或耐阴树种与阳性树种混交。

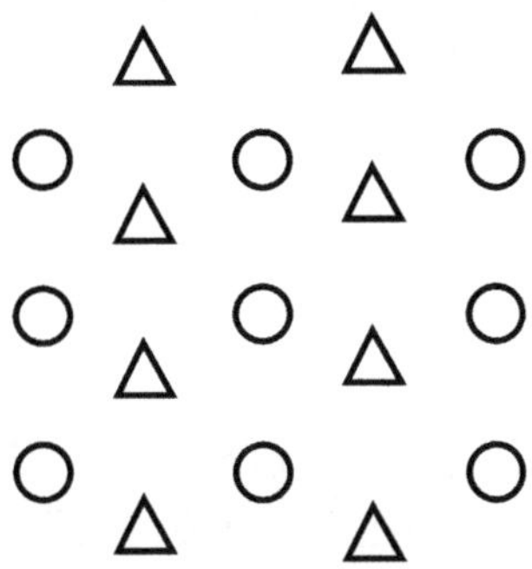

图 11－5　行间混交

3. 带状混交

如图 11－6 所示，一个树种连续三行或三行以上（3～7 行）构成一带与另一树种的带依次混交配置。种间矛盾最先出现在相邻两带的边行，边行矛盾基本与行间混交相同。带内各行则较迟出现，如果种间关系尖锐，则带内各行可避免另一行树种所压抑，故可在后期产生良好效果。种间矛盾便于调节，施工方便。适合于矛盾激烈的树种混交。

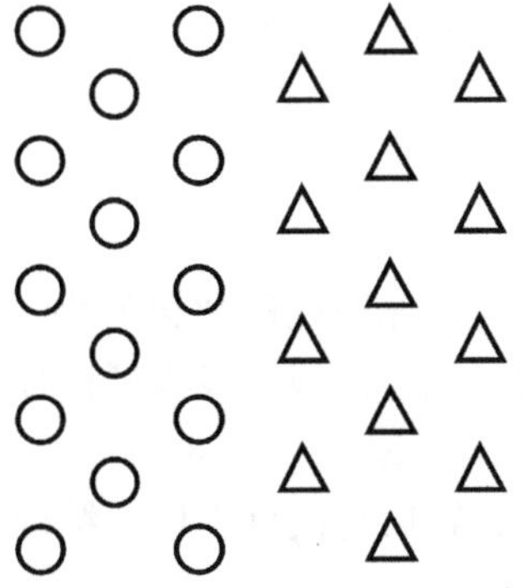

图 11－6　带状混交

4. 块状混交

如图 11－7 所示，也称团状混交，一个树种栽植成规则或不规则的块状与另一树种的块状依次配置或穿插的混交方式。规则的块状混交，适用于平坦或坡面规整的造林地。

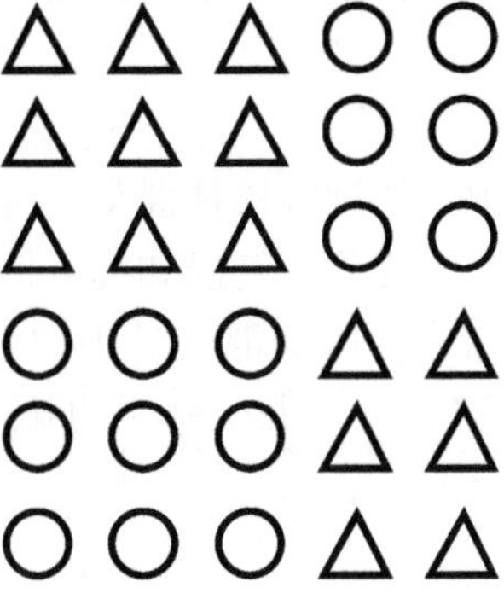

图 11－7　块状混交

不规则块状混交，适用于地形复杂，地块破碎的造林地，块状混交的块面积不宜太大，一般为

20～25平方米，原则上不小于造林树种成熟林分每株林木应占有的平均生长面积。块状混交能有效地利用种内的有利关系，种间矛盾出现迟，中后期发生良好的种间关系。施工方便，较灵活，适用于矛盾较大的主要树种间的混交。

5. 簇状混交

在小块地上密集种植同一树种，与相邻小块地密集种植的另一树种相互混交。种内较能适应和抗御不良环境条件；种间相互关系出现较迟，矛盾也易于调节。适用于治沙造林，林区人工更新，次生林改造。

6. 星状混交

即一个树种的单株散生于另一树种的行列之中。

（五）树种混交年龄

一般混交林中的主要树种和混交树种都是同时造林，终生相伴。但有的混交树种只在人工林发展的前期起作用（如杉桐混交），也有的混交树种在人工林发展后期才引入。有些混交树种比主要树种早栽几年或晚栽几年，其目的是改变中间竞争态势，达到培育的目的。

（六）栽培技术

也可采取一定的栽培技术措施来调节树种种间的矛盾。

（1）可以通过造林时间、造林方法、苗木年龄调节种间矛盾。如将竞争力强的树种延迟一段时间造，或选择苗龄小的造或播种造林等。

（2）通过改变立地条件（如施肥、细致整地、灌溉等）满足树种的要求以减缓竞争。

（3）通过抚育措施（如平茬、修枝、间伐以及环剥、去顶、断根和应用化学抑制剂等）调节种间关系（具体栽培技术见第十一章造林施工技术内容）。

三、混交林营造的意义

1. 充分利用林地营养空间

混交林能充分利用造林地的光照条件，如阳性树种和阴性树种混交，形成复层林冠，阳性树种居第一层，阴性树种居第二层，能充分利用光能；深根、浅根性树种混交可充分利用土壤中的水肥。

2. 能有效地改善林地环境条件

混交林枯落物量多而且成分复杂，分解后有改良土壤的结构和理化性质，调节水分，提高土壤肥力的明显作用。

3. 能培育出产量多、质量好的木材和多种林产品

混交林能充分利用营养空间，因而其总蓄积量都比较高，而纯林则只有主要树种的蓄积量较大。在质量方面，混交林能够促进整枝，使干形良好。

4. 增强防护效益

混交林林冠浓密，形成复层，根系深广，枯落物丰富，因而涵养水源、保持水土及防风固沙等作用都比纯林显著。

5. 能增加抗御灾害的能力

混交林各个树种间具有隔离带的作用，如针阔树种混交，可防止树冠火和地表火的蔓延与发展。由于混交林树冠交错，提高了林分郁闭度，改变了小气候和林下植被，一些害虫和菌类失去大量繁殖的生态条件，同时，一些益虫、益鸟又迅速增多，因而混交林中的病虫害比纯林少。我国“三北”防护林大面积为杨树纯林，已经遭受天牛的灭顶之灾。混交林也可减轻风害（深根、浅根搭配），可减少雪折、雪倒等（常绿针叶和落叶阔叶树混交）。

6. 造林、营林技术复杂

营造混交林技术要求复杂，要求树种搭配适当，结构合理，抚育及时。由于对树种的生理特性的认识还不够充分，所以要营造好混交林还有很大的困难。相比之下，纯林较易营造。

第十二章　造林施工技术

按照一定的设计方案进行造林施工，其工序可分为三大阶段，即整地阶段、种植阶段及幼林抚育阶段。

第一节　造林整地

造林整地是指造林前，进行造林地上的植被或采伐剩余物的清除、土壤翻耕和耙压、水分灌排的沟道准备等内容的一项造林生产技术措施。整地方法可分为全面整地和局部整地两种，其中局部整地又可分为带状整地和块状整地两种。在目前的技术经济条件下，造林整地几乎是唯一被广泛应用的营林技术措施。

一、造林整地的特点

与农业整地相比，造林整地有其自身的特点，概括起来主要包括以下几个方面。

（1）整地方法的多样性和艰巨性。造林地立地类型多、立地条件差、地域广、面积大、且多处在人烟稀少、交通不便区域。

（2）整地深度大。这是由林木树体高大、根系深广等特点所决定的。

（3）整地周期长。这是由林木生产周期长所决定的，往往一个培育世代只进行一次。

（4）整地效果的双重性。不仅要起到改善土壤条件的作用，还要达到改变小地形、小气候和水土保持等作用。

二、造林整地的作用

（一）改善立地条件，提高立地质量

通过造林地清理，可以直接增加林地受光量，加强空气对流，提高地温和近地表层的温度。整地还可以通过改善土壤物理机械性质，提高土壤的总孔隙度，协调土壤中水分、空气的数量和比例，从而进一步提高土壤持水保墒能力和通气能力。应当指出，整地改善土壤水分条件的作用，与所使用的方法和季节等有密切的关系。其蓄水保墒作用只有在方法使用得当、时间掌握适宜时，才能收到良好的效果。否则不但不能很好地蓄水保墒，甚至造成水分大量蒸发散失，使土壤变得更加干燥。整地还可以起到改善土壤养分条件的作用，尽管整地不能直接增加土壤中的养分，但整地可以加速土壤风化作用，加快腐殖质及生物残体分解，促进可溶性盐类的释放和各种营养元素有效化，同时，植被清除后，可以减少植物对养分的消耗，其残体还可以增加土壤中的有机质。

（二）提高造林成活率，促进林木生长

造林地的清理能提高地温促进腐殖质分解，增加有效养分的数量，消灭病虫害。整地改善了造林地立地条件，有利于播种造林的种子发芽、生根，有利于栽植造林苗木的根系愈合，造林成活率随之提高。减少了有利于苗木成活。整地后，土壤疏松，土壤加厚，水肥条件明显改善，根系穿插的机械阻力减小，因而主根扎得深，侧根分布广，吸收根密集，从而促进了林木生长。

当然，整地方法和立地条件对整地效果也具有深刻的影响。如陕西省林科所在蒲城县调查，反坡梯田的一年生刺槐水平根系集中分布达 0.8 米，根幅 1.74 米，根系 30 条，而鱼鳞坑整地相应为 0.3 米，1.03 米和 19 条；吉林长白山林区，在湿润、肥沃、疏松及植被稀疏的采伐迹地上，采用不整地的方法

进行人工更新，显著减轻了冻害拔危害，取得了很好的更新效果。

(三) 保持水土、减免土壤侵蚀

造林整地是控制水土流失生物措施的一个重要环节。其作用主要体现在如下几个方面：整地促进森林植被的郁闭成林，减少雨水冲刷，有利于保土；提高土壤水分渗透能力，提高持水能力，减少地表径流；改变小地形，把坡面整成无数个小平地、反坡或下凹地，有利于蓄水，使地表径流不易形成。

整地保持水土的效果，与所采用的整地方法、施工质量、整地时间有关。据黄土高原地区研究，不同整地方法的蓄水能力不同。水平沟、反坡梯田的初渗量大，拦阻混沙多，蓄水能力强，水土保持效果好，而鱼鳞坑、穴状整地因容积小，蓄水拦泥效果较差。另一方面，对整地保护水土的作用应做不适当的夸大，因为在有些情况下，整地方法不当，不仅起不了良好作用，甚至会加剧水土流失。

(四) 便于造林施工，提高造林质量

造林地经过认真清理和细致整地，可以排除造林施工的障碍，改善立地条件，保证各项造林工作按计划和技术要求进行提高造林质量。

三、造林整地技术

(一) 造林地的清理

造林地的清理，是翻耕土壤前，清除造林地上的灌木、杂草、杂木、竹类等植被，或采伐迹地上的枝丫、伐根、梢头、站杆、倒木等剩余物的一道工序。如果造林地植被不很茂密，或迹地上采伐剩余物数量不多，则无须进行清理。清理的主要目的，是为了改善造林地的立地条件、破坏森林病虫害的栖息环境和利用采伐剩余物，并为随后进行的整地、造林和幼林抚育消除障碍。一般采用人工或机械（如割灌木机）进行全面、带状或块状方式割除，然后堆积起来任其腐烂或进行火烧的清理方法。

(二) 造林地整地的方法

1. 全面整地

全面整地是翻垦造林地全部土壤的整地方法。具体做法是：用山锄把造林地全面深挖 20 ~ 23.3 厘米深，并清除树兜、石块等，深挖后，再按株行距规格打洞。其优点是：蓄水、消灭杂灌、改善立地条件的作用大，甚至可以改变小地形；有利于实行机械化作业。缺点是：花费劳力多、投资大、受经济条件和劳动力条件限制；容易引起水土流失，受地形、地质、气候条件的影响。

适用条件：①经营目的需要；②技术、经济条件许可；③林地条件许可，如北方土壤质地疏松、植被稀疏的山地，限定在坡度8°以下应用，南方泥质岩类山地或灌木杂草丛生地、竹篓地，限定在坡度25°以下应用，如坡度超过25°，可全垦后再修筑水平阶。

无论北方还是南方，全面整地不宜连成大片，坡面不要太长，山顶、山腰、山脚应适当保留植被，并辅以保水土埂和排水沟等防止水土流失措施。

2. 带状整地

带状整地是呈长条状翻垦造林地的土壤，并在整地带之间保留一定宽度的不垦带的一种方法。此方法适用范围广泛，是一种效果较好的整地方法；蓄水、保土、改善幼树生长环境；相对全面整地省工，生产成本低。

适用条件：①坡度平缓或坡度虽大但坡面平整的山地；②伐根数量不多的采伐迹地和林中空地及林冠下造林地等。

在坡度较大的山地，带的方向应沿等高线保持水平。带宽一般为 1 米，变化幅度为 0.5 ~ 3.0 米；破土带的断面可与原坡面平行或构成阶状、沟状；带长视地形破碎情况而定，在可能条件下、宜尽量长些，但带太长时，整个带面不易保持水平，反而会使水流汇集，引起冲刷、侵蚀。在平原地区，带的方向一般为南北向，有害风的地方与主风垂直。

一般带状整地不改变小地形，但在某些条件下需要改变局部地形。如平地可采用高垄整地。山地则可采用水平阶、水平沟、反坡梯田、撩壕等整地方法。下面分别介绍这些整地方法。

平地带状整地：在平地上开垦成长带状，破土面与地表平，带宽 0.5 ~ 1.0 米以至 3 ~ 5 米不等，带长不限（图12－1），一般都很长。多以拖拉机进行翻耕作业。这种整地可以改善立地条件，又可以保持部分植被。适用于平原有风蚀的草地、半固定沙地，以及平整的缓坡等。

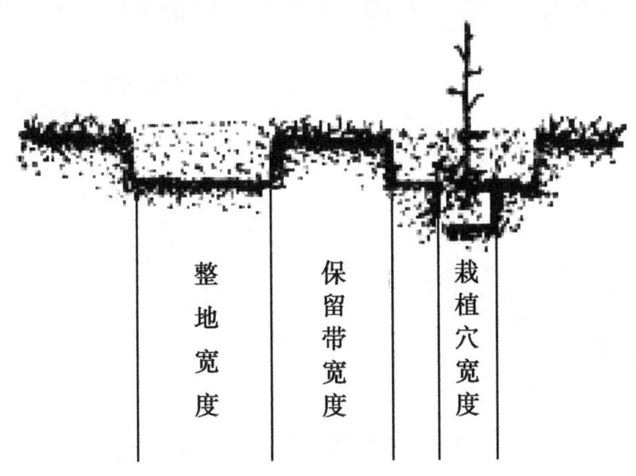

图12－1　平地带状整地示意图

水平阶整地：多用于干旱山地或黄土地区的缓坡和中坡。施工时自坡下沿等高线开始修第一阶，然后填土第二阶表上，依此类推，最后一阶可就近取表土盖于阶面，阶面外缘培修土埂或不修土埂（图12－2）。阶面宽度0.5～1.5米，阶长不定，相邻阶距1米左右，阶间距1.5～2.0米。水平阶整地有一定的改良立地条件的作用，比较灵活，可以因地制宜地改变整地规格。

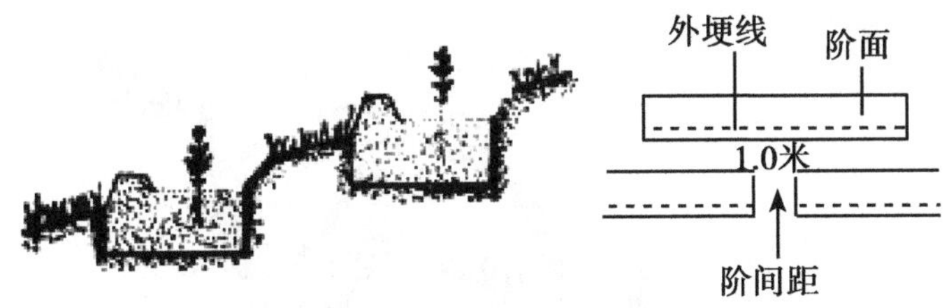

图12－2　水平阶整地示意图

水平沟整地：多用于水土流失严重的黄土高原地区和山地土层较厚的陡坡。做法是沿等高线将坡面开挖成短带状，破土面低于坡面，断面为长方形或梯形的沟。沟长4～6米，宽60～80厘米，深30～50厘米，相邻沟距1米左右，上下沟距1.5～2.0米，呈“品”字形排列。挖沟时，先将表土堆在上方。用生土在下面培梗。再将表土填在沟内植树处。沟内每隔一定距离做一横档，保持沟底水平，避免冲刷。苗木栽在土埂内侧的中、下部或沟底（图12－3）。水平沟整地沟深，坡土面大，能够拦蓄较多的降水，沟壁可以遮阴防风，降低沟内温度，减少土壤水分蒸分，但是水平沟整地动土量大，比较费工。

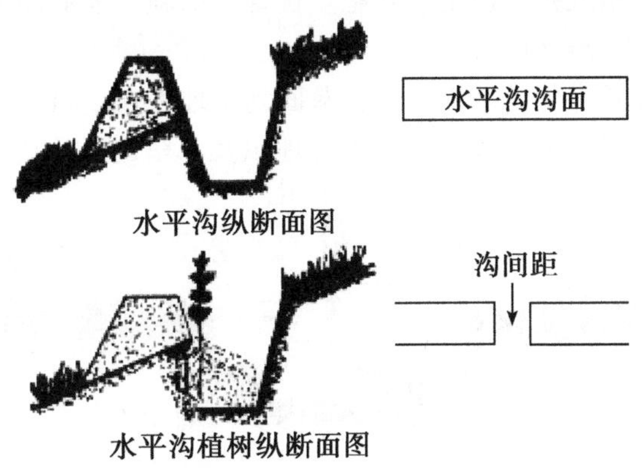

图12－3　水平沟整地示意图

反坡梯田：这是黄土干旱丘陵山地一种行之有效的整地方法。断面呈三角形的沟，又叫三角形水平沟。田面向内倾斜成反坡，反坡为3°~15°，田面宽1~3米，埂外坡60°，内侧坡60°左右。修筑方法与水平阶相似（图12-4）。反坡梯田蓄水保土、抗旱保墒能力强，改善立地条件的作用大，造林成活率较高，生长良好，但整地花费劳力较多。适用于黄土高原地形平缓、坡面完整、土层深厚的造林地。

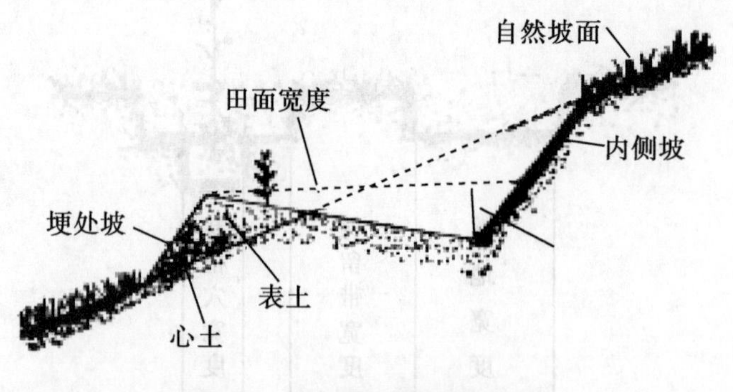

图12-4　反坡梯田整地示意图

撩壕整地：又叫抽槽整地，是南方丘陵地区栽培杉木过程中创造的一种挖长壕，去心土，填表土，再造林的整地方法。

撩壕整地的做法是，沿等高线开沟（槽），先挖开表土，把心土堆放在下坡，筑成土埂，然后从上坡锄下表土，填入沟（槽）内，一直填到水平为止。再按造林行距依次向上开沟（槽）挖填，这样边挖边填，做到上槽表土下槽填，槽槽去心土，填表土，若土质较差，应深0.3~0.5米，以下沟相距2.3~2.5米，有的大撩壕，沟宽达0.8~1米，深0.6~0.8米，沟间距则应适当加大（图12-5）。

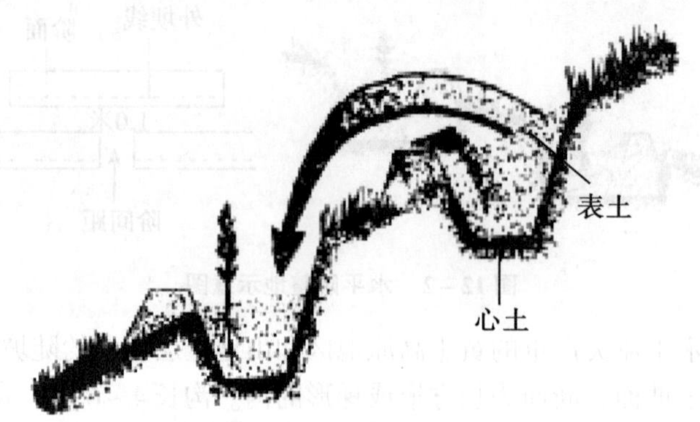

图12-5　撩壕整地示意图

撩壕整地松土深度大，肥沃表土集中，一般认为有利于林木生长。但是，撩壕整地动土量大，用工量多，破坏植被也比较严重，而且根系多聚集在肥力较高的壕沟内，因而根幅比全垦的要小，对林木后期生长不利。必须通过深耕扩槽或扩槽换土、施肥、抚育等措施，才能保证林木持续旺盛生长。撩壕整地适用于南方比较干旱贫瘠的丘陵地区。

高垄整地：在平地开挖成长带状，翻土起垄，垄面高于地表0.2~0.3米，垄面宽0.3~0.4米（图12-6）。高垄整地适用于水分过多的采伐迹地、水湿地以及干旱地区的盐碱地。

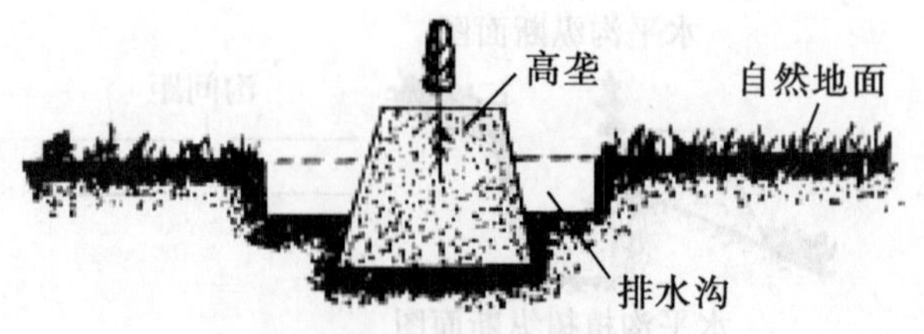

图12-6　高垄整地示意图

3. 块状整地

块状整地是呈块状翻垦造林地一部分土壤的方法。块状整地动土面积小，具有省工、灵活等优点，但改善立地条件的作用较差。

块状整地可用于平原或山地的各种造林地。适用于地形较破碎的山地。伐根较多且有局部天然更新迹地、风蚀严重的荒地、沙地及沼泽地等。

块状整地的破土面积，应根据植被、土壤、苗木大小和劳力状况而定。植被稀疏、土壤质地疏松、采用小苗造林时，整地规格可小些。反之，宜稍大些。一般块状整地的边长或穴径不超过 1 米，大多为 0.5 米左右。营造经济林或进行群体造林，整地规格应大些。

块状整地具体方法有：穴状整地、坑状整地、鱼鳞坑整地和高台整地等。

穴状整地：破土面圆形，穴面与原坡面持平或稍向内倾斜，穴径 0.3 ~ 0.5 米，外缘无埂（图 12 - 7）。

图 12 - 7　穴状整地示意图

穴状整地改善立地条件的作用更差，但可根据小地形的变化，灵活选定整地位置，充分利用岩石裸露山地土层较厚的地方和采伐迹地伐根间肥沃的土壤。适用于坡度大、裸岩多的山地或采伐迹地。

穴状整地在平原、滩地及“四旁”植树中广泛应用，一般穴径可达 1 米左右，而且深度较大，用以栽植经济林或营造速生丰产林。

坑埂（凹穴状）整地：破土面正方形或圆形，穴面低于地表 0.1 ~ 0.3 米，在土埂相围，边长或直径 0.3 ~ 0.5 米，深度较穴状整地稍深（图 12 - 8）。适用于干旱多风不宜进行带状整地的荒地、撩荒地及沙地等。

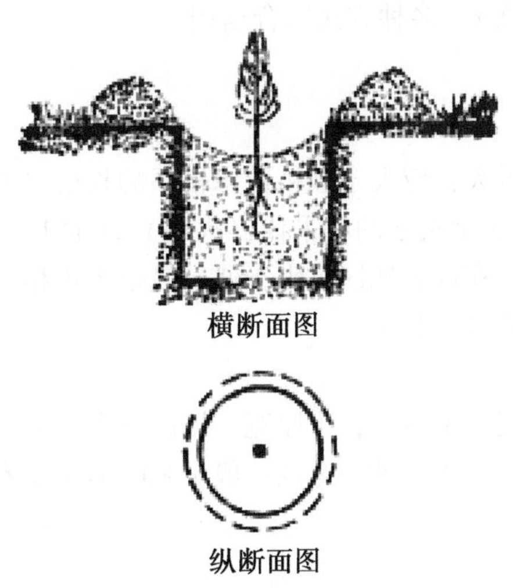

图 12 - 8　坑状整地示意图

鱼鳞坑整地：适用于气候干旱、地形复杂、坡面碎碎、坡度较陡，容易发生水土流失的干旱山地及黄土地区。形状似半月形的坑穴，呈三角形排列。具体作法是：在山坡上沿等高线挖半圆形的垄，先把表土放在一边，再用里切外垫的方法，将心土培在下边，筑成半圆形的埂，埂的高和宽各为 20 ~ 30 厘米，然后再将挖出的表土填入坑内，坑面水平或稍向内倾斜，并在上方左右两角各斜开一道小沟，引蓄更多雨水。树苗栽在坑的内坡中下部。鱼鳞坑的大小及数量因造林目的和自然条件不同而定。如在上海、坡陡、地形破碎的地方种植作材林及防护林，鱼鳞坑宜小而较密；在土厚、植被茂密的中缓坡，种植经济林，坑稍大而稀。一般长径为 1 ~ 1.5 米，短径 0.5 ~ 1 米，深 30 厘米以上（图 12 – 9）。

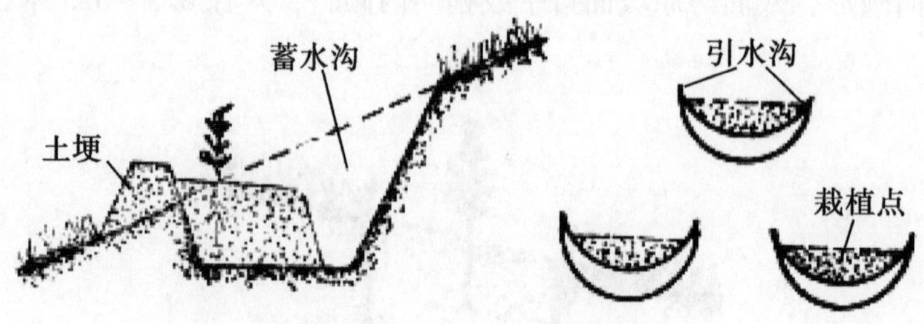

图 12 – 9　鱼鳞坑整地示意图

修筑鱼鳞坑时，要尽可能多地保留坑间的杂草、灌木、以保持水土，减少土壤冲刷。

高台整地：破土面多为正方形，台面高于地面 0.2 ~ 0.3 米，边长 0.3（ ~0.5） ~1 米（图 12 – 10）。

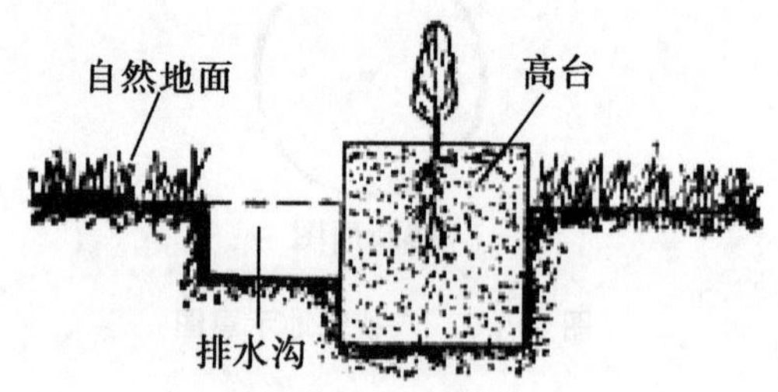

图 12 – 10　高台整地示意图

高台整地排水良好、但费工，造林地障碍物较多，不便于大面积采用。适用于水分过多的迹地、草甸、沼泽地，以及盐碱地等。此外，在土层很薄、岩石裸露、过于贫瘠的石质山地，或土壤条件较差，需要营造速生丰产林或经济林时，可采用客土整地方案，即从其他地方取把土填入种植穴内。

不同整地方法适用于不同的造林地条件。因地制宜地选择整地方法是一条重要的原则。如在营造速生丰产用材林时，有时可能采用更集约的整地方法。再全面翻垦的基础上再局部（成带或成块）加深形成一定小地形断面（全垦加大穴），多种方法综合运用。

（三）造林整地技术规格

1. 深度

对改善立地条件的意义最为重大，应大于栽植苗木根系的长度（20 ~ 25 厘米），生长上常用的深度达 30 ~ 40 厘米。但在植被稀少，土壤疏松的新采伐（火烧）迹地上没有必要深整地。尤其在水分充足地区深整地还有促进冻害的作用，在这种地区仅限于通过浅松土把枯落物和矿物质混合起来。甚至仅限于扒去土表枯落物层，露出矿物质以便栽植。

2. 宽度

与坡度有关：陡坡窄，缓坡宽；土浅窄，土厚宽。坡度越大，垦带应越窄。否则土体不稳或自然植被保留不少，又不利于水分的保持。条垦带的宽度一般是 80 ~ 100 厘米。

3. 长度

视其保持的水平的程度而言。

4. 断面形式

斜面、阶状、沟状不同。

在不同的自然条件、经营水平状况下，整地的技术规格有很大差异，其中整地深度是所有整地技术规格中最为重要的一个指标。

（四）造林整地的季节

一般来说，除冬季土壤封冻外，春、夏、秋三季均可整地。合理季节的选择必须结合如下几个原则。

（1）立地条件。黏性土壤易在冬季前进行，以利于土壤冻融风化，而冻融风化对沙性土壤影响相对较小。杂灌严重的立地则以伏天为好。

（2）气候条件。在干旱地区或季节性干旱地区，在整地与造林之间最好有一个雨季，以利于改善土壤墒情。

（3）劳动力安排。春季是多数地区的林业生产最为繁忙的季节，因此，整地应尽量避免整地与造林不争抢劳力，造林时无须整地，可以不误时机地完成造林任务。

（4）整地效果。一般应做到提前整地，因为提前整地可以促进灌木、杂草的茎叶和根系腐烂分解，增加土壤中有机质，调节土壤的水分状况，尤其在干旱地区。当然，提前整地一般是提前1～2个季节，绝不是无限制的提早。如果整地后长时间不造林，立地条件仍会不断变劣，失去整地作用。

第二节　造林方法

造林方法是指造林施工时的具体方法。根据所使用的造林材料不同，可分为播种造林、植苗造林和分植造林3种。

一、播种造林

播种造林也叫直播造林，是把林木种子直接播于造林地上，使其发芽生长成林的一种造林方法。

（一）播种造林的特点及应用条件

播种造林的特点是不需经过育苗，也省去了栽植工序；操作简便，费用较低，节省劳力；苗木适应性强，根系完整，发育均衡。但耗种量大，出苗率低，成林慢，在生产上没有植苗造林应用广泛。

播种造林的应用条件：一是在气候条件好，土壤比较湿润疏松，杂草较少，鸟兽危害不严重或者岩石裸露，土层浅薄，植苗造林和分殖造林困难的地区采用。二是播种造林树种应是种源丰富、发芽力强、根系发达、直根性明显，比较耐干旱的树种，如松类、栎类、核桃、油桐、油茶、紫穗槐、柠条、花棒等。此外，移植较难成活的树种，如樟树、楠木、文冠果等，也可采用播种造林。边远地区，人烟稀少地区播种造林更为适宜。

播种造林又可分为人工播种造林和飞机播种造林2种方法。

（二）人工播种造林

1. 种子处理

播种前种子处理包括消毒、浸种、催芽、病虫害防治等，具体方法与苗圃种子处理相同。

2. 播种季节

（1）春季播种。春季天气回暖、地温回升，土壤在解冻初期水分条件较好，这时抢墒播种造林成活率高。幼苗可免遭日灼或干旱危害。但在有晚霜危害的地区，春播不宜过早，要使幼苗能在晚霜过后出土。春旱严重的地区，种子不易发芽、幼苗不能忍耐持续干旱，播种中、小粒种子的效果一般较差。

（2）雨季播种。春旱严重的地区可利用雨季播种。这时气温高，湿度大，播种后发芽出土块，只要掌握好雨情，及时播种，也容易成功。如陕北雨季播种柠条效果很好。播种的具体时间可根据当地的气候特点来确定。原则上应使种子能得到发芽所需的良好湿度条件，同时保证苗木出土后有一段较长的生长期，以充分木质化，安全越冬。据陕西省的经验，油松种子从播种到出苗如有80毫米左右的降水量，播种造林就可望成功。

（3）秋季播种。秋季气温逐渐下降，土壤水分条件比较稳定，适宜于大粒种子播种。秋播不需贮藏种子，来年发芽早，出苗整齐，苗木生长健壮。但要注意不宜过早播种，防止当年发芽，越冬遭冻害。此外，秋播的种子在土中停留时间长，易遭鸟类和鼠类危害，一些中小粒种子还易被风吹失。

3. 播种方法

播种方法可分为穴播、缝播、条播、撒播和块播5种。

（1）穴播。即在穴中进行播种。一般多用于局部整地的造林地上，每隔一定距离挖穴播种。这种方法的整地工作量小，施工简便，选点灵活性大，应用最多。具体做法与育苗基本相似。

（2）缝播。又叫偷播。在鸟兽危害严重，植被覆盖不太大的山坡上，选择灌丛附近或有草丛、石块掩护的地方，用镰刀开缝，播入适量种子，将缝隙踩实，地面不留痕迹。这样可避免种子被鸟兽发现，又可借助灌丛庇护幼苗，具有一定的实践意义，但不便于大面积应用。

（3）条播。是在经过全面整地或带状整地的造林地上，按一定的行距进行单行或带状播种的方法。播种行连续或间断。播种后覆土镇压。具体方法类似于苗圃的条播，只是播种量较小。条播可用于采伐迹地更新及次生林改造，也可用在水土保持地区或沙区播种灌木。但由于地形限制，一般应用不多。

（4）撒播。是在造林地上均匀撒播种子的一种播种方法。撒播前一般不整地，播种后不覆土，使种子在裸露状态下发芽成苗。撒播可以人工进行播种，更多的是利用飞机进行播种。撒播工效高，造林成本低，但撒播相当粗放，如果播前准备不充分，技术措施不当，播种质量不高，成活率就没有保证。主要用于地广人稀，交通不便的大面积荒山荒地（包括沙漠）及采伐迹地、火烧迹地等。

（5）块播。块状播种是指在经过块状整地（一般在1平方米以上）的块状地上进行密集或簇播的方法。其特点是形成植生组，对外界抵抗力和种间竞争力强，故常用已有阔叶树种天然更新的迹地上引进针叶树种及对分布不均匀的次生林进行补播改造，一般荒山造林不常用。

4. 播种量

播种量的多少，主要决定于种子的发芽率和单位面积上要求的最低限度的幼苗数量。由于种子的发芽率和保存率受多种因素的制约，所以要根据不同情况区别对待。一般容易发芽的树种、适应性强的树种、品质优良的种子、良好的立地条件，以及整地细致的地方，播种量可以小一些，反之，就应该大一些。

根据各地的生产经验，穴播种粒大的核桃、胡桃楸、板栗、三年桐等，每穴播种2~3粒；种粒稍小的栎类、油茶、山杏、文冠果等每穴3~5粒；种粒中等的红松、华山松等每穴4~6粒；种粒较小的油松、马尾松、樟子松、云南松等每穴10~20粒；柠条、花棒等每穴20~30粒。播种方法不同，用种量也不相同，一些树种穴播的用种量，要比条播、撒播低2~3倍，乃至十余倍不等。

5. 播种技术

不论哪种播种方法，在技术上都要求覆土厚度适当（除撒播外）、放置方式得当和种子撒布均匀。覆土的目的在于蓄水保墒为种子的发芽出土创造条件，同时还可以保护种子免遭鸟兽危害。因此，覆土是影响播种造林成败的重要因素之一。覆土时一定要用播种穴中刨出的湿润而疏松的细土。覆土过厚，幼芽不易出土；覆土过薄，保墒、保护效果差，种子也不易发芽。覆土厚度可根据种子大小和造林地自然条件来确定。一般为种子直径的2~3倍，大粒种子覆土厚度5~8厘米，小粒种子1~2厘米。同时注意秋季播种覆土宜厚，春季宜薄；土壤黏重、湿度较大的造林地覆土宜薄，沙质土可适当加厚。对于大粒种子来说，放置方式关系到生根发芽的难易和出土的迟早，因而也是一个重要的问题。一般认为核桃、胡桃楸等应使缝合线垂直于地面，而栎类、板栗等则可以横放使之平行于地面。覆土后须轻轻镇压。

（三）飞机播种造林

飞机播种造林，又可简称飞播造林或飞播，就是在飞机上安装播种器，利用飞机在飞行中撒播种子的一种造林方法。飞播造林具有速度快、省劳力、成本低、投资少、效果好、活动范围广泛等特点。适合于交通不便的偏远山区大面积造林，对迅速恢复和扩大森林资源；控制水土流失和风沙危害，改造自然，都具有重大的现实意义。

为了搞好飞播造林，除播前必须进行调查设计外，还应做好以下工作。

1. 播区选择

播区内的宜林荒山荒地（即有效面积），必须相对集中连片，其所占比例越大越好，一般不应低于70%。由于飞机作业速度快，播区不应太小。一般地说，使用运五型飞机，播区面积不应小于1万亩，最好是长方形，其长边与航行方向一致，与主要山脊走向、主风方向平行。播区地形、地势要便于飞行。在土质等条件方面，应适于播种树种生长，自然植被覆盖度在30%～70%。

2. 飞播树种选择

应根据适地适树的原则，选择种源充足，适应性强，具有天然下种更新能力，易于发芽生根并能成林的树种。如松类、侧柏、漆树、台湾相思、木荷、花棒、踏郎、沙棘、柠条等。

3. 播种期

适时播种是飞播造林成败的关键。适宜播种期，要根据播区水分、气温条件、播后苗木生长期的长短和有利于飞行作业等因素来考虑。

充足的水分是种子发芽和幼苗成活的首要条件。飞播种子萌发所需水分主要依靠天然降雨。因此，要与气象部门密切配合，抓住当地气候中的多雨时期进行播种，最好播前有透雨，播后又有阴雨或雨量充足期间。

适宜的温度是种子发芽和幼苗生长的必要因素，对于大多数林木种子来说，最适宜发芽的温度为20～25℃。由此可见，要使种子迅速发芽，既要有充足的水分，又要有适宜的温度。从气候上分析，水分和低温是北方省、区确定播种期的关键因素；伏旱、高温和降水强度，是南方省、区确定播种期的重要因子。

播后当上幼苗要有一个较长的生长期，不然根系发育差，幼苗不能木质化、耐旱御寒能力差，容易死亡。选择有利于飞行作业的天气，避免在大风、浓积云和冰雪天气作业。

4. 播种量

飞播的单位面积播种量，应根据当地气候、土壤、经营条件、种子质量和鸟兽危害等因素来确定。如湖北播种马尾松每亩0.2～0.25千克，油松每亩0.25～0.3千克，漆树每亩0.15～0.2千克；陕西播种油松每亩0.25～0.5千克，漆树每亩0.4千克，柠条、沙棘每亩0.4～0.5千克，踏郎每亩0.5千克，花棒每亩1～1.5千克。

5. 播种技术

（1）植被处理。处理植被是为了给种子接触土壤、发芽和生长创造一个有利环境，以提高飞播造林效果。因此，在水热资源丰富的南方，对生长繁茂的草灌，播前必须进行处理。秦巴山地、云南、贵州，对中、高草群落盖度超过0.7的播区，炼山后飞播效果也很好。植被盖度小，不影响种子发芽出土或炼山后易引起水土流失的地区，则不应炼山。

炼山时间，一般在播前两三个月进行，这样有利于恢复土壤结构和使飞播幼苗有一定的新生植被庇护。在湿润地区，因雨量分布均匀，炼山后土壤结构恢复快，炼山可在播种前20天进行，但必须注意保证安全。

（2）种子处理。播种前要进行种子品质检验，用筛选或水选等方法，除去杂质和空粒。漆树种子、台湾相思种子还要经过脱蜡处理。此外，可根据需要进行种子消毒工作。飞播造林一般不进行浸种或催芽。

（3）航标设置。航标是进行导航的依据，一般设在播区的两端和中部。播幅宽度：华山松40米，油松60米，云南松、马尾松、侧柏各70米。在两个航标的中间，设置接种样方点，以便检查播种量。

（4）飞机播种。飞机进入播区后，播种人员按作业图的标志和地面信号位置，准时开关播种器，按设计播种量调准种子箱开口，并根据地面通讯联系调整播种量。地面人员要做好信号烟雾或信号旗的工作。

经营管理：播种地管理和保护的好坏是飞播造林成败的关键之一。每个播区应建立经营管理机构；实行封山育林，建立健全防火制度；对漏播地段应及时补播；注意防治病虫害；对成苗及幼林生长情况要进行抽样检查，划分幼林经营区，制定抚育方案和建立飞播技术档案。

二、植苗造林

植苗造林是以苗木作为造林材料进行栽植的造林方法，也称植树造林或栽植造林，是目前生产上应用最普遍的一种造林方法。

（一）植苗造林的特点及应用条件

植苗造林所用的苗木，是在条件较好的苗圃中度过的，它具有较完整的根系，对造林地环境条件要求不严，抵抗外界不良环境因子的能力较强，幼林能较早郁闭，可以缩短幼林抚育年限。此外，植苗造林比播种造林节省种子。但植苗造林的工序比较复杂，费用大，特别是大苗带土栽植。

植苗造林方法一般不受树种、立地条件的限制，适用于绝大多数树种和立地条件。尤其在干旱地区、流动沙地或半固定沙地、杂草丛生，容易发生冻拔害及鸟兽害严重的地区，采用植苗造林更为可靠。

（二）栽植技术要点

从起苗到栽植包括苗木的选择、苗木的保护和处理，以及植苗的具体技术等。每一工序的技术措施都应围绕保持苗木体内水分平衡，保证苗木在栽植时具有旺盛的生活力，栽植后能迅速恢复生机。

苗木种类：植苗造林使用的苗木，主要是播种苗、营养繁殖苗和移植苗。营造用材林三种苗木都可采用。但山地造林多用播种苗，营造防护林用移植苗较多，至于城市和四旁绿化常用经过多次移植的大苗。近年来容器苗造林发展很快，对提高造林成活率效果显著。

造林用苗的年龄以有利于成活、生长为原则，过大、过小都不适宜。一般山地大面积造林多采用1～2年生小苗。小苗栽植比较省工，起苗中根系损伤少，栽植时不易窝根，苗木地上和地下部分水分易平衡，栽植成活率高。但小苗对杂草及干旱低抗力较弱，栽后需加强抚育保护工作。因此，在幼苗期生长缓慢或立地条件差的情况下，采用较大苗木造林比较可靠。此外，营造速生丰产林、经济林、风景林以及栽植行道树时，为了尽快发挥效益也可以采用年龄较大的苗木。

苗木规格是指最适于造林用的苗木的年龄、高度、地径和根系发育状况的标准。地区不同、树种不一样、壮苗标准也不相同。具体标准可参照各地主要造林树种苗木产量、质量标准。

苗木的保护和处理：植苗造林后，苗木能否成活，与苗木本身是否能维持水分平衡有密切关系。如果苗木失水过多，生理机能就会受到破坏，苗木就会死亡。所以，从起苗、假植、包装、运输到栽植，都必须保护好苗木，尤其是要把苗木根系保护好。注意起苗少伤根，尽量缩短从起苗到栽植的时间，做到随起随栽。在苗木运输过程中，要保持苗根湿润，不受风吹日晒，运到造林地后及时假植，如果土壤干燥应适当灌水。栽苗时，栽多少，取多少，当天栽不完的苗木应立即假植。假植时可适当剪掉起苗时受损伤的、过长的根系，以有利吸水，便于栽植。为了减少苗木部分的蒸腾，对常绿阔叶树必要时可进行修枝或剪叶。

在干旱地区，对萌芽力强的阔叶树种可截干栽植，即在栽植前把地上部分截掉，用根桩造林，这样可避免因风吹摇动苗木和地上部分失水而影响成活。截干留茬高度，一般以5～10厘米为宜。干旱沙地为了深栽，留茬宜稍高，水湿盐碱地为防止茬口受浸蚀，留茬也应稍高。适宜截干造林的树种有泡桐、杨树、刺槐、臭椿、苦楝、栎类、檫木、紫穗槐、沙棘等。

为了更好地保持根系湿润，生产上常用浸水和蘸泥浆的方法被充苗木水分和防止苗根失水。蘸泥浆时，应防止泥浆过稠，使根系四周形成泥壳，影响根系吸水和呼吸，须根多的树种不宜蘸泥浆，以防栽植时窝根。还可采用一定浓度的食盐、草木灰、尿素、磷肥等浸根，对成活生长都有一定的效果。

栽植方法和技术：植苗造林可分为裸根苗栽植和带土苗栽植两类。当前，大面积造林主要采用裸根苗。

1. 裸根苗栽植

裸根苗栽植是指苗木根部不带土团的栽植方法。常用的栽植方法有穴植、靠壁植和缝植等方法。

（1）穴植法。是在经过整地的造林地上挖穴植苗，它是生产上用最普遍的一种栽植方法。穴植可以栽植各种类型的苗木，但常用于栽植侧根发达的苗木。为了保证穴植质量，应抓好以下技术环节。

①植苗深度要合适，穴的大小深浅应合适：栽植过浅苗木易遭地表干旱危害；栽植过深影响苗木根

系呼吸，也不利于林木生长。适宜的栽植深度因造林地的土壤质地、气候条件、造林季节、树种特性和苗木大小等因子的不同而异。一般要比苗木颈深2～3厘米，沙土地或干旱地区造林还可再深些。在壤较黏的造林地上应浅；在山地阳坡、陡坡宜深，阴坡、缓坡应浅；在地势高燥地区宜深，低湿地区应浅；秋栽宜深，春栽宜浅；一般栽植针叶树不宜过深，阔叶树根系较粗壮，生根力强，栽植时可适当加深；大苗宜深，小苗宜浅。用截干苗造林，为了抗旱宜深埋少露。此外，杉木苗深栽还有防止萌蘖的作用。总之，深浅一定要适当。

②根系要舒展：栽苗时如有窝根现象，不仅影响成活，即使成活长势也不好。因此，栽植时苗木根系一定要保持舒展。只有穴大，根才容易舒展。注意挖穴时不要挖成上大下小的“锅底形”。穴的大小、深浅，以保证苗木根系在穴内能舒展为原则。

③根系与土壤要密接：栽植时把苗木放于穴的中央，使根系舒展。覆土时土块一定要打碎，石块、草根要捡净，用表土填至一半时把苗向上稍提一下，使根系舒展后再填土踩实，直至填满穴坑，二次踩实，穴面再覆一层松土或盖草，以减少水分蒸发。有条件的地方，可以浇一次定根水，以利成活。

（2）靠壁栽植。类似穴植，但栽植坑较小，坑的一壁要垂直，栽苗是使苗根紧贴垂直壁，从另一侧填土压实，栽植工序同穴植。此法的好处是，栽植省工，使部分苗根与未被破坏毛细管作用的土壤密接，水分条件好，能及时供应苗木所需水分，幼树抗旱力强，成活率高。常用于干旱地区针叶树小苗的栽植。

（3）缝植法。是用植苗锹或镐在植苗点上开缝栽植苗木的方法。栽植时，先把植苗锹插入土中达到植苗深度后，先向前推，再往后拉，开出楔形缝，在未提出植苗锹之前，把苗木放入楔形缝中，然后取出植苗锹，土壤自然塌陷，将苗木大部分埋于缝中，再将植苗锹垂直插入栽植缝一侧10厘米左右的地方，深度同前，前后摇动，使植苗缝隙挤满土，略向上提动苗木，取出植苗锹，再用脚踩实第一次留下的缝隙。注意栽植时必须把土壤压紧，不要使根系“悬空”。

缝植效率高，一般适用于针叶树小苗。如果认真栽植，可以保证质量。但只适用于疏松的沙质土，在黏质土上根系易变形。无论采用哪种方法栽植，都必须做到栽植深浅适当，苗木根系舒展，土壤与根系密接等要求。

2. 带土苗栽植

带土苗栽植即指起苗时带土，将苗木与土团一起栽在造林地上的造林方法。主要应用容器苗造林、城市绿化和四旁植树。带土苗栽植根系能保持自然状态，起苗、包装、运输时根系受损伤少，苗木失水也少，栽植后根系不易变形，成活率高，幼苗不缓苗，成林块。但起运苗木困难，栽植费工，大面积造林往往受到限制。

容器苗栽植时，凡苗根不易穿透容器的，如塑料容器、栽植时应将容器取掉，用于托住营养土团，小心放入穴内，然后覆土，从则方踏实，踏后再覆一层虚土，减少水分蒸发；根系能穿透容器内，如泥炭容器，纸钵容器等，可同容器一起栽植。栽植时应注意分层压实容器与土壤内的空隙。

（三）裸根苗植苗造林苗木体内水分平衡问题

在裸根苗植苗造林中，要获得较高的造林成活率，相当重要的一条，就是保持苗木体内的一定含水量。事实上，苗木生活力的强弱和苗木体内含水量是一种平衡关系，苗木的生活力是随着苗木体内的水分下降而得不到足够的补充而降低的。因而研究并建立苗木体内水分平衡的理论模型既需要也富有实际意义。

第一，裸根苗造林能否成活的关键：是维持苗木体内的水分平衡。即苗木茎叶水分蒸腾消耗量与根系吸收水分补充量之间的平衡。

第二，裸根苗植苗造林的理论基础：裸根苗植苗造林时苗木体内水分变化遵循指数衰减曲线，即：

$$W_P = W_{t0} \times e^{-T_1(t_1 - t_0)} \times e^{-(T_2 - A)(t_3 - t_2)}$$

其中，W_p 为栽植后 t_3 时刻苗木体内的含水量；W_{t0} 为起苗前苗木体内的含水量；T_1 为起苗后到栽植是苗木的失水率；$t_1 - t_0$ 为起苗到栽植的时间间隔；T_2 是栽植后苗木的蒸腾失水率；A 为栽植后苗木的吸水率；$t_3 - t_2$ 为栽植后到成活的时间间隔。

假设：苗木因失水过度而死亡的致死含水量 W_d，

苗木因土壤含水量过大而导致死亡的致死含水量为 W_{dl}。

从上述水分变化动态模型可以看出：

（1）$W_{t_0} \times e^{-T1(t_1-t_0)}$ 部分是考察栽植时苗木生活力的基础，若 $W_{t_0} \times e^{-T1(t_1-t_0)} < W_d$，则此时苗木已死亡，用这种苗木造林是无意义的。因此在起苗到栽植前从理论分析应该提高 W_{t_0}。②降低 T_1。③减小 (t_1-t_0) 值。总之，$W_{t_0} \times e^{-T_1(t_1-t_0)} - W_d$ 的差值越小，苗木生活力越小；差值越大，苗木生活力越大。

（2）模型中 $e^{-(T_2-A)(t_3-t_2)}$ 部分是苗木生长过程中的标志，要使苗木成活，就应从理论上做到：①减少 T_2；②增大 A。

第三，裸根苗植苗造林的技术措施：在实际的林业工作中，为了达到提高造林成活率的目的，实质上就是要维持苗木体内的水分平衡，即增加 W_P。

（1）起苗后到栽植前裸根苗的水分平衡。苗木在栽植前，要经过起苗、分级修整、贮藏及运输四个环节，而每个环节中，苗木都按一定的速率失水（即苗木在单位时间失去的水与苗木体内含水量之比）使苗木体内含水率降低。苗木造林后要成活，就必须使栽植时的苗木含水量达一定量。而苗木含水量是按上述指数衰减的。故要提高苗木含水量，可采用下列措施。①提高起苗时苗木含水量。可在起苗前浇一次透水，目的在于提高 W_{t0}。②降低失水速率，即应避免苗木风吹、日晒、高温、环境、伤口过多、受伤面积过大等。③应尽量缩短起苗、分级、修剪、运输及栽植的时间，目的是在减小（t_1-t_0）。④运输时也要防止失水，如搭蓬布，根系蘸泥浆，喷保水剂等；⑤运回来如不立即栽植，应赶快保存好，如假植。假植时要求：一般土壤湿度大，挖开沟栽植前浇水，根系要喷水，根系与土壤密切接触。栽植时水给的要及时。⑥栽植前苗木要浸水。目的在于降低 T_1。总之，$W_{t_0} \times e^{-T_1(t_1-t_0)} - W_d$ 的差值越小，苗木生活力越小；差值越大，苗木生活力越大。

（2）苗木栽植后到成活体内的水分平衡。苗木栽植后，一方面苗木自身由于蒸腾作用继续失水，另一方面苗木处于一定的土壤环境中不断吸水，这两个方面使苗木在一定时间一定环境（包括土壤和气候）中体内水分保持平衡。要使栽植的苗木成活，可采取下列措施：①可以采用地面覆盖，增加地表粗糙度，修枝打叶等措施以减少蒸腾（T_2）；②提高吸水速率 A。因而要在起苗时注意保持完整根系（特别是吸收根）。栽植前要整地，提高栽植技术，保证苗木不窝根。有条件的栽后要浇水，使苗木尽快恢复吸水速率，保证苗木成活。当 $T_2-A>0$ 时，失水过多，W_p 下降，延续下去，当 $W_p<W_d$ 时，苗木将会失去生活力。当 $T_2-A<0$ 时，表明土壤含水量过多，苗木的根系浸于水中，延续下去，至 $W_p>W_{dl}$ 时，苗木也会失去生活力，即被水淹死。只有当 A 略大于 T_2 时，苗木体内水分达到最佳平衡状态。

综上所述，裸根苗在植苗造林过程中，只要解决了苗木体内的水分平衡问题，就能保证成活，就可以获得比较高的造林成活率，相反，裸根苗在植苗造林过程中不能维持苗木体内水分平衡，就不可能保证苗木成活。裸根苗在植苗造林过程中应该采取一切利于维持苗木体内水分平衡的技术措施，使苗木恢复正常吸水之前，能保证苗木体内水分平衡，提高苗木培育成活率。

三、分殖造林

分殖造林是利用树木的营养器官（如枝、干、根、地下茎等）做为造林材料进行造林的方法。

（一）分殖造林的特点及应用条件

分殖造林具有营养繁殖的一般特点，即幼林初期生长较快，能提早成林和迅速发挥防护效能；可保持母树的优良特性；造林技术简单，无需采种、育苗，造林成材率低。但受树种和立地条件的限制大，林分生长衰退较早，分殖材料来源比较困难，不适于大面积造林。

分殖造林要求造林地土壤湿润疏松、以地下水位较高、土层深厚的河滩地、潮湿沙地、渠旁岸边较好。分殖造林仅适用于无性繁殖能力强树种。如杉木、杨树、柳树、泡桐、漆树、柽柳和竹类等。

（二）分殖造林方法和技术

分殖造林按所用营养器官的部位和繁殖的具体方法不同可分为插条、插干、分根和地下茎等造林方法。

插条造林：是利用树木的一段枝条做插穗，直接插于造林地的造林方法。一般用 1～2 年生枝条或苗干，但生根力强的树种如柳树可用2～3年生的枝条。插穗应采自中壮年的优良母树，最好是由根部萌发的枝条。对于萌芽力弱的针叶树种可用带顶芽的梢部枝条。采条时间以秋季落叶后到春季发芽前为宜，要求随采随造林。

插穗长度要求40～50厘米。干旱沙地宜深插，插穗可长些；地下水位较高的地方，可浅插，插穗可短些。插穗直径，杨、柳树要求1.5厘米以上。针叶树种的插穗，一般长度为40～50厘米，如杉木直径1厘米左右。

为了增强抗旱能力，提高造林成活率，在造林前可对插穗进行浸水处理。

插条深度，因插穗长度和造林地的土壤水分条件而异。常绿树种的扦插深度可达插穗长度的1/3～1/2；落叶树种的深度，在土壤水分较好的造林地上可留5～10厘米；在较干旱地区要全部插入土中。而在盐碱性土壤上插条时，应适当多露，以防盐碱水浸泡插穗的上切口。秋季插穗时，为了保护插穗顶端不致在早春风干，扦插后及时用湿土埋住插穗切口，以防插穗失水。

插干造林：是利用树木的粗枝，幼树树干和苗干等直接插在造林地上，使它生长成林的方法。多用于四旁绿化、低湿地和沙区。适用于萌芽生根力强的树种，如柳树、杨树等。

插穗规格，一般采用2～4年生的苗干和粗枝、直径2～8厘米，长度因造林的目的和立地条件而异。多采用0.5～3.5米。

高干造林的干长为2～3.5米，栽植深度因造林地的土壤质地和土壤水分条件而异，原则上要使苗干的下切口处于能满足其生根所需求的土壤湿度和通气良好的层次，一般为0.4～0.8米。过深不利于生根，过浅易遇干旱威胁。

低干造林的干长为0.5～1.0米，如果单株栽植不易成活时，每穴可栽2～4株，以保证栽植点的成活率。

插干造林，要掌握填湿土、深埋、踩实、少露头等要领。即要求坑挖深，底土翻松，栽植时先填湿土，然后深埋、踩实，最后在基部培松土。在风蚀沙地，宜深埋不露；易被沙埋时，插干宜长，地上外露部分也可长些。

近年来，推广的杨树钻孔深插也是一种插干造林。这种方法是把两年以上的杨树苗自根颈处截断，以树干造林。栽插深度一般要求接近地下水，栽插的孔穴，可用人工或机械钻成。栽插前可把苗木的部分枝条剪除。插干植入后，要把栽插孔穴用土填满砸实，在条件可能时最好灌一次水。其好处是：下切口可以吸收地下水，因而发根早，根量多，叶面积大，成活率高，生长快。

分根造林：是截取一部分树根直接埋入造林地，使其萌发新根育成新林的方法。

分根造林适于萌芽生根力强的树种，如泡桐、漆树、楸树、刺槐和香椿等。造林时，可刨取树根截成15～20厘米长的根插穗，倾斜或垂直埋入土中，注意使用较粗的一端向上，不可倒插。上端微露并在上切口封土堆，防止根段失水，即能成材成林。分根造林，根穗难以采集，管理较细致，不适宜大面积造林。

地下茎造林：是竹类的主要造林方法。竹类的地下茎又称“竹鞭”，利用竹鞭在土壤中蔓延，每年由竹鞭抽笋成竹。利用地下茎繁殖，首先要选择2～3年生母竹，但毛竹以3～5年生母竹繁殖力强，然后挖出鞭根埋入已经整好的造林地内。

四、大树移栽

大树移栽能起到早绿化、早成林、早见效的作用，尤其对加快城乡绿化、美化环境有着重要意义，但技术要求较高。

移栽大树有裸根移栽和带土球移栽两种方法。究竟采用什么方法移栽，要因树种而定。再生能力强的树种如柳、杨、泡桐、中槐等，可以裸根移栽。再生能力弱的树种和常绿树种，如雪松、云杉、松树等应带土球移栽。

无论采取什么方法，大树移栽都要掌握“随挖、随包、随运、随栽”的原则。在挖掘树木之前，要确定保留根系的多少，不同树种（如深根性还是浅根性、直根性还是须根性）和不同树龄要区别对待。一般来讲，树木主要水平根系分布在胸高直径10倍左右范围内，垂直根系分布在60～80厘米深的土层内。挖掘时要注意根系的分布深度，尽量少损伤树木的主要根系。

此外，树木的阴阳面输导组织不一样，挖掘时做好标记，栽植时注意保持原来方向。

（一）裸根移植

挖掘树木时，先以树干为中心，在应保留根系的范围划一个圈，在圈外开沟向一下挖掘，从四周向下挖移深度后，如果根系都已挖出，即可向内切断主根，直至把树挖倒。用草袋、蒲包等根部包裹起来，及时运出定植。

裸根移栽的大树，在挖掘时根系往往损伤较多，为了调节根系吸水和枝叶耗水之间的矛盾，需要强度疏枝，对萌芽能力强的树木还可截干，这样能够提高移栽成活率。

裸根移栽坑的大小，因移栽的树木大小而异移栽胸径10厘米左右的树木，移栽坑应为1.2米×1.2米×1.0米。树木入坑后，扶正树身，使根系舒展。如果土质不好，应换肥土填入，最好施一些腐熟基肥，灌足养根底水，然后填土。一次填土不宜过多，填土20厘米后砸实。要分次填土，分层砸实。栽植深度以埋过根部原土痕20～30厘米为宜。如果树身高，还可再埋深些，使树身稳固，最后在树四周筑埂蓄水，以利树木生长。树木栽好后每一次浇水力求浇足、渗透并覆土，以后从树木发芽到炎夏期间，根据需要浇水3～4次。

（二）带土球移栽

带土球移栽技术要求比较严格，挖树时应尽可能掘得深一些，注意保护根系少受损伤。土球大小，一般半径不得小于离地面10厘米高处的树干周长，厚度为土球直径的2/5～2/3。如果距栽植地较远，必须包装，包装材料的选择要根据土球大小和土壤的质地而定。如果树龄不大，土壤黏性较大，可以用软材料包装，即用草绳、蒲包包裹缠绕土球，捆绑牢固。如果树龄较大或土壤较疏松应用软材料包装，即通常多用木板包装。挖时把所带土球修成正方形，以便包装。树木包装后，应尽快运到栽植地点及时栽植。运输装卸时要轻装轻放，防止根、枝折断和根部泥土散失，以利成活。远距离运输途中要适当淋水。如不能及时栽植，应放置阴凉处淋水，保持湿润。

栽植树木之前，要先挖好栽植坑，栽植坑应比土球直径大1/3，把坑内挖出的石砾、灰渣、草根等拣去，换入肥沃土壤。栽植时在坑底铺上20厘米厚的虚土，堆成馒头形，拆除包装物，把土球放在坑的中心，扶正树身，分次填土、砸实、栽后培埂浇水覆土。

大树移栽后的管理工作主要有培土、立支架、修剪、松土、防治病虫害、浇水、除草、抹芽和施肥等。以上工作应根据树木不同生长季节的需要进行。

第三节　造林季节

我国地跨寒、温、热三个地带，各个地区，地势不同，小气候千差万别，再加上造林树种繁多，特性各异。因此，从全国来看，一年四季都有适宜造林的树种。

在具体条件下，适宜造林季节应根据各地区的气候条件和种苗特点来确定。从气候条件看：应具备种子萌发及苗木生根所需要的土壤水分状况和温度条件，避免干旱和霜冻等自然灾害。从种苗条件看：应该是种苗具有较强的发芽生根能力，而且易于保持幼苗内部水分平衡的时期。此外，还要考虑鸟兽、病虫危害的规律及劳力情况等因素。一般树木造林，都应在树木落叶后和发芽前的休眠季节树液停止活动时期进行。

一、春季造林

春季是我国多数地区最好的造林季节。这时，气温回升，土温增高，土壤湿润，早春栽植好与树木发芽前生根最旺盛阶段初期相吻合，有利于种苗生根发芽，造林成活率高，幼林生长期长。但春季造林不能过迟，一般来说，南方冬季土壤不冻结的地方，立春后就应开始造林（即顶浆造林）。早春，苗木地上部分还未生长，而根系已开始活动，所以早栽的苗木先生根后发芽，蒸腾小，容易成材。但早春时间短，为抓紧时机，可按先栽萌动早的树种如栎类、榆、中槐等；先低山，后高山；先阳坡，后阴坡；

先轻壤土，后重壤土的顺序安排造林。

春季土壤水分充足，温度适宜，有利于种子发芽，尤其是松类及其他小粒种子，更适于春播造林。易发生晚霜危害的地区，春播不宜过早，应考虑到种子发芽后能避过晚霜危害，春季分殖造林，一般先发根与发芽同时开始，能保持水分平衡，使幼苗发育良好，成活率也高。

二、夏季造林

在冬春干燥多风，雨雪少，而夏季雨量比较集中的地区，可以进行雨季造林。因此，夏季造林又叫雨季造林。雨季造林，天气炎热多变，时间较短，造林时机难以掌握，过早过迟或栽后连续晴天，都难以成活。因此，雨季造林要利用雨水集中季节，空气湿度大的时间进行，一般应在连续阴雨天，或透雨后进行。雨季造林树种以常绿树种及萌芽力较强的树种为主。如油松、侧柏、云南松、樟树、桉树、柠条、紫穗槐等。雨季植树造林，阔叶树要适当剪去部分枝叶，减少苗木蒸腾，以保持苗木体内水分平衡；栽植针叶树，最好在起苗时带宿土栽植，或用泥浆蘸根，并做好包装工作。尽量做到就地取苗，就地造林，防止苗根风干。夏季雨量充足的地方，也可直播松树和柠条、花棒等灌木。

三、秋季造林

秋季气温逐渐下降，土壤水分较稳定，苗木落叶，地上部分蒸腾量大大减少，而苗木根系仍有一定活动能力，栽后容易恢复生机，来春苗木生根发芽早，有利于抗旱。因此，在春季比较干旱、秋季土壤湿润、气候温暖、鼠兔牲畜为害较轻的地区，可以秋季栽植。但秋植要适时，若过早树叶未落，蒸腾作用大，苗木易干枯；若过迟土壤冻结，不仅栽植困难，而且根系完不成生根过程，对成活、生长都不利。在秋季和冬季降水量很少的地区或有强风吹袭的地方，苗木易干梢枯死，为了提高造林成活率，秋季栽植萌芽力强的阔叶树种多采用截干栽植。但风大、风多、风蚀严重的沙地及冻拔害严重的湿润黏重土壤，秋植效果较差。秋季播种造林也有翌春萌发早的特点，而且可以省去种实贮藏及催芽工序。凡鸟兽不严重的地方，播种核桃、栎类、油茶、油桐等大粒种子，都可以在秋季进行。秋季也可以插条造林，但插时要深埋，以免遭受冬季低温及干旱危害。

四、冬季造林

在冬季土壤不结冻或结冻期很短，天气不十分寒冷干燥的南方地区，可在冬季植苗造林。不少树种的根系在冬季休眠很短或不明显。因此，温暖湿润的地方，若土壤不结冻，而且不太干燥，一般从秋末到早春都可以植苗造林。因此，冬季造林实际上是春季造林的提前或秋季造林的延后。同时，冬季正值农闲季节，劳力比较容易安排，已成为南方一些地区的主要造林季节。冬季造林树种，仍以落叶阔叶树为主。油茶、油桐、栎类等树种也可在立冬前后进行播种造林，冬季不结冻的地区也可以进行冬季插木造林。

造林季节确定后，还要选择合适的天气。一般来说，雨前雨后、毛毛雨天、阴天、都是造林的好天气。要尽量避免在刮大风天造林，刮风天气候干燥，蒸发量大，造林成活率低。就晴天来讲，12 时到20 时，阳光强，气温高，尽量避免在这一时间造林。

第四节 幼林抚育管理

一、土壤管理

（一）松土除草

松土的目的在于疏松土壤，减少地表蒸发，保持土壤水分，改善土壤通气状况，以促进土壤微生物活动，提高土壤的营养水平，有利于幼林的成活和生长。除草的目的在于清除杂草，减少杂草与幼树争光、争水、争肥的矛盾。

除草松土的年限和次数应根据树种、造林地的环境条件、造林密度和经营目的等具体情况而定。一般应进行到幼林全面郁闭为止。在培育速生用材林及经济林时，松土除草要长期进行，不以郁闭为限，除草和松土次数也多于其他造林地。

平缓的造林地，造林后三年可实行林肥、林粮林菜或林药间作，以耕代抚。但应留树盘，防止损伤幼树。此外，也可应用除草剂消灭或抑制杂草灌木，效果比较显著的有除草醚、扑灭津、扑草净、阿特拉津、西马津等。

（二）水分管理

水分管理主要包括排水和灌溉两个方面。它是人为调节造林地土壤水分状况，提高造林成活率，促进幼林生长的有效措施。

在多雨季节或湖区、低洼地造林，由于雨水过多或地下水位过高，往往造成林地积水，可采用高垄、高台等降低水位的整地方法造林。造林地内修好排水沟，以便多雨季节及时排除积水，增加土壤通气性，促进林木生长。

在少雨或干旱地区造林，林地灌水是保证幼树成活，促进幼林生长的有效措施。实践证明，通过灌水可提高林木产量2~3倍。人工林的灌溉特点是可以进行大水漫灌，造成较大的湿润深度，延长灌溉间隔期，减少灌溉次数。

在平地，一般幼林的灌溉湿润深度可达50厘米（每公顷灌水量500~600立方米）。两次灌溉间隔期，以保持土壤含水量在最大田间含水量60%以上为宜。具体间隔期长短与降水量、蒸发速度及天气状况有关，一般地愈干旱，间隔期愈短，次数愈多。树龄越大，每次灌水量也越大，但次数可以适当减少。

山地灌水，可利用高水源开渠引灌，但要注意防止可能引起的土壤侵蚀。山地灌溉比平地严格，应逐步改用喷灌或滴灌进行。灌溉后，应及时松土，减少土壤水分蒸发，提高灌溉效益。

（三）林地施肥

林地施肥是改善土壤养分状况，提高林木生长量，缩短成材年限和结实大小年的有效措施。在幼林期间施肥对加速幼林生长，促进幼林提早郁闭有显著作用。

林地施肥的特点是：①林木系多年生植物，施肥应以长效肥料为主；②用材林以长枝叶及木材为主，应施用以氮肥为主的完全肥料，幼林时适当增加磷肥对迅速扩大营养器官有很大作用；③林地土壤，尤其是针叶林下的土壤酸性较大，应增施钙质肥料；④有些土壤缺乏某种微量元素，在施用氮、磷、钾的同时，配合施入少许的锌、硼、铜等往往对林木的生长和结实极为有利；⑤幼林阶段林地杂草较多，施肥后部分营养物质（多的可达70%~85%）常被杂草夺取，只有少量为幼树所吸收。因此，林地施肥应与除草剂结合起来使用较为合适，有些肥料，如石灰氮还可以兼起除草剂的作用。

施肥方法在整地时可结合施基肥采用撒施或穴施，直播造林时可用肥料拌种或结合拌菌根土后播种，实生苗造林时可使用沾根肥，造林后施肥时多结合幼林抚育在松土后开沟施，但也可以全面撒施。近年来各地在幼林地大量间种绿肥，利用生物固氮，增加林地有机质的一种有效方法，值得提倡。

（四）林农间作

林农间作是在造林后的头几年，利用幼林行间的空隙种植各种作物，既可以合理利用土地，做到以短养长，长短结合，增加单位面积上的总产量，又可以起到以耕代抚，减少幼林抚育投资，降低造林成本的作用。合理间作还能为幼林生长创造良好条件，如间作作物遮蔽地面，可以减轻水土流失，抑制杂草生长，作物秸秆残留在地里，还可以增加土壤有机质，提高土壤肥力等。

林农间作要以抚育幼林为主，间种作的为副，分清主次，彼此兼顾，防止只顾间种作物，忽视抚育幼林甚至损伤幼林的倾向。

间种作物的选择。间种作物不能和幼林有严重的水肥矛盾，不能是影响幼林生长的缠绕性植物及幼林病虫害的寄主或传播者，而应选择对幼林生长有利的作物，如有改良土壤、保持水土等作用的作物。同时，要根据树种特性、年龄和不同的立地条件，尽可能选择经济价值较高的作物。一般说来，树种生长迅速、树冠浓密或年龄较大时，应选甘薯、豆类等矮秆耐阴的作物；树种生长较慢，需要侧方遮阴荫或年龄较小时，可选玉米、高粱、向日葵等高秆作物；根系深、根幅窄的树种，可选用较喜水肥的作物；根系浅、根幅宽的树种，可选用较耐干旱、贫瘠的作物。湿润的造林地，可间作麦类、蔬菜等；水分缺乏的造林地，可间作中耕作物玉米、马铃薯及耐旱作物谷子、高粱等。土壤肥沃的造林地，可间作药用植物及经济作物；土壤瘠薄的造林地，可间作豆类、牧草、绿肥作物；沙地可间作花生、薯类；盐碱地可间作冬小麦、玉米、谷子、豆类，这可间作草木栖、紫花苜蓿等绿肥作物。

间作方式主要有两种：一种是用材林或经济林与农作物的长期间作，如桐粮间作。进行长期间作大多是农耕地，土壤条件较好，林木栽种的行距较大（有时达 50～60 米），作物与林木保持大致相当于半个树冠冠幅的距离。另一种是用材林、防护林与农作物的短期间作。短期间作的时间仅限于幼林郁闭前，当郁闭度达到 0.5 以上时即应停止。作物与幼树的距离，应以树木能获得上方光照而造成侧方庇荫、根系不与幼树争夺水肥为原则。因此，作物与幼树的距离，应随作物种类及树龄的增大而增加。在一二年的幼林中，应在距幼树 40～50 厘米以外进地间种。在作物播、管、收的全过程中，都应有利于幼树生长，防止损伤幼树，做到作物秸秆还田，使养料得到补充。坡地间作还应注意水土保持。

二、幼林管理

（一）间苗

播种造林或丛状植苗造林后，由于苗木分化和密度过大等原因，在造林后应及时间苗。间苗的时间最好在雨后或结合松土除草进行。间苗一般分两次，总的原则是留优去劣，去小留大，适当照顾距离。第二次间苗一般叫定株（苗），即每穴选留一株干形端直，生长健壮的苗木，多余的植株除去。间苗时应注意不影响保留苗木的生长，间苗后及时灌水。

（二）平茬

平茬就是截去幼树的地上部分，使其重新萌生枝条，培养成优良树干的一种抚育措施。平茬仅适用于萌芽力强的树种，如泡桐、刺槐、杨树、柳树、臭椿、榆树等。平茬不是必须的抚育措施，主要应用于风折、霜冻、病虫害或人畜损伤等条件下的林木更新，或在造林初期，当苗木失去水分平衡而可能影响成活时，都可以齐地面平茬，让其重新萌发新条。

平茬也是促进灌木丛生，更好发挥护土遮阴作用的一种手段。灌木在栽植后 1～2 年经过平茬，可使幼林提前郁闭，防止杂草蔓延，既有利于保持水土、防风固沙，又能获得一定数量的编织条子和薪材。混交林中，有时为了调节种间关系，保护主要树种不受压抑，也可以对相邻的伴生树种进行平茬。

（三）除蘖

除蘖就是除去苗木基部的萌蘖条，以促进主干生长的一项抚育措施。萌芽力强的树种如杉木、刺槐、杨树、泡桐等，或截干造林后，常从苗木基部发出很多萌蘖条，既影响主干生长，又消耗大量养分。因此，在造林后头几年内，应尽早选留一个生长健壮、干形通直的主干继续培育，把其余的萌蘖条去掉。除蘖一般在造林后 1～2 年的秋末或早春进行，但有时需要延续很长时间，反复进行多次。除蘖后要培土，抑制萌条再发生。

（四）抹芽

抹芽是促进幼树生长，培育良好干形的一项抚育措施。具体做法是，当幼树的树干上萌发的嫩芽尚未木质化时，把树干 2/3 以下的嫩芽抹掉。这样可防止养分分散，有利用幼树的高生长，同时还可避免幼树过早修枝，培养无节良材。如杨树在苗期抹芽，苦楝通过斩梢抹芽，都能培育出通直无节良材。

（五）修枝

修枝是根据不同林种要求，人为地修除枯枝或部分活枝的一种抚育措施，是调节林木内部营养的重要手段。对于一些树种及时和适当的修枝，可以促进主干生长，培养良好干形，减少枝条，提高干材质量，也能起到减少森林火灾和病虫害的作用。

合理的修枝强度，应当以不破坏林地郁闭和降低林木生长量为原则。幼树修枝主要是修去树冠下部过多的分枝，这样便于养分集中和林内通风透光，促进主干生长。一般耐阴树种、常绿树种、慢生树种修枝强度宜小；喜光树种、落叶阔叶树种、速生树种修枝强度可稍大。树种相同，立地条件绿、树龄大、树冠发育好，修枝可稍多，否则修枝宜少。对直干性强的树种如杉木、落叶松等，在幼林郁闭前一般不宜修枝，只是在林分充分郁闭，林冠下部出现枯枝时才开始修枝。但对于分枝过多或直干性差的树种，如樟树、刺槐、苦楝、泡桐、白榆、栎类等，必须及时适当修枝。修枝强度在幼林郁闭前后，约为幼树高度的1/3～2/3，随着树龄的增加，修枝强度可达2/3。

以生产果实为目的的经济林树种，修枝是为了促进开花结果。一般应剪去过密枝、徒长枝、枯死枝和受病虫危害的枝条，并在定植后2～3年内定干，剪去顶梢以促进树冠发育均衡，养分集中，通风透光，减少病虫危害，有利于树木生长和开花结实。

修枝应在林木生命活动最弱的时间内进行为宜。一般落叶树应在树木落叶期间，而常绿树则应在冬季或早春萌动前进行。这时修枝伤流轻、愈合快。但萌发强的树种如刺槐、杨树、白榆、杉木等，也可在夏季生长旺盛期修枝，这时伤口容易愈合，修枝后也能抑制萌生丛枝。伤流严重的树种，如核桃应在采收核桃前后修枝。

修枝时，细小的枝条一般用快斧或砍刀（镰刀），紧贴树干由下向上剃削，使切口平滑，有利伤口愈合。较粗大的枝条，用锯由下向上开下口，然后从上往下锯，这样可以避免撕裂树皮，影响愈合。同时，注意不留树桩，防止修枝过度，影响树木正常生长。

三、幼林保护

（一）封山护林

在造林后2～3年内幼树平均高在1.5米以前，应对幼林进行封山（沙）护林。新造幼林比较矮小，对外界不良环境的抵抗力弱，幼苗容易受牲畜践踏。不合理的割草砍柴，也容易伤害幼树，降低土壤肥力，影响幼林成活生长。因此，造林后除对幼林进行必要的抚育管理外，应严禁放牧砍柴、割草，加强宣传教育，建立和健全各项管护制度，依靠群众订立护林公约，把封山护林与育林结合起来，促进林木迅速生长。

（二）预防火灾

火灾对林木危害极大。在人工幼林中人为活动频繁，特别是针叶树，更应注意防火工作。所有林区单位除建立健全护林防火组织，订立各种防火制度，严格控制火源外，在造林时应尽量营造阔叶混交林或针阔混交林，开好防火线和营造防火林带，设置瞭望台。加强巡逻，及时发现火警，配备专职护林人员，做好护林防火工作。

（三）防治病、虫、鼠、鸟、兽害

为了防治这类危害，必须认真贯彻“预防为主，积极消灭”的方针。在造林设计和施工时就应充分考虑到这些危害发生的可能性，采取相应的预防保护措施。如营造混交林；加强抚育管理，改善幼林生长的环境条件和卫生状况，促进幼树健壮生长；因地制宜地采取保护各种有益鸟类和昆虫，人工繁殖放养益虫（如瓢虫、寄生蜂等），人工培养喷撒菌类（如白僵菌等）等；以生物防治为主，辅以药剂和人工捕杀等综合措施防治林木病虫害。在防治鼠、鸟、兽危害时，可采用药剂拌种、蘸根等措施。建立健全森林病虫害防治机构，认真做好监测工作。对林木种苗进行检疫，防治检疫性病虫害的传播和蔓延。

（四）防除寒害、冻拔、雪折和日灼等危害

冬春旱风严重，造林后容易遭受寒害的树种，可在秋末冬初进行覆土防寒。在排水较差或土壤黏重，容易遭受冻拔危害的树种，可采取高台整地，降低地下水位，幼林地覆草，以减免冻拔害的发生。在容易发生雪折的地区，应注意正确选择树种或用不同树种合理搭配，成林后注意适当修枝和抚育采伐。对容易遭受日灼危害的树种，除注意树种组成外，还应避免在盛夏高温季节松土除草。

四、造林成活率检查和补植

（一）造林成活率检查

造林成活率检查是指造林施工单位及其上级机关每年秋冬季对去秋，今春或去年夏季的新造幼林和补植造林进行的一次全面检查。其目的在于检查造林质量，核实造林面积，调查幼林的成活与生长状况，评定造林质量，分析失败原因，改进造林技术，拟定抚育管理措施，确定重新造林面积和做出补植计划，并制定出相应的抚育管理措施。

造林面积核实，一般可用简单仪器测量或按已测量过的施工设计图逐块核实，也可利用小于万分之一比例尺的地形图现场勾绘。造林面积应折合成水平面积。

造林成活率调查方法，是在对幼林作全面踏查的基础上，设标准地或标准行进行重点调查。标准地的面积和标准行的多少应视幼林的面积而定。幼林面积在100亩以下，标准地的面积应相当于总面积（标准行的行数占总行数）的5%，面积为100～500亩，应为3%，面积在500亩以上为2%。标准地（行）的确定要随机抽样，标准地（行）之间，要有一定的距离，能够代表一般情况。山地幼林调查要包括不同部位和坡向。防护林带每隔100米检查10～20米。然后在各标准地（行）上进行每一株种植点的检查。

在标准地（行）上进行每一种植点的检查，可挖掘根系，检查植苗深浅，覆土厚度，以及苗木根系分布等情况。同时统计其死亡及成活数量，并根据苗木质量、栽植和抚育规格，自然灾害等情况分析原因，然后详细记载。种植点上有成活的苗木，即为成活数，如丛植和穴播造林时，穴中有一株幼苗成活，即算成活数。条播和埋条造林时，以1米种植行作为统计单位，在1米内缺株即为死亡。根据标准地（行）上检查的结果，按比例推算出每片造林地的成活率。然后用加权平均法计算出全部造林地的成活率。其计算公式如下。

造林成活率不到40%的面积，在统计时不计入造林完成面积，应当另列入宜林地。但对其中生长良好的幼树应予以保留。造林成活率评定标准，一等成活率85%以上，二等成活率41%～84%，三等成活率40%以下。造林成活率检查结束后，应按照树种和造林方法的不同，根据幼林的生长状况，评定造林质量和造林技术措施的正确性，并与往年的造林成活率比较，提出改善幼林状况应采取的措施。除造林成活率调查外，一般用材林和速生丰产用材林要定期进行生长指标的调查记载。

当幼林将进入郁闭（一般为3～5年生的人工林）时，再进行一次较全面的检查，以便核实保存面积和保存率，总结造林及抚育管理经验。对生长良好并已郁闭的幼林，应划为有林地面积，列入森林资源档案。

（二）幼林补植

由于苗木质量、栽植技术及外界条件等因素，造林后往往有部分幼树死亡，不能保持幼林原有密度，为了使幼林及时郁闭、保证造林质量，必须进行幼林补植。幼林补植，应根据幼林检查结果，确定是否需要补植。按我国造林技术规程规定，造林成活率在41%～84%的地块，或平均成活率虽然达到85%以上，但局部地段成活率低，以致影响幼林及郁闭时，都要进行补植。而成活率低于40%的则需要重造。若为局部整地，对其中生长良好的幼树应予以保留。补植应按原造林树种，株行距、采取同龄大苗，按原栽植方法进行补植。补植时间，应在幼林检查后及时进行，愈早愈好，一般在造林后2～3年内补植完毕，使幼林生长一致，林相整齐。补植是一项费工费事的作业，效果往往不好。从提高造林质量，节省造林费用的角度出发，应尽量设法避免补植和减少补植工作量。近年来有人主张用提高造林初植密度的方法保证足够的单位面积成活株数，但这只有在保证较高成活率及死亡植株分布均匀的情况下才有可能。因此，避免补植的根本办法是提高造林技术水平，争取达到较高的成活率。

第十三章　农林复合经营

农林复合经营：也称农林复合生态系统，它是以生态学、经济学和系统工程为基本理论，并根据生物学特性进行物种的时空合理搭配，形成多物种、多层次、多时序、多产业的人工农林复合生态系统。

国际农林复合经营研究委员会（ICRAF）给林农复合经营下的定义是：林农复合经营是在同一土地经营单元上，把多年生木本植物与栽培植物或动物精心地结合在一起通过空间或时序的安排以多种方式配置的一种土地利用制度。这个系统不同组分之间存在生态和经济方面的联系。

第一节　农林复合经营与模式

一、农林复合经营的意义

农林复合经营具有十分显著的经济、社会、生态效益。概括起来，主要体现在以下几个方面。

(1) 提高土地利用率。

(2) 提高单位面积的物质产出和经济效益。

(3) 改善生态环境、维持生态平衡。

(4) 以短养长，以耕代抚，解决育林资金，扩大林业生产。

(5) 缓解我国人多地少的基本矛盾、林农争地的矛盾。

二、农林复合生态系统的结构与特征

(一) 农林复合生态系统的结构

生态系统的结构是指生态系统的构成要素，以及这些要素在空间和时间上的配置、物质和能量在各要素间的转移循环途径。生态系统的结构决定着生态系统的功能与效应。目前我国农林复合系统的配置结构大致可分为物种结构、空间结构、时间结构和营养结构。系统结构的合理性与协调性，是优化农林复合模式、提高生态经济社会功能及效应的关键。

1. 物种结构

物种结构是指农林复合系统中生物物种的组成、数量及其彼此之间的关系。物种的多样性是复合系统的重要特征之一。适合于农林复合经营的主要物种一般包括乔木（含经济林木）、灌木、农作物、牧草、食用菌、禽畜和鱼类等。理想的物种结构能对资源与环境最大利用和适应，可借助于系统内部物种的共生互补生产出最多的物质和多样的产品。对比单作农业系统，它可以在同等物质和能量输入的条件下，借助结构内部的协调能力达到增产的效果。

确定物种结构需要掌握以物为主的原则，即一种农林复合模式只能以一种或几种物种为主要的生产者，并且要在不影响主要生产者生物生产力或生态效益的前提下，搭配其他物种，而不能喧宾夺主，同时还要注意物种之间的竞争与互补关系，以达到不同物种间的最佳组合。

2. 空间结构

空间结构是指农林复合系统各物种之间或同一物种不同个体在空间上的分布，可以分为垂直结构和水平结构。它是由物种搭配的层次、株行距和密度等决定的。

垂直结构是指复合系统的立体层次结构，它包括地上空间、地下空间和水域的水体结构。一般来说，垂直高度越大，空间容量越大，层次越多，资源利用效率则越高。但这并不表示高度具有无限性，它要受生物因子、环境因子和社会因子的共同制约。我国平原农区农林复合系统结构通常可分为 3 种类

型，分别为单层结构（如防风林带）、双层结构（如农田林网系统、农林间作系统、果农间作）和多层结构（如林—果—农复合系统）。

水平结构是指复合系统中各物种的平面布局，在种植型复合系统由种植点配置和密度等来决定，在养殖型系统则由放养动物或微生物的数量来决定。在种植型复合系统中，水平结构又可以分为周边种植型、巷式间作型、团状间作型、水陆交互型等。其中，周边种植型是农田林网的主要结构模式，巷式间作型是林（果）农间作的常见模式，团状间作型类似于团状混交，水陆交互型主要是指低洼地区的林渔复合系统。

农林复合系统空间结构的配置与调整就是根据不同物种的生长发育习性、自然和社会条件、复合经营的目标等因子，确定在复合系统中的不同植物的高矮搭配、株行距离和不同畜禽或微生物的放养数量，使得每一物种具有最佳的生长空间、最好的生长条件，并使系统获得最佳的生态经济效益。农田防护林网是农林复合系统最基本模式，其空间结构的主要技术指标有林带方位、林带结构、林带间距、林带宽度、网格规格及面积等。指标数值的确定要综合考虑当地自然灾害情况、农田基本建设及农业区划要求，遵循“因地制宜、因害设防”基本原则。

3. 时间结构

时间结构是指复合系统中各种物种的生长发育和生物量的积累与资源环境协调吻合的状况。由于任何生态（资源）因子都有年循环、季循环和日循环等时间节律，任何生物都有特定的生长发育周期，时间结构就是利用资源因子变化的节律性和生物生长发育的周期性关系，并使外部投入的物质和能量密切配合的生长发育，充分利用自然资源和社会资源，使得农林复合系统的物质生产持续、稳定、有序和高效地进行。根据系统中物种所共处的时间长短可分为农林轮作型、短期间作型、长期间作型、替代间作型和间套复合型 5 种形式。

短期复合型一般是以林为主的林农复合。在林木幼年期或未郁闭前，林下可种植作物，但林冠郁闭后，由于林下光照的减弱，则不能继续种植作物，这是短期间作的一种模式。

长期复合型是以农为主的农林复合系统，在物种配置时，充分考虑各物种的生物学习性，达到林、农、牧长期共存的目的。一般都采用疏林结构模式，充分发挥各物种的正作用，达到“共生互补”的目的。

总之，在农林复合系统中，时间结构的特点是“以短养长”，这是取得长期（林木）、中期（经济林）和短期（作物、农禽渔等）经济效益的主要条件和保证。

4. 营养结构

营养结构就是生物间通过营养关系连接起来的多种链状和网状结构。生态系统中的营养结构是物质循环和能量转化的基础，主要是指食物链和食物网。营养物质不断地被生产者吸收，在日光能的作用下，形成植物有机体，植物有机体又被草食动物所食，草食动物再被肉食动物所食，形成一种有机的连锁关系。这种生物种间通过取食和被取食的营养关系，彼此连接起来的序列称为食物链，是生态系统中营养结构的基本单元；不同有机体可分别位于食物链的不同位置上，同一有机体也可处于不同的营养级上，一种消费者通常不只吃一种食物，同一食物又常被不同消费者所食。这种多种食物链相互交织、相互连接而形成的网状结构，称为食物网。食物网是生态系统中普遍存在而又复杂的现象，是生态系统维持稳定和平衡的基础，本质上反映了有机体之间一系列吃与被吃的关系，使生态系统中各种生物成分有着直接的或间接的关系。

建立营养结构的重点是建立食物链和加环链网络结构。食物链的加环就是营养结构的调整与优化的措施体现和重要内容之一。农林复合系统可以通过建立合理的营养结构，减少营养的耗损，提高物质和能量的转化率，从而提高系统的生产力和经济效益。

（二）农林复合生态系统的基本特征

对比其他土地利用系统（如单一的农田生态系统、森林生态系统），农林复合系统具有多样性、系统性、复杂性、集约性、稳定性、高效性和可持续性等特征。

(1) 多样性。主要包括复合系统组分、时空结构、经营管理方式、功能与效应、系统的生物多样性以及规划设计时所依据的理论原理的多样性。

(2) 系统性。农林复合系统是一个开放的人工复合生态系统，其物质的流动、能量的转化和价值的转移等过程均以系统理论为指导，所追求的目标不是某单一产品或单一效益，而是整体功能的发挥和整体效益的取得。

(3) 复杂性。由于复合系统是由两种或两种以上的生物成分组成，因此对比单一的农田生态系统或森林生态系统，一方面，导致根系的时空分布格局、系统冠层结构和下垫面的物理属性等因子均相对较为复杂，从而使得系统内辐射传输、能量平衡规律、土壤水分和养分运移规律等能流物流的过程和规律更为复杂；另一方面，则表现出经营管理过程及技术措施的复杂性。

(4) 集约性。作为一个人工复合的生态系统，在经营管理上要求比单一组分的生态系统有更高的技术，同时为取得更多的产量、更高的产值，则要求投入更多的人力资源。

(5) 稳定性。根据生物多样性原理、景观生态学原理，生物组分越多，生态系统的自我调控能力、系统的抗逆功能则越强，显然系统的稳定性则越高。

(6) 高效性。农林复合系统根据生态经济学、系统工程学、景观生态学和系统工程学原理将各种物种有机组合，同时还对各种单项管理技术措施进行综合优化，将生物技术和工程技术结合起来，必然会带来生态、经济和社会的高效性。构建农林复合系统的根本目的就是追求高效的生态效应和社会经济效益。

(7) 可持续性。农林复合系统的可持续性主要体现在其生态、经济和社会效益几个方面。

三、农林复合经营研究的主要内容

农林复合经营的研究内容几乎涉及林业产业研究的各个领域，目前对林复合经营整个系统进行研究的主要内容可概括为以下几个方面：适合林农复合经营的优良树种（品种）的选育、林农复合系统复合增益机理研究、林农复合系统的优化组合、林农复合经营系统实施方案的制定、林农复合经营系统可持续经营技术的研究、林农复合经营系统效益评定、林农复合经营系统诊断与评价方法等。

四、林农复合经营的种群互作

（一）种群互作的机制

1. 应效原则

Harper 等提出用“应效原则”来解释种群互作的机制。认为种群互作是以环境为中介，通过“应效原则”来实现的。植物与环境相互作用，非生物环境的变化时常引起生物的变化，生物的变化又继续改变环境。这样系统内的生物成分和非生物成分通过一系列反馈机制不断调节，从而体现出种群间的相互作用。这种相互作用是植物通过直接的或间接的改变其生存的环境来影响相邻种群的。

2. 密度效应

相邻植物间的互作程度依赖于相邻植物的密度状况，而这种密度又决定植物个体空间关系。遗传上同质或异质的植物配置在同一空间，对资源有不同或相同需求，因而生态位彼此分化或重叠，通过环境互作，要么共生共栖，要么彼此竞争。而种群互作的激烈程度决定于该系统的种群密度和资源库的大小及养分的周转率。以前，有关植物对密度反应的实验多以纯林分为对象，这在复合系统中显然不再适用。Wit 提出用替代实验，即在密度一致的条件下，利用种 A 和种 B 的不同比例配置来研究种间互作效果比较。

3. 时间效应

种群互作的时间效应已成为季节性生长模式研究的中心课题。Wit 等人认为 2 个种群的互作随时间发生变化的关系，可用“相对代换率”来表示。他们的实验表明，一些种群的互作与它们的频度有关，即具频度依性关系，而另一些不具有。就植物个体生长发育这个时间尺度讲，种群互作的时间效应表现出它们的互作关系会随植物生活期的改变而改变。如豆科和林木间作时，其互作关系将随时间推移由竞争到产生群体增益效应。从群落发生的角度讲，农林复合系统的发展阶段类似于生态系统的演替，演替本身代表着优势植物的生命周期随时间尺度而顺序发生变化的群落动态，这种变化是非生物环境（如土壤状况）和生物环境（如相邻植物的属性和竞争能力）随时间变化交互作用的结果。

（二）种群互作的类型

在“应效原则”中，种群对环境可能产生正或负的效应，因而 1 个种群对其他种群适应性的影响可能是促进（+）、降低（-）或不改变（0）3 种。2 个种群间的互作关系可以概括为 5 种基本结果：（-，-）、（-，0）、（+，+）、（+，0）、（+，-），并以这 5 种结果来界定农林复合系统中种群互作的类型。在经典的分类系统中，根据种群生态学和群落生态学的概念，种群间的生态互作可以分为物理过程和生物过程（包括种内和种间）。生物过程决定了种间互作的 4 种基本类型：①竞争（-，-）、（-，0）；②捕食（+，-）；③共生（+，+）；④共栖（+，0）。Anderson 等则把生态互作的过程和类型分开，按系统成分和关系 2 个要素，在此基础上再进一步做如下细分。

1. 生物与非生物的互作

生物—非生物的互作包括：①物理环境对生物环境的影响；②生物环境对物理环境的影响。当然，两者之间是相互联系、相互改造、相互适应的。物理环境的变化必然影响生物环境的变化，并进一步导致生物的生理特性、生长发育规律的变化，最终在生物量、产量、品质等方面表现出来。而生物环境又是物理环境改观的动因。在农林复合系统中，养分通过植物叶面的淋溶作用、树木或作物根系的分泌、死根和枯枝落叶及地面有机体的分解等形式释放到土壤中去，部分地补偿了地表侵蚀冲刷、反硝化作用及收获所致的养分损失。这对促进系统的养分循环，提高土壤有机体的含量起到重要作用。同时，植物作用于环境，能降低土壤风化、地表冲刷、促进微气候的改善。这是在系统物理环境优化方面起作用的因素。反之，如果土壤肥力的消耗得不到有效的补充，杂草蔓延，土壤理化性质持续破坏和衰退并增加了昆虫和病菌的传染，那么系统将恶化。目前，复合系统生物与非生物互作的研究正向模型化方向发展，如 Young 等 1990 年以来相继开发的各种修改版和升级版的 SCUAF 模型。

2. 生物型互作

生物型互作是指一种植物通过改造环境而直接地或间接地影响相邻植物。Harper 列出了种群互作的 12 种基本方式：①减弱光强；②改变光质；③蒸腾水分；④改变土壤湿度；⑤吸收限制性养分；⑥提供固 N；⑦遮阴或防护牲畜；⑧促进或削弱病原体活动；⑨动物在系统内排遗；⑩增加土壤有机物；⑪解毒；⑫改变土壤反应。

生物型互作的类型包括竞争类型、共生类型、共栖类型和捕食类型四大类。

（1）共生。在农林复合系统中，共生互作并不普遍存在，但根瘤和菌根的作用巨大。当前研究致力于获得对共生互利过程的认识。研究表明，菌根能促进植物根系对土壤养分（尤其是 P）、水分的吸收和转运，而放线菌、细菌、真菌都是根瘤菌的对抗物。豆科植物根瘤固定的 N 素是否与其他植物间发生转移的问题尚存争议，但对豆科植物通过固 N 减少了同其他非固 N 植物间的 N 素竞争的认识是一致的。

（2）共栖。共栖是农林复合系统中的一种正互作。实际上，共栖导致“群体增益”的情况下，也偶连着竞争的发生。目前对共栖的研究主要集中在 2 个方面：①林木对微气候和土壤水分的正向影响，以及对林地杂草的抑制等；②林木对土壤的改良和养分循环的影响，其主要研究内容包括枯枝落叶的养分组成、释放、转移以及土壤有机物的积累等。

（3）捕食。在林牧复合系统内，昆虫对系统有何影响以及系统吸引捕食者的能力是捕食作用研究的主要内容。多数学者认为，作物—林木套作较之于单一经营系统更能有效削弱虫害的发生。然而，农林复合系统削弱虫害和病虫种群变化等方面的材料很少，系统吸引捕食者等方面的研究也无定论，争论的焦点在于这些捕食者是吃益虫还是害虫。

五、农林复合经营的模式

农林复合经营系统包括林—农复合型、林—牧（渔）复合型、林—农—牧复合型、特种农—林复合型四种模式。其中林—农复合型包括林—农间作型、绿篱型、农田林网型、农—林轮作型四个类型；林—牧（渔）复合型包括林—牧间作型、牧场饲料绿篱型、护牧林木型、林—渔结合型四个类型；林—农—牧复合型包括林—农—牧多层种植型、由林—农型转变为林—牧型、林—农—牧庭园兼营型、林—牧—渔结合型四个类型；特种农—林复合型包括林木混交型、林—药间作型、林—食用菌结合型、林木—资源昆虫结合型四个类型。

第二节 农林复合经营的规划设计

（一）规划设计的目的

农林复合经营是一种人工生态系统。为了建成高效、稳定和多样的农林复合经营系统，发挥其最大的经济、生态和社会效益，必须进行科学的规划设计。但现有的绝大多数农林复合经营系统是由当地农民和林农在长期生产实践中逐渐完善和发展起来的，并未经过有意识的规划设计阶段。现在，农林复合经营作为一种可持续发展模式的重要性正越来越被人们所重视，并进入了一个重要的发展时期。可以预料，农林复合经营在农林业生产中的地位将会越来越高。在这种形势下，全面地研究农林复合经营系统规划设计的理论与方法就显得非常必要和迫切，这一工作是农林复合经营得以顺利发展的基本保证。

农林复合经营系统的规则设计可分为两个层次，即总体规划与各个地块的调查设计。总体规划一般按大的地域如县、乡（镇）制定，或按基层单位（村、农场、林场）制定。它是对农林复合经营工作进行粗线条的安排，进行全面布局，确定发展方向，确定农（包括牧、渔）林及其加工业的比例、规模、进度、主要技术措施、投资与效益的概算等。地块设计是在总体规划的原则指导与宏观控制下，对一个小流域或一定面积的地块进行具体的调查设计，确定各地块建立农林复合经营系统的类型与技术措施，施工与完成施工的日期，对种苗、劳动力和物资的需求量以及投资额度，效益计算。它是生产单位或个人制定生产计划，申请贷款与指导施工的依据。

（二）规划设计的原则

1. 系统性原则

农林复合经营系统追求整体效益，注重组分的相互关系，这种复杂体系的组合以及管理措施必须与特殊的环境以及社会需求相适应。因此，农林复合系统的规划设计必须采取系统的原则和方法作为指导。

2. 群众参与原则

农林复合经营是以广大农民为主体的农林生产活动。群众的参与应当是多层次多角度的。群众应参与制定计划，参与决策、参与管理。

3. 因地制宜原则

不同地区，在气候、土壤方面差异很大，就一个地区来说，不同地形条件的光、热、水、土、肥等也会不同，因此应首先确定其立地条件类型，对不同的立地型采用不同的复合经营模式。

4. 社会经济条件可行性原则

这一原则的基本要求就是量力而行。这里的“力”包含 4 个方面的含义：财力、物力、人力及技术力量。

5. 经济、社会、生态效益综合性原则

农林复合经营的目的归根结底是为了满足人们生存和持久发展的需要。要达到这一目的，必须追求经济、社会、生态效益的高度和谐统一。

6. 循序渐进，以点带面的原则

在某一地区引入某种类型的农林复合经营模式，它必须是对原有生产方式的改进和补充，应当在原有的基础上逐步调整。一方面，生产者需要从生产技术上，从生活习俗上，从精神上对新的生产模式进行逐步的适应，这是一个需要时间的持久过程；另一方面，设计过程不可能做到完全的准确无误，必须在实践过程中对新系统的结构进行逐步协调，使其与当地的自然条件、社会条件与生产方式相适应。要贯彻“循序渐进，以点带面”的规划设计原则，必须注意在系统结构配置上把原有的经营对象放在重要的地位上，其他成分的引入要以对原先经营对象的生产与发展有利为宜。此外，还应建立示范区、示范户来带动地方农林复合经营的发展。

7. 当前与长远利益相结合的原则

农林复合经营系统由木本植物和草本农作物所组成。木本植物包括用材树种、果树和经济树种，而农作物除了1年生的还有2年生的，一些经济作物也有多年生的，因此，系统本身就意味着在时序上是短、中、长的结合。为了经济、生态、社会的统一也必须进行长、短结合，才能达到农林复合经营的目的。为此，在规划设计时必须考虑两个方面：一是在复合系统的成分组合上尽可能做到长、短、中的结合；二是在复合系统中配置能长期发挥良好的生态效能的组分，这些组分既有一定的经济价值，又能使经营系统具有良好的生长发育条件，局部气候得到改善，地力长久不衰，以及有害生物能得到较好的控制。

（三）规划设计的具体步骤及其内容

农林复合经营的规划设计，一般包括3个步骤或阶段，即基本情况与社会需求调查、土地利用系统诊断与可行性分析、规划与技术设计。各个阶段有其主要的内容。

1. 基本情况与社会需求调查

在进行规划设计之前，首先要对本地区的基本情况进行全面调查，并收集有关的资料，尤其要有本地区的地形图、林相图与气象资料、土地分布田等。这是十分重要的一步，正确的决定都是建立在对情况的正确了解。这些调查是规划设计的信息源，直接关系到规划设计工作的质量，使规划设计建立在可靠的基础上。

2. 土地利用系统诊断与可行性分析

对土地利用系统进行诊断，并确定其利用模型，对土地利用进行全面布局，实现合理规划是很必要的。土地利用系统诊断模型有概念模型和数学模式两种。土地利用系统诊断模型的建立可从概念模型开始，以后随着资料的丰富，再逐步对概念模式进行改造，引入定量分析的工具，建立定量分析模型。

建立土地利用系统诊断模型的主要目的是揭示现有土地利用模式存在的问题与发展潜力，从而为土地利用系统改进指明方向。对土地利用系统进行了诊断分析，并掌握了大量的自然条件，社会经济状况和现有农林复合经营模式后，就能很好地评估本地区自然资源利用和开发中存在的问题与潜力，结合当地农民和市场对产品的需求以及社会经济状况，制定合理的产品结构，探讨进一步优化土地和其他资源开发、利用的可能性，制定出改进当地土地和其他资源开发与当地发展农林复合经营的新规划，以及优化的技术路线，制定出不同经营单位的模式设计原则，其中包括与不同立地条件相适应的树种与农作物等的选择、经营方针和不同模式的发展规模等。

3. 规划与模式技术设计

首先进行规划，即对规划区域在3年、5年、10年中的农林复合经营系统的全面布局、发展规模（面积与时限）、各经营类型的典型设计的特点与管理要求（包括病虫害防治），各年度用种苗、劳力、机械与油脂燃料、化肥、农药等的数量，经济与生态效益预估等，进行科学的安排与各项内容的数据统计。并提交规划图、规划设计说明书、农林牧副渔分类面积统计表，树种与农作物的种苗用量分类分年度统计表，用工量与投入预算分年度统计表等。

规划是解决规划地区的总体布局与近、中、远期的合理安排问题。而复合经营模式的建立与具体的管理技术则要进行较细致的设计，并且是进行优化设计，即筛选出适宜应用于本地的经济与生态效益都很好的模式。

模式技术设计需要考虑物种组成的原则与垂直结构设计、水平结构设计、食物链结构设计和地区性农林复合经营模式系列设计几个方面。

（1）物种组合的原则与垂直结构设计。要了解生物种群之间的协调、制约、影响的相互关系，以及种群搭配组合的原则，这对做好垂直结构设计十分重要。

（2）水平结构设计。水平设计实际上是指农林复合经营各主要组成的水平排列方式和比例，它将决定农林复合经营模式今后的产品结构和经营方针。

（3）时间结构设计。农林复合经营的时间结构设计，根据气候、土壤、物种资源（农作物、树木、光、热、水、土、肥等）的日循环、年循环和农林时令节律，设计出能够有效地利用自然资源、生物资源、社会资源（如劳力、化肥、电力等）的合理格局或机能节律，使这些资源转化效率较高。农林复合经营的特点，一是以林护农，以农促林，林粮双茂；二是在林内行间安排一些短期作物或见效快、收益早的其他种群，以短养长，长中短结合。

（4）食物链结构设计。运用食物链原理，设计高效的农林复合经营系统，对强化系统内各个环节上的同化率，提高转化率与多层次再生循环利用，扩大再生产，提高产品产值等方面，都有重要的意义。

（5）地区性农林复合经营模式系列设计。如要进行一个地区性的农林复合经营综合设计，大到一个地区、一个县，小到一个乡村、一个林场或牧场、一条沟、一面坡等，在设计前，除了进行全面的社会和自然条件调查之外，还要对该地区的立地进行分类，根据不同的立地类型，设计出相应的立地类型模式，在一个地区建立起一系列不同类型的模式。一个流域，一面坡地，从上到下，立地条件变化复杂，也需要设计一系列与立地相适应的模式，才能达到高效治理和开发的效果。

（6）技术系列的设计。实验证明，理想的农林复合经营模式，如果没有相应的技术系列配合，其功能与效益是不可能实现的。技术系列的配套内容包括：生物技术与工程技术结合；生物防治与化学防治结合；林业技术与农业技术结合；常规技术与现代技术结合等。农林复合经营设计，要强调结构与技术的统一，把技术作为优化物种结构、时空结构的重要手段，并随着两个结构的变化而予以调整和强化。

第四篇

森林经营

第十四章　森林经营的理论基础

第一节　森林经营的概念和理论

一、森林经营的概念

森林经营在中国通常指为获得林木和其他林产品或森林生态效益而进行的营林活动，包括更新造林、森林抚育、林分改造、伐区管理等。广义的森林经营则是指以森林为经营对象的全部管理工作，除营林活动外，还包括森林调查和规划设计、林地利用、木材采伐利用、林区动植物利用、林产品销售、林业资金运用、林区建设和劳动安排、林业企业经营管理以及森林生态效益评价等。另外，森林的天然有性与无性更新，森林的形成，森林抚育采伐，疏伐的技术要素、影响和效益，人工整枝，森林主伐更新，矮林和中林作业，林分改造与林地改良，竹林和游憩林的经营等也属于森林经营的范畴。

二、森林经营理论

（一）森林可持续经营理论

20 世纪 80 年代，森林和林地应用可持续方式经营管理，森林可持续经营主要是指森林生态系统的生产力、活力、生物多样性及再生产能力的整体完善，以保证有丰富的森林资源与健康的环境，以满足当代和子孙后代在社会、经济、文化和精神方面的需要。

实现森林可持续经营的限制因素概括起来主要有人口压力和局部贫困问题，气候变化、土壤退化、生物多样性丧失、人为阻断和割裂生态过程、缺乏长期规划，管理水平低下、产权关系模糊、营林投资不足等。由于影响森林可持续经营的因素很多，既有内部的，也有外部的，既有宏观的，也有微观的，既有政策性的，也有技术性的，森林可持续也表现在多个方面。但就森林经营管理来看，为实现森林可持续经营，至少可以从以下几方面做一些确实有效的工作。

（1）掌握充分的生态学基础作为确定森林经营目标和制订森林经营措施的依据。

（2）通过对森林生态系统的全面清查，将森林资源调查由木材资源调查扩展为多资源、多效益和森林可持续性的调查和分析。

（3）在可靠的生态预测基础上了解不同营林措施的生态后果。特别要提高景观水平上森林经营结果的可预测性，为经营决策者提供方案选择和优化的充分根据。

（4）通过经济可行性分析，使森林经营单位取得良好的经济效果，进而维持对森林生态系统的持续经营活动。缺乏经济可行性的森林经营活动带来的经济损失，将使森林经营单位失去对森林长期经营的基础，并带来更为严重的长期性环境问题。

（5）通过明确产权关系，稳定土地利用战略和目标，并以法律形式加以保护，减少因政策变动带来的不确定性，促进森林经营者制订长期稳定的经营目标。

（6）通过景观和林分尺度上进行多目标综合规划，使森林经营规划在多经营目标之间取得适当的平衡，并保证森林的整体可持续性。

（二）森林分类经营理论

针对近年来我国森林资源（主要是国有林区）状况：资源危机，经济危困，环境危难，根据现有林的立地条件、状况，根据森林在当地和区域生态建设和经济建设中的地位，结合社会对森林功能和价值的需求，将森林分为生态公益林和商品林两大类。分别采取不同的经营管理政策，不同的经营措施，发挥不同的功能，以满足社会经济发展和人民生活水平提高对森林的多种需求。其中，商品林包括用材林（木材林工业原料林）、经济林（干鲜果树林、油料林、其他特用经济林）、薪炭林；公益林包括防护林（水源涵养林、水土保持林、防风固沙林、农田牧场防护林、河湖海岸防护林）、特用林（自然保护区森林、森林公园风景林、科研教育实验林、特殊纪念林和卫生保健疗养林）。

商品林，主要目的是生产商品材和其他林产品，采用集约经营措施，按资本经营方式运作，追求最大经济效益。一方面满足社会市场对木材和其他林产品的需求，另一方面作为保障森林经营单位持续经营活动的一条经济支柱。

公益林，采用保护、恢复和严格管理措施，国家和地方政府给予直接的经济支持和特殊政策，加以保护和扶持，令其发挥最大的森林非产品服务功能和价值。并通过逐步建立森林生态效益受益补偿机制，严格控制公益林的采伐利用或其他形式的直接产品利用。满足社会经济可持续发展对森林涵养水源、调节气候、防风固沙、保持水土、保护生物多样性、景观游憩、科研教育、文化艺术等方面的生态公益的要求。

（三）森林生态系统经营理论

森林生态系统经营理论在80年代美国提出。主要以森林生态学和景观生态学的原理为基础，吸收和利用森林永续经营理论中的合理部分，以实现森林的经济价值、生态价值和社会价值相互统一为经营目标，要在景观水平上长期保持森林的健康和生产力，建成不但能永续生产木材和其他林产品，而且也能持续发挥保护生物多样性及改善生态环境等多种效益的林业。其重要意义如下。

（1）森林生态系统经营是传统森林经营的继承和发展，而不是对传统永续经营的全盘否定，是在可持续发展思想指导下对传统经营的重新认识、转化和整合。传统永续经营的理论和技术要素，如计划性（编制森林经营方案）、时空调整、收获预估、生长量控制采伐量等对森林生态系统经营仍有指导意义。

（2）森林生态系统经营是森林经营模式上的转变。其价值观、理论和方法与传统永续经营有明显区别，特别是对森林价值方面的表述。从林分水平到景观水平，空间规模的拓开，通过满足人类需要与维持和增进森林生态系统的健康和完整性，使人类与自然在一个大的空间规模和较长的时间尺度上协同、持续与发展，为实现森林可持续经营奠定了基础，是实现林业可持续发展的重要途径。

（3）森林生态系统经营是森林经营的一条生态途径，它强调生态学原理在经营中的应用，以长期保持生态系统健康和完整性。需要建立在生态合理的基础上，对信息及信息的采集和分析提出了更高的要求。需要一个信息、监测、决策及评价系统，需要采取多学科的途径和进行合作决策，需要体制、政策、制度和法律上的支持。

第二节　森林经营方式

按经营目的可划分为两大类：①生产性经营：主要是为了生产木材、柴炭和各种林产品，如用材林、薪炭林、竹林、经济林的经营。②生态性经营：主要是为了发挥森林的生态效益，改善人们的生产、生活环境条件，如防护林、水源涵养林、水土保持林、防风固沙林、风景林、自然保护区的森林经营。

生产性经营中又有掠夺经营与永续经营，粗放经营与集约经营的区别。掠夺式经营是对森林只顾采伐利用，不顾育林，仅靠天然更新成次生林的经营方式。永续经营是在遵循森林采伐量不超过生长量的原则下利用森林，并注重人工培育，使森林资源越采越多，能持久发挥生态效益的经营方式。粗放经营主要依赖森林的自然更新与生长能力。集约经营是在一定的林地面积上，投入较多的生产资料和活劳动，采用先进技术措施，获得较高的林木产量和较大的生态效益的经营方式。中国森林资源人均数量少，木材供需矛盾较大，改变这种状况需实行永续经营，并由粗放经营向集约经营转化。

按生产关系划分，在中国有国家经营、合作经营和个体经营3种基本类型。东北、内蒙古和西南的大林区主要是由国家设立林业企业进行森林经营。长江以南的浙江、安徽、江西、福建、湖北、湖南、贵州、广西、广东等省、自治区的森林以合作经营为主，其中有的是集体统一经营，有的是由家庭承包经营全民所有和集体所有的山林。个体经营的主要是农村居民自有的、种植在房前屋后和自留山上的林木。

一、森林经营的目的与指导原则

人类经营管理森林的目的，是为了利用森林的功能满足人类生产和生活的需要。森林的功能主要有三方面：①生产木材和林产品；②涵养水源、保持水土、防风固沙、净化大气、调节气候、防止噪音、为野生动植物的栖息和繁殖提供场所等，目的是为了保护生态环境；③为旅游、卫生保健提供良好环境。各国和各地区的自然、经济情况有所不同，对森林各种功能所需要的方面与程度也不尽相同。过去人们经营森林多以利用木材为主，近年来森林的生态功能已愈来愈为人们所认识，发挥森林的多种效益也愈来愈为人们所重视。例如横贯中国东北、华北、西北的防护林（习称“三北防护林”），森林经营的目的主要是为发挥森林保护生态环境的功能。

森林经营的指导原则主要是：①经济原则，通过经营森林，取得经济收益。②生态原则，保持森林生态效益持久发挥。③永续原则，坚持森林资源的消耗量不大于生长量，保持森林资源永续利用。这三项原则互相制约、互相促进，缺一不可。

二、森林经营的措施与考核指标

森林经营的措施以森林经营的指导原则和国家制订的森林法规为依据。在中国，主要措施是：①在国有林区施行科学的林价制度；②对森林资源进行经理调查，掌握资源消长变化情况；③根据林业长远规划，编制森林经营方案，制定林业计划；④根据用材林的消耗量低于生长量的原则控制森林年采伐量，在森林资源增长的基础上增加木材产量；⑤森林采伐的当年或次年内完成更新造林，更新造林的面积和株数必须大于采伐的面积和株数；⑥防护林、国防林、母树林、风景林只进行抚育、更新伐，不进行主伐；⑦不采伐自然保护区的森林，保护珍贵的动、植物；⑧进行护林防火，禁止毁林开垦和其他毁林行为；⑨建立和完善林业生产的管理体制，充分调动群众经营林业的积极性；⑩加强林业企业的科学管理，提高劳动生产率，降低成本，增加收益；积极开展集体林森林经营的辅导工作，使群众通过经营林业获得持久的较多的收益。

考核森林经营好坏的主要指标是森林面积、森林蓄积量（森林中林木的材积总量）和森林生长量。采用这些指标有利于森林资源的扩大，为林业的扩大再生产提供坚实的物质基础。

第十五章　森林抚育间伐的基础

第一节　抚育采伐的概念及目的

一、抚育间伐的概念

我国劳动人民从长期的林业生产实践经验中认识到不论是人工林还是天然林，都要采取一系列的经营管理措施，才能达到预期的目的。抚育间伐就是其中极重要的管理措施。

幼林郁闭后直至主伐利用之前，人们为了达到培育森林的目的，利用采伐的手段在一定时期中选择一部分林木进行采伐，为保留木创造更适宜的生活条件，这种措施叫做抚育间伐，也叫抚育采伐。抚育间伐虽然可以获得一部分小径材，但任何单纯以取材为目的的抚育间伐都是不对的。

二、抚育间伐的目的

抚育间伐不是为了取材，而主要是为了育林，抚育间伐应该达到如下的目的。

（一）调整树种组成

在天然林或人工林中，都可能出现次要树种排挤和压抑主要树种的现象。采取间伐的手段逐步伐除部分次要树种，调整林分的组成，使主要材种占优势地位，为它们的生长创造良好的条件。

（二）调整林分密度

在纯林中，虽不存在树种间的相互排挤，但随着林龄的增加，林木要求的营养面积不断扩大，而单位面积上林分的相互密度不断增大以致过密，影响林木生长。通过间伐可以调整林分密度，为保留木提供足够的营养空间，改善生活条件，促进生长。

（三）提高林分质量

不论是人工林或天然林，如果不加以人为的措施，有85% ~90%的林木在生长过程中因自然稀疏而枯死，由于是自然稀疏，其结果未必符合经营目的要求，因此，通过抚育间伐，有目的地去劣留优，以间伐代替自然稀疏，清除劣质木，提高林分质量。

（四）提高林分木材总利用率

间伐有效地利用了自然稀疏过程中即将死亡的那部分林木，而且在不降低以后主伐蓄积量的前提下，这部分林木的材积甚至能达到主伐时蓄积量的30% ~50%，可见，间伐是提高林分单位面积上总利用率的重要措施，而且还可以早期生产部分中、小径材及薪材，为扩大再生产提前提供资金，达到以短养长、长短结合的目的。

（五）提高森林生态效益

间伐对防止林火（尤其是树冠火）、病虫害、雪压雷折、风害等都有重大意义，例如护田林，要求具有一定的垂直结构和紧密度，这些特殊的要求只有通过间伐才能得到解决。

抚育间伐的目的还应根据不同的林种有所区别，例如在用材林中，间伐的主要目的是提高木材质量，缩短林木成熟期，而在防护林中，间伐的主要目的则是提高森林的防护效益。即便是同一林种，年龄阶段不同时，间伐的主要目的也应有所区别：幼龄林时期进行间伐的主要目的，应是调整林分的树种组成与密度，中龄林时期主要应是促进林木的生长。

第二节 抚育间伐的理论基础

一、森林的生长发育时期

森林的整个生长发育过程，其时间长短尽管因树种组成、气候条件、土壤条件及人为的管理措施而有很大差别，但都要经过几个基本的生长发育时期，就森林的自然成熟来说一般可概括为六个生长发育时期。

（一）幼龄林时期

这一时期也叫森林形成时期。这是森林生长发育的幼年阶段，通常指Ⅰ龄级的林分。

在森林形成的初期，幼树往往是散生或丛状生长，随着幼树的逐渐成长，树冠开始相互交接，林分开始郁闭。这一时期的特点是：幼树正在扎根生长，地上部分生长较慢，易遭受不良条件的影响和同一生境条件下杂草灌木的竞争。在这一期间，森林的性状和特点不稳定。在混交林中初期生长较迅速的树种，可能迅速上升，控制较大空间而抑制淘汰初期生长较慢的树种。在纯林中，过密的灌木和杂草也可能严重妨碍幼树生长。因此通过林地管理及幼林抚育，对促进林木生长，根系的发育以及调整树种组成都具有重要意义。幼树经过对环境的一段适应后，生长加速，树冠相互衔接，林分则进入壮龄时期。

（二）森林的壮龄林时期

这一时期，也叫干材林时期或壮龄林阶段。这是森林生长发育较年轻的阶段，通常指Ⅱ龄级的林分。

其特点是：高生长特别快，并达到最旺盛的时期，整个林分的高度在较短的时期内迅速提高，林分外貌基本定型。林冠高度郁闭，致使林内光照显著变弱，林下植物种类相对稀少，“森林环境”的特点基本形成。由于林木生长迅速，林木间的竞争加剧，林木分化和自然稀疏强烈。这个时期为促进林木高生长和自然整枝，营林措施应继续加强土壤管理，进行合理的抚育间伐以保持林分的适当密度，以利培育良好的干形。这个时期森林能否顺利的生长，对后期生长发育具有重要影响。

（三）中龄林时期

也称森林成长期。森林由壮龄林时期进入中龄林期以后，生长仍很旺盛，不过高生长渐趋缓慢。这一时期的主要特点是：直径生长加快而逐渐达到最高点。树冠生长也达到最旺盛时期，具有最大的叶面积指数。随着直径的旺盛生长，材积生长量也最为旺盛。自然稀疏较前期稍有缓和。这一时期应及时疏伐，为林分保持充分的光照及生长空间，促进林木的直径生长，缩短成材期。

（四）近熟林期

这一时期林木已开花结实，直径与材积生长已趋缓慢，自然稀疏明显减缓。林冠继续郁闭，表现出一定程度的稳定性。

（五）成熟林时期

这一时期的特点是林木大量结实，高生长、直径生长都很缓慢，林木已进入生物学成熟期，林木间的矛盾缓和，自然稀疏基本停止，郁闭的林冠逐渐疏开。此时应进行主伐利用，并以适当方式进行更新。这时是森林进行主伐更新的最佳时期。

（六）过熟林时期

此时林木已经衰老，结实能力与种子质量都已降低，生长接近停止，并出现枯梢及树冠破裂等衰老象征。所以这一时期也叫森林的衰老时期。林木逐渐衰亡，容易感染病害与心腐。每年因腐朽消耗着大量木材，出现负生长现象。

上面所述的6个森林生长发育时期，可粗略地根据龄级划分，一个发育时期大致相当于一个龄级（表15－1）。

表 15－1　森林的发育时期与龄级的关系

发育时期	相应的年龄				相应的龄级
	天然林		人工林		
	慢生树种	速生树种	慢生树种	速生树种	
形成期	20 年以前	10 年以前	10 年以前	5 年以前	Ⅰ
速生期	21～40	11～20	11～20	6～10	Ⅱ
成长期	41～60	21～30	21～30	11～15	Ⅲ
近熟期	61～80	31～40	31～40	16～20	Ⅳ
成熟期	81～120	41～60	41～60	21～30	Ⅴ～Ⅵ
衰老期	121 年以后	61 年以后	61 年以后	31 年以后	Ⅶ以后

以龄级划分森林的发育时期，只能提供一般的轮廓，而不能全面地反映森林一生中生长发育的变化。实际上，在森林生长发育过程中，由于树种、环境条件以及管理措施的不同，森林各个发育时期的长短及特点都会有很大不同。一般寿命短的树种，它们的各个发育时期的延续期限也比较短；即使同一树种，因为起源不同也有差异，如萌芽林比实生林发育得快，各个时期到来早，寿命也较短。在育林工作中应根据不同的树种组成和立地条件，针对森林不同发育时期的主要特点，采取相应的有效措施。如在壮龄林时期，要保证林木速生所需的条件，适时适量的疏伐一部分林木，使林分保持合理密度，以利林木形成良好的干形。而在中龄林期则需要再次进行强度稍大的疏伐，以促进林木的直径生长，使其早日成材。总之，切实的掌握森林的生长发育规律，因地制宜地采取各种措施是非常重要的。

现在世界各国人工林日益增多，特别是引种一些速生树种后，使森林的培育期大为缩短。如杂交杨树，一般轮伐期只有十几年至二十年左右，如仍将森林生长发育划分为上述六个阶段，实际上已无必要。因此，对于经营集约程度较高的人工速生用材林，可根据林分群体及个体的发育过程划分阶段。目前，在对人工纯林的生长发育时期，大体分为 3 个阶段。

个体生长阶段，这是造林后树种与杂草、灌木以及非目的树种的种间竞争开始阶段。为缓和目的树种与其他植物间的竞争以及促进目的树种的个体生长，应进行除草和割灌等抚育措施。

开始郁闭阶段，由于生长速度加快，邻近林木间的树冠枝叶相衔接，同种间对阳光、水分、养分等开始竞争。在此期间因林木生长速度快，逐渐出现自然整枝现象，林下的其他植物也逐渐减少而趋于消亡。这种状态说明林分已进入郁闭，在这阶段内应适时进行首次间伐。

自然稀疏阶段，随着林分郁闭度逐渐加大，同种个体间竞争日益激化，各个体间出现树体大小、直径粗细、长势优劣的分化现象。被压制的劣势木逐渐枯死，于是产生自然稀疏。这说明林分已发展到最大密度。根据培育目的，在这个阶段内，要进行多次疏伐，以便保持林分的最适密度。

这种划分森林生长发育阶段的方法比较简单，目的明确，作为高度集约经营的速生人工林的抚育间伐措施的依据，能够满足生产实践的要求。

二、林木的分化与自然稀疏

森林中的树木，高矮悬殊，粗细不等，在开花结实等生理特性方面也有明显差别。即使是同龄人工纯林，所处环境条件基本相似，在生长发育过程中，其直径、树高，长势等方面也会出现差异，森林中存在的这种普通现象，叫做林木分化。这是由于树木个体的遗传性不同，随着林龄的增加，其差异不断扩大所造成的。

林木分化的结果，生长健壮高大的林木占有充分的空间和光照条件，因而更加高大；生长落后的林木，由于得不到充分的光照和空间，因而逐渐衰弱死去。所以在充分郁闭的森林里，随着林龄的增大，单位面积上的林木株数逐渐减少，这种现象叫做自然稀疏。但自然稀疏的结果，常常不符合人们的要求，因此需要人工疏伐代替自然稀疏。

三、林木分级

在进行抚育间伐前，人们常根据林木的分化现象及形质状况等进行林木分级。林木分级的方法较多，生产中普遍应用的是生长分级法。这种分级法是根据同龄纯林林木的生长状况，将其划分为五级。

Ⅰ级木——优势木，树高和直径最大，树冠也比较大，且伸出一般林冠以上。

Ⅱ级木——亚优势木，树高和直径略次于Ⅰ级木，树冠向四周发育与一级木共同构成主要林冠层，Ⅱ级木中，林木往往形质较好，其数量通常也较Ⅰ级木多。

Ⅲ级木——较Ⅰ、Ⅱ级木矮小，树冠较狭窄，位于林冠中层，但生长尚合格。

Ⅳ级木——树冠与直径生长都较落后，处于主林冠的下层，树冠受挤压、冠下枝条多数枯死，通常都是小径木，其中又可分为a、b两个亚级。

Ⅳa级木：树冠狭窄，侧面被压，但部分树冠仍能伸入林冠层中。

Ⅳb级木：树冠偏生，只有树冠顶梢尚能伸向林冠层中侧方与上方都受挤压。

Ⅴ级木——生长极落后，完全处于林冠下层，这一级也可分为两个亚级。

Ⅴa级木：生命力很低，接近死亡，但尚未死亡。完全处于林冠下层，只是尚有青枝绿叶。

Ⅴb级木：已完全枯死。

这种分级法简单易行，可作单纯同龄林进行间伐时选择砍伐木和抑制间伐强度的依据。但在幼龄时期、林木分化尚不明显时不能应用，同时它着重考虑到林木的生长状况，很少考虑林木的形质如何。

四、林木株数按径阶分布的规律

在天然林和人工林中，林木直径大小的数量分布，即可反映出林分的生长情况和林木间的竞争情况，是林分结构特征的重要指标。一般在密度适宜，生长正常幼年龄阶段，林木株数按径阶分布的状况，都呈常态或近似常态分布曲线。但是随着林龄的增长和生长发育，林木个体间对营养空间的竞争日趋严重，林木分化与日俱增，待细小的个体占多数时，林木株数按径阶分布的曲线状况，则由近似常态分布变为顶峰左偏的曲线形状。这种林分结构的变化，反映了林分的生长发育受到严重抑制，若任其自然发展，则枯立木不断增多，若及时进行抚育间伐，就可使林分中的林木个体竞争缓和或停止。

五、林分密度与生长的关系

密度是林分特征的一个重要指标，它影响林分的郁闭状况，林木对空间的利用程度以及林木的形质。

（一）密度与叶量的关系

随着密度的增加，单位面积叶量也增加，叶的同化能力逐渐增大，物质产量也随之增多。

但当密度达到一定值后，叶量则不再增加，因而单株的叶量也没大变化。由于叶的同化能力保持稳定，所以林分每年的物质生产量也是稳定的。但是随着林龄的增长，树高和直径都不断增加，如果林分过密，林冠内部的叶子处于光补偿点以下，由生产者转化为消费者物质生产量不但不增加，反而下降，这样林木的年轮就要逐渐变窄。因此要提高单株林木的生长量，必须增加单株林木的叶量。所以，进行抚育间伐减少林木株数是非常必要的。

（二）密度与树干材积的比例关系

一般林分密度越大，在干、枝、叶等地上部分的总生产量中，枝条的比例越少，干材所占比例越大。因此为了增大干材的比例，最好培育尽可能密的林分。

（三）密度与树干形质的关系

密度对林木的干形有重要影响。树干圆满度是树干形质的重要指标。密度不同、树干圆满度也因而有明显差别。林分密度越小，干材的尖削度越大；林分密度越大，干材圆满度也越高。密度越小、枝下高越低，密度增大，自然整枝高度上升，因而树节越小。

六、经营目的与抚育间伐的关系

经营森林的目的及集约程度在各地区各有不同，抚育间伐要适应森林的经营目的。如果以生产大量小径材为目的，则应采用高密度造林，不间伐或弱度间伐的育林形式，若希望尽快生产大径材，应采用密植，及时进行第一次间伐，以后经常地反复地进行多次弱度间伐形式。这样生产的大径材，木材年轮宽度较窄而均匀，干材圆满通直节疤较少。但如果间伐下来的小径材得不到充分利用，或每次弱度间伐成本高以及在经营粗放的条件下，可以推迟首次间伐的时间，减少间伐次数进行强度大的集中间伐，以提供较大径级间伐材和降低间伐成本。

第十六章　森林抚育采伐技术

第一节　抚育采伐的种类

由于森林的树种组成和年龄时期不同，抚育采伐有着不同的目的、任务，便产生了不同的抚育采伐种类。

我国于1957年颁布了《森林抚育采伐规程》，该规程是针对天然混交林，基于实施抚育采伐林分的不同生长发育时期和抚育采伐任务而制定的，将抚育采伐划分为透光伐、除伐、疏伐和生长伐。此外还规定了卫生伐、解放伐。

透光伐是在天然混交幼林中的第一龄级的前半期，当林分开始郁闭后进行的。目的在于伐去抑制主要树种生长的次要树种，调整林分的树种组成结构，使主要树种在林分中占据优势。

除伐在天然混交林第一龄级的后半期进行。此时，林分完全郁闭，郁闭度达0.9以上，为继续调整林分组成，要把主要树种中的劣质木、生长落后木除掉。

疏伐从干材林时期开始，这一时期林木生长旺盛，为避免林木个体间过分激烈的竞争，给保留林木提供充足的生长空间，提高林分经济用材的质量和产量，要砍掉一些生长衰弱、形质差的林木，确保林分由干形良好、生长快的林木组成。疏伐是森林抚育采伐中非常重要的一种间伐类型。

生长伐在疏伐结束后到主伐前一个龄级的阶段内进行。此期林木旺盛的高生长渐趋缓慢，自然整枝速度也减慢，此时，抚育采伐的目的是为了加速林木直径生长和材积生长，缩短林分的工艺成熟期，并利于结实，为下一代的天然更新创造良好条件。

卫生伐是去除枯立木、风倒木、机械损伤的濒死木，改善森林卫生状况，减少病虫害与火灾的发生，促进林木健康生长的采伐。

解放伐是在幼龄中，除去上层过熟木，使幼林不被压而得到自由生长发育。

一、透光伐—组成抚育

在天然混交林Ⅰ龄林前半期中进行，林冠尚未完全郁闭，或已经郁闭。林木幼小而感到密集受光不足。

对象：砍除藤本、灌木和杂草类。

强度：小（因为林木尚未完全稳定，逐次疏开，不要形成空地）。

任务：保证优良的组成和稳定的环境，为今后成林奠定很好的基础。

时间：夏季（便于识别树种，保护幼树；冬季落叶、冬季林木枝干硬脆易被折伤）。

二、除伐—组成抚育

在Ⅰ龄林后半期中进行，在透光伐之后。

实质：在混交林中为了保证目的树种组成而进行，伐去主要树种中的劣质木、落后木。

除伐和透光伐常放在同一概念中讨论，它们的区别在于：除伐是针对次要树种压抑目的树种，尤其自由竞争次要树种有可能排挤主树种。因而要人为的砍伐次要树种，使目的树种稳定成林。它是应用于混交树种组成的。

三、疏伐—干形抚育

上述两种进行后，林木组成基本确定。

实质：Ⅱ龄期（干材林）解决立木之间竞争矛盾。

任务：保证优良个体不被淘汰，将不良植株予以砍除；用调节密度的方法，使不同年龄阶段的林木享有适宜的营养面积，以促进留存木的生长。

四、生长伐—为培育大径木

Ⅲ、Ⅳ龄期进行，继续疏开林分，促使林木加速工艺成熟，缩短主伐年龄。有时为促进立木结实，将来实施天然更新。

1978 年国家林业总局颁发《国有林抚育间伐、低产林改造技术试行规定》，将抚育采伐划分为透光抚育和生长抚育两类，必要时为改善林分卫生状况可以进行卫生伐。

1987 年 9 月国家林业总局发布《森林采伐更新管理办法》，将幼龄林、中龄林的抚育采伐分为透光抚育、生长抚育（用于纯林）和综合抚育（用于混交林）三类。

美国的分类方法：除伐、疏伐、自由伐、整理伐、废林伐。

第二节　抚育采伐的方法

一、透光抚育—透光伐

（一）透光抚育的方法

透光抚育，根据进行方式、林分特点和经济条件可分为三种。

1. 全面透光抚育

全面透光抚育是在林分中全面地进行透光抚育。将所有排挤妨碍目的树种生长的非目的树种以及藤本植物全部伐除，使林分中目的树种能得到充分的光照条件。这种透光伐，适于在目的树种占优势，非目的树种较少而且交通方便，劳力充足，小径材和薪炭材有销路的情况下应用。

2. 群团状透光抚育

当目的树种分布不均时，可以只在有目的树种分布的群团中进行抚育，清除局部地块中压抑目的树种的非目的树种，其他没有目的树种分布的地段则不进行。这样做既可达到透光抚育的目的，也可节省劳力与资金。

3. 带状透光抚育

这种抚育法是将要进行透光抚育的林分区别为许多带，带宽 1 ~ 2 米，带间距 3 ~ 4 米，只在间伐带上砍伐非目的树种。带间保留不动。如果间伐带中目的树种不足，则应进行补植。这种带状透光抚育法，可造成间伐带上的保留木上方有充分的光照，带间林木对其起辅佐作用，从侧方促进目的树种的生长。保留木比较明确，抚育方法比较简单。

带状透光抚育法施行 5 ~ 10 年后，若带间林木妨碍抚育带上林木生长时，则可将带间林木折断顶梢，或从基部砍除。带的方向在缓坡可南北向，山地或陡坡应与等高线平行。干旱地区可设东西带，以防过量蒸发。

这种方法适于在栎类林分中应用，也可在交通不便、劳力较少、薪炭材不易销售的林区应用。

（二）透光抚育的时间、次数、强度

第一次透光抚育开始的时间应该在幼林郁闭后 2 ~ 3 年进行，以后根据次要树种的萌芽情况来确定重复次数，一般每隔 2 ~ 3 年或 3 ~ 5 年再进行一次或两次。

透光抚育采伐的强度，应以幼林中目的树种不遭受庇阴和压抑为标准。一般来说，计算透光抚育采伐强度有一定困难。因为，在幼龄林阶段，林分密度较大，林木个体材积很小；而砍伐混生或残留在林

分里的上层霸王木，株数很少，但单株面积很大。因此，用蓄积量或株数计算采伐强度，其变动幅度常常很大。从山西省人工针叶纯林的实际情况看，可以按株数计算采伐强度，伐去原株数的25%～45%；若以蓄积计算，可伐去原蓄积量的15%～30%。也可以单位面积上保留主要树种的株数，作为确定采伐强度的参考依据。根据美国的资料，每公顷林地在透光伐以后，至少保留366～400株有希望成为主伐木的林木作为培养木。这些未来的主伐木单株的平均距离为5米。对于那些在短期内不妨碍培养木生长的无害植株暂不去除，利用它们遮盖林地，起到促进培养木生长的作用。

在一年中进行透光抚育的时间的选择也是很重要的。若采伐木是萌芽力强、生长速度快的阔叶树种，采伐季节最好选在夏初。因为，夏初阔叶树种的春梢已经形成，叶片已经完全展开，便于识别各树种之间的相互位置和影响作用关系。此时采伐能降低伐根萌芽能力，而且枝条较柔软，采伐时对保留木的损伤程度较小。

在天然混交林幼林或新造人工林进行透光抚育，可采用化学除草剂进行清理，如2，4－D，但现在多使用草甘膦、丁滴等低毒除草剂。

二、生长抚育—疏伐

（一）生长抚育的方法

幼林经过透光抚育后，进入壮龄阶段，林分组成外貌已基本定型，此后进行的抚育采伐则为生长抚育（疏伐）。在林分自壮龄后至成熟主伐前一个龄级时期内进行。

生长抚育是人工林中最主要的一种抚育采伐。在透光抚育以后的混交林中，它还有进一步调整树种组成比例的作用。

世界各国现行的抚育间伐方法很多，我国《国有林抚育间伐、低产林改造技术试行规程》中规定，根据树种特性和林分状况，因地制宜采用以下4种方法。

1. 下层抚育法——下层疏伐法

这种抚育法是根据林木的分化现象从林冠下层选择砍伐木，伐除林冠下生长落后的劣势木及直径较小，接近枯死或已经死掉的枯立木。这种方法的出发点是根据自然稀疏的规律选择那些即将被自然淘汰的林木，力求在其死亡以前砍伐掉，以提高木材的利用价值。这种方法可使抚育间伐后的林分形成良好的水平郁闭，可以改善林中的卫生状况。下层抚育根据每次选伐林木的多少，有3种强度。

弱度抚育，只伐掉Ⅴ级木。

中度抚育：除伐掉Ⅴ级木外，还伐掉Ⅳ_b级木。

强度抚育：将Ⅴ级木与Ⅳ级木全伐掉。

这种抚育法是砍除居于林冠下层生长落后，径级较小的濒死木、枯立木。即砍除在自然稀疏将被淘汰的林木。

下层抚育法并不改变自然选择进程的总方向，基本上是以人工稀疏代替林分的自然稀疏。可概括为以下几点。

（1）应用条件。最早起源于德国经营针叶林。

因为针叶林中，生长高大的植株往往是干形良好，树冠发育正常，生长势旺盛，具有培育前途的林木。

（2）方法。利用克拉夫特分级法，确定砍伐木。

（3）强度。三级。

弱度：只伐Ⅴ级木。

中度：砍伐Ⅴ级木，部分Ⅳ级木。

强度：砍除全部Ⅴ、Ⅳ级木，甚至少量Ⅲ级木。

（4）伐后林分状况。下层疏伐法主要伐去林冠下层林木，因此对林冠结构影响不大，仍能保持林分良好的水平郁闭，只是林冠的垂直长度缩林短了，形成单层冠。

（5）评价。优点是有利于保护林地，抵抗风倒，提高林分稳定性；简便易行；林冠不会形成很大空隙，砍除枯立木，濒死木，减少了病虫害；利用林木分级即能控制合理的采伐强度，易于选木。缺点是间伐材小，经济价值不高。

根据林木生长分级法进行下层抚育选择砍伐木时，往往只考虑到林木在林冠层中所处的地位，很少考虑林木的形质优劣。事实上在上层林冠中，也会有缺陷较严重的林木。保留下这类林木显然是不理想的。所以下层抚育除考虑林木在林冠层中的地位外，还应考虑到林木的形质优劣，在选择砍伐木时，也应选择Ⅰ、Ⅱ、Ⅲ级木中极少数有严重缺陷者作为砍伐对象。

下层抚育法简单易行，根据林木的生长分级即可控制比较合理的抚育强度。间伐后不会降低林分对雪压、风倒的抵抗力。由于砍掉了枯立木、濒死木和落后木，改善了林分的卫生条件，故可提高林分的健康状况及稳定性，下层抚育法通常适用于针叶纯林，而不适于混交林。

2. 上层抚育法

上层抚育恰好与下层抚育法相反，它主要是从林冠上层选择砍伐木，在有些林分中，特别是在混交林中，非目的树种常常处于林冠上层，有的虽为目的树种，但可能形质不良，干形弯曲或枝杈过多，经济价值较低。这类林木既不符合培育要求，又严重影响其周围林木的生长。因此应将这类经济价值较低，形质不良而又从上方妨碍优良木生长的林木伐掉，以便为经济价值高，有培养前途的林木创造更适宜的生活条件，促进其迅速生长。

上层抚育法又叫上层疏伐法，砍伐那些居于上层林冠的林木，人为改变自然选择的总方向，积极干预森林的生活。

（1）应用条件。最早起源于法国，用于抚育橡林，又称法国橡林抚育法，用于阔叶林和混交林。有些阔叶树混交林中，位于林冠上层的往往是非目的树种，或虽为目的树种，但时常是树形不良，分枝多节，树冠过于庞大，经济价值低的林木。必须伐去这些干形不良，无培育前途的上层林木。

（2）方法。把林木分成三级。

采用上层抚育法进行间伐时，通常将林木分为三类。

优良木——树冠发育正常，干形良好、生长旺盛、无病虫害，为培养对象。

有益木——能促进优良木自然整枝，改良其干形；保护土壤不受浸蚀，防止出现林中空地或有其他有益作用，为保留对象。

有害木——从上方妨碍优良木生长，如树冠过大、遮蔽优良木光照，干形弯曲或抽击优良木的树冠，为砍伐对象。

（3）伐后林分状况。上层疏伐的砍伐木主要选自上层林冠，保留大小不等的优良木和有益木，因此抚育后形成复层林，垂直郁闭的复层林。

（4）评价。

优点：比下层疏伐运用灵活，且能充分利用光照，明显促进全林分的生长。

缺点：技术要求高，易受风、雪害（抚育后林相变化较剧烈）。

上层抚育法应用较广，它从积极干预自然出发，较多地伐掉了上层木，使树冠疏开，造成垂直郁闭，其间伐强度较大，使林分环境条件有很显著变化，能更加明显地促进下层林木的生长。上层抚育法主要适用于混交林，在单层同龄纯林中不宜于应用。

3. 综合抚育法

这一抚育法是上层抚育法的变形，兼有上层与下层两种抚育法的特点，既允许从林冠上层选择砍伐木，也允许从林冠下层选择砍伐木。它是先将林分中在生态上有密切关系的林木划分为植生组，每组约有林木5～7株，然后再将各组林木分为三类。

优良木——形态与质量都最好的林木，是培养对象。

辅助木——对优良木有辅佐作用，能促进优良木的生长发育和改良其干形，或对土壤有保护和改良作用，是保留对象。

有害木——从上方、侧方或下方妨碍优良木生长，为砍伐对象。

除上述三类林木外，有时也可区分出第四类，称为后备木。这是指在某些植生组中，其现阶段尚难确定其作用的林木。这类林木随年龄的增长可能转变为上述三类木中之一类，亦应暂时保留观察。

综合抚育法划分植生组和对林本分类都是暂时的，每次采伐都必须重新划分，故对优良木与辅助木都不作记号，只对有害木作记号。采用这种间伐法时，对于压迫、遮蔽或超出优良木的各个有害木，不论树种和大小，都可选择砍伐。

综合抚育法主要是综合抚育上层疏林法和下层疏林法特点，既可从林冠上层选伐，亦可从林冠下层选伐林木。依据：抚育采伐后，由于环境条件（特别是光照条件）的改变，生长落后的林木能够恢复和加快生长。

（1）应用条件。天然阔叶林、混交林（阔叶混交橡林）。

（2）方法。先将在生态上彼此有联系的林木划分成若干植生组，在每一植生组中划分成3级。

优良木、有益木——保留（控制应保留的郁闭度）；

有害木——砍除。

（3）伐后林分状况。综合抚育法是在所有的高度和径级中砍伐林木，采伐强度有较大的伸缩性，采伐后保留的大、中、小林木都能直接受到充足阳光，形成多级（阶梯）郁闭。

（4）评价。灵活性大，技术要求高（选木时要求较熟练技术和对群落特点认识），抚育后效果经常不理想，在针叶林中易加剧风雪害。

前三种方法都是林木分级为中心的，基本上是按照“择劣而伐”的原则选择砍伐木——“选择性”的抚育采伐。

优点：能从林分的生物学特性考虑，采伐后能使林分品质不同程度得到改善。

缺点：花费较大的人力进行选木挂号，不适合机械施工。

间伐后的保留木都能直接受到充足光照，形成多级郁闭。此法适于在混交林中应用，宜上重下轻，若在纯林中应用宜上轻下重。

4. 机械抚育法

在林分中每隔一定距离，机械地选定砍伐木，不考虑林木的分化与分组问题，也很少考虑林木的品质优劣问题，只是确定间伐的行距或株距。凡是在规定以内的采伐行或株都要伐掉。例如每隔一行伐一行，每隔一行伐数行，每隔数行伐一行，每隔一株伐一株，每隔一株伐数株或每隔数株伐一株等，这种选定间伐木的方法，叫做机械抚育间伐法。

机械抚育法运用了林缘效应的原理。林缘效应是指在由喜光树种组成的高度郁闭的幼林中，边行林木无论是高度生长，还是直径生长都超过林分中的林木，有明显的边行优势这种现象，又称边行效应。

这种抚育法的优点是：砍伐木的选择简单易行，施工方便，在地势平坦开阔的地方便于利用机械作业，树倒方向容易控制，有利于安全施工；砍伐与集材时可减少对保留木的损害，便于集材与运材；功效高、成本低，节省劳力与开支。也便于迹地清理。其缺点是砍伐木不全是形质低劣的有害木，保留的也不全是优良木。

机械抚育法又叫机械砍伐法，几何抚育法。是指间隔一定距离，机械地确定砍伐木的抚育采伐。

此法基本上不考虑林分级和品质优劣，只需事先确定砍伐距或株距，采伐中不论林木大小，凡在砍伐行上的一律砍掉。

（1）应用条件。人工林，尤其是人工纯林，分化不明显的林分。

（2）方法。隔行砍，隔株砍，隔行隔株砍。

（3）依据。林缘效应（边行效应）——即在高度郁闭的、由喜光树种组成的幼林中，无论是林木生长的高度和粗度方面，边行均比在林分中心生长的林木生长为大，形成边行优势。

（4）评价。

优点：工艺简单，作业方便，安全可靠，便于清理迹地。

缺点：土壤受机械破坏，小径木在林分中保留时间过长，质量有所下降。

近年来，随着人工林面积的不断扩大，国际上已有不少国家应用这种抚育法，这种抚育方法适用于人工林。尤其适用于株行距比较规整，造林苗木选用比较整齐的丰产林。

上述抚育法是当前常见的几种基本方法，各有特点，应重点掌握其精神实质，不宜死搬教条。在生产实践中应特别注意与林分的实际状况相结合。可以采用某种方法为主，结合运用他法。例如对人工林的不同生长发育阶段，可根据实际情况，采用不同的抚育法，开始采用机械抚育法，以后可采用下层抚育法或其他方法。总之应根据林分的具体情况与经营目的灵活确定抚育方法。

三、卫生伐和拯救伐

卫生伐，又称保健伐，是由维护与改善整个林分的卫生状况而进行的抚育采伐。

一般是结合其他采伐进行的，只有林分突然遭受自然灾害，大量林木被损害时，才单独进行。

拯救伐是在大面积森林病虫害、雷击、风灾与火烧后，及时砍伐受害木，把即将失去经济价值的林木抢救出来，加以利用的采伐。以上两者都是灾害伐。

伐后林分通常保持郁闭度0.5，不是把受害木砍得越光越好。

因为林分中的一些大而不健康的树是各种野生动物和昆虫的食料来源和生活场所，而且它们是森林生态系统的组成部分。

第三节　抚育采伐的基本要素

森林抚育间伐的目的在于促进林木的生长发育，提高林分质量。因此，为使抚育采伐得到最良好的效果，各种抚育采伐方式应研究以下几个技术要素：抚育间伐开始期、抚育间伐强度、抚育间伐间隔期、抚育间伐选木原则。

一、抚育间伐的开始期

幼林时期，林木高生长特别迅速，拖延间伐时间将会造成林木剧烈分化，混交林中的目的树种可能因受压抑而生长衰退甚至被次要树种更替。因此适时地开始抚育间伐，对提高林木的生长量，改善保留木的生活条件，都有重要意义。几年生时开始进行抚育间伐才算合适，要综合考虑树种生物学特性、立地条件、林分密度、生长状况、交通运输、劳力以及小径木销售等问题。

确定抚育间伐的开始期是十分重要的。开始的早，不利于优良干形形成，减少了所得木材的经济收益。开始的晚，会影响保留木的生长，除伐中因未及时间伐而使目的树种被非目的树种排挤，降低林分质量。林分密度过大，原有营养成分已不能满足林木要求生长受到抑制，生长量受到下降，尤其是胸径生长量下降。另外，如果林分是经济经营的话，对于阳性、速生、密植、立地条件好的林分，开始期应该早些；反之，开始期可以晚些。

下面以疏伐为例，介绍一下确定开始期的几种方法。

（一）根据林分生长量分析确定

林分直径和断面积连年生长量的变化，能够明显地反映出林分的密度状况，因此可以作为是否需要进行首次间伐的标准，福建省洋口林场的杉木林，每公顷4 500株，立地条件中等，4年生时胸径生长量最大。5年生时开始下降。六七年生时继续下降，断面积生长量五年生时，达最高峰，六七年以后开始下降。可见每公顷4 500株，到六七年生时，已因密度过大而影响生长。因此在这种密度和立地条件下，六七年生即应开始进行抚育间伐。黑龙江省带岭林业局也发现，落叶松每公顷3 300株和4 400株，13年生时，生长率明显下降；每公顷6 600株，12年生时明显下降；8 800株时，10年生即明显下降。因此认为每公顷为2 500～3 000株，开始间伐时间，应为14年生；3 000～4 800株，开始间伐时间应为13年；4 800～6 600株，开始间伐时间应为12年生。

林分直径和胸高断面积连年生长量的变化，能明显地反映出林分的密度状况。林分的生长量因林分密集而减慢。

按林木年龄来说，在还不应该出现连年生长量下降的时候，因过密造成连年生长量降低，如及时疏开，其连年生长量又可恢复。所以连年生长量明显下降的年龄，就是应该开始疏伐的时期。

（二）按林木分化程度确定

林木分化现象随着林龄与密度增大日趋严重，小径落后木的数量不断增加，当Ⅳ、Ⅴ级木在林分中所占比例达30%左右时，通常认为即应开始进行抚育间伐。

吉林省净月潭林场研究结果指出，林分中自然径阶在0.8以下的树木达到40%左右时，即应开始进行抚育间伐。

一般可以利用林木分化的三种现象作为首次抚育间伐的标志。

1. 林木分级

在同龄林中林木径级有明显分化时，如小于平均直径的林木株数达40%以上。分化越强，林木间直径相差越大，小径木数量越多。

2. 林分株数按径级分配的比例

Ⅳ、Ⅴ级木占林分株数30%以上。在林木分化过程中，Ⅳ、Ⅴ级木数量比例随年龄的增长而增长。

3. 林分直径离散度

林分直径离散度是指林分平均直径与最大直径和最小直径的倍数之间的距离。即以林分平均直径分别除以林分中林木的最大直径和最小直径，这两个商值之差的绝对值就是林分直径离散度。一般当林分直径离散度大于0.8～1.0时，应进行第一次抚育采伐。

（三）根据自然整枝高度

林分的外貌特征是林分生长状况的反映，因此外貌特征可以作为决定首次间伐的依据。外貌特征包括冠形、林分郁闭度、冠高比三大项。

1. 根据冠形变化情况确定

林木的树冠大小直接影响到林木的直径大小，而树冠大小又受林分密度制约。据福建洋口林场的调查材料，每公顷4 500株的杉木林中，冠幅、树冠表面积和体积在5年生前都不断增长，但以3～4年生时增长速度最快。5年生以后，由于林冠充分郁闭，林冠下部光照微弱，树冠发育受阻。至6～7年生时由于大量自然整枝，使冠幅与冠长变小，因而树冠表面积与体积也缩小。树冠表面积和体积缩小的年龄，也是直径、断面积生长量下降的年龄。因此当林木树冠开始缩小前，即必须适时调整林分密度，进行第一次间伐。

在杉木林中，自然整枝高度是林分生长状况最直观的反应。自然整枝高度明显加强的时期，树冠体积缩小的时期，林分直径生长量明显下降时期是一致的。

自然整枝高度达到全高的1/3～1/2，首次间伐。

6～7年生，枝下高度接近全高的1/3，当枝下高度达1/2全高时林分已进入8～9龄，施行抚育间伐为时已晚。所以杉木林 $h=H/3$ 时间伐适当。林龄相同的情况下，自然整枝高是随造林密度升高而升高。

9年生杉木林：94～167株/亩，自然整枝高占树高11%～14%的1/9～1/7。

林分密集引起林内光照不足，当林冠下层的光照强度低于该树种的补偿点时，则林木下部枝条开始枯萎脱落，从而使活枝下高增高。

2. 根据林分郁闭度确定

郁闭度过大时，林木树冠相互交叉重叠，林下光照缺乏，单株林木树冠扩展严重受阻，这是密度过大的明显象征，通常认为郁闭度达0.9以上时，即应开始进行抚育间伐。

3. 根据冠高比确定

当林分充分郁闭以后，林木下部侧枝不断枯死，因而林木树冠与树高的比值，即冠高比不断变小。冠高比可认为是一棵树供应全株营养能力的指标，一般冠高比要大于1/3才能正常生长，小于1/3时，则生长衰退。因此当林分过密，林分中优势木冠高比不足1/3时，则应开始进行间伐。

（四）按林分密度管理图确定

在系统经营的林区，可将林分实际密度与同树种、同年龄、同立地条件的林分密度管理图的最适宜密度比较。如实际密度已高于图表中的最适宜密度，表明该林分应疏伐。另外，易发生风害的地区，应及早抚育间伐，以加粗直径生长和根系发育，增强抵抗力。要培育特殊通直材，为防止多节，尖削度过大、可推迟首次间伐。

二、抚育间伐的强度

抚育间伐时，采伐的数量与原林分蓄积量的比就是间伐强度。间伐强度是否适宜，影响林分的生长发育与总生长量，也影响到森林的防护效能，因此，正确地确定间伐强度是十分必要的。

抚育间伐的强度直接影响保留木的多少和对林内环境条件的改善程度，对 D、V、H 生长及材质等产生不同程度的影响。

如果抚育间伐强度太小，对林分生长环境条件改善不明显，不能充分发挥间伐的作用。

如果抚育间伐强度太大，虽对单株有利，但由于单位面积株数太少，就不能充分利用地力，致使单位面积产量降低，且增加采伐工作量。

所以，确定合理间伐强度在林业生产上是很重要的问题。

（一）概念和表示方法

1. 概念

采伐强度是指抚育采伐时采伐多少，保留多少的指标。

抚育采伐总强度是指每次采伐所得木材量之和与主伐时蓄积量的百分率。

2. 表示方法

（1）以株数表示（Pn）。

用株数表示抚育采伐强度是指每次采伐木株数（n）占伐前林分总株数（N）的百分比。

$Pn = n/N \times 100\%$ = 采伐木株数/伐前林分株数 × 100%

反映出间伐前后林木营养面积的变化动态，便于施工掌握。但密度不同，Pn 相同时，保留木密度有差异。因为上层抚育、下层抚育、机械抚育后，林分结构有差异。

如山西省人工幼林透光抚育时，可伐去原林分株数的 25% ~45%，对人工林生长抚育时，可伐去原林分株数的 15% ~30%。用株数百分比表示抚育采伐强度，可以了解营养面积的变化，施工时容易掌握。但在不同密度的林分中，采用相同采伐强度时，保留木的密度会有很大差异。当采用不同的抚育方法时，尽管采伐强度相同但伐后的林分结构却不尽相同。如下层抚育时砍伐小径级木，上层抚育时砍伐大径级木，当砍伐株数相同时，这两种抚育方法伐后林分的结构会有很大差异。

（2）以胸高断面积或材积表示（Pg）。

用材积表示抚育采伐强度是指每次采伐木材积（v）占伐前林木蓄积量（V）的百分比。

Pv（%）$= v/V \times 100$

有时也以采伐木的断面积（g）占林分原总断面积（G）的百分比来表示采伐强度。

Pg（%）$= g/G \times 100$ = 采伐木断面积总和/伐前林分断面积总和 × 100

用材积表示抚育采伐强度，能反映出采伐木的数量，但不易施工，说明不了营养面积的变化。

所以在实际工作中为了更好地说明生长抚育强度，Pn 与 Pv 结合用。即 $d = d_2/d_1$ = 采伐木平均直径/伐前林分平均直径

$Pv = d^2 Pn$，实际意义为：

当 $d > 1$ 即 $d_2 > d_1$，则 $Pv > Pn$，多出现于上层抚育法。

当 $d < 1$ 即 $d_2 < d_1$，则 $Pv < Pn$，多出现于下层抚育法。

当 $d = 1$ 即 $d_2 = d_1$，则 $Pv = Pn$，多出现于机械抚育法。

综合抚育时三种情况均可能出现。

（3）采伐强度的分级。若以株数（Pn）和材积（Pv）表示，采伐强度一般分为四级，弱度、中度、强度、极强度。具体见表 16 -1。

表 16 -1　抚育间伐强度等级（下层）

强度等级	弱	中	强	极强
Pn（%）	10 ~25	26 ~35	36 ~50	>50
Pv（%）	10 ~15	16 ~25	26 ~35	>35

（4）抚育采伐总强度。抚育采伐总强度是指各次采伐所取得的材积总数占主伐时蓄积量的百分比。一般也分为四级。

弱度：占主伐时林分蓄积量的40%～50%。

中度：占主伐时林分蓄积量的51%～75%。

强度：占主伐时林分蓄积量的76%～100%。

极强度：占主伐时林分蓄积量的100%以上。

（二）确定合理采伐强度的标准

合理的间伐强度应该是间伐后既不使林分过分疏开，从而引起林地荒芜，也不使林分中小气候有明显的变化；既为保留木扩大树冠增加叶量提供条件，又不会引起风害，水土流失和阳性草木植物入侵。因此，应根据经济目的、立地条件、初植密度、林分状况、交通条件及上一次间伐强度等综合因素而因地制宜地确定。但每次采伐量都不应超过抚育间隔地内林分的总生产量。我国《森林抚育间伐、低产林改造试行规程》中规定，在确定间伐强度时，一般要掌握陡坡小于缓坡，阳坡小于阴坡，山地小于平地。间伐后山地森林郁闭度不应低于0.7，一般人工林不应低于0.6。

确定合理的采伐强度取决于：第一，经营目的、运输劳力、小径材销路，即经济状况；第二，树种特性、林分密度、年龄、立地条件，即生物性状。一般顶端优势明显的速生树种宜大强度采伐；壮龄期树木生长旺盛、抚育后恢复快的宜大强度；中龄期树木生长减弱的宜小强度；立地条件好的宜大强度；反之宜小强度。

（三）抚育采伐强度的确定方法

很显然，正确地确定间伐强度是非常必要的。决定抚育强度在既考虑森林经营目的、运输能力及小径材的销路等经济条件，又考虑树种特性、林分密度、林分年龄及立地条件等因子的前提下，对培养大径材的林分，应采用较大的间伐强度；培养中、小径材的林分，则应采用较小的间伐强度。

大多数速生树种，如油松、赤松、落叶松、杨树等都是喜光树种，需要较充分的光照，应采用较大的间伐强度。但榆树与刺槐虽也是速生树种，由于顶端优势不明显，若采用大间伐强度，使林分密度过小时，往往会枝杈横生，难以形成通直圆满的主干，因而降低材质。因此在尚未形成一定高度的主干以前，为了抑制这种树种的侧枝过分发达，宜采用弱度抚育伐。当前确定间伐强度的方法较多，生产上常就其性质不同，分为定性间伐和定量间伐。

定性间伐是把注意力放在间伐木的选择，按照林木分级确定应该砍去什么样的林木，由选木结果计算间伐量。

定量间伐是根据林分生长和立木之间的数量关系，在不同的生长阶段按照合理密度，确定砍伐木或保留木的数量。

1. 根据林木分级确定

按照林木分级，确定哪一等级或某等级中的某一部分林木应该砍伐，从而确定间伐强度。如采用下层抚育法时，可根据生产分级法，确定只砍掉Ⅴ级木或Ⅴ、Ⅳ级木都砍除。

（1）砍伐全部Ⅴ、Ⅳ级木——强度间伐；砍伐全部Ⅴ级木，部分Ⅳ级木——中度间伐；只砍Ⅴ级木——弱度间伐。

（2）优势木、有益木，采取上层疏伐或综合疏伐；有害木砍伐。一般很少用这种方法确定采伐强度，但这种分级法在选择采伐木上时很大用处。

2. 根据林分郁闭度确定

林分的郁闭度为0.9左右时应进行间伐。根据不同的情况，间伐后可将郁闭度降低为0.7，即这次间伐可降低郁闭0.2。此法要求能较精确的测定郁闭度。

3. 根据林木的合理营养面积确定

林木的正常生长，要求一定的营养面积，不然其生长发育就要受到限制。单株林木的营养面积被认为应是1/5树高的平方较合理。因而以 H 代表树高，则 $(H/5)^2$。就是一棵林木的合理营养面积，因此每公顷内的合理株数（N）应为：

$$N=1\,000/(H/5)^2=250\,000/H^2$$

这个方法所说的树高是指优势木的平均高，只要测得该林分林木的实有总株数及优势木的平均高，根据平均高求出单株优势木的合理营养面积及单位面积中的合理株数，再与该林分的实有株数对比，即可确定应留与应伐的株数。

也有的主张这个方法对阴性树种可用1/6树高、喜光树种可用1/4树高的平方作为单株林木的合理营养面积。因树种而异，显然是更合理些。这种按树高比的平方，确定的林木合理营养面积叫做树冠系数或株距系数。

4. 根据胸高直径与冠幅的相关规律确定

冠幅大小，反映了单株林木营养面积的大小，对直径生长量影响甚大。冠幅越大，所占据的生长空间也就越大，则D越粗，两者的相关程度可用回归方程表示，根据回归方程求出不同径级应保留的立木株数，以此作为确定间伐强度的依据。

不同立地条件，不同类型的杉木林中，调查了1 136株5~20厘米树冠面积和胸径，发现树冠面积依胸径变化呈双曲线关系。

回归方程为 $Cw = D/(2.8167 - 0.03498D)$

相关系数 $r = 0.98$

回归估测误差5.1%左右

5. 根据树高与冠幅的相关规律确定

树冠直径与树高的比值——树冠系数（随树种、年龄、林分密度不同而发生变化）在密度适中，连年生长量较大的林分内测得树冠系数，可用来确定其他林分的间伐强度。

据南林对福建洋口林场杉木丰产林调查杉木树冠系数：

4~10年变动于1/4~1/2

10~20年变动于1/7~1/4

20~30年变动于1/8~1/6

一般计算间伐强度时常取1/5

每株营养面积（冠径）^{2} =（树冠系数×树高）^{2} = $(H/5)^2 = H^2/25$ 则保留株数 $N = 10\,000/(H^2/25) = 250\,000/H^2$

测得林分树高后，即可确定间伐强度、算出单位面积保留株数。

三、抚育采伐的选木原则

这是一个重要的技术要素，没有正确的选木就没有林木的优质丰产，就不能实现森林既定目的，所谓抚育间伐方法实际上也就是林木淘汰方法。

间伐木选择是否正确，关系到抚育间伐的质量，关系到是否能达到森林培养的最终目的与抚育间伐的总效果。不管是哪种抚育间伐和用什么方法进行间伐，在选定砍伐木时，都应掌控如下原则。

（一）留优去劣

优与劣是相对的，也不是绝对的。优首先是指目的树种，但目的树种又因时因地而不同。我国地域辽阔，就用材林来说，各省区的目的树种都有区别。例如东北的目的树种有红松、落叶松、樟子松、水曲柳、黄波罗、胡桃楸、柞木等；华北的目的树种有油松、落叶松、华山松、侧柏、麻栎、刺槐、泡桐、榆树等；华南的目的树种有杉木、柳杉、柏木、水杉、云南松、金钱松、栎类、桉树、楠木、竹子等。优也指在该立地条件下最适生的树种及在林木分化中处于优势地位的林木，这些林木一般生长发育良好，干形圆满通直，少节、少杈无病虫害的林木，凡是优良的树种与林木都应保留。相反凡是非目的树种与低劣木，如材质低劣、干形低劣、多节多杈及严重感染病虫害等都应作为选伐的对象。淘汰低价值树种，砍去品质低劣和生长落后的林木，伐除对森林环境卫生有碍的林木；留目的树种，留干形良好的生长健壮的立木。风景绿化树，以观赏价值评定好坏，防护林，以保护性能的大小评定好坏。

（二）砍密留稀

为了充分发挥林地的生产力，防止荒芜，在林木稀疏的地段少砍伐或不砍伐，而在过密的地段，即使是目的树种也应适当选伐。任何林中、任何抚育种类方法中，为调节营养面积，防止造成林间空地，调节立木密度。

（三）砍小留大

在纯林中，大的个体生长迅速，往往是自然稀疏的优胜者，生活力较强，经济价值较高，根据培育森林的目的，应该保留。而弱小的个体多是生长落后，自然稀疏中的被淘汰者，应是选伐对象。在用材纯林中应用，并照顾立木品质的优劣。

（四）保留维持生态平衡，提高生态系统功能的有益植物

因森林生态系统中，各个生物和非生物因素是互相联系，森林生物以全物链形式赖以生存。

四、抚育采伐的间隔期

（一）间隔期的概念和确定原则

1. 概念

抚育采伐的间隔期是指相邻两次抚育采伐间隔的年限，也称重复期。

间隔期长短主要取决于林分郁闭度增长的快慢，间伐后林冠重新开始相互干扰，使林木生长又开始下降，此时再次间伐。

2. 确定原则

（1）考虑抚育采伐强度。强度越大林冠恢复郁闭所需的年限越长，间隔期也长。

（2）林分生长量。年平均生长量大，抚育间伐期短；反之，则长。

（3）树种特性。速生树种生长速度快，树冠扩展也较快，间隔期宜短些；壮龄期，林分生长旺盛，树冠恢复郁闭快，间隔期宜短。

（4）经济条件

交通方便，缺柴少材地区，适用强度小，间隔期短；交通闭塞，劳力缺乏和间伐材无销路，则大强度，间隔期长。一般经济条件允许，用采伐量小，间隔期短多次的抚育方式抚育良材。

至此，各国进行间伐时，所选用的间隔期大致为5~10年。杉木间伐所用的间隔期大致为4~6年。

（二）间隔期内林分的动态分析

1. 林分内径级的分布的变化

不同的生长抚育方法，其径阶分布的变化不一样。采用下层抚育法，伐后林分中低径阶林木株数减少。而采用上层抚育法，伐后林分中高径阶林木株数减少。采用同一种抚育方法，径级的分布范围，随采伐强度增加而减小。采伐后至下一采伐前的间伐期内，林分径级接近常态曲线。

2. 林分平均直径的变化

抚育采伐后，伐去了一定数量的不同直径的林木，因而改变了整个林分的平均直径（d_3）。

如砍伐木平均直径d_2小于伐前林分平均直径d_1，则伐后整个林分平均直径d_3增高，即：

$d_2 < d_1$，则d_3增高，下层抚育法

$d_2 > d_1$，则d_3下降，上层抚育法

$d_2 = d_1$，则d_3不变，机械抚育法、综合抚育法

伐育采伐后平均直径 $d_3 = [(d_1^2 - d_2^2 \times 1 \times Pn) / (1 - Pn)]^{1/2}$

式中，d_1为伐前林分平均直径（厘米）；

d_2为砍伐木的平均直径（厘米）；

d_3为保留木的平均直径（厘米）；

Pn为按株数抚育采伐的强度。

（三）生长抚育结束期及季节

抚育间伐的结束期，也就是最后一次间伐的时期。一般是在主伐前一个龄级结束抚育间伐。

在一年中何时进行间伐比较好呢？通常认为一年四季均可进行，但以冬季为好。不过选择砍伐木一定要在夏季进行，因为夏季林叶茂密，最容易察看林木间的关系，故可保证较正确地选择砍伐木。在南

方一般选择在秋末冬初到早春（休眠期）进行。

五、抚育采伐的效果分析

正如抚育采伐的目的和任务所提及，抚育采伐的效果就是讨论实践中是否达到了预期目的。

（一）提高了林木质量，缩短了成材年限

1. 采伐提高了林内光照强度

杉木经抚育采伐后，株数下降了，林冠郁闭度下降，改变了林内光照条件。采伐引起了光强的变化，主要是提高了散射光和透过林冠空隙的直射光。

抚育间伐后，由于林木株数减少，郁闭度降低，林内小气候发生明显变化，首先使林内光照强度增加。据测定，25 年生的橡林中，中度间伐可提高光照强度一倍，强度间伐可提光照强度 2 倍。另据福建林学院在杉木林间伐试验地中测定，间伐后直射光增加 10.7% ~26.8%，散射光增加 121.7% ~283.2%，由于间伐后林内的光照强度发生变化，也相应地引起了温度与湿度的变化。据测定，间伐后林内温度夏季可以提高 1.0 ~1.2℃。安徽省有关单位测定，间伐强度为 30% 时，林内气温夏季可以提高 0.3 ~0.6℃；间伐强度为 40% ~50% 时，提高 1℃左右。间伐后林内土壤温度的变化与气温变化情况基本一致。

2. 提高了林内空气湿度

林内空气相对湿度，则因间伐而降低。安徽省测得的结果是：采用 30% 的间伐强度后，相对湿度低于对照区 3% ~4.4%。

3. 影响土壤肥力

间伐后，改善了林内小气候条件，促进了土壤中软体动物与微生物的繁殖与活动，从而可以加速死地被物的分解，增加有效营养元素的含量，提高土壤肥力。

（1）增加了土壤有效养分的含量。改进了林内小气候，促进了土壤微生物活动，加速了地被物分解，从而提高了土壤肥力。如杉木死地被物为枯枝落叶，在密林中不易分解，呈棕褐色，对阳光热量的吸收较强。间伐后提高了林内死地被物表面温度，加速其分解。

（2）引起林内土壤营养元素含量降低。因为温度升高，有机质分解速度加快，来自林冠的凋落物下降，所以，导致土壤肥力下降。

一般通过抚育采伐均能不同程度改善林分小气候条件，提高土壤肥力，促进林木生长，缩短培育年限。

（二）提高林分稳定性

抚育采伐与林分稳定性有密切关系。合理的抚育采伐方法和强度，可使森林遭受自然灾害危险的程度降到最低，增强林分的稳定性。

森林最常遭受的自然灾害有雪害、风害、病害、虫害。

（1）雪害——雪折、雪崩。未经间伐的密度较大的林木幼林最易遭受雪害。经过间伐的，由于立木粗壮，根系发达没有雪压、雪折。

（2）风害——风倒、风折。如密度过大，立木细长，突然大强度间伐，易受风害；在风速严重区，适时多次弱度间伐，可提高抗风性。

（3）病虫害——因雪、风害后的受害木引起。间伐改善了林分的卫生状况，增强了林分对病虫害的抵抗力。

（三）增加了大径材的出材率

通过对林分进行合理的抚育采伐可提高林分的木材质量。通过抚育采伐，可对林分出产规格材种的数量、干材的形质和木材的物理机械性能产生影响。

抚育采伐后，林分的直径生长加快，单株的材积产量提高，因而提高了材种的规格质量和经济出材率。

据丹麦对云杉人工林的研究，对林分采取不同强度的抚育采伐，72 龄时胸高直径大于 20 厘米的林

木材积产量，随抚育采伐强度的加大而增加，即林分中大径材的比例增加，使林分的经济出材率有明显的提高（表 16－2）。

表 16－2　抚育采伐对大径木材积产量的影响

采伐强度	胸径大于 20 厘米林木材积产量	
	立方米/公顷	占总产量（%）
不间伐	5	1
弱度	18	5
中度	55	16
强度	106	29
极强度	178	46

（四）增加了木材总利用量

所谓林分的总产量，是指单位面积上林分培育过程中，主伐量和抚育采伐所得木材产量之和；或是在未曾抚育采伐的林分内主伐量与林木枯损量之和。即总产量 M = 间伐量 w + 主伐量 m + 枯损量 u。抚育采伐能否提高林分总生产量，仍是长期以来有争论的问题。

采伐量增加则枯损量降低，间伐量增加则中小径材利用量增加，与主伐量相加也会增加，从而总利用量增加。

（五）经济效果

抚育间伐不但能直接代取部分小材、小料增加收入，如前所述，间伐还能增加直径生长，提高单株林木的材积生长量，而且正是因为单株材积的增长，才有效地改变了林分的材种结构，增大了大、中径材在林分中的比重，提高了林分规格材种的数量及经济材出材率。

第十七章　人工整枝和摘芽

第一节　人工幼林的抚育管理

一、人工幼林抚育管理的意义

幼林抚育是造林后到郁闭以前所采取的一切技术措施。这一阶段对幼林的成活至关重要，同时也为今后速生打下基础。幼林抚育管理的主要矛盾是幼树个体和外界环境的矛盾。

人工幼林抚育管理的意义，幼林抚育任务在于创造优越的环境条件，满足幼树对于水、肥、光、热各方面的要求，以获得较高的成活率和保存率，使幼林适时郁闭，为速生丰产打下良好的基础。

人工幼林抚育管理的内容包括土壤管理和林木管理两部分。其中，土壤管理细分为除杂松土、施肥、排水灌溉、林农间作；林木管理又细分为除萌、间苗、补植等。

人工幼林抚育管理，是从造林后至郁闭以前这一时期所进行抚育管理技术的统称，包括土壤管理技术和林木抚育技术，以及幼林保护和造林检查验收等。

新造的幼林，在其生长发育初期，一般要经历适应造林地的环境，恢复根系和生根发芽，逐渐加速生长，直至树冠相接进入郁闭这样一个阶段，这个时期是林木栽培的关键时期，对人工林的形成及其以后的速生丰产影响极大。

造林后的初年，苗木以独立的个体状态存在，树体矮小，根系分布浅，生长比较缓慢，抵抗力弱，任何不良外界环境因素都会对其生存构成威胁。苗木在这个时期必须克服它自身的和外界环境的不良影响，才能够顺利成活。苗木成活后，幼树逐渐长大，根系扩展，冠幅增加，对造林地的环境已经比较适应，稳定性有所增强，但某些环境因素（如杂草、干旱、高温）的不良危害仍在继续，因而幼树只有摆脱这种困境，才有可能保存下来，并进入郁闭状态。因此，即使采取相应的抚育管理措施，改善苗木的生活环境，排除不良环境因素的影响，对提高造林成活率、保存率，促进林木生长和加速幼林郁闭，具有十分重要的意义。

幼林抚育管理的任务，在于通过土壤管理创造较为优越的环境，满足苗木、幼树对水分、养分、光照、温度和空气的需求；在于进行林木控制，使之生长迅速、旺盛，并形成良好的感性；在于保护幼林，使其免遭恶劣自然环境条件的危害和人为因素的破坏；在于检查验收新造幼林，加强造林质量管理。

为了巩固造林成果，实现林木速生丰产，必须贯彻“造管并举”的方针，深入研究幼林生长发育规律和不同树种对环境条件的要求，并不断改进、创新造林抚育管理技术。

二、土壤管理技术

（一）除草、除灌、松土

1. 原因

在人工幼林抚育管理过程中，除草、除灌、松土是相当重要的技术措施。主要原因包括以下五点。

（1）造林幼期的幼树抵抗力弱、竞争力差，林地杂灌生长旺盛与幼树争水分、养分。

（2）杂灌根系发达，盘结在土壤中，影响幼树根系的伸展。

（3）茂密的杂灌使幼树得不到足够的阳光而生长衰弱，甚至死亡。

（4）板结的土壤空隙度小，蓄水保水功能很差，遇水不易吸收，干旱蒸发量大，造成林地干燥，松土切断毛细管，土壤空隙度增加，减少蒸发，提高蓄水能力。

(5) 被清除的杂草灌木是很好的有机肥料。

由此可见，除草、除灌、松土是幼林抚育中一项最有效的技术措施。

2. 除杂灌松土方式

除杂灌松土方式有三种，因整地方式不同而异。分别为全面除杂松土、带状除杂松土、块状除杂松土。除杂灌松土的季节，视杂灌生长情况和劳力情况而定，一般造林头1~2年每年2次，时间5—6月、8月下旬至9月，以后每年一次，直至郁闭，时间5—6月。

因为5—6月杂草灌木比较幼嫩，加上这时气温较高，水分充足，清除的杂灌容易腐烂成肥，还可增强幼树的抗旱能力。8月下旬至9月，林木生长较旺盛，杂草灌木种子尚未成熟，这时将杂灌清除可以减少草籽在下年的萌发滋生，又可减少杂灌对水肥的消耗。

例如，杉木生长的高峰期5—6月、9—10月，在旺盛期到来之前进行除杂松土非常有利于促进生长。

7月至8月上旬，天气干旱炎热不宜进行除杂松土，因幼树原生长在杂灌庇荫下，生长比较嫩弱，若一旦将杂灌除去幼树突然暴露在强烈的阳光下，环境变化剧烈，往往会产生日灼或因蒸腾作用过强而产生凋萎至死。

另外要注意，除去的杂草灌木要铺盖于幼树周围的地表，林地上散生的阔叶树幼苗要保留，有价值的阔叶树要加以培育。

具体松土时要做到，细致、不伤幼树，做到“一培二净三不伤”。一培——将锄松的土培到根部；二净——杂草除净、石块拣净；三不伤——不伤根、不伤皮、不伤梢。

（二）施肥

林地施肥可以提高土壤肥力，改善幼林营养状况，促其速生丰产。这是促进林木结实的有效措施。

林地施肥在第二次世界大战后的林业发达国家得到了很大发展，我国在80年代，对杉、桉、竹、杨、国外松、泡桐以及I-214杨和I-69杨的施肥研究较系统，90年代对杉、桉、欧美杨、国外松、马尾松的适生地区进行优化施肥研究。

如何判断林木是否缺肥，我国多采用林木营养诊断法。林木营养诊断法是预测、评价肥效和指导施肥的一种综合技术。具体的方法有下列4种。

(1) DRIS法——诊断施肥综合法。

(2) 叶片营养诊断法。

(3) 土壤分析法。

(4) 缺素的超显微结构诊断法。

一般来说，用材林（生产枝叶、木材）施N肥为主；经济林（生产果实）施P肥为主；同时要结合松土除草进行埋青肥地。

鉴于目前我国林业生产现状，只能对小部分农田防护林、四旁林及部分经济林进行施肥。大面积的荒山造林，有待进一步解决。

三、幼树管理

幼树管理是调节控制树体生长，培育优良木材及优良树形的措施。

（一）间苗

在播种造林、丛植时会形成植生组，为保证优良单株生长要进行间苗定株。依“去劣留优”适当照顾距离原则进行间苗。

（二）平茬除萌

平茬是指地上部分生长不良，而把地上部分除掉。适于阔叶树种及少数针叶树种，樟、泡桐、苦楝等。

除萌是指一些萌蘖力强的树种（杉、刺槐）栽植后常在茎基部发生萌条，分散养分利用，丧失主干的顶端优势，而降低生长林量，为此进行清除萌条。

以杉木除萌为例。

除萌时间：越早越好，一般在春天进行。一来可以减少营养成分无效消耗；二来萌芽条少而小方便除萌。

除萌方法：刀砍土压（剪、埋）。应连续砍萌条2~3年，或再把基部埋掉（一年可成功）。所以杉木要求深栽，一来可减少萌芽条；二来吸收水分多，可增加抗旱力。

(三) 抹芽

抹芽是指将幼树上未萌发的嫩芽在未木质化时抹除，既省工，又提高材质，有利于培育无节良材。

(四) 补植

在造林后经过一个完整的生长季后，苗木是否成活大体已成定向，但有时苗木的成活（缓苗）过程要长达2~3年，第一次进行幼林成活率调查后，当成活率低于85%而高于40%时要立即组织补植。低于40%的要重造。补植力求大苗（原树种），使它与原有成活苗木的生产不相上下；也可用另一树种的苗木进行补苗形成不规则的混交形式。

第二节　人工整枝

在森林抚育采伐中，都以疏开林分，调节林木之间关系为共同点，而人工整枝不是调节林木之间的关系，而是在选定的培育木上进行抚育的一种措施，把林木培育成年轮均匀、通直、圆满、少节和无节良材。

自然整枝（Natural Pruning）是指在自然状况下，林木下部枝条随着年龄的增长，逐渐地枯死、脱落的现象。

人工整枝（Artificial Pruning）是指人为地除去树冠下部的枯枝及部分落枝的抚育措施。又叫修枝。人工整枝分两种：一是干修，修去下部枯枝；另一个是绿修，修去部分活枝。

一、人工整枝的作用

我国地域广大，四旁林和集体林多，加之农村燃料短缺，具备开展人工整枝的条件，群众自发性的整枝较为迫切。人工整枝是一项重要的林木抚育措施。

(一) 提高木材的材质

通过人工整枝可消灭木材的死节，减少活节，增加木材中的无节部分。

节子是木材普遍而又重要的缺点，节子会破坏木材构造的均匀性；使木材纤维倾斜，降低木材强度；如果节子硬度大会使刷刨加工困难；板材中，干燥时死节松弛脱落，会形成空洞。

定期修枯枝，即干修，可以减少死枝（节）；修活枝，即绿修，可以减少死枝（节），减少活枝（节）。这样通过人工整枝就提高了木材的材质。

(二) 增加树干的圆满度

人工整枝后，会使树干上部同化物质积累，切口上方树干生长量增加，圆满度增加。下部同化物减少，切口下方树干生长量下降。

修活枝后，树干上部接近树冠部位的直径生长增加。同化物质从树冠向下流经树枝切口时，不能直接通过，必须绕过切口之间的狭窄区域往下运，影响同化物质运输速度，造成切口上部同化物质积累，而下部却减少。

(三) 提高林木生长量

如修除树冠下部受光照差的枝条，修掉妨碍主干生长的竞争枝，大侧枝以及活枝，则使林木的高生长和直径生长都有增加。因为人工整枝使树体营养集中于主干生长。

一般来说，通过人工整枝提高林木生长量的效果因树种、立地、林分年龄的不同而不同。一般阔叶树种优于针叶树种；立地条件好，效果显著；立地条件差，往往使林分生长量下降；幼龄林效果好（因为生长旺盛，恢复快）。

（四）改善林内通风透光状态及林木生长条件

人工整枝后改善林内通风透光状态及林内卫生条件，减少发生树冠火的危险性，减少弱雪压和风害。提高预防虫害、病害、火灾的能力。

（五）提供“三料”（燃料、饲料、肥料），增加收益

如刺槐、旱柳等修下来的枝可做饲料、肥料。

二、人工整枝的理论基础

人工整枝强度过大或对树种区别不够，会减缓林木生长速度。进行整枝首先需要掌握林木人工整枝的基本理论和方法。

自然整枝、林木分枝习性及林木分枝生理是人工整枝的理论基础。合理的人工整枝技术，应该建立在这个基础上，根据自然整枝原理，人工修除林木下部的枯枝和弱枝，并对一些合轴分枝和假二歧分枝的阔叶树种采取整形修枝技术，提高林木干材质量。

（一）林木下部枝条枯死的原因

树冠可以分为阳叶和阴叶两部分。阳叶，位于冠上部，叶片厚而小，栅栏组织发达，叶绿素少，氮素等矿物质少；阴叶，位于冠下部，叶片薄而大，海绵组织发达，叶绿素多，氮素等矿物质多。

阴叶的呼吸量大于同化量，经过一定时期，必然会造成生理减弱，长势衰退。枝条含水率从树冠顶部向下部均匀递减。

林木下部枝条枯死原因：树冠下部枝条上所着生的都是阴叶，由于光照不足，影响叶子的同化作用，造成营养贫乏，妨碍枝条的生长。由于含水量降低，造成枝条干缩，使枝条同树干的水液输导组织失去联系，促使枝条逐渐枯萎。

（二）林木自然整枝过程和节的形成

无论哪种林木，随着树木增大，树冠形成卵圆形。居于树冠中上部的枝条，生命力旺盛，保持顶端生长优势，居于树冠下部的枝条，生活力下降，变得纤细，直至枯萎脱落。这就是自然整枝现象。

自然整枝就是枝条枯死或枝条脱落，死枝残桩为树干所包被。

1. 枝条枯死

枝条枯死的速度与林木年龄、密度、树种遗传特性有关。例如，油松枝条枯死始于10年生，最快10~15年和15~20年。

林分愈密，自然整枝愈早，枯枝的直径也较小。同一林分，优势木枝条粗，自然整枝慢，相反，被压木自然整枝快。

2. 枝条脱落

枝条脱落是由生物、物理和化学等综合因素促成的。

（1）真菌、昆虫寄生于枯枝，腐朽脱落。

（2）暖和潮湿气候加速脱落。

（3）树种特性。针叶树种：死枝松脂多，不易腐蚀脱落（自然整枝不良）；阔叶树种则相反。树枝直径粗的不易脱落；直径细的易脱落，有的留一残桩。

3. 死枝残桩被树干所包被

枯死过程较长，且枝条脱落后，留下长短不一的枝桩，枝桩慢慢被加粗的木质部所包围，死桩变成与生活的木质部不结合的硬节，也就是节子。

大多数树种基部能形成保护组织把树干上有生机的活组织与枯枝死组织隔离开来，客观上起到防止真菌腐蚀树干的作用。

针叶树种：基部聚积大量的松脂，防止虫菌危害树干的作用。

阔叶树种：在树枝枯死后，由邻近的薄壁组织在死枝基部导管内形成侵填体，减低木材透性（边

材）。山杨没有保护组织，易发生心腐病。

节子是由树枝基部包被在树干内部所形成的。活节是当枝条活着时形成的的节子。周围树干年轮是向外弯，并与枝条的年轮相连。死节是被树干组织包围的死枝所形成的节子。周围树干年轮是向里弯，与枝条的年轮不相连。

三、人工整枝的技术

不同树种不能用同样的整枝方法。人工整枝的通用原则是：量少（一次修枝强度）；次多（不要一次修成）；先死（先整死枝条）；后弱（后修生活衰退的绿枝）。

近年来，对一些阔叶树采用整形修枝法，即修除徒长枝和竞争枝，短剪细弱的顶梢以抑制侧枝发展，促进主枝生长。

（一）人工整枝林分和林木的选择

人工整枝要在有价值的和立地条件较好的林分中进行。对于干形不良树木占多数的林分和立地条件很差的林分，则不宜进行人工整枝。人工整枝主要在幼龄林，干材林中进行。对自然整枝不良的树种可进行人工整枝，而对于人工整枝良好的树种则不需要进行人工整枝。对于生活力旺盛的林木人工整枝，修枝后伤口能很快愈合。反之，则难以愈合，易形成节疤，影响材质。低地位级的林木伤口愈合慢，难在短期内培育无节良材，所以也不宜选作人工整枝的对象。近熟林、成熟林不进行人工整枝。人工整枝的林木应该是生长旺盛，树干、树冠没有缺陷，有培育希望的林木。树干下部有粗大枝条的林木不宜选作人工整枝对象。

（二）开始年龄、间隔期和整枝高度

1. 开始年龄

林分充分郁闭，林冠下部出现枯枝为标志。四旁树，防护林等，有集约经营条件实施开始期早，强度小。

2. 间隔期

针叶树种，第一次人工整枝后又出现 1 ~ 2 轮死枝时进行第二次整枝。

阔叶树种，间隔期宜短，一般 2 ~ 3 年（控制侧枝以促进主干生长为目标）为宜。

3. 整枝高度

整枝高度视材种而定，一般普通锯材原木修到 6.5 ~ 7 米高度即可，造纸、火柴和胶合板材修到 4 ~ 5 米，造船和水利用材修到 6 ~ 9 米，特殊材可高 10 ~ 13 米。

（三）人工整枝的季节

一般在晚秋和早春进行人工整枝。因为这时树液停止流动或尚未流动，伤口伤流少，不影响生长，能减少木材变色现象，也是劳力充足的季节。对于萌芽力强的树种，在生长季进行人工整枝。例如刺槐、白榆等。如前一年秋季整枝，翌春会从伤口附近发出大量萌枝，影响干形。有些阔叶树种，如枫杨、核桃等，冬春整枝伤流严重，易染病害，宜在树木生长旺盛季节整治。

（四）人工整枝的强度

人工整枝的强度应根据树种、年龄、立地条件、树冠发育状况而不同。通常以所保留树冠的长度与树高的比率作为修枝强度的指标。耐阴树种与常绿阔叶树种保留的冠高比应大些。喜光树种、落叶阔叶树种与速生树种冠高比可小些。同一树种的修核强度应随年龄的不同而变化：幼龄期所保留的冠高比应该大，随着年龄的增长，冠高比可适当减小。

整枝强度通常可分为三级：弱度整枝是修去树高 1/3以下的侧枝，保留冠高比为 2/3；中度整枝是修去树高 1/2 以下的侧枝，保留冠高比为 1/2；强度整校是修去树高 2/3 以下的侧枝，保留冠高比为 1/3。

若仅修除枯死枝，修枝强度太小，对减少干材节疤的作用不大；若修枝强度过大，则不仅伤口过多，而且大量减少了树冠叶面积，树体损伤严重，光合面积减少，生长量降低整枝强度越大，后果越重。一般应掌握中等强度的整枝，约保持冠高比为 1/2 或只修除力枝以下的衰弱枝。

(五) 人工整枝切口的愈合

人工整枝切口的愈合是指伤口周围露出的树干形成层和皮层的薄壁细胞，分裂长出薄壁的愈合组织，逐渐扩大把整个切口封闭起来。

整枝后切口愈合的快慢，不仅与切口的位置、切口的形状有关，也与枝条直径的大小有关。因为切口的愈合是随树干直径的增长、树干的加粗而实现的，故切口两侧愈合最快，切口上缘较慢，下缘虽慢。所以枝条越粗，切口越大越不易愈合，残桩保留的越大，切口愈合越慢，甚至长期不能愈合。实践证明，枝条直径超过6厘米时，整枝切口就难以愈合，故直径6厘米以上的大枝就不应修除了。

1. 切口愈合的速度

伤口愈合时两侧的生长，对切口侧面压力不断增加，但对切口上缘和下缘压力仍然不变。两侧的组织增长最快，上面的次之，下面的最慢。

2. 切口位置

平切：贴近树干修枝。伤口面积大，但愈合快，消除死节，技术要求高，适用于大多针叶树种和阔叶树种。

留桩：就是修枝时留桩1~3厘米，操作简单，不易损伤树皮，伤口面积小但愈合慢，造成死节。

斜切：切口上部贴近树干，下部离干成45度角留桩，成一小三角形。

3. 愈合能力

阔叶树种强于针叶树种；树冠中、上部愈合快（营养物质多）；立地条件好的愈合快；幼龄林愈合快。

四、摘芽

(一) 摘芽的概念与意义

摘芽是修枝的一种变形作业，即在侧芽较大，芽尖呈绿色时，把芽摘掉以省去以后整枝的一种方法。因为枝是芽发育而成的，故将芽摘除既能更彻底地清除节疤，并可省去以后整枝的麻烦，同时芽可以培育无节与少节良材，为制造飞机、车船等提供特殊用材。

摘芽能使养分集中供应，加速高生长，增加主干圆满度，缩短培育期。江苏、山东等省都曾分别对马尾松、油松、赤松等进行了摘芽试验，连续摘芽3~6年后，无节干材部分高可达3~5米。摘过芽的无节部分上端与下端直径差平均为2~3厘米，而未摘芽的同一高度上下部位的直径差为42~51厘米，摘芽后每年高生长量较不摘芽的快30%~40%。可见摘芽可加速林木的高生长，并提高圆满度。

摘芽省工省力，简单易行，伤口容易愈合，树体养分不受损失。但树种的生物学特性不同，摘芽后的效果也不完全相同。大多数阔叶树种具有合轴分枝和假二杈分枝特性，主梢生长力弱，因此阔叶树摘芽，既可培育少节和无节良材，也可控制侧枝的竞争力，促进主干生长或以侧代主。但叶芽小、数量多、萌芽力及成枝力强的树种，摘芽效果不够理想。针叶树具有单轴分枝特性，主梢生长旺盛，摘芽后可直接促进主干的高生长，培养无节良材，但摘芽进行到第三年以后，由于树干太高，继续摘芽较为困难。

(二) 摘芽的方法、时间和间隔期

1. 针叶树摘芽法

我国华北地区的油松、赤松，江南的马尾松大都是在造林后3~5年树高1.0~1.5米有二、三轮侧枝时开始。每年初春，在树液将要流动，芽苞尚未萌动时。将主干梢头周围的侧芽全部摘除，只留顶芽。对下部已形成的轮生枝都保留不动。主干的生长发育全靠下部的轮枝及主干的针叶。这样连续摘芽4~6年，当主干高度达到预定长度时，即可停止摘芽，待上部新的轮生枝生出，并形成上层新树冠后，再逐年整除主干下部原来的轮生枝。这个做法连续数年可生成5~7米的无节良材。根据山东省某些林场的资料可知，摘芽松树年平均高生长可达0.8~1米。

一般应用在针叶树种上，采用摘芽要选择优良的立地条件和适宜的树种。摘芽依靠手工进行，得不到薪材，易受经济、劳力条件的限制。

2. 阔叶树摘芽法

（1）臭椿摘芽。从造林后第二年早春开始，只在主干顶端保留一个壮芽。其余侧芽全部摘除。这样经过8~10年摘芽，主干达7~8米高度即可停止摘芽，使其在这段树干上部，抽生侧枝形成新树冠，以促进直径生长。这种方法因形成树冠较晚，对前期树干直径生长量可能有所影响。另外因主干直高而细弱，易遭风折。

（2）苦楝摘芽。苦楝常用斩梢抹芽法来培育高干良材。从造林后第二年起，在主梢上部斩梢，在切口附近选留一个壮芽，使其生成主干，其余侧芽、幼枝全部摘除。各年选留的壮芽应与上年的留芽成相对方向，以免主干偏斜，按照此法连续进行3~4年、主干达到预定高度后，即停止斩梢抹芽，任侧芽形成庞大树冠，以促进树干直径生长。

（3）泡桐摘芽。泡桐在我国分布广，生长极快，是优良的用材树种，也是重要的出口物资。摘芽可使其形成良好的干形和提高材质。当春季泡桐腋芽开始萌发至3~4厘米长时，从苗干顶端向下第三、四对腋芽中，选留一个直立而健壮与主风方向一致的饱满侧芽做主干，将与此芽对生的侧芽连同上部的苗干一同剪除，剪口要平滑而微斜，以利愈合。在选留的接干芽的下方，保留2~3对腋芽，使萌发为抚养枝，其余侧芽全部摘除。待抚养枝长达20~30厘米时，摘顶控制侧枝生长。这样既可集中养分，促进新接干技的生长，也能保持足够的营养面积，保证树干的直径生长。用这种方法一般可使主干当年增高1~2米，有的可达4米。山东农业大学的白花泡桐试验林，1975年栽植，1976年摘芽接干，1977年冬调查，平均高7.6米，胸径14.2厘米，最高的9.2米，胸径18.2厘米。

摘芽接干法简单易行，适于新栽植而干较低矮、茎较粗壮、根系发育完好或平茬换干后当年的高生长不太理想及苗圃中因干矮不够出苗标准，而需留床继续培养的苗木。

（三）摘芽应注意的几个问题

1. 摘芽树种的选择

树种的生物学特性不同，摘芽的效果也不同。一般地说，针叶树因具有单轴分枝特性，顶芽壮大，主梢生长势强，因而摘芽可以达到培养高干无节良材的要求。多数阔叶树种，由于具有合轴分枝及假二杈分枝特性，主梢生长力弱，对这类阔叶树摘芽，不仅有利于培育少节或无节良材，而也可控制侧枝发展，促进主梢生长。因此在阔叶树中，那些叶芽较大，数量较少，且萌芽力、成枝力弱的树种，如臭椿、泡桐等，摘芽效果较好；而那些叶芽小、数量多、萌芽力及成枝力都强的树种，如白榆、刺槐等，摘芽的效果就不够理想。

2. 摘芽要适时进行

摘芽宜在芽开始萌动，但尚未抽枝展叶时进行，最迟不能晚于侧枝梢的基部木质化以前。

一般树种，芽的萌发有两个旺盛期：一是3—4月，即林木生长开始期；二是6—8月，即林木生长旺盛期。萌芽力强的树种在上述两旺盛期萌芽次数频繁，应根据“摘小、摘了”的要求，反复进行。同时要细心，不损树干、不使芽基凹陷，以免引起病害。

3. 摘芽林分应加强管理

摘芽后林木枝叶减少，光合产物相应降低。这就可能对林木生长不利，故应加强水肥管理，才能提供必要的补偿，达到圆满的摘芽效果。

摘芽和修枝结合起来进行：一般摘3~6年，茎干达2~3米长时，停止摘芽，每年修去下部一定数量的枝条，一直将下部枝条修尽，无节良材也就形成。

第十八章　森林主伐与更新

第一节　主伐更新基础

一、森林主伐

1. 定义

森林主伐（Harvest cutting）是对成熟林分或部分成熟林木进行的采伐。简称主伐。森林效益随年龄而变化，当达到成熟龄后，林木生长的质和量都会逐渐降低，各种生态效益也日趋削弱。这时应伐去老林，培育新林。因此主伐的目的不仅在于获取木材，更重要的是为了保证主伐后的森林更新，以实现森林永续利用。主伐后能否及时更新是采伐是否合理的重要标志。

2. 原则

一个森林经营单位（如林场）进行合理采伐的关键是轮伐期、森林采伐量和主伐方式的正确确定。进行主伐前，先要对整个森林作出全面总体设计，根据不同林种（如用材林、防护林等）和不同树种的生长速度，规定在轮伐期内每年或一定时期内的采伐量。如森林立地条件差别较大，还可用采伐面积调节，使每年的采伐量大体相同。一般每年采伐量不应大于实际年生长量。森林的年伐面积和年伐量确定之后，还须正确选择主伐方式，才能保证森林的永续利用。

3. 方式

根据森林更新的要求，对预定的采伐地段，按配置伐区的方式确定采伐木和采伐次数、时间，以及采伐木所依标准。主伐方式可分为 3 个基本类别：皆伐、渐伐和择伐。皆伐是在一年或一个采伐季节里将一块林地上的林木全部伐光；渐伐是在一定年限内（通常是 10 ~ 15 年）分几次将林地上的全部林木伐掉；择伐是定期重复地砍伐具有一定特征的成熟木，林地上始终保持有各个龄级的林木。

不同的主伐方式由于采伐的数量和次数不同，会导致生态条件的相应变化，并会对森林更新，水资源，野生动、植物资源以及其他的有益效能产生影响。因此，主伐方式的选择要考虑有利于森林更新、有利于发挥森林的多种效益和方便木材生产，同时还要考虑森林的自然状况、经营目的和当地社会经济条件等。

4. 中国主伐方式选择

中国幅员广大，地形复杂，森林树种繁多，各地区经济条件差异很大，因此采用的森林主伐方式多样。农林部颁发的《森林采伐更新规程》规定有采育择伐、经营择伐、二次渐伐和小面积皆伐四种方式。

目前，世界上除少数拥有大面积原始森林的国家（如苏联、加拿大和开发热带雨林的一些发展中国家）仍采用大面积皆伐外，基本上都采用带状或块状的小面积皆伐、渐伐和各种择伐。森林主伐的发展趋势是注意采育结合，在提供木材的同时，日益重视森林更新的要求和充分发挥森林在维护生态平衡中的重要作用，达到青山常在，永续利用。皆伐的伐区面积应小些并及时优质更新，认真培育，加强保护，尽快培育成林。

二、森林更新

1. 定义

森林更新（Forest regeneration）是指在林冠下或采伐迹地、火烧迹地、林中空地上利用人力或自然力重新形成的过程。及时进行森林更新，是维持和扩大的主要途径，也是调整现有森林、实现永续经营的基础和依据。

2. 更新方式

森林更新方式分天然更新、人工更新和人工促进天然更新3种类型。

（1）天然更新。在没有人力参与下或通过一定的主伐方式，利用天然下种或伐根萌芽、地下茎萌芽、根系萌蘖等方式形成新林的过程。

①天然下种：俗称飞子成林，是有性更新。目前大多数针叶树种更新依靠这种方式。其成功与否同树种更新能力、环境条件和主伐方法有密切关系。通常阳性树种（如白桦、山杨等）结实较丰富。种子飞散力强，幼苗生长较快，并能抵御灾害，因而在迹地或火烧迹地上可实现天然更新；耐阴树种（如红松、云杉等）的幼苗需要适度庇荫，采用或方式才能实现天然更新。保证有性更新的措施是选好母树，做好迹地清理和整地工作。母树应具有较强的抗风能力和结实能力，干形、冠形优良，发育良好。保留母树的数量针叶林为每公顷15~20株，针阔混交林为每公顷10~15株。

②萌芽或萌蘖更新：利用林木营养器官的再生能力恢复幼林，是天然无性更新。大多数阔叶树种的更新用此方式。其中如杉、栎、柳、杨等的伐根上有较强的萌芽能力；山杨、毛泡桐等的近地表根部能生出大量的根蘖；竹林通常采用单株择伐由地下茎发笋成林。影响萌芽更新的因素有树种、年龄、采伐季节、伐根高低和环境条件。阳性、速生树种萌芽力最旺盛期出现早，消失也早；缓生树种则相反。一般在秋末或冬季采伐有利更新；伐根应距地面4~5厘米。根的粗度和分布深度对萌蘖更新也有影响。表土疏松、湿润时根蘖数量多；干燥则常抑制根蘖更新。灌木过多也对天然更新有限制作用。

天然更新的优点是可充分利用原有林木的种子及幼苗幼树，节约人力和物力；且更新树种均为乡土树种，适应力强，一般多形成混交或多层的林分，不易遭受病虫害。缺点是林木结实有大、小年，不能保证年年有足够的种源，更新苗木稀密不匀，通常需要5~10年或更长时间，才能使迹地达到符合要求的数量。

（2）人工更新。用人工植苗、直播、插条或移植地下茎等方式恢复森林的过程。在雨量充沛、人力不足的地方，如中国的长江上游、西南高山、亚热带山地的某些地区，可用飞机播种更新。

人工促进天然更新，采用某些单项措施以弥补天然更新过程的不足，如人工补播补植，以弥补天然种苗的分布不匀；进行部分块状或带状松土，或火烧清理，除去过厚的枯枝落叶层或茂密的草类、灌木，以改善种子发芽和幼苗幼树生长发育的条件等。

3. 更新的实施

世界上少林国家多采用人工更新，多林国家除仍用天然更新外，不断增加人工更新的比重。中国森林更新的方针是“以人工更新为主，人工更新和天然更新相结合”，根据森林类型特点、迹地类别、自然条件和经济条件，采用适宜的主伐方式和更新方式：皆伐迹地和火烧迹地以人工更新为主，但天然更新力强、由阳性树种组成的森林，皆伐后可实行天然更新。渐伐和择伐迹地以天然更新为主，天然更新种苗数量不足或分布不匀处辅以人工促进更新。采用人工更新的迹地，一般栽植针叶树，适当保留天然更新的阔叶树幼苗幼树，日后可形成。

森林采伐后，宜于当年更新或次年更新，其面积与采伐面积相等；3年以后，人工更新的苗木成活保存率宜在85%以上，尽可能多地保留前更幼树（采伐前长成的幼树）；天然更新不好的迹地，要用人工促进更新，在采伐当年或次年进行人工补植、补播；在更新过程中，实行山林封禁，防止人、畜入山破坏。

三、森林主伐更新的概念

森林主伐更新是指当森林达到成熟时，对成熟林木进行采伐利用的同时，培育起新一代幼林的全部过程。在生产实践中，常把这一过程分为两部分：对成熟林分或部分成熟林木进行采伐，称为森林主伐；在采伐迹地上培育新一代幼林称为森林更新。森林主伐的目的，一是为了取得木材，满足国民经济各部门需求；二是为了改善森林的各种有益条件，如水源泉涵养、保土防蚀等。木林达到成熟年龄以后，木材的生长量和质量下降，森林的防护效能也开始减弱，因此，这时就需要通过主伐取得木材加以利用，或通过主伐改善森林的防护效能，实际上两者是不可分的。因为对成熟林木进行采伐利用时，为了扩大再生产，达到永续利用的目的。采伐利用成熟林木，是森林更新的一个组成部分。采伐必须更新，更新无原则要采伐，两者密切相关。所以“主伐”与“更新”可理解为同义语，因此常将两者合称为森林更新。

四、森林主伐更新的方式

森林主伐更新方式是指在预定采伐的地段上，根据森林更新的要求，按照一定的方式配置伐区，并在规定的期限内进行采伐和更新的整个程序。更新方式决定着主伐的形式和内容，这是人类在掌握了天然更新规律的基础上，作为定向控制的管理过程而提出来的积极措施。主伐方式根据更新方式的不同，基本上可归纳为3种类型。

1. 皆伐更新（伐后更新）

一次性采伐全部成熟林木，采取天然更新或人工更新。更新发生在森林采伐后的迹地上。

2. 择伐更新（伐前更新）

单株或群状伐去已达成熟的林木，林地上仍保留一定数量的林木。更新在林冠下进行，在全部成熟林木采伐完毕以前更新已经完成。

3. 渐伐更新（伐中更新）

在较长期间内分若干次伐去伐区边的林木，利用保留木下种并为幼苗提供遮阴条件。林木全部采伐完毕后，林地也先后更新，更新伴随着采伐且发生在采伐过程中。

森林更新可以通过人工更新和天然更新两种方式来实现。为了提高森林更新的质量和缩短更新期，应多利用人工更新；对能保证森林天然更新获得成功的林分，可采用天然更新以做便充分利用自然力，节省劳力和资金。采用天然更新，由于受自然力的限制，难以获得满意的幼林，必须人工促进更新。这些措施包括：补播、补植、整地松土、除去竞争植物等。因而，生产上常将森林更新分为三类：人工更新、天然更新和人工促进天然更新。

在选择更新方式时，必须贯彻“以人工更新为主，人工更新和天然更新相结合”的方针，务必使更新与采伐紧密结合，做到当年采伐当年或次年更新，使更新跟上采伐，才能保证森林永续利用。

更新跟上采伐，可以充分利用地力尽快培育后续资源，以保证永续利用。同时新年的采伐迹地更新容易，可以节省森林更新的劳力和资金。若更新跟不上采伐，不仅林地荒芜，浪费地力，推动了森林的各种有益效能，而且使迹地杂草、灌木丛生，增加更新工作困难，耗费较多资金。

五、森林主伐更新应遵循的原则

（一）主伐方式必须因林因地制宜

主伐方式是指在预定的期限内在预定采伐的地段上，根据森林更新的要求，按照一定的方式配置伐区，并在规定的期限内进行采伐和更新的整个程序。

主伐方式因林因地制宜，就是要按照“森林法”的要求，首先以县或者国营林业局为计算单位，组织森林资源永续利用循环圈。要不断的通过主伐更新工作，逐步调整经营单位内的树种及龄级结构，保证森林资源永续利用的实现。

其次，森林资源的作用不同，应采取不同的主伐方式。

兼具防护作用，特别是具有水土保持作用的林分，无论是成熟还是过熟林，必须对森林资源的利用持慎重态度，禁止采用大面积皆伐的方法利用森林资源，即使是小面积的皆伐也应尽量不用。同时，应注意少用渐伐而应以择伐法为主利用森林资源。

对于以防护作用为主的森林，原则上只能采用择伐的方法，而不宜采用皆伐和渐伐，以防造成严重的水土流失。

对于立地条件好，地势平坦地区的过熟林，可以使用皆伐的方法。但应该注意，这类森林的采伐或利用，应以维持和改善森林的生态效益、社会效益、防护效益为主而不应该把基点放在森林资源的利用上。

主伐方式因林因地制宜，还必须注意充分利用森林资源，尽量提高森林资源的利用率。不但要利用森林资源中的规格材部分，还应充分利用森林资源中非规格材部分，小材小料以及其他林产品资源，采伐后一定要保证更新，要把森林资源的再生放在最重要的位置。

（二）更新必须跟上采伐

更新跟上采伐是实现森林资源永续利用的一个重要环节，是贯彻采育结合方针的一个重要环节，是中国林业对更新工作的基本要求，也是衡量一个林业单位更新工作好坏的重要标志。更新期是从采伐那年算起到更新后林分郁闭之间的年数。更新期的长短，从南到北，差异较大。北方更新期较长，南方更新期较短，山西为10～15年。

（三）正确处理采伐与更新的关系

森林资源的永续利用是森林合理采伐的重要标志。森林资源的永续利用，不仅指木材生产，还应包括水资源、动物资源、土地资源、药用植物资源及某些昆虫资源与森林多种效益的永续利用。在处理森林资源的利用和再生关系时，应处理好以下几方面的问题。

1. 合理安排利用和再生的关系

森林主伐更新中，既要考虑森林资源的合理利用，又要考虑森林资源的再生。利用和再生要合理。在我国现有森林资源的条件下，应严格按总体设计控制采伐量，年利用量（采伐量）不得超过年再生量（年生长量），保证实现森林资源的永续利用。

2. 加快荒山宜林地造林

森林资源的利用是对森林资源的消耗，单靠主伐更新起来的幼林生长，是满足不了森林资源消耗的。我国土地辽阔，宜林荒山面积达11.69亿亩，这是非常宝贵的森林土地资源。在我国森林资源短缺的情况下，要实现森林资源的永续利用，就必须充分利用宝贵的森林土地资源，加快荒山宜林地造林，扩大森林资源，扩大森林资源的再生量。当然，造林时还应该采取先进的技术措施，在当前的技术经济条件下，使林分尽量达到速生、丰产、优质。

3. 加强对未成熟森林进行及时抚育

在当前条件下，我国抚育间伐的木材生产量占到森林资源总采伐量的20%～30%。从我国的森林资源情况看，我国幼林面积大约有9亿亩，需要进行森林抚育的面积大约有18.2亿亩，待抚育的森林面积大约有3.5亿亩。可见，未成熟林中也具有相当量的可用森林资源，如果将我国非成熟林每年抚育一部分，每公顷按生产1立方米木材计算，将需抚育的1.2亿亩森林全都抚育一遍，就可以获得1.2亿立方米的木材。然而，我国当前对中幼龄森林经营抚育的现状是全国每年森林抚育的面积是500万亩，满足不了森林发展的需要。照这样的森林抚育速度，要将全国急待抚育的森林全部抚育一遍，也需要70年的时间，要将全国需要抚育的森林全部抚育一遍，需要的时间将会更长。因而在处理森林资源的利用和再生时，这里有两个问题需要注意，一是我国森林资源的抚育间伐利用量是非常大的，二是我国中幼龄林的抚育速度过慢。因而在处理森林主伐与更新关系时，应当对中幼龄林的抚育间伐给予足够的重视，以降低森林资源的主伐量。

4. 杜绝木材浪费

我国森林资源的利用率较低，木材浪费严重，从我国森林资源中的木材资源利用情况看，每伐一株林木，运出利用的原条仅占木材蓄积量的2/3左右。其原因，一是不严格按照国家的规程采伐，伐桩过高，浪费一部分木材；二是木材的综合加工能力差，使大量的梢头木浪费掉。这两个问题值得在采伐和木材运出利用时给予足够的重视。另外，造材的锯末要损失一部分木材，加工时边角料、木锲、锯末又要损失一部分木材。这些损失几乎达到原条的50%以上，相当于木材资源的实际利用量只有原条的50%。在世界上一些发达国家，木材资源的实际利用量可以达到原条的90%。因而在我国有必要杜绝木材浪费，提高森林资源的利用量。通过杜绝木材浪费可相当于减少森林资源的利用量（主伐量），扩大森林资源。

5. 营造速生丰产林

森林是人类宝贵的再生资源，森林资源是用来为人类服务的，森林资源应该不断的满足人们日益增长的需求。因而，在处理森林资源的利用和再生关系时，应将森林资源的再生放在首要位置上，应尽可能提高森林的生长潜力，扩大森林资源。

我国森林资源比较贫乏，木材生产和消耗水平都低。要解决这一问题，基点应该是营造速生丰产林，使林分达到速生丰产。速生就是缩短成材年限，丰产就是要提高单位面积的木材产量，这是一般用材林的共同目标。在一般经营条件下，只有其中一部分用材林，在自然和经济条件较优越的地区，在生产力较高的造林地上，选用速生丰产树种并集约栽培，才可能短期获得较高产量。速生丰产林产量能比一般人工林高出许多。国际上一般以每公顷平均年生长量达到 10 立方米作为丰产林的界限。事实证明不少地区的速生丰产林都能达到这一标准。

营造速生丰产林，注意不能将其作为解决木材供应得应急措施，而过多采用短轮伐期树种或强制性的采用段轮伐期经营作业。这样有损于林地生产潜力的发挥，也有损于长期的木材供应前景，是不可取的。

此外，在我国平原地区建设农田林网及四旁绿化，在扩大森林资源再生量中也有着一定的意义。正确处理森林采伐与更新的关系时也应注意这一点。

（四）严格执行主伐年龄规定

主伐是对成过熟森林资源的利用。由于森林的多种效益性，依据国民经济和人民生活的不同需要，会有不同的森林成熟年龄。如森林的工艺成熟年龄、数量成熟年龄、自然成熟年龄、更形成熟年龄、防护成熟年龄、竹林成熟年龄、特种经济林成熟年龄等，这些成熟年龄依组成林分的树种、林种会有一定的差异，即使是同一林种，森林的成熟年龄也有差异。有时由于立地条件的不同，森林的成熟年龄也会出现差异。森林达到各种成熟状态以后，才能对森林依主伐的方式利用资源；森林未达成熟之前，是不能进行主伐利用的。

由于森林成熟体现着一定的经营目的，标志着森林生长发育的某一阶段或一定范围，即当森林在生长发育过程中达到最符合经营目的和任务的状态，称为森林成熟。它是确定最适宜于收获利用时期的主要依据，也是确定主伐年龄的主要依据。

由于森林成熟的复杂特点，在全国范围内，森林的主伐年龄也存在较大差异，农林部 1973 年《森林采伐更新规程》中对成熟林的采伐年龄作了明确规定。成熟林的采伐年龄规定，明确了一部分主要造林树种的主伐年龄，对于规定中尚未提到的树种，各地在执行过程中要参照树种的生物学特性，特别是树种的生长速度对照执行。

阔叶树种中，速生指杨、柳、桉、楝、泡桐、木麻黄、枫杨等；中生指桦、榆、栲、檫、木荷、枫香等；慢生指栎、樟、楠、水曲柳、胡桃楸、黄波罗等。

另外，就用材林而言，不同地区森林的主伐年龄差异较大，森林起源不同，主伐年龄差异较大。林业部 1987 年《森林采伐更新管理办法》对我国用材林主要树种的采伐年龄作了明确规定。在用材林的森林资源利用时，应该严格执行用材林主伐年龄的这一规定，保证用材林资源的合理利用。

（五）森林主伐方式的选择应注意考虑森林的多种效益

由于森林和环境是统一体，因而主伐方式的选择及更新效果与森林的多种效益有着密不可分的联系。中国水旱灾比较严重，森林又多分布于山区，所以在进行主伐更新时，还必须将获得木材与提高森林的多种效益特别是森林的防护效益一起考虑，争取有较好的经济效益、防护效益、生态效益和社会效益。

第二节 皆伐与更新

一、皆伐迹地环境条件特点

皆伐是将伐区上的林木在短期内一次全部伐光或者几乎全部伐光，并于伐后采用人工更新或天然更新恢复森林的一种主伐方式。

皆伐迹地一般采用人工更新，但在目的树种天然更新有保障的皆伐迹地，也可采用天然更新，或者人工促进天然更新。无论采用哪种更新方法，都应使采伐迹地尽快更新，皆伐迹地上更新起来的新林一般为同龄林。

皆伐作业后，裸露迹地的气候条件、植物条件和土壤条件均会发生显著的变化。这些变化将直接或间接地影响迹地更新幼树的成活和生长，关系到迹地更新的成败。

（一）迹地小气候的变化

1. 迹地小气候

皆伐迹地的气候和土温都高于林内。皆伐迹地上，太阳辐射直达地表，使近地面层气温和土温升高，尤其地表层温度增高显著。据东北林业大学凉水实验林场在红松林皆伐迹地上的观测（1963 年 5—9 月），迹地表层温度最高可达 43℃，枯枝落叶的表层温度高达 61.5℃，相同时间附近林内温度为 35℃。迹地表层平均最高温度为27℃，最低为6.8℃，平均日温差为20.2℃；而附近林内平均最高温度为21.1℃，最低 10℃，平均日温差仅为11.1℃。迹地的日温差变化比林内大近 10℃。

皆伐迹地上（0.5 米以下）的空气相对湿度比林内低。蒸发量大于林内。在红松林皆伐迹地上空气相对湿度平均为66%～68%，而林内为80～82%，皆伐迹地比林内低14%左右。在5—6 月的旱季相差更为显著，日平均相对湿度最大相差 25%～30%，迹地上空气相对湿度明显低于林内。据红松林皆伐迹地上 6—9 月的观测材料，迹地的蒸发总量为226.7 毫米，而林内仅为43.8 毫米，迹地蒸发量是林内的5 倍之多。

皆伐迹地上风速加大。红松林迹地上 5—9 月，迹地风速约为林内的8 倍，最大时达 16 倍。

皆伐迹地上的降雨和落雪比林内多，雪融化速度也快。冬季迹地上的积雪比林内多，但由于迹地地温回升较快，所以融化速度也快，一般积雪覆盖期比林内缩短 20 余天。

2. 迹地小气候对更新的影响

皆伐后，迹地小气候的变化，对迹地更新幼苗成活和生长，有不利的影响，也有有利的影响。

有利影响表现在：由于光照充足，通风良好，有充足的营养空间，伐后保留的幼树和人工种植的幼树生长量显著比遮阴条件下提高。据东北林业大学凉水实验林场材料，皆伐迹地天然更新的红松、云杉、冷杉的小幼树，伐前每年高长量为 1.6～2.6 厘米，伐后可提高到 13～14 厘米，为伐前的 5～9 倍。大兴安岭落叶松的前更幼树，伐后生长比林冠下快 2～4 倍。皆伐迹地小气候总的变化，对阳性速生树种的更新更为有利。

不利影响表现在：皆伐迹地上的幼苗幼树，容易发生霜冻和冻拔危害，尤其在低洼处更为严重。迹地上早春融雪快，幼苗幼树提前失去积雪的保温作用，加之此期昼夜温差大，容易使幼苗幼树发生霜冻、冻拔、日灼危害，造成部分幼树死亡。由于迹地的总受热量增多。有利于害虫繁殖，常对幼树造成一定的危害。如东北林区皆伐迹地上更新的红松、落叶松幼林常有不同程度的松球蚜和松大象鼻虫的危害。

（二）迹地植物和土壤

1. 迹地植物

皆伐作业后，由于迹地的小气候发生了变化，即植物的生长环境条件发生了变化，所以迹地植物也逐渐发生变化。皆伐后最初的 1～2 年，迹地植物稀疏低矮，总覆盖度接近于林下植被，但处于极不稳定状态。伐后 3～5 年，植被会发生迅速的变化，原林下的阴性植物将逐渐被阳性植物所代替，覆盖度和草根盘结度逐年增加。一般在 5 年以后，迹地植被变化成较为稳定的密生灌丛和草被，总覆盖度可达 90%～100%，迹地植被与林内植被出现了显著差别。

东北林区红松林皆伐迹地上，最容易滋生蔓延的灌木主要是蒴果类，如山梅花、溲疏、山高粱等，占灌木总数的40%；其次是浆果类，如金银木、刺五加、暖木条子等，约占灌木总数的30%。这些植物的种子借鸟兽、风力传播的能力很强，又具有较强的萌生能力和分枝性能，从而在迹地上大量繁殖。

迹地上草本植物比灌丛更为猖獗。常见的草本植物为阳性杂草，大多具有再生能力很强的横走或丛生的根状茎，具有很强的向四周延伸的无性繁殖能力，常使地表10～15厘米内土壤中，由于根系交结盘集成密网状草根层。

2. 迹地的土壤

皆伐作业后，迹地的土壤会有明显的变化，由于植物根系的盘结，土壤逐渐失去原有林下疏松多孔的性状，土质变紧，通气性变差。

在干燥的条件下，土壤含水量降跃，土壤会趋于更干燥的状况；在湿润的条件下，土壤水分含量增高，容易造成水分滞积，在低洼地还会引起地表沼泽化。

总的来说，新皆伐迹地具有杂草灌丛少，覆盖度小，土壤疏松等特点，有利于更新幼树的生长，应及时使皆伐迹地天然更新或人工更新。伐后4～5年的旧皆伐迹地，将会布满灌丛杂草，将会增加整地、抚育的劳动力。

二、伐区的排列方法

在采伐作业前，区划出一定面积，在规定时期内进行采伐的林地称为伐区。

伐区的大小、形状和排列方法，决定于更新方法、地形和集材方法。一般情况伐区面积不宜过大，形状以窄长带状为好。伐区宽度，在天然更新时要考虑种子飞散距离，一般为树高的2～5倍（50～100米范围内），可保征有足够的种子来源；人工更新时，伐区宽度也不宜过宽。在山地，确定伐区宽度时必须考虑地形因素，要特别注意防止皆伐后的水土流失。从木材生产角度考虑，伐区宽度大，出材量大，作业场地转移次数少，容易管理，生产效率高，成本低，所以伐区宽度在保证更新和水土保持的前提下，可适当宽些。

伐区的长边方向，常根据更新要求选定。如期待天然更新时，为了利用林墙下种，伐区方向应与下种时主风方向垂直，在确定伐区方向时要注意考虑水土保持问题。坡度不大且植被繁茂的山地，为集材方便，可采用顺山方向采伐。坡度陡时，宜采用斜山带或横山带采伐。

我国通常采用的伐区排列方法有3种，即带状间隔皆伐、带状连续皆伐和块状皆伐。

（一）带状间隔皆伐

带状间隔皆伐，是将整个采伐的林分，划分成若干伐带（伐区），隔一带采伐一带。过几年后，当采伐带内已更新起来时，再伐保留带。第一次采伐的伐区上，可利用保留带下种以进行天然更新，若天然更新无望，应立即进行人工更新，这时保留带对更新的幼苗可起保护作用，使迹地环境不会发生太大的变化。为了充分利用天然下种进行更新，一般第一次采伐的伐区，应配置在下风方向。当第二次采伐保留带后，保留带的天然更新因无种源而希望不大，这时为了达到更新的目的，可采用保留母树或种子年采伐等促进更新的措施，或者采用人工更新。

带状间隔皆伐时，采伐带与保留带的宽度一般相等，有时称为等带间隔皆伐，或称为交互带状皆伐，但也有两次采伐宽度不一定相等的带状间隔皆伐。

从天然更新角度考虑，由于第二次采伐后的迹地已无林墙，天然更新较困难，所以第一次采伐带最好宽些。但保留带也不能太窄，因为有足够的宽度才能提供更多的种子和起保护作用，同时也必须留有足够的木材，才值得再进行下一次采伐。一般来说，第一次采伐带适当宽些，保留带适当窄些，不过保留带的宽度至少应相当于林分的高度，或相当于采伐带宽的20%。

（二）带状连续皆伐

带状连续皆伐是每一个新伐区紧靠前一个伐区设置。新伐区完成更新时，才能采下一个伐区。采伐间隔期（相邻两个伐区先后采伐的间隔年限）常需3～5年。当林地面积很大时，为了采伐集中，可将林地划分为若干采伐列区，在每一个采伐列区中，划分3个或3个以上的采伐带，顺序采伐。前一个采伐之后，迹地完成更新，再接着砍伐第二采伐带，依此类推。为防止风倒且有利于天然下种，伐区顺次安排的方向，即采伐方向应与主风方向相反。

（三）块状皆伐

伐区为不规则的块状。在地形不整齐或者林分状况差异较大，无法安排带状皆伐时，多用块状皆伐的方法，伐区的形状主要由地形条件和林分状况所决定。如伐后采用天然更新时，或者为了管理的方便，伐区形状还是应尽量呈长方形，以利更好地发挥林墙的作用。伐区排列不一定按照上述的顺序，但也应根据一定要求来安排。同一年度采伐的伐区，相互间应当有一定的间隔距离。采伐相邻的伐区应当有一定的间隔期。如有可能，可将伐区安排成品字形。

在进行块状皆伐时，伐区面积不宜过大，一般不超过5公顷，以利保持水土，及利于伐区更新。对于立地条件好，坡度平缓，土壤肥沃，容易更新的林分，伐区面积可以扩大到10公顷。在立地条件很差的陡坡地段，皆伐面积应缩小到1~3公顷。

三、皆伐迹地的天然更新

皆伐迹地的天然更新，就是依靠天然种源下种更新形成森林，欲称是由“飞籽成林”而形成森林。皆伐迹地的天然更新主要取决于种子来源、种子发芽条件和幼苗幼树生长条件。种子粒大，耐阴性或中庸性树种，在皆伐迹地上天然更新一般不好。种子粒小的阳性树种在皆伐迹地上天然更新良好。一般来说，皆伐迹地的天然更新，通常需要延缓到种子年，并配合适于种子发芽和幼苗生长的气候条件，才能有更好更多的幼苗。更新延缓时间越长对更新越不利，一是因为杂草、灌丛大量侵入，阻碍更新，其次是更新起来的林分不整齐。但进行合理的皆伐，按照自然规律和树种的林学特性来处理，是可以获得良好的更新效果。

（一）迹地的天然种源

皆伐迹地天然更新首先要有种源，一般迹地天然更新的种源有以下3个途径。

1. 来自邻近林分

在皆伐作业后，更新的种子可来自附近林分。种子主要靠风播于全伐区。采伐时保留的母树和林墙也是天然下种的来源。一般靠近林墙的种子数量多，越向迹地中心数量越少。距种源越近的地方，更新起来的幼苗越密，越远越稀，有时较远的地方甚至没有更新幼树幼苗。我国东北的落叶松、樟子松，南方的马尾松、云南松及其他适于风播的树种可应用这种更新方法。

2. 来自采伐木

在种子年采伐林木时，由于树倒的振动，将采伐木上的种子散落在伐区上，当环境条件适宜时，这些种子发芽长成幼苗幼树，完成迹地天然更新。这种方法适用于各种阳性树种，更新起来的幼树比较均匀一致。

3. 来自地被物

土壤和枯枝落叶层中经常储存有大量的种子。有些种子可在地被物内保存数年仍具有发芽能力。如油松、云南松林地上常储有较多种子。红松种子可在枯枝落叶层内保留2~3年，甚至更长时间，而不失发芽能力。如果林地上脱落的种子能与采伐年度吻合，或者落种后的第二年采伐，则能显著提高地被物中种子在更新中的作用，获得良好的天然更新效果。

有时由于鸟兽的搬运，常将大量的种子散落到伐区上。如星鸦、榛鸡和松鼠等常将红松林中的种子传播到伐区上，起到播种的作用。

（二）保证迹地天然更新成功的技术措施

1. 皆伐的基本要求

皆伐迹地天然更新能否成功，主要取决于种子来源、种子发芽与幼苗生长的林地条件、气候条件。这是天然更新的三要素。其中任何一条得不到满足，都会使天然更新失败。因此，为保证天然更新成功，要围绕这三要素采取相应的技术措施，以保证迹地天然更新时有足够的种子来源，有适宜种子发芽和幼苗生长的林地条件、气候条件。

皆伐迹地依靠天然更新，应在迹地上保留适当数量的单株母树或者母树群，与伐区周围的林墙一起组成天然下种种源，以保证皆伐迹地有充分的种子来源。当母树完成下种任务后，应及时伐除，越早越好。因为及早伐除母树，幼树受害较少。通常保留的母树，视具体情况，经过一、二个种子年，就要伐除。

皆伐迹地的天然更新最好在伐后次年或第三年更新起来。较满意的更新，是在伐后 1～3 年内，种子丰年伴随着适宜的种子发芽和幼苗生长的气象条件。如果过多延长更新期或者较长期地间断更新，会使迹地杂草灌丛蔓延滋长，影响顺利更新，往往形成过多的"老狼木"和分布不匀的低质林分。所以为保证迹地及时更新，可在伐区上均匀地保留单株或群状母树，为成功更新创造良好的种子来源条件。选留母树时要注意，母树应该干形、冠形优良，发育良好，应具有丰富的结实能力，且具有一定的抗风倒能力。内蒙古林业科学研究所对大兴安岭落叶松迹地保留母树的数量研究认为：优良母树分布比较均匀时，每公顷保留 8～10 株；如果树冠较小或分布不均时，要保留 15～20 株；如果留群状母树，可留 3～5 群，每群 3 株左右。一般保留母树的数量，最好通过对过去已留母树效果的实际调查研究确定。一般的针叶林，每公顷保留母树 15～20 株；针叶、阔叶混交林中，每公顷可留针叶母树 10～15 株。

保留母树的办法，在美国称之为母树法（留母树皆伐法），与皆伐、渐伐、择伐并列成为四种主要主伐方式。

2. 采伐迹地清理和整地

皆伐作业后，迹地留下大量的采伐剩余物，加上杂草灌丛的障碍，使种子很难接触到土壤，而不能发芽生长，对更新影响极大。所以在采伐集材后，要及时进行迹地清理，为种子发芽生长创造良好的林地环境条件。据大兴安岭落叶松皆伐迹地的更新情况，地被物厚度和土壤裸露程度对更新有明显影响，死地被物厚度 3～10 厘米厚时，种子难以发芽扎根，而在公路两侧，集材道或装车场地，凡有土壤裸露的地方都有良好的更新。所以皆伐后，及时清理迹地对促进天然更新是非常重要的。

在天然更新前进行整地，也是促进天然更新的有效措施，可为种子发芽和幼苗生长创造良好条件。促进更新采用的整地办法，通常有两种：一是人力或机械整地，二是火烧整地。

人力或机械整地的办法可在采伐迹地或林冠下进行。在采伐迹地上进行整地，要在有种源条件，种子产量不低于中等产量年份时夏末或秋初进行。在伐前林寇下整地，一般结合种子年进行，或在采伐前 4～5 年，种子产量不低于低产量的年份进行，通过伐前整地，可获得伐前天然更新，优点是天然种源多，幼苗可免受霜害和冻拔害。

火烧整地仅在采伐迹地上进行，一般结合清理迹地，火烧枝丫堆，也能取得良好效果。但要有严格的火烧整地技术，加强火的控制，要特别注意，不要烤死前更幼树。

3. 保留前更幼树

皆伐之前，成熟林的林冠下常有很多幼树，采伐之后保留下来的前更幼树，会因得到充足的光照，而生长良好，所以保护好前更幼树，是保证天然更新的一项重要措施。尤其对日灼、霜害、风害抵抗力弱的树种，皆伐以后靠天然更新较困难，这项措施更显得重要。对于抵抗力强的阳性树种，保护好前更幼树，可促进迹地天然更新，提前郁闭成林。据大兴安岭地区森林调查规划大队调查，在部分落叶松林中，前更针叶幼树的频度在 60% 以上，每公顷针叶幼树有 1 万～5 万株。皆伐后，这些喜光树种的幼树得到充足的光照和营养空间，生长速度加快，平均年生长量可比林冠下提高 2～4 倍。

四、皆伐迹地的人工更新

皆伐迹地的人工更新方法，常用植苗更新和播种更新，个别的采用无性更新。由于在迹地直播更新还存在一些技术上的问题，所以直播更新的可靠性不大。比较稳妥和最常用的是植苗更新方法。植苗更新具有节省种子，保存率高，幼林郁闭早，抚育管理较容易，且成林成材较快等优点。迹地的人工更新，总的来说应比干旱地区荒山造林容易得多，所以人工更新应该易于成功。但也是一项比较困难和复杂的工作，常因对立地条件调查不详，对树种生物学特性认识不深入，或其他造林技术措施使用不当，而使更新效果不显著，连续植苗 3～4 年仍未成活的事例经常发生，形成多年连续造林不见林的状况。所以，为保证人工更新获得较好效果，还应该掌握好一些技术环节。

（一）适地适树

适地适树是造林的基本原则。适地适树也是迹地人工更新成功的前提条件。人工更新的树种，应根据国民经济发展的需要和立地条件及树种习性确定。对于一个具体的皆伐迹地，应该进行详细的调查，充分认识立地特性，选择既能满足经济发展的需要，又能最充分利用环境资源，生长表现良好的树种，再配合其他适当的技术措施，可获得较好更新效果。过去出现的一些更新失败的事例，其中有相当一部分是没有根据更新地的土壤条件因地制宜地选择更新树种。如将不耐旱的树种，栽植在干燥的山背上而使人工更新失败。

（二）因地整地

整地的目的是为了提高成活率，促进生长。在不同的立地条件下整地方法可能不同。如吉林省临江林业局，在土壤疏松、结构良好、湿度大、易遭受冻拔害的新皆伐地上，不进行刨坑整地，仅搂去栽植点上的草皮及枯枝落叶层等地被物，然后植苗更新（称保土防冻更新法），效果较好。一般迹地的整地是穴状整地。

（三）及时更新

皆伐迹地人工更新宜早进行。皆伐后的新迹地，土壤植被的变化不大，植被仍以林下植物为主，覆盖度小；森林土壤的良好特性尚未改变，更新省工、成活率高。当迹地条件发生变化，植被覆盖度变大时，及早更新的幼树已有一定的高度，且具有一定的稳定性。所以皆伐迹地的更新应充分利用新迹地杂草、灌丛较少和土壤疏松的特点，及时人工更新，最好当年采伐当年更新，至迟应当在第二年更新。迹地人工更新的造林季节要早，如北方林区，春季气温回升较快，苗木放芽迅速，需水量骤增，所以要在土壤解冻时的最短期内尽快更新，做到顶浆栽植，即当土壤化冻到 15 ~ 20 厘米即栽植，稍一拖延就会降低成活率。为抢更新时间，各地在栽苗顺序上采取“五先五后”，即先沟外后沟内，先栽已整地后栽现整地，先阳坡后阴坡，先栽萌动早的树种后栽萌动晚的树种，先小苗后大苗的办法。

（四）充分利用迹地上的幼树

皆伐迹地上常发生有大量的天然幼苗、幼树。据调查，红松皆伐迹地 1 ~ 5 年间，可发生较多的阔叶野生苗，每公顷株数为 1 550 ~ 6 000 株，这些树种多为桦树和杨树，也有少量的榆、槭、黄波罗、水曲柳等。大兴安岭落叶松林皆伐之后迹地上发生有较多的落叶松及白桦野生苗，所以在迹地人工更新造林时，应根据迹地天然更新的具体情况，适当减少人工更新栽植株数，充分利用天然更新的有利条件。

在东北林区红松、落叶松等皆伐这地上人工更新时，提出栽针保阔的措施，即充分利用迹地上天然更新的阔叶树幼苗、幼树，适当降低人工栽植针叶树的密度，可有目的地使迹地更新林分，向混交林（以针叶树为主）方向发展。红松和云杉每公顷栽植 3 300株左右，落叶松和樟子松每公顷栽植 2 500株左右，适当保留一部分阔叶幼树，形成针阔混交林。

随着森林经营强度的提高和各林区多年来的人工更新实践，更新质量不断提高，皆伐迹地的人工更新也得到更多的应用。在我国北方林区更新的树种一般以落叶松、红松、樟子松、油松、云杉等针叶树为主，以水曲柳、黄波罗、胡桃楸等硬阔叶珍贵树种为辅。

南方更新以杉木为主。有不少林区，在皆伐迹地上营造大面积速生丰产林。各地在更新工作中还建立了更新档案管理制度，为不断总结经验和提高更新质量，创造了有利条件。

五、皆伐的评价与选用条件

（一）皆伐的评价

1. 优点

（1）皆伐作业集中，单位面积出材量大，便于使用机械化的集材、采伐设备，提高机械效率，降低生产成本。

（2）这种方式简便易行，伐区调查设计简便，不存在选采伐木和计算采伐强度等问题。年采伐量可由采伐面积来调节。

（3）皆伐可使幼林得到充分光照，只要抚育及时，能促进新林的生长，对促进阳性树种的更新更为有利。

（4）皆伐时一次将伐区上的林木伐光，便于人工更新，最适用于需要更换树种的林分。由于皆伐迹地光照充足，有利于休眠芽萌发和不定芽的形成，宜于进行萌芽和根蘖更新。

2. 缺点

（1）皆伐后森林的各种效能下降，特别是水土流失和水源涵养作用明显降低。

（2）迹地的生态环境与原林内差异很大。皆伐后引起迹地小气候、土壤、植被条件的变化，通常对更新不利。如气温变幅加大，增加了幼树日灼和霜冻危害的可能性；土壤变得干燥紧实或沼泽化，不利于幼树的生长；杂草灌丛的繁茂影响幼树的生长。如果进行大面积皆伐会引起环境恶化，所以我国不准采用大面积皆伐方式。

（3）如不采取各种保证更新的措施，皆伐迹地的天然更新很难获得成功，补救的方法只有再进行人工更新。

（4）皆伐后，耐阴性树种和对温度敏感的树种不易更新。

（5）采伐的林木中包括一些未成熟的林木，这些林木可在短期内有较大的生长量，但这种潜力由于皆伐而不能被发挥出来。

（6）皆伐成林后龄级单调，会降低美化风景的作用。皆伐时一次将林木伐尽，严重地干扰了森林群落的生态平衡，破坏了野生动物的栖息场所与野生动物的繁衍。

（二）皆伐的选用条件

（1）皆伐人工更新可应用于各类森林。皆伐天然更新应用的条件受到较多的限制。皆伐作为一种天然更新的方法，最适于在自然界遭受火灾或其他严重破坏后，能够恢复成林的树种，如油松、马尾松、杨、桦等种粒小、能风播的树种。有些耐阴性树种的幼树可以在全光下正常生长，也可采用皆伐，在皆伐作业时保护好前更耐阴幼树，使其与后更幼树相结合成林。

（2）皆伐最适用于全部是成、过熟林的林分，或者需要进行林分改造更换树种的林分。如果具备天然更新的三要素，目的树种能够适于皆伐迹地的变化，可选用皆伐后天然更新，经营薪炭林时也常用皆伐。

（3）易沼泽化地段的林分不适用皆伐。在水湿地，或水位较高排水不良土壤上的森林，原有林木的生长和生存可以蒸腾大量的水分，皆伐后，蒸腾量大大减少，会引起林地沼泽化，无法天然更新，使人工更新也极为困难。

（4）坡度大、土层薄、干旱的山坡上的林分不易用皆伐。在这些地段进行皆伐，会引起水土流失、土壤崩滑等现象，不利于森林更新。在溪流两岸的森林，皆伐后因失去林木的覆盖会引起河水温度升高，使一些鱼类减少，并会引起河岸冲刷。为了保护山区的动物资源，一些异鸟珍兽经常栖居的地方，也应避免皆伐。

（5）森林火灾危险性大的地域，为避免采伐形成大量剩余物引起火灾，不宜用皆伐。如沿铁路和公路两侧，火险性大，更不宜用皆伐。旅游风景区，为保持美化作用，不适用皆伐。

（三）皆伐在生产中的应用

皆伐在历史上出现很早。19 世纪中叶以后，德国等欧洲国家，将水青冈、橡树等阔叶树森林皆伐后，人工更新成云杉和松树林。原苏联、美国、日本等国也采用皆伐。但管理水平高的国家，在皆伐面积上都有严格的控制。一般是森林集约经营程度越高，皆伐面积越小。而且要求采伐点分散，采伐后立即更新。德国、奥地利，为了保护环境，皆伐面积为 2 ~ 5 公顷，美国、日本为兼顾采伐木集材方便，皆伐面积为 16 公顷和 20 公顷。

我国也广泛应用皆伐。如从 1953 年开始在东北的小兴安岭和长白山林区，使用等带或不等带间隔皆伐、连续带状皆伐以及大面积皆伐等方法。皆伐迹地大多留有单株或群状母树，而且广泛地进行了人工更新。在红松林皆伐迹地上，红松天然更新很差，所以很难在迹地上通过天然更新恢复红松林。人工更新可获得较好效果，人工更新落叶松和樟子松获得了良好的效果。大兴安岭林区目前多用等带间隔皆伐。

西南高山林区，在云杉、冷杉、云南松、高山松为主的原始林中，由于林分已过熟，采用块状皆伐，山顶与山脊留保护带。皆伐后及时采用大块状整地、大苗上山、簇式栽植，人工更新效果良好。

南方林区人工经营的杉木、马尾松林，一般采用块状皆伐，伐后多数为人工更新。

华北山区多为山杨、桦木和栎类次生林，进行块状皆伐后，迹地上可发生较多的萌芽条或萌蘖条，再人工栽植落叶松、油松后，可形成针阔混交林。

第三节　渐伐与更新

渐伐不是将伐区上所有林木一次伐光，而是在较长的期限内（一般不超过 1 个龄级期，如 10 ~ 20 年）分 2 ~ 4 次采伐掉伐区上全部成熟林木。渐伐的基本特性是在 2 ~ 4 次的采伐过程中，逐步为林冠下更新及幼苗幼树的正常生长创造有利条件。伐区上成熟林木全部采伐完之后，林地上也就全部更新起来了。这种主伐方式，天然更新和人工促进天然更新均可获得良好效果。因为天然更新的种源除了来自邻近林分（主要靠风传播）、来自采伐木（遇种子年进行采伐）、来自地被物（森林土壤和凋落层中经常储存有大量种子可数年保持发芽力）之外，渐伐后伐区上保留有大量提供种源的母树，且在伐区上分布比较均匀，可以满足天然更新或人工促进天然更新种源的需要。

渐伐与皆伐一样，最适宜在差不多所有林木均达到采伐年龄的同龄林（包括相对同龄林）或异龄林中应用，但这种异龄林中年龄最小的林木，必须保证在最后一次渐伐时达到成熟状态。渐伐以后，伐区上形成的林分基本上仍为相对同龄林（林木间年龄相差不超过 10 ~ 20 年）。渐伐和皆伐有其不同的采伐特点。

一、典型渐伐及其特点

渐伐法又称遮阴木法或伞伐法。顾名思义，采伐掉部分林木后，更新是在一部分老林树冠遮阴下进行的。最初 1 ~ 3 次采伐除了有利于林木结实和下种更新外，伐区上的成熟林木还能对幼苗起保护作用。当这种遮阴的老林对幼苗、幼树生长起妨碍作用时，最后一次把成熟林木一次伐掉。

典型渐伐可以区分为预备伐、下种伐、受光伐和后伐 4 个步骤。每次采伐均按一定的更新要求进行。

（一）预备伐

在成熟林分中为更新准备条件而进行的采伐，是渐伐方式的第一步，是对原有成熟林分使用渐伐方式所进行的第一次采伐。

预备伐通常在郁闭度大，树冠发育较差，林木密集而抗风力弱和活，死地被物层较厚、妨碍种子发芽及幼苗生长的林分中进行。其目的是促进保留木的大量结实，加速地被物及枯落物的分解，改善土壤的理化性质，为种子发芽和幼苗生长创造有利条件，锻炼保留木，增强其抗风能力。

预备伐的条件。成熟林分的郁闭度达 0.8 或以上，林分密，抗风力弱，林木生长减弱，地被又阻碍天然更新。这种林分，不进行预备伐天然更新就无保证。故对于没有进行抚育间伐的林分，这一步是很有必要的。但如果林分的平均郁闭度为 0.5 ~ 0.6，则不必进行预备伐。系统进行过抚育间伐的林分，到成熟时期林分树冠已经适当疏开，也不必进行预备伐。

预备伐的采伐对象是非主要树种，病腐木、站干、枯梢木、偏冠的、树干倾斜的、弯曲的、多节的、多头的、结实很少或不结实的Ⅳ极木和Ⅴ级木、由于它的存在而影响周围其他林木生长的老狼木（霸王木）。

预备伐的采伐强度，在平原和山区的采伐强度应有所差异。一般来说，平原预备伐的采伐量应占原林分蓄积量的 25% ~ 30%，山区预备伐的采伐量应占原林分蓄积量的 10% ~ 15%。采伐后林分的郁闭度不宜低于 0.6 ~ 0.7。在山区，坡度越大，采伐强度应越小，特别是伐后水土流失较严重的地区，预备伐的采伐强度切忌过大。

（二）下种伐

下种伐是在预备伐若干年后，为了疏开林冠，促进林木结实下种，为幼苗幼树生长创造良好的环境条件而进行的采伐，是渐伐方式中的第二次采伐。

下种伐的目的是疏开林冠，改变林内光辐射的分布，增加林内透光量，扩大树体营养空间，提高树体营养水平，促进林木结实，完成下种任务。

下种伐的条件。为了完成下种任务，下种伐最好结合林木种子年进行，促使采伐木的种子能均匀地散落到渐伐林地上。同时，下种伐本身可以适当地破坏死地被物，增加种子与土壤的接触机会，有时为达此目的，可于林冠下辅以带状或块状松土。因而下种伐的基本条件应该是处于种子年的林分，且林分的郁闭度应达0.6以上。

下种伐的采伐对象。在没有进行过预备伐的林分，采伐对象应与预备伐的采伐对象基本一致，但应注意采伐一些结实量相当大的林木，较好地完成下种任务，对于已经进行过预备伐的林分，采伐对象主要是优势木及普通木。同时在选择采伐对象时，应注意选伐结实量较大的林木。如果伐前林分郁闭度仅有0.4～0.5，以及在预定采伐的林分中，有足够数量的目的树种的幼苗、幼树，可以不进行下种伐。林分郁闭度虽然大于0.4～0.5。但组成林分的树种结实量很少的，也可不进行下种伐，而采用人工更新代替下种伐。

下种伐的采伐强度。采伐木的蓄积量应占原林分蓄积量的10%～25%，采伐后的郁闭度应保持在0.4～0.5。一般坡度较大，伐后水土流失较严重，采伐强度宜小；采用耐阴性树种更新的，采伐强度宜小些，保留郁闭度宜大些；采用阳性树种更新的，采伐强度宜大些，保留郁闭度宜小些。在林冠下的幼苗不受高温，旱、晚霜和杂草危害的前提下，采伐强度可适大增加，以获得较高经济效益。

（三）受光伐

在下种伐之后，林地上逐渐长起许多幼苗、幼树，它们对光照的要求逐渐增加。受光伐是为了解决幼苗、幼树的光照问题而进行的采伐，是典型渐伐的第三步。

受光伐的目的就在于使逐渐生长起来的幼苗、幼树增加光照，增加幼树的营养空间和营养水平，使其正常生长。

受光伐的条件。下种伐后，更新起来的幼苗、幼树对光照的要求逐渐增强，此时的林分郁闭度已满足不了幼苗、幼树的生长需要。这样的林分，应该进行受光伐。受光伐林分的郁闭度一般在0.4以上。

受光伐的采伐对象一般为健康木，采伐时应注意均匀性，使林分均匀透光。受光伐的采伐强度。以蓄积量计，一般采伐蓄积量为原林分成熟林木蓄积量的10%～25%。伐后的郁闭度应保持0.2～0.4，每株树冠相距应为15～20米。受光伐的采伐强度可以适当提高，因为保留较多的林木至后伐时，对幼苗、幼树的损伤将会增加。下种伐到受光伐的间隔期，主要决定于树种的生物学特性，如为耐阴树种的幼苗幼树，生长缓慢，对高、低温危害等不良气候因子比较敏感，间隔期则需要较长时间（4～6年），受光伐时，保留木应适当多些；幼树为阳性树种，间隔期可短些，受光伐时采伐强度可大些，对于一些抵抗能力强，幼树生长迅速的树种，受光伐可以省略，直接进行下一次采伐（后伐）。

（四）后伐

受光伐后3～5年，幼树由于得到充足的光照和足够的营养空间，生长加速，逐渐接近或达到郁闭状态，且对日灼、霜冻和杂草的危害具有较强的抵抗能力，而再不需要老树的保护。因而后伐也称解放伐，是典型渐伐的最后一次采伐，是将伐区上成熟林木全部伐去。

后伐的目的是解放幼树、保证更新效果、加速新林生长。因而这次采伐一定要及时，不得延迟，幼树越高，在伐木、集材过程中受的损害将越大。北方地区可考虑在冬季有积雪时进行采伐，以减少对幼树的伤害。

后伐的条件是幼树已经形成林层，接近或达到郁闭状态，且成熟老龄木的存在已成为新幼林生长的障碍。

后伐的采伐对象是伐区上全部成、过熟林木。后伐的采伐强度，依伐区上成、过熟木计，为100%。

渐伐一方面是利用森林资源，另一方面，在于保证森林更新和加速保留木的生长。为了不使保留木的生长条件发生急剧变化，并使幼苗幼树得到保护，一般来说，弱度的、适当的多次采伐是合理的。但是，依据预定要进行渐伐的林分状况和更新特点，通常不需要通过上述4个阶段的采伐，可省略掉其中的1次或2次，而成为2次或3次渐伐。如当林分疏密度较低，林分已经开始大量结实，或者林下已开始有目的树种的幼苗幼树，这时就可以将预备伐以至下种伐省略，当预备伐后林木长期不能大量结实，因而无法顺利进行下种伐，而必须在林冠下进行人工更新时，也可以将下种伐省略，待幼树成活后，直接进行受光伐。同样，如果更新起来的幼树已经郁闭成林，或虽未郁闭，幼树已能抵抗裸露环境所带来的各种不良危害，也可以将受光伐省掉，直接地进行后伐。在这些情况下，不按照上述的 4 个采伐阶段，而以简易渐伐代替，也是非常合理和必要的。另一方面，采伐次数越多，木材生产成本越高，因此在加强人为措施保证森林更新的前提下，减少采伐次数也是非常必要的。所以，在实践中应用的渐伐方式通常多是简易渐伐。

苏联采用有上述 4 个步骤的典型渐伐。在美国一般采用预备伐、下种伐和后伐 3 个步骤，但后伐可以分几次进行，最后一次后伐称作终伐。在德国，后伐是依幼树高度分几次完成的。

我国林业部 1987 年《森林采伐更新管理办法》规定：上层林木郁闭度较小，林冠下幼苗、幼树数量已经达到更新标准的，可进行 2 次渐伐，第一次渐伐采伐成熟林木蓄积量的 50%；上层林木郁闭度较大，林冠下幼苗、幼树株数量达不到更新标准的，可进行 3 次渐伐，第一次渐伐采伐林木蓄积量的 30%，第二次渐伐采伐林木（保留木）蓄积量的 50%，第三次渐伐应当在林冠下更新起来的幼树接近或者达到郁闭状态时进行。

渐伐的采伐次数，不仅可以在不同的采伐地段上分别确定，就是在同一个采伐地段上亦可以采用不同次数的采伐，因为即使在林分面积只有几公顷的地段内，林木的密集状态、结实或更新情况也是不同的。例如，在山西关帝林区油松林内，我们可经常遇到这样一些林地：有的地方林木很密集，冠幅很小，结实很少；有的地方林木比较稀疏，树冠不仅具备了大量结实的条件，而且下面已经更新起许多幼苗、幼树。另外，还有一些地方，林木很少，已经成为疏林地或林中空地，这里更新起来的幼树已经郁闭形成林层，可以独立生长而不再需要老树的保护。对于这样一些不同情况，林业工作者就需要从客观实际出发，分别决定不同的采伐次数。这样，不仅对木材生产没有妨碍，而且可以合理地利用森林资源，保证森林更新效果，利于实现森林资源的再生及永续利用。

渐伐分 2 ~ 4 次伐去成熟木，通常有利于森林的天然更新，但是为了确保更新效果或更换组成林分的树种，也可以进行人工更新。这种人工更新，特别适合于幼苗需要部分遮阴和不耐杂草竞争的树种。

渐伐时采伐木的选择，除了典型渐伐的要求外，一般还应考虑以下几个原则：①有利于保留木的结实及更新起来的幼树生长；②有利于保留木的生长；③同时照顾到木材生产的需要，即合理利用森林资源。

为了合理利用森林资源并实现森林资源的永续利用。渐伐时应该首先伐掉站干、病腐、枯梢、偏冠、倾斜、多节、多头、树干弯曲的林木，其次伐去过熟的大径木及次要树种的大径木，并在不影响规定保留郁闭度的前提下，伐掉较良好的成熟林木，使保留木能够均匀地分布于采伐地段上。对于那些树干通直圆满、发育良好、生长优良健壮的林木，一般应保留到最后采伐。保留生长状况最好的林木不仅为了作为种源母树，而且能于伐后加速保留木生长，增加林分生产量。

二、渐伐的种类

由于需要实施主伐的林分的自然条件不同，及林分的树种组成和结构上的差异，主伐后必然要采取不同的更新手段，才可能在合理利用森林资源的同时，保证实现森林资源的永续利用。因而在对成熟林分实行渐伐作业时，也应该依据渐伐林分的自然条件及实际特点，依据资源再生的更新特点，对成熟林分实行不同的渐伐作业，从而使渐伐作业产生了多种类别。渐伐作业因伐区排列方式不同，一般可分为均匀渐伐、带状渐伐（伐区式渐伐）、群状渐伐（盆状渐伐）、简易渐伐（简化渐伐）。

（一）均匀渐伐

均匀渐伐，是在预定实施渐伐作业的整个林分内对成熟林木及过熟林木实行预备伐、下种伐、受光伐、后伐等渐伐作业。

均匀渐伐的基本特点是不设伐区，也不进行伐区排列，对林分的渐伐是均匀地、全面地进行采伐。

对林分实施均匀渐伐时应该注意以下几点。

（1）预备伐或下种伐时应特别注意保留优良的保留木，以保证天然更新的良好种源条件及森林生长潜力。

(2) 在山地条件下，坡度大，容易引起水土流失的地段，尽量不采用均匀渐伐。需要进行均匀渐伐时，一定要注意强度小、次数多，以防形成较大的水土流失。

(3) 风会对林木生长产生很大影响，林木常会出现风倒、风折现象。因而害风大而且多的地段不宜进行均匀渐伐，在有必要使用均匀渐伐时，也应该以次数多，强度小为原则。

均匀渐伐的基本优点是作业简单，木材成本较低。

(二) 带状渐伐

带状渐伐也叫伐区式渐伐，是按照一定的方向分带进行的渐伐。带状渐伐要进行伐区排列，依据伐区排列结果进行采伐。伐区排列时可以安排采伐列区，亦可以不安排采伐列区。

采伐列区的渐伐顺序，是首先将要采伐的林分划分为一个一个组的采伐列区，而后在一个采伐列区上由一端开始，在第一个伐区上（即采伐基点）首先进行预备伐，其他带保留不动；经过几年以后，在第一个伐区上进行下种伐，同时在相邻伐区（第二个伐区）上进行预备伐；再过几年以后，在第一个伐区上进行受光伐的同时，于第二个伐区上进行下种伐，在第三个伐区上进行预备伐；再过几年，于第一个伐区上进行后伐，第二个伐区上进行受光伐，第三个伐区上进行下种伐，第四个伐区上进行预备伐。以此类推，直至全林采完为止。

与均匀渐伐相比，带状渐伐由于有未采伐林木的侧方保护，在渐伐的伐区上进行预备伐和下种伐后，可以减少保留木的风倒、风折危险性，在进行下种伐的伐带上又为下种更新创造了良好的生态环境条件，利于下种更新，更新起来的幼苗、幼树可减轻太阳光直射和干旱风的吹袭；带状渐伐又能把大面积林地上的林木蓄积量分配在一个较长的时期内采伐；同时带状渐伐也利于水土保持和水源函养。在山地条件下，伐区可沿等高线设置，从上往下采伐，伐木下山倒，集材不经更新起来的幼苗区，利于幼苗、幼树的保护及生长。

带状渐伐伐区宽度应依据风、旱、光危害程度，坡向、坡度、水土流失情况，幼苗幼树需要侧方庇护的情况来确定。一般伐区的宽度应为树高的 1 ~3 倍。在幼苗幼树需要庇荫，风害严重，坡度大，伐后产生水土流失严重的条件下，伐区的宽度宜窄些，幼苗幼树不需要庇荫，风害轻或无风害，坡度平缓，采伐后产生的水土流失较轻或不产生水土流失的条件下，伐区宽度可适当宽些。

需要注意的是，采伐带也不宜过窄，因为过窄时，采伐后集材、运材困难，又易损伤幼苗幼树，增加木材生产和更新成本。

带状渐伐的伐区方向及采伐方向。一般来讲，伐区方向应和主要害风方向相垂直，采伐方向应逆着主要害风方向。这一规律在具体应用时，在平原还应考虑干旱条件和光照条件，在山区还应考虑山体大小、坡度及水土流失、更新、种子流失情况。因而在我国平原干旱地区条件下，为了利用南侧的林墙增加渐伐迹地的空气及土壤湿度，利于种子发芽及幼苗幼树的生长，保证更新效果，伐区应东西方向设置，由北向南采伐，避免渐伐迹地受强日光照射。在山区坡度较大，伐后水土流失较严重的条件下，为了防止种子流失和产生严重水土流失的不良后果，伐区应沿等高线设置，自上而下进行采伐。自上而下采伐的主要意义在于采伐后集材不经过已更新起来的渐伐迹地，有利于保护更新效果。当然，在山体不太大，坡度较平缓，水土流失较轻或无水土流失的情况下，有时为了便于采伐作业，降低木材成本，提高采伐的经济效益，伐区亦可顺山设置，沿等高线方向采伐。

带状渐伐的采伐次数依树种及具体立地条件而异，大部分采用 2 ~3 次。带状渐伐的采伐对象，在选择采伐木时可参照典型渐伐。

(三) 群状渐伐

群状渐伐也叫盆状渐伐，一般是以成熟林内生长有幼苗、幼树而上层成熟林木较稀疏的地段作为基点，先在基点上进行采伐，然后逐渐向四周扩大，直到将全部林分采完。

实行群状渐伐的林地上，如果没有伐前更新的基点，也可以人工选择几个适当地方作为基点，并使这些基点能够均匀地分布于全林分内。这种方法更适合于耐阴性树种，但不适合对霜害敏感的树种，因为孔状的采伐点容易形成霜穴。

群状渐伐由于其采伐面积分布极不规律，无论集材或今后经营管理都会比较困难，因此，这种方法除非林地上已形成较多的前更幼树，因势利导外，一般情况下很少应用。而在某些陡坡上的林分，则可以采用。

群状渐伐是不均匀的采伐，更新期较长，一般至少需要20年，有些地方需要20~30年，更新后形成的林分一般为异龄林。

通常情况下，群状渐伐每公顷可设3~5个基点。立地环境条件好的林分，采伐基点可设置少一些，每个基点向四周扩大的范围可以大一些；反之，立地环境条件比较差的林分，采伐基点可设置得多一些，每个基点向四周扩大的范围可小一些。一般情况下，每个基点的采伐范围为0.02~0.05公顷为宜，比较特殊的条件下可以扩大到0.1公顷。当群状采伐的基点（林窗直径）为17~20米时，渐伐后迹地更新情况良好，而当群状采伐的基点（林窗直径）为20~35米时，渐伐后更新起来的幼苗幼树常受霜害，死亡严重，严重影响更新效果。

群状渐伐的采伐木和保留木。先在基点上采伐的林木，应该是部分停止生长的、生长弱的Ⅳ、Ⅴ级林，病腐木，树冠过大的优势木，部分高生长很大的用材树。采伐以后的保留木，按照克位夫特分级法，应该是亚优势木和普通木。这里的采伐木和保留木主要是指预备伐和下种伐的对象。

群状渐伐的间隔期一般为4~5年，采伐基点的扩大范围一般为10米、15米和20米。

群状渐伐的基点和扩张形状：一般可以是圆形。在干旱地区，由于土壤含水量较低，易于干燥，不利于伐后更新和保护更新效果，基点和扩张形状宜为椭圆形，南北短，东西长。山地坡度越陡，水土流失越易发生。为了有利于水土保持和水源涵养，防止流失水土及种子流失，保护更新效果，基点和扩张形状也以椭圆形为宜，要求垂直短，水平长。

群状渐伐和其他渐伐相比有以下优点。

（1）林地上更新形成许许多多金字塔形的异龄林，林相美观，可用于疗养林、风景林、环保林及城市绿化林。

（2）在水土保持、水源涵养方面，其效果比均匀渐伐和带状渐伐好。

（3）群状渐伐每公顷就设置3~5个基点，若错一个点，仅是一个点错误，不会对全局造成较大影响。

群状渐伐的主要缺点在于集材困难，不能进行机械化作业，当然，在山区可以搞架空索道集材。

由于群状渐伐的特点，在下列条件下不宜使用。

（1）林下为常绿的灌木。

（2）林下落叶灌木成丛生长。

（3）亚高山林下草高、旺盛。

（四）简易渐伐

简易渐伐也叫简化渐伐，是典型渐伐中缺少任何一步的采伐。

简易渐伐的实质是将典型渐伐中某一次或二次不需要的渐伐步骤去掉或者是将没有意义的渐伐步骤去掉。因而简易渐伐的步骤是2~3次。

阳性树种组成的林分，以天然更新为主，或以阳性树种更新的林分，由于更新树种喜光性强，幼苗、幼树生长就需要全光照，成熟林木伐掉后不会因为环境条件变化较大而对幼苗幼树造成危害，能保证更新效果的，可以省略掉受光伐而直接进行后伐。有些林分，原来林分本身就比较稀，林下幼苗幼树又很多，本身更新的效果良好，预备伐、下种伐意义不大的，可以将预备伐、下种伐省略。对于一些郁闭度为0.2~0.4的稀疏成熟林，林下更新较好或林下采用人工更新效果较好的，也可以不进行受光伐。有些树种组成的林分，结实量很少或不结实的，或下种后难以更新的、或需要改变树种的，可用人工更新来代替天然下种而不进行下种伐。

总之，对于不同情况的林分，可以依据更新的特点和需要实行相应的简易渐伐。

简易渐伐的各种技术措施可以参照典型渐伐。简易渐伐将渐伐次数压缩1~2次，使每次渐伐的采伐蓄积量有较大量的增加，从而可以降低木材成本，提高森林资源利用效益，在目前市场经济条件下是很具有实用价值的。

三、渐伐的优缺点与选用条件

（一）优点

（1）渐伐因为有丰富的种源条件和上层林冠对幼苗幼树的保护，所以比皆伐或留母树皆伐法的更新更有保证，且幼苗分布均匀，更新效果良好。目的树种种粒较大，不易传播，或幼树需要老林保护时，渐伐是最可靠的主伐方式。同时渐伐是灵活性很大的一种主伐方式，即适用于耐阴树种，又适用于阳性树种。

（2）渐伐的更新期一般5～20年，形成相对同龄林，因为这期间有好几个种子年，所以保证了天然更新种子的来源，可在很在程度上降低更新成本。

（3）渐伐形成的林分，是在采完老林以前，这样不仅缩短了轮伐期，而且在整个伐区上总保证有林子的遮盖作用。因而在山地条件下，森林的水土保持作用和水源涵养作用不会由于森林采伐而受到较大影响。同时与择伐一样，能保持对环境的美化作用。

（4）渐伐不仅具有皆伐作业比较集中的特点，而且具有比择伐法更加有效地利用优良林木增加生长、提高木材利用价值的特点，有利于森林资源永续利用的实现。例如，预备伐、下种伐采伐以后保留下的林木，由于林冠稀疏，保留木营养面积扩大，能加速直径生长成为大径材。渐伐与皆伐林比，在森林更新期内，相对能更充分利用生长空间，利用土地资源，从而也就增加了木材的生长量。

（5）渐伐虽比皆伐需要更高的经营技术和采伐工艺，但对经营管理者来说，与择伐相比渐伐则具备有条不紊的优点。由于渐伐主要应用于单层林或同龄林，与择伐相比，渐伐的施工就比较简单。

（6）若用二次渐伐，每次渐伐亦可获得较大的木材生产量，提高木材采伐的经济效益，同时对于整个木材需要和木材供应来说，亦可解决很大问题。

（7）大粒种子树种组成的林分，采取渐伐作业，种子照样可以均匀分布于伐区上，非常有利于大粒种子树种的天然更新。

（8）每次采伐以后的剩余物较少，同时由于采伐后环境条件的变化，微生物种类和数量增加，采伐剩余物及凋落物易于分解，减低了火灾发生的危险性。同时由于林冠下杂草较少，利于更新。

（二）缺点

（1）采伐和集材时对于保留木和幼苗幼树的损伤率较大，同时也不利于采伐和伐后迹地清理。因而，合理设置集材道、讲究采伐和集材技术就显得非常必要。否则，会使前更幼树由于遭受到严重破坏而不能成林，不利于实现森林资源的永续利用。

（2）渐伐是2～4次将成熟木全部伐完，每次采伐木与保留木的确定以及采伐量的计算，都要求有较高的技术水平，要求对树种的生物学与生态学特性、森林群落特点与林冠下更新起来的幼苗幼树生长状况都有一定的了解。

（3）二次渐伐，林分采伐强度大，伐后林分稀疏，保留木易发生风倒、风析、枯梢等现象。特别是耐阴树种采用二次渐伐时，风倒、风折更为严重。

（4）薄皮树种如云杉、冷杉、水青冈等组成的林分，受光伐后更新起来的幼苗和幼树容易受日灼害。

（5）渐伐中的采伐、集材费用均高于皆伐作业。同时，预备伐或下种伐采伐的多是有缺陷的林木，因而在经济上收益不大。但只要林区道路网能够全面铺开，使下种伐及后伐同时在不同地方进行，就可以大大克服这一缺点。具体施工较皆伐困难。

（三）选用条件

（1）渐伐的采伐次数和采伐强度具有相当大的灵活性，除少数极强阳性树种外，可以适用于任何树种组成的林分。皆伐天然更新有困难的树种，应用渐伐更新成功的可能性要大一些。大粒种子树种组成的林分，采用渐伐作业可使种子均匀地散落在伐区上，有利于天然更新。幼年期需要遮阴的树种，选用渐伐作业，可以更好保证更新效果，有利于森林资源的再生。

（2）许多林分内，前更幼树在更新中起着重要作用，可依据林冠下更新的数量和特点。相应采取不同的渐伐方法及采伐强度，促进伐区更新和加快幼苗幼树生长。如果林下已有足够的更新幼苗、幼树，且分布均匀，生长状况良好，可以采用更大的采伐强度或全部把老林伐光，这种方法，更新成功的条件决定于前更幼苗幼树的数量和特点，以及伐木和集材过程对幼树的保护程度。

（3）在山地条件下，有些地方坡度比较大，伐后容易产生水土流失，或林分有其他特殊的价值，或采伐以后容易获得天然更新的成功但土层较薄，皆伐以后森林较难恢复，应以采用渐伐方式为宜。

（4）有些水土保持林、水源涵养林及防风固沙林等，由于林分本身为同龄或相对同龄成熟林，采取择伐难度大，木材生产成本过高，适宜采用渐伐方式。

（5）渐伐适用于同龄林，但也可以在异龄林中采用。

四、渐伐在生产中的应用

在400多年前，德国就开始使用均匀渐伐法。最初渐伐只进行2次，第一次采伐大部分林木，留下少量的林木作为母树供天然更新下种之用。后来发现第一次采伐后风倒严重，幼苗幼树易受寒害，因而逐渐增加渐伐的次数。到1791年，哈尔提西（G. L. Har. tig）总结了当时德国橡林及水青冈林的采伐经验，正式提出渐伐进行三次，即下种伐、二次伐（相当于受光伐）及后伐。此后，这种主伐方式不仅应用于阔叶林，也应用于针叶林。这种方式以后为了有效防止风倒，又发展产生带状渐伐。

群状渐伐的出现较晚，是为了防止水土流失和土壤条件恶化，使幼苗幼树免于霜害和雪害，由盖耶尔（K. Gayer）作为反对皆伐而提出来的。这种方式的出现，表明渐伐得到了进一步的发展。

苏联在山地条件下的水青冈林、冷杉林、云杉林及松林中，都比较多地应用了渐伐方式。在山地云、冷杉林中多采用3次采伐的渐伐方式（带状）；在应用群状渐伐时，基点直径多为17～20米，每公顷设置4～5个基点，基点的扩张范围多为0.2公顷左右。这种方法有较好的水土保持和水源涵养效益。在山地松林中，采用带状渐伐方式，多为2次；而应用群状渐伐时曲点直径一般为25～30米，每公顷设置基点3～4个，基点的扩张范围相对大些。

美国认为渐伐是同龄林作业法中最为灵活的一种（T. W. 丹尼尔）。因而在美国，对同龄林实行主伐作业时，常用全面渐伐（即均匀渐伐）和带状渐伐两种渐伐方法。在一个轮伐期内（也就是更新周期内）进行多次性采伐作业。渐伐作业一般分3次完成，即预备伐、下种伐、受光伐或终伐。

由于渐伐对技术条件与设备条件要求比较高，因而在我国的应用还不够广泛。大兴安岭林区对落叶松林进行的渐伐，在更新方面也取得了满意的效果，得到了生产单位的肯定。在缺乏人工更新条件的地段（例如沼泽地、塘地、陡坡与土层较薄的落叶松林），可以进行2次渐伐。西南高山地区的云南松林，长江流域的马尾松林，华北、西北的油松林、华山松林、落叶松林以及云杉林都可以进行渐伐作业，尤其是在难以进行人工更新和采用皆伐后具有发生水土流失危险的地区，应合理采用渐伐作业，因为这种主伐方式在保证更新与防护作用方面更具有突出的优点。

在我国目前市场经济的条件下，山西有一部分林区为了解决林场经济困境，对从林分生长发育和数量成熟方面看处于近熟林状态，而从目前市场对木材的需要量和价值方面看达到经济成熟状态的林分，实行经营采伐作业，同时在林下进行人工更新促进天然更新。

这种采伐也是在较长的时间（1～2龄级期）内将老林采伐完并完成更新，使幼林达到郁闭状态，使林地土壤永远有森林庇护。这相当于对渐伐方式的进一步发展，既把林场推向了市场，解决了市场对木材的一部分需要量，又解决了林场的实际经济问题，合理地利用了森林资源。如果伐后更新工作做得好，更新效果良好，将有利于森林资源的永续利用。这种经营采伐的方法，在我国目前市场经济的条件下，值得一试。但采用此法，特别要注意更新问题，必须保证具有满意的更新效果，否则无法实现森林资源的永续利用。

基于渐伐的特点及中国森林多分布于山区，且又有比较多的林分分布于陡坡薄土地段的状况，渐伐在我国将会有更多的应用和发展。

第四节　择伐与更新

择伐是森林主伐方式之一，是指逐渐伐去上层木，天然更新后形成的林分为异龄林的一种主伐方式。

择伐最适合在异龄复层林里进行，每次采伐仅伐去一部分达到一定径级或具有一定特征的成熟木，林地上始终保持着多龄级林木，森林的天然更新是连续进行的，择伐后更新的林分仍是异龄复层林。经营管理好的择伐林，天然更新容易获得成功，因为择伐林分的天然更新过程很接近于原始林的更新过程，其不同之处是，择伐是通过采伐成熟林木造成林冠的疏开，而原始林则是通过老龄过熟木的自然枯死和腐朽造成林冠的稀疏。

实施择伐，有利于森林更新和森林的永续利用。

一、择伐更新过程及其特点

（一）择伐更新特点

择伐更新，在异龄复层林里进行。异龄林分具有不同年龄不同径级的结构，不可能采用以面积为采伐单位的伐区式作业法，而需采用以株数为采伐单位的作业法，成熟木是以单株分散采伐或者呈小群团状选择采伐。采伐作业可一直重复地进行，始终保持所采伐的林分为异龄林，采伐过程与森林的更新紧密结合，每次采伐之后都会在林分内创造良好的空间和光照条件，使之有利于幼苗的发生和生长，短间隔的每次采伐之后，都不断有新龄级的林木出现。

通过择伐使林分始终保持异龄多层结构，充分利用立体空间与平面空间，能够高度发挥森林生产力，保持连续生产。理想的择伐应该使每次采伐量相等，每年都可采伐，每年都有更新。从理论上讲，理想的择伐异龄林分，具有从 1 年生幼苗一直到主伐年龄的各种年龄的林木，即全龄林，每一年龄的林木株数不等，但所占据的面积相等。实际上，在自然界很难找到这样的林分，通常所指的异龄林是指由不同年龄级别的林木所组成的林分。在正常的异龄林林分里，各径级林木株数随径级的加大而递减，呈倒 J 形曲线分布；各径级的材积随径级的加大而递增，呈正 J 形曲线分布。

通常情况，假如一个林分有 3 个龄级或者更多龄级，每一龄级所占面积相等，各径级林木株数呈倒 J 形曲线分布时，可称为平衡异龄林；如果各龄级的分配很不均匀，则称为不规则的异龄林。实践中进行采伐的林分，原来的龄级分配多呈不平衡状态，所以每次采伐不一定相等，但经过长期合理择伐的林分，其更新树种的年龄分配，会越来越趋于平衡状态。

择伐通常是与天然更新相配合进行的。如果天然更新不能保证林分顺利完成更新时，也可采用人工植苗或播种造林的方法，促使林分更新项顺利完成。

（二）选择采伐木

选择采伐木直接影响留存林分的生长速度、质量及采伐的材种和规格。如果只顾木材生产和短期利益，不考虑以后的森林更新，采取径级择伐，即只采伐达到一定径级的优良林木，而把有缺陷、生长不良和次要树种留下，虽然第一次采伐时成本低，获利多，但是林分的质量会越来越恶化。使择伐后的林分逐渐被次要树种更替，材种材质降低，林分中病腐木、站干、虫害木增多，无培养前途的林木增多，林分质量下降。所以进行择伐时确定采伐木是非常重要的。

经过择伐的林分，应使其尽可能更新为平衡异龄林。所以在择伐时，以主伐为主，还应辅以抚育采伐。通常可将择伐林中的林木按高度分成上、中、下三层。组成上层的为高大的、发育良好的单株或成群分布的林木，组成中层的为高度中等、发育中等成群分布的林木，组成下层的为矮小的幼树。选择采伐木时可遵循以下原则。

第一，在上层林内，首先伐去受害的、弯曲的、罹病的、冠形不良的、阻碍幼树生长的成熟木或霸王树，疏伐上层能促进保留木的结实和加快生长。

第二，在中层林内，采伐衰亡的、干枯的、树干价值不大和冠形不良的林木。中层林的林木，是将来的培育木，不能过度疏伐。

第三，在下层林内，采伐将来不能成为用材的受害木和弯曲木以及非目的树种。下层林的林木，尽可能要密些，以便有助于中层林的良好整枝；在择伐更新中要遵照上述原则选择采伐木，实行择伐要求采、育相结合，应该做到：采坏留好，密间稀留，保护幼树，控制强度。林区工人编的通俗歌谣是

“保护幼壮树，伐除病枯木，间密留稀要适度；砍倒霸王树，解放被压木，采伐育林双兼顾”。合理的择伐应完成3大任务：①采伐利用已经成熟的与无培育前途的林木；②为森林更新创造良好条件；③对未成熟林木进行抚育。

（三）确定采伐量

确定采伐量是择伐更新中最重要的问题之一。在粗放择伐中，预先确定采伐树种径级，从而确定了采伐量的大小。在集约经营和林分年龄近乎平衡分配的情况下，一般以林分一定期间的生长量为标准来控制采伐量。所以每次采伐量不能过大，要按生长量调节采伐量。用林分的蓄积量除以林龄，得出年平均材积生长量，由此而确定采伐量。如现实林分每公顷蓄积量为400立方米，林龄100年，则每年生长量为4立方米。若每年采伐4立方米。林分蓄积量永远采不完。但具体择伐作业时，如果每年采伐量太低，经济上不合算。所以两次采伐之间要有一定间隔，间隔期长短视林木生长速度和经济条件而定，若间隔期为10年，每次可采伐40立方米；若间隔期为20年，每次可采伐80立方米。所以，在确定合理的采伐量和间隔期时，不仅要有利于保留木的生长，有利于更新，有利于林分的稳定，而且要坚持永续利用的原则，合理利用森林资源，降低采伐成本。

二、择伐的种类

按经营的集约程度，择伐可分为集约择伐和粗放择伐。

（一）集约择伐

集约择伐，又称经营择伐或更新择伐。以提高森林生产力，维持森林环境、保证更新和保持林木良好生长为出发点，来决定采伐强度、间隔期和采伐木，择伐后要维持林分内各种大小林木的均匀分布，择伐后的森林结构仍接近于原始林相。其区别在于，天然林内通常存在着衰老木、枯死木和风倒木，而人工经营的林分则很规整。

采伐强度，严格地说应使采伐量和净木材生长量保持平衡，按生长量调节采伐量。采伐间隔期决定于采伐量和生长量。

采伐木的选择，应本着“去大留小，去劣留优”的原则进行，并要维持各种大小林木的均匀分布。

集约择伐可采用单株择伐和群状择伐。

单株择伐，是在林地上伐去单株散生的、已达轮伐期和劣质的林木。采伐后，林地上所形成的每块空隙地面积较小，通常只有较耐阴的树种才能得到更新。

群状择伐，成熟木的采伐呈群状或块状，每块可包括2株或更多的林木，块的最大直径可达树高的2倍。块状地的大小可根据林木对光照的要求来确定，阳性树种可大些，耐阴性树种可小些。所以进行群状择伐具有较大的灵活性，可以克服单株择伐的缺点。在实行群状择伐的林分中，每一个块状地是由同龄的林木所组成，但由全林分看，仍是异龄的。较理想的群状择伐，最好使各龄级林木所占面积相似。这种择伐一般用天然更新，但更新不良时，可通过人工植苗或播种造林进行辅助更新。

由于集约择伐要求很高的经营技术和进行集约经营，采伐木分散在全伐区，作业成本高，所以，对在一般用材林中采用这种方法还有异议。因此，集约择伐方式主要适用于具有防护意义的森林，在经营强度较高的林区也可采用。

我国《森林采伐更新规程》规定，间有珍贵树种和采伐后容易引起沼泽化、草原化、水土流失等的森林，应该用经营择伐，并规定采伐强度为伐前蓄积量的30%～40%，伐后郁闭度不低于0.5；最大强度不能超过60%，最低郁闭度不能低于0.4。采伐中不能过多采伐目的树种，保证林分质量不降低。

（二）粗放择伐

粗放择伐是与集约择伐相对而言，着重于当前的木材利用，而忽视今后森林的产量和质量。目前，世界上很多国家的边远林区，由于交通条件的限制，所采用的径级择伐，即为一种粗放择伐，类似于“拔大毛”的采伐方式。

进行径级择伐，首先考虑的是采伐木的规定要求，而忽视更新。确定采伐木的标准主要是径级，即根据对木材的要求，确定最低的采伐径级。有时为了追求降低成本，只采伐合乎径级要求的健康优良木，而对已达规定径级的病腐木、弯曲木等有缺陷的林木，弃之不采。

径级择伐的强度较大，采伐强度常在30%～60%，甚至更高。采伐后林分的疏密度常降低到0.5以下，甚至到0.2，采伐间隔期很长，多数情况下没有固定的间隔期。

伐后林况杂乱，林木生长不良。常常是目的树种被伐，而次要树种上升为优势，林分质量和数量大大降低。所以说粗放择伐是只伐好不伐坏，追求眼前利润，是对森林资源进行掠夺性采伐的方式。

三、择伐的评价与选用条件

（一）择伐的评价

1. 优点

择伐可以使林地上永远有高大林木的庇护，森林环境变化不显著，动植物种群也相对保持不变，森林的各种有益效能可以不间断地发挥作用，有利于保护生态环境，有利于涵养水源，能防止土壤冲刷、滑坡。

择伐迹地种源丰富，存在着永久的母树种源，幼苗能得到林冠的保护，不易遭受日灼、霜冻、风、旱的危害，能够减少阳性杂草的竞争，因此天然更新一般是可靠的，即使在不良的气候条件下，也能逐渐更新起来，特别是耐阴树种的更新可靠性更大，可以大大降低更新费用。

择伐形成的是复层异龄林，可以充分利用光能，增加林分的生物量。

与皆伐、渐伐后形成的同龄林相比，择伐后形成的异龄林具有更强的抵抗能力，能降低自然灾害的危害，如能减少风折、雪压的危害等。

择伐林分多层郁闭，大小林木参差不齐，间有少量单株择伐或群状择伐的空地，具有良好的美化风景的作用。

2. 缺点

与其他主伐方式相比，择伐的成本高。因为择伐的间隔期短，每次采伐量小，采伐木分散，每次采伐时除采伐老龄木外，还要兼顾抚育中、小径木，因此采、集比较困难，加大了造林成本。

择伐作业中不可避免地要损伤一部分不应采伐的林木。因为择伐林中各龄级林木相间分布，采伐和集材中会对未成熟的林木和幼苗、幼树造成损伤。

择伐要求较高的技术条件，要根据树种、立地条件及林分状况来决定采伐强度和采伐间隔期，以期使择伐林分逐渐转变为平衡异龄状态，因而技术复杂，较难掌握。采伐木选择不慎，易使林分破坏。

不利于阳性树种的更新及成长。

森林调查和生长量及产量估算比较困难。

（二）选用条件

（1）由于择伐林始终有高大的林木，具有较高的防护和美化作用，所以是山地水源涵养林、水土保持林、风景林，河流两岸的护岸林，铁路和公路两侧的护路林，陡坡、岩石裸露地和高山角森林的一种最好的主伐方式。

（2）雪害和风倒严重的地区，采用采伐强度小、间隔期短的单株择伐，可以减轻灾害的发生。

（3）在混有珍贵树种的林分中，可采用择伐，将珍贵树种作母树，繁殖后代，以保证珍贵树种的繁衍和发展，提高林分质量。

（4）采伐后容易引起林地沼泽化或草原化的林分，使用择伐可防止林地环境恶化。

（5）适于在经营水平较高的地区使用。

（6）耐阴树种构成的异龄林，适用单株择伐，阳性树种组成的阔叶混交林，适用于群状择伐。而强阳性树种组成的林分，使用择伐时幼树更新困难，一般不宜采用。

（三）择伐在生产中的应用

择伐是最早应用的主伐方式，最初人们对木材需要量不大，需要什么材种，就在森林中采伐什么树种，择需而伐。随着工业的发展和社会经济发展的需要，出现了径级择伐，根据用材要求，确定最低采伐径级标准，只砍伐规定径级以上的优良木。随着社会的发展，科学技术水平不断提高，各树种各径级的林木都有了利用价值，人们的认识水平也逐渐提高，开始认识到利用森林必须以培育森林为前提，提出对森林资源应进行合理利用，集约择伐。

中国东北林区在敌伪统治时期，曾长期采用径级择伐，以往叫拔大毛，掠夺式地只挑合乎一定径级的珍贵树种砍伐，如大强度地砍伐红松、云杉、水曲柳、黄波罗等珍贵树种，使林地卫生状况恶化，林分质量下降。

新中国成立后，为了充分利用木材资源，在采伐优良木的同时，也采伐过熟木、病腐木、枯立木，同时注意保存优良的母树和保护幼树，伐后清理伐区，为林分更新创造条件。60 年代初，东北林区大力推广采育择伐，又叫采育兼顾伐。是针对阔叶红松林提出的主伐方式。采育择伐与集约择伐类似，但有区别。集约择伐完全服从经营上的需要，考虑木材生产较多，采育择伐是把采和育结合起来，但以育为主的主伐方式。采伐后利用保留的小径木、幼树以及人工补栽幼苗来恢复森林。但由于生产单位在采伐作业时，采伐强度往往过大，又不能按要求及时补植，作业林分选择不当，结果不尽人意。据东北林业大学调查，依 1964 年东北林区主伐更新大会战中 84 块择伐标准地材料，阔叶红松林择伐迹地并不能都达到良好更新，其中更新优等及良好的只占 32.1%，中等的占 28.6%，劣等的占 39.3%。柞树红松林择伐后更新可达优良等级，但枫桦红松林择伐后不能达到满意的更新。所以在枫桦红松林中采用择伐是不适宜的。据原内蒙古林业科学研究所调查，大兴安岭落叶松择伐林，有的择伐强度为 80% ~90%，伐后郁闭度为 0.1 或更低，事实上已接近皆伐，伐后每公顷更新数量不足，更新质量不高。因此在《森林采伐更新管理办法》中规定：中幼龄树木多的复层异龄林，应当实行择伐。择伐强度不得大于伐前林木蓄积量的 40%，伐后林分郁闭度应当保持在 0.5 以上。伐后容易引起林木风倒、自然枯死的林分，择伐强度应当适当降低，两次择伐的间隔期不得少于一个龄级期。

合理的择伐，应该严格控制采伐强度，要清理病腐木，集材时要少伤幼树，在稀疏处要进行人工更新促进更新，可使林分越采越好，向可持续利用方向发展。在经营水源涵养林、水土保持林、风景林、护岸林、护路林，以及陡坡与风害严重的森林时，都可采用集约择伐，南方山地的毛竹林也应选用择伐。

第十九章　低价值林的经营

第一节　次生林发生及其重要性

次生林相对于原始林而言，是在次生裸地上演替起来的生物群落。即是在原始林经过采伐、开垦、火灾及其他自然外力破坏后，经过天然更新，自然恢复形成的次生生物群落。由于次生林是天然林，故又称为天然次生林。

对原始林的破坏程度不同，次生林的结构会有一定的差异。原始林遭受彻底破坏（如皆伐、重火灾）以后形成的次生裸地，原始林的森林环境发生了完全改变，次生裸地上首先形成的次生生物群落的建群种为先锋树种（如山杨、白桦）。这种次生林，树种较单一，生物群落很不稳定，会逐步被其他树种（如落叶松、云杉）构成的生物群落所更替。当原始林遭受的破坏较轻，或者不严重的情况下，生物群落中或多或少留存有原建群种的个体和较多的原群落中的伴生种。如东北阔叶红松林经过不同程度的择伐保留下来的林分俗称“过伐林”，若破坏程度较轻，还保持有原始林的生态环境及外貌特征，则仍可称为原始林。若多次采伐，破坏程度较重，仅保留一些原群落中伴生种的植株，并侵入一些先锋树种，树种较为复杂，俗称杂木林。这种林分仍具有较大的稳定性。另外，有些人工林在采伐后又生长起原栽培树种的萌生林木与天然发生的其他树种混生形成森林群落，如萌生杉木林，也是次生林。

次生林的发生发展包括两种过程，一种是森林群落的退化（逆向演替）；另一种是森林群落的复生（进展演替或恢复演替）。

森林群落退化是指原始森林群落（或原始森林）在外因（如采伐、开垦、火烧、放牧、病虫害、旱灾、水灾等）的作用下，特别是各种人为活动的作用下，森林群落由原来的比较高级的阶段向低级阶段退化。这种退化的直接原因是外力，且任何次生林发生发展的速度、趋向、经历的阶段与产生次生林的类型及其途径也都决定于外界因素作用的方式、程度和持续时间。若外力作用越强、破坏越彻底、时间越长，形成的次生林结构越简单，类型越单纯。外力作用达到一定强度时，原始林可一次性直接退化到次生裸地。

外力作用停止以后，森林群落的退化即停止，次生林群落便转向进展演替，又逐渐向着原始森林群落的方向发展。这种进展演替可从次生裸地开始，也可从某个次生演替阶段开始。进展演替的速度与原始群落被破坏的程度成反比，原始森林群落破坏的越严重，恢复到原始群落的时间就越长，破坏越轻，恢复到原始群落的时间就越短。

我国地域辽阔，自然生态环境条件复杂多变，各个地区次生林的发生、发展，就共同规律和途径而言，虽具有很多共性，但由于受到地带性自然环境因子（气候、土壤等）的制约，各地区的次生林发生、发展各具其自身特点。所有的次生林无一不与其地带性植被及区系存在密切联系。但是，次生林只要不加人为干涉，经过长期保护和封育，让其按自然规律演替，通过趋同途径也就必然向原生地带性植被群落方向发展。

次生林形成及发展的内在因子：①原始森林群落被破坏后，适生于该气候区的群落残留树种（如原始林内的许多混交阔叶树种）的保留程度及繁殖能力。残留种的保存数量和繁殖能力对次生林的发生和发展有着相当重要的意义和作用，从某种意义上讲，在较大范围内没有天然种源的条件下，这一因子可能是次生林发生发展的决定性因子。②原始森林群落被破坏以后，生态因子的变化对残留种及侵入种的生态适应性及其成林性质产生重大影响，从而对次生林群落的结构产生重大影响。生态因子的重新分配和组合，使得适应于这一新的生境条件的侵入种及残留种得以繁殖和定居。又通过竞争和反应使次生林群落继续进展演替。因而，原群落破坏后生态因子的变化是次生林形成的内在因子。③原始森林群落被破坏后，侵入种的侵入能力是次生林形成的必要条件，特别是在原始群落被彻底破坏以后，新的侵入种必须经过迁移、定居、竞争、反应几个过程，才能使新的、比较稳定的次生林群落形成。侵入种的侵入能力越强，次生林群落越易形成，侵入种的侵入能力越弱，次生林群落则越难以形成。④次生林中各树种之间以及和其他植物之间的竞争和适应关系，对次生林的形成、组成、结构、发展等也有着重大影响。

我国次生林分布很广，且多数是新中国成立后经过封山育林成长起来的，中、幼龄较多，树种较多。有些种是从原始群落中残留下来的，这对植物区系特征与地理种源等方面的研究均具有一定的价值。

“次生”意为“再生”。大量的次生林，如北方的山杨、白桦，南方的杉木、马尾松、云南松等，生长速度远远超过原始林，甚至在一定时期内超过人工林。这对于缩短森林培育期和获得多种用材均具有一定的现实意义。

次生林多分布于交通方便的浅山区，近居民点，它为农业生产、农村建设和当地人民生活提供各种用材；它在调节气候、涵养水源、防止荒漠化、保持水土、护田护牧、保护环境等方面发挥着良好的作用；它蕴藏着丰富的自然资源和林副产品，是发展多种经营的良好基地。由此可见，次生林是中国自然资源的宝库之一。同时，次生林可以促进农林结合、农村繁荣。据不完全统计，华北次生林区的农民，一般林业收入占农村经济总收入的30%～50%。正如农民所言：树是摇钱树，山是聚宝盆，种好庄稼护好树，半靠庄稼半靠林。

第二节　次生林的特点与类型

一、次生林的特点

在次生林各演替阶段，森林群落在其植物种类成分、林学特性、垂直结构、水平结构、树种起源、生长状态等一系列群落结构特征和特性上和原始林有明显的差别，但自身也有着许多共同的特点，为了不断提高次生林的经营管理水平，充分发挥次生林的多重效益，认识和掌握次生林的特点具有的重要现实意义。

次生林的特点主要表现在以下几个方面。

（一）次生林的生态环境条件

原始森林群落受到大面积彻底破坏后形成的次生裸地，由于失去了森林植被的覆盖作用，林地受光量剧烈增强，日温差增大，气流速度加快，蒸发量增大，土壤水分趋于减少。原来多年积累的枯落物迅速分解。一方面生态环境条件发生剧变，另一方面使土壤中的有效营养元素含量增加。土壤中有效营养元素含量的增加，为新植物种的生长提供了良好的养分基础，而生态条件的剧变，只有具很强适应性和繁殖能力的先锋树种定居下来以后，才能逐渐得以缓和。因而，次生林及次生林区的生态环境条件与原始林区相比是有明显差别的。总的说来，我国北方的次生林区的空气和土壤都趋于干燥，具干燥化的特征，特别是在阳坡上，这种干燥化的趋势更为明显。而且次生林内光照较强，温度也较高。正因为如此，次生林内微生物的种类和数量也增加，这有利于凋落物的分解和腐殖质的积累，从而促进了次生林营养元素的吸收、利用和生物循环。

（二）次生林树种单纯

次生林进展演替时期，树种成分与原始林有明显差别，森林群落组成成分较为贫乏，树种较单纯。原始林破坏后，生态环境条件严重恶化，其结果只有少数树种才能生长，形成少数树种占优势的林分。这种林分的组成树种多为阳性及中性树种。如东北山地，不少原来保存在红松阔叶林区的地史孑遗种如黄波罗、天女木兰，以及存在于东北南部的盐肤木、三椏乌药及刺楸等，由于原始林早期受破坏，次生林不断扩大，这些树种分布区大为缩小或所剩无几，而适应性强的杨、桦、栎类等阳性树种常形成大面积的纯林。这些树种通常具有喜光、速生、抗逆性强和结实量大、种子飞散能力强等特点，因而在原始森林群落受破坏后，这些树种都能借伐桩萌芽、根蘖或较强的种子繁殖能力及较强的生态适应性，迅速占据各种迹地，形成大面积次生纯林。当然，也有一些抗逆性较强、种子飞散能力强的强阳性针叶树种，如落叶松、马尾松、云南松等，在迹地上残留下一些林木植株，这些母树或附近林分会给迹地天然下种，使迹地得到较好的天然更新，形成质量较好的次生林。

（三）次生林垂直结构简单，水平结构多样

原始林被破坏后的初期，由于生态环境条件剧变，由少数先锋树种形成次生林，树种较单一，垂直结构也就整齐一致，表现为单层林冠结构。在不受外力破坏，没有耐阴性树种侵入条件下，单层结构可维持很长时间，直到成、过熟时期。多数情况下，随着次生林的发育，林内环境发生变化，中性及耐阴树种侵入，林下形成新的层次，整个群落出现复层结构。

次生林的水平结构差异较大，常出现多样性，一般有以下几种类型。

(1) 单株散生。多出现在实生起源和过度采伐的林分中，由于下种的偶然性与环境条件的差异以及采伐的随机性而产生这种结构。

(2) 群团分布常出现在地下茎、根蘖繁殖或天然下种集中形成的次生林中。如当林分皆伐后，以母株为中心形成该树种绝对优势的群团。

(3) 簇状分布很多萌芽力强的树种，如栎、柳、桦、核桃楸等，在采伐以后，常在伐根上萌发出多数萌芽条，形成簇状分布的林分。

(4) 均匀分布次生林分在早期具有很大的密度（如山杨、白桦），经过强烈自然稀疏的调节，形成均匀分布的次生林。

（四）幼龄林、同龄林多，无性繁殖起源林分多

现有次生林大部分是新中国成立以来经过封护和后来的抚、改、用阶段成长起来的，除一小部分达到近熟或成熟阶段外，绝大部分为中、幼龄林。

原始林绝大部分是异龄林，而由于破坏程度和方式的差异，由于经营的不同，次生林既有同龄林又有异龄林。皆伐迹地、火烧迹地、撩荒地上形成的实生次生林如山杨、桦木林一般为同龄林。其萌生林多为同龄林。但经反复破坏的林分则为异龄林，其异龄性又随破坏持续时间而异。破坏时间越长，异龄性越大。

由于构成次生林的树种如桦、杨、栎与一些阔叶树种（椴、槭、白蜡等）具很强的萌生能力，人为反复破坏又进一步加速这一特点的发展，因而次生林大多数为无性更新起源。一般靠近居民点、交通方便的地方，次生林破坏程度重，无性更新起源次生林比重就大；偏远山区、交通不便、次生林破坏程度轻，无性更新起源次生林比重相对较小。

山西各林区次生林起源情况与此相吻合，次生林中萌生与实生并存的林分（如针阔混交林），形成的森林群落是比较稳定的。

（五）次生林初期生长快，衰退早

次生林无性起源林分多，构成树种多为速生树种，因此比原始林生长速度快、成熟也早。如黑龙江省东部次生林，生长量达到最高时的年龄，要比云杉与红松林早30～90年。这是因为形成次生林的树种具有早期速生的特点，但是它们停止生长和衰退也早。辽宁省的栎类次生林，20年生左右就达到生长高峰，每公顷年生长量达7～8立方米。60年以后生长就明显减慢，每公顷年生长量仅2立方米左右。

次生林的生长速度又因树种与立地条件的不同而有较大差异。大部分软阔叶树类，速生期来得早，持续期短，衰退也早。就所处的立地条件来说，凡立地越好，林木生长愈快，达到成熟期也就越早。北方的山杨，在Ⅰ地位级上成熟期为25年，而在Ⅱ、Ⅲ地位级上则要推迟到35年。

（六）次生林的稳定性较差

次生林通常分布于交通方便之处，易受外力破坏，结果造成群落逆向演替，破坏程度越强，退化越厉害，有的可能退化到疏林、灌丛、草地，甚至荒地。当破坏作用停止以后或从次生裸地上由喜光的先

锋树种形成的次生群落未受破坏的条件下，群落就会沿着进展演替的方向发展，不断发生树种更替，逐步形成稳定性较强的植物群落。因而，次主林的稳定性较差，我们见到的次生林仅仅是处在演替过程中的某一阶段的群落。

次生林稳定性较差的原因，是由于构成先锋群落的喜光树种不能在该林下完成天然更新，而由一些中性或耐阴性树种在林下更新，形成更新或更替层，逐步形成混交林，并且随着先锋树种的衰退，中性或耐阴性树种占据群落上层，使原群落发生本质变化。一般而言，由阳性树种（如杨、桦）构成的次生林稳定性最小；由中性树种（如白蜡属及某些常绿阔叶树）构成的次生林稳定性居中；由栎类构成的次生林稳定性较大；而由云南松、马尾松、落叶松等能反映地带性气候与土壤的树种构成的次生林，稳定性最强。

（七）次生林分布的镶嵌性

由于外力作用的方式、程度和持续时间不同，由于地形、土壤条件和树种特性的差异，多数次生林分布极不均匀，常呈团状、块状或大小不同的片状分布。这些次生林分，不仅树种组成不同，就是树种组成相同的，其年龄、密度、郁闭度的差异也是很大的。因而，这些次生林常呈镶嵌状分布。次生林镶嵌形式的水平分布有两种：一是不同群落相互间隔镶嵌，有人称其为群落的复合性，这种现象在次生林区是很突出的；二是次生林与各种地类（如农田、草甸、灌丛、荒山等）的镶嵌，称之为交错镶嵌，这就造成次生林在经营上的复杂性。

（八）次生林的多病虫害性

原始森林群落因植物种类成分的多样性，形成群落内部动物、植物、微生物的丰富性和食物链的完整性，因而对于种群的消长有较强的调节能力。整个生态系统处于相对稳定状态，病虫害难以大量发生。而次生林则由于植物种类成分较少，形成群落内的动物、微生物的贫乏性与食物链的相对不完整性，对种群消长的调节能较差，整个生态系统处于相对不稳定状态，病虫易于大量发生形成严重危害。加之次生林萌生植株要依靠老树根获取营养，老树根系的部分死亡与伐桩的腐烂，更易使病菌侵入萌生植株，造成心腐；不合理的人为破坏性经营，易使林木降低生长势，使林木更易遭受病虫侵害。故萌生的次生林常有病害，以干心腐病最为严重（病腐与林分破坏程度相关），多次破坏后的多代萌生林，病腐更重，如山杨往往在90%以上。此外次生林受病虫害情况与年龄有关。一般在次生林达到一定年龄之后，随着年龄的增加，受病虫侵害率明显增加。

二、次生林的类型

次生林的类型是对次生林采取合理的经营措施、进行科学经营管理的基本依据。我国常用的次生林类型划分方法，有自然条件分类法及经营措施分类法。

（一）次生林的自然条件分类

1. 次生林按优势树种分类

森林群落的发展，由上层优势树种起支配作用，通常情况下，优势树种能够确切地表现森林的演替阶段和人为作用的大小，它是森林环境的创造者，又能在一定程度上反映森林环境的质量，且又常是人们经营的主要对象。因而，人们常采用优势树种来划分次生林类型，如山杨林、白桦林、拴皮栎林、辽东栎林、油松林、落叶松林等。由于次生林的主要树种一般都对环境有较强的适应能力，在不同立地条件下生产力又差异很大，因而可利用上层优势树种和林下活地被物优势种一起来划分次生林类型，其原因在于活地被物优势种对立地条件有指示作用。

2. 次生林按立地条件分类

森林群落与环境是一个统一体，在这一统一体中，生态环境条件的变化对次生林群落发展起着决定性作用。只要环境条件发生变化，次生林群落必然在组成、结构及生产力方面发生相应变化。当然，次生林的不断演替，也会在一定程度上改变森林环境，但这种改变是长期和渐变的。一般而言，次生林群落容易受人为活动的影响，而生态环境条件相对来讲是比较稳定的，故在划分次生林类型时，可以将生态环境因子作为基础，按立地条件对次生林进行分类。这里的生态环境条件（立地条件）主要指气候条件与土壤条件，但在同一气候区内，次生林则主要受土壤肥力（水分及营养元素）的影响，因而先按土壤肥力的差异划分立地条件类型，然后再与次生林的优势树种结合起来划分次生林类型也是实用和可行的。如干燥贫瘠马尾松林、潮湿肥沃山杨林、干燥贫瘠白桦林等。

3. 次生林的生态环境主导因子法分类

在林木栽培（造林）组织立地条件类型时，我们曾介绍采用主导环境因子分级组合法对立地条件进行分类，这一方法也可用于次生林的分类。因为海拔高度、坡向、坡度、坡位等地形因子的不同，会使各种生态因子形成显著的差异，从而导致次生林的变化，地形又是个较稳定、易于鉴别的自然因子，作为主导因子进行次生林分类也易于掌握。如山脊陡坡蒙古栎林、缓坡白桦林。当然，主导因子除地形外，也可引入或采用对次生林生长发育有重大影响的因子如“土壤”。这样能更准确地反映不同次生林类型的差异，如南坡薄土油松林，北坡厚土山杨林等。

（二）次生林的经营类型

为了对次生林进行有效和合理的组织经营，为了便于实际操作，在划分次生林自然类型时，将经营目的与技术要求相同的次生林合并划分为若干经营类型，以便按经营类型组织作业，经营类型可划分为以下几个类型。

（1）利用型。次生林的一部分处于零星分布状态，年龄已达成熟，对于这一部分次生林，应及时地进行采伐利用，并注意作好森林更新工作，使更新跟上采伐，以提高土地生产潜力。

（2）培育型有些中、幼龄次生林，密度、郁闭度较大，组成及树种适合于森林资源的再生，这类型林分应采用培育的方法，依据林分的具体情况采用抚育间伐手段及整形、修枝措施，留优去劣，提高次生林生长量及林木质量。抚育间伐的有关技术和指标可参照有关章节的内容。

（3）改造型一部分次生林树种价值低、生长缓慢、干形不良、材质低劣、郁闭度小、生产力极低或无生产潜力或非目的树种占优势，无培育前途。这类型的次生林，若继续培育，不利于扩大森林资源，不利于林地生产潜力的发挥。应当对林分进行改造，彻底改变林分组成，以便充分发挥林地生产潜力，利于森林资源增长。

（4）培育改造结合型。有些次生林，树种组成较为复杂，组成林分的各树种生产潜力大小不均。一些树种生产潜力较大，值得培育，一些树种生产潜力很小，应采伐改造。这类型林分，既不能全面采用培育的方针，也不能全面采用改造的方法，应组织为培育改造结合型，培育改造措施并举。通过抚育间伐除去低劣和生产力不高的树种，间伐后主要树种的数量不足或不均匀分布时，应引进主要树种实行局部栽培或更新。

（5）封育型。一些次生林林分有一定数量的优良木，这些林木可作为良好的天然种源下种；或尚未结实，生长势很旺，但郁闭度、密度不够抚育间伐标准的幼、中、近熟林；或处于山脊、陡坡、立地条件差，生产力低下，又对山体有重要防护作用，这些次生林不能随意采伐，以免影响水土流失，应实行封山育林，让其按照进展演替的方向发展。

第三节　林分改造的意义和对象

一、林分改造的意义

无论人工林和天然次生林，均有一部分林分生产力低、质量差或密度过小。这些林分中有的密度小、树种组成结构不合理，而使林地生产力不能得到充分发挥；有的生长不良，树干弯曲、扭曲、枯梢或遭病虫害与自然灾害后生长衰退，成林不成材，林地生产力同样得不到充分发挥。这些类型的林分不能按经营目的提供用材或产量很低或不能很快发挥多种效益，没有培养前途，可称为低价值林分。

就人工林而言，低价值林分涉及的树种主要有：杉木、马尾松、油松、杨树、榆树、刺槐、黄波萝、水盐柳等，且多表现出未老先衰的特征，因而人们形象地称其为“小老头”林或“小老树”。这些“小老头”林南方有，北方也有，北京有，山西也有。如北京西山区域的部分油松林，山西北部的杨树林，南方杉木边缘产区的杉木林，均是典型的“小老头”林，这些“小老头”林面积较大，有的可占人工林面积的30%以上（区域范围）。

就次生林而言，低价值林分涉及的树种主要有山杨、白桦、黑桦、栎类、白蜡属以及落叶松、马尾松、云南松等。杨、桦、栎在北方次生林区占的比重很大。在采伐萌生成林后，山杨的病虫害越来越重，生长衰退；白桦密度过小，生产力低下；黑桦占有较好的立地又不能生产较好的用材；栎林在严重破坏后形成一些灌丛林或干形不良，无培养前途。

总而言之，低价值林分的改造已成为我国森林经营工作中的一项重要任务，也是科研工作中的重要课题。所谓低价值林分改造就是对组成、结构、林相、郁闭度与起源等方面不符合经营要求的那些产量低、质量次的林分进行改造的综合营林措施，使其转变为能生产大量优质木材和其他林产品，并能充分发挥多种效益的优良林分。当然低价值林分改造只有在具有一定的经济条件下方能进行。

二、低价值林分改造的对象与要求

（一）“小老头”人工林

指在造林后，由于树种选择不当等原因，林分长时期处于成活不成林，成林不成材的产量低、价值低的林分。这类林分的主要特征是植株矮小、树干弯曲、树冠平顶，有的萌条丛生，无明显主干或发生枯梢现象，年龄未达成熟状态却显示出明显的衰老特征。

如杉木边缘产区某地，17年生的杉木人工林，平均高度不及1米，平均每株地上部分干重仅0.22千克；而正常生长的12年生的杉木人工林，平均树高7.1米，胸径10.6厘米，平均每株地上部分干重达18.07千克。北京周口店附近的人工油松林30年生，树高2米左右，山西北部的杨树“小老头”林，30~40年生杨树林，林分平均高仅3~4米。可见人工“小老头”林的生长之慢，产量之低。

（二）生长衰退无培养前途的多代萌生林

有些树种如山杨组成的林分，经过多代萌芽更新，生长速度减慢，生产力很低且心腐严重。年龄不大，林分高、径、蓄积生长就表现出数量成熟状态，没有任何培育前途，应列为改造的对象。另外象多次萌生的杉木林也往往生长衰退，甚至枯死，不宜继续培养，也应该列为改造对象。

（三）非目的树种组成的林分

这类型林分中经济价值低劣的树种占优势，多为非目的树种，组成中缺乏目的树种。

这种林分无法通过抚育间伐来调整林分组成，使组成达到经营要求，满足经营目的，必须采取改造措施，使之达到经营要求，满足经营目的。

（四）郁闭度在0.3以下的疏林地

人工林由于造林后成活率、保存率低，或因放牧受破坏而形成幼龄疏林地；天然幼林由于封育不良，人畜危害较重，也能形成幼龄疏林地；也有的林分，由于多次采伐破坏而留下近、成熟林的残林。这些疏林必须采取相应的森林经营技术措施，才能较好地恢复森林，充分发挥林地生产力。

（五）遭受自然灾害严重的林分

无论人工林或天然林，在遭受火灾、风灾、雪灾及较严重的病虫害后，有的林木个体受机械损伤，树梢树枝折断；有的弯曲、多头、分叉，以致失去利用价值；有的由于病虫原因枯损严重；有的林木死亡，造成疏密不匀、林相残败，甚至出现林中空地。这些林分需要尽快改造，以恢复生产力。

（六）生产潜力过低的林分

用材林由于组成不合理，生态环境条件不适宜或由于其他因子的影响，林分虽然仍具有一定的生产力，但生产量过低。速生树种的中龄阶段，每公顷年生长量不到3立方米，中、慢生树种的中龄阶段，每公顷年生长量不足1.5立方米。这样的林分虽然林相比较整齐；但生产力过低，应列为改造对象，提高林分生产潜力。具有防风固沙、护堤、护岸、护路等防护作用的林分不在改造之列。

（七）更新不良、低产残破的林分

一些残败的近熟林分，林分结实不良，结实能力差，林下目的树种的幼苗、幼树又极为缺乏，若对这种林分放任不管，将很难通过进展演替恢复生产力，应列为改造对象，采取必要的营林技术措施。

（八）灌木林地

除了有专门经营目的的灌木林地，如作养蚕用的柞树丛林、作编织用的柳丛林、采果用的沙棘丛林，其他灌木林地若无特殊经营目的，应采用营林技术措施改造为乔林。

林分改造的基本要求：①“适地适树”，变低产林为高产林；②改萌生林为实生林，提高林分生长潜力；③改疏林为具一定密度的林分，提高林地生产力；④对非目的树种组成的林分改换树种，使之符合经营目的；⑤改低价值的阔叶林为高价值阔叶林、针阔混交林或针叶林变低价值林为高价值林；⑥改灌丛林为乔林，使之满足培育目的，提高土地生产力。

确定改造对象以及改造时间、改造方法时，还应考虑林分所处的自然生态条件和经济条件。类似的林分，在不同的生态环境条件下，不同的经济条件下，在一个地区应划为改造对象或采用某种改造方法近期实施，而在另一个地区则可能不需要改造或推迟改造。因而林分改造既要考虑必要性，又要考虑可能性和可行性。

第四节 低价值人工林改造

低价值人工林形成的原因不同，改造方法应该有所不同。其形成原因和改造方法大致可以归纳为以下几种：

一、造林树种选择不当

人工造林的生物原则是适地适树，即要求造林树种的生物学特性与造林地的立地环境条件相适应。造林时由于树种选择不当，造林树种生物学特性与立地条件不相适应，从而导致人工林生长不良，难以成林成材，不能满足造林目的。在我国北方干旱半干旱地区，水分条件很差的造林地（如山西西北地区的干旱沙地、沙梁及黄土沟壑丘陵地带）上营造的杨树林，或在南方低丘的阴坡、山脊与多风低温的高海拔地段上营造的杉木林，这些人工林中大量“小老头”林的形成，其原因就是树种选择不当。

对于这类低价值人工林，一般需要依据人工造林的生物原则，选择有效的适地适树途径，更新树种，重新造林。例如在晋西北黄土丘陵沟壑区及覆沙区，可用樟子松和油松来改造小叶杨的“小老头”林；也可选用适合当地的杨树品种，用杨树柠条混交林、杨树沙棘混交林来改造“小老头”杨树林，均可以提高人工林生长量，发挥林地生长潜力，获得满意的改造效果。笔者对偏关黄土丘陵区的杨柠混交林研究结果表明，杨柠混交林林分平均高生长量比杨树纯林提高46.51%～113.95%；平均胸径生长量提高44.44%～132.72%；林分平均生物量提高达206.22%。且这种混交林对于增加土壤肥力及活化土壤元素是很有益的。

在更换树种时，杨树“小老头”林除了保留一部分杨树，重新营造杨柠、杨沙混交林外，也可在杨树纯林中引进刺槐，或重新营造杨树刺槐混交林，使杨树生长有明显转变。在较干旱瘠薄地段的杉木人工林中引入马尾松或相思树，在沿海地区杉木人工林中引入柳杉，均能使杉木的生长条件有所改善，促进杉木生长。对树种选择不当的低价值林分，也可采用混农林的方式进行改造。如大同杨树局（中德合作项目）在金沙滩的混农林试验结果表明，混农林可以大大提高杨树高生长、径生长、蓄积生长及生物生长量，提高较差立地条件的土地生产潜力。

二、整地粗放，栽植技术不当

细致整地，精细栽植，均是重要的林木栽培基本技术措施。同时，细致整地是改善幼林生长条件的一道重要工序。整地过程中，如果不把土壤中的杂草灌木的根系挖除或整地太浅，松土面积太小，都将影响幼林生长。同是2年生的杉木，挖大穴整地造林的，林分平均高为挖小穴整地造林的6.3倍，根系重量为小穴造林的20倍。有关调查结果表明，大穴整地，土壤中杂草根系极少，仅占0.54%，杉木根占96.46%；小穴整地，杂草根系丛生，占总根量的97.19%，杉木根系仅占2.8%。杂草根系分布最多的地方，也是杉木根系密集的地方，严重地与杉木争夺水分、养分及生态空间，极大地影响了杉木的正常生长，可见在造林整地中采用粗放的方法是“小老头”林形成的重要原因之一。

造林时若不细心，如果栽得过浅，培土不够或覆土不实，栽植时造成窝根等，不但会降低苗木成活率和保存率，而且会严重影响林木的正常生长。如晋西北黄土丘陵区及石质山区造油松林（用丛植法），每穴苗木株数多达10株以上，虽然成活率、保存率可观，但从造林后第三年开始就严重影响幼苗生长；再如吉林省通辽县在沙地栽植杨树时，如果开沟浅于80厘米，则严重影响成活和幼林生长。

上述原因形成的低价值人工林，在改造时应着眼于林地管理，清除杂草、松土、培土、深翻施肥，使林木恢复生长势。对生长势极差的幼树可以去掉，栽植大苗，或更换树种。更换树种或栽植大苗时还应该注意细致整地和精细栽植。

三、造林密度偏大或保存率过低

由于造林密度过大，生态环境所提供的营养面积和生长空间就不能满足幼树的生长发育需要，结果必然导致林木生长不良，且容易遭受病虫害和其他自然灾害的危害。保存率过低，人工林长期得不到郁闭，林木难以抵抗不良环境条件及灌木的压抑影响。

对于密度过大的林分，应尽快进行抚育间伐，为保留木提供足够的营养面积和生长空间，以恢复树势。对于生长衰退的幼林，还应结合松土，复壮幼林。抚育间伐时应将萌芽力强的树种连根清除，以免萌生条与目的林木争夺养分空间。保存率过低的人工林应进行补植。补植时应注意补植树种和立地条件的适应性，以免形成新的低价值林分。同时补植后幼树的抚育措施要跟上。

四、缺少抚育或管理不当

造林后不及时抚育，或抚育过于粗放，经营管护不好，幼树则生育孱弱或受破坏。补救措施如下：

（一）深翻土壤

深翻土壤是生产上广泛使用的有效方法。深翻土壤的时间，我国北方地区以雨季前进行为最好，南方地区宜在秋、冬季节进行。深翻土壤的适宜深度应依据树种生物学特性（根系分布特性）而定，深根性树种宜深，浅根性树种可适当浅些，在有条件的地方，深翻深度均应达到和超过林木主要根系分布层。北方地区一般不宜小于20～25厘米，南方地区一般不宜小于30～40厘米。土壤深翻的时间一般为3～4年，在间隔期内每年应进行1～2次一般性的松土除草工作，深翻土壤对于提高林木生长量，特别是幼林生长量是明显的。如辽宁省林业科学研究所在建平县马厂林场杨树人工林的调查，深翻土壤可使0～30厘米的土壤含水量平均提高4%左右，有效地促进了小青杨的高生长，特别是在深翻土壤后的第二年，高生长比未松土的林分增加1.5～6.5倍。

（二）开沟埋青、施肥

此方法在杉木林区常用，北方低价值人工林也可借鉴。开沟本身就是一种深翻土壤的措施，而埋青又是一种以肥促林的改造手段，因而能有效地增加林木根量，尤其在土壤40厘米处，细根量明显增加，这便可促进地上部分生长，使“小老树”返老还童。开沟埋青的做法：是在行间开宽50～60厘米的壕沟，先将表层30厘米的土壤挖出放于一旁，再在沟底松土20～30厘米，然后撒放青草、肥料，再将沟上存放的表土回填沟内。

（三）平茬复壮

由于缺乏管护，受人、畜破坏而形成的低价值人工林，若树种具较强的萌生能力，常可采用平茬的办法复壮。林木平茬后，可大大加速林木生长。北方的杨树、南方的杉木，因受破坏而变成枝多、早熟、树干弯曲，或无明显主干的“小老头”林，生长势相当衰弱，这种林分，让其萌芽更新，次年在萌芽条木质化之前再择优而留，培土壅根，可以收到良好的改造效果。

（四）封禁育林

离居民点较近的中幼林，由于过度放牧、整枝、搂取枯枝落叶与任意砍柴等活动而形成的低价值人工林，组成林分的林木个体还具备较强的生长势，应尽快制止破坏活动，封禁育林，通过进展演替使人工林得以恢复。当然，若能辅以一些其他育林措施，较好地恢复地力，能更好地提高林分生产力。

此外，适度修枝，及时除蘖，实行林粮间作等多种措施，只要选用得当，就可在一定程度上将低产、劣质的林分改造为优质、高产的林分。

第五节 低价值次生林改造

多数次生林的生产力和生长潜能都是比较高的。但由于立地条件的不同，树种的差异，有些次生林生产力和生长潜能都很低，甚至完全没有培育前途。我们把那些生长过早衰退、干形不良、材质很差、郁闭度过小、林木分布不均、林相残败、以非目的树种占优势和患有严重病虫害的次生林，称为低价值次生林。这类次生林，需要采取一定的改造措施，以恢复林分生产力。

由于低价值次生林的复杂性，在林分改造的具体操作时，采取的营林措施不是单一的，而是将许多营林措施综合起来运用。这些措施归纳起来主要有两个方面，就是采伐和栽培。但次生林改造的采伐与一般抚育间伐的采伐和主伐的采伐不同。其区别在于，次生林改造的采伐强度，不受限制。其强度的大小决定于林分的状况和进行改造的要求。当主要树种被压，目的在于恢复主要树种的优势地位而对林分进行的抚育间伐，才属于次生林改造措施之一。常规的主伐任务在于利用森林资源和进行森林资源的更新，因而采伐的最基本要求是在成熟林中进行。次生林改造范畴内采伐的目的，在于改变林分组成，恢复林分生产力而不是利用森林资源，因而采伐常在未成熟林中进行。

次生林改造的造林方法，虽然与一般的造林相似，但在进行栽培树种选择时，除应考虑引入树种的适地适树的问题外，还必须认真考虑引入树种与原次生林树种可能发生的种间关系，保证引入树种的顺利生长成林。若在林冠下进行栽培，还须考虑引入树种的耐阴性。在林中空地补植时，还应考虑引入树种的耐温差能力。

总之，对低价值次生林的改造，应依据林分的个体情况采取针对性的技术措施。常用的次生林改造措施主要有以下几种。

一、全部伐除，全面造林

有些次生林非目的树种占优势，林相残败无培养前途，林木绝大多数为弯曲、多杈、受病虫、人畜危害，难以培育成材。对于这样的林分，改造的目的在于彻底改变树种组成和整个林分状况。具体操作时，首先伐除全部林木，但对目的树种的幼树应予保留，然后在采伐迹地上采用适宜的树种进行人工造林。这种方法一般适用于地势平坦或植被恢复快，不易引起水土流失的地方。在山区特别坡度较大，易发生水土流失的条件下，应禁止采用这一方法。

这种方法又可依据改造面积的大小，分为全面改造和块状改造。全面改造的最大面积一般不超过10公顷；块状改造的面积应控制在5公顷以下，呈品字形排列。块间应保持适当距离，待改造区新造幼林开始郁闭时，再改造保留区。一般来说，次生林多分布在山地，不同坡向、不同坡位、不同海拔往往分布着不同类型的次生林，因而对低价值次生林进行改造时，块状改造更为适用，因而也是常用的方法。次生林改造的关键在于按照立地条件正确地选择栽培树种。特别要注意避免形成针叶纯林，以提高林分对自然灾害的抵抗能力和森林的生态防护效能。

二、清理活地被物，进行林冠下造林

在林冠下进行人工造林，常采用植苗或播种的方法。一般适用于郁闭度低的低价值次生林的改造。该法应先清除稀疏林冠下的灌木、杂草，然后进行整地造林。清除灌木、杂草的强度及整地方法和规格与植苗和播种选用的树种密切相关。如在山西北部、中部较高海拔条件下，林冠下补植华北落叶松，由于该树幼年极喜光，且耐温差，故清除杂草、灌木应彻底，可进行林冠下全部清理或宽带状、大块状的清理，然后进行整地造林。

林冠下补植云杉时，由于该树种耐阴性较强，全光下难以完成更新，因而在林冠下应窄带状、小块状清除灌木杂草。有些树种，还应依据幼年的特性，确定清理林冠下杂草灌木的方法和整地规格以及栽植后的经营管理工作。如红松，在郁闭度大或全光下的生长状况均不如在稀疏林下好。这完全符合红松幼年耐阴的特性。随着红松年龄增大和上层林冠郁闭度的增加，对红松生长的不利程度增加。因而，在

林冠下造林后10年间，应进行上层疏伐。采伐的次数和强度应以红松的生长和立地条件而异。阳性树种在造林以后，一旦生长稳定，就应伐去上层林冠。在阴坡或阴冷条件下，林冠下造林不宜选用阳性树种。

林冠下进行补植补播造林的优点是：森林环境变化较小，苗木易于成活，杂草与萌芽条受抑制，可以减少幼林抚育次数。但在采用这种方法造林时，必须注意对上层林冠适时适度疏开，以利于幼树的生长。在伐除上层林木时，应严格控制树倒方向，以免砸伤幼树。伐木时间最好在春、夏两季，因此时幼树干比较软，不易折断。原东北林学院帽儿山林场的试验结果表明，幼树砸伤率不过15%，说明对新造幼树的损伤不大。

三、抚育采伐，伐孔造林

这是一种将培育森林资源和次生林改造相结合的方法。该法适用于林分郁闭度较大，但其组成有一半以上为经济价值低下、目的树种不能占优势或处于被压状态的中、幼龄次生林；也适用于屡遭人畜为害或自然灾害的破坏，造成林相残破、树种多样、疏密不均但尚有一定优良目的树种的劣质低产林分；还适用于主要树种呈群团分布，平均郁闭度又在0.5以下的林分。操作时，首先对林分进行抚育间伐，伐去压制目的树种生长的次要树种，伐去弯扭多杈的、受病虫害危害的、生长衰退的、无生长潜力和无培育前途的林木。然后在小面积的林窗、林中空地内人工栽植适宜的目的树种。有些林分本身呈群团状分布，其中有的群团系多代萌生，生长过早衰退，则可进行群团采伐、群团造林。

有些林分分布不均匀，有许多林中空地则应在群团内进行抚育间伐，在林中空地补植目的树种。造林树种的选择，除了应考虑树种适应于原林分立地条件外，还应依据林窗、林中空地的大小，考虑造林树种的耐阴性。林中空地小的选用中性或耐阴树种，林中空地大的（大于3倍树高以上），选用阳性树种。在阔叶次生林中，宜选用针叶树种，使其形成复层异龄针阔混交林。在立地条件较差的低价值次生林中，应特别注意引进能改良土壤的树种，以提高地力。

四、带状改造

该法主要应用于立地条件较好，但由非目的树种形成的低价值次生林。次生林的这种改造方式，是在被改造的林地上，间隔一定距离，呈带状地伐除带上的全部乔灌木，然后秋季或春季整地造林，待幼苗在林墙（保留带）的庇护下成长起来后，根据幼树对环境的需要，逐渐将保留带上的林木全部伐除。最终形成针阔混交林或针叶纯林。

这种次生林的改造方法在生产上应用较广泛，它能保持一定的森林环境条件，减轻平流霜冻危害；侧方庇荫有利于幼苗幼树的生长发育；并发挥边行效应。施工中比较容易掌握，也便于机械化作业。如在日本北海道，次生林采取树高幅的带状采伐，采伐带中央栽柳杉，收到良好效果。

带状改造与带宽、造林树种、坡向、坡度等有密切关系。采伐带宽，光照条件就充足，气温变化亦越大，萌条、杂草的生长就较旺盛，这种情况适宜栽植阳性树种；反之，采伐带窄（一般在5米以内），适宜栽植中性或阴性树种。采伐带上的树种选择，最好选择适合于该立地条件的针、阔叶树种混交，以便形成带状针阔混交林。在山区阳坡、坡度大和采伐后容易发生水土流失的情况下，采伐带的宽度应小些；反之，宽度应大些。山区采伐带的排列方向有三种：顺山带适用于坡度小于15度的平缓地段；水土流失很弱或采伐后基本不发生水土流失的地段，20度左右亦可使用。这种排列方向最大特点是便于作业。横山带或斜山带适用于坡度较大，易于发生水土流失的地段。横山带若隔年作业时，应先采伐上坡带，后采伐下坡带，以利水土保持和对林地造成较轻破坏。但横山带或斜山带会给林场作业带来一定困难。因而采伐后只要水土流失不发生或很轻微，采伐带以顺山带为宜。

为了保证新造幼树有良好的生长条件，在幼林郁闭前应及时松土除草、割除萌芽条。抚育的次数，以保证幼树的生长不被杂草灌木和萌芽条压抑为宜。

五、局部造林，提高密度

有些次生林，密度较小（郁闭度在0.5以下），甚至为疏林或疏密不均，但其符合经营要求的树种占优势。这种次生林不宜采用伐后造林的方法改造，而应该通过局部造林，提高密度的方法进行改造，以恢复林分生产力。其主要措施是在稀疏地段或林中空地直接进行整地，补植补播。栽培树种的选择一是考虑目的树种占优势，二是考虑尽可能改造为混交林，提高林分稳定性。局部造林通常采用块状法，块状法是在林中空地上清除灌木，进行大块状整地（块状面积1米×1米或1米×2米），在块状地上进行密集造林，即种植点采用群状配置，每块播种5~9穴，或栽植苗木5~9株，目的在于使幼树在块内尽早郁闭，利用群体抗性增强幼树对不良外界环境条件的抵抗能力和原有林木的竞争能力，提高幼树的成活率和保存率，减轻幼林抚育工作量。另外，这种改造方法选用树种比较灵活，未来的林分可以形成团状混交林。改造用的树种一般是比较耐节的、生长速度中等或稍慢的种类，强阳性树种一般不宜采用。除此之外，还应该考虑立地环境条件，考虑选用树种的适应性，如果选用的树种与立地条件不相适应，幼林生长慢，成林以后受压，达不到提高密度，恢复林分生产力的目的。

六、封山育林，育改结合

封山育林是对疏林地具有一定数量的伐根萌芽、具有根蘖更新能力和天然下种母树条件的地区，实行不同形式的封禁，并借助于林木的天然更新能力也辅之以抚育管理措施，来逐渐恢复和改造次生林的一种有效手段。该法明显特点是：用工省，成本低，收效快。应用面广，综合效益较高。在许多地区是一种行之有效的方法。我国现有的大部分经济价值较高的次生林，都是经过封山育林发展起来的。经过封山育林，不仅扩大了次生林的面积，提高了次生林质量，且在改造残、疏低价值次生林方面也起到了良好的作用。

（一）确定适宜的封育对象

封山育林，就是依照次生林进展演替理论既借助于自然力，又辅以人力，使次生林由稀到密，由纯林到混交林，由低产林分到高产林分的过程。要获得满意的封育效果，必须首先确定好封育的对象。生产实践经验表明，较为理想的封育对象如下。

（1）树种组成基本符合经营要求，郁闭度小于0.3的疏林和具有天然下种更新能力的残林，封育可获得满意效果。

（2）伐根萌生或根蘖能力较强的针阔叶树种的采伐迹地，应进行人工更新但又无更新能力的。

（3）次生林地本身具有一定数量的天然更新幼苗幼树，封育后通过次生林的进展演替可以成林的地段。

（4）次生林生长状况尚好，但易遭人畜危害，目前又无经济能力抚育的林分。

（5）育林效果不显著，无力或没必要改造的中、近熟林分。

（二）封山育林的基本方法

（1）死封又叫全封。封山育林时一次性封死，数年不允许有人为活动。封禁期内，不准许进入封禁区樵采、抚育或放牧，让林分进行自然演替。

（2）活封又叫半封。次生林封育期内，在不影响森林恢复的前提下，于生长季节封山，在树木休眠期开山。开山期间应有计划、有组织地让群众进山，按育林要求搞割灌刈草、修枝、间伐及其他副业生产活动。既要使林木得到抚育，次生林质量得以改善，生产力得以提高，又要做到封山封而不死，开山开而不乱。

（3）轮封是将整个所需封山育林地区划分成片，进行轮封轮放。在必要时可按计划、按要求进行生产活动。这种封育方法对薪炭林的育、改、用较为适用。

要使封山育林获得满意的效果，确实通过封山育林提高次生林质量，必须死封、活封、轮封相结合，封和育相结合，乔灌、草相结合。必须对次生幼林进行补植、补播和抚育工作，使次生林有合理的密度、组成和结构。

由于低价值次生林的类型较多，林分改造的措施也就各不相同。但在制订次生林改造计划和操作时，应该遵循以下一些共同的原则。

第一，应坚持以培育森林资源为主的方针，同时适当考虑森林资源的利用和封育区经济状况。一般来讲，有交通条件、劳动力充足和资金投入有保证时，可以进行林分改造工作，否则可暂时封育保护，有条件时再施工。当改造能获得较多木材时，不可片面追求经济收入，应考虑森林资源的再生，使林分越改越好。

第二，低价值次生林改造的技术措施应当因林因地制宜，进行综合改造培育。在次生林不同的发育阶段，其改造措施应有主有次，针对性强。

第三，低价值次生林改造工作的安排，施工的顺序，应该由近及远、由易至难、先点后面，先对立地条件好的低价值林分进行改造，而后改造立地条件差的地段，以争取在较短时间内获得较好的经济效益。

第四，林分改造应该集中成片地进行，一坡一沟地进行。既便于集中力量，又便于今后次生林的经营。

第五，要把低价值次生林的改造工作与其他森林经营活动及森林栽培工作结合起来进行。做到工作协调、安排合理。

第六，次改工作要有规划、调查设计，要有改造技术细则，具体操作方案，要有检查验收、监督保证制度。

改造效果如何，应有明显的检查标准。一般来说应符合下列要求。

第一，非目的树种是否已改造为目的树种，灌丛是否已改造为乔林，多伐萌生林是否改造为实生林，纯林是否改造为混交林。改造后的树种是否能适应立地条件，是否有较高的经济价值，是否利于森林资源的再生。

第二，疏林应改造为密林，林分密度适中，林地既能充分满足林木生长发育的需要，林木又能最大限度地利用营养空间，低产林分变成了高产林分。

第三，改劣质林分为优质林分，阔叶林改造为针阔混交林，林分抗性增强，林木生长健壮，木材材质较好。

由于林分改造初期群落尚不稳定，改造效果的评定应在 3 ~ 5 年后进行。

第二十章 功能用林的经营

第一节 农田防护林

一、农田防护林的概念、发展概况及作用

（一）概念

农田防护林是为保护农田、防御或减轻不良气象灾害对农作物的危害、保障农业生产稳产增产而营造的人工防护林。

农田防护林的形式有3种，第一种是林带形式，即在农田四周营造带状人工林。林带往往在农田之中交织成网，称为农田防护林网。第二种是林农间作形式，即在农田内部种植树木，其株行距均较大，近于散生状态，间作树木一般用能尽早产生经济效益的树种。第三种是林岛形式，即树丛和小片林。

（二）发展概况

农田防护林的营造历史大致分为3个阶段：第一阶段是群众以防止风沙危害农田为目的，在自己耕种的小块土地上，栽植成行的树木或实行间作；第二阶段从20世纪50年代开始，国家和集体组织大规模的农田防护林带建设；第三阶段是从60年代开始，以改造旧农田生态系统为目的，建立以窄林带小网格为主的农田林网防护林体系。

（三）作用

平原地区，地势平坦，易受自然灾害的袭击，建设以农田防护林体系为骨架的农田生态系统，保证农作物高产稳定，是世界许多国家的共同发展趋势。其原因在于农田防护林网是防灾治本，保障高效农业的重要途径之一。

在山区，一部分农田受自然灾害的侵袭较轻，但大量的农田由于地形支离破碎、沟壑纵横和位置不佳，亦常常遭受自然灾害的袭击。因而在山区易受自然灾害袭击的农田上，建设以农田防护林体系为骨架的农田生态系统，对于山区保障农业高产稳产，特别是发展高效农业更具有重要意义。我国农田防护林的作用主要有以下几个方面。

（1）护田防灾一般的林带可降低风速30%～40%。大面积农田林网可使风速发生递减作用，在林网保护下的农田，风灾可以得到防止或其危害程度可以得到减轻。

（2）建立新的农田生态系统在平原地区培育农田防护林，既是林业建设的需要，也是促进农业高产、稳产、增产，发展高效农业和牧业的需要，更是维持平原地区农业生态平衡的根本措施。因而，在平原地区建设农田防护林网，护大绿化，最终构成农林牧相结合的综合农业生态系统和农业地理景观，增加有机肥源提高土壤肥力，供应燃料，促进秸秆还田，补充饲料，发展畜牧业生产，是建立新的农田生态系统的需要，也是农田防护林的重要措施之一。

（3）调整农业生产经济结构。将以粮为纲的单一经济结构扩充为农林牧复合农业经济结构。彻底改变过去粮食成本高、农业产值低、增产不增收的情况，为加速农业现代化奠定基础。近年来山西临猗县大力发展苹果，使全县大量的土地实际上形成了宽带窄网格的农田防护林网，使小麦单产维持高产稳产。同时，苹果林带也给人民群众带来了巨大的经济效益，经济收入成倍增长。

（4）改善生活环境质量建立农田防护林网，利用林木的吸尘作用，使空气中有害物质及灰尘含量大大降低，净化了空气；利用林木阻隔作用降低了噪音，同时美化了劳动人民的生活环境，有利于人民

群众的身心健康。农田防护林又能提供大量的民用材。总之，农田防护林亦具有明显的社会效益。

(5) 涵养水源，保持水土在山区建立农田防护林带，除了平原林网的作用之外，还具有涵养水源、保持水土、固结土壤、保护国土安全的作用。

二、农田防护林的结构及变化规律

（一）林带的结构

一般说来，林带的结构是指林带的层次、树种组成及其枝叶数量多少与分布状况，是内涵和外形构造的总体。林带结构决定于林带的高度、断面形式、树种组成和栽植密度。不同结构的林带会产生不同的防护效益。

1. 结构

林带的外部结构表现在 4 个方面，其一是林带的层次性，一般林带可分为 3 个层。上层为优势林层，由主要树种组成。一般情况下，主要树种在当地森林植物条件下是比较稳定的，它在壮龄期可达到的生长高度可以作为确定当地主林带间隔的主要依据。无论何种结构、何种组成的防护林带，这一类树种是必备条件。第二层林冠由辅佐树种乔木或亚乔木组成，它的要求主要是：①促进主要树种生长；②具备一定的耐阴性，可在第一林冠层下生长；③与主要树种无共同的病虫害；④与主要树种无共同的喜素性，或在林带空间（地上和地下）的肥力利用上有一定的差异；⑤利用稠密的树冠，遮庇土壤，防止杂草，创造有利于主要树种生长的环境条件。第三层由灌木树种组成，其作用在于调节林带下部的透风性。这类型的树种应当具有表层根系发达、枯落物易于分解、改良土壤效果好的特点。在农田防护林培育过程中，一个林带究竟需要几层结构，要依据林带的防护目的、立地条件、树种组成及其生长特性而定。

林带外部结构的第二个方面是林带的高度，它取决于防护距离，也受防护区内防护作用的某些性质的影响。林带的防护高度，是指林带纵断面的平均高度，同主要树种的平均高度是两个不同的概念。

林带外部结构的第三个方面是林带的宽度。指林带两侧边行之间的距离加止两侧的林缘地。合理的林带宽度取决于森林气候条件、林带结构和土地利用情况。防护地区气候条件利于森林形成，防护林带可窄些，反之林带应宽些；风速过大，构成危害严重的地方，必须保证一定的林带宽度，以发挥群体的抗风性能。过宽的林带，影响透风，影响防护效果，占地过多。

林带外部结构的第四个方面是林带的断面形式。断面形式影响防风效果。其形状可分为三种：①矩形，对空气气流的拦截作用最大；②层脊形（抛物线型），对气流的拦截作用较小，这种断面形式必须和紧密结构的林带结合起来方能起到良好的防风效果；③凹形，是在一定条件下形成的特殊断面类型。如立地条件不适宜或不一致造成边缘林木的生长超过中间的林木。这种断面对害风气流的拦截作用较大，但不是理想的断面形式。

林带的内部结构主要有两个方面，其一是树种组成及其相互关系。农田防护林带一般是混交的（山西晋南多是纯林带），各树种的位置、作用及对树种的要求与混交林及树种选择章节中的要求是一致的。各树种的相互关系一是表现在外观层次上；二是表现在根系的分布差异及对土壤营养元素和立体空间的协调利用上；三是表现在耐阴性及喜光性的交替上。

林带的内部结构的第二个方面是林带的通风性能及透光程度。农田防护林带的透风强度，通常用透风系数来表示，是指林带背风面离林缘 1 米处林带高度范围内的平均风速与空旷地相应高度范围的平均风速之比。林缘 1 米处林带高度范围内的平均风速一般采用离地面 1 米处的风速、林冠一半处的风速及林冠层上部处的风速的平均值。空旷地的平均风速采用相应高度的三个风速的平均值。

农田防护林带的透光程度用疏透度来表示。是指防护林带纵断面透光的面积与林带纵断面积之比的百分数。用它有利于进一步区分和评价同一结构林带的防风效能。

曹新孙等 1964 年提出了立木疏透度的概念，是以林带林木（包括干、枝、叶）的总体积和林带纵断面的总面积之比表示，反映通过单位林带纵断面的气流受到的摩擦和阻碍程度。

2. 结构类型

林带结构的类型有紧密结构、稀疏结构、疏密结构、密稀结构、通风结构及疏透结构。其基本结构有三种，紧密结构、疏透结构及通风结构。

紧密结构林带由主要树种，辅佐树种和灌木树种组成，是一种多行宽林带，林带的枝叶从上到下都很稠密，基本上不透风不透光。疏透度接近于零，这种结构的林带一般透光面积小于5%，透风系数基本为零，一般小于0.3。害风遇到这种林冠时主要从林冠上方越过，在背风面靠近林缘处形成显著的平静无风区。风速恢复原状快，有效防护距离为树高10~15倍。

疏透结构的树种组成和林冠层次类似于紧密结构，林带较窄，透光均匀，疏透度为0.4~0.5，透风系数0.3~0.5，约50%气流从林带内穿过，不改变气流运动方向，最小弱风区在背面树高3~5倍处。有效防护距离为树高的25~30倍。效果最好的稀疏林带，上部透风25%；中部透风30%~40%；下部透风50%。

通风结构林带树种组成和林冠层次比较简单。是一种不太宽、没有下木的林带。树冠紧密不透风。透风系数0.5~0.7，疏透度0.6以上。害风遇到这种林带，一部分害风从林冠上方越过，另一部分从林带的下部通过。最小弱风区一般出现在背风面树高7~10倍处，有效防护距离为树高的5~20倍。

总的来讲，农田防护林带有明显的防风作用，但不同结构的林带其防风作用的大小和范围有差异。

防护林带并不是越宽越密防风效果就会越好，如紧密林带就不适宜用于农田防护林，大面积的森林对农田的防风效果就不如农田防护林带。

（二）林带结构的变化规律

1. 林带结构的季节变化

林带叶子多少和分布对林带孔隙多少和分布有直接关系，因为它是对气流的重要障碍。随着树叶的萌发、长大到脱落，树木会呈现不同的季相，树木对气流运动的阻挡面积在不断发生变化，林带疏透度和透风系数亦不断发生变化。可见季节变化与透风状况的关系，主要是树木有叶与无叶状态、叶多与叶少状态、叶发育完全与不完全状态对林带透风孔隙的改变或对阻碍气流运动的总生物量的增减，从而引起林带透风状况的变化。

内蒙古哲里木盟林业科学研究所（1978）观测一条7行林带出叶前后透风系数的变化情况。出叶前林带透风系数为0.73，出叶后林带的透风系数为0.49。林带出叶前后透风强度差异明显。朱德华（1979）在章古台地区的观测资料表明，无叶期透风系数为0.75，有叶期透风系数0.52。这表明不同季节疏透度及透风系数均有明显变化。林带的通风透光性能与其季相密切相关。

2. 林带和树种关系

组成林带的树种不同，对林带的结构有着重要影响。箭杆杨、钻天杨、新疆杨等树冠窄小，枝叶较稀疏，单行林木形成的疏透度及透风系数可能很大；加拿大杨、北京杨、毛白杨等，冠幅较大，枝叶较多；旱柳、刺槐等枝叶更加稠密，其单行林木形成的疏透度及透风系数可能很小。

俄罗斯卡尔高夫（1977）对几种杂交杨树进行了调查分析，结果表明，不同品种的杨树冠长、冠宽、树冠体积差别很大。如单株银白杨×多枝柏林杨，树冠体积77.8立方米，单株钻天杨×加杨树冠体积仅6.5立方米，相差近11倍。这两种杨树枝叶在空间的密度（疏密度）相差很小，但覆盖的空间，一株银白杨×多枝柏林杨为一株钻天杨×加杨的12倍。

可见不同树种对林带的结构有着重要影响。设计林带结构时必须考虑树种的影响。

3. 林带结构与抚育措施

对防护林带采取的各种抚育措施，会对林带的结构产生一定影响。林带内树木枝叶的多少与分布，可以通过抚育措施人为地加以调节。对林带的抚育措施主要是修枝和间伐。修枝情况不同，可形成疏透度和透风系数截然不同的林带。修枝1/2的14行林带的透风系数为0.63；修枝1/3的14行林带的透风系数为0.58，同样窄林带低修枝也可形成较紧密的林带结构。吉林省抚余县修枝1/6的5行林带，带宽9.3米，透风系数为0.43，带宽30米的15行林带，由于修枝较高，透风系数反而大于0.43。

总之，林带结构可以通过抚育措施人为调节。需要透风系数大，抚育强度、修枝强度加大，需要透风系数小，抚育强度、修枝强度减小。

三、林带的防风效应

（一）林带的防风原理

空气是质量较小的流体，当其流动时内部不断产生涡流，即风的涡动性。空气流动形成了风或称气流。风的涡动性形成的原因是由于空气的温度梯度、地面粗糙度而造成的。故大气半贴地表层空气质点的运动不仅具有水平方向的气流运动，也有垂直方面的涡流运动，这是地表气层与上层空气交换的条件，也是地表气层中水分、CO_2等散逸甚至降雪和风蚀的基本原因。气流中包含着大小不等、强度不一的涡旋，这些涡旋具不规则和阵发性的运动特点，且经常发生变化。气流结构就是指气流串引起乱流交换的涡旋的大小、数量及强度。

农田防护林带作为一个庞大的生物群体，是保护农田、防止害风前进的较大障碍物。从力学观点看，当风吹向林带时，气流受到林带的阻挡，一部分穿过林木间空隙，如同通过空气动力栅一样，由于干、枝、叶的摩擦和碰撞作用，把气流中较大的涡流分割成无数大小不等、方向相反的小涡流，改变了气流原有结构。气流内摩擦作用加强（包括小涡流又互相分割小涡流）引起动能的进一步减弱。另一部分气流从林带的上空翻过，因林带上面又是一个起伏不平的粗糙面，气流在林带上方经过时，因与林冠发生摩擦，以及林冠上产生强烈的涡流运动，造成气流动能的损失。穿过林带的气流和翻越林带的气流在背风面一定距离处相汇合时，气流间又发生互相碰撞、混合和摩擦，气流的动能又再次受到削弱，使距背风面林缘相当距离内，风速减弱。随着距背风林缘距离的增加，上层气流不断将动能传给下层，风速又逐渐增大。林带能削弱气流的动能，降低风速，这就是林带的防风原理。

（二）不同结构林带的防风效能

紧密结构林带：该类型上下层稠密，外观上下不透光，气流几乎不能透过，绝大部分气流是从林冠上方越过。迎风面靠林缘处，由于静压力增大，气流在迎风面形成涡流而被抬开，翻过林带。由于林带的紧密性，靠近背风面林缘附近，因上下风速差、压力差和温度差的加大造成翻越林冠的气流在林带背风面以较大的角度迅速下降。靠林缘附近，形成一个隔绝区，起着抽气机的作用，林带越不透风，隔绝区起的抽气机作用就越大，风速下降的角度亦越大。这种作用促使越过林带的气流不断下降产生垂直方向的涡流，所以紧密结构的林带背风面的贴地层形成一个比较稳定的气层，促使空气的涡流向上飘浮与林带上方的水平气流相混合、碰撞，同时继续向前运动乃至很快破坏和消失。由于背风面附近上空形成的涡流区和贴地层间形成的速度梯度，上部气流以较大速率将能量传给近地层气流、风速很快恢复，距离较短，防风范围较小。

该林带的防风效能有 3 个特点：①在背风林缘几乎完全平静无风，但风速随着离林带距离的增加而很快恢复；②水平防护距离较短，垂直防护距离较高；③风沙比较严重的地区，容易在林内和林缘处产生堆沙现象，造成林网内驴槽地。网内水分、温度差异变化大，影响农业耕作。

疏透结构林带：这种林带由乔灌两层林木组成，具较均匀的透风空隙，约 50% 的气流从林带内穿过。中等强度的气流经过这样的林带时，大体不致改变气流的主要方向。一部分气流被抬升从林带上方越过。穿过林带的气流，由于受到树干、枝丫和树叶的阻拦、摩擦、碰撞，使大的涡流变成无数大小不等、强度不一和方向相反的小股涡流，气流的能量就被大量的消耗掉。这些小涡流在背风面林缘形成一个弱风区，在高风速区与低风速区之间形成一个较强的风速梯度。从林带上方越过的强大气流不是垂直下降，是以较大的角度下降的。因而在林带背面林缘处不会产生大的涡流，这是因为穿过林带整个垂直面的气流阻碍对林缘处较大涡流的形成。于是在背风面形成了一个较大的的弱风区，防护范围也就较大。

这种防护林带的防风效能特点：①最小弱风区出现在背风面树高 3 ~ 5 倍处，有效防护距离较大（树高 20 ~ 25 倍）；②水平防护距离大，垂直防护距离小，林带上方背风面风速有明显加强；③总的防风效果最好，适宜于建设农田防护林。在多风、干旱及降雪较多地区使农田均匀积雪为目的的防护林带可采用此种结构。

通风结构林带：这种林带结构一般由乔木组成，林冠下只有树干起防风作用。气流通过林带时速度无明显下降。大部分气流在树干部分直穿而过。由于气流穿过树干时，气流压缩，力量强大，风速略有增强。到一定距离之后，气流由于断面加大而发生辐散，同时与上部气流混合，由于气流速度不同而产生涡流，因而使风速减低。一部分气流从林冠部分透过，穿过林冠的气流便产生扩散作用，形成无数小的涡流，这些涡流冲击着林带上方下降的气流，使气流的动能受到大量的消耗，且向下倾斜到近地层，在林带的背风面的较大距离内形成一个弱风区。随着距离的增加，由于强风区和弱风区动能传递，风速逐渐恢复。从林带上方越过的气流量较小，且以较小的角度下降，很快又受到穿越林冠的气流产生的无数小的涡流的冲击，大量的动能被消耗掉，然后向下倾斜到近地层，风速逐渐恢复。

这种防护林带的防风效能特点：①背风面林缘附近风速减弱不明显，随着距离的增加风速很快减弱(至3~4倍林带高)，尔后又慢慢增大；②根据柏努利原理，流量相等时，流速与断面积成反比，通过林带下部的气流受挤压而风速增大称超常风。所以在林带前后林缘处容易发生风蚀。

四、影响林带防风效能的因子

1. 林带的宽度

紧密结构林带若宽度缩小时，防护距离就增大，总防风效能亦随之提高；若宽度增大时，防护距离就减小，其防风效能亦随之降低。

通风结构和疏透结构林带，在疏透度小（20%~25%）的情况下，宽度增大，林带防护距离缩小。在疏透度较大（35%~40%）的情况下，宽度增大，林带防护距离增大。

2. 林带的疏透度

不同结构的防护林带具有不同的适中疏透度。对于疏透结构的林带而言，以疏透度20%~30%起到紧密林带的作用，有效防护距离和达到恢复对照风速的距离为19倍树高和27倍树高。随着疏透度的增加防护距离及防护作用得到提高，疏透度为50%时，防护作用达最大值，分别为30倍树高和59倍树高，即适中疏透度为50%。对于通风结构林带而言，适中疏透度为40%。

3. 林带的横断面形式

林带的横断面形式是指林带侧面所具有的形状。横断面形式不同，影响气流由林带上部越过的部分和透过部分的比例，从而直接影响林带的防风效果。

林带的横断面形状对气流运行状况有很大的影响，屋脊形断面类似流线形，对气流阻力最小，气流可以翻越林带断面而迅速下降，动能消耗少，对减低风速和改善气流结构效果较差。

矩形断面形式对气流运行阻力大，气流在通过这种断面时，动能消耗大，减低风速效果和改善气流结构效果明显。在农田防护林带设置时，究竟以何种断面形式为佳，还须考虑其林带结构。紧密结构林带横断面以迎风面较倾斜，背风面略陡的三角形防风作用最好；疏透林带，断面以长方形为最好；通风型林带以树冠上部为三角形，下部为椭园形横断面防风效果最好。

4. 林带高度

一般来说，随着林带高度的增加，其防护距离随之增加。因为林带越高，其背风面涡流的规模越大，从林带上空越过的气流被抬升得越高，上层与近地层间气流的能量传递距林带越远，其林带的防护效果增加。

随着林带高度的增加，防护距离显著增加，风速降低的幅度也有所提高。有些研究资料表明，背风面的防风距离随着林带高度的增加而成比例增加。C. C. 毕特尼茨基提出防护距离与林带高之间的关系为$L=2.5H$。总而言之，防风距离与林带高度成正相关。林带越高，防护距离越大。

5. 风向与林带交角、偏角

G. A. 斯马里科的研究指出，当风向与林带垂直时，林带防风影响的距离达到最大，防风效能最高，随着风向与垂直于林带的方向偏角增大，其防风距离就逐渐缩短，防风效能就渐降低。且林带结构不同，缩短的程度不同，对紧密结构的林带来讲，其防风距离s与风向偏角a的余弦成比例，对中等通风度的林带来说，a在一定范围内增大时，林带的防风效应有些增加，但当a大于一定的限度时，各种结构林带的防风距离都明显缩短。

国内外研究结果表明，风向垂直于林带时，具最大的防风作用，在林带30倍高范围内，平均降低风速30%～40%，而交角为45°时，防风作用降为20%～30%，特别当疏透度小于最适疏透度时，其防风作用随风向交角增大而有明显的减弱。当疏透度大于最适疏透度时，则风向与林带垂直方向有适当的偏角不会有较大影响。

6. 天气条件

由于天气条件的差异，大气层结构差异和变化，会影响林带的防风作用，其影响的主要原因是由于大气温度层结直接影响大气稳定度（乱流交换强度），林带后风速的恢复有赖于上层气流动能向下传导，在大气稳定层结时，乱流交换较弱，向下传导少，风速恢复较慢，涉及防护距离大；在大气层不稳定的条件下，气流不稳定，乱流交换强度大，向下传导多，风速恢复快，涉及防护距离小。

7. 风力风速

林带背后风速降低的绝对值随风速的增加而加大，相对值基本保持不变。林带防风作用随风速增加而加大的原因，是因为风速愈大，气流运动速度愈快，遇林带的阻挡后，在林前和林后形成了较大的气流涡动，林前的气流涡动来自于林前的气流发生摩擦、冲击、碰撞而降低了林前气流的运动速度，林前风速在较大范围内风力减弱。翻越过林带的气流在林后也同样形成了较大的涡动，这股涡动气流一方面与穿过林带的气流和翻越过林带的气流发生摩擦、冲碰撞而缓和了风力，降低了风速。另一方面，这股涡动气流将支撑上方气流继续向前运动而不至于很快流到林网内，因此，林网内的风速大大降低，影响范围也很大。反之，风速小，气流运动速度慢，形成的涡动气流小，影响降低风速的作用和效果就不如风速较大时明显。风速大小不同主要影响林带的疏透度。

8. 地形条件

局部地形起伏变化会对林带的防护距离产生影响。在迎风坡，林带的防护距离要小一些；在背风坡，林带的防护距要大一些。且坡度越大，林带的防护距离差别越大。一般情况下，地面粗糙度增加，林带降低风速的距离要缩短，风速随高度而递增。

9. 林带孔隙

林带孔隙直接影响防风效果。当林带孔隙相当于林带的高度时，孔隙就像喷嘴一样加大风速，造成一种超常风的现象。

五、农田防护林的防护作用

我国农田防护林的主要作用前面已述，这里主要说明农田防护林对农田生态因子的具体影响。

1. 对林带间农田地温、气温的影响

林带主要是通过降低风速，削弱乱流，影响气流交换来调节林带间农田的地温、气温。一般规律是春秋季地温、气温增加，夏季降低。无论是气温或地表温，日温差变幅都较小，这一效果对于防止平流冻害有重要意义。黑龙江西部泰来县，在无林带地区，霜冻受害率达到98%，在林带背风面5倍树高处，受害率仅为40%，15倍树高处为76%。

春季，林带间农田地、气温可提高2～3℃，这对于保证春播、促进小麦及其他农作物返青、种子提前发芽出土，均具有良好的作用。夏季的地、气温降温幅度一般为0.5～1.5℃。

2. 对林带间大气湿度的影响

在农田防护林带的保护下，农作物生长旺盛，蒸腾量大，同时由于风速减弱，上下气流交换减少，可使因蒸腾而增加的水汽较长时间的保持在农田地表上空，因而增加了绝对湿度。中午以前，相对湿度增加不显著。中午以后，随着气温的逐渐下降，相对湿度显著增加（以傍晚及夜间最大），以致饱和凝结为露水。一般在林带防护范围内近地表空气层，绝对湿度高于旷野0.5～1毫巴（1毫巴＝100帕），相对湿度高于旷野5%～8%。在干旱年份和干旱、半干旱地区这种现象尤为明显。在大气干旱条件下，降低风速明显的地方，湿度明显增加。

3. 对林带间农田蒸发量的影响

对林带间蒸发量的影响，是林带对风速、温度及湿度影响的综合结果。由于林带减少了土壤水分的蒸发，可提高植物的有效蒸腾率10%以上（有效蒸腾即植物蒸腾1千克水能制造有机物质的克数）。

4. 对改善土壤状况的作用

林带可以增加土壤水分，在冬季，由于林带的防风作用使农田上积雪分布均匀，并可防止风蚀，有效保护土壤。春季化雪后水分能补充到土壤中去，同时在林带防护范围之内，由于蒸发量减少，也会使土壤含水量提高。灌溉区防护林带可减少土壤的无效蒸发，降低灌溉定额。灌区在林带的作用下，田间的积雪可以补充土壤水分，数量相当于一次灌溉的5%，有时更多。在林带保护下，由于风速降低，利于人工降雨。

农田土壤水分的增加，相对提高了农田土壤营养元素的移动量和有效性，土壤水分的增加也为微生物的繁殖提供了较好的生态条件，微生物的种类和数量也会增加，这有利于有机质的分解，有利于营养元素的吸收、利用和循环。对营养元素的循环来讲，农田是一个开放性的养分循环系统，每年需要补充各种营养元素。而由于林带的作用，营养元素有效性的提高、微生物种类和数量的增加，相当于提高了土壤营养元素的活化能力，这对于增加农作物的产量无疑是有利的。

林带通过林木的生物作用，可以防止次生盐渍化和降低地下水位。在灌区，水源流向灌区各地途中，沿途水分不断通过渠道渗漏入土壤中，由于排水不良，大部分补充了地下水，从而提高了地下水位，通过蒸发将土壤深层中盐分带到土壤表层，使土壤理化性质发生变化，这就是灌区常有的次生盐渍化现象。由于水分过多，地温下降，对农作物生长很不利。防护林带通过强大的根系吸收作用、地上部分蒸腾作用或是林木的生物排水作用使地下水位下降，防止次生盐渍化。

林带对其他的农田生态因子亦会产生一定影响，这里不再论述。

六、农田防护林营造技术

农田防护林规划设计完成以后，为保证规划设计的效果，使农田防护林充分发挥其增产效益、生态效益、社会效益和经济效益，必须严格按照规划设计进行施工，并在农田防护林的具体培育过程中采用科学的、合理的、先进的栽培技术措施。农田防护林本身也是一项森林培育工程，森林培育的基本技术措施在农田防护林培育过程中同样是适用的。但与一般的森林培育相比，农田防护林又有着其他自身的特点。

(1) 农田防护林培育地的立地条件一般比较好，土壤比较深厚，不像森林培育地立地条件变化那么大。通常栽培农田防护林的地区，地形条件和农业技术条件有利于森林培育工作机械化。

(2) 农田防护林营造是以林带、林农间作、林岛三种形式进行的，多数以带状或网状进行作业，造林在大范围内进行。因而，农田防护林建设中，如何进行劳动力的组织和安排，种苗如何运输、机具如何调配等与专业森林培育及群众森林培育工作均有着较大的差异，具体营造时要依据其特点作好组织工作。

(3) 农田防护林实质上是一种社会造林，它来之于民用之于民。农田防护林营造活动中，需要在较大范围内依靠和组织者当地群众参与。有时还需要做大量的宣传说服工作，但农田防护林的受益对象主要是当地群众，当地群众可通过农田防护林获得农业增产效益、生态效益、社会效益和经济效益。

(4) 一般培育农田防护林的地区，其基本特点是气候干旱、风大沙多、雨量少、蒸发量大，同时农田防护林本身的耗水量亦比较大，故在农田防护林的具体营造过程中更应该注意水分的积累和保持。

(5) 农田防护林地上的凋落物不易保存，由于自然和人为因素的作用，林地上的凋落物大量损失，所剩无几。与正常的人工林培育相比，农田防护林内枯落物及腐殖质要少得多，土壤表层的养分相对较少，也会对土壤营养元素的活化产生一定影响。

(6) 由于风的吹袭、人为放牧、搂取使用枯落物，农田防护林的养分元素每年都要外溢。因而从农田防护林的营养元素生物循环来看，属于开放性生物循环，这与一般森林系统的闭合性生物循环是不同的。要培育好农田防护林，就必须进行营养元素的施入，保障土壤养分。

在农田防护林的培育过程中，为了获取最佳效益，必须充分应用现有的林业科学技术知识，采用适合于各地具体情况的栽培技术措施。主要的技术措施有以下9个方面。

(一) 正确选择栽培树种

栽培树种选择正确与否对农田防护林的营造成功起决定性作用。农田防护林树种选择首先必须考虑适地适树问题。适地适树作为广义森林栽培的基本技术原则，对于农田防护林培育亦是适用的。过去有些地方在这个问题上注意不够或认识模糊，造成大面积防护林保存率不高及生长不良的后果，当引以为戒。农田防护林培育地的立地条件并非一致，而是存在较大差异的，这是客观存在的事实。主观强求大面积的林带、林网的树种一致是不可取的。在适地适树的基础上，农田防护林树种选择还应考虑以下原则。

（1）首先选择当地生长优良的乡土树种。

（2）要求被选树种速生，生长高大，树冠茂密宽大，深根性且根系发达。

（3）必须选择抗病虫害、耐旱、耐寒且寿命长的树种。

（4）禁止选用传播病虫害的中间寄主树种（与农作物或保护对象转主寄生）。

（5）尽量选用有经济价值的树种作为伴生树种。

（6）林农间作必须选择经济价值高的树种。

（7）在土壤含水量过高地区可考虑选择蒸腾量大的树种，有利于降低地下水位。

（8）山区营造农田防护林，应结合水土保持、水源涵养对树种的要求进行选择，以便获得最佳效益。

在农田防护林树种选择中，还应该注意一方面主要树种不能过多，另一方面也要多树种配合，树种不能过于单调，同时，应尽量栽培混交林。

（二）细致整地和良种壮苗

整地可以消灭杂草、蓄水保墒、改善土壤理化性状、加速土壤养分风化和活化土壤营养元素。整地方式方法与广义的林木栽培是相同的，但在当地劳力及经济条件许可的前提下，规格应适当提高一些。整地深度应和农田防护林树种相适应，最小深度应达到和略超过幼林期（3～5年）林木主要根系分布层。深根性树种，整地深度一般应为50～60厘米；浅根性树种，整地深度一般不小于25～30厘米。深根性速生树种，整地深度适当大些；浅根性慢生树种，整地深度可适当小些。在旱、寒地区，破土面应低于原地面，在地下水位较高或易引起沼泽化地区，破土面应高于原地面。

良种可使林木增产15%～50%。目前，我国林木良种基地正地建设中，很难在较短时期内满足对良种的普遍要求。各地培育农田防护林用苗时，要尽可能地采用良种育苗，杜绝使用劣种育苗。

壮苗对于提高农田防护林造林成活率和促进防护林生长发育有直接意义。农田防护林的培育应当普遍使用壮苗，这一点是可以做到的。在有条件的地方，应当采用较大年龄的苗木营建农田防护林，应当首先安排生长粗壮、色泽正常、根茎比大、无病虫害的壮苗、大苗用于农田防护林的营造。为了缩短缓苗期提高成活率，在人、畜、兽害较轻地区培育农田防护林也可使用容器苗。

（三）采用合理的密度与组成

农田防护林的栽植密度对防护效益的发挥早晚及防护效能均有着重要影响。实践证明，必须依据防护对象的要求、栽培树种的生物学特性及栽培地的立地条件，因地制宜、因树制宜地确定合理的初植密度。当前农田防护林栽培的主要倾向是初植密度过大，应当引起各地重视。因而，在确定农田防护林初植密度时，应当注意：一要能造成合理的林带结构和适中的疏透度；二要有利于林木生长，防止林木的强列分化；三要防护效益、生态社会效益和经济效益密切结合；四要利于抚育管理。

农田防护林的组成一是组成林带的行数，二是林带的树种搭配。在不降低防护效能的前提下，林带的行数以少为佳。组成的树种应该注意早期速生和中期速生相结合，不同树冠形状及特性相结合，深根性和浅根性相结合，阳性树种和阴性树种相结合，固氮树种和非固氮树种相结合，乔木和灌木相结合，落叶树种和常绿树种相结合，防护作用大的树种和经济价值大的树种相结合。

总之，要采用能获得最佳防护效益、生态效益、社会效益和经济效益的组成，保证农田防护林的培育成功。

（四）提高造林施工技术

施工技术的高低对造林成果有着直接影响。防护林建设中应该注意不断提高栽培技术。

植苗是全国普遍采用的农田防护林的栽培方法。为使林带生长整齐，栽培前应按设计划行定点，设点标记，栽植时以印记为中心，依苗木大小挖坑，坑的大小要保证苗木的根系舒展。采用“三埋两踩一提苗”的栽植方法，保证苗根与土壤密接，不留空隙。干旱地区应注意深栽（比原土印深3～5厘米）。干旱风沙地区可采用截干法栽植。

我国各地气候、土壤条件差异很大，一年四季均可营造农田防护林。在北方以早春为最合适。具体时间应在土壤解冻后、林木发芽前。即在苗木不致遭受冻害的前提下，尽量提前栽植。秋季栽植应在苗木落叶后土壤结冻前进行，但在冬季干旱风大地区和早霜危害严重地区不宜秋季栽植。

对于冬春干燥多风、雨雪甚少、夏季雨量较集中的地区，应当提倡雨季营造农田防护林。

（五）加强病虫害防治工作

林木病虫害对农田防护林是一大威胁，必须加强防治。防治中应采取预防为主的措施，搞好病虫害的预测预报工作，加强对病虫害发生发展规律的研究，因地因林制宜地开展综合防治。重点控制对农田防护林威胁大的几种病虫害，保证农田防护林顺利成长。

（六）扩大农田防护林灌溉施肥面积

灌溉和施肥对于尽快发挥农田防护林的防护作用及提高农田防护林的防护效能有很大的促进作用，这是毋庸置疑的。水浇地周围的农田防护林，渠旁、路旁的农田防护林，都可以结合农田灌溉施肥而进行。凡水源、肥源充足的地区，均应提倡灌溉施肥。问题是应给农田防护林留多大的份额合适，则需要依据当地的水源、肥源、农业条件及组成农田防护林的树种等来确定。

水源、肥源等比较紧缺的情况下，有无对农田防护林进行施肥灌溉的可能性，如何解决农田防护林的合理灌溉施肥的技术问题，不同地区情况差异较大，有待进一步研究。

七、农田防护林的抚育、改造与更新

（一）农田防护林的抚育

农田防护林抚育的手段是通过人为干涉，调节林木和环境之间、林带内各树种之间、同一树种不同个体之间的矛盾。农田防护林的抚育任务是保证林带健康、稳定生长，有较高的林木生长率及经济收入，长期保持良好的结构和疏透度，充分发挥其增产效益、生态效益及经济效益。

林带郁闭前的抚育基本工作是松土、除草。除草是防止杂草对幼树争夺水分和养分、松土是为了切断土壤毛细管，减少水分蒸发，改良土壤结构，促进土壤矿物的风化及有机养分活化，利于降水的渗透和贮存水分。林带的松土除草工作应从栽植后当年开始，一直到林带郁闭为止，一般3～7年。林带立地条件好的时间可短一些；林带立地条件差的时间可长一些。劳力充足、集约经营的林带可长一些；劳力不足，粗放经营的林带可短一些。速生树种可短一些；慢生树种可长一些。松土除草的深度一般5～10厘米，作业时要注意保护林木根系不受损伤，林木基部可浅些，外缘可深些。幼抚期也可在林带内间种农作物、牧草和药材，实行林粮间作、林牧间作、林药间作，提高林带的经济效益。

林带郁闭后，带内种间关系进入竞争阶段，并逐渐由有益竞争转向无益竞争。抚育工作的中心就是调节种间矛盾，使个体生长健壮，使林带具有良好结构和适宜的疏透度。

农田防护林林木枝叶的作用一是防风，二是进行光合作用制造有机物质。修枝时必须注意适度，既要保证足够的透光量，提高叶的光合效率，又要保证林木水分、养分的供需平衡。切忌不可修枝过强，以免造成过大伤害，过度增大透风系数，降低防风效果，降低林木生长量经济效益。修枝应讲技术、求质量，切面要平滑，避免撕裂、伤皮，留桩高度不宜超过0.5厘米。除一些萌芽力很强的树种如刺槐、杨树等及伤流严重、易染病害的树种如枫杨、核桃等宜在生长季节修枝外，一般应在晚秋或早春（隆冬除外）进行修枝。

林带的间伐应该从有利于林木生长和提高防护作用出发，既要维持林带树种组成、保持林木比较均匀的分布，又要使林带具有适宜的疏透度。合理的间伐应当考虑间伐强度、间伐对象、间伐间隔期、间伐开始期的合理性。间伐强度应以小为原则，一般不应超过20%；间伐间隔期以树种生物学特性、立地条件、间伐强度、经营强度而定；间伐开始期应考虑林木无益竞争的强度，一般应在林木个体分化严重、林木分枝分叉、树冠严重重叠时进行；间伐的对象应该是小、老、弱、坏、病、枯、弯、密，而保留中、壮、优、目、辅、益、直、稀。

（二）农田防护林的改造

农田防护林由于树种选择不当、自然及人为破坏、栽植密度过大、抚育管理不当或不及时等原因，常常造成林带稀密不匀、生长低矮而不整齐、未老先衰、林相残败、结构不良。这样的林带不能发挥其应有的防护效能，必须及时进行改造。改造时必须采取针对性的、稳妥的、有效的、合理的措施。

（1）树种选择不当的林带此种林带的树种不适应当地自然条件，应该更换树种，重新培育林带，以提高林带的防护效益和经济效益。改造前要对当地的自然条件（特别是气候和土壤条件）和原林带的树种进行详细分析，找出不适应的各因子及主要因子，保证更换后树种的适应性。林带改造的原则是：尽量利用和维持原有林带的防护性能；尽量不占或少占农业用地；选用适合林带立地条件的树种重新培育林带，保证新建林带具有较高的成活率和生长量；林带改造前要进行细致整地、为新培育林带创造良好的生长条件。

林带的改造方法可依据林带的实际情况、立地条件、当地的经济条件、土地资源条件分别采用全带式、半带式、带内式或带外式进行改造。

（2）栽植密度过大的林带这类林带由于缺乏营养空间，生长不良，生产力低下。改造时应注意尽快进行合理的抚育间伐，并结合松土施肥，使生长衰退的幼林得以复壮。

抚育间伐时间应确定在原林带树种高生长旺盛期前进行，以保证改造后林带能达到应有的高度。若抚育间伐过晚，组成林带的树种已过了高生长旺盛期，改造时须注意要把抚育间伐和人工重新栽植结合起来进行，从而保证改造效果。

在进行抚育间伐改造时，最好能把萌芽力强的树种连根清除掉，以免萌生条与林木争夺水分和养分。对于保存率过低的林带，应进行人工补植，于较大空地上栽植原有树种，小块空地上补植耐阴树种，补植后的幼树抚育措施要及时跟上。

（3）缺少抚育和管理不当的林带。深松土这是生产上广泛应用的有效方法，可以改善土壤结构，活化土壤营养元素，促进林木生长。北方的深松土时间以雨季前为佳，松土深度以20～25厘米为宜。

开沟埋青、施肥开沟本身就是深松土的措施，埋青又是以肥促林的改造手段。开沟埋青与施肥相结合，可以改善土壤结构，提高土壤肥力，促使林木吸收根增加，加速营养元素的生物循环。开沟的宽度以40～50厘米、深度以30～40厘米，沟底再松土以20～30厘米为宜。

灌溉有条件和水源充足的地方，应结合松土、埋青、施肥进行林带灌溉，以提高林带土壤含水量，促进林木生长。需要修枝的林带还应该及时进行修枝。

（4）结构不良的林带不能有效地防止土壤风蚀或在林带附近形成积沙现象，不能充分发挥农田防护林带的防护效能，必须进行改造。结构过于紧密而疏透度不合理的林带，可视林带宽度采取隔行或隔株伐除和修枝等措施加以调节。对于频繁平茬形成的丛状林带，要采取措施将林木培养成高大乔木。若林带过于稀疏，应采用补植、重新栽植和利用林木的根蘖能力提高林带密度，使林带形成合理的疏透度。凹槽形和空心林带可采取“抑亚扶主”的方法或将林带南侧树木全部伐除，在空心部分进行重新栽植的方法逐渐恢复林带断面形状，亦可在空心部分进行补植，空心部分与两侧林木间挖一窄沟，切断两边根系，保证空心部分林木生长。

（三）农田防护林的更新

农田防护林达到一定年龄阶段后，防护效益、生态效益及经济效益开始下降，此时应该进行主伐更新，培育新的林带。

林带的主伐方式应以择伐为主。可以进行渐伐的林带，应该是防护效益、经济效益下降幅度较大的过熟林带。若要进行皆伐，必须先进行带外更新，当带外更新的林带具备一定的防护功能后，方可将老林以皆伐的方式伐除。由于占地问题，在多数地区带外更新是很难做到的，因而农田防护林应该禁止皆伐。由于主伐方式的制约，林带的更新应以局部更新为主。具体的更新方式有隔行更新、半带更新、带内更新等。林带的更新方法应以植苗更新为主，更新时注意采用优质大苗，使林带能够尽快恢复原有的防护功能。对于一些萌芽力强的树种，亦可采用埋干更新及萌芽更新。

有关林带更新年龄的确定，我国尚无统一标准可循。但在确定林带的更新年龄时，必须以林带自身的防护成熟龄、工艺成熟龄、经济成熟龄作为主要依据。发挥林带的防护效益，保障农、牧业的高产、稳产，是农田防护林的主要任务，因而尽管防护成熟龄受立地条件、林网间距、树种组成、起源、经营强度、经营管理技术等因素影响较大，变化幅度亦较大，但更新年龄也必须大于林带的防护成熟龄；在一些严重缺材对林带生产某一材种有迫切要求的地区，在林带达到防护成熟龄之后，更新年龄应该充分考虑工艺或熟龄；经济成熟龄充分体现了农田防护林的经济效益；体现了防护成熟与工艺成熟的综合影响。因而，对一些由一定数量的经济树种组成的农田防护林，应将经济成熟龄视为更新年龄的主要依据，在此提出我国主要农田防护林树种的更新年龄供读者参考（表 20－1）。

表 20－1　我国主要农田防护林树种更新年龄表

主要农田防护林树种	更新年龄
极速生树种泡桐、杨树、柳树等	15～25 年
速生软阔树种刺槐、臭椿等	25～40 年
速生硬阔树种榆树、柞树等	40～60 年
速生针叶树种华山松、华北落叶松等	40～60 年
一般针叶树种油松、樟子松等	60～80 年

第二节　水土保持林

一、土壤侵蚀及其危害

（一）土壤侵蚀的概念

土壤侵蚀，也叫水土流失。土壤侵蚀的含义很广泛，由于研究的角度不同，在理解土壤侵蚀所涉及的范围大小而育所差异。我国土壤学家朱显漠认为，土壤侵蚀是“在风和水的作用下，地面土壤被剥蚀、转运和沉积的整个过程”。本章所谈的土壤侵蚀仅限于“在水的作用下，地面土壤及母质被剥蚀、转运和沉积的整个过程”。

可见，土壤侵蚀是剥蚀、转远和堆积 3 个环节的统一。水流是溶解、悬浮、滚动或拖动状态搬运物质的。这种搬运特别是滚动与和拖动与水流速度有关，根据水力学的受力定律（1885 年），被搬运的固体物质的重量与流速 6 次方成正比。若流速增加 1 倍，它所能搬动的固体物质重量就增加到 2^6 倍。因而在坡地条件下搬运的物质量就多，水流减速时，侵蚀物质便开始沉积。

按照朱显漠的观点，土壤侵蚀是指地球陆地表面的土壤、成土母质及岩石碎屑，在水力、风力、重力和冻融等外力作用下，发生各种形式的剥蚀、搬动和再堆积的过程（是一种自然现象）。造成土壤侵蚀的原因有自然因素和社会因素两个方面，自然因素包括地形、地质、植被、降水、土壤、冻融及其他一些气象因子等。社会因素包括土地利用方式方法不合理、毁林毁草、滥垦滥牧、开荒扩种、顺坡耕作、开矿修路及不合理弃土废碴等。

在土壤侵蚀的研究中，常把人类出现以前的侵蚀称为古代侵蚀。古代侵蚀是在造山运动和海陆变更所造成的地形基础上，由于冰川融解形成径流，对地表产生侵蚀作用。古代侵蚀的结果，形成了现代的侵蚀地貌。人类出现以后特别是人类大量毁林及不合理利用土地造成的土壤侵蚀称为现代侵蚀。现代侵蚀破坏了生态平衡，加剧了水土流失，给生产建设和人民生活带来严重的恶果。土壤侵蚀的研究中还把侵蚀速度小于土壤形成速度时的侵蚀称为正常侵蚀。正常侵蚀非常缓慢，不易被人察觉。它不仅不破坏土壤结构，反而对土壤能起到一定的更新作用。土壤侵蚀作用大于土壤形成速度时，叫加速侵蚀。加速侵蚀是由于人类不合理开垦草原、破伐森林、陡坡开荒扩种以及其他不合理的经营活动造成的。加速侵蚀导致土壤肥力降低，甚至使土壤及其母质遭到严重破坏。由此可见，这里的土壤侵蚀主要指现代加速侵蚀。

（二）土壤侵蚀的度量指标

降水在有坡度的地面上，以片状胶流的形式向低处流动的水流称地表径流。径流的大小是说明水土流失严重程度的指标之一，也是水土保持各项措施设计的依据。在径流的研究和防护设计中常用的度量单位有以下一些。

（1）径流量通常指单位时间内流过河流某一断面水的体积（立方米/秒。在水土保持研究中，径流量表示某种坡面上产生的水流多少。在这种情况下，径流量常以升（或立方米）/公顷（或亩）表示。

（2）径流深均匀分布于汇水面积上所得的水层厚度．胃毫米表示。这一指标便于直接同降水量进行比较。

（3）径流系数径流量与降水量之比。它可以直接表示径流量与降水量的比例关系，与降水性质、土壤性质及地面覆盖情况有关。是反映径流情况的综合指标，是设计水土保持措施的基本要素之一。

（4）土壤侵蚀量在一定时间内单位面积上土壤被侵蚀的量，用吨/公顷（或亩）表示。

（5）土壤侵蚀强度。100 毫米径流深所引起的土壤流失深度称为土壤流失强度，单位是 ram/100 毫米。可以判别水土流失轻重程度，一般可分为 5 个等级（表 20－2）。

表 20－2　土壤侵蚀强度和水土流失分级

土壤侵蚀强度	水土流失分级
<10	微弱
10～15	中等
15～20	强烈
20～25	很强烈
>25	极强烈

（6）含沙量单位体积河水中所含干泥沙的重量，用千克/立方米表示。在水中保持研究中，含沙量表示含沙水流中所含悬移泥沙数量。可用绝对重量法计算亦可用相对重量法计算。

绝对重量法计算是指单位体积含沙水流中所含泥沙的重量。

$$P_A = C_2/V$$

式中，P_A为含水量（千克/立方米）；C_2为浮沙重量（千克）；V为浑水体积（立方米）。

相对重量计算法是指泥沙重量与含沙水的重量之比的百分数。

$$P_B = W/W_1 \times 100\%$$

式中，P_B为相对含水量；W为水样中泥沙重量（千克）；W_1为浑水水样重量（千克）。

（7）输沙率及输沙量。单位时间内通过河流某一过水断面的泥沙重量称为输沙率，单位是吨/秒或千克/秒。可用下式计算：

$$P_s = QP_A$$

式中，P_S为悬移输沙率（千克/秒）；Q为流量（立方米/秒）；P_A为含沙量（千克/立方米）。

输沙量可有两种表示方法，一种是指某一时段（年、月、日、时）通过河流某一过水断面的泥沙总量，亦叫输沙总量。单位是立方米/吨（时段）。另一种是指河流输沙总量被流域面积除得的商数。单位是立方米/平方千米。称为输沙模数。

（8）侵蚀模数。每平方千米面积上，每年被侵蚀掉的土量，用吨/平方千米/年表示。

（9）输移比。流域输沙量与流域内侵蚀量（土粒发生移动即为侵蚀）之比叫输移比。泥沙运行科研成果表明，黄河中游不少地区泥沙输移比接近于 1.5。这一观点说明，各小流域冲刷的泥沙都输送到了干流，沿途基本上不发生淤积现象。因此，可以说水土保持措施每减少或拦蓄 1 立方米泥沙，河道就会少 1 立方米泥沙。

（10）通用土壤流失方程式

美国土壤保持局系统研究了影响土壤流失的各因子之间的关系，提出了一个通用土壤流失方程式，用来估算和预报土壤流失量。其方程式为：

$$A = R \times K \times L \times S \times C \times P$$

其中，A 为土壤流失量；R 为降水侵蚀能量指标；K 为土壤可蚀性因子；L 为坡长因子；S 为坡度因子；C 为作物经营因子；P 为土壤保持措施因子。

式中各因子的定量数值，是依据当地具体条件决定的。我国地形复杂，水土保持任务繁重，在水土保持研究过程中，可参考此式，根据各地不同的气候、土壤、水文、地质等实际状况，研究并建立我国各地的土壤流失方程，准确估算预报我国各地的土壤流失量。

土壤侵蚀的度量指标还有许多，这里仅介绍以上几种。

（三）土壤侵蚀类型

水土流失的形式复杂多样，土壤侵蚀类型从不同角度有不同分法。根据土壤侵蚀产生的条件和侵蚀所造成的地面形态可分为：面蚀、沟蚀、重力侵蚀和泥石流。

1. 面蚀

分散的地表径流从地表较均匀地冲走薄土层为面蚀（土壤流失）。可见面蚀是冲走表层土粒的现象。面蚀现象一般发生在没有植被的耕地上。当雨水降落地面或覆盖地表的积雪融化时，其中一部分以渗透的方式渗入土壤，另一部分蒸发进入大气，其余的水流成一薄水层沿土壤表面流动（称为片流）。蒸发进入大气的水主要与环境温度有关，渗入土中的水主要取决于土壤入渗率。土壤入渗率是指水分渗入土中的速度，它受降水情况、土壤性质、植被、地形、地貌、地质等多个方面因素的影响。片流实际上是较小的超渗产生水流，在流动的过程中具有一定的活力，比较均匀地冲刷地表松散的物质（主要是土壤及风化物），其侵蚀作用必须在地面上片流的动能大于地表松散物质的阻力时才能发生。

在面蚀过程中，雨滴对地面的打击作用有重要作用。雨滴对裸露地表有较大的冲击力，破坏了地表的土壤结构，使土壤入渗率降低。继续下雨时，雨滴就冲击地表存水使土粒四处溅开，形成混浊水流。混浊水流下渗或流动中堵塞土孔，使土壤结构继续得以破坏，土壤入渗率更大程度地降低，于是地表径流（片流）随下雨继续加大。这种片流形成的面蚀称为层状面蚀。由于雨滴普遍分布（有时均匀程度不同）。层状面蚀可以在所有的地形部位发生。若继续降雨，片流水层增强，就形成流向固定的纹沟（细沟），细沟之间仍有薄水层连结。一般细沟宽、深不超过 20 厘米。这种侵蚀称为纹沟状面蚀。或细沟状面蚀。细沟状面蚀产生的基本原因是在坡耕地上平直的坡面很少，地表总是起伏不平的。地表径流总是避高就低逐步汇集成小股水流，顺坡而下。凡是水流流过的地方就必然有较多的土粒被冲走。其结果被冲成许多沿流线方向大致平行分布，但彼此相互株连串通的小沟，即形成细沟状面蚀。

2. 沟蚀（土壤冲刷）

一旦面蚀未被控制，所产生的细沟会有一部分在有利于继续发展的条件下（地表径流进一步集中，地形条件有利于细沟进一步发展），这些细沟必将继续向更长、更宽、更深发展，形成集中的水流侵蚀。集中的水流侵蚀，破坏土壤并形成切入地表沟壑的土壤侵蚀形态，这种侵蚀形态又称为沟蚀（土壤冲刷）。在面蚀过程中产生的细沟，一部分在有利地形条件下更多地随着他处的地表径流，小流由片状转为线状，侵蚀能力显著加强，集中于沟内的水流不仅以水量大、流速快侵蚀着沟床，且以挟带的大量物质冲淘沟床，沟床的侵蚀分下蚀和旁蚀两种，当沟谷水流夹带大量砂砾物质向下倾泻时，沿途产生很多小瀑布式的陡坎与涡穴。由于涡穴和陡坎处水流常成垂直性的涡流，加强了砂砾向下的深蚀作用。

涡穴不断加深扩宽，使沟深不断加深扩宽，于是沟坡上的土石失去稳定，以各种运动方式落入沟床使沟谷不断扩大。由于沟谷水流的侵蚀、搬运、沉积作用，面蚀形成的细沟迅速加宽、加深加长，当达到不能为耕犁所平复时，即形成侵蚀沟。

沟顶亦称沟头，是侵蚀沟的最上端。它的发展方向与径流的方向相反，即所谓向源侵蚀。沟顶常呈陡立或跌水状。一般侵蚀沟带有数个沟顶。距沟口最远的沟顶是为主沟顶。

沟沿亦称沟边，是侵蚀沟外部轮廓的边缘，也是侵蚀沟与原地面的交界线。

沟底就是侵蚀沟的底部，是沟道中集中的水流流过之处。在侵蚀沟中，当下段沟底较宽时，可以明显区分为沟底和水路。集中的水流主要由水路排出，沟底带有一部分可作为农田使用，称之为沟条地。

沟坡是沟沿与沟底之间的斜坡，一般均较陡峭，黄土母质上则常为近于垂直状态。

沟口是侵蚀沟与河川（或旱溪）的合流处。沟口常会形成由土沙沉积而成的冲积扇（冲积圆锥）。

沟蚀最多由面蚀发展而来，但与面蚀有极显著的不同。一旦侵蚀沟形成，土壤就遭到彻底破坏。由于侵蚀沟不断发展，耕地面积不断被蚕食而缩小，并使曾是连片的土地被切割得支离破碎。但是，沟蚀只是在一定宽度的带状土地上发生，因而，沟蚀占地面积就涉及的土地面积而言，则远小于面蚀。

有深厚黄土层的地区，以及其他具有深厚的未胶结层或风化母质层的地方，沟蚀是普遍而危害严重的水土流失形式。

在石山区或土石山区，股流虽具很大冲力，但仅能冲蚀薄层土壤和已风化母质。由于坚硬的基岩所限，股流不能更深地冲蚀和切割。两岸或斜坡上塌落的大量砂砾、石块堆积在沟道之中，形成外观显著不同的侵蚀沟，称之为荒沟。

3. 重力侵蚀

重力侵蚀是由于重力作用而引起的侵蚀。山坡和陡岸的岩石或土体在自身重力的作用下由于坡度大于本身自然安息角，失去稳定而产生位移的现象称为重力侵蚀。自然界斜坡的稳定是由内摩擦力、粒子间的凝聚力和其上生长着植物根系的固持力来维持的。当土体受到外力作用破坏了稳定的平衡时，在重力作用下就引起斜坡的一部分崩塌。自然界的外力主要是地震和下渗水分，而其中水分又是引起重力侵蚀的经常性原因。重力侵蚀方式和形态特征，可分为坍塌、滑坡、崩塌、泻溜、山剥皮等类型。

坍塌多发生在深厚的黄土区。指坡面上出现近圆柱形土体或其他形的土体垂直向下陷落的水土流失现象，前者亦称陷穴。坍塌发生的原因尚未定论，但主要是由于黄土组织疏松、具大孔性构造、垂直解理发达和下渗水分不断的淋洗作用下形成的。坍塌可以单个发生，亦可数个成群发生。当数个坍塌由潜流的水路勾通时，就形成连珠坍塌和天生桥（天然桥）。

滑坡是在黄土区的一些坡面上，一部分土体向下滑落的自然现象。滑坡多在黄土层下具有黏重的红土或其他不透水层时容易发生，且具有明显的滑塌面。坡度较陡时，滑坡常在瞬间发生，滑落部分相对位置保持不变，称为坐塌。坡度较缓时，滑坡的速度较慢，称为地爬。滑坡常堆于坡脚和沟道中，当堆积物数量较多时会堵塞沟道，雨后积水如池塘，称为聚湫。再遇特大暴雨常被冲毁，称为破湫。聚湫经人工加固可用来蓄水灌溉、养鱼或淤地，但破湫又会带来意外灾害，应注意防止。

崩塌是山体的一部分突然向坡下崩滑的现象。崩塌物质除土砂外常有大量石块，崩塌常发生在陡峭的山坡。崩塌彻底扰乱了原有的地物层次，破坏了原来的坡面，常成崖锥（亦称土石锥或崩积锥）堆积在坡脚，也埋没了坡脚的土地。

泻溜是黄土地区的侵蚀沟坡或陡峭山坡的土体呈小块状向坡下散落的水土流失形式。泻溜的形成受地震、气候干湿、冷热、冻融的交替影响。

山剥皮是在石山区的陡坡上，雨后或融雪后一部分薄层土壤及风化母质剥落的土壤侵蚀现象。山剥皮有时面积很大，表层植被随土体一起滑走，形成大面积的砂石荒坡。

4. 泥石流

泥石流是山洪暴发时，泥石洪水混在一起的液固两相形成的急流。泥石流流速每秒高达十几米，有很高的“龙头”，破坏力惊人，常造成毁灭性灾害。泥石流是一种特殊的土壤侵蚀形式，它不同于一般挟沙水流特征，其固体物质处于超饱和状态，其含量大于40%，泥石流的容重大于1.6吨/立方米。泥石流不是水流冲动沙、石向前流动，而是水、土、砂、石组成一个整体，在水流冲力和重力作用下涌动向前。泥石流全断面流速基本一致，不产生分选现象。流速时快时慢，表面显著水平，能浮托、顶运大的土块或其他固体物质。

泥石流一般可分为两类：一类是稀性泥石流，又叫紊流型泥石流，容重一般在1.3吨/立方米以上，固体物质占10%~40%。另一类是黏性泥石流，又称结构型泥石流，容重一般大于1.6吨/立方米（泥流容重大于1.5吨/立方米），固体物质占40%~60%，最高可达80%。

泥石流容重指单位体积内泥石流体的重量。测定方法常用水桶在发生泥石流的沟里取样，测出泥石流体的重量和体积，用下式求计泥石流的容重：

$$r_c = (P_1 - P_2)\ /V$$

式中，r_c为泥石流容重（吨/立方米）；P_1为水桶加泥石流体重量（吨）；P_2为水桶的重量（吨）；V

为泥石流的体积（立方米）。

（四）各种土壤侵蚀形式之间的关系

土壤侵蚀形式不仅多种多样，而且各具其自身的特点，但是各种形式之间也存在着不可分割的密切关系。在水土流失过程中，几种土壤侵蚀常常是同时发生的。土壤水分养分的流失及土壤结构的破坏，面蚀是大面积坡面上发生；沟蚀则在狭长带状土地上发生。沟蚀常由细沟状面蚀进一步发展形成，形成侵蚀沟又增大了坡面的坡度，促进了面蚀的发展。面蚀和沟蚀为崩塌及滑坡创造了条件，崩塌及滑坡又促进了面蚀和沟蚀的发展。泥石流是全流域土壤侵蚀严重的集中表现，而一旦泥石流形成就又促使其流域范围内各种土壤侵蚀形式的进一步发展。因而，在水土保持工作中，不仅应明确区分各种形式的土壤侵蚀，而且必须充分注意到各种土壤侵蚀形式之间的相互关系。只有在相互影响、相互制约的动态中研究土壤侵蚀，才能因地制宜，因害设防地作好水土保持工作。

很明显，土壤水分、养分的流失和土壤结构的破坏，面蚀、山洪等形式一般是经常发生的，其危害也是逐渐加剧的；而崩塌、滑坡、泥石流等形式则多是突然发生（有些滑坡、泻溜进展缓慢）的，其危害亦是毁灭性的。一方面，水土保持工作不应仅局限于防治经常性的土壤侵蚀，还必须防治暴发性的土壤侵蚀；另一方面，在防治暴发性土壤侵蚀时；除采用必要的应急措施外，还必须运用综合性措施防治经常性的土壤侵蚀。只有这样，才能根除暴发性的土壤侵蚀。

土壤水分、养分流失及土壤结构的破坏，在大多数地区面蚀和山洪是较普遍发生的土壤侵蚀形式。沟蚀、崩塌和泥石流具有显著的地区特点，一般侵蚀沟、滑塌、泥石流、陷穴多发生在黄土地区有深厚土层的山区，砂砾化面蚀、荒沟、山剥皮、山崩、石流多发生在石质山区和土石山区。实际上，这只是不同条件下土壤侵蚀在形式上的不同反应。

在自然界，条件是复杂多样的，且处于不断发展的动态变化过程中，因而，土壤侵蚀形式也各有不同反应，且亦处于动态变化之中。如土石山区局部土层深厚也能形成侵蚀沟，甚至在土层较薄情况下由于特殊条件亦能形成侵蚀沟；而黄土区当黄土很薄而其下又有坚固的岩层或局部夹有土石山区时，也常会形成具有混合特点的土壤侵蚀形式。

总而言之，土壤侵蚀形式复杂多样，且各具特点，但各种土壤侵蚀形式相互关联，具有不可分割的关系。水土保持工作中必须将土壤侵蚀及各种侵蚀形式间的相互关系以及各种侵蚀形式的动态变化过程进行综合分析，要认真分析其历史、现状及发展的可能性。

要抓住地区特点，抓住地区对土壤侵蚀形式产生的影响。只有这样，在水土保持工作中才能做到分析正确、目标明确、有的放矢。

二、治理土壤侵蚀的林业措施

治理土壤侵蚀的措施很多，如农业措施、水保措施、工程措施、林业措施等。然而，对于我们这样一个地形复杂的大国，经济又不发达，要真正治理水土流失，最重要最基础的是采取林业措施。做到既治理土壤侵蚀，又发展农林生产、发展经济。把治理水土流失和发展经济有机地结合起来。

（一）水土保持林的作用

营造水土保持林是减缓地表径流的重要措施，它具有吸收地表径流和涵养水源的作用；固持土壤和改良土壤的作用以及改善小气候的作用。水土保持林是一种防护林，能提高土地生产力和保障各项生产事业安全并发展林副业生产。水土保持林具有明显的抗蚀作用，根据甘肃天水水土保持试验站的调查测定，在37°坡度以上营造5～7年生的刺槐林比在27°坡度上的农耕地减少地表径流24%，减少冲刷87%。森林的水土保持作用主要表现在以下几个方面。

1. 林冠对降水的截留作用

林冠可以截留一部分降水，从而减少降落到地面的水量。而林冠截留作用的大小因树种、林分郁闭度、林龄、降水量及降水强度的不同而有明显差异。降雨过程中，一般阔叶树种截留量大于针叶树种；树冠浓密的树种截留量大于树冠稀疏的树种；林分郁闭度越大，截留量越大；中、壮年林龄的林分，截留量大于幼龄及成过熟林分；混交林截留量大于纯林；复层林截留量大于单层林；降雨量及降雨强度越小，被林冠截留的比例越大。林冠对降雨的截留，可以增加雨水降落到地面前的蒸发量。根据各国学者多年的调查研究，由于林冠截留而被蒸发的水量，大约可占降雨总量的8%。被林冠截留的降雨，绝大部分被蒸发掉，仅有一部分沿树干下流或从枝叶上落到地表。于是，林冠通过截留部分降雨，可以使落到地表降水量相应减少，从而减少对地表击溅的雨滴量及减少形成地表径流的雨水量。同时树冠可以使雨滴尤其是暴雨时的大雨滴对地表的击溅能力大大削弱，其原因在于林冠的阻档使下降的雨滴速度大大减小，而且大的雨滴被分散成小的雨滴。

2. 林地死地被物吸收调节地表径流的作用

透过林冠降落到林内的雨水，首先被林地内的死地被物所接收。故覆盖地表上的地被物可以保护表土免受雨滴的击溅。同时死地被物层的状况在很大程度上决定着林分吸收、调节地表径流的能力。死地被物层尤其是松软的死地被物层具有很高的透水性和水容量。森林死地被物的上层是外形仍保持完整，干燥时质地坚硬而不破碎的未分解枯落物层；中层是仅部分外形保持完整，干燥时易破碎成粉末，有时被白色菌丝网结的半分解的枯落物质；最下层则是已分解的疏松物质层，这层已成黑褐色粉末状，多被白色菌线体网结，这一层里的低等动物和微生物活动非常旺盛。整个死地被物层形成通透性非常良好的疏松层，所以森林的死地被物层，具结构疏松多孔、通气透水良好的特点。据测定，1 千克枯落物可以吸收 2 ~5 千克的水。如油松林在 30 年生时，枯落物量为 15. 02 吨/公顷，持水量为 28. 50 吨/公顷。折合吸收 2. 85 毫米的降水；侧柏林 30 年生时，枯落量为 9. 10 吨/公顷，持水量为 19. 84 吨/公顷，相当于吸收 1. 98 毫米的降水，每千克山杨林的枯落物可以吸收 3. 16 千克的水。尽管不同树种、不同林龄、不同产地状况和不同分解状况的死地被物质水容量不同，但或多或少都可以吸收一定量的降水。当枯落物被降水饱和后，由于枯落物层疏松和良好的透水性能，可以让其余的水分全部通过枯落物层到达地表。由于枯落物层使地表粗糙度增大，从而有可能在地表出现的径流被层层分散和拦截，大大降低了地表径流的速度。据测定在25°的坡面上，枯落物层内的地表径流速度仅为裸露地的1/4。由于流速减小，就大大增加了向土壤中渗透的水量，也使地表径流量减少。此外，由于径流被分解拦截和流速降低，就使地表径流携带的泥沙沉积下来，这就是森林死地被物的挂淤作用。

总之，森林死地被物吸收调节地表径流的作用，其主要原因在于林下土壤透水性高、冻结浅、融解快、地表径流速度缓慢，地被物具相当大的透水性和很大的水容量，同时又是良好的“滤泥器”，可防止土壤孔隙被堵塞，使土壤保持良好的入渗率。

3. 林地土壤的透水作用

森林不仅可以改善土壤的光、热、水、气等条件，更重要的是，森林是生产大量有机物质的植物群体。且森林生产的有机物质，有60% ~70%以枯落物的形式归还给土壤。

与此同时，林木每年有大量的细根更新，使林地的有机物不断增加。有机物经微生物分解，形成大量腐殖质，腐殖质利于土壤团粒结构的形成和土壤理化性质的改善。表现为森林土壤中水稳性团粒多，森林土壤的容重小、孔隙度大、持水量增加、透水性增大。林木根系在土壤深层和母质中，死后形成了很多根孔，又增加了水分向土壤中入渗的通道。测定结果表明，林地土壤透水性相当于草地和农田的3 ~10 倍。土壤初渗量灌木林地为 12. 6 毫米/分；山杨林地为 10. 1 毫米/分；油松林地为 7. 0 毫米/分；相同条件下的草坡为 3. 17 毫米/分；农田为 2. 5 毫米/分。

一般来讲，林地土壤表层的渗透力大于下层，林地向水平方向渗流的速度较为迅速，故而水土保持林不仅可以吸收和调节地表径流，且可以沿地被层下至 B 层不断渗出水分，在雨后不断地湿润下方的土壤。降水除渗透外，由于林木的死根腐烂后形成垂直通道，使渗透水引导至深层以补充地下水。这种涵养水分滋润下方土壤及补给地下水，调节河水流量的作用，又称为森林的涵养水源作用。当然，涵养水源作用的大小取决于森林的组成、结构、林龄和土壤特性，一般条件下，凡具深根性树种的乔灌混交异龄复层林的涵养水源作用最大。

4. 根系的固土作用

水土保持林固持土壤的作用主要通过森林树木庞大的根系网络固结土壤和地上部分特别是枯枝落叶层拦截过滤地表径流来实现的。乔灌木树种依靠其所有的深长根系以及扩展较广的侧根，能以相当大的幅度和深度固定土壤。林木个体之间根系相互纵横交错，能更加增强森林的固持土壤作用。在水土保持林的营造过程中，利用深根性树种和浅根性树种相结合，组成乔灌木异龄混交林，由于根系呈多层分布，能促使土壤和母质之间层次过渡不明显，并使风化层和基岩之间的分界成为渐进过渡的状态，从而消弱了土壤滑落的可能性，为消除重力侵蚀、泥流和石洪创造了条件。

水土保持林对土壤的改良作用，主要通过森林改善土壤成土过程条件（如光、水、热）和通过森林植物本身的生理活动对土壤物质的某些更新和增加、改造而实现的。森林土壤与裸露地土壤相比，土壤接受到的直射光量差异极大，接受到的光质差异也很大。

在冬季，森林有提高地温的作用，利于土壤矿物的物理及化学风化。夏季，森林有降低地温的作用，利于减少土壤水分蒸发，贮存水分和微生物活动，促进有机质分解、土壤养分的转化及活动。林木可以吸收深层土壤水分用于蒸腾，在沼泽地及地下水位过高地段可降低地下水位；在干旱条件下，森林可以通过蒸腾增加降雨，加速土壤水分及养分的循环，提高土壤肥力。

森林植物通过本身的生理活动，可以分泌出许多化学物质，这些化学物质的变化和增加，可以促进土壤的化学风化过程，从而对土壤结构、土壤营养元素的活动及其他的土壤理化性质产生一定程度的影响，实现对土壤的改良作用。

需要说明的是，为充分发挥森林的固持土壤作用，在营造水土保持林时，必须认真选择适宜的树种。测定结果表明：一丛15年生的柠条，根颈粗为8厘米，冠幅2.5平方米，分枝数52条。地下部分细根多达8 160条，根幅45平方米。在1.4米的范围内，3毫米以下的侧根有45条，3毫米以上的侧根有35条；主根垂直分布深达6.42米，主侧根总长度达452.6米，固土量可达23立方米。茂密的灌木及其能迅速形成的枯落物层挂淤作用很大，常配置在坡面上的水源调节林带及护牧林中。为迅速固持侵蚀沟沿，常采用根蘖性强的树种；在河流两岸和水库沿岸，为防止流水冲击和风浪冲击，多采取耐水湿、枝条柔软有弹性、根萌力强的杨、柳、灌木柳等树种营造护岸水土保持林；在有重力侵蚀危险存在的地方，则营造深根性树种组成的异龄乔灌混交林。

综上所述，由于森林树冠截留降水，枯落物吸收、拦截、分散地表径流量、林地土壤的良好的渗水性能和贮存大量水分以及森林树木根系网络的强大固持土壤作用，水土保持林就能起到巨大的涵养水源、保持水土的作用。

（二）水土保持林的特点

水土流失地区自然条件复杂，不同地区、不同地形部位自然条件差异很大。同时，由于各种影响水土流失因素的程度不同，水土流失的形式、程度和危害也不尽相同，必须针对性地采用不同的水土保持林业措施。营造水土保持林必须遵循因地制宜，因害设防的基本原则，使水土保持林发挥应有的作用。

水土保持林的营造，要依据自然条件的特点，选择适合于当地生长的乔灌木树种，即做到适地适树。同时，要考虑种苗的来源、劳力条件、交通运输条件、营造技术难易等各方面因素，确定适宜的水土保持林种、树种、配置、混交组成等一系列技术措施，制定出切实可行的造林技术规程。为了使水土保持林能获得最大的经济效益，要考虑水土保持林能生产的木材和林副产品种类，并根据当地的社会经济情况和市场预测来确定水土保持林是以生产那一类产品为主（如用材、薪炭、饲料、木本粮油等）。

水土保持林的培育，还必须根据当地水土流失的形式、程度和危害程度，针对性地决定水土保持林的林种、树种、配置（混交方法、混交比例及树种组成），确定合理的培育技术措施。使水土保持林能充分发挥其水土保持效益。

水土保持林是水土保持生物措施中最重要的组成部分，与水土保持工程措施紧密结合在一起，加之水土保持的农业和牧业技术措施，共同组成一个水土保持综合措施体系。

其中工程措施拦泥蓄水，促进林木及其他植被生长。林木及植被又可以起到涵养水源、固持土壤、保护工程措施等方面的作用，从而提高农作物产量及载畜量，使农牧业得到发展。这样就可以短养长、长短结合、互相补充、相辅相成。水土保持林也是水土流失地区林业最重要的组成部分，要体现与农业、牧业三者互相依赖、缺一不可、互相促进的原则，使林、农、牧三者都能得到相应的发展，避免三者之间的人为分离与矛盾。

水土流失地区林木生长条件较差，干旱、贫瘠和地形破碎，坡陡沟深等都会给林木成活及水土保持林培育工作带来很大困难。为了保证水土保持林的培育成功，使其发挥最大的水土保持效益，必须进行高质量、合理的高规格整地，从根本上改变水土流失地区林业生产的基本条件。

培育水土保持林，主要目的在于分散拦截地表径流及改良土壤，防止土壤侵蚀。因而要注意利用灌木枝冠茂密、枯落量大的特点，要利用灌木抗逆力强、根蘖力强、繁殖容易的特点，在营造和培育水土保持林过程中，注意灌木树种的使用及其比例。在立地条件很差的陡坡、沟沿、沟坡等地方培育水土保持林，不但要搭配一定数量的灌木，且在一些地方常应培育灌木纯林。

水土保持林是一种栽培植物群落，其栽植和培育是在人类现有关于森林形成、发育等知识的基础上，用人工的技术措施业体现人类的意愿和要求。因而水土保持林培育目标应该在于使其较快地、较好地达到预期的防护效果和经济效益。

水土保持林在抚育间伐和主伐更新过程中必须将水土保持林的水土保持效益放在重要位置考虑，使其在整个生产环节中水土保持效益不降低。故必须选用适宜的抚育间伐方法和掌握适宜的强度，选用适宜的主伐更新方式方法，特别必须注意更新必须跟上采伐或进行伐前更新，做到青山常在，水土保持、水源涵养效益稳定。

（三）水土保持林的培育

由于水土流失地区地形地貌的多样化，决定了在各个地形部位上适宜从事的生产内容不同，使在各种地形条件下及各种生产用地上培育的水土保持林具有不同的水土保持作用。在大面积荒山荒地上，也可以按不同的防护要求成带状、块状设置于各种生产用地及荒坡、沟道、河滩等地方。为充分发挥其水土保持作用，必须注意合理搭配树种及合理组成结构。提高栽培地整地质量，加强抚育管理，形成稳定林分。

水土保持林依据其栽培的地形部位及防止土壤侵蚀的作用不同，可以分为分水岭防护林、水流调节林（护坡林）、沟边防蚀林、沟头林、沟底林、护提护岸林、水源涵养林、梯田地坎林等。

1. 分水岭防护林

主要作用是防风，保存积雪不被风吹走，增加分水岭地带的土壤湿度，也在一定程度上具有减轻坡面水土流失和土壤冲刷的作用。分水岭防护林的位置正是坡地地表径流的起点，在这一位置栽培水土保持林，可以有效地防止梁峁、塬面、塬边继续被侵蚀，可以改善小气候和农田环境。黄土丘陵沟壑区的梁和峁，互无屏障、干旱风大、土壤贫瘠、植被稀疏、土壤侵蚀严重；塬面地势平坦、土层深厚、风大霜多、干旱缺水；塬边侵蚀沟发展剧烈，重力侵蚀活跃，蚕食着塬面的农田。因而，在梁峁上栽培水土保持林，有明显的水源涵养和调节径流作用，也将成为增加当地森林覆被的主要组成部分。在一定程度上起着改善当地气候和水文条件的作用。由于自然条件和国民经济的需要不同，梁峁水土保持林可进行乔灌混交形式栽培，过度干旱贫瘠的地方也可栽培灌木纯林或在形成灌木纯林后再引入乔木树种。乔灌混交可采用行状或带状，也可先栽植2~3行灌木［株行距（0.5~1）米×（1~1.5）米］，带间距2~5米。等灌木成活并经一次平茬后再在带间栽植1~2行乔木，株距1~1.5米。在塬面上，为了减免风、霜、干旱的危害，改善农田小气候，应培育兼具水土保持作用的农田防护林带或林网。林带宽度应依塬面大小和形状而定。塬面狭小，可沿塬栽培5~20米的林带或片状林。塬面宽阔平坦，农田面积较大的，尽管水土流失轻微，但常有风、旱、冻害发生，应以塬面为单位形成农田林网。塬边水土保持林的配置，必须结合塬面的蓄水保土措施与塬边埂、沟头防护林工程等相配合。塬边防护林常由2~3行密植的灌木（株距0.5米，行距1~1.5米）和向塬面一侧的2~3行乔木树种组成，有塬边埂时，水土保持林配置在塬边埂外侧；未修塬边埂时，灌木行可从塬边开始。塬边附近的凹地是塬面地表径流汇集并倾泻入沟壑的通道，这里通常是塬边侵蚀沟发展剧烈的地方。在这些地方的塬边水土保持林应配置在沟头防护林工程上游的凹地底部，多采用栽培行方向垂直于水流方向，配置10~20米的灌木柳林带。沟头防护工程也可以用打柳桩、埋柳条的办法使其形成加固工程的林带。

2. 水流调节林（护坡林）

（1）作用坡面水土保持林的任务是吸收和调节地表径流、防止土壤流失。因为林带的阻滞作用、减低了流速，增大了渗透水分，使地表径流变成了地下径流及分散了地表径流，使地表径流不再发生破坏性的作用。从而调节了地表径流和防止了土壤侵蚀。

（2）林带配置依据坡度和坡形而定。

①坡度小于3%，可按农田防护林带的要求配置，因为小于3%的坡度条件下，一般不产生土壤侵

蚀或土壤侵蚀不严重。当坡度大于3%时，开始有土壤侵蚀，应按防止土壤侵蚀的要求配置。

②为了有利于吸收和调节地表径流，林带配置的方向应与等高线平行。自然地形变化较复杂地区，任何一条等高线均不可能与全部径流线相交，因此沿等高线设置的林带，对其不能相交的水流线便不能起到截流的作用。就相交的径流线而言，由于相交位置不同，径流线长短亦不等。因而，各段林带截阻的流量亦各不相同，使林带承受的负荷量不均匀，以致林带不能充分发挥其调节水流作用。因而可以考虑在坡度3%左右时，可按各径流线中部的位置（或低于径流中线联线的位置）作为水流调节林带的位置。这种方式能保证林带各段都能充分负起调节水流的作用。这样配置时，流水受坡度影响，略成偏角流入林带，常会沿林缘流下而发生冲刷，此时可在迎水流的一面每距一定距离（20～50米）设立分水设施（土埂或渗水池）以引导和分散水流进入林带，以避免冲刷。

③坡度很大（>30°）时，坡面的等高线彼此愈接近平行，坡面长度亦将趋于一致，在这样的条件下，林带应严格地沿等高线设置。这时中点定线常会在林缘上方引起径流大量集中和冲刷，同时在坡度大林带倾斜度大的条件下，在林缘采取分水设施亦很难避免冲刷。

在山西，坡地多为农田，所以要求林带占用较小面积而发挥最大的调节径流作用，故而林带的位置应设在侵蚀可能发生发展的最强烈部位。按坡形不同，可分为以下四种。

第一，在凸形坡上，一般上部地形平坦，土壤侵蚀轻微，而在斜坡较下部分，距分水线越远，坡度越大，流量流速亦越大，土壤侵蚀也就越强烈。林带的位置应设在斜坡的坡度较小部分，以地形的转折点处最好。

第二，在直线形斜坡上，同样是上部地表径流弱，土壤侵蚀现象不明显。越往下，地表径流越易集中，流量流速越大，越易引起土壤侵蚀。林带最好设在中部，将斜坡分为两半，以减少流向下部的水量。当坡长过长时，分为两半不能保证林带的效果，可以在坡长的1/3处及2/3处设置两条林带，以保证地表径流能被林带完全截流，使坡地不发生土壤侵蚀。究竟设几条林带合适，要从坡长、土质、当地降水量特别是最大降水强度而定。

第三，在凹形坡上，上部和中部坡度均相当大，常有土壤流失和冲刷现象，下部距分水线远，坡度小。虽然流量增大，但流速却减小，故土壤侵蚀轻微甚至沉积。林带除设在分水线附近外，斜坡上部陡斜部分若土壤侵蚀作用强烈，不宜农用可全面栽培水土保持林。若可农用，则还应在斜坡上部陡斜部分与下部较平缓部分的转折线处设置林带，以吸收、分散、容纳陡斜部分所产生的地表径流。

第四，在复合形坡上，一般坡顶部分较平缓，而离分水线不远就有明显的坡形转折，坡度较大，有土壤侵蚀现象。在这转折线上应配置林带，可吸收、分散来自上部的地表径流，减少至坡中部的水量，减少土壤侵蚀作用和程度。这一林带以下还须设几条林带，要依据具体情况来确定。

实际工作中，水土保持林无论穿过径流中点或沿等高线配置，常会使林带成为曲线状态，给农田耕作带来不便，因而水源调节林的配置，直当尽量使林带成直线或简单的折线，以方便农田耕作。

（3）林带的宽度。水源调节林带的主要功能是通过吸收坡地上的地表径流来体现的，必须具有一定的宽度和结构。林带宽度的确定是根据多年来科学试验的结果，水源调节林带吸水和分散地表径流的能力一般为林带宽度的五倍。

当然，在确定林带的宽度时，一定要考虑当地最大暴水强度及其持续时间，即要考虑某一时段的降雨量，保证林带能够全部吸收林带上部坡面上所产生的地表径流，保护林带下部土壤的安全。

（4）林带结构。水流调节林，尤其是坡地下部邻近水网或侵蚀沟的林带应该是：吸收或调节地表径流；改良土壤结构，提高土壤肥力；防护邻近地区。因而水流调节林应该是紧密结构的林带，林带应该这样组成。

①灌木，防止水土流失，改善土壤理化性状，保持土壤免受风蚀危害等。

②第二层林冠。

③松软而厚的地被物，其改良土壤的意义很大。

④深根系的主要树种和伴生树种，同时需要混交一些浅根性的树种，加上草、灌，以形成多层根系网。

⑤迎水流方向应设置紧密林缘。乔木生长困难的地方，在配置水源调节林带时，可以考虑利用灌

木带。

3. 梯田地坎水土保持林

在田间工程如梯田、地埂的地方，应结合植物栽培以充分利用土地。利用地坎栽植一些有一定经济价值的树种，生产林产品又不与农业争地，同时又起到水土保持林的防土壤侵蚀作用及农田防护林的护田防灾作用。

梯田地坎水土保持林的配置方式依梯田种类不同而不同。

（1）水平梯田地坎水土保持林的配置。水平梯田地坎一般不再增高，对地坎水土保持林的主要要求是巩固土坎，防止林木向农田串根。栽植位置可选择在地坎斜坡的中部。

树种适宜用灌木。如乌柳和柽柳，垂直根系发达，侧根生长并不旺盛，有利于调节与农作物在土壤养分和水分需要方面的矛盾，同时根系深长，固土作用也较大。

灌木型地坎水土保持林的栽培，一般情况采取单行密植的配置方法，以迅速有效地发挥其防护作用。

在梯田坎高度较大，斜坡较缓的条件下栽培地坎水土保持林，也可采取两行或三行的配置方法，以便取得更好的防护效果。

（2）坡式梯田地坎水土保持林的配置。坡式梯田地坎高度一般较低，垂直投影面积小，调节由于水土保持林的栽培而引起的串根和遮阴等问题是比较困难的。通常水土保持林的栽培位置确定在原始坡面和坎相交处，并辅之以地坎沟，这将对上述矛盾会有所缓减，而伴随着地坎逐年增高，其不利影响将逐年缩小。

另外，在贫瘠的坡式梯田不宜进行耕作的土地上可全面栽培水土保持林。

4. 侵蚀沟水土保持林

在坡面采取各种水土保持综合措施的条件下，坡面地表径流得到基本控制，但经过调节之后，还会有一部分地表径流将流到沟壑中，这是沟壑中较大径流的来源，也是引起沟壑中土壤侵蚀的主要原因。

为彻底控制土壤侵蚀。防止沟谷土壤侵蚀继续扩大，也为了河流、水塘、水库不致被淤塞，必须治理沟壑。侵蚀沟水土保持林的栽培分以下几部分。

（1）进水凹地水土保持林的栽培。栽培水土保持林的目的是使集水区汇流而来的较为集中的地表径流首先得到调节，减小进入沟头的水流跨度。加强淤淀以保持进水沟不受破坏，以阻止侵蚀沟向源扩展。对于向源侵蚀正在剧烈进展的侵蚀沟，必须配合沟顶以上的拦水蓄水沟埂进行进水凹地水保林栽培。在侵蚀发展已缓慢或基本停止的侵蚀沟，可直接进行进水凹地水保林栽培。

进水凹地水保林的栽培有两部分，流水线路和水路两侧水保林栽培。流水线路是指降雨时经常流水的凹地底部，由于承受集中水流多，宜于选用萌蘖力强、枝条密集的灌木，灌木配置与流水线相垂直，尽量密植，目的是挂淤。

水路两侧应栽培乔灌混交林，林带与流水线平行，林带宽度应根据附近地区冲刷程度和进水凹地流水线路的形状、流水的断面大小、流量多寡而定，其最小宽度应较水路最高水位时宽些。如周围为非农耕地时，则应该加宽林带的范围，以防向源侵蚀和沟蚀扩大。

关于进水沟水土保持林栽培是否应留出水路有不同观点：有人认为应该留出水路，以防冲刷林带，导致降低林带的水土保持功能。也有人认为不应该留出水路，以灌木形成挂淤带，以淤积泥沙，以保护沟道不再被继续扩大。还有人认为集水区面积大时应留出水路，集水区面积不大时，可以不留出水路。

为更好地配合拦蓄地表径流，在进水凹地栽培水土保持林时，宜于在其上部修筑窄带梯田或配置土埂，这样效果会更好。

（2）侵蚀沟顶和沟底水保林栽培。

第一，侵蚀沟顶水保林，目的是停止向原侵蚀，是除了进水地凹栽植水土保持林调节径流的又一措施。在沟顶基部一定距离（1～2 倍沟顶高度）内配制编篱柳谷坊或土柳谷坊：土柳谷坊就是把栽植柳和土谷坊紧密结合的一种措施。在谷坊施工分层夯实时，于其背水一面卧入长为 60～100 厘米的 2～3 年生柳枝。在土谷坊两侧进行高秆（或短秆）插柳（杨）。

第二，沟底水土保持林，目的是防止侵蚀沟向深发展，并利于泥沙的淤积。

①如沟底仍在继续加深时，沟底林应与谷坊工程结合起来，在沟底比较稳定处可用栅状栽植林，在每隔10~20米的流水线路上，横穿沟底栽2~5行或插干为栅。沟底水流有一定流量和流速时，应留出水路，以免阻滞水流而促成底部冲刷。

②燕翅式固底林，在沟宽15~40米的梯形沙质或壤土质沟内，采取沿沟内两侧向水路稍顺水成燕翅式栽植，其燕翅伸长6~10米，要适当留出水路，以低水位为限。其顺水角度，即燕翅行列与设计水流方向所交之内角，在25%~35%，单沟双行直立插干，沟宽1.0米，沟深0.9米，沟间距2.0米，每沟内植杨干两行，行距1.0米，株距0.6米。若是纯沙土，栽前应换土0.2米，再填入沙土踏实，同时应在两沟坡营造固坡林。

另一种做法是在沟宽15米以下，或已修谷坊淤平的部分土地上栽培沟底水土保持林。采取沿沟两侧栽植2~4行，每隔10~15米栽植4~6行燕翅式拉沙带。挖沟宽0.4米、沟距1.0米，每沟内栽1株，行距1.0米，株距0.6米，若纯砂土，栽前可换土0.1米，再填入砂土踏实，在沟坡上栽培固坡林。

沟底依据其具体情况，也可采取全面栽培水保林，乔木与水流方向平行栽植，沟底过水部分可栽灌木。

（3）侵蚀沟岸水土保持林栽培。侵蚀沟岸的水土保持林目的在于固定沟岸，防止塌坡，进一步分散坡上流入侵蚀沟沿的流水，稳定淘坡。

水保林带的设置一般是在侵蚀沟岸地带，沟谷外形复杂，沟岸地带的地块细碎而多畸形时，决定沟岸林带的位置应根据有利土地的区划及防蚀效果来确定。较平缓的沟谷边岸地区，林带可大致按等高线或折线配置沿岸林带。阶梯形断面及密集的浅沟斜坡上，水土保持林带可在阶梯上设置，浅沟可以考虑全面栽培水保林。坡度较大的边坡上，林带可以设在沿岸侵蚀沟沟顶的上方，按等高线进行配置，也可按侵蚀沟长短分段配制，不必连在一条等高线上。沿岸支沟愈密集时，在沟间距离小于50米时，应全面栽培水土保持林。对于已稳定的沟坡，水保林带应设在离沟沿2~3米处。若沟坡自然崩落正在进行，应由沟底按坡自然倾斜角向沟沿上方引线，此线与沟沿交会处以外2~3米的地方配置水土保持林带。

水保林带的宽度依地形切割情况、沟坡的沟蚀切割情况、沿岸径流大小、坡度及土地利用情况来决定。同时，也应该考虑有无坡面防蚀措施。具体宽度可参照坡面水分调节林带。

（4）沟坡水土保持林栽培主要目的是防止沟壑横向侵蚀发展，控制坍塌、固定沟坡、恢复荒沟生产能力。在坡度较陡的沟坡上（≤40°）栽培护坡林，多采用1.0米×1.0米的株行距进行三角形配置。树种多采用灌木树种，如紫穗槐、胡枝子、榛子。若栽植乔木树种，亦可采用1.0米×2.0米、1.5米×1.5米、1.5米×2.0米的株行距进行栽植。陡坡上栽植乔木时就注意防止坍塌。栽植的方法应该由下向上，由沟头到沟口进行全面栽植。

沟坡陡峭的地方常采取反坡梯田整地栽植。有条件的地方，亦可采用切坡的方法，将陡的部分挖掉填在沟底，以使沟坡变得平缓再进行栽植林木。

5. 水库、池塘防护林

土壤侵蚀地区的水库、池塘，常被上游来水挟带的泥沙所淤塞，加之风浪对岸边的冲淘及引起的坍塌，造成大量泥沙淤积于库、塘内，大大降低了使用价值和使用年限。此外，库、塘蓄水由于大量水面蒸发而散失，以及库、塘附近地下水上升（特别是水库坝体以下地段）造成土壤次生盐渍化或沼泽化，给当地生产带来很大影响。

库、塘沿岸的岸坡形态及地质状况不同，被风浪冲淘破坏的程度也不同。由黄土构成的岸壁，其破坏程度则主要取决于风浪的大小。风浪越大，困冲淘引起的破坏越严重，进入水库、池塘内的泥沙也越多。防浪林能消弱波浪的冲击力量，有效地缓减波浪对沿岸的冲击作用，加之林木强大的根系固持岸坡的土壤，可有效地保护沿岸壁。防止风浪破坏作用。防浪林带越宽，栽植密度越大，防护作用越显著。据观察15~20行灌木柳防浪林可以消弱高达1~1.3米的浪头对岸的破坏作用。在由疏松的土壤母质组成的30°以下的水库、池塘沿岸，多在常水位线或略低的地段开始配置防浪林，能起到明显的防浪作用。防浪林多由几行或十几行灌木柳或其他耐水湿的灌木组成。为加强防浪作用，灌木宜采用密植，株行距为（0.3~0.5）米×1.0米。防浪林以上至高水位之间，可配置耐水湿的乔灌混交林。高水位以上，由于立地条件变得干旱，配置较耐旱树种组成的乔灌木混交林。乔灌混交林不仅可以固持岸坡土壤，且具很强的挂淤作用，可以使地表径流挟带的泥沙被层层拦截。为加强挂淤作用，林带的上缘可配置由数行灌木组成的灌木林。林带的宽度可依据水库、池塘的大小、沿岸的侵蚀情况而定。因此即使是一个水库，沿岸防护林带的宽度往往也不同。当沿岸为缓坡且侵蚀作用不强烈时，林带宽度可为30～40米；而当坡度较陡，土壤侵蚀较严重时，宽度可扩至40～60米；直接向水库汇流的进水凹地，林带宽度可达100米；较小的池塘，林带宽度可采用10～20米或更窄。林带走向基本上沿等高线配置，行距1.5～2.5米；株距0.7～1.5米。

若水库、池塘岸较陡峭，而基部又为基岩则不能配置防浪灌木林带。可从岸边开始配置一定宽度的以降低风速、改变气流结构、减少水面蒸发和拦截沿岸固体径流为主要目的库、塘防护林。

河川是水文网的最后一个环节，它流经较大面积的流域。由于流域内地质、地形、土壤、植被、水文等一系列不同条件，因而河川中下游各段及其两岸形成了复杂多样的岸、滩。河川由于集水面积大，不仅有地面水补给，而且有地下水补给，故多常年有水。但依据补给状况可以分成“洪水”“平水”和“枯水”3种状态。河川两岸的川地，地势平坦，水分条件好，是土壤侵蚀地区农田的精华。由于川地所处位置较低，洪水期易遭洪水的冲淘和洪水挟带的泥沙淤淀和埋压，导致川地面积缩小和川地生产力下降，很有必要栽培护岸护滩林。

在河川两岸，群众历来就有造林护岸护滩的经验，不仅可以保护现有耕地，且可以扩大耕地面积，并利用河川两岸发展林业生产。河川汇流着许多流域的径流和泥沙，河水尤其是洪水期的河水对河川两岸进行着无休止的侵蚀和淤淀。因而整治河川，护岸护滩，作为水土保持林工作的一个重要方面，必须统一规划、全面安排。护岸护滩、与河争地、除害兴利、发展生产。因地制宜、因害设防。做到左右岸、上下游、新老滩、引洪防洪等各方面兼顾；引洪兴利和防洪除害相结合；工程措施和生物措施相结合；骨干工程和一般措施相结合。

第三节　治沙林

一、有关沙地的基本知识

世界上有1/3以上的陆地属于干旱和半干旱地区，这些地区普遍存在沙丘流动的问题，而且湖岸和海滨沙滩的流沙使问题更加严重，因此可以说世界上没有一个大陆不存在治沙问题。在许多国家，流动沙丘面积很大，严重地威胁着居民点、交通路线、农田和水源，成为妨碍国家建设和发展的大问题。我国亦有类似的情况，敦煌以西的寿昌县，元代以后被流沙埋没。毛乌素沙漠不断向前发展，使山西河、保、偏一带形成了一定数量的覆沙地，给当地人民群众的农耕和生活带来了极大的不便。干旱条件下，风蚀是沙丘形成的主要原因，由于不合理的垦耕，过度放牧和樵采引起风蚀。因为开垦后常常是旱作，土壤裸露，这些不合理的利用结果使已辟地原有植被消失，形成风蚀，使最细小的土粒在大气中悬浮。这种细土如果密度大，就会影响太阳热量下传和反射，从而干扰成云，减少降雨，加剧了干旱地区的大气干旱化。第一次世界大战后（20世纪20—30年代），干旱半干旱地区沙化危害逐渐明显，第二次世界大战（40—50年代）后沙化危害农业、房舍、水渠和交通的现象更为严重。现在人们已感到沙漠的危害，尽可能不在沙漠附近发展农业，但由于现代化的生产，实施粮食增产计划，兴修灌溉网，石油、天然气勘探及发展畜牧业生产，使人类不得不进入沙漠而面临流沙威胁。

（一）世界主要沙漠

沙地是指砾质沉积地或沙丘地，它是由大量细小的石英等矿物粒（0.01～3.00毫米）所组成的疏松聚积物，处于成土过程中的初级阶段，并且易受风、水的作用而移动。

沙漠是指荒漠中的一个类型，即干旱地区地表为大片沙丘覆盖的沙质荒漠。戈壁是指砂质荒漠。

荒漠的形成与大气环境有关。当赤道附近（0°～15°）低压气流上升，并向两极流动时，在纬度30°～35°处形成下沉气流的亚热带高压区，向北极及赤道流动。由于地球回转偏向力的关系，在北半球形成东北风，在南半球形成东南风（信风）。在信风带高压区不易降雨，故在北纬20°～30°或15°～35°

间热带、亚热带等低纬度地区有荒漠地带，在北半球还分布至48°～50°我国在中亚、中纬带38°～46°间分布有荒漠。我国亚热带纬度的地区无荒漠形成，是因为东亚季风起了重大的作用。

1. 撒哈拉大沙漠（Sahara Desert）

这是世界上最大的沙漠，从大西洋沿岸直到红海，东西长约4 800千米，南北宽1 780～1 920千米。总面积777万～906.5万平方千米。该地区亦是最干旱和最热的地区之一。在Great Tanegollft地区年降水量不足25.4毫米，有时甚至若干年没有有效降水。极端最高温度在利比亚（EL Azizia）地区为58°。

撒哈拉沙漠的北部具地中海气候，南部为亚热带气候：该地区以沙及石砾为主，北部较湿润地区有乔木及灌木、草本植物，短命植物极为常见。在盐碱地上生长有盐生植物，大部分地区几乎没有植物。

2. 索马里—查尔比沙漠（Somali—Chalbi Desert）

本沙漠如同撒哈拉沙漠南部一样位于热带地区，但是具有少量地形雨，气候干旱但年内温度变化不大。沙区的土壤形成极为缓慢，高地和一些河流冲积平原有一些深层埋藏土壤，石质平原极为常见，而沙丘多限制在沿海地区。许多粗骨土为盐土并有石膏层。

沙区植被同撒哈拉较热地区和南阿拉伯沙区植被类似，稀琥的植被生长在降水量不足101.6毫米，且有6个月以上的连续干旱地区。在条件较为优越的地方生长有杂草、小灌木及小乔木，在条件更为优越的地方灌木占优势并混有乔木，在降雨量大于203.2毫米的地方为灌木稀树草原。

3. 卡拉哈里—纳米布沙漠（Kalahri—Namib Desert）

该沙漠从安哥拉罗安达（南纬8°45′）到南非共和国的圣赫勒拿湾（南纬30°45′），其主要沙漠为南纬18°～29°。其最大宽度约160千米，长2 800千米，平均年降水量不足50.8毫米，主要的生长季为12月至翌年3月（雨季）。在卡拉哈里巨大的沙质盆地当中有高30～50米的沙丘，长数千米。在沙丘和基岩表面没有土壤发生，在石砾质下面有石灰质胶结层，土壤由弱碱到碱性，呈红褐色。在南部低洼干枯的湖泊上分布有盐土。

纳米布地区几乎没有什么植被。多数植物为无叶多肉质植物，还有一些盐生植物，高等植物。

4. 阿拉伯沙漠（Arabian Desert）

该沙漠包括阿拉伯半岛诸国以及约旦、伊拉克、以色列、叙利亚及伊朗一部分，基本上成长方形。长轴贯穿阿拉伯半岛直到地中海。

一般来说，阿拉伯沙漠的地表物质是沙质的或石质的，仅在阿拉伯平原及美索不达米亚附近有较薄的土壤。

同撒哈拉的植被一样，这种植被向东穿过亚洲直到印度，与地带性植物一样，具有共同特征（称为Saharosindian Region）。另外，阿拉伯沙漠还包括另外两个植物带，即Irano Jeranian和stidano—deceanian，前者包括本沙漠较冷地区的沙漠及草原，后者为热带地区。

5. 伊朗沙漠（Iran Desert）

该沙漠分布在伊朗、阿富汗、巴基斯坦俾路支地区。伊朗沙漠是地中海气候，由气旋形成冬季降水，冬冷夏热。

该沙漠的地表组成主要是灰漠土、灰铝土、石质土、岩成土及盐土，土壤质地粗，极不发育。植物地理带为Irano—Faranian和SaHarg—Aindian，西部植被趋向于地中海型。高海拨地区植被主要为蒿属群落，如同美国大盆地沙漠中的植物一样。在南部，夏季时植物极为稀少。

6. 塔尔沙漠（Thar Desert）

有时也叫印度沙漠，包括印度西部干旱地区和巴基斯坦东部。该沙漠位于两个大风带之间，在北部及西部地区有由中纬度气旋所产生的降雨。南部有在夏季控制大陆的季风性降水，季风到印度西部停止。该沙漠降水少而无规律，冬暖夏热。

整个沙漠地势平缓及稍有倾斜与被沙丘和山丘切割的平原组成该沙漠。地表物质的主要成分是中细粒物质、砾质及粗土强少，灌区含盐量很高。植被可以区分为5种植物群落，即盐漠植被、黏漠植被、石漠植被、沙漠植被及河边植被。盐漠植被极为稀疏，主要的植物种为（Tacostactys casoiea），灌丛及少数一年生夏生植物；黏漠极为干旱，植被为鳞茎植物；石漠仅少数木本植物；三芝草（Aristida pennate）侵入沙漠，最后生长一些灌木丛和乔木；河边植被包括灌木和乔木。

7. 中亚、土耳其斯坦沙漠（Entralasia、The Torkestan Desert）

该沙漠主要位于俄罗斯、哈萨克斯坦、乌兹别克等国境内，北纬 36°～48°，东经 50°～83°范围，本区为巨大的闭合盆地。有的地区在海平面以下，年平均降水量为 76～203 毫米。以冬春季为主，夏季很少。土耳其斯坦沙漠区具有地中海型的气候，夏季很热（46℃），温度变幅大。

8. 中亚沙漠，塔克拉玛于沙漠及戈壁（The Rakia—Makan and Gobl）

这是亚洲最大的沙漠戈壁，主要位于我国新疆境内。

9. 澳大利亚沙漠（Australian Desert）

该沙漠位于澳大利亚。在澳大利亚大陆于旱区有三大沙漠，大沙沙漠（Great sandy）、维多利亚大沙漠（Great victoria）、辛普森沙漠（Simpson Arunta），三大沙漠组成相互平行的沙带，有时长达 160 千米以上，此外尚有许多以石质为主的沙漠。

10. 芒特—巴塔哥尼亚沙漠（Monte—Patagonian Desert）

该沙漠位于安第斯山脉东侧，北部芒特为山区、河谷及碱洼地。

芒特沙漠位于南纬 24°25′～44°20′，西经 62°54′～69°50′。降水主要集中于夏季，年平均降水量不超过 203 毫米。

巴塔哥尼亚沙漠位于安第斯山脉的东麓，向东约 560 千米直到平原，向南直到大海，形成从南纬 39°～53°这样一个长约 1 600千米的沿海沙漠。由于安第斯山阻挡了来自西部的降水，本区成于安第斯山的干旱地区。

11. 阿塔卡马～秘鲁沙漠（Atacama—Peruvian Desert）

阿塔卡马是世界上干旱的海岸沙漠之一，有的地方在年降水量不足 10 毫米的情况下，植物仍能顽强的生存。南部科皮亚波（Copiapo）附近年降水量可达 133 毫米。

秘鲁海洋沙漠北部没有阿塔卡马南部那样干旱。该区气候温和，温度变幅较小，多雾，湿度大。（特别是智利）。

12. 北美沙漠（North American Desert）

北美沙漠从俄勒冈州中部及东部向南，包括内华达州及犹他州（不包括山区）到怀俄明州西南部、科罗拉多州西部、加利福尼亚南部、内华达山脉、San Bernareino 山脉、Cuyamaca 山脉、亚利桑那州东北部及西南部。

（二）我国的沙漠和沙地

我国的沙漠和沙地分布较广，东自海岸起西至大陆暖地均有分布，总面积约 130. 8 万平方千米（包括戈壁），沙漠和沙地的 98% 以上分布在内蒙自治区（以下简称内蒙古）、新疆维吾尔自治区（以下简称新疆）、青海、甘肃、宁夏回族自治区（以下简称宁夏）、陕西等西北六省（区）。沿海沿河也有零星的沙地分布。

沙漠沙地的分布区域不同，其自然条件、危害程度差异极大，因而其改造和利用的效果与途径也很不相同。

1. 荒漠地带的沙漠

荒漠地带的沙质荒漠，常与戈壁和盐漠相伴存。我国沙漠面积最大，气候条件也最为严酷，主要沙漠有 5 个。

（1）塔克拉玛干沙漠。该沙漠是我国最大的沙漠，面积约 32. 74 万平方千米，位于我国最大的内陆盆地——新疆塔里木盆地的中央。流动沙丘约占整个沙漠面积的 85%，是世界上第二大流动性沙漠。该沙漠气候极端干旱，年平均降水量仅 10～70 毫米。由于近代气候干旱，植被相当稀疏，沙子被吹起而形成沙丘。沙漠中心绝大部分为 50～100 米高的综合新月形沙丘，沙漠边缘为 10～30 米高的薪月形沙丘链。在丘间低地上偶见零星植被，主要植物种为胡杨、柽柳；沿间歇性河床两岸及沙漠边缘水分条件较好的地方除胡杨、柽柳之外，还会出现芦苇，且有成片分布。

（2）古尔班通古特沙漠。该沙漠位于新疆准葛尔盆地，是我国第二大沙漠，面积约为 4. 73 万平方千米，年平均降水量为 100～200 毫米。冬季可有积雪，一般地下水位较高，植物生长较良好。固定半固定沙漠占整个沙漠面积的 97%。生长的主要植物种有梭梭、多种蒿属和禾本科植物。沙土中有机质相对积累较多，为农、牧业的良好用造。

(3) 巴丹吉林沙漠。该沙漠位于甘肃西北巴音库的梁盆地中，面积约4.71万平方千米，是我国第三大沙漠，其流动性沙地面积占80%，以沙丘高大著名。沙丘高度一般在50～100米，巨大沙丘间有许多洼地。洼地中心常分布有碱水湖和盐湖。该沙漠有植物覆盖地段约占1/3，覆盖度5%～10%。主要植物种为沙拐枣、臼沙蒿、沙竹等。

(4) 腾格里沙漠。该沙漠位于甘肃中北部和宁夏之间，面积约为4.27万平方千米，为我国的第四大沙漠，以流沙为主。沙丘湖盆相互交错，湖盆面积约占7%。多分布于沙漠中部，其余为沙丘。湖盆中植物生长较好，为当地优良牧场。主要植物种为柠条、沙冬青等。

(5) 柴达木盆地沙漠。该沙漠位于柴达木盆地，属青藏高原的一部分，海拔达2 600～3 000米，是我国沙漠中地势最高的沙漠，面积约2万平方千米。该沙漠范围内夏凉冬冷，无霜期仅100～110天。除7月外其他月均出现负温。年平均降水量除东部稍高（约100毫米）外，大部分地区均在30毫米以下，越往西越干旱、沙丘沙垄高10～20米，流沙面积占沙漠面积的70%，固定及半固定沙地零星分布。主要植物种为柽柳及白茨堆。

除五大沙漠之外。我国尚有1万平方千米的沙漠。

2. 我国的沙地

(1) 森林地带和森林草原地带的沙地。该沙地主要分布于沿海沿河地带。沿海沙地，由于气候条件较好，一般极易为植物所固定形成固定沙地。但多经人为破坏也易形成流沙，然后向内陆侵袭造成危害。因而，在沿海沙地应加快人工栽培森林及种草，迅速恢复沙地植被，防止沙地的继续扩大。

沿河沙地因多由河流泛滥或改道之后经风力再搬运而形成，因而一般机械组成中细粒含量很高，地下水位较高，气候条件良好。沙丘高度一般较低，多在5～7米。丘间地及沙丘基部易于生长植物，形成植物丛生的不规则沙丘。这类沙地多为农林牧生产基地，重点在于提高沙地的生产潜力和经济利用价值。

(2) 草原地带的沙地。该沙地主要包括内蒙古中东部的浑善达格沙地、库布齐沙带的东部银肯沙地、内蒙古伊盟及陕西北部的毛乌素沙地。

该沙地属半干旱气候区，雨量虽不甚充足，但仍有300毫米以上的年平均降雨量。因而该区适合于植物固沙，沙地防护林的栽培既可采用人工播种或植苗的方法，亦可采用飞机播种。在河流中下游地区亦可进行引水治沙，把该类型的沙地改造成农林牧业生产基地。

该沙地沙丘高度多在20米以下，固定沙地面积较大，流沙面积较小。主要植物种为沙蒿、锦鸡儿、白茨等。

(3) 荒漠草原地带的沙地。该沙地大致位于包头鄂托克—定边一线以西与荒漠地带相连接。其中，包括内蒙古中后联合旗高平原及西部沙地、库布齐沙地的西部、宁夏自治区黄河东岸盐池、灵武、同心沙地等。

该沙地中未经人为破坏的地区，仍为固定和半固定沙地，多用于畜牧业生产。植被类型主要由狼刺、戈壁针茅、油蒿、锦鸡儿、沙冬青、兴安胡枝子等组成。由于气候已比草原地带更恶劣，天气更干旱，植被一旦被破坏较草原地带更难恢复，开发利用时必需更加审慎。

该沙地单纯依靠降水发展农业已感用水不足，在地下水很深地方乔木树种已难以生存。湖盆草滩低地地下水位较高但水质中含盐分较多，在栽培沙地防护林时，选择树种需特别注意树种的耐盐碱性。

二、沙地的改造

（一）沙地改造的必要性和可能性

全世界荒漠化土地总面积约4 000万平方千米，接近陆地总面积的1/3。沙漠的总面积约为1 760万平方千米，约占全球陆地总面积的1/7。据不完全统计，全世界有84个国家和地区，6.28亿人口受不同程度的荒漠化威胁，其中0.78亿人口已经受到荒漠化严重或非常严重的威胁。每年由于荒漠化而损失掉500万～700万公顷的可耕地，可耕地面积在以惊人的速度减少。我国是世界上沙漠面积较大，分布较广、危害严重的国家之一。全国沙质荒漠、戈壁与荒漠化土地总面积130.8万平方千米，约占全国土地面积的13.6%，其中沙漠占45.3%，砂砾及碎石质戈壁占43.5%，沙地占11.2%。且沙化的程度及面积仍在继续扩大。从某种意义上讲，沙化土地对我国劳动人民的生活、生命及财产的影响和危害程度不亚于水灾及地震。

沙化可以侵没良田，使广大劳动者赖以生存的土地不断减少，沙化可以毁坏公路，铁路，破坏交通；沙化对人民的生活、生命及财产可以造成直接的威胁。因而，对沙地进行改造、大面积固定和利用沙地，使之不再扩大，使流沙地不断减少，造福于人民，是水保及林业工作者义不容辞的责任。

人们在荒漠化治理、沙地改造的过程中积累了丰富的经验，如在世界的低降雨量地区每年栽植300万到4 000株树可以取得不同程度效果；我国新疆通过生物治沙和沙地改造。耕地从解放初期的1 800万亩到近年来的4 800万亩；海岸防护林工程已达5 000万亩；三北防护林工程在荒漠化治理、沙地改造中也起到了重要作用。研究结果表明，防风固沙林投资年平均效果系数为0.52，即投资100元可获得防护效益及林副产品利润52元；每亩全周期防护效益的价值及林副产品的利润平均为370.78元，为投资的14.93倍，其中防护效益的价值为投资的1.943倍，林副产品利润为投资的12.98倍。

总之，依据多年来的实践经验来看，可以从两个方面出发进行沙地改造，其一是采用各种手段削弱强力使之低于起沙风速。这样沙粒就不会移动；其二是采用各种手段固结地表，增加土沙粒的黏结性、抗蚀能力，使沙粒不移动或降低沙粒的移动能力。培育治沙林就具有双重作用，这种沙地改造的可能性为人类提供了一条治沙保水、治沙保田、治沙保路的有效途径。

沙地改造措施从工程性质上可分为生物和非生物措施（机械措施）。机械固沙包括沙障固沙及胶结物固沙（化学固沙）。沙障固沙的基本方法有铺草沙障固沙、半隐蔽式沙障固沙、黏土固沙。胶结物固沙的主要目的是增加地表抗蚀力，如英国及以色列采用重油或橡胶混合物作固沙胶结物，美国采用环氧树脂、石油树脂水乳化液，荷兰采用合成树脂，俄罗斯采用沥清乳剂、油母页岩矿液等。但一般成本很高，不宜大面积推广使用。近年来由于现代科学技术及化学工业的发展，许多国家把能改良土壤结构的高分子化合物制成商品广泛地应用于农业，一般施用量很小。仅施土重的0.1%～0.15%而使土壤团粒结构显著增加，增产效果也非常明显。

沙地在自然状态下成土过程缓慢，要使流沙变成含有腐殖质、团粒结构的土壤大约需要数十年之久，因而必须应用现代科学技术以最小的投资达到自然界不可比拟的速度，加速流沙的固定和沙土的熟化过程。

生物固沙方法很多，将在本节内详细说明。这里需要指出的是，不同治沙措施会产生不同的治沙效果，在降水量足够植物生长的地区应以植物直接固沙措施为主，必要时辅以工程措施；随着降水量减少植物成活难度增大，多半采用生物—机械固沙相结合的办法；在荒漠极端干旱植物难于生长的地方就转变为以工程固沙为主。生物固沙的好处在于植物可以世代演替，长久地使流沙固定。机械固沙就目前采用的材料看，一般只能维护2～3年，且效果逐年降低。

在沙地的改造过程中还应该注意发展沙产业。沙地是一种肥力低下的残疾土地，它也是一种宝贵的土地资源。因而，在沙地改造过程中除了使沙地固定之外，要向沙地要效益、要产品，要注意提高沙地的生产潜力。除了采用固沙植物固沙之外，要进行大量的科学研究和探索，培育沙地经济林，大幅度提高沙地的经济产值和经济效益。

（二）植物固沙及固沙植物

植物固沙的原理是在地面上生长的植物无论是个体或者是群体都会对气流运动产生一定阻力，从而减弱气流携带沙粒的动能，降低沙粒移动量或使沙粒发生沉积。有些学者恰当地把植物个体或群体称作动量吸收器。对于不同的植物种而言，由于植物的高度、枝叶茂密程度不同会有不同的动量吸收率；对于不同的植物群体而言，由于群体的组成、结构、密度、群体高度、断面形式等不同也会有不同的动量吸收率，对气流的运动阻力、动能消耗产生很大差异。若不考虑由气流运动引起的沙粒运动过程和温度对风力的影响，就植物和风的关系而言，植物群体对风力的影响可用下式表示。

$$F_x = C \times 1/2P \times A \times V^2 \times K \times H$$

其中，F_x代表流过植物群体的风力所受到的阻力；C为植物群体的阻力系数；P为空气密度；K为植物群体密度（单位面积上的株数）；H为气流经过植物群体的路径（米）；A为植物群体的迎风面断面积（平方米）；V为风速。

植物固沙方法与林木栽培方法基本同一，有人以植苗、播种、扦插及飞机播种等方法固沙。实践中可以看到，无论以何种方法进行固沙，在流动沙丘上当植物具有一定高度和密度时，就能削弱风力和防止风蚀，且削弱风力和防止风蚀的程度会随着植物群体的高度和密度增加而增加。

1. 直播固沙

与一般播种造林相比，由于沙地比一般造林地的立地条件更差，播后种子的发芽率及苗木保存率均比一般播种造林更小；因而直播固沙时播种量要大，即密度要大，要保证单面积上的一定存活株数。当年生的直播幼苗所以能够在流动沙丘上保存下来，主要依靠有一定数量的幼苗构成群体，利用群体抗性来抵抗不良环境条件。随着幼苗数量的增加，地表粗糙度也在不断增加，风力削弱程度也在逐渐增加。群体的边缘可能受到风蚀甚至发生死亡，但自群体边缘向里达到一定距离后，可以看到明显的固沙效果，即可以看到植物的存活率明显提高。

沙生先锋植物中并不是所有物种都能够直播成功。目前试验成功的植物种是豆科灌木，如花棒（细枝岩黄芪 Hedysarum scoparium）、踏郎。这两种灌木能适应流沙环境，生长迅速，当年生苗高生长可达20余厘米以上，最高可达80余厘米。生长越迅速、越高大，枝叶越茂密，对风力影响的群体作用也就越大。

花棒和踏郎可以采用覆沙的条播或穴播，条距1～2米，穴距0.3～0.5米，品字形配置，覆沙4～5厘米，也可以不覆沙撒播，为防止花棒种子位移可采用种子外裹上一层黏土使其重量增加至4～5倍的办法进行播种，种子依靠自然覆沙，遇有透雨即可发芽。在有适量降水的地区，直播固沙的最好时间是在第一次下过透雨之后，也可依据气象预报，在雨前2～3天进行。春旱严重的地区，直播固沙应避免春季播种。

花棒、踏郎种子容易遭受鼠害，小面积播种常因鼠害而失败。为防鼠害可采用毒饵毒杀的方法。出苗后有黑色金龟子虫害，冬季又有兔害，这些均是保存率低的重要原因，必须加以防治。

20世纪70年代以来，在毛乌秦沙漠的边缘地带的山西省河、保、偏一带用柠条进行直播固沙也获得了很大成功。使这一带的覆沙地基本得到了固定，毛乌秦沙漠的边缘不再向外扩展。柠条直播固沙，播种密度各地不同，应依据沙地的具体条件来决定。多年的生产经验表明，其密度主要取决于降雨量。兰州沙漠所在沙坡头的试验表明，在年降水量200毫米的沙坡头地区，每丛柠条营养面积不得少于7平方米，折合每公顷1 430株；据山西兴县林业局多年观测，在年降水450毫米左右的黄土丘陵沟壑区，每公顷3 300～5 000丛，柠条生长旺盛，覆盖度可达0.9左右，过稀覆盖度低，过密生长不良。

2. 植苗及扦插固沙

在干草原流动沙地的湿度条件下，采用适当深植以及合理密植的方法，争取造林一、二年就接近郁闭的程度，可以省去扎沙障的工序。若密度接近于沙障的密度，一般的深度也可以成活，栽后就呵燃起到积沙的作用。实践证明可以植苗或扦插成功的植物种有沙蒿、沙柳、紫穗槐、花棒、踏郎。植苗和扦插的时间、密度及技术要点可参照本书有关章节，这里不再详述。

3. 飞播固沙

凡人工固沙（生物方法）可以成功的地方，均可采用飞机播种固沙。飞播速度快、节约劳力，适合于地广人稀的沙区。如一架运五型飞机一天可作业2万亩左右，相当于地面人工撒播400～500个劳动力。由于沙区气候及立地条件比较恶劣，必须采取和掌握有效的技术措施，以获得飞播成功。流沙地飞播的主要技术如下。

（1）飞播的规划设计和飞播作业技术。飞播的规划设计工作应在播前一年进行，在调查的基础上对播区沙丘类型、原沙地植被及水分状况作深入分析，确定适合于飞播的沙区。确定航播带（接近平行主风方向），埋设入航、出航标桩，绘制播区位置图（1/20万）和编制飞行作业图（1/10 000）与设计说明书。考虑飞播效率，依据航区具体情况确定单程或复程航带长。航高是影响播幅的主要因子，当播带宽为50米时，大粒种子，航高以60～70米为宜；沙蒿等小粒种子，播带宽40米时，航高45～50米为宜。鉴于播幅中央落种密度大，边缘落种密度小，为使落种密度均匀，播幅宽应在播带宽度的基础上增加20%～30%的重叠系数。侧风和侧风角是影响飞播质量的重要原因。依据实践经验要求侧风速不应超过5.4米/秒，侧风角不应超过40。小粒种子不超过20，否则应停止飞行作业。在顺、逆风飞播大粒种子时，风速不应超过6~8米/秒；飞播小粒种子时，风速不应超过6米/秒。飞播时还应注意适时开箱和关箱，同一播带若播种两次以上不应固定一端入航。

（2）飞播固沙植物种的选择。

（3）播期的确定。播期的选择与成苗的关系十分密切，在考虑播后种子发芽的前提下要尽量避过鼠、虫危害的盛期，更好地利用生长季，培植健壮的植株。

就种子发芽所需温度来看可在5月上旬（地表温度10~16℃），但此时种子萌芽慢，大部分种子易被鼠害，出苗少。出苗后又是金龟子的危害盛期，故早播反不如5月下旬至6月上旬播种效果好。在干旱半干旱沙区，特别是6月至9月为明显雨季的地区进行播种，播期还可适当推迟，以6月中下旬至7月上旬更为合适。飞播后要保证越冬前苗木达到木质化状态，因而播期不室迟于7月下旬。

（4）飞播量的确定。不同植物种有不同的抗风蚀及耐沙基的能力，不同植物种有不同的合理播种量，应依据各沙区的飞播试验效果来确定。实践证明，幼苗密度和幼苗面积都是影响保存面积的显著因素，同时，由于沙区的自然条件又较差，因而在沙区进行飞播，单位面积的飞播量应适当大一些，总的播种量也应该大一些，以较好的发挥不同植物种抗风蚀、耐沙埋及抵抗外界不良环境的能力，花棒、踏郎、柠条的飞播量为15~22千克/公顷，柠条的飞播量可适当大一些。

（5）飞播种子处理。对于轻而粒径大遇风易于滚动的种子，为使种子在沙丘上能均匀分布，不发生位移，应进行种子处理。处理时，可5~7粒聚积成堆或成其种子外面包裹比原种子重4~5倍的黏土制成“大粒化”种子丸，这样可有效地减轻种子的位移。为减轻大粒化种子的重量，也可用白沙蒿种子加50倍水制成沙蒿胶，涂于种子表面，再包裹2倍于种子的黏土，亦可减轻种子的位移。

（6）鼠、兔、虫害防治。飞播固沙在播种以后，极易受鼠害，如花棒、踏郎的鼠害受害率可达13.6%~64.2%，当然不同的植物中对鼠害有不同的抗性，受害率也就有所差异，笔者与偏关县林业局对偏关播种的柠条观察结果表明，柠条并未受鼠害。且油松纯林的幼林鼠害严重，而当油松与柠条混交之后，幼林中并未发现鼠害，鼠为何不害柠条，其机理现在还不清楚。

种子发芽后出土，幼苗又遭受大皱鳃金龟子的危害，受害率可达出苗面积的26.8%~64.7%。成虫危害幼苗的嫩芽，幼虫在地下危害根系，影响植物的发芽和生长，甚至枯死。危害发生在当年结冻前和翌春解冻后，一般成片状地咬断风蚀裸根的幼株，受害率可达17.7%~31.9%。

（7）飞播后数年内必须注意管护。一般情况下对飞播区应该进行封禁，因为封禁后不仅飞播植物受到保护，且自然植物在飞播植物的影响下也可以逐渐得以繁殖。

（三）沙地防护林

在大沙漠的边缘地带，沙漠常以沙丘移动及风沙流的方式侵害附近的农田和牧场。人们为了防止沙害常在沙漠的边缘营造大型防护林带。

在栽培防沙林带的过程中，在干旱半干旱地区需选择地下水位高的湖盆草滩边缘或有灌溉条件的沙地栽植乔木。防沙林带一般由两部分组成，一是为减少风沙流对防护林主体的堆沙量，在防沙林带的迎风面建立封沙育草固沙带；二是营造由乔灌木混交的防风阻沙林带。所谓封沙育草固沙带，是在防沙林带的迎风面的沙丘迎风坡采取固沙措施营造固沙林或者划区封禁，保护天然植被以减少进入防沙林带的沙量。在封沙育草带利用冬闲水进行冬灌，可大大改善沙荒地的水分状况，不但可有效地促进旱生植物天然萌蘖，且还能有目的地增加草带内固沙性能。而防风阻沙林带的主要作用在于继续削弱越过草灌带的风沙流的速度，并阻挡气流中的剩余流沙，对气流加以“过滤”。防风阻沙林带的宽度：在靠近沙漠边缘地带的荒滩，可营造中间有间距的多带式防沙林带，间距50~100米，总带宽500~1 000米。

由于沙丘移动不可避免地要造成林带树木的沙埋，因此在选择防沙林带树种时，必须选择生长快、不怕沙埋，沙埋后在树于生长大量不定根，反而促进其生长的树种。有些针叶树种生长缓慢，沙埋就容易致死，因而在营造防沙林带时，若采用针叶树种，一定要慎之又慎。

另外，由于沙丘前移，在靠沙丘背风坡造林时为避免幼树被埋死应留出一定的安全距离。

为了增强防风阻沙林带的阻沙作用，防沙林带应营造乔灌混交林或者保留乔木的枝条不进行修枝抚育，否则沙丘可能穿过林带，阻沙作用不大，且乔木树干之间的间隙风会强烈风蚀林地，不利于树木生长。在只有依靠地下水才能正常生长的地方营造防风阻沙林带，必须特别注意土壤和地下水的含盐量及地下水位的深度。

营造沙地护田林带应坚持窄林带、小林网、抵抗大风力量强，渠、路、林、田结合巧，省地、省水、成林早的原则。其林带的间距要依据林带的有效防护距离来确定，这一点在农田防护林一章中已有详细叙述。沙地护田林的最适宜的林带结构是没有下木或灌木的透风系数为0.6～0.7的透风结构的林带。按这一透风系数的要求，林带不需过宽，8～12米就可以了，而且不要灌木；在林带下部由于枝叶生长影响透风性时，应适当抚育修枝。

沙地护田林带，在森林草啄区可造习杨、柳、油松等树种；在草原区可选用杨、柳、榆、樟子松、油松等；在荒漠和荒漠堇百遭爰建上可选用杨、榆、沙枣、旱柳等。

在沙地护田林幼龄时期，林带间土地仍有风蚀的可能。因此，在带间田地上要采取临时性辅助措施，如每隔一定距离营造2米宽的灌木带或隔一定距离留一行秸秆（如玉米秸）的方法也可以减轻风蚀。

我国西北、东北沙区地域辽阔，是畜牧业的主要基地，畜牧业又是沙区最重要的生产事业。要保持草原生态平衡，使畜牧业向稳产、高产、优质方向发展，必须建设草原防护林。草原防护林建立后，在其有效防护范围内，可降低风速30%～40%，六七级大风不受害，8级大风不成灾；可减少植物蒸腾和土壤蒸发，调节气温、地温和湿度，改善小气候条件。夏季可降低气温1～4℃，冬天可提高气温1～2℃，林缘背风面土壤蒸发减少1/3。发生旱风时，防护区内相对湿度提高5%，夜间可达15%，冬季又有良好的积雪作用。这些都有利于改善草场生态环境，利于牧草生长。因而有防护林的牧场，牛羊长得肥又壮，饲料消耗大大下降，牧草产量大大增加，稳产高产有保障。

护牧林建设的指导思想应该是：因地制宜、因害设防。力求形成防护林体系；从具体情况出发，采取带、网、片结合，乔灌结合，乡土村种和经济价值高的树种结合，落叶与常绿树种结合，草料渠林路结合，林带与草库轮牧区结合的方式，逐步做到改造自然，减免灾害，保护和改善生态环境，促进牧业发展，护牧林树种选择的原则同样是生物原则和经济原则相统一，既要求护牧林获得最大的经济效益，满足营造目的，又要求做到适地适树。因而在选择树种时，要求树种经济价值尽量高，抗风沙、耐干旱、耐贫瘠能力强，生长快、树形高大、枝叶稠密、防护性能强，易成活、易繁殖、寿命长。一般首先选用乡土树种，其次是引种成功的优良树种。我国适宜的护牧林乔木有：油松、樟子松、杨树、榆树、旱柳、沙枣、杜梨等；灌木有：黄柳、沙柳、沙棘、紫穗槐、胡枝子、柽柳、柠条、枸杞等；流沙、半固定沙地结合固沙可选择梭梭、花棒、沙拐枣、木蓼、杨柴等。

护牧林的组成应该是生物学特性不同且互为有利的树种组成的混交林；林带断面应为矩形，结构应为透风或稀疏结构，起拦蓄作用的林带下部应有灌木生篱构成的紧密结构林带。林带间距取决于有效防护距离，在沙质草原，气候干旱，风沙危害严重，间距以15倍林带高为宜。林带设置时，主林带应与主害风方向垂直，若不能垂直时，交角可小至60°。副林带应垂直于主林带。

主林带宽度一般以10～20米为宜，副林带7～10米即可。林木栽植密度，水分条件好或有灌溉条件的可适当密些，否则应稀些。乔木栽植应采取宽行密株原则，一般（1.5～2.0）米×（3～3.5）米。灌木起生篱作用的要密，一般为（0.5～1）米×1.0米，否则应稀些。

（四）沙地森林栽培

在沙区，除了培育沙地防风林带、沙地护田林、沙地护牧林等以外，为了维护沙地的生态平衡，建立良好的沙地生态系统，发展沙地产业，对其他的林种及治沙固沙林也应给于适当的安排，不可忽视。如为提高草场抗灾能力而专门培育的饲料林；为发展多种经营改善牧民生活而培育的经济林；为发展各林种而建立的种子基地和苗圃；沙区村镇居民区绿化；为满足沙区居民自用材而培育的用材林、薪炭林等。

1. 划分沙地立地条件类型应考虑的立地因子

沙地的森林植物条件类型（立地类型）应理解为具有相同的植物生长效果，即具有相同的、足以影响植物生长的自然因子（气候、沙地肥力、水文、流动性等），在同样经济条件下，采用相同森林培育技术措施的地段。影响立地条件类型划分的主要因子是指下列因子。

（1）气候条件。特别应注意最高最低极端温度、年平均温度和年降水量及降水分布情况，培育经济林时还需考虑经济树种所要求的有效积温。依据沙区气候条件的异同，我国沙地划分为5个森林植物条件区，即森林区，森林草原区、草原区、荒漠草原区、荒漠区。在后两个区必须特别注意地下水及矿化度。

(2) 沙地植物种类、覆盖度。这是直接影响沙地流动性及水分状况的重要因子。一般覆盖度小于5%的沙地为流动沙地；5%~15%的沙地为弱植被沙地；15%~30%的沙地为半固定沙地；30%以上的沙地为固定沙地。沙地的主要植物种是和沙地植物演替阶段相一致的，它可以反映沙地水分和养分状况。

(3) 沙丘类型。这一因子中特别要考虑沙丘的流动性。依据这一综合因子可把沙丘的风蚀沙埋程度划分为4个级别；强度风蚀（大沙丘迎风坡中、下部及中小沙丘的迎风坡）、中度风蚀（大沙丘迎风坡的中上部）、弱度风蚀（沙质丘间地）、沙埋区（沙丘的背风坡基部）。

(4) 沙地理化性质。沙地机械组成、腐殖质含量、盐渍化程度、沙地紧实度，可以综合反映沙地的肥力，一般将沙地的肥力分为三级：贫瘠沙地（低容水沙地），粗中粒沙地田间持水量2.5%~3.5%，中细粒沙地田间持水量4%~5%，一般流动沙丘多属于这一类型。这种沙地上乔木树种生长很差，只有靠地下水或地形的特殊部位乔木树种才有一定的生长量；较贫瘠沙地（黏质沙土，或具不厚的沙壤间层及黏壤间层的沙地），营养条件较贫瘠沙地有所提高，但大多数树种仍不能正常生长，只有一些耐贫瘠树种如樟子松、油松、刺槐、沙枣等才能生长；较肥沃沙地（粉沙地或沙壤土底层有可利用的黏壤土），这种沙地肥力较高，许多树种如油松、侧柏、剥遭、毛白杨、刺槐、樟树、五角枫等，无论纯林或混交林均可正常生长。

(5) 地下水深度及地下水的矿化度。地下水深度是影响沙地水分的重要因子，一般地下水位在1~2米时，大多数树种都能正常生长；地下水位小于0.5米的沙地就必须选择耐水湿的树种；地下水位大于5米的沙区要选择耐旱性树种，在荒漠草原等干旱沙区乔木树种则不能生长。在植物根系可及的范围内，地下水的矿化度及含矿物盐种类对植物生长有很重要影响。地下水的矿化程度可参照土壤学的分类法。干旱沙地应特别注意土壤含盐量。一般含盐量0.3%以下，多数树种都能正常生长；含盐量0.3%~0.7%耐盐树种可以生长；含盐量在0.7%以上时，必须进行土壤改良，否则不适合栽培林木。

(6) 沙丘的剖面形态。沙丘下伏物的性质及下伏物分布深度、沙地黏质间层厚度及分布深度。沙地下伏物有以下几类：基岩、黄土、古代冲击沉淀物、埋藏土壤及黏土间层。按下伏物对植物的作用可分为两类，一类是妨碍根系伸展的，其分布越深越好，若分布深度小于2米对植物生长不利；另一类是不妨碍植物根系伸展，而且能增加养分，提高保水力的，其分布越浅越好，若分布深度在0.5~2米时，对植物生长极为有利。

沙地影响植物成活和生长的因子是错综复杂的，只有全面正确地综合各立地因子，掌握主导因子（制约植物成活与生长的因子），按其本质差别和数量等级加以详细区分，才能使沙地立地条件类型的划分获得满意效果。

2. 干旱半干旱沙区育苗及治沙林栽培技术

除了常规的育苗及森林栽培技术外，由于生态环境条件更加恶劣，应该采用一些更为严格的林木栽培技术。

(1) 用容器苗栽植育林。在栽植时，要求容器规格高一些，一般高7~12厘米，培育12~24周甚至一年。苗木地上部分与地下部分重量比（5~10）：10，栽植前苗木必须达到完全木质化状态。如果容器本身难以腐烂，栽植时应去掉容器将器内土柱和苗木一同栽入林地或用工具划破多处容器壁，以利于苗木根系伸展扎入土壤。此外在容器育苗时要注意基质的选用、pH值的调整、菌根接种等问题。

(2) 钻孔深栽栽培。钻孔前不要整地，钻孔后可以整地。在地下水位较高的沙区，深栽可使林木生长过程中根系接近或达到地下水层，有效利用地下水源。对一些皮部容易产生不定根的树种，深栽可使林木的总根量增加，扩大林木根系吸收面积，使林木对地下空间及水分养分的利用更加充分，对林木生长及苗木成活有积极的促进作用。

钻孔插干栽植春秋两季均可进行，插植在地下水位以下30~40厘米的杨树，即使在冬季各月6~9℃土壤温度条件下，根系亦可缓慢生长，有的根达49条，总长度314厘米，插干部分不仅通过切口和皮部吸水，而且也通过根系吸水。

随着栽植深度的增加，土壤湿度增加，水分供应更加充分，枝条和叶片水分亏缺比常规栽植小，成活率和生长量也随之增加。栽植深度增加，林木根系呼吸所需氧气的供应量必然减少，特别对于一些皮部不容易产生不定根的树种来说，根系呼吸会有困难，因而应注意深栽的深度合适为止，不要过深。

（3）背风坡林木的高干栽培。流动沙丘背风坡的主要特点是易受沙埋，因而过去一向认为背风坡是不宜栽培林木的。现代栽培试验结果表明，背风坡可以采用高干栽植的办法，拉平沙丘，固定流沙，有利于治沙和沙地利用。这种高干造林一般是清明前选择 3～5 年生，粗 4～6 厘米的枝条，截成 2～5 米长的高插干（具体高度以不被过度沙埋为宜），将下切口部 15～20 厘米浸入水中。

到清明后，天气转暖，再把枝条全部浸入水中浸 10～15 天，到谷雨（4 月下旬）时，将枝条拿出来栽植。因经水浸泡插干充分吸水，末端愈合组织已形成，表皮已泡软，芽苞也开始萌动，栽后很容易生根发芽。

高干栽培多选在背风坡，特别是不长草的落沙坡及丘间地的交界处。因为这里有沙埋条件，保水力较强，没有杂草争夺水分。栽植时，随整地随栽植。整地要先除去干沙，穴深为 1～1.5 米，穴口径 0.5～0.6 米。栽植时应注意填进湿沙。这种做法不怕沙埋、风蚀、干旱，成活率高达 90% 以上。

（4）沙丘地的林木栽培。在草原地带甚至于荒漠草原地带地沙地中都有一部分条件较好的湿润或比较肥沃的立地条件类型，在这些立地条件下林木容易成活，能较快起起固沙效果。同时，在不影响固沙效果的前提下还可得到大量用材。在这些沙丘地上林木栽培方法主要有两种：其一是前挡后拉的栽培法。该法是在两个沙丘之间的低地造乔灌混交林或在迎风坡下部栽植灌木林，林木生长一定阶段后，沙丘前面的林木可起到挡沙作用，后面的林木则削弱风速使沙丘流动减弱，沙丘顶逐渐被削平；其二是撵沙腾地栽培法，该法的技术可以概括为“撵沙腾地、腾地栽树、引沙入林、以林固沙”。具体做法是在一排排的流动沙丘中，把前后两排沙丘固定。中间的沙丘，用清除天然植物或大风时人工扬沙等方法使沙粒迅速移动堆积在前一个固定沙丘上，中间的沙丘变成宽阔的平坦沙地。逐步扩大平坦沙地面积，可用于栽培林木，使平埋沙地变为固定沙地。这类型平地也可作农田、经济林地和果园，对于发展沙地产业是有积极意义的。

三、应用于沙地防护林的树种及植物种

（一）梭梭柴（*Haloxylon ammodendron*）

别名梭梭，藜科大灌木或小乔木，高度一般 2～3 米，最高可达 5～6 米。主干扭曲，基径可达 50 厘米，寿命在 50 年以上，叶退化、无叶、由绿色枝兼营同化作用。嫩枝粗短色浓绿、味咸，分布于沙漠、戈壁之中。梭梭疏林控制的面积达 8 600万亩左右，约占我国沙漠总面积的 15%。天然梭梭林生长在沙丘、戈壁、黏土平地及盐土等各种生境，以覆沙地和沙丘地生长较好。梭梭耐旱、耐寒、抗盐碱，根系发达，可利用 4～5 毫米深的地下水。

梭梭嫩枝含盐量高达 14%～17%，是典型的积盐性植物，因而也叫盐木。梭梭在土壤含盐量 2% 的立地条件下生长最适，在含盐量 5% 时，种子发芽不受影响，含盐量 6%～7% 时，发芽受到一定抑制，含盐量达 8% 时即丧失发芽力。

梭梭只要栽植在含水量不低于 2% 的湿沙层内，均可成活生长。植苗 2～3 年即可形成高度和冠幅 1～1.5 米灌丛，沙丘可趋于稳定，播种的最适时间是 3 月初至 3 月底，播后不必覆盖即可发芽。但幼苗死亡率很大，应适当增加播种量。

梭梭四五年生开花结果。5 月初开花，种子 10 月下旬成熟，千粒重 2.7g，新采种子发芽率为 95%，带翅贮存 7 个月失去发芽力，去翅干藏半年至 1 年，发芽率可保持 80%～90%，贮藏两年发芽率为 40%～50%。

梭梭木材发热量极大，仅次于煤。用于烧木炭和炼铁，1 公顷近熟的梭梭林可供给 5～7 吨薪材。梭梭嫩枝为羊及骆驼的良好饲料，枝干可作为提取碳酸钾的工业原料，根部寄生苁蓉，是珍贵药材。

（二）白梭梭（*Haloxylon persicum*）

白梭俊是我国新疆沙区分布较广的典型荒漠植物，抗沙蚀、耐干旱性能力强，防风固沙作用大，薪

炭、牧用价值高，是我国西北沙漠地区重要的固沙林树种之一。

天然分布区年平均气温2～11℃，7月平均气温22～26℃，年降水量变幅94.9～189.4毫米，多生长在轻度盐化的半固定、半流动性沙丘、沙地上。白梭梭抗干旱能力极强，成年植株在深6米以内的沙层含水量为1%～2%时仍能正常生长。

白梭梭具强大的根系，垂直要深达4米以下，水平根系可延伸10米以外。具有强大的积盐和抗盐能力，但白梭梭的耐盐能力不如梭梭柴，土壤盐分含量超过1.59%时，种子发芽受到很大限制，含盐量3%时，即丧失发芽力。4月下旬至5月上旬开花，花后果实不发育，9月中旬果实开始发育，10月底种子大量成熟，11月底进入休眠。

白梭梭栽培时，播种植苗均可。植苗栽培应保持根系长度在40厘米以上，侧根力求完整少受损伤。

（三）沙拐枣（*Calligonum sp.*）

蓼科灌木或半灌木，在我国荒漠及荒漠草原地带均有分布。在准葛尔盆地有乔木状沙拐枣（*C. arporescens*）、褐杆沙拐枣（*C. rigidum*），在阿拉善沙漠有蒙古沙拐枣（*C. mongolicum*）；另外，在准葛尔沙地还有无叶沙拐枣（*C. aphyllum*）。

沙拐枣根系发达，垂直根系深达3～6米，水平根系可达20米，侧根盘结在1～1.5米土层内，其萌蘖力很强，不怕沙埋，抗风蚀，在流沙地上生长良好，为固沙先锋树种。

沙拐枣枝干可做高热燃料，材质硬，可做工艺用材，一年生枝条可做羊及骆驼的饲料。花期5—6月，种子6—8月成熟。

沙拐枣的栽培可以播种、插条、植苗。一般以秋季播种为宜，春季播种时种子必须经过沙藏或其他处理。

（四）花棒（*Hedysarum scoparium*）

豆科大灌木，高4～5米，奇数羽状复叶，有的退化为绿色叶轴。花期6—9月，种子10—11月成熟，千粒重27～32克。

主根深，成年植株根幅可达10余米。根部有根瘤可固定空气中氮素，能适应流沙地贫瘠状况，生长迅速，为固沙的优良先锋树种。主要分布于腾格里沙漠、巴丹吉林沙漠的流沙地和半固定沙地。

草原地带花棒可直播栽培或进行飞机播种，荒漠草原地带多采用沙障内播种、扦插或植苗栽培。

在沙障保护下，植苗株行距以1米×2米为宜，无沙障时要适当加大行距，缩小株距至0.5米，可提前郁闭。第二年平茬一次，可促进生长。扦插时插穗应选取1～2年生枝条，长60～66厘米。在清水中浸泡一昼夜即可用于栽植。栽植在沙障保护下，外露10～15厘米，无沙障保护时栽植，应深植不露，以防吹蚀，雨季不宜扦插。

（五）踏郎（*Hedysarum mongolica*）

别名杨柴，豆科灌木，高1～2米，种子千粒重16～19克，花期长，6—9月。自然繁殖力强，多从根际萌条，枝条具蔓性，靠近地面向外扩张，积沙后能产生不定根蔓延繁生，覆盖沙面。根系有根瘤，可以改良土壤。

踏郎主要分布于鄂尔多斯沙地、科尔沁沙地，年降水量200～400毫米的草原地带和荒漠草原地带的流沙及半固定、固定沙地上。

踏郎种子扁平，撒在沙丘上不易为风所移动，因此，在草原地带流沙地很适宜撒播及飞播，也可以扦插和植苗栽培，方法与花棒相同。

（六）沙蒿（*Artemisia spp.*）

菊科半灌木，分布在沙地的主要有三种，籽蒿（油沙蒿 *A. sphaerocephla*）、油蒿（黑沙蒿 *A. ardosica*）、差把戈蒿（*A. halodendron*）。

前两种主要分布在鄂尔多斯沙地、宁夏河东沙漠、河西走廊沙漠。后一种分布在东北西部草原地带沙地。

籽蒿高约1米，分枝粗壮，7—8月开花，10月成熟，种子千粒重0.65克：种子外有一层交联结构的多糖物质，遇水膨胀后，可自然黏结沙粒形成比种子大数十倍的种子团，可抵抗较大风速而不发生移位，适合于在流沙上播种。

油蒿比籽蒿种子小，外层无胶膜，千粒重 0.22 克，种子含油率 15%，不耐风蚀，但不怕沙压沙埋，在沙丘背风坡基部条件下生长旺盛。

沙蒿种子小，发芽容易，播后不需要覆土，故适于撒播在流动沙丘上，其保存率有逐年下降的趋势。

（七）沙打旺（*Astragalus adsurgens*）

学名为直立黄芪，别名柴木黄芪，豆科多年生草本植物，种子千粒重 1.5 ~ 1.6 克，每千克 60 万粒。

沙打旺第一年高 60 ~ 70 厘米，分枝 4 ~ 5 条，亩产鲜草 1 500千克，第二年高 130 ~ 210 厘米，分枝数 20 ~ 25 条，亩产鲜草 5 400千克。牲畜喜食。

沙打旺作绿肥比草木樨产草量高 1 ~ 2 倍，水地可高出 7 ~ 8 倍，若分次刈割适口性及产草量均有所提高。

在榆林地区流动沙地上飞播实验沙打旺，不耐风蚀，保存率很低。但在半固定沙地上飞播沙打旺，第三年保存率 12.2%，亩产鲜草量 600 千克。

（八）柠条（*Caragana microphylla*）

别名小叶锦鸡儿，蝶形花科，落叶灌木，高 1 ~ 3 米，常多数丛生。偶数羽状复叶，互生；花冠蝶形，黄色。荚果扁，条形，长 4 ~ 5 厘米，种子小，肾状圆形。柠条广泛分布于我国“三北”地区，海拔 1 000 ~ 2 000米的沙漠绿洲或黄土高原地带。

柠条耐寒，也耐高温，在 – 32.7℃，冻土层 1.28 米条件下仍生长很好，夏季 55℃的地温不见日灼。当年生幼苗怕晒耐冻。喜光性极强，遮阴下生长不良；极耐干旱瘠薄，是干旱草原，荒漠草原地带的旱生灌木，在固定及半固定沙地上均能正常生长，但在土壤养分水分适宜条件下才能速生。根系发达，直播出土后半个月的幼苗，根长为苗高的 7 ~ 10 倍，当年生苗根深达 0.7 米。垂直主根特别明显，穿透力很强，有根瘤，能固定空气中的游离态氯，改良土壤作用较大，萌芽力很强，平茬后可萌发大量枝条，嫩枝被啃食后仍可长出新梢。一般 4 月上中旬萌芽，5 月开花，花期 15 ~ 25 天，种子 6 月中旬至 7 月上旬成熟。千粒重 35 ~ 37 克，每千克 27 000 ~ 28 000粒，当年种子发芽率 70% 左右，存放 3 年发芽率降至 30% 左右，4 年后失去发芽能力。

只要墒情好，柠条春、夏、秋均可播种，播前种子一般不处理。雨前比雨后播种好。播后要特别注意防止烧芽。柠条进行飞播也可取得满意效果。柠条播后三年内，幼苗生长缓慢，易被牲畜毁坏，应封禁林地，不许放牧。

柠条的经济价值也很高，用途很广。柠条能够提供饲草、发展畜牧业。正如群众所讲，冬芦草、夏白草、秋营草比不上柠条救命草；柠条能够提供燃料，是优良的生物能源，每 1.63 千克干柠条相当于 1 千克标准煤的发热量，柠条是良好的优质肥料，夏季秋季 100 千克柠条的叶，氮、磷、钾的总量达 6.3 千克，柠条是工副业的好原料，用于造纸可以获得满意的效果，用于造纤维板抵抗力大，强度高、弹性强、有消声及绝缘、隔热、保暖等功能；柠条也是很好的蜜源植物，花期长达 15 ~ 25 天，可用于养蜂；柠条还是良好的药用植物，根具滋补强身、活血调经、祛风利湿的作用，花可治头晕耳鸣、小儿消化不良等症，干馏的油脂是治疗疥癣的特效药，其枝、皮、种子也可入药。另外，柠条种子含油脂 14% 左右，可提炼工业润滑油。柠条籽油可以代替豆油用来制造醇酸树脂漆，也可代替亚麻油用来造水溶性电泳漆。

第二十一章 主要造林树种

第一节 经济林树种

一、核桃（*Juglans regia*）

（一）分类

胡桃科、核桃属。

（1）形态特征。落叶乔木，高达35米，树皮灰白色，浅纵裂，枝条髓部片状，幼枝先端具细柔毛；2年生枝常无毛。羽状复叶长25～50厘米，小叶5～9个，稀有13个，椭圆状卵形至椭圆形，顶生小叶通常较大，长5～15厘米，宽3～6厘米，先端急尖或渐尖，基部圆或楔形，有时为心脏形，全缘或有不明显钝齿，表面深绿色，无毛，背面仅脉腋有微毛，小叶柄极短或无。雄柔荑花序长5～10厘米，雄花有雄蕊6～30个，萼3裂；雌花1～3朵聚生，花柱2裂，赤红色。果实球形，直径约5厘米，灰绿色。幼时具腺毛，老时无毛，内部坚果球形，黄褐色，表面有不规则槽纹。花期3—4月，果期8—9月。

（2）近缘种。美国黑核桃J. nigra鄢陵新引进的果材兼用树种。落叶乔木，速生，果皮黑褐色。肉质根系，不耐水湿，抗旱、抗病虫害能力较强。

（3）生态习性。核桃喜光，耐寒，抗旱、抗病能力强，适应多种土壤生长，喜水、肥，同时对水肥要求不严，落叶后至发芽前不宜剪枝，易产生伤流。

（二）繁殖方法

（1）播种。8—9月果熟后采种，脱皮、晾干、干藏。3月中旬将种子用冷水浸泡2～3天，捞出后混湿沙，堆于向阳处。高30～35厘米，上面盖10厘米厚的湿沙，每天洒水1次保持湿润，晚间盖草帘或薄膜保湿保温，10～15天果壳开裂、露白即可播种。每天挑选1次，分批播种，播种时应足墒播种。先按行距40～50厘米开沟，株距按15～20厘米点播，点播时两条合缝线平行于地面，深度以果上距地表3～5厘米为宜，覆土后压实保墒，播种量100千克/亩左右，产苗量7 000～8 000株/亩。

（2）嫁接。嫁接在3月下旬至4月上旬进行。首先采集接穗，3月中旬在芽即将萌动时，采集生长健壮、无病虫害的1年生枝作接穗，采后分品种进行湿沙贮藏，4月上旬待核桃砧木芽萌动开始嫁接。砧木要求粗度在1.5厘米左右，距地面10厘米处进行嫁接。核桃嫁接时有伤流，不易成活，嫁接前12小时内必须在根际部刻伤至木质部“放水”，再行劈接或插皮接，接后用塑料条绑紧伤口，接穗上端用漆涂抹防止水分蒸发。成活后及时除萌松绑，松绑时间以新稍生长20厘米以上时进行为宜。待嫁接苗长至40厘米左右时，用小竹杆或木棍固定，以防风折。

（3）栽培管理。栽植时间在3月下旬萌芽前后，栽植1～2年生苗木成活率高，栽后应浇透水，并加强水肥管理，经常松土除草，雨季注意排水，在6—7月注意防治病虫害。生长期应进行修枝，干高保持在3米以上。落叶后不可剪枝，否则易造成伤流，影响树木长势。

（4）主要病虫害。病害有炭疽病；虫害有蚜虫、天蛾类食叶害虫。

（5）适生范围。原产欧洲与中亚。我国新疆以及华北各省都有栽培，鄢陵有少量栽植。

（6）园林用途。核桃树冠雄伟，树干洁白，枝叶繁茂，绿荫盖地，在园林中可作道路绿化，起防护作用。果实供生食及榨油，亦可药用。木材供做枪托及贵重家具雕刻等用，美国和挪威科学家发表的一份研究报告说，核桃是含有抗氧化成分最多的植物食品。它可以预防冠心病、各种癌症甚至痴呆症等。

科学家们发现，每100克核桃肉中含有20.97个单位的抗氧化物质，它比柑橘高出20倍，菠菜的抗氧化成分为0.98个单位，胡萝卜为0.04个单位，西红柿为0.31个单位。

科学家们认为，人吸收了核桃的抗氧化物质，可使肌体免受很多疾病的侵害。迄今为止，人们已知道经常吃核桃可以减少血液中胆固醇的含量，并减少患心血管疾病的可能性。

巴塞罗那教学医院饮食与营养部主任埃米利奥·罗斯说，从这种意义上说，每日往饮食中加入少量核桃粉，可以使血液中LDL（坏胆固醇）的含量减少15%，因为核桃含有Ω3和Ω6脂肪酸。

二、枣树（*Zizyphus jujuba*）

（一）分类

双子叶植物纲，鼠李科。又名红枣、美枣、良枣。

（1）形态特征。落叶乔木，小枝成之字形弯曲。有长枝（枣头）和短枝（枣股），长枝“之”字形曲折。叶长椭圆形状卵形，先端微尖或钝，基部歪斜。花小，黄绿色，8～9朵簇生于脱落性枝（枣吊）的叶腋，成聚伞花序。核果长椭圆形，暗红色。花期5—6月，果期9—10月。叶互生，卵形至卵状披针形，锯齿缘，基出3脉；托叶成刺，长刺直伸，短刺钩曲。腋生聚伞花序；花小，黄绿色；萼片5，较大；花瓣5，条形；雄蕊5枚，和花瓣对生；心皮2，合生，子房上位，2室，每室1胚珠。核果长圆形，果核两端尖，通常仅1枚种子发育。花期5—6月，果期9月。我国特产，主产黄河流域冲积平原，全国各地均有栽培。为我国主要果树和木本粮食树种。

（2）生长习性。暖温带阳性树种。喜光，好干燥气候。耐寒，耐热，又耐旱涝。对土壤要求不严，除沼泽地和重碱性土外，平原、沙地、沟谷、山地皆能生长，对酸碱度的适应范围在pH值5.5～8.5，以肥沃的微碱性或中性砂壤土生长最好。根系发达，萌蘖力强。耐烟熏。不耐水雾。

（3）园林用途。枣树枝梗劲拔，翠叶垂荫，朱实累累。宜在庭园、路旁散植或成片栽植，亦是结合生产的好树种。其老根古干可作树桩盆景。果可鲜食或加工成红枣、乌枣、蜜枣等食品。果实、根还可供药用。枣自古以来就被列为“五果”（桃、李、梅、杏、枣）之一，历史悠久。大枣最突出的特点是维生素含量高。在国外的一项临床研究显示，连续吃大枣的病人，健康恢复比单纯吃维生素药剂快3倍以上。因此，大枣有“天然维生素丸”的美誉。

（二）产地分布

枣原产我国，早在战国时期已盛产于燕南、渭北，以后发展至全国。枣为鼠李科落叶灌木或小乔木植物枣树的成熟果实。我国栽培枣树范围极广，北边达到辽宁的锦州、北镇一带，以山东、河北、山西、陕西、甘肃、安徽、浙江产量最多。著名品种有金丝小枣，果实小，含糖量多，生产山东乐陵、河北县、北京密云等地。另外有晋枣，又名“吊枣”，主产陕西彬县，果实大，重达30～40克，长圆形，皮薄、肉厚，核小，味甜，9月下旬成熟。

（三）繁殖培育

繁殖以分株和嫁接为主，有些品种也可播种。

枣树已有两千年栽培历史。果味甜，富含维生素C，可生食，又可制蜜饯和果脯，酿酒。果入药能补脾胃、润心肺、益气养荣。木材坚硬致密，为制器具和雕刻用材。花期长，为优良蜜源树。

三、杏（*Prunus armenica*）

（一）分类

杏为蔷薇科杏属，原产我国，野生种和栽培品种资源都非常丰富。全世界杏属植物有8种，其中我国就有5种：普通杏、西伯利亚杏、东北杏、藏杏、梅。栽培品种近3 000个，都属于普通杏种。

（二）产地分布

杏在我国分布范围很广，除南部沿海及台湾省外，大多数省区皆有，其中以河北、山东、山西、河南、陕西、甘肃、青海、新疆、辽宁、吉林、黑龙江、内蒙古、江苏、安徽等地较多，其集中栽培区为东北南部、华北、西北等黄河流域各省。

近年来为了发展杏商品基地，先后在一些老产区建成了一批新品种基地，如河北巨鹿、广宗的串枝红杏基地，山东招远的红金榛杏商品基地，张家口大扁杏商品基地，北京的水晶杏基地，山东崂山关爷脸杏基地，历城红荷苞基地，河南渑池仰韶红杏基地，陕西华县大接杏基地，甘肃敦煌李光杏基地和新疆英吉沙杏基地等。在这些基地的建设过程中，选用名优品种，科学的栽培管理技术，使我国杏生产水平跃上了一个新的台阶。

（1）栽培意义。杏树全身是宝，用途很广，经济价值很高；杏果实营养丰富，含有多种有机成分和人体所必须的维生素及无机盐类，是一种营养价值较高的水果。杏仁的营养更丰富，含蛋白质23%～27%、粗脂肪50%～60%、糖类10%，还含有磷、铁、钾、钙等无机盐类及多种维生素，是滋补佳品。杏果有良好的医疗效用，在中草药中居重要地位，主治风寒肺病，生津止渴，润肺化痰，清热解毒。

杏及杏产品具有很好的加工性能，也是出口创汇的重要产品。杏果肉可以加工成杏干、杏脯、杏汁（杏茶）、糖水罐头、果酱、话梅和果丹皮等。杏仁可制成高级点心的原料、杏仁霜、杏仁露、杏仁酪、杏仁酱、杏仁酱菜、杏仁油等。杏仁油微黄透明，味道清香，不仅是一种优良的食用油，还是一种高级的润滑油，可耐－20℃以下的低温，可作为高级油漆涂料、化妆品及优质香皂的重要原料。还可提取香精和维生素。

杏树的木材色红、质坚、纹理细致，可以加工成家具和各类工艺品；叶子是很好的家畜饲料；树皮可提取单宁和杏胶；杏壳是烧制优质活性炭的原料。

此外，杏树也是一很好的绿化、观赏树种，尤其是在干旱少雨、土层浅薄的荒山或是风沙严重的地区，杏树是防风固沙，保土，改善生态环境，造林的先锋树种。

（2）栽培特点。杏树寿命长，华北、西北各地常见百年以上大树，产量仍很高。经济寿命亦很长，在40～50年间。杏对土壤、地势的适应能力强，多种植在山坡梯田和丘陵地上，在800～1 000米的高山上也能正常生长。在壤土、黏土、微酸性土、碱性土上甚至在岩缝中都能生长。杏树耐寒力较强，可耐－30℃或更低的温度；耐高温，如新疆喀什等地，夏季最高气温43.4℃仍能正常生长结果且品质佳。杏树不耐水涝，地面积水3天就会烂根树死。在种过杏树、桃树、李树和樱桃等核果类果树的地方，不可再建杏园，否则易发生再植病，轻则树体发育不良、品质差，重则死树，导致建园失败。杏品种大多数自花不育或自花结实率很低，故而必须配置授粉树才能获得高而稳定的产量。一般情况下主栽品种与授粉品种的比例为（3～4）：1。杏树苗木繁殖主要采用嫁接繁殖，常用的砧木有山杏，即西伯利亚杏，广泛分布于华北、东北和西北地区。抗寒、抗旱、与杏的嫁接亲和力强，可以提高苗木的抗旱、抗寒力，而且有矮化作用。用普通杏作砧木，因树体高大，枝干粗壮，开始结果和进入结果期稍晚，但寿命长。有的地区用山桃、李、梅、榆叶梅等作砧木，多数表现亲和力弱，成活率低。栽植密度应根据品种、地力、管理水平等来确定，一般鲜食用杏（2～3）米×（4～5）米的株行距较为合适，亩栽40～80株。仁用杏（2～3）米×（3～4）米株行距为宜，亩栽55～110株。加工用杏可取二者之间的密度。

杏不可多食，杏肉味酸、性热，有小毒。过食会伤及筋骨、勾发老病，甚至会落眉脱发、影响视力，若产、孕妇及孩童过食还极易长疮生疖。同时，由于鲜杏酸性较强，过食不仅容易激增胃里的酸液伤胃引起胃病，还易腐蚀牙齿诱发龋齿。而对于过食伤人较大的杏，每食3～5枚视为适宜。但将杏制成杏汁饮料或浸泡水中数次后再吃，不但安全还有益健康。对于爱吃杏的朋友来说，除了管好贪吃的嘴，多食经加工而成的杏脯、杏干等，则为上策。

（3）分类及品种。品种很多，大致可分三大类型：肉用型（食用果肉），也是主要类型；仁用型，果肉较少而口味较差，但仁大而适合食用（或药用）；兼用型（榛杏）。其著名品种主要为肉用型，如金太阳、凯特杏、红丰杏、新世纪杏、大棚王。榛杏的著名品种有红金榛、沂水丰甜榛杏等。

近年来，杏仁在国内外市场上十分畅销。杏仁含多种营养物质，是高营养保健食品，同时还可入药，具有清热解毒、防癌等功能。因此栽培面积不断增加，前景广阔。由于仁用杏开花较早，易遭晚霜危害，加上管理粗放，不能发挥应有的产量水平和经济效益。为提高杏仁产量、质量，增加效益，现将仁用杏高产优质栽培技术要点介绍如下。

①品种选择：仁用杏品种可选用大扁、白玉扁、一窝峰、龙王帽、超仁、丰仁等优质丰产品种。授粉树选山杏、串枝红等为宜。

②园地选择：仁用杏抗寒、抗旱、耐瘠薄，适应性很强。主要影响生产的问题是花期和幼果期的晚霜冻。因此，选择园地时一定要注意小气候条件，选背风向阳，地势高燥，地形开阔的坡田、梯田；避开风口、迎风坡面和低洼地方；防止春季寒流侵袭和冷空气沉积造成冻花冻果。

③苗木定植：定植选用2年生壮苗。以春季萌芽前定植为宜。适当密植，株行距一般为（2～3）米×（3～4）米；定植时应挖深0.8～1米，宽1.2米的定植沟，每平方米施优质农家肥20千克、过磷酸钙1.5千克；栽前将苗根置于水中浸泡24小时，定植后灌水，覆盖地膜，保温保湿，提高成活率。定干高60～70厘米。注意配植授粉品种，一般选2～3个授粉品种为宜。

土肥水管理：

①土壤管理：仁用杏定植后，要加强地下部的管理，保持土壤疏松肥沃，以提高供应养分的能力。在栽培过程中应经常中耕，特别应加强定植后的中耕除草。减少养分的消耗，集中养分供仁用杏苗木的生长所需；秋季及时刨树盘，保持土壤疏松，以利根系生长，提高植株吸收养分的能力。

②肥料管理：依管理水平在花前、花后，花芽分化，采果后各施一次追肥，以提高坐果率，促进果实膨大。追肥以速效性化肥为主。一般春季开花以前及果实膨大期每株追肥0.3～0.5千克尿素或复合肥。中期（6—7月）氮、磷、钾配合施用，有利于花芽分化；中期每株施尿素0.2～0.3千克，过磷酸钙0.5千克、草木灰2千克。后期以氮肥为主，有利于花芽分化，增强树势，充实枝条，提高越冬能力；后期株施尿素0.1～0.2千克。基肥以有机肥为主，一般于9—10月新梢停长时施入，株施量为50～120千克，并加入适量的磷、钾肥，按树大小而定。

③水分管理：杏树抗旱能力比较强，灌水要依土壤水分状况和物候期而决定。一般在花前、采前及封冻前灌三次水。花前灌水可推迟开花，避免春霜冻为害；在核形成期到采收前要保持足够和稳定的土壤含水量，以促进果实第二次膨大，提高产量；秋季酌情灌一次越冬水，可提高花的抗寒力。雨季注意排水防涝。

④保花保果：仁用杏的花有明显的败育现象，加上仁用杏易遭受霜冻，导致结果少，产量低。生产中常采用以下措施保花保果。

⑤推迟花期，避开晚霜：10月中旬喷50～100毫克/升的赤霉素可延迟第二年春季花期4～8天；或春季花芽膨大初期喷500～2 000毫克/升的青鲜素可推迟花期4～6天；同时配合早春灌水，枝干涂白，熏烟等综合措施防霜效果更好。

⑥人工辅助授粉：在盛花期将采集的花粉混合到糖尿液中，制成糖尿花粉液，用喷雾器喷布。糖尿花粉液的配方为水5千克＋花粉10克＋尿素15克＋硼酸5克＋白糖100克＋少许粘着剂混合。

⑦花期喷肥水：在盛花期喷水或喷0.3%～0.5%尿素或0.3%硼酸或喷0.3%磷酸二氢钾，或混合喷施均可提高坐果率。

⑧整形修剪：仁用杏适宜的树型为多主枝自然开心形，干高40～50厘米，全树保持5～8个主枝，交错排列。幼树期对骨干枝延长头每年进行适度短截，以利抽枝扩冠。在盛果期防止上强下弱及结果部位外移，修剪中应采取抑上促下，抑强扶弱的方法，保证树体旺盛生长，提高结实能力；同时注意培养新结果枝组，复壮原有的结果枝组，使新、老枝组不断交替结果。对多年生衰弱、冗长、伸展角度过大的枝组及时重回缩，防止内膛光秃，刺激产生新的结果部位。在仁用杏生长季节中，对幼树新梢进行扭梢或摘心，疏除徒长枝和过密枝等措施为主的夏季修剪可改善光照条件，促进花芽形成，也有利于枝条充实健壮，花芽饱满，提高抗寒性。

⑨加强病虫防治：仁用杏主要有杏疔病、流胶病、象鼻虫、球坚介、蚜虫，红蜘蛛、舟形毛虫等病虫害。防治方法：春季萌芽前防治介壳虫，喷洒5波美度石硫合剂；花后喷600倍多菌灵及三氯杀蜗螨500倍液；5月中旬喷多菌灵500倍、20%螨死净2 500倍，12%高渗灭杀净1 200～1 500倍的混合液；7—8月喷果树康、40%水胺硫磷1 200倍的混合液；此外根据虫情喷2～3次桃小灵，冬季病叶集中烧毁。按照以上方法防治病虫害，基本可控制病虫害发生和发展。

⑩适期采收及采后处理：仁用杏果实必须达到完全成熟后才能采收，一般在夏至后半月采收。制止采青，采收过早，种仁不饱满，出仁率低，产量、品质下降。采收后及时去果肉，晾干杏核。同时对杏肉进行加工利用，生产杏脯、杏梅、果丹皮等。取仁时要尽量减少碎仁，并搞好杏仁的销售和深加工，实现加工增值。

四、板栗（*Castanea mollissima* Blume）

（一）分类

壳斗科，与桃、杏、李、枣并称“五果”。

壳斗科栗属落叶乔木。本属植物分布于北半球的亚洲、欧洲、美洲和非洲。其中主要栽培种还有欧洲栗和日本栗。

板栗是中国栽培最早的果树之一，已有2 000～3 000年的栽培历史。叶披针形或长圆形，叶缘有锯齿。花单性，雌雄同株；雄花为柔荑花序，成熟后总苞裂开，栗果脱落。坚果紫褐色，被黄褐色茸毛，或近光滑，果肉淡黄。果实含糖、淀粉、蛋白质、脂肪及多种维生素、矿物质。

（二）产地分布

中国的板栗品种大体可分北方栗和南方栗两大类：北方栗坚果较小，果肉糯性，适于炒食，著名的品种有明栗、尖顶油栗、明拣栗等。南方栗坚果较大，果肉偏粳性，适宜于菜用，品种有九家种、魁栗、浅刺大板栗等。树性强健。根系发达，有菌根共生。较抗旱，耐瘠薄，宜于山地栽培。适合偏酸性土壤。多行实生播种，也可嫁接繁殖。木材致密坚硬、耐湿。枝、树皮和总苞含单宁，可提取栲胶。

（1）板栗历史悠久。西汉司马迁在《史记》的《货殖列传》中就有“燕，秦千树栗，……此其人皆与千户侯等”的明确记载。《苏秦传》中有“秦说燕文侯曰：南有碣石雁门之饶，北有枣栗之利，民虽不细作，而足于枣栗矣，此所谓天府也”之说。西晋陆机为《诗经》作注也说：“栗，五方皆有，惟渔阳范阳生者甜美味长，地方不及也。”由此可见，我国的劳动人民早在六千多年前就已栽培板栗。板栗多生于低山丘陵缓坡及河滩地带，河北、山东、陕南镇安是板栗著名的产区。

（2）栽培特点。莱西大板栗为落叶乔木，结果前幼树生长旺盛，枝条粗壮，树势直立；结果后长势逐渐减缓，树冠呈半圆形；进入盛果期后，长势缓和、枝条较短，树冠呈圆头形。叶片肥大，呈长椭圆形，叶边为锯齿形，整个叶片沿主脉向上呈平展状。果实大，平均单果重25克，是红光板栗的2.5倍。早实、高产、稳产。嫁接在一年生砧木上，第2年结果率为61.5%，嫁接在3年生砧木上，当年结果率37.5%；3年生幼树1/15公顷产121.1千克，为红光板栗的1.8倍；12年生成树公顷产达382.8千克，比红光板栗高13.8%。甘甜质糯，品质上等，优于红光板栗。其中维生素C含量为每百克鲜样36.5毫克，可溶性总含糖量为每百克鲜样10.54毫克，淀粉、粗蛋白质、粗脂肪的干样含量分别为26.57%、7.24%和1.745%。抗逆性强，具有较强的适应能力，在土壤pH值6.5～7.5，含盐量少于0.2%的条件下，均可栽植，并获得高产稳产，且病虫危害较少，对降雨量和气候的适应范围较大。主要分布在山东省的莱西市院上镇和马连庄镇。

落叶乔木，高达15米，胸径1米。树冠扁球形。树皮灰褐色，不规则深纵裂。幼枝密生灰褐色绒毛。叶长椭圆或宽楔形，侧脉伸出锯齿的先端，形成芒状锯齿，下面的灰白色，短柔毛。雄花序有绒行。喜光，光照不足引起枝条枯死或不结果。对土壤要求不严，喜肥沃温润、排水良好的砂质或砾质壤土，对有害气体抗性强。忌积水，忌土壤黏重。深根性，根据系发达，萌芽力强，耐修剪，虫害较多。另外，其品种不同品种耐寒、耐旱。寿命长达300年以上。

青冈枝叶茂密，树荫浓郁，树冠丰满。宜用作庭荫树，2、3株丛植，可配置在建筑的阴面，常群植片林用作常绿基调树种，有幽邃深山之效果。在工矿区绿化可作隔音、防风、防火林或作高墙绿篱，宜在风景区与色叶树种配置组成风景林。

（3）播种或嫁接繁殖。实生苗6年左右开始开花结果，开花迟产量低，生产上常用2～3龄的实生苗作砧木，在展叶前后嫁接。定植不宜过深，以苗木的根颈露地为好。及时治虫害。

板栗营养价值很高，甘甜芳香，含淀粉51%～60%，蛋白质5.7%～10.7%，脂肪2%～7.4%，糖、淀粉、粗纤维、胡萝卜素、维生素A、B、C及钙、磷、钾等矿物质，可供人体吸收和利用的养分高达98%。以十粒计算，热量为204卡路里，脂肪含量则少于1克，是有壳类果实中脂肪含量最低的。普遍用于食品加工，烹调宴席和副食。板栗生食、炒食皆宜，糖炒板栗、拌烧子鸡，喷香味美，可磨粉，亦可制成多种菜肴、糕点、罐头食品等。板栗易贮藏保鲜，可延长市场供应时间。板栗多产于山坡地，国外称之为“健康食品”，属于健胃补肾、延年益寿的上等果品。

板栗全身是宝，可以加工制做栗干、栗粉、栗酱、栗浆、糕点、罐头等食品，栗子羹则是老幼皆宜，营养丰富的糖果。板栗树材质坚硬，纹理通直，防腐耐湿，是制造军工、车船、家具等良好材料；枝叶、树皮、刺苞富含单宁，可提取烤胶；花是很好的蜜源。板栗各部分均可入药，板栗能健脾益气、消除湿热，果壳治反胃称做收敛剂，树皮煎汤洗丹毒，根可治偏肾气等症。

不过板栗不宜食用太多，生吃太多不易消化，熟吃太多容易滞气，糖尿病患者应少吃或者不吃，因为板栗的含糖量是非常高的。

第二节　防护林、用材林树种

一、华山松（*Pinus armandi* Franch）

（一）分类

华山松学名，为松科松属常绿乔木，是针叶树中生长比较迅速的一个树种，也是我国西部地区的重要用材树种，而且其树皮可提取栲胶，针叶可提制芳香油，种子可食用。

（二）产地分布

华山松在四川省产于九寨沟、松潘、黑水、理县、小金、丹巴、康定、九龙、稻城以东的山地，垂直分布海拔1 400～3 600米，可单独形成纯林，也可与其他树种组成混交林。

（1）应用区域和适生立地。华山松为喜光树种，喜温和、凉爽、湿润的气候，高温及干燥是限制其分布的主导因素。对土壤的适应能力较强，在山地褐土、森林棕壤、山地红黄壤、红色石灰土及草甸土上均能生长，其中以在深厚、湿润、疏松、微酸性的森林棕壤及草甸土上生长最好，在干燥、瘠薄的灰质土圾排水不良的潜育土上生长不良，更不耐盐碱。在米仓山、大巴山，华山松林分的生长以海拔1 000～1 500米最好，而盆地西缘及西南山地则以海拔1 400～2 000米生长较好。

（2）造林技术要点。

①育苗：苗圃地选择须注意以下3点。

一是土壤疏松、微酸、排水良好，以沙壤土为宜，切忌盐渍土。

二是近期荒地及种过玉米、棉花、豆类、马铃薯等农作物和蔬菜的地方，一般不宜作华山松苗圃。

三是最好选前作为松树、云杉、冷杉等针叶树或杨柳科、壳斗科树种的育苗地块。

圃地应深耕细耙，使土块细碎后作床，床宽一般为1米，在苗床内侧留10～20厘米宽的排水沟；降水多的地方，可筑成高床，高约30厘米。结合整地每亩可施基肥（农家肥）2 000～4 000千克。

华山松种皮厚，发芽慢，宜早播。一般在3月播种，以条播为主，亦可撒播。条播条距20厘米左右，播幅宽500～700米播种需均匀，每亩播种量50～75千克，可产苗12万～15万株。播后覆土2～3厘米为宜，并要盖草或松针。

幼苗出土前要注意保持土壤湿润，按需要喷灌。出苗后要及时撤除覆盖物。种壳脱落前要加强防鸟害和鼠害。一般可在全光下育苗，不必搭荫棚。幼苗出土后1～2个月内，易感染猝倒病，除采取预防措施外，可每隔10天喷0.5%～1.5%硫酸亚铁溶液。为使苗木当年能达到出苗标准，可在苗木生长期追施氮肥。在高寒山区，苗木需要留床越冬时，应采取冬季覆草或搭棚等防寒措施。

②造林与管理：选择造林地时要注意小气候及土壤水分条件两个关键。华山松生长的最适坡向为半阳坡、半阴坡，坡度5°～15°的缓坡的生产力较陡坡、急坡约高25%以上。

造林一般采用穴状整地，规格为50厘米×50厘米×30厘米，回填表土。清林工作在8—9月进行，

10月至翌年3月完成整地与植苗工作。一般采用1米×1.5米或1.5米×1.5米的株行距。栽植时要防止窝根，分层填土踏实，扶正苗木。

华山松造林后3~4年中，每年应进行松土除草1至2次，结合松土培土，逐年扩大穴面。幼林郁闭后，树干下部出现1~2轮枯枝时，即可进行修枝，一般修枝后树冠长度不要小于树高的2/3。

华山松进入幼林阶段后，自然稀疏强烈，必须及时进行抚育间伐，第一次间伐应在12~13年生时进行，以下层抚育伐为主。可根据林分生长状况及不同立地，间伐1~2次后定型，到主伐时每公顷保留1 950~2 250株。

二、紫穗槐（*Amorpha fruticosa* L.）

（一）分类

紫穗槐别名棉槐、紫花槐、紫穗花、椒条等，是蝶形花科紫穗槐属落叶灌木，是优良的多用途树种，可固沙保土、四旁绿化，又可用作薪材、绿肥、饮料等，种子还可榨油。

（二）产地分布

原产北美东部，我国东北、华北、西北以及长江、淮河流域的广大平原和四川盆地海拔1 000米以下的丘陵山地均有栽培，尤以在黄河、淮河、辽河、汾河、渭河等流域平原地区栽培的生长最好。广西及云贵高原已引种试种。

（1）应用区域和适生立地。紫穗槐为喜光树种，有一定的耐阴性，适应性很强。可耐－27℃和54℃的极端温度。适生区年均温8~19℃，年降水量500~1 100毫米。能耐盐碱，耐干旱瘠薄，也耐水涝。有一定的抗污染能力。在海拔超过1 000米以上的黄土高原、沙漠地区的沟谷、河滩地、沙地仍生长良好。在山西省可应用于低山丘陵及石灰岩山地。对土壤要求不严，适应在各种土壤上生长，沙土、淤土、黏土、中性土、盐碱土、酸性土均能生长，以沙壤土生长最好。

（2）造林技术要点。

①育苗：紫穗槐果实荚果皮的颜色由绿变黄、再由黄变成褐色时，即可采收成熟种子，一般于9—10月进行。采收的荚果在阳光下摊晒5~6天，风选后装袋贮藏。种子纯度96%，千粒重10.5克。

紫穗槐荚果皮含有油质，必须进行种子处理才能育苗。种子处理的方法是用碾子碾破荚壳，经除皮处理的种子比未处理的种子可提早10天左右发芽。播种前进行浸种催芽，用70℃温水浸种1~2天，放入时搅拌10~20分钟，以免烫伤种子。捞出后装入箩筐，盖上湿布，每天洒温水1~2次，数天后种坡大部分裂嘴时，即可播种。用草木灰加水浸6~7小时，也能去掉果皮中的油脂。

多在春季播种。采用高床、平床均可，床面宽1~1.2米，床面平整细致。每亩播种量2~3千克，播种后覆土0.5厘米左右，浇透水一次。一般5~7天发芽出苗，约25天出苗完毕。6—7月每月施追肥2次，上淡渐浓，以农家肥为主。1年生苗高1米以上，地径0.6厘米以上，每亩产苗量3万~5万株。

②造林：

植苗造林。穴状或水平带状整地，植穴规格50厘米×50厘米×35厘米，株行距（1.3~1.5）米×（1.3~1.5）米，每穴栽植2~3株。一年生苗春季造林。栽后要踏实，有条件的地方栽后可灌水，以提高成活率。

直播造林。紫穗槐飞籽成林能力强，可进行直播造林。一般雨季或下过透雨后直播最好，每穴播种8~10粒，覆土1~2厘米，播后稍加镇压。整地方式和造林密度与植苗造林相同。

插条造林。适用于土壤湿润的河滩、堤岸、路旁、沟坡等处。以春季造林为宜。用1年生枝条截去梢部非木质化部分，然后剪成25~30厘米长插穗，在挖好的植穴内四周分别插植4~5枝插穗。插穗上端与地面平，插后踩实。整地方式和造林密度与植苗造林相同。

造林后及时进行松土、除草、施肥等管理工作，促进紫穗槐生长发育。以取薪和割条为目的的兼用紫穗槐林，在造林后2~3年内可适当在行间进行一季林粮间作。第3~4年平茬后要适时壅土培墩，扩大根盘，促进萌条。紫穗槐经过多年割条、采樵、条墩茬口越来越高，根盘形成一个高大疙瘩，使萌芽力减弱，需每隔3～4年清墩复壮。

紫穗槐苗木如受金龟子和象鼻虫为害，可用90%敌百虫或5%马拉松乳剂毒杀。

三、刺槐（*Robinia pseudocacia* L.）

（一）分类

刺槐别名洋槐、德国槐，蝶形花科刺槐属落叶乔木，原产北美。

（二）产地分布

20世纪初由欧洲引入我国山东半岛，近几十年来，其栽培范围迅速扩大到北纬23°～46°、东经86°～124°的广大区域，垂直分布范围最高达海拔2 100米（甘肃），已成为我国北方重要的硬阔叶工业用材树种之一，也是优良的薪炭材以及保持水土、防风固沙、改良土壤、“四旁”绿化、蜜源、饲料、绿肥树种。此外，刺槐鲜花含芳香油，可作调香原料；茎皮可作造纸及编织原料；茎、叶可提取栲胶；种子油还可用于生产肥皂、油漆等。

（1）栽培特点。我国已对刺槐进行了长期的、系统的资源收集和遗传改良研究，选出了一系列优良品种，其中在四川省有引种栽培潜力的如下。

①速生用材类有豫刺1号、豫刺4号、豫刺7号、豫刺8号、匈牙利7号、匈牙利5号。

②园林绿化类有二乔刺槐、无刺刺槐、龙爪刺槐、墨西哥刺槐、毛刺槐。

③饲料类有长叶刺槐、4倍体刺槐2号、4倍体刺槐5号。

（2）应用区域和适生立地。刺槐适生于年均温8～14℃、年降水量500～900毫米、空气湿度较大的气候条件。喜光，即使幼苗也不耐庇阴。喜无风或风小环境，当风口的刺槐生长慢、干形不良，且易发生风折、风倒、倾斜和偏冠。适应各类土壤，在矿渣堆和紫色页岩风化石砾上都能生长。适合的土壤pH值范围为6～8；在含盐量0.3%以下的盐碱土上也能生长。耐干旱瘠薄，更喜湿润且水分充足土壤，但水分过多常感病、烂根、枯梢，甚至死亡。可在四川低山、丘陵土石山地、坡地、山麓、山沟及河湖滩地、“四旁”造林、栽植。

（3）造林技术要点。

①育苗：选择母树林、种子园种子或采穗圃穗条育苗。采种母树以10～20年生壮龄树为好。种子千粒重21.8克，发芽率89%。圃地宜选择排水良好、深厚、湿润、肥沃的沙壤土，不宜连作，不应选择蔬菜地育苗。刺槐种子皮厚而坚硬，播前需用温水浸泡，待种子吸水膨胀后按3份沙1份种子的容积比例混沙湿藏催芽。当有1/3种子露出白色根尖时，即可播种。以春播为主，宜早不宜迟。条播，条距30厘米，条宽7～8厘米、深2～3厘米，每公顷播种量30～45千克。1年生Ⅰ级苗高120厘米、地径1厘米，每公顷产苗量12万～15万株。刺槐无性繁殖容易，也可插根、插条、根蘖和嫁接育苗。

②造林与管理：平原地区可块状、带状、穴状整地；山地可采用穴状、窄幅梯田、水平阶、水平沟及鱼鳞坑整地。栽植穴规格以60厘米×60厘米×40厘米为宜。以春季芽苞刚开放时造林成活率最高，可达97%～100%。截干造林以秋、冬季为好。刺槐侧枝侧杈多而生长旺盛，易影响干形质量，因此初植密度宜适当大些。一般造林，每公顷栽植3 333～5 000株；营造速丰林，造林密度每公顷2 500～3 333株；水土保持林、薪炭林造林密度每公顷5 000株以上。

刺槐混交造林生长量大、病虫害少。混交树种可选松类、杨树、白榆、臭椿、苦楝、麻栎、旱柳、紫穗槐、侧柏等。混交方式以刺槐2～6行，其他树种4～6行的带状混交效果较好；山地宜采用块状混交。

造林后头3年锄抚6次，即当年3次，次年2次，第3年1次。对于用材林，在幼林期要及时抹芽、修枝，以培育良好干形和促进幼林生长。刺槐林一般在造林后4～6年郁闭，此时进行首次间伐，经3～4年再间伐1次。速丰林的主伐年龄为15年；一般造林中以培育中径材为目的的林分，主伐期为20～30年；以培育中、小径材及薪材为目的的林分，主伐期为10～15年。刺槐萌蘖力强，伐后留养萌蘖苗，可持续培育2～3代。

刺槐病害主要有紫纹羽病和烂皮病；虫害有小皱蝽等；种子害虫主要有豆荚螟、刺槐种子麦蛾、刺槐种子小蜂。

四、柳树（*Salix wallichiana*）

（一）分类

柳树为杨柳科柳属落叶乔木或灌木，种类多、分布广、栽培历史悠久，既是营造生态林的理想树种，也是重要的速生用材树种和著名的观赏树种，还可提供多种林副产品。有经济价值的柳树达几十种，我省栽培的多为乔木型柳树，主要有如下4种。

（1）垂柳。别名水柳、垂枝柳、垂丝柳、清明柳等，学名 *Salix banylonica* L.，乔木，为著名观赏树种，分布于长江以南平原地区，在西南温暖河谷垂直分布可达海拔2000米。我国北方及世界上许多国家也有栽培。该树种在四川的分布及栽培都较广较多。垂柳变异大，有多种类型。

（2）四子柳。学名 *Salix tetrasperma* Roxb.，小乔木，分布于云南、四川、广东及广西壮族自治区（以下简称广西）。印度及泰国也有分布。

（3）云南柳。别名大叶柳，学名 *Salix cavaleriei* Llevl.，乔木或灌木，分布于云南、四川、广西、广东及西藏东南部，垂直分布可达海拔2 500米。

（4）河柳。别名腺柳，学名 *Salix glandulosa* Seemen.，小乔木，分布于华东、西南及东北各省，陕西、河北也有分布。常生开河边、塘边及山沟水旁。叶形变异大，有多个变种及变型。

（二）应用区域和适生立地

上述4种柳树对气候的适应性较强，可适应多种气候，但更适合温暖至温凉气候。不耐炎热，较耐寒，喜光，不耐阴，其中垂柳耐寒性最强，为强阳性树种。适且在肥沃、潮湿、疏松的沙质壤土或壤土上生长，在重壤土和沙土上也能生长。耐湿性强，短期水淹没顶也不会死亡，十分适合水旁生长。适宜在四川盆地内和盆周低山地区庭园内外、河流、沟渠、水库、池塘、湖泊沿岸、路边及田边栽植。在滩地、近水边地、低洼湿地可成片营造速丰林。此外，垂柳、云南柳及河柳也可在盆周中山地区的沟、谷等潮湿地块栽植。

柳树易杂交，一些杂交工业用材柳如苏799、苏795、苏172等，生长快，干形通直，适宜作工业加工用材，在我省引种栽培较有潜力。

造林技术要点

（1）育苗。柳树扦插容易成活，故生产上多采用此法育苗。采条母树应选择生长健壮、无病虫害，特别是无柳瘿蚊为害的壮龄树。插条以1年生苗干或1年生萌条为首选，其次为母树冠中下部粗度为1～2厘米或粗度小于1厘米的梢部枝长。扦插时间以2—3月树木萌芽前最好。随采条随扦插，插前将采集的枝条放入清水或流水中浸泡1～2天，再取出剪成长10～15厘米的插条。培育1年生苗，扦插株距20～40厘米，行距离50～60厘米；如培育大苗，株行距50厘米×50厘米或50厘米×60厘米。深插，使插条上部与土面平齐。插后即浇透水。在生根期（3—4月）和生长旺盛期（6—7月），对水分需求较多，要及时灌水，一般以漫灌为好。当抽梢20～30厘米时剪去多余萌条并短截过粗的侧枝。6月初至8月，分3～4次追肥，以促进苗木生长，追肥以浓度为15%～25%农家肥为好，先淡后浓。1年生苗木高3～3.5米，地径2.5～3厘米。柳树苗期虫害主要有柳树金花虫，可用90%敌百虫500～600倍液防治；金花虫有假死性，也可震落捕杀；病害有杨柳褐斑病、柳锈病等，可用石硫合剂等农药防治。

（2）造林与管理。四旁栽植和冲积沙土成片造林，采用穴状整地；土壤黏重的滩地、低洼地造林，全面整地或带状整地。栽植穴规格60厘米×60厘米×40厘米。如采用2～3年生大苗栽植，穴的规格为100厘米×100厘米×80厘米。四旁栽植宜选用大苗，株距2～5米，行距3～6米；单行栽植株距5～6米；成片造林，株距2～4米，行距3～5米。易水蚀的地块，造林密度宜大。如栽植灌木型柳树，株距60～80厘米，行距1～2米。

新栽幼树（林）要防止人畜摇动。营造的速丰林在栽植后的头5年，每年除草松土2～3次，在低湿地方要特别注意清除杂草。由于柳树无顶芽，侧芽发达，分枝力强，如不进行树形管理，将影响干材生长。树形管理分为侧枝修剪和整形。侧枝修剪一般在冬季进行，造林后的第 3～5 年，修去主干下部 1/3 侧枝，第 6～10 年修去主干下部 1/2 侧枝，第 11～15 年修去主干下部 2/3 侧枝。造林后头 5 年内需进行整形修剪，即在生长季节短截生长过去旺盛的嫩枝，疏剪过密的分枝，使树干枝条分布均匀。幼林郁闭后，应根据林分生长情况适时间伐。柳树病虫害较多，如柳树金花虫、柳毒蛾、光肩星天牛、柳瘿蚊、杨柳腐烂病及溃疡病，应根据实际情况针对性防治。

五、香樟［*Cinnamomum camphora*（L.）presl.］

（一）分类

香樟别名小叶樟等，学名，为樟科樟属常绿大乔木，是我国珍贵树种之一，其栽培利用已有二千多年历史。

（二）产地分布

香樟为亚热带常绿阔叶林的代表树种，分布区域在北纬 10°～30°，但主要产地是我国台湾、福建、江西、广东、广西、湖南、湖北、云南、浙江等省（区），尤以台湾为多。多生于低山平原，垂直分布一般在海拔 500～600 米，在湖南、贵州交界处可达海拔 1 000米，在台湾中北部海拔 1 000米以下多人工林，在海拔 1 800米的高山上还有天然林木，但以海拔 1 500米以下生长最茂盛。

1. 应用区域和适生立地

香樟可在多种立地条件生长。适生于年均温 16℃以上、1 月均温 5℃以上、绝对最低温 －7℃以上以及年雨量 1 000毫米以上且分布比较均匀的地区。对土壤要求为土质湿润肥沃、土层深厚、酸性至中性、质地为沙质壤土、轻沙壤土的黄壤、红黄壤、红壤及冲积土壤。香樟较喜光，幼年时较耐阴。

2. 造林技术要点

（1）育苗。主要采用播种育苗，播种量每亩 10～15 千克，产苗量 2 万～3 万株。可随采随播，应适时早播，从“小满”到“惊蛰”都可。播种前可用 0.5%～1% 的高锰酸钾溶液浸种 2 小时进行消毒杀菌。播种方法以条播为宜，条距 20～25 厘米，定苗距 4～6 厘米，播种后覆土 0.5 厘米，以不见种子为度。为培育壮苗，须及时进行中耕、除草、灌溉、施肥、培土等。播种初期重点是水分管理，注意保持土壤湿润，适时进行浇灌，以利幼苗出土。施肥应在苗木生长最快的时期进行，6—9 月是樟树高生长旺期，此时追肥效果较好，一般施复合肥或农家肥。

（2）造林。造林地一般选择山区、丘陵的红壤、黄壤，但以土层深厚肥沃的土壤生长更好。

整地方式有全垦、带垦、穴垦，一般以穴状整地为主，植穴规格为 60 厘米 ×60 厘米 ×50 厘米。造林株行距 2 米 ×2 米或 2.5 米 ×2.5 米，根据造林地立地条件和培育目的确定，立地指数大，培育大径材，宜稀植；反之，则密度宜加大，以利幼林尽早郁闭，减少抚育工作量和开支。

樟树栽植季节宜在春季芽苞萌动之前进行，冬季少霜冻和雨量较多的地方，也可以冬季造林。樟树栽植因其树苗枝叶多，水分蒸腾量大，加上主根长，侧须根少，要采取有效措施，才能提高成活率，主要方法如下。

①修剪枝叶：剪除部分或全部叶片以及离地面 30 厘米以下的侧枝，并适当修剪过长的主根，造林成活率可达 93% 左右。

②截干栽植：离地 10 厘米处，截去主干再行栽植。此法适用于干旱严重的地区，待栽植成活后，选留健壮萌枝作为主干，其余枝条一律抹去。

（3）抚育管理。幼林阶段主要是中耕除草，结合除草进行植穴松土、抹芽修枝等工作，不断改善林木生长环境条件，提高林木生产力。幼林抚育宜在生长高峰和旱季到来之前进行，造林第一年，抚育 2～3 次，春秋两季必须抚育；以后每年抚育次数应根据幼林生长发育状况决定，一般每年 1～2 次，直到幼林郁闭。

樟树萌生枝会影响主干生长，以培育用材为目的，在幼林郁闭前几年要进行抹芽，之后根据生长情况适当修枝，加快主干高生长。抹芽要将离地面树高 2/3 以下的嫩芽全抹掉，减少养分消耗。修枝主要是将树冠下部受光较少的枝条除掉，应保留相当于树高 2/3 的枝冠，不宜过度修剪，以免影响生长。修枝宜在冬末春初进行。

六、华北落叶松（*Larix principis - rupprechtii* Mayr）

（一）分类

松科落叶松属。

（二）产地分布

产于河北、山西；北京百花山、灵山及河北小五台山海拔2 000～2 500米，河北围场、承德、雾灵山等海拔1 400～1 800米，山西五台山、恒山海拔1 800～2 800米等高山地带。此外，辽宁、内蒙古、山东、甘肃、宁夏、新疆等地区有引种栽培。

（1）形态特征。乔木，树冠圆锥形，树皮暗灰褐色，呈不规则鳞状裂开，大枝平展，小枝不下垂，球果长卵形或卵圆形，长2～4厘米，径约2厘米，种鳞26～45，背面光滑无毛，边缘不反曲，苞鳞短于种鳞，暗紫色；种子灰白色，有褐色斑纹，有长翅。

（2）园林用途。树冠整齐呈圆锥形，叶轻柔而潇洒，可形成美丽的风景区。最适合于较高海拔和较高纬度地区的配置应用。

七、油松（*Pinus tabulaeformis* Carr.）

（一）分类

名称：油松，别名：红皮松、短叶松；松科、松属。

（二）产地分布

原产中国。自然分布范围广，辽宁、吉林、内蒙古、河北、河南、山西、陕西、山东、甘肃、宁夏、青海、四川北部等地。朝鲜亦有分布。

（1）形态特征。乔木，高达25米，胸径约1米；树冠在壮年期呈塔形或广卵形，在老年期呈盘状伞形。树皮灰棕色，呈鳞片状开裂，裂缝红褐色。上枝粗壮，无毛，褐黄色；冬芽圆形，端尖，红棕色，在顶芽旁常轮生有3～5个侧芽。叶2针1束，罕3针1束，长10～15厘米，树脂道5～8或更多，边生；叶鞘宿存。雄球花橙黄色，雌球花绿紫色。当年小球果的种鳞顶端有刺，球果卵形，长4～9厘米。无柄或有极短柄，可宿存枝上达数年之久；种鳞的鳞背肥厚，横脊显著，鳞脐有刺。种子卵形，长6～8毫米。淡褐色有斑纹；翅长约1厘米，黄白色，有褐色条纹。子叶8～12。花期4—5月；果次年10月成熟。

（2）生态习性。为阳性树种，深根性，喜光、抗瘠薄、抗风，在－25℃时仍可正常生长。位居泰山海拔1 400米处的其名景观树“望人松”即为油松，终日风吹雾漫，始终生长良好。但怕水涝、盐碱，在重钙质的土壤上生长不良。

（3）园林用途。松树树干挺拔苍劲，四季常春，不畏风雪严寒。适于作油松伴生树枝的有元宝枫、栎类、桦木、侧柏等。木材富含松脂，耐腐，适作建筑、家具、枕木、矿柱、电杆、人造纤维等用材。亦可采松脂供工业用。

（4）繁育栽培。以种子繁育为主。幼苗生长较慢，一般从第5年起开始生长加速，持续至30年后，生长速度减缓。油松为深根性树种，苗木需要多次断根移植才有利于根系发育。

八、侧柏［*Platycladus orientalis*（Linn.）Franco］

（一）分类

名称：侧柏。英文名：arborvitae。科名：柏科 Cupressaceae 。属名：侧柏属。

（二）产地分布

柏科侧柏属常绿乔木。又称柏树、扁柏、香柏。在中国分布极广，北起内蒙古、吉林，南至广东及广西北部；人工栽培范围几遍全国。是优良的园林绿化树种。木质软硬适中，细致，有香气，耐腐力强，多用于建筑、家具、细木工等；种子、根、叶和树皮可入药；用种子榨油，供制皂、食用或药用。树高可达20米。树皮红褐色，纵裂。小枝扁平。叶鳞片状，小形。雌、雄同株，球花单生枝顶。球果近卵形。种子长卵形，无翅。侧柏喜光，但幼苗、幼树有一定耐阴能力。较耐寒，抗风力较差。耐干旱，喜湿润，但不耐水淹。耐贫瘠，可在微酸性至微碱性土壤上生长。生长缓慢。寿命极长。播种前种子可用温水处理。育苗方式多用床式或大田式。一般春季播种，播后约10天幼苗出土。主要造林地多选海拔1 500米以下的山地阳坡、半阳坡，以及轻盐碱地和砂地。一般整地后植苗造林，有条件的地方也可直播。主要虫害有侧柏毒蛾、双条杉天牛、松梢小卷蛾。

（1）形态特征。为常绿乔木，高达25米，干皮淡灰褐色，条片状纵裂。小枝排成平面。全部鳞叶，叶二型，中央叶倒卵状菱形，背面有腺槽，两侧叶船形，中央叶与两侧叶交互对生，雌雄同株异花。雌雄花均单生于枝顶，球果阔卵形，近熟时蓝绿色被白粉，种鳞木质，红褐色，种鳞4对，熟时张开，背部有一反曲尖头，种子脱出，种子卵形，灰褐色，无翅，有棱脊。花期4月，果熟10月。

（2）产地分布。为中国特产种，华北有野生。人工栽培遍及全国。

（3）生态习性。喜光，幼时稍耐阴，适应性强，对土壤要求不严，在酸性、中性、石灰性和轻盐碱土壤中均可生长。耐干旱瘠薄，萌芽能力强，耐寒力中等，在山东只分布于海拔900米以下，以海拔400米以下者生长良好。抗风能力较弱。

（4）园林用途。幼树树冠尖塔形，老树广圆锥形，枝条斜展，排成若干平面，寿命极长，较少有病虫，多用于寺庙、墓地、纪念堂馆和园林绿篱。也可用于盆景制作。种子可入药。

（5）繁育栽培。主要以种子繁育为主，也可扦插或嫁接。

园艺上的主要品种：

①千头柏 cv. Sieboldii（又名扫帚柏）：灌木，无主干，枝条丛生密集生长，树冠扫帚状。

②金黄球柏 cv. Semperarescens：（又名金叶千头柏）植株矮小，近圆球形，全年保持金黄色。

③金枝千头柏 cv. Aurea（又名洒金千头柏）：丛生状球形灌木，早春枝条金黄色，后渐转黄绿色。

④金塔柏 cv. Beverleyensis（又名金枝侧柏）：乔木，树冠塔形，叶金黄色。

⑤窄冠侧柏 cv. Zhaiguancebai：乔木，树冠窄狭，枝条向上伸展或微斜伸展，叶光绿。

⑥丛柏 cv. Decussata：丛生低矮灌木，枝叶密集，叶线状披针形，蓝绿色，系插条选育而成。

⑦圆枝侧柏 cv. Yuangzhicebai：乔木，冠圆锥形，小枝细长，圆柱形。

该物种为中国植物图谱数据库收录的有毒植物，其毒性为枝、叶有小毒。人、畜中毒引起腹痛、腹泻、恶心、呕吐、头晕、口吐白沫，有时发生肺水肿、强直性或阵挛性惊厥、循环及呼吸衰竭等症状叶提取物有中枢镇静作用，小鼠腹腔注射叶的水煎剂 LD50 为 15. 2 克/千克，灌胃石油醚提取物 LD50 为 24. 38 克/千克（均相当于叶重）。

第二十二章 有关森林的法律法规

第一节 中华人民共和国森林法

（1984年9月20日第六届全国人民代表大会常务委员会第七次会议通过 根据1998年4月29日第九届全国人民代表大会常务委员会第二次会议《关于修改〈中华人民共和国森林法〉的决定修正》）

第一章 总则

第一条 为了保护、培育和合理利用森林资源，加快国土绿化，发挥森林蓄水保土、调节气候、改善环境和提供林产品的作用，适应社会主义建设和人民生活的需要，特制定本法。

第二条 在中华人民共和国领域内从事森林、林木的培育种植、采伐利用和森林、林木、林地的经营管理活动，都必须遵守本法。

第三条 森林资源属于国家所有，由法律规定属于集体所有的除外。

国家所有的和集体所有的森林、林木和林地，个人所有的林木和使用的林地，由县级以上地方人民政府登记造册，发放证书，确认所有权或者使用权。国务院可以授权国务院林业主管部门对国务院确定的国家所有的重点林区的森林、林木和林地登记造册，发放证书，并通知有关地方人民政府。

森林、林木、林地的所有者和使用者的合法权益，受法律保护，任何单位和个人不得侵犯。

第四条 森林分为以下五类：

（一）防护林：以防护为主要目的的森林、林木和灌木丛，包括水源涵养林，水土保护林，防风固沙林，农田、牧场防护林、护岸林，护路林；

（二）用材林：以生产木材为主要目的的森林和林木，包括以生产竹材为主要目的的竹林；

（三）经济林：以生产果品，食用油料、饮料、调料，工业原料和药材等为主要目的的林木；

（四）薪炭林：以生产燃料为主要目的的林木；

（五）特种用途林：以国防、环境保护、科学实验等为主要目的的森林和林木，包括国防林、实验林、母树林、环境保护林、风景林，名胜古迹和革命纪念地的林木，自然保护区的森林。

第五条 林业建设实行以营林为基础，普遍护林，大力造林，采育结合，永续利用的方针。

第六条 国家鼓励林业科学研究，推广林业先进技术，提高林业科学技术水平。

第七条 国家保护林农的合法权益，依法减轻林农的负担，禁止向林农违法收费、罚款，禁止向林农进行摊派和强制集资。

国家保护承包造林的集体和个人的合法权益，任何单位和个人不得侵犯承包造林的集体和个人依法享有的林木所有权和其他合法权益。

第八条 国家对森林资源实行以下保护性措施：

（一）对森林实行限额采伐，鼓励植树造林、封山育林，扩大森林覆盖面积；

（二）根据国家和地方人民政府有关规定，对集体和个人造林、育林给予经济扶持或者长期贷款；

（三）提倡木材综合利用和节约使用木材，鼓励开发、利用木材代用品；

（四）征收育林费，专门用于造林育林；

（五）煤炭、造纸等部门，按照煤炭和木浆纸张等产品的产量提取一定数额的资金，专门用于营造坑木、造纸等用材林；

（六）建立林业基金制度。

国家设立森林生态效益补偿基金，用于提供生态效益的防护林和特种用途林的森林资源、林木的营造、抚育、保护和管理。森林生态效益补偿基金必须专款专用，不得挪作他用。具体办法由国务院规定。

第九条 国家和省、自治区人民政府，对民族自治地方的林业生产建设，依照国家对民族自治地方自治权的规定，在森林开发、木材分配和林业基金使用方面，给予比一般地区更多的自主权和经济利益。

第十条 国务院林业主管部门主管全国林业工作。县级以上地方人民政府林业主管部门，主管本地区的林业工作。乡级人民政府设专职或者兼职人员负责林业工作。

第十一条 植树造林、保护森林，是公民应尽的义务。各级人民政府应当组织全民义务植树，开展植树造林活动。

第十二条 在植树造林、保护森林、森林管理以及林业科学研究等方面成绩显著的单位或者个人，由各级人民政府给予奖励。

第二章 森林经营管理

第十三条 各级林业主管部门依照本法规定，对森林资源的保护、利用、更新，实行管理和监督。

第十四条 各级林业主管部门负责组织森林资源清查，建立资源档案制度，掌握资源变化情况。

第十五条 下列森林、林木、林地使用权可以依法转让，也可以依法作价入股或者作为合资、合作造林、经营林木的出资、合作条件，但不得将林地改为非林地：

（一）用材林、经济林、薪炭林；

（二）用材林、经济林、薪炭林的林地使用权；

（三）用材林、经济林、薪炭林的采伐迹地、火烧迹地的林地使用权；

（四）国务院规定的其他森林、林木和其他林地使用权。

依照前款规定转让、作价入股或者作为合资、合作造林、经营林木的出资、合作条件的，已经取得的林木采伐许可证可以同时转让，同时转让双方都必须遵守本法关于森林、林木采伐和更新造林的规定。

除本条第一款规定的情形外，其他森林、林木和其他林地使用权不得转让。

具体办法由国务院规定。

第十六条 各级人民政府应当制定林业长远规划。国有林业企业事业单位和自然保护区，应当根据林业长远规划，编制森林经营方案，报上级主管部门批准后实行。

林业主管部门应当指导农村集体经济组织和国有的农场、牧场、工矿企业等单位编制森林经营方案。

第十七条 单位之间发生的林木、林地所有权和使用权争议，由县级以上人民政府处理。

个人之间、个人与单位之间发生的林木、林地所有权和使用权争议，由当地县级或者乡级人民政府依法处理。

当事人对人民政府的处理决定不服的，可以在接到通知之日起一个月内，向人民院起诉。

在林木、林地权属争议解决以前，任何一方不得砍伐有争议的林木。

第十八条 进行勘查、开采矿藏和各项建议工程，应当不占或者少占林地；必须用或者征用林地的，经县级以上人民政府林业主管部门审核同意后，依照有关土地的法律、行政法规办理建设用地审批手续，并由用地单位依照国务院有关规定缴纳森林、植被恢复费。森林植被恢复费专款专用，由林业主管部门依照有关规定统一安排植树造林，恢复森林植被，植树造林面积不得少于因占用、征用林地而减少的森林植被面积。上级林业主管部门应当定期督促、检查下级林业主管部门组织植树造林、恢复森林植被的情况。

任何单位和个人不得挪用森林植被恢复费。县级以上人民政府审计机关应当加强森林植被恢复费使用情况的监督。

第三章 森林保护

第十九条 地方各级人民政府应当组织有关部门建立护林组织，负责护林工作；根据实际需要在大面积林区增加护林设施，加强森林保护；督促有林的和林区的基层单位，订立护林公约，组织群众护林，划定护林责任区，配备专职或者兼职护林员。

护林员可以由县级或者乡级人民政府委任。护林员的主要职责是：巡护森林，制止破坏森林资源的行为。对造成森林资源破坏的，护林员有权要求当地有关部门处理。

第二十条 依照国家有关规定在林区设立的森林公安机关，负责维护辖区社会治安秩序，保护辖区内的森林资源，并可以依照本法规定，在国务院林业主管部门授权的范围内，代行本法第三十九条、第四十二条、第四十四条规定的行政处罚权。

武装森林警察部队执行国家赋予的预防和扑救森林火灾的任务。

第二十一条 地方各级人民政府应当切实做好森林火灾的预防和扑救工作。

（一）规定森林防火期，在森林防火期内，禁止在林区野外用火；因特殊情况需要用火的，必须经过县级人民政府或者县级人民政府授权的机关批准；

（二）在林区设置防火设施；

（三）发生森林火灾，必须立即组织当地军民和有关部门扑救；

（四）因扑救森林火灾负伤、致残、牺牲的，国家职工由所在单位给予医疗、抚恤；非国家职工由起火单位按照国务院有关主管部门的规定给予医疗、抚恤，起火单位对起火没有责任或者确实无力负担的，由当地人民政府给予医疗、抚恤。

第二十二条 各级林业主管部门负责组织森林病虫害防治工作。

林业主管部门负责规定林木种苗的检疫对象，划定疫区和保护区，对林木种苗进行检疫。

第二十三条 禁止毁林开垦和毁林采石、采砂、采土以及其他毁林行为。

禁止在幼林地和特种用途林内砍柴、放牧。

进入森林和森林边缘地区的人员，不得擅自移动或者损坏为林业服务的标志。

第二十四条 国务院林业主管部门和省、自治区、直辖市人民政府，应当在不同自然地带的典型森林生态地区、珍贵动物和植物生长繁殖的林区、天然热带雨林等具有特殊保护价值的其他天然林区，划定自然保护区，加强保护管理。

自然保护区的管理办法，由国务院林业主管部门制定，报国务院批准施行。

对自然保护区以外的珍贵树木和林区内具有特殊价值的植物资源，应当认真保护；未经省、自治区、直辖市林业主管部门批准，不得采伐和采集。

第二十五条 林区内列为国家保护的野生动物，禁止猎捕；因特殊需要猎捕的，按照国家有关法规办理。

第四章 植树造林

第二十六条 各级人民政府应当制定植树造林规划，因地制宜地确定本地区提高森林覆盖率的奋斗目标。

各级人民政府应当组织各行各业和城乡居民完成植树造林规划确定的任务。

宜林荒山荒地，属于国家所有的，由林业主管部门和其他主管部门组织造林；属于集体所有的，由集体经济组织组织造林。

铁路公路两旁、江河两侧、湖泊水库周围，由各有关主管单位因地制宜地组织造林；工矿区，机关、学校用地，部队营区以及农场、牧场、渔场经营地区，由各该单位负责造林。

国家所有和集体所有的宜林荒山荒地可以由集体或者个人承包造林。

第二十七条 国有企业事业单位、机关、团体、部队营造的林木，由营造单位经营并按照国家规定支配林木收益。

集体所有制单位营造的林木，归该单位所有。

农村居民在房前屋后、自留地、自留山种植的林木，归个人所有。城镇居民和职工在自有房屋的庭院内种植的林木，归个人所有。

集体或者个人承包国家所有和集体所有的宜林荒山荒地造林的，承包后种植的林木归承包的集体或者个人所有；承包合同另有规定的，按照承包合同的规定执行。

第二十八条 新造幼林地和其他必须封山育林的地方，由当地人民政府组织封山育林。

第五章 森林采伐

第二十九条 国家根据用材林的消耗量低于生长量的原则，严格控制森林年采伐量。国家所有的森林和林木以国有林业企业事业单位、农场、厂矿为单位，集体所有的森林和林木、个人所有的林木以县为单位，制定年采伐限额，由省、自治区、直辖市林业主管部门汇总，经同级人民政府审核后，报国务院批准。

第三十条 国家制定统一的年度木材生产计划。年度木材生产计划不得超过批准的年采伐限额。计划管理的范围由国务院规定。

第三十一条 采伐森林和林木必须遵守下列规定：

（一）成熟的用材林应当根据不同情况，分别采取择伐、皆伐和渐伐方式，皆伐应当严格控制，并在采伐的当年或者次年内完成更新造林；

（二）防护林和特种用途林中的国防林、母树林、环境保护林、风景林，只准进行抚育和更新性质的采伐；

（三）特种用途林中的名胜古迹和革命纪念地的林木、自然保护区的森林，严禁采伐。

第三十二条 采伐林木必须申请采伐许可证，按许可证的规定进行采伐；农村居民采伐自留地和房前屋后个人所有的零星林木除外。

国有林业企业事业单位、机关、团体、部队、学校和其他国有企业事业单位采伐林木，由所在地县级以上林业主管部门依照有关规定审核发放采伐许可证。

铁路、公路的护路林和城镇林木的更新采伐，由有关主管部门依照有关规定审核发放采伐许可证。

农村集体经济组织采伐林木，由县级林业主管部门审核发放采伐许可证。

农村居民采伐自留山和个人承包集体的林木，由县级林业主管部门或者其委托的乡、镇人民政府审核发放采伐许可证。

采伐以生产竹林为主要目的的竹林，适用以上各款规定。

第三十三条 审核发放采伐许可证的部门，不得超过批准的年采伐限额发放采伐许可证。

第三十四条 国有林业企业事业单位申请采伐许可证时，必须提出伐区调查设计文件。其他单位申请采伐许可证时，必须提出有关采伐的目的、地点、林种、林况、面积、蓄积、方式和更新措施等内容的文件。

对伐区作业不符合规定的单位，发放采伐许可证的部门有权收缴采伐许可证，中止其采伐，直到纠正为止。

第三十五条 采伐林木的单位或者个人，必须按照采伐许可证规定的面积、株数、树种、期限完成更新造林任务，更新造林的面积和株数不得少于采伐的面积和株数。

第三十六条 林区木材的经营和监督管理办法，由国务院另行规定。

第三十七条 从林区运出木材，必须持有林业主管部门发给的运输证件，国家统一调拨的木材除外。

依法取得采伐许可证后，按照许可证的规定采伐的木材，从林区运出时，林业主管部门应当发放运输证件。

经省、自治区、直辖市人民政府批准，可以在林区设立木材检查站，负责检查木材运输。对未取得运输证件或者物资主管部门发给的调拨通知书运输木材的，木材检查站有权制止。

第三十八条 国家禁止、限制出口珍贵树木及其制品、衍生物。禁止、限制出口的珍贵树木及其制品、衍生物的名录和年度限制出口总量，由国务院林业主管部门会同国务院有关部门制定，报国务院批准。

出口前款规定限制出口的珍贵树木或者其制品、衍生物的，必须经出口人所在地省、自治区、直辖市人民政府林业主管部门审核，报国务院林业主管部门批准，海关凭国务院林业主管部门的批准文件放行。进出口的树木或者其制品、衍生物属于中国参加的国际公约限制进出口的濒危物种的，并必须向国家濒危物种进出口管理机构申请办理允许进出口证明书，海关并凭允许进出口证明书放行。

第六章 法律责任

第三十九条 盗伐森林或者其他林木的，依法赔偿损失；由林业主管部门责令补种盗伐株数十倍的树木，没收盗伐的林木或者变卖所得，并处以盗伐林木价值三倍以上十倍以下的罚款。

滥伐森林或者其他林木，由林业主管部门责令补种滥伐株数五倍的树木，并处滥伐林木价值二倍以上五倍以下的罚款。

拒不补种树木或者补种不符合国家有关规定的，由林业主管部门代为补种，所需费用由违法者支付。

盗伐、滥伐森林或者其他林木，构成犯罪的，依法追究刑事责任。

第四十条 违反本法规定，非法采伐、毁坏珍贵树木的，依法追究刑事责任。

第四十一条 违反本法规定，超过批准的年采伐限额发放林木采伐许可证或者超越职权发放林木采伐许可证、木材运输证件、批准出口文件、允许进出口证明书的，由上一级人民政府林业主管部门责令纠正，对直接负责的主管人员和其他直接责任人员依法给予行政处分；有关人民政府林业主管部门未予纠正的，国务院林业主管部门可以直接处理；构成犯罪的，依法追究刑事责任。

第四十二条 违反本法规定，买卖林木采伐许可证、木材运输证件、批准出口文件、允许进出口证明书的，由林业主管部门没收违法买卖的证件、文件和违法所得，并处违法买卖证件、文件的价款一倍以上三倍以下的罚款；构成犯罪的，依法追究刑事责任。

伪造林木采伐许可证、木材运输证件、批准出口文件、允许进出口证明书的，依法追究刑事责任。

第四十三条 在林区非法收购明知是盗伐、滥伐的林木的，由林业主管部门责令停止违法行为，没收违法收购的盗伐、滥伐的林木或者变卖所得，可以并处违法收购林木的价款一倍以上三倍以下的罚款；构成犯罪的，依法追究刑事责任。

第四十四条 违反本法规定，进行开垦、采石、采砂、采土、采种、采脂和其他活动，致使森林、林木受到毁坏的，依法赔偿损失；由林业主管部门责令停止违法行为，补种毁坏株数一倍以上三倍以下的树木，可以处毁坏林木价值一倍以上五倍以下的罚款。

违反本法规定，在幼林地和特种用途林内砍柴、放牧致使森林、林木受到毁坏的，依法赔偿损失；由林业主管部门责令停止违法行为，补种毁坏株数一倍以上三倍以下的树木。

拒不补种树木或者补种不符合国家有关规定的，由林业主管部门代为补种，所需费用由违法者支付。

第四十五条 采伐林木的单位或者个人没有按照规定完成更新造林任务的，发放采伐许可证的部门有权不再发给采伐许可证，直到完成更新造林任务为止；情节严重的，可以由林业主管部门处以罚款，对直接责任人员由所在单位或者上级主管机关给予行政处分。

第四十六条 从事森林资源保护、林业监督管理工作的林业主管部门的工作人员和其他国家机关的有关工作人员滥用职权、玩忽职守、徇私舞弊、构成犯罪的，依法追究刑事责任；尚不构成犯罪的，依法给予行政处分。

第七章 附则

第四十七条 国务院林业主管部门根据本法制定实施办法，报国务院批准施行。

第四十八条 民族自治地方不能全部适用本法规定的，自治机关可以根据本法的原则，结合民族自治地方的特点，制定变通或者补充规定，依照法定程序报省、自治区或者全国人民代表大会常务委员会批准施行。

第四十九条 本法自1985年1月1日起施行。

摘自：http：//www.forestry.gov.cn/portal/main/s/24/content－204780.html

第二节 森林法实施条例

第一章 总则

第一条 根据《中华人民共和国森林法》(以下简称森林法)，制定本条例。

第二条 森林资源，包括森林、林木、林地以及依托森林、林木、林地生存的野生动物、植物和微生物。

森林，包括乔木林和竹林。

林木，包括树木和竹子。

林地，包括郁闭度0.2以上的乔木林地以及竹林地、灌木林地、疏林地、采伐迹地、火烧迹地、未成林造林地、苗圃地和县级以上人民政府规划的宜林地。

第三条 国家依法实行森林、林木和林地登记发证制度。依法登记的森林、林木和林地的所有权、使用权受法律保护，任何单位和个人不得侵犯。

森林、林木和林地的权属证书式样由国务院林业主管部门规定。

第四条 依法使用的国家所有的森林、林木和林地，按照下列规定登记：

(一) 使用国务院确定的国家所有的重点林区（以下简称重点林区）的森林、林木和林地的单位，应当向国务院林业主管部门提出登记申请，由国务院林业主管部门登记造册，核发证书，确认森林、林木和林地使用权以及由使用者所有的林木所有权；

(二) 使用国家所有的跨行政区域的森林、林木和林地的单位和个人，应当向共同的上一级人民政府林业主管部门提出登记申请，由该人民政府登记造册，核发证书，确认森林、林木和林地使用权以及由使用者所有的林木所有权；

(三) 使用国家所有的其他森林、林木和林地的单位和个人，应当向县级以上地方人民政府林业主管部门提出登记申请，由县级以上地方人民政府登记造册，核发证书，确认森林、林木和林地使用权以及由使用者所有的林木所有权。

未确定使用权的国家所有的森林、林木和林地，由县级以上人民政府登记造册，负责保护管理。

第五条 集体所有的森林、林木和林地，由所有者向所在地的县级人民政府林业主管部门提出登记申请，由该县级人民政府登记造册，核发证书，确认所有权。

单位和个人所有的林木，由所有者向所在地的县级人民政府林业主管部门提出登记申请，由该县级人民政府登记造册，核发证书，确认林木所有权。

使用集体所有的森林、林木和林地的单位和个人，应当向所在地的县级人民政府林业主管部门提出登记申请，由该县级人民政府登记造册，核发证书，确认森林、林木和林地使用权。

第六条 改变森林、林木和林地所有权、使用权的，应当依法办理变更登记手续。

第七条 县级以上人民政府林业主管部门应当建立森林、林木和林地权属管理档案。

第八条 国家重点防护林和特种用途林，由国务院林业主管部门提出意见，报国务院批准公布；地方重点防护林和特种用途林，由省、自治区、直辖市人民政府林业主管部门提出意见，报本级人民政府批准公布；其他防护林、用材林、特种用途林以及经济林、薪炭林，由县级人民政府林业主管部门根据国家关于林种划分的规定和本级人民政府的部署组织划定，报本级人民政府批准公布。

省、自治区、直辖市行政区域内的重点防护林和特种用途林的面积，不得少于本行政区域森林总面积的百分之三十。

经批准公布的林种改变为其他林种的，应当报原批准公布机关批准。

第九条 依照森林法第八条第一款第（五）项规定提取的资金，必须专门用于营造坑木、造纸等用材林，不得挪作他用。审计机关和林业主管部门应当加强监督。

第十条 国务院林业主管部门向重点林区派驻的森林资源监督机构，应当加强对重点林区内森林资源保护管理的监督检查。

第二章 森林经营管理

第十一条 国务院林业主管部门应当定期监测全国森林资源消长和森林生态环境变化的情况。

重点林区森林资源调查、建立档案和编制森林经营方案等项工作，由国务院林业主管部门组织实施；其他森林资源调查、建立档案和编制森林经营方案等项工作，由县级以上地方人民政府林业主管部门组织实施。

第十二条 制定林业长远规划，应当遵循下列原则：

（一）保护生态环境和促进经济的可持续发展；

（二）以现有的森林资源为基础；

（三）与土地利用总体规划、水土保持规划、城市规划、村庄和集镇规划相协调。

第十三条 林业长远规划应当包括下列内容：

（一）林业发展目标；

（二）林种比例；

（三）林地保护利用规划；

（四）植树造林规划。

第十四条 全国林业长远规划由国务院林业主管部门会同其他有关部门编制，报国务院批准后施行。

地方各级林业长远规划由县级以上地方人民政府林业主管部门会同其他有关部门编制，报本级人民政府批准后施行。

下级林业长远规划应当根据上一级林业长远规划编制。

林业长远规划的调整、修改，应当报经原批准机关批准。

第十五条 国家依法保护森林、林木和林地经营者的合法权益。任何单位和个人不得侵占经营者依法所有的林木和使用的林地。

用材林、经济林和薪炭林的经营者，依法享有经营权、收益权和其他合法权益。

防护林和特种用途林的经营者，有获得森林生态效益补偿的权利。

第十六条 勘查、开采矿藏和修建道路、水利、电力、通讯等工程，需要占用或者征用林地的，必须遵守下列规定：

（一）用地单位应当向县级以上人民政府林业主管部门提出用地申请，经审核同意后，按照国家规定的标准预交森林植被恢复费，领取使用林地审核同意书。用地单位凭使用林地审核同意书依法办理建设用地审批手续。占用或者征用林地未经林业主管部门审核同意的，土地行政主管部门不得受理建设用地申请。

（二）占用或者征用防护林林地或者特种用途林林地面积 10 公顷以上的，用材林、经济林、薪炭林林地及其采伐迹地面积 35 公顷以上的，其他林地面积 70 公顷以上的，由国务院林业主管部门审核；占用或者征用林地面积低于上述规定数量的，由省、自治区、直辖市人民政府林业主管部门审核。占用或者征用重点林区的林地的，由国务院林业主管部门审核。

（三）用地单位需要采伐已经批准占用或者征用的林地上的林木时，应当向林地所在地的县级以上地方人民政府林业主管部门或者国务院林业主管部门申请林木采伐许可证。

（四）占用或者征用林地未被批准的，有关林业主管部门应当自接到不予批准通知之日起 7 日内将收取的森林植被恢复费如数退还。

第十七条 需要临时占用林地的，应当经县级以上人民政府林业主管部门批准。

临时占用林地的期限不得超过两年，并不得在临时占用的林地上修筑永久性建筑物；占用期满后，用地单位必须恢复林业生产条件。

第十八条 森林经营单位在所经营的林地范围内修筑直接为林业生产服务的工程设施，需要占用林地的，由县级以上人民政府林业主管部门批准；修筑其他工程设施，需要将林地转为非林业建设用地的，必须依法办理建设用地审批手续。

前款所称直接为林业生产服务的工程设施是指：

（一）培育、生产种子、苗木的设施；

（二）贮存种子、苗木、木材的设施；

（三）集材道、运材道；

（四）林业科研、试验、示范基地；

（五）野生动植物保护、护林、森林病虫害防治、森林防火、木材检疫的设施；

（六）供水、供电、供热、供气、通讯基础设施。

第三章　森林保护

第十九条　县级以上人民政府林业主管部门应当根据森林病虫害测报中心和测报点对测报对象的调查和监测情况，定期发布长期、中期、短期森林病虫害预报，并及时提出防治方案。

森林经营者应当选用良种，营造混交林，实行科学育林，提高防御森林病虫害的能力。

发生森林病虫害时，有关部门、森林经营者应当采取综合防治措施，及时进行除治。

发生严重森林病虫害时，当地人民政府应当采取紧急除治措施，防止蔓延，消除隐患。

第二十条　国务院林业主管部门负责确定全国林木种苗检疫对象。省、自治区、直辖市人民政府林业主管部门根据本地区的需要，可以确定本省、自治区、直辖市的林木种苗补充检疫对象，报国务院林业主管部门备案。

第二十一条　禁止毁林开垦、毁林采种和违反操作技术规程采脂、挖笋、掘根、剥树皮及过度修枝的毁林行为。

第二十二条　25 度以上的坡地应当用于植树、种草。25 度以上的坡耕地应当按照当地人民政府制定的规划，逐步退耕，植树和种草。

第二十三条　发生森林火灾时，当地人民政府必须立即组织军民扑救；有关部门应当积极做好扑救火灾物资的供应、运输和通讯、医疗等工作。

第四章　植树造林

第二十四条　森林法所称森林覆盖率，是指以行政区域为单位森林面积与土地面积的百分比。森林面积，包括郁闭度 0.2 以上的乔木林地面积和竹林地面积、国家特别规定的灌木林地面积、农田林网以及村旁、路旁、水旁、宅旁林木的覆盖面积。

县级以上地方人民政府应当按照国务院确定的森林覆盖率奋斗目标，确定本行政区域森林覆盖率的奋斗目标，并组织实施。

第二十五条　植树造林应当遵守造林技术规程，实行科学造林，提高林木的成活率。

县级人民政府对本行政区域内当年造林的情况应当组织检查验收，除国家特别规定的干旱、半干旱地区外，成活率不足百分之八十五的，不得计入年度造林完成面积。

第二十六条　国家对造林绿化实行部门和单位负责制。

铁路公路两旁、江河两岸、湖泊水库周围，各有关主管单位是造林绿化的责任单位。工矿区，机关、学校用地，部队营区以及农场、牧场、渔场经营地区，各该单位是造林绿化的责任单位。

责任单位的造林绿化任务，由所在地的县级人民政府下达责任通知书，予以确认。

第二十七条　国家保护承包造林者依法享有的林木所有权和其他合法权益。未经发包方和承包方协商一致，不得随意变更或者解除承包造林合同。

第五章　森林采伐

第二十八条　国家所有的森林和林木以国有林业企业事业单位、农场、厂矿为单位，集体所有的森林和林木、个人所有的林木以县为单位，制定年森林采伐限额，由省、自治区、直辖市人民政府林业主管部门汇总、平衡，经本级人民政府审核后，报国务院批准；其中，重点林区的年森林采伐限额，由国务院林业主管部门审核后，报国务院批准。

国务院批准的年森林采伐限额，每5年核定一次。

第二十九条 采伐森林、林木作为商品销售的，必须纳入国家年度木材生产计划；但是，农村居民采伐自留山上个人所有的薪炭林和自留地、房前屋后个人所有的零星林木除外。

第三十条 申请林木采伐许可证，除应当提交申请采伐林木的所有权证书或者使用权证书外，还应当按照下列规定提交其他有关证明文件：

（一）国有林业企业事业单位还应当提交采伐区调查设计文件和上年度采伐更新验收证明；

（二）其他单位还应当提交包括采伐林木的目的、地点、林种、林况、面积、蓄积量、方式和更新措施等内容的文件；

（三）个人还应当提交包括采伐林木的地点、面积、树种、株数、蓄积量、更新时间等内容的文件。

因扑救森林火灾、防洪抢险等紧急情况需要采伐林木的，组织抢险的单位或者部门应当自紧急情况结束之日起30日内，将采伐林木的情况报告当地县级以上人民政府林业主管部门。

第三十一条 有下列情形之一的，不得核发林木采伐许可证：

（一）防护林和特种用途林进行非抚育或者非更新性质的采伐的，或者采伐封山育林期、封山育林区内的林木的；

（二）上年度采伐后未完成更新造林任务的；

（三）上年度发生重大滥伐案件、森林火灾或者大面积严重森林病虫害，未采取预防和改进措施的。

林木采伐许可证的式样由国务院林业主管部门规定，由省、自治区、直辖市人民政府林业主管部门印制。

第三十二条 除森林法已有明确规定的外，林木采伐许可证按照下列规定权限核发：

（一）县属国有林场，由所在地的县级人民政府林业主管部门核发；

（二）省、自治区、直辖市和设区的市、自治州所属的国有林业企业事业单位、其他国有企业事业单位，由所在地的省、自治区、直辖市人民政府林业主管部门核发；

（三）重点林区的国有林业企业事业单位，由国务院林业主管部门核发。

第三十三条 利用外资营造的用材林达到一定规模需要采伐的，应当在国务院批准的年森林采伐限额内，由省、自治区、直辖市人民政府林业主管部门批准，实行采伐限额单列。

第三十四条 在林区经营（含加工）木材，必须经县级以上人民政府林业主管部门批准。

木材收购单位和个人不得收购没有林木采伐许可证或者其他合法来源证明的木材。

前款所称木材，是指原木、锯材、竹材、木片和省、自治区、直辖市规定的其他木材。

第三十五条 从林区运出非国家统一调拨的木材，必须持有县级以上人民政府林业主管部门核发的木材运输证。

重点林区的木材运输证，由国务院林业主管部门核发；其他木材运输证，由县级以上地方人民政府林业主管部门核发。

木材运输证自木材起运点到终点全程有效，必须随货同行。没有木材运输证的，承运单位和个人不得承运。

木材运输证的式样由国务院林业主管部门规定。

第三十六条 申请木材运输证，应当提交下列证明文件：

（一）林木采伐许可证或者其他合法来源证明；

（二）检疫证明；

（三）省、自治区、直辖市人民政府林业主管部门规定的其他文件。

符合前款条件的，受理木材运输证申请的县级以上人民政府林业主管部门应当自接到申请之日起3日内发给木材运输证。

依法发放的木材运输证所准运的木材运输总量，不得超过当地年度木材生产计划规定可以运出销售的木材总量。

第三十七条 经省、自治区、直辖市人民政府批准在林区设立的木材检查站，负责检查木材运输；无证运输木材的，木材检查站应当予以制止，可以暂扣无证运输的木材，并立即报请县级以上人民政府林业主管部门依法处理。

第六章 法律责任

第三十八条 盗伐森林或者其他林木，以立木材积计算不足0.5立方米或者幼树不足20株的，由县级以上人民政府林业主管部门责令补种盗伐株数10倍的树木，没收盗伐的林木或者变卖所得，并处盗伐林木价值3倍至5倍的罚款。

盗伐森林或者其他林木，以立木材积计算0.5立方米以上或者幼树20株以上的，由县级以上人民政府林业主管部门责令补种盗伐株数10倍的树木，没收盗伐的林木或者变卖所得，并处盗伐林木价值5倍至10倍的罚款。

第三十九条 滥伐森林或者其他林木，以立木材积计算不足2立方米或者幼树不足50株的，由县级以上人民政府林业主管部门责令补种滥伐株数5倍的树木，并处滥伐林木价值2倍至3倍的罚款。

滥伐森林或者其他林木，以立木材积计算2立方米以上或者幼树50株以上的，由县级以上人民政府林业主管部门责令补种滥伐株数5倍的树木，并处滥伐林木价值3倍至5倍的罚款。

超过木材生产计划采伐森林或者其他林木的，依照前两款规定处罚。

第四十条 违反本条例规定，未经批准，擅自在林区经营（含加工）木材的，由县级以上人民政府林业主管部门没收非法经营的木材和违法所得，并处违法所得2倍以下的罚款。

第四十一条 违反本条例规定，毁林采种或者违反操作技术规程采脂、挖笋、掘根、剥树皮及过度修枝，致使森林、林木受到毁坏的，依法赔偿损失，由县级以上人民政府林业主管部门责令停止违法行为，补种毁坏株数1倍至3倍的树木，可以处毁坏林木价值1倍至5倍的罚款；拒不补种树木或者补种不符合国家有关规定的，由县级以上人民政府林业主管部门组织代为补种，所需费用由违法者支付。

违反森林法和本条例规定，擅自开垦林地，致使森林、林木受到毁坏的，依照森林法第四十四条的规定予以处罚；对森林、林木未造成毁坏或者被开垦的林地上没有森林、林木的，由县级以上人民政府林业主管部门责令停止违法行为，限期恢复原状，可以处非法开垦林地每平方米10元以下的罚款。

第四十二条 有下列情形之一的，由县级以上人民政府林业主管部门责令限期完成造林任务；逾期未完成的，可以处应完成而未完成造林任务所需费用2倍以下的罚款；对直接负责的主管人员和其他直接责任人员，依法给予行政处分：

（一）连续两年未完成更新造林任务的；

（二）当年更新造林面积未达到应更新造林面积50%的；

（三）除国家特别规定的干旱、半干旱地区外，更新造林当年成活率未达到85%的；

（四）植树造林责任单位未按照所在地县级人民政府的要求按时完成造林任务的。

第四十三条 未经县级以上人民政府林业主管部门审核同意，擅自改变林地用途的，由县级以上人民政府林业主管部门责令限期恢复原状，并处非法改变用途林地每平方米10元至30元的罚款。

临时占用林地，逾期不归还的，依照前款规定处罚。

第四十四条 无木材运输证运输木材的，由县级以上人民政府林业主管部门没收非法运输的木材，对货主可以并处非法运输木材价款30%以下的罚款。

运输的木材数量超出木材运输证所准运的运输数量的，由县级以上人民政府林业主管部门没收超出部分的木材；运输的木材树种、材种、规格与木材运输证规定不符又无正当理由的，没收其不相符部分的木材。

使用伪造、涂改的木材运输证运输木材的，由县级以上人民政府林业主管部门没收非法运输的木材，并处没收木材价款10%至50%的罚款。

承运无木材运输证的木材的，由县级以上人民政府林业主管部门没收运费，并处运费1倍至3倍的罚款。

第四十五条 擅自移动或者毁坏林业服务标志的，由县级以上人民政府林业主管部门责令限期恢复原状；逾期不恢复原状的，由县级以上人民政府林业主管部门代为恢复，所需费用由违法者支付。

第四十六条 违反本条例规定，未经批准，擅自将防护林和特种用途林改变为其他林种的，由县级以上人民政府林业主管部门收回经营者所获取的森林生态效益补偿，并处所获取森林生态效益补偿3倍以下的罚款。

第七章 附则

第四十七条 本条例中县级以上地方人民政府林业主管部门职责权限的划分，由国务院林业主管部门具体规定。

第四十八条 本条例自发布之日起施行。1986年4月28日国务院批准、1986年5月10日林业部发布的《中华人民共和国森林法实施细则》同时废止。

摘自：http：//www. forestry. gov. cn/main/3950/content－459869. html

第三节 森林采伐更新管理办法

第一章 总则

第一条 为合理采伐森林，及时更新采伐迹地，恢复和扩大森林资源，根据《中华人民共和国森林法》(以下简称森林法)及有关规定，制定本办法。

第二条 森林采伐更新要贯彻“以营林为基础，普遍护林，大力造林，采育结合，永续利用”的林业的建设方针，执行森林经营方案，实行限额采伐，发挥森林的生态效益、经济效益和社会效益。

第三条 全民、集体所有的森林、林木和个人所有的林木采伐更新，必须遵守本办法。

第二章 森林采伐

第四条 森林采伐，包括主伐、抚育采伐、更新采伐和低产林改造。

第五条 采伐林木按照森林法实施细则第三十条规定，申请林木采伐许可证时，除提交其他必备的文件外，国营企业事业单位和部队应当提交有关主管部门核定的年度木材生产计划；农村集体、个人还应当提交基层林业站核定的年度采伐指标。上年度进行采伐的，应当提交上年度的更新验收合格证。

第六条 林木采伐许可证的核发，按森林法及其实施细则的有关规定办理。授权核发林木采伐许可证，应当有书面文件。被授权核发林木采伐许可证的单位，应当配备熟悉业务的人员，并受授权单位监督。

国营林业局、国营林场根据林木采伐许可证、伐区设计文件和年度木材生产计划，向其基层经营单位拨交伐区，发给国有森林采伐作业证。作业证格由省、自治区、直辖市林业主管部门制定。

第七条 对用材林的成熟林和过熟林实行主伐。主要树种的主伐年龄，按《用材林主要树种主伐年龄表》的规定执行。定向培育的森林以及表内未列入树种的主伐年龄，由省、自治区、直辖市林业主管部门规定。

第八条 用材林的主伐方式为择伐、皆伐和渐伐。

中幼龄树木多的复层异龄林，应当实行择伐。择伐强度不得大于伐前林木蓄积量的40%，伐后林分郁闭度应当保留在0.5以上。伐后容易引起林木风倒、自然枯死的林分，择伐强度应当适应降低。两次择伐的间隔期不得少于一个龄级期。

成过熟单层林、中幼龄树木少的异龄林，应当实行皆伐。皆伐面积一次不得超过5公顷，坡度平缓、土壤肥沃、容易更新的林分，可以扩大到20公顷。在采伐带、采伐块之间，应当保留相当于皆伐面积的林带、林块。对保留的林带、林块，待采伐迹地上更新的幼树生长稳定后方可采伐。皆伐后依靠天然更新的，每公顷应当保留适当数量的单株或者群状母树。

天然更新能力强的成过熟单层林，应当实行渐伐。全部采伐更机关报过程不得超过一个龄级期。上层林木郁闭度较小，林内幼苗、幼树株数已经达到更新标准的，可进行二次渐伐，第一次采伐林木蓄积量的50%；上层林木郁闭度较大，林内幼苗、幼树株数达不到更新标准的，可进行三次渐伐，第一次采伐林木蓄积量的30%，第二次采伐保留林木蓄积的50%，第三次采伐应当在林内更新起来的幼树接近或者达到郁闭状态时进行。

毛竹林采伐后每公顷应当健壮母竹，不得少于2 000株。

第九条 对下列森林只准进行抚育和更新采伐：

（一）大型水库、湖泊周围山脊以内和平地150米以内的森林，干渠的护岸林。

（二）大江、大河两岸150米以内，以及大江、大河主要支流两岸50米以内的森林；在此范围内有山脊的，以第一层山脊为界。

（三）铁路两侧各100米、公路干线两侧各50米以内的森林；在此范围内有山脊的，以第一层山脊为界。

（四）高山森林分布上限以下150米至200米以内的森林。

（五）生长在坡陡和岩石裸露地方的森林。

第十条 防护林和特种用途林中的国防林、母树林、环境保护林、风景林的更新采伐技术规定，由林业部会同有关部门规定。

薪炭林、经济林的采伐技术规程，由省、自治区、直辖市林业主管部门制定。

第十一条 幼龄林、中龄林的抚育采伐，包括透光抚育、生长抚育、综合抚育；低产林的改造，包括局部改造和体办法按照林业部发布的有关技术规程执行。

第十二条 国营林业局和国营、集体林场的采伐作业，应当遵守下列规定：

（一）按林木采伐许可证和伐区设计进行采伐，不得越界采伐或者遗弃应当采伐的林木。

（二）择伐和渐伐作业实行采伐木挂号，先伐除病腐木、风折木、枯立木以及影响目的树种生长和无生长前途的树木，保留生长健壮、经济价值高的树木。

（三）控制树倒方向，固定集材道，保护幼苗、幼树、母树和其他保留树木。依靠天然更新的，伐后林地上幼苗、幼树株数保存率应当达到60%以上。

（四）采伐的木材长度二米以上，小头直径不小于8厘米的，全部运出利用；伐根高度不得超过10厘米。

（五）伐区内的采伐剩余物的藤条、灌木，在不影响森林更新的原则下，采取保留、利用、火烧、堆集或者截短散铺方法清理。

（六）对容易引起土冲刷的集材主道，应当采取防护措施。

其他单位和个人的采伐作业，参照上述规定执行。

第十三条 森林采伐，核发林木采伐许可证的部门应当对采伐作业质量组织检查验收，签发采伐作业质量验收证明。验收证明格式由省、自治区、直辖市林业主管部门制定。

第三章 森林更新

第十四条 采伐林木的单位和个人，应当按照优先发展人工更新，人工更新、人工促进天然更新、天然更新相结合的原则，在采伐后的当年或者次年内必须完成更新造林任务。

第十五条 更新质量必须达到以下标准：

（一）人工更新，当年成活率应当不低于85%，三年后保存率应当不低于80%。

（二）人工促进天然更新、补值、补播后的成活率和保存率到达人工更新的标准；天然下种前整地的，达到本条第三项规定的天然更新标准。

（三）天然更新，每公顷皆伐迹地应当保留健壮目的的树种幼树不少于3 000株或者幼苗不少于6 000株，更新均匀度应当不低于60%。择伐、渐伐迹地的更新质量，达到本办法第八条第二款、第四款规定的标准。

第十六条 未更新的旧采伐迹地、火烧迹地、林中空地、水湿地等宜林荒山荒地，应当由森林经营单位制定规划，限期完成更新造林。

第十七条 人工更新和造林应当执行林业部发布的有关造林规程，做到适地适树、细致整地、良种壮苗、密度合理、精心栽植、适时抚育。在立地条件好的地方，应当培育速生丰产林。

第十八条 森林更新后，核发林木采伐许可证的部门应当组织更新单位树更新面积和质量进行检查验收，核发更新验收合格证。

第四章 罚则

第十九条 有下列行为之一的，依照森林法第三十四条和森林法实施细则第二十二条的规定处罚：

（一）国营企业事业单位和集体所有单位未取得林木采伐许可证，擅自采伐林木的，或者年木材产量超过采伐许可证规定数量5%的；

（二）国营企业事业单位不按批准的采伐设计文件进行采伐作业的面积占批准的作业面积5%以上的；集体所有制单位按照林木采伐许可证的规定进行采伐时，不符合采伐质量要求的作业面积占批准的作业面积5%以上的；

（三）个人未取得林木采伐许可证，擅自采伐林木的，或者违反林木采伐许可证规定的采伐数量、地点、方式、树种，采伐的林木超过半立方米的。

第二十条 盗伐、滥伐林木数量较大，不便计算补种株数的，可按盗伐，滥伐木材数量折算面积，并根据森林法第三十九条规定的处罚原则，责令限期营造相应面积的新林。

第二十一条 无证采伐或者超过林木采伐许可证规定数量的木材，应当从下年度木材生产计划或者采伐指标中扣除。

第二十二条 国营企业事业单位和集体所有制单位有下列行为之一，自检查之日起1个月内未纠正的，发放林木采伐许可证的部门有权收缴材木采伐许可证，中止其采伐，直到纠正为止：

（一）未按规定清理伐区的；

（二）在采伐迹地上遗弃木材，每公顷超过半立方米的；

（三）对容易引起水土冲刷的集材主道，未采取防护措施的。

第二十三条 采伐林木的单位和个人违反本办法第十四条、第十五条规定的，依照森林法第四十五条和森林法实施条例的有关规定处理。

第二十四条 采伐林木的单位违反本办法有关规定的，对其主要负责人和直接责任人员，由所在单位或者上级主管机关给予行政处分。

第二十五条 对国营企业事业单位所处罚款，从其自有资金或预算包干结余经费中开支。

第五章 附则

第二十六条 本办法由林业部负责解释。

第二十七条 本办法自发布之日起施行。

摘自：http：//www.forestry.gov.cn/portal/main/s/3093/content－459873.html

第四节 森林法解读

一、更新森林法的立法宗旨

森林法既可以是资源经济本位的法，也可以是生态支持本位的法。森林资源保护的立法完善问题首先就要解决森林法的立法宗旨与本位问题。依据我国的立法传统，环境法与自然资源保护法规被视为是两个法律部门，而森林法通常归入到自然资源保护法中。

虽然1998年修改后的《森林法》建立了森林生态效益补偿基金制度，但在《森林法》第一条关于森林法宗旨的阐述中，却未从生态概念的高度强调森林资源是整个生态系统的组成部分，而仅仅规定森林法的宗旨为保护环境和提供林产品以适应经济建设和生活需要。这一规定虽然在形式上抛弃了资源经济本位的指导思想，但也存在一定不足。

事实上，生态概念与环境概念不同，它是一个动态概念，其所指称的是环境与人之间连绵不断的一种共生共益的状态。因此生态概念与可持续发展原则在精神实质上是相互呼应的。中国加入世贸组织以后，世贸组织的重要原则就应当贯彻到国内的一切相关立法中。这也是作为 WTO 成员国的一项法律义务。

就森林法而言，由于可持续发展思想已经见诸于 WTO 的正式法律文件中，因此有必要在森林法中突出可持续发展的观念和立法要求，彻底转换传统的环境保护法与资源保护法分立的立法思维模式，将森林资源首先作为一项重要的生态要素，在环境法的整体框架下设计和构建森林保护制度，并从森林的生态属性出发，将森林的存续和森林的最佳利用确定为森林法的立法宗旨。

二、森林法的适用范围

国内的森林保护制度和实际状况对世贸组织处理具体环境争端的裁定结果影响很大。

应密切关注发达国家涉及森林问题的环境立法新动向，及时作好应对准备。

将森林资源首先作为一项重要的生态要素，在环境法的整体框架下设计和构建森林保护制度。

加入 WTO 后，在森林保护的问题上应重视运用市场手段。

我国是一个贫林国家，过少的森林资源不仅使我国的木材和林产品短缺、珍稀动植物减少甚至灭绝，而且还造成生态系统破坏、环境质量下降，水土流失加剧，由此而导致的荒漠化问题与频繁的洪涝灾害已对我国经济的持续发展构成潜在威胁，保护森林资源已刻不容缓。

三、《森林法》应增加森林产品国际贸易的法律规范

与其他环境要素如水、大气等不同的是，森林由于依附于一定的土地，因此可以比较容易地实现产权界定，并且由于森林的有体物的属性决定了森林在传统上受国家主权的完全管辖。但森林与其他环境要素又具有共同属性，即它是人类世代相传的地球共同遗产。

因此，不但作为重要贸易商品来源的森林与作为环境要素的森林存在冲突，而且作为国土资源的森林与作为人类共同遗产的森林更存在着深刻的矛盾。这就需要特别针对森林资源的贸易问题制定专门的规范。而且，在 WTO 日益重视环境问题的今天，也有必要在现行《森林法》中补充一些调整森林产品进出口的法律规范这一传统资源法中鲜有涉及的内容。从此类规范的地位来看，它一方面是作为国内森林资源保护制度的有机组成，另一方面也与对外贸易法构成一般法与特别法的关系。

第五篇

城市森林植物培育

第二十三章 “近自然体”理论及其在城市森林植物培育中的应用

城市森林植物的培育是在研究林木与城市环境（小气候、土壤、地貌、水域、动植物、居民住宅区、工业区、活动场所、街道、公路、铁路、各种污染等）之间关系的基础上，选择树种，综合设计与合理配置、栽培管理林木及其他植物，改善城市环境，繁荣城市经济，维持城市可持续发展的一门科学。它既是园林的扩大，又是传统造林的升华。

第一节 城市森林的功能与效益

城市的环境是一个人工环境，是人类按照社会发展的需要以及人类自身的要求而建立起来的人工环境。同时这个环境它一定是推动着社会经济活动的发展，成为社会经济发展的必须部分。但是另一方面，随着城市经济的发展带来的是城市人口的膨胀和城市工业的兴起以及由此而带来的城市生态环境的变化。这些变化一方面表现为各种有害气体的排放、病菌的出现以及噪音污染在城市变得日益严重；另一方面表现为人类对大自然美好环境的日益破坏（实际上这里指的就是人们对森林资源的肆意毁坏）。这些变化已经越来越严重地抑制着社会的持续发展和经济效益的发挥。所以人类不得不回过头来重新思考一个问题：如何才能保护人类和自然的相互依存关系，这是一个城市发展的前提。人们只有通过对城市的合理规划、布局和相应的防护措施，才能使城市的污染和公害得到减轻，甚至消除。而合理的绿化不仅是改善城市气候和环境质量、维护生态健全的重要手段，也是美化城市的重要手段。那么谈到绿化，城市里的绿色主体是森林绿地系统，通过建立绿色城市，才能使城市成为适宜于人类居住并有益于人类生产的区域。这正是城市森林的功能与效益所在。

（一）保护城市环境

城市森林植物可以净化城市空气、水体和土壤，调节和改善城市小气候，降低噪音，保护农田，保持水土，有的园林植物可监测环境污染，有的还可以过滤、吸收和阻隔放射性物质，具有安全防护功能。

（二）文教和游憩功能

城市中的公共绿地是环境优美的重要地段，对美好环境的向往和追求是人们的天性和愿望，到公园中去休息、活动，是居民的重要生活内容之一。公共绿地也是开展文化教育的重要场所。

（三）城市绿化的景观功能

许多风景秀丽的城市，不仅有优美的自然地貌和良好的建筑群体，园林绿地的好坏对城市面貌常起决定性的作用。城市园林绿地是城市景观效果的重要组成部分。

第二节 “近自然林”理论和应用

一、“近自然林”理论

人与自然的关系是一个古老而又沉重的话题，纵贯古今，横跨东西。至今，关于人与自然关系的讨论和争论仍在继续，并以前所未有的全面性、整体性、深刻性、激烈性展现在我们面前，要求做出科学的理论解释和正确的实践选择。自人类诞生之日起，人与自然的关系就存在着两重性。一方面，人基于生存的需要不可避免地要干预自然，与自然力抗争，获得生存的权利和地位；另一方面，自然又以其强大的力量制约着人的活动，要求人的服从。在历史的长河中，决定人与自然关系的关键性因素并不是思想观念，而是物质力量。所以，随着科学进步带来的生产力的迅猛发展，赋予人以巨大能力，使人类摆脱自然并逐步控制自然。人对自然的征服和占有欲，成为推动社会进步的巨大动力，但在创造人间奇迹的同时，大自然对人类进行了无情的报复，全球气候恶化，生态环境遭到破坏等，人类生存和发展受到了危害，这又把人类推向新的发展困境，推向新的思考和选择。

森林作为自然界生态系统的重要组成部分，在人与自然的关系中，是一个十分典型的证明。即使人类在与自然抗争中获得了胜利，充分享受了胜利者的喜悦，得到了盼望已久的成果，但在这种胜利中潜伏的危机，迫使人们不断调整和修正与森林的关系。17 世纪中期，德国因制盐、矿冶、玻璃、造船业的发展，大规模采伐森林，森林资源过量消耗，到 18 世纪初就出现了震动全国的“木材危机”。1713 年，鉴于德国出现了第一次“木材危机”，原始林被过量采伐利用，德国森林永续利用思想的创始人卡洛维茨提出了人工造林思想。他指出：“努力组织营造和保持能持久地、不断地、永续地利用的森林，是一项必不可少的事业，是这个国家最伟大的一门艺术和科学。”他还提出了“顺应自然”的思想，指出了造林树种的立地要求。卡洛维茨也因而被德国人奉为“森林永续利用”理论的创始人。

永续的目的是追求最高木材产量的持续性和稳定性。1826 年，洪德斯哈根著名的“法正林”学说问世，经补充和发展，成为森林永续和均衡利用的经典理论：森林永续经营理论对各国林业的发展产生了巨大的影响，在林业经营、特别是天然林经营上长期居支配地位。德国林学家哈尔蒂希在明确提出森林永续经营思想的同时，还提出了“木材培育”一词。1811 年，他出任普鲁士国家林业局局长，提倡营造针叶人工纯林，鼓励选择材积生长量高的树种，建立生产力高的林分以获得短时间内的大量产出：该理论在德国大规模造林运动中起着主导作用。在 1876 年，德国林学家 Kay1 Gayer 就针对德国当时盛行的砍阔叶林、造针叶林的做法提出了质疑：“50 年前有谁敢向我们预告今日的山毛榉会发生价值损失，谁又能保证我们的子孙还会肯定我们根据今天的情况视为必要的森林经营计划?” 在 1880 年他提出了“接近自然的林业”的理论，1898 年他又明确提出：“生产的奥秘在于一切在森林内起作用的力量的和谐”，并指出人类要尽可能按照上述原则从事林业活动。

第 2 次世界大战后的德国，因天然林被毁殆尽，便营造了大量种类单一的人工林。然而，这些人工林好景不长，没多久便因病虫害而纷纷枯衰甚至大面积死亡。德国人痛定思痛认识到，结构不符合自然规律的人工林必然是脆弱多病且短寿的。为此，德国学者首先创立了“近自然林”学说，营造“近自然林”已成欧盟各国林业发展的方向。

1947—1956 年，凡克提出了“森林动态结构类型理论”，为接近自然的林业提供了经营原理。他将干扰后的森林恢复演替进程划分为先锋林、中间林及顶极林。顶极林虽然有最大的蓄积量，但因为其生长量和枯损量相等，因此是没有收获的。但是，“如果人们在用材林中始终以择伐方式为顶极林开路，那么任意大的采伐量总被生长量所补充。”1986 年，范腾巴赫指出：“接近自然是在经营目的类型计划中，使地区群落中本源树种得到明显表现。”1987 年，施伦克尔指出：“作为森林建设的一个高级目标，‘接近自然’是针对地区群落来选择树种，地区群落是冰河纪后最早的原始森林。”

莱波恩德古特在 1989 年明确区分了“接近自然”与“顺应自然”两种概念。他认为：“接近自然”和“顺应自然”两个概念一般说来其意义是相同的，但前者似乎比后者更确切。“顺应自然”表示在各方面都与自然相适应，即免除人类的影响；而“接近自然”则表示一片森林在保持自然结构关系的情况下偏离自然的。乡土树种的比例及其在林分中的分布、抚育和更新，以及为了经济利益而混交外来树种，是在确保其结构关系、自我保存能力的前提下遵循自然条件。“只有经营方式中的接近自然的森林才能发挥其效益。在经营中的接近自然的森林，林业经营者可促进产生稳定的林分结构。通过有利于珍贵树种生长的措施，森林的收获能力充分得到利用，并能在合适的时间进行和控制森林的天然更新。”“林主的技艺在于做接近自然的处理，持续地全部实现各种目标。”处理方式具有下列特征：使乡土树种占较大比例，来保证森林做接近自然的生命循环；森林更新绝大部分靠天然的种子飞播进行；森林更新分期分批先在小面积进行，然后根据幼龄林对光的需求，逐渐扩大更新面积；利用不需要费用的天然生产因素，努力达到经营的合理化。近自然理论逐渐被德国和欧洲其他一些国家所接受，作为林业发展的指导思想、方针和目标。许多国家都在进行有关研究和试验，对木材培育论是一个挑战。

回归自然是当今世界上人类与自然融合的一种社会现象，是人类生态觉醒的重要标志。回归自然的林业理论即在森林经营中要遵循自然规律，使地区群落的主要乡土树种得到明显表现，但不是回归到天然的森林类型，而是尽可能使林分经营过程同潜在的天然森林植被的自然关系相接近，使林分能够接近生态的自然发生，达到森林群落的动态平衡，并在人工辅助下维持林分健康。近自然林既不是天然林也不是传统意义上的人工林，而是一种模拟本土原生的森林群落中的树种成分与林分结构、人工重组的森林系统。这比我们今日提倡的营造针阔与多树种混交的人工林更接近自然的本原，是营造林史上的一次跨越。对于原生林破坏时间已经久远、天然林封育恢复又较缓慢的地区，应该是一种效果更佳的营造林模式。

二、"近自然林"理论在城市森林植物培育中的应用

"近自然林"理论在园林中早已应用，我国传统园林以自然山水为风尚，效法自然布局，有山水者，加以利用；无地利者，常叠山引水。而将厅、堂、亭、榭等建筑与山、池、树、石融为一体，成为"虽由人作，宛自天开"的自然式山水园。18 世纪的英国，运用风景园林表现自然美，追求田野情趣．植物设计采用自然式种植，模拟自然群落，树种繁多，色彩丰富，使植物素材或为园林中的主要景观。

20 世纪 70 年代，日本著名生态学家宫胁昭教授提出了"近自然森林"的城市绿化新理念，现已成为城市绿化的新方向，"近自然森林"是植被恢复的一种新理念，其主要方法也被称作"宫胁法"。它以生态学的潜在自然植被和群落演替的基本理论为依据，选择乡土树种，即当地自然植被中乔、灌木等种类，应用容器育苗和"近自然"苗木种植技术，超常速、低造价地营造以地带性森林类型为主，具有群落结构完整、物种丰富、生物量高、状态稳定、后期完全遵循自然循环规律的"少人工管理型"的"近自然森林"，可以避免由于种植外来景观大树所带来的各种弊端，"近自然森林"建设是解决目前城市绿化存在问题的主要途径。

现代城镇园林绿地强调生态环境的功能，发挥园林植物群体的环境效益，因此在城镇园林绿化中，"近自然林"理论在园林绿化中应用更为广泛。尽量多造混交林，少造或不造纯林；以乔木为主，乔灌结合，模拟自然群落结构，形成一个具有层次和季相色彩丰富的植物群落景观，是园林植物景观设计的主要手法。

第二十四章　市区森林的培育

城市森林是指种植在城市范围内所有绿色植物的总称，主要由市区（或城区）、近郊区和远郊区三部分的森林所组成，其功能主要有 3 个方面：首先是环境功能，即保护城市水源、改善大气质量、保护农牧生产、保护水土资源、治理风沙灾害、吸收隔离污染等，主要包括水源涵养林、水土保持林、防风固沙林、农田防护林、乡镇环卫林、城乡隔离片林及护路绿化带等；其次是风景游憩功能，即美化自然环境，提供居民优良的游憩场所，便于开展森林旅游等服务功能，主要包括公园、社区公共绿地、风景游憩林、疗养林、森林公园；第三是经济生产功能，即以生产有特色的优质干鲜果品及其他林产品，适当生产木材及木制品，保障山区群众的就业和收入等功能，主要包括干鲜果品及林副特产品经济林等。市区森林以环境功能为主，主要包括街道行道树、社区公共绿地、庭院绿化、公园等；近郊区森林以环境功能为主，兼顾经济生产功能，主要包括城乡隔离片林、乡镇环卫林、护路绿化带、观光经济园区、农田防护林及防风固沙林等；远郊区森林仍以环境功能为主，兼顾风景游憩功能，主要包括水源涵养林、水土保持林、防风固沙林、风景游憩林、疗养林、森林公园等。

市区森林的建设和培育是维护城市生态系统稳定健康发展的重要手段之一。良好的市区森林是创造适宜于城市居民生活和工作居住环境的重要基础。而市区森林的培育成功与否与城市森林的设计，市区森林的营造、市区森林的抚育与保护密切相关。

第一节　市区森林的规划与设计

市区森林的设计规划是城市林业建设的基础。设计规划的合理与否直接关系到市区森林建设的成败，直接决定了市区森林的功能、结构、价值能否得到充分发挥与利用。

一、市区森林设计的原则

目前在世界范围内，城市的数量和规模在不断的增加和膨胀，而这种膨胀所带来的负面影响也愈来愈大，诸如产生空气污染，废物垃圾增加，因而对城市系统稳定构成了极大的威胁。随着城市的发展，人们也逐渐认识到了要创造清洁、优美和健康城市，必须社会经济发展与环境和生态相协调。而协调的重要纽带之一就是要求在市区森林设计规划上有合理的布局，特别是工业区要有相应的保护措施，而在市中心区、商业区、居民区及道路系统等城市的各个有机组成部分建立统一的相互协调的城市森林系统。而建立这样的城市森林系统，规划设计时必须要遵守如下原则。

（一）以生态学原理为指导，走绿地的生态建设之路

21世纪的城市绿化工作应以生态学原理为指导，建设结构优化、功能高效、布局合理的绿地系统。在这个系统中，乔木、灌木、草本和藤本植物被因地制宜地配置在一个群落中，种群间相互协调，有复合的层次和相宜的季相色彩，具有不同的生态特征的植物能各得其所，能充分利用阳光、空气、土地、空间、养分、水分等，构成一个和谐有序的、稳定的群落。在绿地的生态建设中，应强调生态平衡原理的主导作用，使绿地系统的结构和布局形式与自然地貌和河湖水系相协调，并注意与城市功能分区的关系，着眼于整个城市生态环境，合理布局，使城市绿地不仅围绕在城市四周，而且把自然引入城市之中，以维护城市的生态平衡。

（二）遵循“整体协调发展”“以人为本”和“回归自然”的设计理念

我们必须把维护居民身心健康，维护自然生态平衡，作为城镇园林绿地的主要功能，遵循“整体

协调发展”“以人为本”和“回归自然”的设计理念，在城镇园林绿地设计中应做到如下几点。

1. 增加绿色空间，创造适宜的小气候条件

进行城市建设时，不能忽视绿化环境的同步建设，特别要利用闲置及零星的室外绿化空间，尽可能提高绿地面积，为居民营造接近自然的绿化环境，提高人居环境质量。

2. 创造具有区域文化特征的城市绿地

规划设计时，应对所在地区文化特征进行深入分析。不同地域、不同城市，其气候、地理、居民生活习惯及历史文化都有不同的特点，只有具有地方文化特征的绿化环境才具有特色，才有生命力。

3. 创造具有美感的城市绿地环境

城市绿地环境是优美人居环境的重要组成部分，只有具有艺术感染力、具有特色的园林绿色环境，才能给人美的享受，才是舒适、优美的生活环境，满足人们对美的心理需求。

4. 为人们的社会交往创造条件

社会交往是人的心理需求的重要部分，是人类的精神需求，处于信息时代的人们对此需求更趋迫切。城市绿地则具有提供居民社会交往场所的先决和优势条件，通过各种绿化空间以及适当设施的设置，可以为居民的社会交往提供场所和优良环境。

5. 创造内容丰富、功能齐全的绿色空间

城市园林绿地空间是人们使用率较高的日常户外生活空间，是满足城市居民休闲、室外体育、娱乐和游憩活动需要的主要场所。因此，在城市园林绿地环境的塑造中，应尽可能从人们休息、体育、娱乐的功能需求出发，并满足不同结构层次人们的需要。

（三）要符合城市的特定性质特征

在城市森林建设规划中，首先要明确城市的特定性质特征。例如，北京、呼和浩特分别是我们国家和自治区的政治、经济、文化的中心城市，属于消费城市。而像包头、鞍山等属于典型的工业城市。再如桂林、苏州等城市则属于典型的旅游中心城市。同时，以工业为中心的城市还可进一步细分为以煤炭工业为主、以石油工业为主或以钢铁工业为主等不同性质的城市。一个好的城市森林设计，应体现出不同城市的特点和要求。

（四）要做到“适地、适树、适区”

一般意义上的“适地、适树”是指根据气候、土壤等立地条件来选择能够适宜生长的树种而言。通常选用“乡土树种”即可满足要求，但是对于城市森林而言，由于市区可种植林木的土地面积有限，种植株数不多，同时在市区范围内，由于各区的功能差异很大，因此，应在普通的适地“适地、适树”原则基础，加上适应不同功能分区（譬如工业区、商业区、居民区、休闲娱乐区等）的所谓“适区”规划原则，做到根据各功能区的生态要求来进行规划与设计，才能达到市区森林整体、综合效益的发挥。

根据这一原则，在市区森林的规划与设计中，一般是根据林木的生物学特性及适林地段的环境条件来选择树种。比如在我国南方城市中如广州、南宁等城市，组成行道树的骨干树种有悬铃木、雪松等。而象北京、太原、包头等北方城市，常见的乡土树种有油松、各种杨树、柳树等阔叶树种。同时，城市森林的设计除了首先考虑生物生态学要求外，还要求具有园林绿化功能。这就需要既注重乡土树种的种植，又要扩大已成功定居的外来树种。特别是由于城市小气候环境的存在，也为更多树种的定居创造了一些基本条件，因此，在规划设计时，要充分地发挥和利用这些独特的环境条件。

所谓“适区”的具体含义就是城市本身是由工业区、生活区、商业区、休闲娱乐区等功能区域所组成的综合体。不同的区域，对城市森林功能和价值的要求不同。工业区是城市的主要污染区，因此树种应选择那些抗污染强的树种，如夹竹桃、冬青、女贞、小叶黄杨等。对于商业区，树种选择和种植位置都要仔细考虑。一方面，商业区可供栽植的土地面积最小，另一方面也极易与一些公共设施和广告标志等发生矛盾。一般栽植树种的高度应低矮一些，并且体积不要太大。应栽植在建筑物结合部；而休闲娱乐区林木的规划设计应与园林设计相结合，种植的林木应该树形优美，具有独赏性，且色彩变化丰富，又没有有害特性的一些树种。

（五）配置方式力求多样化

市区森林，应力求在构图、造型和色彩方面的多样化。从整体而言，力求多样化，这种多样化包括树种选择的多样化、种植方式的多样化。但多样化不等于杂乱无章，在某一具体地段上，配置方式应注意整体性和连续性。

（六）维护生物多样性，模拟自然群落结构

城市林业建设维护生物多样性有两层含义，一是维护城市景观生态水平的多样性，也即景观多样性的维护，所谓景观多样性是指生物圈内栖息地、生物群落和生态过程的多样化，讲通俗了就是多种生态系统的共存。因为只有多种生态系统的共存，才能保证物种多样性和遗传多样性，同时才能使景观的总体生产力达到最高水平，也才能体现出景观的功能并使景观的稳定性达到一定水平。二是维护城市生物种类的多样性，也即物种多样性的维护，这一点涉及了整个城市森林营建的原则，不仅包括市区而且涉及了郊区。

（七）做到短期效益与长远效益相结合

在市区森林设计中，即要考虑到短期内森林能够发挥其应有的生态，美化效益，选择一些生长迅速的乔灌木树种，又要从长远观点出发有意识的栽植一些生长较慢，但后期效益较大的树种。使常绿树与落叶树，乔木与灌木、草本植物有机的结合成为一个统一的整体。

（八）规划设计要与城市发展方向紧密结合

城市的未来发展方向应作为城市森林规划的导向。例如，像桂林、苏州、厦门、武夷山、三亚、大理等城市的发展方向为旅游城市，在城市森林规划时就应该将生态美的规划作为重点；太原、兰州、包头、鞍山等城市属于典型的工业城市，在城市森林规划时就应将净化环境的规划作为重点。不同城市的发展方向，在城市森林规划中应有所侧重，不能千篇一律，生搬硬套。

二、市区内森林规划的程序与方法

城市森林设计是建立在城市自然环境条件和社会环境条件调查的基础之上的。而设计的成果，又是城市森林施工的依据。设计中即要善于利用以往成功与失败的经验与教训，同时还要考虑经济上的可行性和技术上的合理性。

（一）市区自然、社会经济状况调查

城市自然、社会经济状况是市区森林设计的主要依据。其主要内容包括以下几种。

1. 市区自然环境条件调查

（1）土壤调查。目的是调查确定城市的土壤种类、分布状况、宜林程度等。土壤调查一般是通过剖面观察和土壤理化性状的试验分析来完成，最后形成城市土壤类型分布图。

（2）市区小气候状况调查。市区小气候状况对城市森林植物的选择和配置都有很大影响。正如我们在第三章中已讨论过的，不同街区、不同地形、地形条件下，小气候差异极其明显。具体调查方法和使用仪器，请参阅气象学等相关教材。

（3）地形地貌调查。首先可以进行踏查，在有必要的地块或小区内也可以进行具体测量。

2. 市区社会、经济状况调查

通过此项调查，要提供如下资料。

（1）城市不同功能区域的分布位置、大小和状态，通过调查确定市区范围内工业区、居民区、休闲娱乐区、商业区的位置和面积大小及现存的主要问题。

（2）不同地区的土地利用状况。

（3）搜集有关城市园林绿化生产和城市森林营造技术的经济定额。

（4）各个区域内营造城市森林的可行性与合理性调查。

3. 市区现有林木和其他植被数量及生长状况的调查

包括市区范围内所有植物种类的调查，它可细分如下。

(1) 行道树木种类、数量、生长状况及配置情况的调查。

(2) 公园树木种类、数量、生长状况和配置情况的调查。

(3) 本地抗污染（烟、尘、有害气体）的树木种类、数量、生长及配置状况的调查。

(4) 其他植被类型、生长状况的调查，包括地被物花草、绿篱树种等。

(5) 林木病虫害调查，包括历史上和现存的主要危害城市森林的病虫害的种类、危害方式、危害程度及防治措施的调查。

(二) 技术设计

在测定和调查工作完成以后，要对所有的调查材料进行分析研究，最后编制出市区森林设计方案。

在具体的设计开始之前，首先要进行资料的整理、统计和分析，尽可能地测算出各种类型的面积、分布状况，并用表格的形式汇总在一起，最后勾绘出各个区域的分布图。

完整的市区森林设计要包括有关造林技术措施、树种选择、树种配置方案和不同区域内造林的关键技术，编制出配置类型表和不同区域内可供栽植的树种名录。主要技术措施及各种措施的工作量及完成造林的时间、进度等。最终汇编成技术设计说明书和各种附表、附阅及经费概算表。

设计方案编制完成后，即送交施工单位和主管部门进行审查。在我国，由于还没有独立的城市森林管理机构，一般是由各个城市的市政府或园林绿化主管部门审定。

第二节　市区森林的营造

市区森林的营造是指在城市范围内（不包括近郊和远郊区）适宜种植地段上，栽植林木植株的一种作业方式，它包括在原来非林业用地上的造林和在原本就为造林地，因某种原因需要进行补植或重植的造林。

一、市区森林营造的主要目的和意义

城市的市区是城市的心脏，是城市功能与结构最复杂的地区。把森林生态系统引入城市，是城市森林营造的主要目的。它可以把森林引向城市，使城市融入绿色环境之中，使居民感受到重新回归大自然的情趣。它既可以改善城市的生态环境，又可以满足居民生活的需要。总之，市区森林营造的目的就是为了维持、改进和扩大森林资源，为城市的建设和城市居民生活、工作提供最佳的环境条件。

二、市区森林类型的划分和主要类型

市区森林类型的划分是多种多样的，它们既可以按照林木栽植地点进行划分，也可以按照其所具有的功能类型进行划分。

按照栽植地点划分，城市市区的主要森林类型如下。

1. 行道树木

栽植在市区内大小道路两边的林木，也有的栽植在道路的中间，包括树木草坪类型。

2. 公园绿化树木

3. 街头小片绿地树木

4. 河岸与湖岸的林木

按照功能类型划分，市区森林的主要类型如下。

1. 以绿化、美化环境为主的行道和居民区绿化带市区森林类型

2. 以防止污染、降低噪音为主要功能的工矿区市区森林类型

3. 其他功能类型

包括分布在商业区、政府机构、企事业单位、学校等市区森林类型。

三、影响市区森林营造关键技术措施

市区森林的营造，从本质上说，仍属于林木的造林范畴。林木造林技术在森林培育学、园林树木学

等课程中有详细介绍，这里就不再重复。重点讨论的问题是几个在城市市区这一特殊环境中影响造林成效的关键因子。它们包括市区森林植物组成控制、栽植地点选择及树种配置。

（一）市区森林植物组成控制

1. 森林植物组成控制的必要性

森林植物组成是指构成城市森林植物的成份及其所占比例。由一个树种组成的森林叫做纯林，由两个以上树种组成的森林叫做混交林。

在全球范围内还没有一个城市的森林是由单一树种组成的，都是由两个以上树种类形成的多树种的集合体。但是对城市范围内一条街道、一片小型街头绿地，就有可能形成单一树种或某一树种所占比例达90%以上的绝对优势状况。

树种组成控制就是人为地对城市森林植物进行调控和配置，使其从结构和功能上达到设计要求，并能充分发挥其整体效益的一种技术手段。

从理论上讲，树种组成越单一，造林就越简便，可操作性越强，成本也越低，同时后期管理也比较方便。但是，树种越单一，发生各种严重病虫害的可能性越大，因此，城市森林植物组成的控制便成为人们关注的焦点。比如在美国，由于荷兰榆树病的暴发和流行，使得以美国榆为主要行道树的城市森林遭到很大破坏。而美国榆是美国中西部大平原地区城市森林栽植的主要乡土树种，分布很广。有的城市特别是在老的城区，美国榆可占行道树总数的90%以上，所以极易感染这种疾病。而且一旦感染，易发生爆发性的流行性传染，产生毁灭性灾害。在发现了树种组成单一而易导致这种病害的流行后，许多城市林业机构在城市森林的营造中，采用了多树种组成的配置方式。据试验观察，当某一树种的栽植数量低于树种栽植总量的10%~15%时，就可以最大程度降低荷兰榆树病的危害。

我国许多城市也有“多街一树”的情况，不但景观单调，立体绿化效果差，而且容易发生大的病虫害。在我国西北部一些城市如银川、包头、呼和浩特市等地，过去行道树大多数是由各种杨树品种所组成，所占比例几乎都在80%以上。由于树种单一，暴发杨树光肩星天牛虫害的大量漫延，最终导致了在银川市等城市内所有杨树不得不砍伐、烧毁，几十年的绿化成果毁于一旦，同时还需要更新栽植其他树种，造成的损失是极其巨大的，其教训是非常惨痛的。因此，在城市林业建设中，对于城市森林树种组成必须予以控制。

2. 树种控制的途径和方法

（1）国内进行树种控制的途径和方法。在我国，城市森林作为一个新兴学科，起步很晚，只是到了20世纪90年代初，才在一些刊物上出现介绍国外城市林业的一些文章，但大多数属于概括性的介绍，一般仅涉及一些原则性的问题。有关城市林业的详细研究，在我国还属尚待开发和探索的领域，因此有关城市森林树种组成控制的研究还是空白。但是，我国在城市绿地和城市园林建设中，却有着悠久的发展历史，并且取得了很大成就。比如苏州园林就名甲天下。因此，从我国城市的绿地建设的树种选择和规划中，可以初步看到一些树种组成控制所采用的一些方法。当然这种树种组成不是完全从城市森林科学角度出发的，所以侧重面也可能有所不同。

目前我国城市森林植物组成的控制方法主要如下。

①通过树种规划和选择来控制树种组成：树种规划是对市区范围内城市森林树种组成进行的规划和设计。它是通过近期、远期造林树种规划选择从宏观和整体上对树种组成进行控制的。比如云南昆明市，他们在城市森林树种的规划中，近期规划树种主要选择树冠大而荫浓、冠形整齐、主干通直、生长迅速的常绿或阔叶树种，并且主要以乡土树种为主，主要树种有广玉兰、悬铃木、银桦、云南樱花等；远期规划树种主要是选择生长缓慢，但观赏价值高的树种，如鹅掌楸、法桐等。规划中一般以乡土树种，但外来树种也规划占一定比例。如果按照这样的树种规划，进行城市森林的营造，未来昆明市的城市森林树种组成必然是多树种的、群体效益较高的树种组成类型。

②通过城市森林的配置来控制树种组成：树种配置是城市森林营造中又一项非常关键的措施。不同的树种配置对城市森林的生态效益和美学观赏价值影响极大。我国在这方面有许多成功的经验和失败的教训。以呼和浩特为例，常见的行道树种配置是“一街一树”式，即在一条街道上一般为同样的一个树种，比如在中山东西路一带常见行道树种就是垂柳；锡林南北路行道树都为油松。这种一街一树的配

置方式能够在管理上带来很大方便，在城市森林的营造上也非常便利，便于规范化造林，但同时也很容易导致树种单一、重复，抗性能力低，易发生病虫害流行。同时在感观上也易引起人的单调和沉闷的感觉。近年来，由于过去杨柳、榆树大量砍伐更新后，园林建设部门就应注意到这个问题。例如在呼和浩特市兴安南北路近两年来营造的行道树木一般是机动车道和人行道之间的树木草坪上，杜松和榆叶梅等灌木隔株种植，并在生长季节内种植花草，同时在人行道与建筑物之间种植国槐等树种。这种配置从某种程度上起到了树种控制作用，当然在公园这种控制作用就更明显一些。

③通过市政林业机构的法规和条例来控制树种组成：我国土地所有权完全属于国有。因此通过行政手段，完全可以达到对市区森林树种组成的控制。比如从城市森林的设计计划出发，规定或限定国营苗圃各种绿化树种育苗的数量和规格，同时也可通过法规和条例来限制或鼓励某些外来树种的栽植等。

(2) 国外市区森林树种组成控制。在国外，主要是美国，由于他们对城市森林科学的研究较早。因此在城市森林树种组成控制方面也取得了很大的进展。主要方式如下。

①直接控制法：直接控制法有两种类型：对城市所有公园和其他公共区域内的城市森林的营造完全由市政府林业部门来完成，这种方式完全按照林业部门的造林设计和规划来营造和配置树种。由于在设计和规划时，已经充分注意到了树种组成对将来市区森林功能的影响，因而这种控制作用是非常有效的；第二种类型是直接与私人企业或造林承包商签订合同，市政府林业机构控制造林作业，种什么树，怎样配置，实际上完全通过合同的形式固定下来，不得违反合同。事实上在美国的许多大城市中都是这样做的。

②间接控制法：在国外，私人有购买、使用和占有土地的权利。这种私有土地的林木栽植就要受到某些因素制约，特别是在私人住宅的庭院和行道树的栽植方面一般是由土地所有者首先进行选择，并且法律也规定这些地区，造林是土地所有者的一个必须承担的责任。在这些地区城市森林植物种组成的控制一般是通过间接的方法来完成的。通常也有两种形式。

第一种间接控制法是通过种植许可或者栽植的树木种类必须由官方提供来加以控制。它一般由法律进行明文规定，但在实际操作上常常发生偏差。第二种间接控制方法在小城镇中应用非常普遍，具体途径是通过批发苗木的形式向私人土地拥有者或者企事业单位出售，一般价格为成本价或略高于成本价。在出售前，首先向购买者提供栽植苗木名录。这种名录一般是按苗木的大小进行排序分成小苗、大苗和中等苗木，然后由购买者选择。这种控制方法可在一定程度上对植物的组成进行控制，同时也使空间因素得以考虑，并且也可以通过年度间提供苗木种类的变化，使得城市森林植物组成多样化。

其他的控制手段还包括依据法令禁止某些特定树种的种植，来对私有土地森林组成加以限定。这种法令的制定是因为有些树种具有一些令人不愉快的特性。比如杨树每年结实时形成令人讨厌的“棉絮”状种子、野生苹果的果实腐烂对卫生状况影响等。有时也可以通过大量提倡某些树种的栽植来间接的影响树种组成。比如确定市树、市花等方式来有意识地增加某一种或某些树种的栽培等。

(二) 确定栽植地点

理论上讲，在市区范围内最有必要和最可行的造林地段有两大类：一是种植在能最低程度对其他设施或社会运转形成干扰的地区。二是种植在能够最大程度美化环境的地区。从市区森林类型分析，最难以确定的栽植点和栽植位置的类型就是行道树木类型。其他如公园、庭院和街头小型绿地，由于空间范围有限，同时影响范围小，因此就不准备详细讨论了。仅以行道树木栽植地点的确定做为市区森林栽植位置的典型特例进行剖析。

1. 市区行道树木栽植地点的主要类型

一般在市区范围内栽植行道树的地段主要有4种类型。

(1) 两旁栽有林木的机动车道或者在机动车道和人行道之间有树木草坪，这种类型经常出现在老城区，但也经常扩延到商业区域内。

(2) 树木草坪没有被人行道所界定。

(3) 树木草坪从路边一至延伸到建筑物。

(4) 街道上没有固定的树木草坪，这种类型主要存在于沿大街商业性建筑带状分布的区域内。这一类型的栽植点的造林需求变化很大，需进一步的研究。

2. 各种行道树木栽植地点类型特点和造林方式

（1）路边与人行道之间的树木草坪类型。这种草坪的形状一般是平面长方形的，它是美国城市道路的一种传统设计方法。在我国大部分的树木草坪也属于这种类型。一般在汽车不是主要交通工具的国家和地区，这种形式比较普遍。树木草坪主要起隔离带的作用，同时减少噪音和汽车尾气污染。它是城市行道树木可供选择的主要栽植地点之一。一般在树木草坪中，林木都要严格的栽植成带状，并且是在树木草坪的中心线上，株距一般为 12～15 米。在这种栽植地点中，从设计时就要对树种形态、结构、颜色等因子进行选择和搭配，并且对树种组成控制也可进行考虑。

（2）没有人行道界定的树木草坪类型。这种类型的特点是非常宽阔，并且呈曲线状，几乎没有人行道。有大的停车场，并且一般房屋离街道有一定的距离，一般在国外这种类型主要分布在别墅区。这种草坪的空间和面积都较大，同时由于是新建的城区，公用管线系统经常地埋设在地下，所以对林木的生长妨碍较少。在此区域内，行道树可以按照传统的单列式种植进行栽植，也可以进行非传统的栽植。特别是它们为街道树木的园林化种植，建设行道树木园景提供了可能。林木从树种选择和空间构型上都可以进行控制。

（3）树木草坪人行道路边一直延伸到建筑物。在商业区人行道一般是从机动道边一直延伸到了建筑物。因此商业区行道树木的栽植是最困难的地区。可供栽植的空间位置有限，同时行人对林木的损害作用也最大。但是如果栽植点选择适宜，林木的环境效益将会得以最充分的发挥和体现。林木能够使各种建筑的一体化，使得冰冷呆滞的建筑变得柔和，同时增加了色彩的变化，所以就必须严格的选择栽植地点。通常在大型商场的出入口前面或者展窗前不应栽植树木。栽植点可以选择在每个展窗之间，或者两个建筑物的结合部。同时注意不要遮挡广告牌或者商品模型。一般在大型商业区都有停车场。停车场林木栽植点也很重要。要求林木与机动车道距离为 76.2 厘米的地方，以避免汽车保险杠对林木的碰撞，同时林木应种植在停车区的正前方，以免干扰行车。

同时，在商业区，由于空间拥挤，植物种的选择也非常重要。树形也应予以充分考虑。因为狭窄的空间限制了水平枝的生长，因此应选择具向上生长的枝条的林木（圆形或卵圆形）进行栽植。

（4）行道树营造技术实例——林荫大道。由行道树构成的林荫大道，应该从立体空间上来看待。林荫大道的结构应使人感到愉快，并且应是一种开放式结构，如果需要在一些特殊区段上遮挡视线，设计时就应为紧密式结构。一般要求在形态、大小和结构上富有变化具有吸引力，因为空间上的变化对于预防驾驶员的疲劳，提高他们的警惕性都是很有作用的。但是，空间变化必须适度，如果空间变化太多，容易导致杂乱无章，缺乏协调和连续性，同时完全没有变化又显得太单调。理想的绿荫大道既具有工程价值，又具有艺术性，而且能引起人们的注意力。另外，街道回廊的具体空间大小的标准，应该使机动车和行人能够自由出入为宜。

从空间上看，不管林荫大道是天然形成的，还是人为设计的，在 3 个平面上（即垂直面、侧面和头顶上方平面）都应该是封闭式的，它是一个三维空间立体结构。

一般林荫大道的底面实际上就是街道。底面的材料有混凝土结构的，也有沥青、砖块、砾石、草坪等结构。一般底面上不容易设计出变化来，因此容易引起单调、沉闷的感觉，使人感觉疲劳。

头顶的平面，因人的视觉关系，即使有变化，也不容易观察到。但是对于一个完全没有荫蔽的林荫大道。由于斑块状的光线射入到林荫大道中，也可产生多样性的变化。

林荫大道两边的垂直面是整个林荫大道中最容易进行设计从而产生丰富变化和能够抓住人的视线的部位。这种垂直面，可由树木、建筑物、墙、围栏、绿篱等物体构成。对于这一垂直切面的设计，应该注意的问题是这一垂直切面上的任何东西都处于人的视觉范围内（尤其是驾驶员）。因此在这种能够对视觉产生影响的部位，应该予以足够重视，这也是垂直设计重要性所在。

设计的总原则是，具体吸收力的物体应予以突出，一个没有吸引力的东西，则应该用垂直面进行遮挡。通过形态、大小、结构和颜色方面的效应对比，产生强烈的视觉效果，并引导观赏者的视觉集中到吸引人的地方。利用相同的原理，如果在形态、大小、结构和颜色不断重复，就可起到“屏蔽”作用。

对于实际上不处在林荫大道的垂直切面上的景观，也能够通过视线引导到这个空间的视觉范围之内。远处的一座山、一块草地、一个湖泊、一座建筑物或其他宜人的景色，都可以成为视觉的一部分。

方法是在垂直切面上打开一定的缺口，使林荫大道中人的视线可以通过。这时垂直面似乎为外部景色提供了类似画框的作用。一般在林荫大道两边的垂直面上避免强烈的对比变化。变化应是一个渐变过程。但街道的十字路口或者其他需要提高注意力的地方除外。

3. 行道树木设计要素

行道树木的主要功能有：①用于工程保护目的，如噪音屏障、污染气体过滤；②用于建筑学方面目的，如使建筑物的线条变得柔和，或者对建筑物起视觉方面的屏障或遮掩作用；③用于改善环境条件的目的，如调节气候、提供绿荫、防风等。

上述所有功能，只能通过市区森林的营造才能得以实现，同时市区森林的功能效益也是上述功能的一个综合性表现。在强调上述功能的同时，也应该对它们具有的审美和伦理的价值予以充分重视。

因此为了创造和设计适宜的市区行道树木，就必须对诸如连续性、重复、韵律、一体化、强调、规模等美术方面的术语和特性予以重视。但是在行道树木设计中与结构和功能关系最大的有四个因子，即形态、结构、大小和颜色，这四大因子被称为行道树木设计的四大要素。

(1) 形态。在正常的生长条件下，所有树木都有其固定的形态特征。它是由林木本身的遗传特性和对环境长期适应的结果。个别的树木品种随着树木的生长发育，它的某些形态特征会由幼年体态向成年体态变化。既然成年的形态是特征形态，所以设计者最关心的应是成年时的形态特征。

树木的形态特征由树木本身的外部线条、枝条和叶子的结构及生长习性所决定。常见的形态类型有7种：①不规则形态；②瓶状形态；③卵形；④金字塔形（角锥形）；⑤圆柱形；⑥球形；⑦枝条下垂形。

有些树种的形态非常突出如垂柳、垂榆。一般角锥形和枝条下垂形不适宜于做行道树，但在街头小游园或街头绿地比较适宜，主要是由角锥形和枝条下垂形树或者具有水平伸展性或者枝条过于庞大。

(2) 大小。如果环境条件正常，所有的树木都能生长到达其可能生长的最大体积和高度。作为行道树木的设计要素之一，大小是仅次于形态的另一个重要因素。

大小是一个非常容易被错误使用的要素。因为非专业人员选择树种时，经常是从个人喜好或者从尽量降低管理工作量的角度出发，因而有时就非常盲目。

一般林木大小至少要求其枝下高度高于行人的平均高度，同时能够对人行道和机动车道起到隔离作用。

为了设计的目的，林木的大小一般可分三级：即大、中、小，具体划分数量指标是：

大树：其树高高度 >21.0 米；

中树：其树高高度为 9.1 ~21.0 米；

小树：树高 <9.1 米。

过去，城镇的行道树木多呈线状，树冠较大。比如现在公路或铁路旁边见到的护路林，树种多为榆树、栎树或者枫树，在我国北方地区常见的有杨、柳、榆。当林木成熟后，一般能够形成整齐划一，外观非常漂亮的景观，给人以深刻的印象，但是当代的街区背景已发生了变化，机动车道和林荫大道更为宽阔，空间和地下设施大量增加，街道隔离设施、私人住宅区的汽车和人行大道大量出现。所有这些都使得林木生长空间变小。因而普遍的行道树都选择中、小体积的树种。

(3) 结构。在描述树木的特征时，结构这一术语仅涉及视觉结构。在行道树的设计中，结构是指1棵树木或一群树木在人的视觉上产生的一种空间结构以及在视觉范围内与其他植物的关系。对于视觉结构的描述可用粗糙、中等和精巧来判断。但这种描述是相对的，只能通过树种间的相互比较才能做出判断，并且不同场合判断标准不同。

一株林木的结构基本由所有树叶与树叶的排列状况、枝条的大小所决定，有时树皮的特征也具有很重要的作用，但树叶状况是决定性的。因此对于落叶树种，只有在生长季内才能具有很重要的价值。当考虑群体植物的结构时，整体性和连续性是非常重要的。结构的逐渐变化能够增加空间吸引力。从反方向说，突然的结构变化，能够产生一种控制作用，由此当需要突出某些变化时，结构的突然改变应予以设计。例如，在一个基调树木为国槐的街头绿地中，从视觉上看国槐的结构属于精巧型，如果其中有一株结构粗糙的樟树，就会显得很突出，从吸引人的视觉上分析，它将会起到“焦点”的作用。

（4）颜色。颜色是行道树木设计中的第4个要素。一般在行道树木的设计中，从颜色配置上看，首先应考虑颜色的整体性，同时也应充分考虑颜色的渐变作用。林木的色调差异是随着植物和品种的改变而变化的。对于同一种植物种来讲，植株的健康状况和土壤养分条件、水分条件的变化及叶子的发育阶段等因子对颜色也有较大的影响。

在正常的情况下，所有的自然绿色都能与其他色调糅和在一起。当黄绿叶多时，基本色调就是黄绿色。一般兰色、紫色、红色等在园林风景中不能构成基调颜色。但在特定的场合下，如需要集中注意力或有某种危险的区域，颜色间的强烈反差，尤其是在事故多发地段或急转变地区作用就很明显。

（5）四大要素的综合作用。利用结构、形态、大小和颜色四大要素可以在行道树的营造过程中，创造出艺术价值较高，又具有多种功能的空间立体式的行道树木回廊。但是在行道树木营造的实际过程中，很少有人能够同时考虑到四个因素。但四大要素确实需要综合考虑。比如为了设计能够具有连续性和整体性，一个要素的不断重复是必须的，比如颜色与形态，同时在颜色重复时形态和结构、大小变化也应太剧烈。通常要至少考虑到大小和形态的一致性。

当需要突出自然情调时，用奇数序列按排列不同植物种的栽植也是有效的办法。例如在一些需要突出渲染自然情调时，可以按照3、5、7或9为一组来种植就会产生一种自然放松的状态。

当需要突出某一个部分或需要引起观赏者的注意时，突然的变化就会加强这种渲染状态。例如在一个由大小为中等、形态为圆形、颜色为绿色、结构为精巧的行道树列中，一株或几株体积较大、角锥形、颜色鲜红和结构、粗糙的植株对人的注意力的影响，所起的作用几乎和大喊大叫的效果相同。另外在危险地段的两边按偶数种植一些优势植物会产生一种强调的作用。

四、市区森林营造

（一）市区森林营造前的准备程序

由于市区森林分布在市区范围内，会受到市区内各种公共设施、厂矿和居民的强烈影响，因而在栽植前应严格按照栽前的准备程序进行准备工作，一般程序是：征收土地、拆迁、整理地形地物、安装给排水管线、修建园林建筑、大树移植、铺装道路、种植树木、铺装草坪、设置花坛。

其中，造林工程与市政府其他工程相比，有更强的季节性，应首先保证不同树木段栽定植的最适期，以此方案为重点来安排总进度。

（二）市区森林的栽植程序

在植树施工前必须定点放线，以保证施工符合设计要求的主要措施；为了保证树木成活，提高绿化效果，一定要选用生长健壮、根系发达、树形端正、无病虫害、符合设计要求的树苗，起苗时一定要保证苗木根系完整不受损伤；裸根树木的挖掘和带土球苗木的挖掘应区别对待；树苗挖好后，要尽快把苗木运到定植点。最好做到“随挖、随运、随种植”的原则。运苗时要注意在装车和卸车过程中保护好苗木，使其不受损伤；树苗运到栽植地点后，如果不能及时栽植，对裸根苗必须进行假植。栽植时应严格按规划设计要求的定点放线标记进行。坑穴的大小和深度应根据树苗的大小和土质的优劣来决定；栽植之后树木的高矮，干径的大小，都应合理搭配。

在市区内森林绿化中为了较快达到效果，常采用移植较大的树木。大树（胸高直径15~20厘米）移植是很快发挥绿化效果的重要手段和技术措施。树木的品种、生长习性和移植的季节不同，大树的移植方法也有所不同。移植胸径为5~30厘米的大树多采用大木箱移植法；移植胸径为10~15厘米的大树，多采用土球移植法；移植胸径为10~20厘米的落叶乔木，也可采用露根移植法。

（三）栽后管理

栽植后应立即浇水，第一次要浇足、浇透，隔1周后浇第二次。每次浇水之后，待水全部透下，应中耕松土1次，深度为10厘米左右。

第三节　市区森林的抚育和保护

通过城市森林近30年的发展与研究，揭示出许多带有普遍意义的事实——即由于市区森林所处的特殊环境条件和人类活动对其施加的超强度的影响，市区森林在造林后，若没有强有力的抚育和保护措施，则最终会使所有的市区森林系统遭到破坏。因而市区森林抚育实质上是关系到城市生态系统能否健康有序运营的关键所在，意义非常巨大。

一、抚育的目的与意义

市区森林抚育是指市区森林建立以后，一直到林木死亡或因其他原因而需要对其重新补植之前的各项技术措施。

市区森林抚育的目的就是通过各种抚育措施使市区森林能够健康茁壮地生长，并且能够与市区环境协调一致，最大程度地提高市区森林的生态环境效益。同时把可能对市区其他设施及社会正常运转的不利影响限制在最低程度。

新建立的市区森林，通常要经过扎根、生长、分化、淘汰等过程，才能逐渐进入稳定和成熟。幼年期林木对环境条件反应敏感，抗性弱，可塑性强，极易因不利条件而受害。虽然大苗移植，可以有效地缩短幼苗期，并且能够提高苗木的抗性，但是仍然需要1～3年的恢复期。如新疆杨大苗移植，至少需要两年的恢复期。抚育的根本任务就在于排除各种不利因素的干扰，创造有利条件，以提高市区森林的成活率、保存率。并且通过一些特殊的抚育手段，尽量减少与其他公用设施的相互干扰，达到与市区环境的高度统一与协调。抚育的成效决定于抚育技术措施的得当与否和是否及时。

二、抚育措施

市区森林抚育措施主要有3个方面的内容。

（一）生长抚育调节措施

严格的说，城市森林的生长抚育调节措施从性质上可分为两类目的相同，但方向相反的生长抚育调节措施。一类是抑制林木生长或改变其生长方向。第二类就是各种促进林木生长的抚育调节措施。

1. 抑制林木生长或改变其生长方向的抚育措施

（1）修剪。修剪整形的目的主要是减少林木可能对市区居民生活和财产的危害，排除对公用线路和其他设施的障碍。可以通过调节树势，保持合理的树冠结构、形状及形态。对于观果林木也可以促其花果的生长。

合理的修剪是建立在市区森林类型的功能特性、树种的生长发育特点、林木对修剪的反应以及栽植点的环境条件的基础之上的。目前在城市森林的修剪方式中，主要有两大类：一大类是将整修树冠全部剪掉。其主要特点是操作简便、迅速、技术性不强，但它亦存在着明显的缺点，一是它不能达到树冠整形的目的，二是对林木的损害过大；第二种修剪方向称为定向性修剪，即有选择地剪去病虫害枝条或者清理公用线路下面的向上生长枝条，排除可能影响交通视线的枝条等。这种修剪方式可以促进林木树形结构的形成，调整树势，维持城市森林的稳定生长。

市区林木修剪工作，一般要由专业的树木管理养护人员来完成，同时要有计划安排修剪的次序。一般修剪的次序和强度是根据安全、林木价值、植物种类和植物大小来安排。

（2）化学生长抑制剂。为了降低工人修剪的投资成本，利用化学生长抑制剂来代替人工修剪的研究，在美国等国家已经是很普遍了。特别是近10年来，给市区林木注射树木生长调节剂（TGR）以控制其生长（尤其是高生长）。TGR主要是通过抑制顶芽细胞分裂或者影响生长激素的分泌来达到抑制生长的目的。注射TGR，对树木的伤害小，从外观看，树叶颜色较葱郁，花果增加，并且能够提高林木抗旱和抗病能力。

（3）控制树根上浮。有些树种的树根经常挤裂或凸出于人行道的路面，形成不安全因素。据统计美国每年需要耗资2亿美元来专门进行这项工作。

经研究证明，树根上浮引起的对人行道的破坏与树种、林木大小、栽植距离及土壤质地有关。控制树根上浮的途径和方法有：采取某种措施使树木根系向深处生长；选择破坏性小的树种（即具有这种遗传特性的）；寻找一种能压迫根系而不使其凸起于人行道的路面材料；寻找一种能挡住根系延伸而不是让其转向的物理或化学性质的隔板。

美国使用了一种硬质聚奈乙烯材料控制器（CPVC - control - planters）和挖凹坑（凹深46厘米）的栽植穴，一般都能引导树根向深处生长。

2. 促进林木生长抚育措施

市区森林生长健壮与否与能否恰当使用林木生长促进抚育措施有关。这些措施包括灌、施肥、土壤通气性及土壤改良措施、疏伐，各种排水措施和杂草清除等。

林木栽植后，通常要求灌1~2年，栽植时要施肥或追肥若干年，视土壤肥力状况而定。在这些管理措施中，需要特别引起注重的就是市区土壤一般质地坚硬，且混杂有大量的建筑或其他施工作业的废弃物。因此，种植前需要进行整地，对于特别黏重的土壤亦可以进行掺沙处理上述各种管理措施的使用强度取决于个别树木的功能价值或一群植物的整体功能价值。同时在促进生长和控制生长之间经常会产生抵触的现象，一般解决方法是在采取促进生长的同时，利用某些特殊控制措施，来改变植物生长方向，就可以大大缓解这种矛盾。

（二）防止林木机械损害的抚育管理措施

防止林木机械损害的抚育管理措施，主要包括两方面的内容，一是预防潜在损伤因素，二是对已遭到损害的林木进行修复。

预防性抚育措施主要包括预见性的修剪，正如我们已经讨论过的树木适当修剪就可以防止因其生长超过允许生长的最大空间而对人或其他设施形成干扰。其他预防性保护措施还包括牵引、支撑、捆扎、吊枝、预枝、涂白、修剪伤口的处理。各种机械障碍的清理，或者通过明确的法令条文以避免居民对于植物的损伤。

修复技术主要包括树干、伤口的治疗。一般是利用各种药剂（2%~5%的硫酸铜液，0.1%升汞溶液，石硫合剂）进行消毒。补树洞是指因某种原因造成的伤口长久不愈，木材腐烂形成的空洞进行填补，使树洞愈合。

（三）林木病虫害防治抚育管理措施

无论是在国内还是国外，市区森林由于病虫危害，都普遍受过巨大的损失。比如我国北方城市中曾经爆发流行过的杨柳光肩星天牛危害。在美国，也曾出现过荷兰榆树病的大规模侵染危害。这种危害如果没有得到及时预防和控制，就有可能使市区的森林遭到毁灭性的破坏。荷兰榆树病一旦发生蔓延，不需3年就能够使一个城市的市区森林中所有榆树枯萎死亡。因此病虫害控制是市区森林抚育非常重要和关键的。

城市森林病虫害防治，尤其是人口稠密的市区森林病虫害防治与一般天然森林和人工森林病虫害防治的最大差异是市区内对于人畜有毒的杀虫、杀菌化学性药物是严格控制使用的。因此有效的预防与监测系统就显得犹为重要了。

城市森林病虫害的防治原则是：预防第一，控制第二。而病虫害发生发展以及流行规律是拟订防治措施的理论基础。

影响防治措施有效与否的主要因素如下。

(1) 有关病虫害的生活史。

(2) 有效准确的病虫害监测系统。

(3) 合理可行的防治方案。

病虫害防治的具体措施如下。

(1) 病虫害的严格检疫制度。植物病虫害检疫就是为防治危险性病虫害国际间或国内地区间人为传播的一种有效措施。它的任务是：禁止危险性病虫随植物或产品由国外输入或由国内输出；将国内局部地区已发生的危险性病虫害封闭在一定的范围内，不使其蔓延，并积极采取措施逐步消灭；当危险性病虫传入新地区时，采取紧急措施就地消灭。

一般检疫对象由国家指定，如荷兰榆树病、五针松疫锈病，杨树溃疡病。

(2) 利用市区森林营造中各项技术环节进行防治。在育苗过程中，应防治病原菌对幼苗的侵染，并且有意地提高幼苗的抗性能力。在造材过程中，应注意树种选择和配置，防止单一树中在市区范围比例过高。在林木抚育管理中，病死树要及时清除。

(3) 生物防治措施。广义地说，一切利用生物防治手段来防治病虫害的方法都属于生物防治的范畴。通常对害虫的生物防治主要包括引进有害昆虫的天敌或为害虫的天敌创造适宜的生活条件来达到。比如许多鸟类就是昆虫天敌。而病害的防止，多数利用某些微生物作为天敌而防治的。

(4) 化学防治措施。它是植物病虫害防治的一个重要手段，它具有适用范围广、见效快、方法简单等特点。特别是在病虫害已经发生时，施用化学药剂往往是唯一的对付办法。

市场上各种杀虫剂和杀菌剂均有销售，使用方法和原理也各不相同。一般可分为铲除剂、保护剂和内吸剂，而使用上可分为种实消毒、土壤消毒、喷洒植株（喷雾）。

需要注意的是，现在市区环境内，为了减少使用化学药剂可能对环境的影响，一般对使用化学药剂是实行控制的。一般在不太严重的情况下，禁止大面积喷洒杀虫剂和杀菌剂，同时高效低毒的药剂也正在逐步代替有残毒危害的药品。

(5) 物理防治措施。利用高温、射线及昆虫的趋光性等防治病虫害可以收到良好的效果，比如在特定时期对有些昆虫进行黑光光灯诱杀，对土壤中病菌虫卵采用高温蒸汽消毒，效果比较好。

(6) 综合防治。综合防止就是通过有机地协调和应用上述各种病虫害防治措施，将病虫害控制在经济危害水平以下。同时把可能对城市森林生态系统产生的不良影响降低至最低程度。今天这种病虫害的综合防治措施正逐渐被认识，应用范围也愈来愈广泛。

第四节　我国城市森林树种概况

一、我国城市森林树种资源概况

我国城市森林树种资源极为丰富，各国城市林业界、植物学界对我国的评价极高，被誉为世界森林植物种类的重要发祥地之一。我国植物种类和数量仅次于巴西和印度尼西亚，居世界第三。但以植物的生物多样性而论，巴西和印度尼西亚地处热带，大多为热带植物种。而我国从南到北有温带、亚热带、热带植物种类。从东到西有海洋、平原、低山、高山和沙漠植物种类，并且因为我国有不少地段没有被第四纪冰川所覆盖，许多古老的特有的植物种类被保存下来，有许多种已在国外引种成功。比如著名的英丘园（植物园）中的槭树园就引种了 50 种来自中国的槭树，代表种有青皮槭（*Acer cappadocium*）、青窄槭（*A. daridii*）、菜条槭（*A. Ginala*）等。因此，我国被称为世界园林之母。可以说我国城市森林植物具有种类繁多、分布集中和丰富多彩的特性。

但是，就我国目前城市森林植物种类的利用现状来看，却不能令人满意。在目前大多数城市中，种植的植物不超过 200 种，而常用于绿化的园林树种仅有雪松、龙柏、大叶黄杨、梧桐等几十种。这一方面说明以前我们在城市森林树种的引种、栽培方面的研究还不多，另一方面也反映了我国具有许多潜在的城市森林植物种类还有待于开发。

二、我国几个城市的城市森林树种选种

由于我国城市森林的研究还在初步探索阶段，因此系统地就全国各个城市的森林树种的分布组成方面的研究还尚属空白。这里仅选择一些有代表性的城市，就它们目前所选择的市区及树种，进行简单地介绍。

（一）深圳市城市森林绿化树种

深圳市位于东经 113°17′至 114°18′，北纬 22°23′至 22°43′。气候为南亚热带海洋性气候。在降雨量高达 1 948毫米。年均气温为 22.4°。是我国华南地区的，典型代表城市，具有一定的代表性。

深圳市主要城市森林植物种如下。

(1) 基调树种。它们是深圳市象征性或代表性的树种，主要有：荔枝、短穗角尾葵、勤杜鹃、红花蹄甲、红花夹竹桃、大红花、九果香、南洋杉、假槟榔、蒲葵、美丽针葵、散尾葵、叶榕、木麻黄、落羽杉、桔花、九里香、含笑楸枫、大叶相思、樣树、米兰、朴树、夜来香。

（2）骨干树种。荔枝、短穗角尾葵、假槟榔、浦葵、大王椰子、杜鹃、小叶榕、高山榕、菠萝蜜、红棉、凤凰木、椋树及南洋杉。

（3）一般树种。有乌柏、柏科的一些种，杜鹃、人心果、柳树、阳桃、棕桐科、洋桃、菠萝、大叶合欢、麻栎等。

（二）昆明市市区主要绿化树种

云南省在我国具有特殊的气象条件和丰富的植物资源，享有“植物王国”“世界花园”的之美誉。它有高等植物15 000多种，占全国总数的一半，野生观赏植物种约有2 500种。昆明植物园有3 909种，因此昆明市在我国城市森林绿化中非常具有典型和代表性。

根据昆明市园林科研所的设计和研究，昆明市行道树骨干树种有：银桴、广玉兰、悬铃木、云南樱花、复叶栗树、银杏、黄樟、滇朴、梧桐、宁波三白杨、牛尾木、掌楸、云南紫荆、滇桃、大鳞肖楠、清香木、鹅掌楸。

小街道行道树选择树种有香木兰、馨香木、玉兰、桐、藏柏、紫薇、石榴、龙柏、香叶果、云南海桐等。

（三）盐城市

盐城市位于江苏北部，也是一个新兴的城市，规模为中等城市。

（1）盐城市的基调树种。悬铃木、合欢、水杉、石榴、紫薇、女贞、垂柳、雪松、棕榈。

（2）骨干树种。国槐、银杏、榆树、广玉兰、乌柏、大叶黄杨、海桐、红叶李、腊梅、黑松、椋树、桂花、石楠、樱花、紫荆、三角桐、枫杨、吴木春、梧桐、垂丝海棠、月牟、迎春、丝兰、南天竹、火棘、十大功劳、金钟花、无花果、紫藤、爬山虎等。

（四）邯郸市

邯郸市，位于河北省南部，属暖温带大陆性季风气候，一年干湿季明显，四季分明，日照充足。

（1）基调树种。悬铃木、国槐、白皮松、月季。

（2）骨干树种。毛白杨（雄）、银杏、栗树、吴木春、雪松、圆柏、大叶萝杨、大叶女贞、紫薇、地锦。

各类型绿化树种如下。

（1）行道树。

①骨干树种：悬铃木、国槐、毛白杨、臭木春、栗树、银杏、美国白蜡。

②一般树种：元宝枫、紫花槐、龙爪槐、柿树、君迁子、核桃、楝树、泡桐、丝棉木、柳树、合欢、樱花、大叶女贞、白皮松、圆柏、楸树、椴树。

（2）公园、游园、庭院。

①常绿乔木：白皮松、雪松、油松、圆柏龙柏、黑松。

②常绿和半常绿小乔木及灌木：大叶女贞、翠柏、大叶黄杨、锦热黄杨、铺地柏、小叶女贞、白蜡、凤尾兰。

③落叶针叶乔木：水杉。

④落叶阔叶乔木：园槐、银杏、毛白杨、栗树、柳树、毛楝、龙爪槐、柿树、合欢、乌柏、杜仲、丝棉木、元宝枫、山楂、西府海棠、红叶李、山桃、樱花、无花果、接骨木、火炬树。

⑤落叶灌木：月季、紫薇、石榴、丁香、牡丹、蜡梅、山梅花、山茱、红瑞木、麻叶绣球、珍珠梅、红叶小檗、贴梗海棠、玫瑰、莫刺黄、棠、榆叶梅、郁李　八仙花、锦带花　海仙花、木槿、连翘、金钟花、迎春　天目琼花、枸杞、金银木、银芽柳、紫荆。

⑥藤本：紫藤　地锦、山葡萄、扶芳藤、木香。

（3）大环境绿化骨干树种。毛白杨、侧柏、油松、紫穗槐、刺槐、苹果、文财果、花椒、山楂、柿树、火炬树、黄连木、锦鸡儿、胡枝子。

（五）北京市

北京是我国温带地区的有代表性的城市并且是文化古都，北京市常见的森林绿化树种如下。

(1) 乔木类。国槐、毛白杨、加拿大杨、黑杨、元宝枫、立柳、垂柳、馒头柳、刺槐、红花刺槐、白蜡、绒毛白蜡、柿、银杏、臭椿、千头椿、合欢、杜仲等。

(2) 常绿类。油松、松柏、杜松、雪松、龙柏、沙地柏、竹、大叶黄杨等。

(3) 灌木及地被类。丁香、碧桃、黄刺玫、榆叶梅、紫薇、垂枝碧桃、棣棠、月季、海棠、锦带花、金银木、连翘、红瑞木、美国地锦、地锦等。

第五节 花卉植物的栽培及管理

花卉是城市绿地建设中的重要植物材料之一。花卉种类繁多、艳丽多姿、生育期短、繁殖容易，是绿化、美化城市的重要植物材料。

一、花卉的分类

花卉的分类，可按花卉的性质、栽培方式和绿化、美化用途等不同进行分类。

(一) 按花卉性质分类

(1) 草本花卉。草本花卉的茎干柔软，为草质的花卉植物，如百日草、一串红、三色堇、波斯菊等。

(2) 木本花卉。花木的茎部为比较坚硬的木质，如牡丹、扶桑等。

(3) 草木本花卉。花的茎基部为较坚硬的木质，而茎上部枝梢却较为柔软，如天竺葵、香石竹等。

(二) 按栽培方式分类

1. 露地花卉

露地花卉，是在露地自然气候条件下栽培的花卉。它分为下列几种。

(1) 一年生花卉。即从播种到开花、结实、死亡在 1 个生长季内完成。一般春天播种，夏秋开花结实，然后枯死。如鸡冠花、百日草、万寿菊等。

(2) 二年生花卉。在两个生长季内完成生活史，当年只生长营养器官，翌年开花、结实、死亡。一般在秋季播种，次年春夏开花，如紫罗兰、金盏菊等。

(3) 多年生花卉。即个体寿命超过两年而且能连年开花结实的花卉。又因其地下部分的形态不同可分为两类。

①宿根花卉：地下茎和根系形态正常，不发生变态，如萱草、芍药、玉簪等。

②球根花卉：地下茎部分具有变态茎和变态根，变态肥大者，如水仙、唐菖蒲、美人蕉、大丽花等。

(4) 水生花卉。即在水中或沼泽地生长的花卉，如荷花、睡莲等。

(5) 岩生花卉。指一般耐干旱而适于岩石园栽培的花卉，如垂盆草、地椒、落地生根等。

2. 温室花卉

原产热带及亚热带温暖地区，在北方需在温室内培养或冬季在温室内保护越冬的花卉。

(1) 一二年生花卉。如瓜叶菊、樱草、蒲包花等。

(2) 宿根花卉。如万年青、君子兰、非洲菊、扶郎花等。

(3) 球根花卉。如仙客来、大岩桐、马蹄莲等。

(4) 木本花卉。如米兰、变叶木等。

(5) 兰科植物。如春兰、白芨、墨兰等。

(6) 多浆植物。如仙人掌、石花、莲花掌等。

(7) 蕨类植物。如凤尾蕨、铁线蕨、蜈蚣草等。

(8) 棕榈植物。如蒲葵、棕竹、椰子等。

(9) 水生花卉。如玉莲、热带睡莲等。

(三) 按绿化用途分类

(1) 花坛花卉。花坛花卉是指适用于布置花坛的花卉，一般多为一二年生的草本花卉，如金鱼草、一串红、百日草等。

(2) 盆栽花卉。盆栽花卉是以盆栽形式装饰居室、厅堂、庭院的花卉，如君子兰、米兰、茉莉等。

(3) 切花花卉。以切花为栽培目的花卉，如唐菖蒲、马蹄莲、晚香玉等。

二、花卉的应用

在绿地建设中，除了乔、灌木的栽植和建筑、道路及必须的构筑物外，其他如空旷地、林下、坡地等场所，都要用多种植物覆盖起来。在绿地中花卉的单株，使人们不仅能欣赏其艳丽色彩，婀娜多姿的形态和浓郁的香气，而且还可群体栽植，组成变幻无穷的图案和多种艺术造型。可布置成花坛、花境、花丛、花群及花台等多种方式，一些蔓生性草花又可用以装饰柱、廊、篱垣及棚架等。

(一) 花坛

为规则的几何图案，种植各种不同色彩的观赏花卉植物构成一幅具有华丽纹样、鲜艳色彩的图案画，常布置在绿地中和街道绿化的广场上、交叉路口、分车带和建筑物两侧及周围等处，主要在规则式布置中应用。有单独或连续带状及成群组合等类型。外形多样，多采用圆形、三角形、正方形、长方形、菱形等规则的多边形等。内部花卉所组成的纹样，多采用对称的图案。有单面对称或多面对称。花坛要求经常保持鲜艳的色彩和整齐的轮廓，一般多采用一二年生花卉。具植株低矮、生长整齐、株丛紧密而花色艳丽（或观叶）的种类。花坛中心宜选用高大而整齐的花卉材料，立面布置应中间高、周边低或后面高、前面低的形式，利于排水，便于人们欣赏。

如果用低矮紧密而株丛较小的花卉，如五色苋类、三色堇、雏菊、半支莲、矮翠菊等，适合于表现花坛平面图案的变化，可以显示出较细的花纹的为毛毡花坛。

以观赏为目的组成的花坛，如以草本花卉盛开时艳丽多彩的群体美为主，表现出不同花卉的种类或品种的群体及其相互配合所显示的绚丽色彩与优美外貌，而欣赏花坛图案纹样则处于次要地位，为花丛花坛。宜选用花色鲜明、花朵繁茂，在盛开时几乎看不到枝叶又能良好覆盖花坛土面的花卉，如一串红、万寿菊、金盏菊、金鱼草、紫罗兰等。

(二) 花境

为自然式的图案，常布置在周围也是自然式布局的绿化环境中，以树丛、树群、绿篱、矮墙或建筑物作背景的带状自然花卉布置，根据自然风景中林缘野生花卉自然散布生长的规律，加以艺术提炼而应用于绿地建设之中。花境的边缘，依环境的不同，可以是自然曲线，也可以采用直线，各种花卉的配植是自然斑状混交。例如在林间小径两旁。大面积草坪边缘，中国古典园林的庭院和专类花园中，构成宛如自然生长的簇簇美丽的花园。

花境中各种各样的花卉配植应考虑到同一季节中彼此的色彩、姿态、体型及数量的调和与对比，整体构图又必须完整，还要求一年中有季相变化。

混植的花卉特别是相邻的花卉，其生长势强弱与繁衍速度应大致相似。花境主要花卉不仅自身具有自然美而且具有各种花卉自然组合的群体美，其景观不是平面的几何图案，而是花卉植物群落的自然景观。

(三) 花丛及花群

花丛及花群是由几株或十几株不同或相同种类的花卉组成自然式种植形式。这也是将自然风景中野花散生于草坡的景观应用于城市绿地。可布置于自然曲线道路转折处或点缀于小型院落之中。花丛与花群大小不拘，简繁均宜，株少丛栽，丛也可连成群。一般丛群较小者组合种类不宜多。花卉的选择，高矮不限，但以茎干挺直，不易倒伏，或植株低矮，匍地而整齐，植株丰满整齐，花朵繁密者为佳。花丛的各种花卉植株的大小、配置的疏密程度也要富有变化。花丛及花群常布置于开阔草坪的周围、林缘、树丛、树群与草坪涧起联系和过渡的效果。

(四) 花台

花台是将花卉种植于高出地面的台座上，类似花坛而面积较小。设置于庭院中央或两侧角隅，也可与建筑相连且设于墙基、窗下或门旁。形状自然，常用假山石叠层护边。我国古典园林及民族形式的建筑庭院内，花台常布置成“盆景式”以松、竹、梅、杜鹃、牡丹等为主。花台由于通常面积狭小，一个花台内常布置一种花卉，因台面高于地面，故应选用株形较矮、繁密匍伏或茎叶下垂于台壁的花卉。如玉簪、萱草、鸢尾、麦冬草、沿阶草等。

（五）篱垣及棚架

采用草本蔓性花卉，适用于篱棚、门楣、窗格、栏杆、小型棚架的掩蔽与点缀。多采用牵牛花、小胡芦、茑萝等。

三、花卉品种的选择

用于花坛、花境和立体花坛等群体栽植的花卉，应该选择花期较长，耐移栽的品种；植株直立不易倒伏；各品种的生长速度相似，这样使整个群体的图案保持整齐，轮廓线明显突出。

四、花卉配植

用于花坛、花境和立体花坛的花卉，栽植时，花卉栽植高度搭配要得当，使各群体之间高矮不要差别太大。一般供四周观赏的，应该将植株较高的、生长较快的品种栽植于中间。

五、花坛施工

花坛的种类比较多。在不同的绿地环境中，往往要采用不同的花坛种类。从设计形式来看，花坛主要有盛花花坛（或叫花丛花坛）、模纹花坛（包括毛毡花坛、浮雕式花坛等）、标题式花坛（包括文字标语花坛、图徽花坛、肖像花坛等）、立体模型式花坛（包括模拟多种立体物像的花坛等）4 个基本类型。在同一个花坛群中，也可以有不同类型的若干个体花坛。

花坛施工包括定点放线、砌筑边缘石、填土整地、图案放样、花坛栽植等几道工序。

第六节　草坪及地被植物的栽培与管理

草坪及地被植物是指能覆盖地面的低矮植物。它们均具有植株低矮、枝叶稠密、枝蔓匍匐、分蘖力强、根茎发达、生长茂盛、繁殖容易等特点。草坪及地被植物，是城市绿化的重要组成部分，既能够掩盖裸露的地面，防止雨水冲刷、侵蚀而保持水土，还能够调节气候，如减缓太阳辐射，降低风速，吸附、滞留灰尘，减少空气的含尘量，吸收一部分噪音等。同时，许多草坪及地被植物叶形秀丽，花美色艳，在美化环境方面有较高的观赏价值。

草坪地被植物一般指在街道两旁、立交桥畔、市内绿地中栽培的低矮植物、一般适应性强，覆盖地面迅速，而且一般较耐践踏，主要起绿化作用。这一类主要草坪植物有冷季型草种和暖季型草种两大类：冷季型草种常用的有高羊茅、紫羊茅、匍匐紫羊茅、羊茅、草地早熟禾、多年生黑麦草、匍匐剪股颖、细弱剪股颖等。暖季型草种常用的野牛草、结缕草、狗牙根、地毯草、假俭草、百喜草、雀稗等，还有双子叶的白三叶、红三叶、小冠花等。

特殊用途的地被植物，是指在庭园和公园内栽植生长有观赏价值或经济用途的低矮地被植物，它们的适应能力不如草坪地被植物，一般不耐践踏，主要供观赏用，如百里香、半枝莲、金钱草、垂盆草、蛇莓等。

草坪不仅为人们创造宜人的环境，还可提供给人们一个良好的户外活动场地以及一些特殊功能，如飞机场、足球场、高尔夫球场、网球场等草坪的需要。

草坪的建植，应按照既定的草坪设计进行。草坪设计要确定草坪的位置、范围、形状、供水、排水、草种组成及草坪上的树木种植情况等。施工过程如下。

一、场地准备

铺设草坪和栽植其他植物不同，在建造完成以后，地形和土壤条件很难再行改变。要想得到高质量的草坪，应在铺设前对场地进行处理，主要应考虑地形处理、土壤改良及做好排灌系统。

（一）土层厚度

草坪植物的根系80%分布在40厘米以内的土层中，而且50%以上是在地表20厘米以下，因此为了使草坪植物保持优良的质量，减少管理费用，应尽可能使土层厚度达到40厘米左右，最好不小于30厘米。在小于30厘米的地方应加厚土层。

（二）土地的平整和耕翻

（1）杂草与杂物的清除清除的目的是为了便于土地的耕翻与平整，但更主要的是为了消灭多年生杂草，为避免草坪建成后杂草与草坪草争水分、养料，所以在种草前应彻底加以消灭。此外还应把瓦块、石砾等杂物全部清出场地外。

（2）初步平整、施基肥及耕翻在清除了杂草、杂物的地面上应初步作1次起高填低的平整，平整后撒施基肥，然后普遍进行1次耕翻。土壤疏松、通气良好有利于草坪植物的根系发育，也便于播种或栽草。

（3）更换杂土与最后平整在耕翻过程中，若发现局部地段土质欠佳或混杂的杂土过多，则应换土。在换土或翻后应灌1次透水或滚压2遍，使坚实不同的地方能显出高低，以利最后平整时加以调整。

二、排灌系统

草坪一定要考虑排除地面水。不能有低凹处，以避免积水。做成水平面也不利于排水，草坪多利用缓坡来排水，在一定面积内修一条缓坡的沟道，其最低下的一端可设排水口接纳排出的地面水，并经地下管道排走。理想的平坦草坪的表面应是中部稍高，要有0.3%～0.5%的坡度、逐渐向四周或边缘倾斜。

地形过于平坦的草坪或地下水位过高或聚水过多的草坪、运动场的草坪等均应设置暗管或明沟排水。

草坪灌溉系统是兴造草坪的重要项目。喷灌系统应在场地最后整平前，将喷灌管网埋设完毕。

三、草坪种植施工

草坪种植方式主要有播种、扦插、分株、草皮移植及植生带、喷播等多种。

（一）播种法

一般用于结籽量大而且种子容易采集的草种。如羊茅类、多年生黑麦草、草地早熟禾、剪股颖、苔草、结缕草等都可用种子繁殖。

（1）播种量。播种要求种子纯度在90%以上，发芽率在70%以上。播种量取决于草种、种子质量。种子的混合组成以及土壤状况等因素。一般播种后要确保在单位面积上有足够的幼苗，即在每平方米面积有1万～2万株幼苗。中、小粒种子15～25克/平方米，大粒种子25～40克/平方米。

（2）种子处理。一般可不进行种子处理。有的种子因各种原因（如种皮厚等）所致，为了提高发芽率，达到苗全、苗壮的目的，在播种前可对种子加以处理，如①冷水浸种，即将需要播种的种子放入冷水中浸泡，同时用手搓揉，洗去种皮外的蜡质等物质，然后再用清水冲洗干净，将种子放入蒲包内，也可以摊开放在阴凉处，待种芽萌动时即可播种。②温水处理，将种子放入40～80℃的热水中，随即用木棍搅拌，待水凉后，捞出用清水冲洗，再放入冷水中漂洗，捞出后将种子外部的水晾干即可播种。③对于发芽较困难的结缕草种子，可采用碱、酸等化学处理，野牛草种子可用机械的方法搓掉硬壳等方法。

（3）播种时间。暖季型草种一般采用春播，如结缕草、苔草、半枝莲等，在5月上旬至6月上旬在春末夏初进行；冷季型草种为秋播，最适宜8月下旬至9月上旬。春播也可。雨季播种的适期在7—8月，此时高温多雨，有利种子发芽，草苗生长较快，但杂草生长也较旺。

（4）播种方法。有条播及撒播两种。条播有利于播后管理，撒播可及早达到草坪均匀的目的。条播是在整好的场地上开沟，深5～10厘米，沟距离15厘米，用等量的沙子与种子拌匀撒入沟内。一般多采用撒播。撒播播前，如土壤过干，应先喷水，喷水量以水能渗入地下10厘米即可。播种后用细湿土薄薄地覆盖种子（以不见种子为准）即可。

（5）播后管理。充分保持土壤湿度是保证出苗的主要条件。播后可根据天气情况每天或隔天喷水，幼苗长到3~6厘米时可停止喷水，但要经常保持土壤湿润，并要及时清除杂草。

（二）栽植法

用植株繁殖较简单，能大量节省草源，一般1平方米的草皮可以栽成5~10平方米或更多一些，管理也比较方便。

（1）种植时间。全年的生长季均可进行。

（2）种植方法。分条栽与穴栽。草源丰富时可用条栽，在平整好的地面以15~25厘米为行距，开沟深5厘米，把撒开的草块成排放入沟中，然后填土，踩实。同样以15~20厘米为株行距穴栽也可。移栽过程中，一是栽植的草要带适量的土层；二是尽可能缩短起苗到栽苗的时间，最好是当天起苗当天栽，栽后要充分灌水，清除杂草。

（三）铺栽方法

这种方法的主要优点是形成草坪快，可在任何时候进行，且栽后管理容易，缺点是成本高，并要有丰富的草源。

（1）选好草源。要求草生长势强，密度高。

（2）铲草皮。人工铲草，先把草皮切成平行条状，然后按需要横切成块，草块大小根据运输方法及操作是否方便而定。

（3）草皮的铺栽方法。要尽可能地将草块铺平在同一标高内。如草块薄，铺后不够高度，应在下面垫些砂壤土，使之与标高等高；如草块过厚，应用小铲将草块下部多余的土铲掉。铺草块时，要尽量将草缝错开，如同盖房砌砖一样，草块之间的间隙越小越好。如草块边缘不整齐，应用小铲切直再铺栽。草块之间的缝隙要填入细壤土，然后用木板拍打草块，使草块与地面密接。铺栽之后要用脚踏一踏，如无高低感觉即可。如发现有低洼处或高低不平，则应反工，填土垫平。草坪铺好后即可浇水。一般经过2周即可形成草坪。

（4）草茎撒播法。草茎撒播法包括播茎法、匍匐枝及根茎撒播法、匍匐茎撒插繁殖法。匍匐茎撒播式蔓植、匍匐茎植、草根撒栽法。此法是将母本草坪铲起，抖掉泥土，把匍匐嫩枝及草茎切成3~5厘米长短的节段，然后均匀地撒播在整平耙细的草坪土面上，再覆盖一层薄土，稍稍压实。以后，经常喷水，保持土壤湿润，连续养护30~45天，撒播的草茎就会发出新芽。

（5）植生带铺栽方法。植生带是采用有一定的韧性和弹性的无纺布，在其上均匀撒播种子和肥料而培植出来的地毯式草坪植生带，可以在工厂中采用自动化的设备连续生产制造。在经过整理的地面上满铺草坪植生带，注意要压实，使植生带底面与土面紧密结合。然后覆盖0.5~1厘米筛过的生土，覆土也要压实。植生带铺好后要浇水养护，一般10~15天（有的草种3~5天）即可发芽，1~2个月就可形成草坪。

（6）喷播草籽。是把草籽加上纸浆、肥料、高分子化合物和水混合成浆后贮存在容器中，用高压水或压缩空气向地表或斜坡喷散，经过精心养护育成草坪。

四、草坪的养护管理

（1）灌水。当年栽种的草坪及地被植物，除雨季外，在生长季节应每周浇透水2~4次，以水渗入地下10~15厘米处为宜。

（2）施肥。为了保持草坪叶色嫩绿、生长繁密，必须施肥。冷季型草坪的追肥时间最好在早春和秋季，第一次在返青后，可起促进生长的作用，第二次在仲春。天气转热后，应停止追肥。秋季施肥可于9、10月进行。暖季型草种的施肥时间是晚春。在生长季每月或2个月应追1次肥。最后1次施肥北方地区不能晚于8月中旬，南方地区不应晚于9月中旬。

（3）修剪。修剪是草坪养护的重点，通过修剪来控制草坪的高度，促进分蘖，增加叶片密度，抑制杂草生长，使草坪平整美观。

①修剪的高度：新建的草坪草达到7~8厘米高时就应进行第一次修剪。每次修剪时，剪去的部分应小于叶片自然高度的1/3。

②修剪次数：修剪的次数与修剪的高度是两个相关的因素。修剪时的高度要求越低，修剪次数就越多。应该注意根据草的剪留高度进行有规律的修剪，当草达到规定高度的1.5倍时就要修剪，最高不得超过规定高度2倍，一般草坪1年最少修剪4~5次，高尔夫球场内精细管理的草坪1年中要经过上百次的修剪。

修剪草坪一般采用机动旋转式剪草机。修剪前要对草地进行全清理，将石头、树枝以及其他有损剪草机剪刀的杂物清除掉。剪草要顺序前进，剪下的草叶要及时运走。

（4）除杂草。防除杂草的最根本方法是合理的水肥管理，促进目的草的生长势，增强与杂草的竞争能力，并通过多次修剪，抑制杂草的发生。一旦发生杂草侵害，可用人工拔除。

（5）通气。改善草坪根系通气状况，有利于调节土壤水分含量，提高施肥效果。这项工作对提高草坪质量起到不可忽视的作用。一般要求50穴/米。穴间距15厘米×5厘米，穴径1厘米，穴深8厘米左右，可用中空铁钎人工扎孔，亦可采用草坪打孔机施行。

第二十五章　市区内各功能区域绿地建设分析

第一节　垂直绿化

为了加强绿化的立体效果，能够充分利用空间，可以结合棚架、栅栏、篱笆、墙面、土坡、山石等物体，栽植有蔓性攀缘的木本或草本植物，叫作垂直绿化。

通过采用垂直绿化，可以美化光秃的墙面、土坡、山石、栅栏等物体，并能充实、提高绿化质量。

一、垂直绿化的种植形式

1. 住宅和建筑物墙面绿化

用缠绕藤本植物绿化墙面必须选用具有吸盘，而且有吸附能力的藤本植物，如地锦、爬山虎等。

2. 围栅、篱垣的绿化

可采用缠绕藤本植物的吸盘、卷须和蔓茎缠绕布满围栅、篱垣，也可采用缠绕草本植物如牵牛、茑萝等草本植物。

3. 棚架、花架绿化

可选择缠绕性强，通过枝蔓缠绕，逐渐布满整个棚架、花架或者树干上、灯柱上。

4. 陡坡坡地、山石的绿化

陡坡坡地由于坡度大，不易种植植物，易产生冲刷，如立交桥坡面、公路、铁路两侧护坡，可采用根系庞大的藤本植物覆盖，既固土又绿化。

二、垂直绿化施工

垂直绿化就是使用藤蔓植物在墙面、阳台、棚架等处进行绿化。

1. 墙垣绿化施工

（1）墙面绿化常用爬附能力较强的地锦、岩爬藤、凌霄、常春藤等作为绿化材料。表面粗糙度大的墙面有利于植物爬附，垂植绿化容易成功。墙面太光滑时，植物不能爬附墙面，就只有在墙面上均匀地钉上水泥钉或膨胀螺钉，用铁丝贴着墙面拉成网，供植物攀附。爬墙植物都栽种在墙脚下，墙脚下应留有种植带或建有种植槽。种植带的宽度一般为 50～150 厘米，土层厚度在 50 厘米以上。种植槽宽度 50～80 厘米，高 40～70 厘米，槽底每隔 2～2.5 米应留出 1 个排水孔。种植土应该选用疏松肥沃的壤土。栽种时，苗木根部应距墙根 15 厘米左右，株距采用 50～70 厘米。栽植深度，苗木栽下后要将根团周围的土壤踏实。

（2）墙头绿化主要用蔷薇、木香、三角花等攀缘植物和金银花、常绿油麻藤等藤本植物，搭在墙头上绿化实体围墙或空花隔墙。要根据不同树种藤、枝的伸展长度，来决定栽种的株距，一般的株距可在 1.5～3.0 米。墙头绿化植物的种植穴挖掘，苗木栽种等，与一般树木栽植基本相同。

（3）阳台绿化阳台由于面积较小，常常还有其他作用，所以其绿化一般只能采取比较灵活的盆栽或花槽栽植方式。盆栽主要布置在阳台栏板顶上，一定要有围护措施，不得让盆栽往下落。花槽要注意底部钻若干孔眼，以排除多余的水分，防止植物根系腐烂。

花槽、花盆装土不要太满，一般应留 1～2 厘米的余地，这样可防止溢水，也便于疏松土壤。种植过程中，在生长期应定期追加少量肥料，可施用花卉专用肥。

2. 棚架植物施工

栽植在植物材料选择、具体栽种等方面，棚架植物的栽植应当按下述方法处理。

（1）植物材料处理。用于棚架栽种的植物材料，若是藤本植物，如紫藤、常绿油麻藤等，最好选1根独藤长5米以上的，如果是丛生状蔷薇之类的攀缘类灌木，要剪掉多数的丛生枝条，只留1～2根最长的茎干，以集中养分供应，使今后能够较快地生长，较快地使枝叶盖满棚架。

（2）种植槽、穴的准备。在花架边栽植藤本植物或攀缘灌木，种植穴应当确定在花架柱子的外侧。穴深40～60厘米，穴径40～80厘米，穴底应垫1层基肥并覆盖1层壤土，然后才栽种植物。不挖种植穴，而在花架边沿用砖砌槽填土，作为植物的种植槽，也是花架植物栽植的一种常见方式。种植槽净宽度在35～100厘米，深度不限，但槽顶与槽外地平之间的高度应控制在30～70厘米为好。种植槽内所填的土壤，一定要是肥沃的栽培土。

（3）栽植。花架植物的具体栽种方法与一般树木基本相同。但是，在根部栽种施工完成之后，还要用竹竿搭在花架柱子旁，把植物的藤蔓牵引到花架顶上，若花架顶上的檩条比较稀疏，还应在檩条之间均匀地放一些竹竿，增加承托面积，以方便植物枝条生长和铺展开来。特别是对缠绕性的藤本植物如紫藤、金银花等更需如此，不然，以后新生的藤条相互缠绕一起，难以展开。

（4）养护管理。在藤蔓枝条生长过程中，要随时抹去花架顶面以下主藤茎上的新芽，剪掉其上萌生的新枝，促使藤条长得更长，藤端分枝更多。对花架顶上藤枝分布不均匀的，要作人工牵引，使其分布均匀。以后，每年还要进行一定的修剪，剪掉病虫枝、衰老枝和枯枝。

第二节　屋顶绿化

屋顶绿化是在建筑物顶面营建植物。

屋顶有良好的光照条件，人为地创造并建成植物生长所需的立地条件，就可以种植植物。可以布置草坪、花台、水池、喷泉等。

绿化的屋顶不仅增加了绿化面积，而且使屋顶密封性好，能防止紫外线照射，使屋顶具有降温、美化的效果。屋顶绿化是开拓城市绿化空间、美化城市、调节气候、提高环境质量、改善生态环境的重要途径之一。

屋顶绿化要因地制宜、因“顶”制宜。要巧妙地利用主题建筑物的屋顶、平台、阳台、窗台、檐口、女儿墙和墙面等，开辟绿化园地。

一、屋顶绿化的基本条件

1. 绿化屋顶的承载力

建造屋顶绿化首先要正确计算屋顶的承载力，合理选用基质建造花池和排水系统。由于绿化给屋顶增加了重量的负担，因此，应考虑用轻型材料如浮石、膨胀水泥、特制泡沫塑料板等做蓄水层以利于排水，从而降低绿化屋顶的荷载。

2. 土壤厚度及蓄水能力

屋顶绿化土壤一般要求30～40厘米厚，根据栽培植物的大小，土壤局部厚度可设计成50～100厘米。种植池中应选用保水、保肥、排水性能好的壤土，或用人工配制的轻型土壤，使上下排水流畅，不能积水。

屋顶种植土壤的重量，在建筑设计中就要考虑到。被绿化的屋顶活荷载应在200～250千克/平方米，人群活动密集的屋顶应在250～350千克/平方米，低于这个活荷载量是不能进行屋顶绿化的。在铺放人工合成种植土壤的下面还应考虑铺一个过滤层，过滤层的作用是蓄积部分水并让过多的水分排走。所以，过滤层既要有较高的吸水作用，又要易于排水。通常用珍珠岩、蛭石铺成厚20厘米的土层。

水一般采用自来水喷灌，也可以使水蓄在过滤层保持一段时间不浇水。可以在过滤层内安排排水管道直通屋顶下水道或屋顶排水沟。

对屋顶面应进行处理，在屋面上再铺一层防水材料或铺放一层塑料地毯，在防水材料上铺放一层约

3～5厘米煤渣砖或泡沫板，起到阻挡植物根系伸到屋面。

3. 屋顶绿化植物的选择

屋顶绿化因受土壤厚度的限制，又因高层屋顶而易遭风袭，因此应选择姿态优美、矮小、浅根、抗风能力强的花灌木、球根花卉和草坪、藤本等，以低矮植物为主，乔木较少。

二、屋顶绿化方式

要根据屋顶的活荷载、载重墙的位置、人流量、周边环境、用途等，确立采用哪种绿化方式最适合。

1. 棚架式

在载重墙上种植藤本植物，如葡萄、猕猴桃等在屋顶做成简易棚架，高度2米左右，藤本植物可沿棚架生长，最后覆盖全部棚架。棚架式绿化的种植土壤可集中在载重墙处，棚架和植物载荷较小，还可以把藤引伸到屋顶以外的空间。为减轻屋顶荷载，可以把棚架立柱都安放在载重墙上。同时也便于屋顶绿化。

2. 地毯式

在全部屋顶或屋顶的绝大部分，种植各类地被植物或小灌木，形成一层“绿化地毯”。

地被植物等种植土壤厚度在20～30厘米即可正常生长发育，因此，对屋顶所加载荷较小，一般屋顶结构均可承受。这种绿化形式的绿化覆盖率高，而且生态效益好，特别在高层建筑前低矮裙房屋顶上，采用地毯式的绿化效果更佳。若采用图案化的地被植物覆盖屋顶，效果更好。

3. 自由式种植

采用有变化的自由式种植地被花卉灌木，自由式种植一般种植面积较大，植物种植从草本至小乔木，种植土壤厚度在20～100厘米。采用立体的手法，产生层次丰富、色彩斑斓的效果。

4. 庭院式

就是把地面的庭院绿化建在屋顶上，除种植各种植物外，还要建亭、台、浅水池、假山、园林小品、园路等，使屋顶空间变化多，有山、有水的绿地环境。这种方式适用于在较大的屋顶面积上，一般建在高级宾馆、旅游楼房等商业性用房上。

5. 自由摆放

主要用盆栽植物自由地摆放在屋顶上，达到绿化的目的。此种方式灵活多变。

三、屋顶绿化施工

在屋顶上面进行绿化，要严格按照设计的植物种类、规格和对栽培基质的要求而施工。施工前，要了解屋顶的承重量，合理建造花池和给排水系统。土壤的深度根据树木种类及大小确定。种植池中的土壤要选用肥沃、排水性能好的壤土。

1. 屋顶绿化种值

必须在建筑物荷载允许范围内进行，并应符合下列规定。

（1）应具有良好的排灌、防水系统，不得导致建筑物漏水或渗水。

（2）应采用轻质栽培基质，冬季应有防冻措施。

（3）绿化种植材料应选择适应性强、耐旱、耐贫瘠、喜光、抗风、不易倒伏的植物。一般选择姿态优美、矮小、浅根花灌木和球根花卉。

（4）种植植物的容器宜选用轻型塑料制品。

2. 屋顶绿化施工

（1）在紧贴屋面顶应垫一层3～7厘米厚度的排水层，排水层一般用透水的粗颗粒材料如炉炭渣、蛭石、粗沙等平铺而成，并在其上面还要铺一层玻璃纤维布或塑料窗纱纱网，作为滤水层。滤水层上，就可填入栽培基质。栽培基质，一般多采用人工配制，用壤土1份、多孔页岩沙土1份和腐殖土1份的混合土，也可用腐熟过的锯末或蛭石等。

（2）要施用足够的有机肥作为基肥，必要时也可追肥，草坪应每年覆1～2次肥土，肥土是用壤土

l份和腐殖土1份混合晒干后打碎，均匀地撒在草坪上。

(3) 给水的方式分为土下给水和土上表面给水两种，一般草坪和较矮的花草可用土下管道给水，利用水位调节装置把水面控制在一定位置，利用毛细管原理保证花草水分的需要；土上给水可用人工喷浇，也可用自动喷水器，平时注意土中含水量，依土壤湿度的大小决定给水的多少。要特别注意土下排水必须流畅，绝不能在土下局部积水，以免植物受涝。

第三节 工矿企业森林绿地建设

一、工矿企业森林绿地建设意义

工厂生态环境的好坏直接影响整个城市的生态环境。绝大多数的城市都有工厂存在，有的工厂在生产产品的同时也在产生各种污染。也就是经常说的工业三废——废水、废气、废渣。在进行工厂森林绿化设计时，首要的原则就是防治污染，让绿地植被起到滤尘、隔音、净化空气、减少污染，恢复自然环境，保护生态平衡的作用，然后是改善环境景观。

(一) 工厂绿地的生态效益

工厂绿地的生态效益主要体现在净化生态环境的作用上，并有利于人体生理和心理的健康。

(1) 净化空气。工厂产生的废气中多含 H_2S、CO、SO_2、氮氧化物等有害气体。有些植物对这些气体有明显的吸收、同化功能。

(2) 改善小气候。工厂在消耗能源的时候，也在释放热量。工厂绿化可以使工厂的小气候得到改善，炎热夏天，森林降低气温，提高空气相对湿度，给人以凉爽舒适；寒冬，树木提高气温，减低风速。春秋缓和气温及相对温度的日变化。

(3) 改良土壤。保持水土森林植物的枯枝落叶可提高土壤有机质含量，促进土壤熟化，吸收土壤中有害物质，净化水源。如果该工厂是坐落在坡地上，森林植物还能起到很好的保持水土的作用。

(4) 维护生物多样性。森林绿地有利于动植物的生存和繁衍。林荫下，耐阴植物适于生长，可为一些食草动物提供生存的空间，昆虫、浆果和草籽等为鸟类提供了丰富的食物，从而招来鸟类栖息。

(5) 释放空气负离子和杀菌作用。许多植物具有滞尘杀菌作用，杀死空气中白喉、肺结核、伤寒等病原菌。

(6) 减弱和消除噪声。工厂中，机器运转产生噪声，植物材料通过隔声、吸声可以减弱和消除噪声。

(二) 工厂绿地的景观效益

工厂绿地在发挥生态效益的同时，也发挥景观效益。它通过景观的改变，达到改善人体心理机能和精神状态，从而服务于人类。绿化为职工提供户外休息娱乐的场地，还可以在外观上美化工厂厂房，使枯燥的工业厂房与周围环境相协调，通过绿色空间这一自然纽带把工厂各功能区联系成统一的整体，使工厂环境美观、舒适、怡人。

(三) 工厂绿地的经济效益

工厂绿地所发挥的经济效益是经过间接的渠道实现的，绿化美化的环境不仅有利于劳动者的身心健康，而且能直接提高工厂企业的生产效益。据国外有关资料介绍，凡绿化好、环境优美的场所，劳动效率可提高15%～35%，工伤事故可减少40%～50%。此外，良好的环境还会树立良好的社会形象，提高企业信誉和知名度，增强职工自信心和荣誉感，增加企业凝聚力。

二、基础资料调查分析

(一) 所需的基础资料

(1) 工厂近远期发展规划及规划图纸。

(2) 工厂现状平面图及当前发展状况资料。

(3) 当地多年积累的气象、水文资料。

(二) 实况调查分析

(1) 地貌、地质及土壤情况的分析评定。

(2) 地下水位测定。

(3) 植被现状调查。

(4) 景观资源与风景状况的分析评定。

(5) 限制森林植被营建因素的调查分析。

(6) 污染物及污染源的调查分析。

(7) 空气中污染物定性、定量的分析测定，包括有害气体成分、粉尘等。

(8) 噪声状况评定。

(9) 工厂人员总数、工种构成。

(10) 当地风土人情或职业习惯。

(11) 职工业余活动。

(12) 职工对环境、景观的特殊要求以及对森林植被理念的调查。

详细的基础资料和实况调查分析是设计的基础。这对于工厂绿化尤其重要，工厂绿化与其他地方常有所不同，有时常因考虑不周或考虑错误而导致失败。

三、工厂企业森林绿地植被营建的困难

(1) 一些工厂（特别是一些老厂）由于位于市中心，土地资源紧张，基本上无森林植被营建的空间，即使有些空地适用于绿化的，又通常作为工厂的备用地。

(2) 一些工厂由于经济效益不佳，甚至濒临倒闭，不愿意，也难以拿出一笔资金进行厂区森林植被的建设。厂区即使有空地适合于绿化，通常也将其出售以换取资金求得工厂的发展与生存。

(3) 由于生产设备的陈旧、处理“三废”设备的不足和缺失，导致工厂的废水、废气污染物浓度过大以至于植物难以生长。

(4) 人们对环境保护的意识、观念淡薄。

(5) 自来水、煤气、蒸汽等的管道多，对森林植物的营造、配置和造景带来诸多的不利因素。

四、森林绿地植物种类的选择

工厂往往由多个功能区组成。而各个功能区对森林植物营造和造景的目的和要求也有所不同，但就整体而言，在植物选择上不外乎从生态学角度考虑其防护性和适应性，从美学角度考虑其景观造景的需要。

防治污染是工厂生产区绿化的首要目的，根据污染成分，有针对性地选择相应的防治树种以及配置的方式和数量。种植绿色植物是减少环境污染，改善环境的重要措施。

但植物对污染的承受能力是有一定限度的。过度的污染将会影响植物的成活率，甚至导致死亡。因此，还需考虑植物对污染的承受程度和适应性。另外，根据植物生物学、生态学特性选择搭配植物，有利于形成相互促进的稳定群落。

美化工厂环境，营造植物景观，也是工厂绿化的主要目的之一。植物的选择，也因功能区的不同，而有所不同。如生产区一般绿地少，但整齐。为了体现这种整齐的美感，多选择树形规整的常绿树种。而办公区注重气派、壮观的景象，则宜采用一些色彩鲜明的植物。生活区则更需体现景观的丰富性，植物选择更偏重于植物形态、色彩方面的考虑。

五、森林绿地植被的营建

(一) 工厂绿化的总体规划

工厂在建厂之初的总体规划中应包含工厂森林绿地的总体规划。这事关企业今后的持续发展以及建

立一个良好的工厂环境的大事，实行环保，美化环境是今后企业能否生存的问题，当今许多企业的失败往往就在于没有认真地实行环境保护。实行环境保护除了使用环保设备外，加强森林植被的营建也是非常重要的举措之一。对森林绿地应做出近期和远期规划，为企业的的绿化提供保证，绿化成果才能得到巩固。

工厂企业绿地的总体规划是与工厂总体规划同时进行的。对绿化的面积要有一定的要求，要根据工矿企业的规模大小、位置和企业的类型的不同，作出绿地面积的规划，我国城建部门对绿化空间占地的比例即绿化的面积系数有明确的指标要求。

一般工厂分厂前区（办公区）、生产区、后勤仓库（材料场）等多个功能区域。各功能区的绿化要求各有不同。另外，往往在生产区与办公区或生活区之间设一防护带，用以隔离来自生产区的污染。

（二）工厂各功能区森林绿地营建

1. 生产区

生产区污染最严重，是工厂环境绿化的重点。车间周围绿地建设应以满足卫生防护的要求为主，能够达到遮阳、降温、减噪、隔热、滤尘、防风、防火等效果，并能够将污染在这一区域最大限度地被减弱，因此，对植物防治污染的功能要求较高。

工厂各车间因生产性质的不同而各具特点，对绿地功能的要求也不同。

（1）对环境有污染的车间周围绿化。一些工厂的车间往往排放出大量对人体有害的烟尘和粉尘，有的生产过程中产生大量的“三废”物质，如建材厂、化工厂、水泥厂、制药厂、电解厂等。首先要了解污染源及其污染的程度，针对性地选择抗性强、生长快的植物种类。在植物的配置上，靠近车间不宜稠密地栽植高大的树木，应种植一些小乔木、灌木以及铺设草坪等，以利于有害气体的扩散、稀释。与其他车间之间可与道路绿化建设结合设置隔离绿化带。

有严重污染车间周围的绿地建设一定要选好抗污染性强的植物种类进行绿化，如泡桐、圆柏、法桐、榆树、构树、石榴、大叶黄杨、臭椿、女贞、夹竹桃、白蜡等。

（2）高温车间周围绿地建设树种选择要符合防火要求，通常宜选择高大的阔叶乔木及色浓味香的花灌木，如银杏、海桐、冬青、火力楠、香樟等，不宜栽植针叶树和其他油脂较多的松、柏类植物。

（3）噪声强烈车间周围的绿化要选择枝叶繁茂、树冠长、分枝低的乔灌木，较为密集地栽植成障声带，栽植方式应以常绿、阔叶树木组成复合混交林带或枝叶密接的绿篱墙。

2. 厂前区

厂前区一般与生产区有一定距离，污染状况较轻，厂前区是一个工厂的门面。厂前区环境景观向人们展示的是这个企业的形象。因此，每个工厂都很重视厂前区的景观设计。

厂前区的景观设计，要求大气、富有时代气息，体现企业文化和精神风貌，同时还要满足一些功能的要求，如交通、停车、集会等。厂前区一般以植物造景为主体，装点其他一些硬质景观和设施，如雕塑小品、水池、喷泉、旗台、棚架等。厂前区植物造景一般采用形态优美、色泽鲜明，具有较高观赏价值的植物，如雪松、香樟、桂花、红枫、红檵木等，以及各种花灌木、时令花卉和草坪上种植形态好的乔木。使之形成具有开朗明快、绿树成荫、生机盎然、富有自然气息的环境。

3. 道路绿地

道路是厂区动脉，工厂企业的道路绿化既要保证厂区交通的通畅，又要满足工厂生产的需求。道路由于车辆来往频繁，灰尘和噪音的污染较重，因此工厂道路绿化要满足庇荫、防尘、降低噪音及美观等要求。路面较宽的道路，两旁应栽植树形较为高大的树种，树下还可种植一些较为耐阴的观赏灌木、花卉等。道路交叉处有条件的可设置花坛，在通往车间的道路如较窄，可种植绿篱等。

4. 工厂企业的卫生防护林带

工厂企业由于生产过程而引发的污染，是城市环境恶化的主要缘由之一。为了消除和减轻环境污染的压力，首先要改进生产的工艺流程，消除、减少并回收“三废”；再就是要根据工业企业的生产特点，选择抗污染植物种类进行合理配置，并营造防护林带。《工业企业设计卫生标准》中规定，凡产生有害物质的工业企业与住宅区之间应有一定的卫生防护间隔，在此范围进行绿化，营造防护林，使工厂企业排放的污染物得以稀释、过滤，以改善居住区的环境质量。所以，工厂企业的卫生防护林带是工业企业营造的重要组成部分。

防护林因污染物的性质不同，设计、营建的结构也不同，但不管怎样，首先必须尽可能选择常绿树种营建防护林，以便在冬季时也能起到良好的防护效果。防护林带通常可分为以下几种。

（1）紧密结构。这种结构的防护林在落叶前上、下层均较紧密，通常有大、小乔木及灌木等多种树种配植成林。外观上不透光，气流基本不能通过，而从树冠上越过，背风面形成明显静风区。由乔木灌木组成，透风系数 <0.1。这种结构的防护林，虽在背风面能够形成一个风速削弱强烈的区域，但风速的恢复也快。

（2）半通透结构。落叶前防护林带有一定透光孔隙且分布均匀，气流可部分通过林带下部，部分越过林带从树冠上面绕过。这类结构的防护林多由行数较少的乔木组成，灌木数量不是很多，透风系数为 0.3 ~0.5。

（3）通透结构。落叶前林带树冠部分多为紧密或疏透结构，树干部分有相当大的透光孔。气流遇到防护林后大部分从下部通过，另一部分从林冠上面越过。一般由一种乔木组成，无灌木，透风系数为 0.5 以上。

防护林一般以 4 ~6 行森林植被组成，具体采用什么结构的防护林带要视工厂所处位置的常年风向、风力所定。通常采用半通透式的防护林较好，因如采用紧密结构，带有大量污染物质的风在越过防护林带后，虽然风速有所下降，但污染物质不能被防护林带所过滤，通透结构因通风较好，且林下一般无灌木，对污染物质过滤、滞留的能力较差。当然，在有条件的工厂企业，可将几种类型的防护林带类型结合在一块进行配置。

5. 生活区

工厂生活区一般要与生产区有一定距离，甚至中间要有防护林带，而且必须处于工厂的上风处。工厂生活区的形式大体与居住小区相似，不同的是这里居住的是同一工厂的职工，他们有着更多的共性，强调体现工厂的企业文化。

6. 工厂小游园

工厂企业内因地制宜地开辟小游园，有利于职工工余休息、观赏，同时也是职工开展业余文化娱乐活动的良好场所。根据企业的实际情况结合地形适当利用植物进行配置。选择适宜的树木花草，运用生态美学的手法，使观赏花木、水池、假山以及林中小道等景观融为一体，形成不同于城市公园、街道、居住小区的景观格调。如用花墙、绿篱、绿廊、绿墙合理分隔空间，用曲径、花坛、山石等来丰富园景，形成可供职工游览、观赏、休憩的良好绿地小游园。

第四节　居住区森林绿地建设

居住区的绿化水平是体现城市现代化的一个重要标志。随着人们环境意识的提高，人们对城市绿化、环境保护、净化空气、调节气候、美化环境、保持生态平衡的要求也日益提高。城市居住区是为城市居民提供生活居住、从事社会活动的场所，一般占城市总用地的35%左右，是城市的有机组成部分。可以说居住区是组成城市的基础，居住区环境质量的优劣是影响城市环境的重要因素。居住区环境规划的好坏直接关系到居民的生活质量，更对整个城市的环境质量产生重大的影响。居住小区的森林绿地建设不仅要体现当代人的文明程度，更主要的是要有一定的超前意识，使之与现代化城市发展建设相适应，力求最大限度地满足人们对环境质量、环境景观的要求。

一、居民对环境功能的要求

居住区环境景观同居民的生活息息相关。人们对居住区环境绿化有着非常现实的功能要求，包括生态功能和美学功能两方面的要求。

（一）生态功能要求

工业革命产生了现代城市，而工业化的发展又给城市带来了水污染、土地污染、空气污染和噪声污染等严重的环境问题，使城市居民遭受到极大的危害。

1. 净化空气

空气清新、没有污染和异味是人们对居住环境的基本要求。众所周知绿色植物通过光合作用，能吸收对人体健康有害的二氧化碳，放出人类赖以生存的氧气。城市人均绿地需 10 米，才可达到平衡空气中二氧化碳和氧气的要求。空气中还含有二氧化硫、一氧化硫、一氧化碳、氮氧化物等有害物质，尤其在城市工矿区、厂房周围的居住区更是如此。因此充分利用森林绿地改善居住区的空气质量是居住区森林绿地建设的重要任务。

2. 改善小环境气候

在居住区绿化环境规划中，可因地制宜地保持其原有的植被、水体及自然的地形地貌，或适当增加人工水景的建造，利用水面及森林绿化植物水分的蒸腾，增加空气的相对湿度，同时吸收外部热量，从而降低夏季气温。

垂直于冬季主导风向密植乔木可起到抵挡北风侵入居住区，降低风速，相应提高气温的作用。

3. 创造庇荫环境

居住区道路、庭院、西晒住宅楼等均有遮阳要求。选择枝长叶大的树种作为行道树，选择落叶树种植种于庭院及活动区周围，夏季长满叶子可以遮阳；冬季落叶后，阳光可以直射入院，给人们营造一个夏季清凉、冬季温暖的活动空间。

东西向住宅楼西侧一般种植成排的高大乔木，可以遮阴纳凉，降低室内气温。

4. 隔声、防尘

在运动场周围，街道两侧，灌木和乔木搭配密植可以形成一道绿篱声障，一般情况下，绿化可以减弱噪声 20% 左右。

森林绿地绿化还可以阻挡风沙、吸附尘埃，大面积的绿化覆盖，特别是乔木和灌木，对防尘十分有效。

5. 杀菌、防病

许多植物分泌物有杀菌作用，如树脂、香胶等能杀死葡萄球菌，在房前屋后种植此类植物可以消灭空气中散布的各种细菌，防止疾病。

（二）生态美学功能要求

1. 丰富空间

对居住区绿地而言，宅间绿地和组团绿地是“点”，沿区间主要道路的绿化带是“线”，小区游园和居住区公园是“面”。“点”是基础，“面”是中心。

采用“点”“线”“面”结合的手法形成森林绿地系统，保持绿化空间的连续性，让人们随时随地生活、活动在绿化环境之中。利用绿篱分隔空间，利用草坪限定空间，利用不规则的树丛，活泼的水面、山石创造空间，有收有放，忽隐忽现，给人以丰富的空间层次感。

2. 美化环境

在居住区绿化中，运用森林植物的不同形状、颜色、结构和风格，配置一年四季色彩富有变化的各种乔木、灌木、花卉、草坪，给人以美的视觉享受。南宋诗人陆游所作的《初冬》诗云：“平生诗句领流光，绝爱初冬瓦上霜，枫叶欲残看愈好，梅花未动意先香”，描绘的正是植物景观随季候的变化。

常绿植物的配置，向人们四季展示绿的魅力。垂直绿化，既可弥补居住建筑物形体单一的缺陷，美化建筑立面，又可供人们观赏，也是居住区绿化景观规划常用的处理手法。

3. 充实生活情趣

居住区游园中往往是常绿树与落叶树搭配，乔灌花草结合，疏密有致，配以水面的衬托，亭、廊、桥的精心布置，迂回曲折的林荫小道，掩映隐约，供人们尽情地享受大自然的风光。可以消除疲劳、丰富生活、陶冶情操。

4. 提供活动空间

居住区绿地为人们提供在闲暇时间散步、下棋、聊天、体育锻炼的场所，同时为儿童提供游戏场地。

在绿地内根据功能需要设置一定的铺装地面、座椅、庭院灯、休息亭、沙坑以及儿童游戏设施，并在其周边种植生长快的针、阔叶常绿植物和阔叶落叶植物，来满足居民活动的要求。

二、居住区森林绿地规划设计

居住区绿化是在居住区用地上种植树木花草、设计地形、设计山水、安置小品建筑等，为居民创造安静、舒适和优美的生活环境。居住区绿地是居民主要的户外生活空间，居民日常生活接触最为广泛的绿地，其规划设计直接影响居民生活环境的质量，直接表现居住区的面貌和特色。

（一）居住区森林绿地的组成及其作用

美国芝加哥市制定的《第21社区1977—1980年改善计划》中将居住区绿地划分为4级：社区公园、邻里公园、游戏场和游戏点，并且规定了各自的规模、服务半径、服务人口和服务对象。

我国1994年制定的城市居住区规划设计规范中规定：居住区绿地，应包括公共绿地、宅旁绿地、配套公用建筑所属绿地和道路绿地等。而居住区内的公共绿地，应根据居住区不同的结构类型，设置相应的中心公共绿地，包括居住区公园（居住区级），小游园（小区级）和组团绿地（组团级），以及儿童游乐场和其他的块状、带状公共绿地等。

就其功能而言，人们往往把居住区绿地的主要作用归纳为三种：使用功能、生态功能和景观功能。使用功能是指具有可活动性，如游戏、运动、散步、健身、消闲等；生态功能是指具有生态平衡、气候调节、净化空气作用，如住宅区小气候的形成（包括降温、增湿、防风等）。环境污染的防范与空气质量的改善（如噪声减弱、滞尘吸尘、灭菌、吸收二氧化碳和释放氧气等）、水土保持、动植物生长与繁殖等；景观功能包括可观赏性与美化环境。

（二）居住区森林绿地规划设计

居住区森林绿地规划应与居住区总体规划紧密结合，要做到统一规划，合理组织布局，采用集中与分散，重点与一般相结合的原则，形成以中心公共森林绿化为核心，道路绿化为网络，庭院与空间绿化为基础，集点、线、面为一体的森林绿地系统。

1. 中心公共森林绿地规划设计

其功能同城市公园的功能不完全相同，因此，在规划设计上有与城市公园不同的特点。居住区公共森林绿地是最接近于居民生活环境的，主要适合于居民的休息、交往、娱乐等，有利于居民心理、生理的健康，不宜照搬或模仿城市公园的设计方法。

（1）居住区公园。主要供居民就近使用，面积大于1公顷，其位置要求适中，居民步行到达距离为800～1 000米，最好与居住区的公共建筑、社会服务设施结合布置，形成居住区的公共活动中心，以利于提高使用效率，节约用地。其功能要求为满足居民对游戏、休息、散步、运动、健身、游览等方面的需求。居住区公园以绿化为主，设置树木、草坪、花卉、林间小道、庭院灯、凉亭、花架、雕塑、凳、桌、儿童游戏设施、老年人和成年人休息场地、健身场地、多功能运动场地、小卖店、服务部等主要设施。并且宜保留和利用规划或改造范围内的地形、地貌及已有的树木和绿地。

（2）小区游园。小区游园较居住区公园更接近居民，面积大于0.4公顷为宜，其服务半径为：居民步行到达距离为300～500米，在设计分布有足够森林绿地面积的前提下，在树冠浓荫下、灌草花木前可设置一些较为简单的游憩、文体设施，如儿童游戏设施、健身场地、休息场地、小型多功能运动场地、铺装地面、庭院灯、凉亭、花架、凳、桌等，以满足小区居民游戏、休息、散步、运动、健身的需求。

小区游园的平面布置可采用3种形式。

①规则式布置：采用几何图形布置方式，有明确的轴线、园中道路、广场、绿地、建筑小品等组成有规律的几何图案。其特点是整齐、庄重，但形式较呆板，不够活泼。

②自由式布置：布置灵活，采用迂回曲折的道路，结合自然条件，如冲沟、池塘、山岳、坡地等进行布置。其特点是自由、活泼、易创造出自然而别致的环境。

③混合式布置：规则式布置与自由式布置的结合，可根据地形或功能的特点，灵活布局。既能与周围建筑相协调，又能兼顾其空间艺术效果，可在整体上产生韵律感和节奏感。

（3）组团绿地。组团绿地是结合居住建筑组团布置的又一级公共绿地，是随着组团的布置方式和布局手法的变化，其大小、位置和形状均相应变化的绿地。其面积大于0.04公顷，服务半径为60～200米，主要供居住组团内居民（特别是老年人和儿童）游戏、休息之用。其布置形式较为灵活，富于变化，可布置为开敞式、半开敞式和封闭式等。规划时应注意根据不同使用要求分区布置，避免相互干扰。组团绿地不宜建造许多园林小品，应以花草树木为主，其主要规划设施要求有儿童游戏设施，树木花草、铺装地面、庭院灯、凳、桌等。

组团绿地的设置应满足有不少于1/3的绿地面积在标准的建筑日照阴影线之外的要求，方便居民使用。块状及带状公共绿地应同时满足宽度不小于8米，面积不小于400平方米及相应的日照环境要求。

组团绿地是居民的半公共空间，组团绿化实际是宅间绿化的扩展或延伸，增加了居民室外活动的层次，也丰富了建筑所包围的空间环境，是一个有效利用土地和空间的办法，在其规划设计中可采用以下几种布置形式。

①院落式组团绿化：由周边住宅围合而成的楼与楼之间的庭院绿地集中组成，有一定的封闭感，在同等建筑的密度下可获得较大的绿地面积。

②住宅山墙间绿化：指行列式住区加大住宅山墙间的距离，开辟为组团绿地，为居民提供一块阳光充足的半公共空间。既可打破行列式布置住宅建筑的空间单调感，又可以与房前屋后的绿地空间相互渗透，丰富绿化空间层次。

③扩大住宅间距的绿化：指扩大行列式住宅间距，达到原住宅所需的间距的1.5～2.0倍，开辟组团绿化。可避开住宅阴影对绿化的影响，提高绿地的综合效益。

④住宅组团成块绿化：指利用组团入口处或组团内不规则的不宜建造住宅的场地布置绿化。在入口处利用绿地景观设置加强组团的可识别性，不规则空地的利用，可以避免消极空间的出现。

⑤两组团间的绿化：因组团用地有限，利用两个组团之间规划绿地，既有利于组团间的友好交流，又可以争取到较大的绿地面积，有利于布置活动设施和场地。

⑥临街组团绿化：在临街住宅组团的绿地规划中，可将绿地布置临街，既可以为居民使用，又可以向市民开放，成为城市空间的组成部分。临街绿地还可以起到隔音、降尘、滞尘、美化街景的积极作用。

2. 宅旁庭院森林绿地的规划设计

宅旁森林绿地是居住区绿地中的重要组成部分，属于居住建筑用地的一部分。它包括宅前、宅后、住宅之间及建筑本身的绿化用地。其面积不计入公共绿地指标中，宅旁绿化面积比小区公共绿地面积指标大2～3倍，人均绿地面积可达4～6平方米。

据调查结果表明，同居民关系最密切，使用最频繁的室外空间是宅旁绿地。宅旁绿地之所以为居民喜爱有以下几个原因：一是宅旁绿地是居民每天必经之处，使用十分方便；二是作为空间领域，宅旁绿地属于“半私有”性质，即属于相邻的住宅居民所有，从而激发了居民的领域心理，引起他们的喜爱和爱护；三是宅旁绿地在居民日常生活的视野之内，最便于邻里交往；四是学龄前儿童一下楼就可以同邻居孩子在这里玩耍，大人能从住宅楼上看到他们，也比较放心。在宅旁绿地规划设计中要遵循以下原则。

（1）以绿化为主绿地率要求达到95%左右，树木花草具有较强的季节性，一年四季，不同植物有不同的季相，使宅旁绿化具有浓厚的时空特点。

根据居民的文化品味与生活习惯又可将宅旁绿地类型分为几种类型。

①以乔木为主的庭院绿化。

②以观赏型植物为主的庭院绿化。

③以瓜果园艺型为主的庭院绿化。

④以绿篱、花坛界定空间为主的庭院绿化。

⑤以竖向空间植物搭配为主的庭院绿化。

（2）活动场地的宅旁布置是儿童，特别是学龄前儿童最喜欢玩耍的地方，在绿地规划设计中必须在宅旁适当地做些铺装地面，在绿地中设置最简单的游戏场地（如沙坑等），适合儿童在此游玩。同时还应布置一些桌椅，设计高大的乔木或花架以供老年人户外休闲所用。

(3) 森林植物景观的设计。宅旁绿地设计要注意庭院的尺度感，根据庭院的大小、高度、色彩、建筑风格的不同，选择适合的树种进行绿化，选择形态优美的植物来打破住宅建筑的僵硬感；选择图案新颖的铺装地面活跃庭院空间；选用一些铺地植物来遮盖地下管线的检查口；以富有个性特征的绿化景观作为组团标识等，创造出美观、舒适的宅旁绿地空间。

(4) 住宅建筑的绿化。住宅建筑的绿化设置应该是多层次的立体空间绿化，应注重建筑与庭院入口处的绿化处理，建筑物窗台、阳台以及屋顶花园的处理，建筑物墙基及墙面的绿化处理等。

总之，居住区宅旁庭院绿化是居住区绿化中最具个性的绿化，居住区公共绿地要求统一规划、统一管理，而居住区宅旁绿地则可以由住户自己管理，不必强行推行一种模式。居民可根据对不同植物的喜好，种植各类植物，以促进居民对绿地的关心和爱护，提高他们栽花种草的积极性，使其成为宅旁庭院绿化的真正“主人”。

3. 专用绿地和道路绿地规划设计

(1) 专用绿地。专用绿地即居住区配套公共设施建筑所属绿地，作为居住区绿化的组成部分也同样具有改善小气候、美化环境、丰富居民生活等作用。其绿地规划布置首先要满足其本身的功能要求，同时还应结合周围环境的要求。

幼儿园应设置可供儿童游戏的绿地及游戏设施；学校除设置体育运动场地外还应规划植物标本园、气象观测站、实习苗圃；居住区医院、中老年活动中心均应设置适合于居民休息、风景优美的活动空间等。而这些专用绿地在规划设计时还应充分考虑其与周围住宅等其他设施的关系，如处理好空间的分隔、阻隔噪声、净化空气、美化环境、创造良好的生态景观等。

(2) 道路绿地。道路绿地对居住区的通风、防风、调节气温、减少交通噪声、遮阳降尘以及美化街景等有良好的作用。作为“点”“线”“面”绿化系统的“线”，它还起着引导人流，疏导空间的作用。

居住区道路绿化的布置要根据道路的断面组成、走向和管线铺设的情况综合考虑。居住区道路是居住区的主要交通通道，在绿化设计时其行道树带宽一般不小于1.5米，主干高度不低于2米，要考虑到为行人遮阴且不影响车辆的通行和视线的通畅。在道路交叉口的视距三角形内，不应栽植高大乔木、灌木，以免妨碍驾驶员的视线。道路和居住建筑间还可以利用绿化防尘和减弱噪声。

居住区主路两侧的行道树要体现居住区的特色，不宜选用与城市道路相同的树种。种植设计要灵活自然并与两侧的建筑物相结合，疏密有致、高低错落、富于变化。

道路绿化是建筑与道路间的缓冲带，通过植物的季相搭配可以增强居民对时间变迁的印象，使街道空间更具有自然气息。

三、居住区森林绿地植物配置

居住区森林绿地植物的配置直接影响到居住区的环境质量和景观效果。在进行植物品种的选择时必须结合居住区的具体情况，尽可能地发挥不同品种植物对生态、景观和使用三个方面的综合效用。

(一) 选择具有生态效益的植物

从生态方面考虑，植物的选择与配置应该对人体健康无害，有助于生态环境的改善并对动植物生存和繁殖有利。这就要求了解植物有关方面的性能。

(1) 选用具有改善环境功能的树种，即能防风、降噪、抗污染、吸收有毒物质、防火的树木。如女贞、樱花、大叶黄杨、石榴（吸收有毒物质）；榆、朴、广玉兰、木槿（阻挡烟尘）；侧柏、合欢、紫薇（含抗菌素）；龙柏、梧桐、垂柳、云杉、海桐（降噪）；苏铁、银杏、棕榈、榕树（防火）等。另外还可选用易于管理的果树。

(2) 根据居住卫生要求，选择无飞絮、无毒、无刺激性和无污染物的树种。尤其在儿童游戏场的周围，忌用带刺和有毒的树种，如夹竹桃的毒汁，花椒、玫瑰、黄刺玫的刺，杨、柳的飞絮。

(3) 适当选用耐阴树种。由于居住区建筑往往占据光照条件好的位置，绿地受阻挡而处于阴影之中，应选用能耐阴的树种，如女贞、垂丝海棠、金银木、枸骨、八角金盘等。

(4) 竖向空间绿化的配置，可使绿地覆盖率达到最高，以乔、灌、草、藤相结合的植物配置可增强绿化效果、改善生态环境的综合实力。

(5) 常绿乔灌木的适当选用，使居住区内四季空气清新，同时起到降噪防尘的作用。植物的品种多样性有利于动植物的生态平衡。

(6) 在坡地之处，选择根系较为发达的森林植物，以利吸收分解土壤中的有害物质，起到净化土壤和保持水土的作用。

(二) 景观植物配置原则

从景观方面考虑，植物的选择与配置应该有利于居住环境尽快形成面貌，即所谓“先绿后园”的观点。选用易于生长、易于管理、耐旱、较为耐阴的乡土树种。应该考虑各个季节、各类区域或各类空间的不同景观效果，以利于塑造居住区的整体形象特征。

1. 确定基调树种

主要用作行道树和庭荫的乔木树种的确定要基调统一，在统一中求变化，以适合不同绿地的需求。例如，在道路绿化时，主干道以落叶乔木为主，选用花灌木、常绿树为陪衬，在交叉口、道路边配置花坛。

2. 以绿色为主色调

绿地植物应以绿色为主，但适量配置各类观花观叶植物，以起到“画龙点睛”之妙。例如，在居住区入口处和公共活动中心，种植体形优美、色彩鲜艳、季节变化强的乔灌木或少量花卉植物，可以增加居住区的可识别性。

3. 乔、灌、草、花结合

常绿与落叶、速生和慢生相结合；乔灌木、地被、草皮相结合；孤植、丛植、群植相结合。构成多层次的复合结构，使居住区的绿化疏密有致，四季有景，丰富了居住环境，获得好的景观效果。

4. 尽可能地保存原有树木及古树名木

古树名木是活文物，可以增添小区的人文景观，使居住环境更富有特色。将原有树木保存可使居住区较快达到绿化效果，还可以节省绿化费用。

5. 选用与地形相结合的植物种类

如坡地上的地被植物；水景中的荷花，浮萍，池塘边的垂柳；小径旁的桃树、李树等，创造一种极富感染力的自然美景。

(三) 根据使用功能配置植物

从使用方面考虑，植物的选择与配置应该给居民提供休息、遮阴和地面活动等多方面的条件。

1. 构成空间

植物是软质景观，与硬质景观有同样的功能，可以构成和组织空间，给人以空间感。低矮的灌木和地被植物形成开敞的空间；树冠下的地面构成平面覆盖的空间；地被植物和草坪暗示虚空间的边缘；绿篱与铺地围合形成中心空间；高而直的植物构成开敞向上的空间；另外植物还可以将建筑构成的主空间分隔成一系列的次空间，创造丰富的空间层次。

2. 遮阳和其他功能

行道树及庭院休息活动区，宜选用遮阳力强的落叶乔木，成排的乔木可遮挡住宅西晒；儿童游戏场和青少年活动场地忌用有毒或带刺的植物；而体育运动场地则避免采用大量扬花、落果、落叶的树木。

3. 植物配置位置

要考虑种植的位置与建筑、地下管线等设施的距离，避免有碍植物的生长和管线的使用与维修。

第五节 城市街道绿地建设

城市道路是一个城市的骨架，密布整个城市形成一个完整的道路网。城市道路绿化是城市道路的重要组成部分，在城市绿化覆盖率中占较大比例，也是城市景观风貌的重要体现。对于调节街道附近地区的温度、湿度、减低风速、净化空气都有良好的作用，在一定程度上可以改善街道的小气候。它以“线”的形式广泛地分布于全市，联系着城市中分散的“点”和“面”的绿地，组成完整的城市森林绿地系统，在多方面产生积极的作用。

一、城市街道绿地规划设计原则

根据中华人民共和国行业标准《城市道路绿化规划与设计规范》（CJJ 75—97），城市道路绿化规划与设计的基本原则。

（1）城市道路绿化主要功能是庇荫、滤尘、减弱噪声、改善道路沿线的环境质量和美化城市。以乔木为主，乔木、灌木、地被植物相结合的道路绿化，防护效果最佳，地面覆盖最好，景观层次丰富，能更好地发挥其功能作用。

（2）为保证道路行车安全，对道路绿化的要求如下。

①行车视线要求：其一，在道路交叉口视距三角形范围内和弯道内侧的规定范围内种植的树木不影响驾驶员的视线通透，保证行车视距；其二，在弯道外侧的树木沿边缘整齐连续栽植，预告道路线形变化，诱导驾驶员行车视线。

②行车净空要求：道路设计规定在各种道路的一定宽度和高度范围内为车辆运行的空间，树木不能进入该空间。

③统一规划：合理安排道路绿化与交通、市政等设施的空间位置，使各得其所，减少矛盾。

④适地适树：绿化要根据本地区气候、栽植地的小气候和地下环境条件选择适于在该地生长的树木，以利树木的正常生长发育，抗御自然灾害，保持稳定的绿化成果。道路绿化为了使有限的绿地发挥最大的生态效益，进行人工植物群落配置，形成多层次植物景观，在配置过程中要符合植物种间关系以及生态习性要求。

⑤道路绿化规划设计要有长远观点，又要重视近期效果，要求道路绿化远近期结合，互不影响。

二、城市街道绿地设计

街道绿化是指建筑红线之间的绿化。包括人行道绿化带、防护绿带、基础绿带、分车绿带、广场和公共建筑前的绿化设施、街头休息绿地、停车场绿地、立体交叉绿地以及高速公路、滨河路、花园林荫路绿地等多种形式。

在较好的绿化条件下，应选择观赏价值高的植物，合理配植，以反映城市的绿化特点与绿化水平。主干路贯穿于整个城市，应形成一种整体的景观基调。主干路绿地率较高，绿带较多，植物配置要考虑空间层次、色彩搭配，体现城市道路绿化特色。

（一）街道绿化植物选择原则

市区内街道的环境条件都比较差，路面辐射温度较高，空气干燥，交通车辆排放废气，土壤坚实，建筑残土较多。加上空中、地下管线比较复杂等不利因素，因此树种选择更为严格。要选择适应道路环境条件、生长稳定、观赏价值高和环境效益好的植物种类。

（1）适地适树，多采用乡土树种，移植时易成活，生长迅速而健壮的树种。

（2）要求管理粗放、病虫害少、抗性强、抗污染。

（3）树干要挺拔、树形端正、体形优美、树冠冠幅大、枝叶茂密、分枝点高、遮阴效果好的树种。

（4）要求树种发芽早、展叶早、落叶晚、落叶期整齐的树种。

（5）要求树种为深根性，无刺、无毒、无臭味、落果少、无飞絮、无飞粉、少根蘖的树种。

（6）花灌木应该选择花繁叶茂、花期长、生长健壮和便于管理的树种。

（7）绿篱植物和观叶灌木应选用萌芽力强、枝繁叶密、耐修剪的树种。

（8）地被植物应选择茎叶茂密、生长势强、病虫害少的木本或草本观叶、观花植物。其中草坪地被植物应选择萌蘖力强、覆盖率高、耐修剪和绿期长的种类。

（二）街道树种配置要点

使街道净化，并反映出生态美的艺术水平。

（1）阳性树和较耐阴树种相结合，上层林冠要栽阳性喜光树种，下层林冠可栽庇荫树种。下层的花灌木，应选择下部侧枝生长茂盛，叶色浓绿，质密较耐阴的树种。

（2）街道绿带多行栽植时，最好是针叶树和阔叶树相结合，常绿树和落叶树相结合。

（3）要考虑各树木生长过程，各个时期，种间、株间生长发育不同，合理搭配，使其达到好的效果。

（4）对各树木的观赏特性，采用不同结构配置或优美构图，组成丰富多彩的观赏效果。

（5）根据所处的环境条件，选择相应的滞尘、吸毒、消音强的树种，提高净化效果。

（三）行道树的种植方式

（1）树带式在人行道和车行道之间留出1条不加铺装的种植带，为树带式种植形式。一般种植乔木的分车带宽度不得小于1.5米；主干路上的分车绿带宽度不宜小于2.5米；行道树绿带宽度不得小于1.5米；可植1行乔木和绿篱或视不同宽度可多行乔木和绿篱结合。一般在交通、人流不大的情况下，采用这种种植方式，有利于树木生长。在种植带树木下铺设草皮，以免裸露的土地影响路面的清洁。同时在适当的距离要留出铺装过道，以便人流通行或汽车停留。种植带的宽度视具体情况而定。

（2）树池式在交通量比较大，行人多而人行道又狭窄的街道上，宜采用树池的方式。一般树池以正方形为好，大小以1.5米×1.5米为较合适。另外也可用长方形以1.2米×2米为宜，还有圆形树池，其直径不小于1.5米。行道树栽植于几何形的中心。为了防止树池土壤被行人踏实，影响水分渗透、空气流通，树池边缘应高出人行道8~10厘米，如果树池稍低于路面，在树池上面加有透空的池盖，池盖可用木条、金属或钢筋混凝土制成，可由两扇合成，以便松土和清除杂物时取出。

（3）行道树的定干高度，应根据其功能要求，交通状况、道路的性质、宽度及行道树距车行道的距离而定。分枝高度较小者，也不能小于2米，否则影响交通。

（4）行道树的株距。是以株与株之间或行与行之间互相不影响树木正常生长为原则。一般采用5米为宜。一些高大乔木可采用6~8米株距，以成年树冠郁闭效果好为准。

（四）交通岛绿地

交通岛绿地分为中心岛绿地、导向岛绿地和立体交叉绿岛。

交通岛起到引导行车方向、渠化交通的作用，交通岛绿化应结合这一功能。交通岛周边的植物配置宜增强导向作用，可以强化交通岛外缘的线形，有利于诱导驾驶员的行车视线，特别在雪天、雾天、雨天可弥补交通标线、标志的不足。沿交通岛内侧道路绕行的车辆，在其行车视距范围内，驾驶员视线会穿过交通岛边缘。因此，交通岛边缘应采用通透式栽植。当车辆从不同方向经过导向岛后，会发生顺行交织。

（1）中心岛绿地位于交叉路口上可绿化的中心岛用地。中心岛外侧汇集了多处路口，尤其是在一些放射状道路的交叉口，可能汇集5个以上的路口。为了便于绕行车辆的驾驶员准确快速识别各路口。中心岛绿地应保持各路口之间的行车视线通透，布置成装饰绿地。因此中心岛上不宜过密种植乔木，在中心岛上可种花草、绿篱、低矮灌木或点缀一些常绿针叶树，要求树形整齐。同时也可以设置喷泉、雕塑等建筑小品。

（2）导向岛绿地。导向岛绿化应选用地被植物栽植，不遮挡驾驶员视线。在岛上种植草坪、花坛，只供装饰，行人不得入内。

（3）立体交叉绿岛。互通式立体交叉干道与匝道围合的绿化用地。立体交叉绿岛常有一定的坡度，绿化要解决绿岛的水土流失，需种植草坪等地被植物。草坪上可点缀树丛、孤植树和花灌木，以形成疏朗开阔的绿化效果。在开敞的绿化空间中，更能显示出树形自然形态，与道路绿化带形成不同的景观。桥下宜种植耐阴地被植物，墙面宜进行垂直绿化。

（五）分车带绿地

分车带绿地也称隔离带绿地，用来分离同向或对向的交通。起着分隔、组织交通和保障安全的作用。它包括快慢车道隔离带和中央隔离带。

快慢车道隔离带，一般为2.5~6.0米宽，根据交通安全的要求，许多国家严格规定快慢车道之间的植物高度不超过1米，且禁止列植成墙，以利驾驶员的视线通透。若要在这栽植乔木，则其主干分枝必须在2米以上，株距大于5米才安全。目前，隔离带的绿化植物多选用矮小的小乔木或花灌木，如圆柏、豆瓣黄杨、大叶黄杨、红叶李、紫薇、木芙蓉、茶花、棕榈等，目的在于减少视线障碍。

中央隔离带，一般很少栽植乔木，多采用地被植物，与低矮花灌木或花卉结合，片植成图案。

(六) 街头休闲绿地

街头休闲绿地，主要指那些面积相对较大，具有休闲功能的街头开放绿地，如著名的不足400米²的纽约佩利公园，也可称之为街头休闲绿地。它大体上包括城市广场绿地、滨水绿地、步行街绿地等。

(1) 城市广场绿地。城市广场从某种意义上来说，是道路空间的扩大或相对停滞状态。广场的功能相对道路要复杂得多，广场是行人形成城市印象的重要组成部分。广场景观应格外吸引注意力，植物造景是广场景观中一个重要的方面，它与广场的功能、性质联系更加紧密。

集散型广场，为满足集散功能，往往铺装面积大于绿地面积，如车站前广场、集会广场等，其中的植物造景力求简洁明了，壮观大气，注重大色块。

纪念性广场，一般带有很重的文化内涵，这种广场注重气氛的庄严，在景观上要求壮观、气派。植物造景上多以规则式出现，注重整体效果。

休闲性广场，规模上相对要小，主要侧重休憩、观光功能。这类广场更加强调观赏性、休闲性、趣味性，更多地以人的亲切感为尺度。在植物造景上讲究细部处理，形态、色彩的搭配。

(2) 滨水绿地。滨水绿地，一面滨水，一面临街。往往有得天独厚的景观资源，有宽敞的空间，开阔的视野，平坦的水面。人有天生的亲水性，滨水绿地是人们喜欢去的地方之一。如何巧妙利用这些有利的条件是建设滨水绿地造景的关键。滨水绿地的形式和内容多种多样，大小不定。如福州江滨大道的公园、绿地等，杭州西湖的滨湖公园、长沙湘江风光带、沈阳新开河带状公园等。

(3) 步行街。步行街往往地处城市繁华区，人流量大，所以车辆禁止通行，或定时停止通行。由于步行街的特殊功能购物、旅游、观光、休闲等，对其景观上的要求也特别高。步行街中的绿化往往由于受步行空间的限制，而比较零散，大多以花坛、花池、棚架等形式出现，所以步行街的植物造景都与相应的景观设施相配合，如：花池、坐凳、灯具、路牌、花架、水体等，植物景观更加注重其细部趣味。

(七) 防护绿地

防护绿地以其防护功能为主，兼顾观赏功能。通常是成片的绿地，分布于道路的两侧或居民区的附近地带，如北京通往飞机场道路两侧的林带。防护绿地大多采用树林形式，交通干道两侧防护绿地对景观的要求相对较低，而对生态功能的要求较高。往往采用乔、灌、草相结合的方式进行设计，形成层次，从而起到良好的防护效果。

(八) 高速公路绿地

近些年，我国的高速公路发展相当快，对高速公路的要求也日益提高，其中不仅有工程质量的要求，还有景观方面的要求。高速公路的景观设计越来越受到人们的关注。良好的高速公路景观可以减轻驾驶员的疲劳，使乘客旅途轻松愉快。国外早在20世纪50年代就已把高速公路的规划设计提到了大地景观的高度，这很值得我们借鉴。

高速公路景观设计包括许多方面，如道路形式选择、路线选择、硬质景观以及道路绿化。

高速公路不同于一般公路，这种不同主要是由于速度引起的。由于速度对观景的影响，高速公路的绿化设计一般强调简洁明了、大气美观，也有采用自然的方法。另外，还要满足工程技术（封闭作用，防止边坡水土流失）和交通安全的要求。

(1) 中央隔离带绿化。中央隔离带两边有80厘米高的浅灰色弓形钢防护栅板，绿化设计要在这之间形成一条比栅板高的绿带。在绿篱中每隔10米栽一株（或一丛）比绿篱要高的花灌木或小乔木。但不能选用冠幅太大的树种，以免影响交通。中央隔离带绿化可以减弱路面色彩的单调感，减轻驾驶员长时间注视路面引起的疲劳。修剪整齐的绿篱与平坦的路面相协调。等距离种植的花灌木给人以强烈的节奏感。

（2）边坡绿化。边坡绿化是高速公路绿化中最主要的部分。它包括路肩、挖方边坡和填方边坡上的绿化。

首先是路肩上绿化树种的选择与栽植。高速公路是封闭式管理，不像普通公路那样需为行人提供绿荫。但并不是说，高速公路就不需要行道树，只是有些不同的处理而已。在树种选择上，多选用一些低矮成球状的树种，它的好处是不遮挡视线。其实在一些地段也可采用乔木。如在一些空旷地带的笔直路段，驾驶员很容易对速度产生错觉（由于直而放松注意力，又由于空旷且近处少参照物，会觉得车速并不快，而导致超速）而造成某些事故。如果在两旁栽植树木（可以不等距离栽植），则加强速度感。另外，在一些路旁景物不好的地段可以通过种植乔木进行遮挡。亦可以采用欲扬先抑的手法对一些美丽的景色加以强化。当然，如果两边景色很好，则应以完全敞开为妙。

高速公路景观不应仅仅只针对驾驶员和乘客而言，还应考虑生活在公路旁的居民。高速公路给周边居民带来了许多不良的影响，如噪音、污染、景观破坏等。特别是在修筑的时候，往往对当地的自然地形、地貌、植被有很大的破坏，这直接体现在边坡上。可以把对边坡的景观处理称之为高速公路的景观恢复（其中包括绿化和一些工程技术处理）。对边坡的处理有两种形式：一种是装饰性处理，利用植物材料和一些硬质材料在边坡绿化的同时，进行图案美化，车如行驶在一画廊之中；另一种是自然化处理，这在修筑公路时就可对边坡进行修整，使边坡与自然地形衔接，尽量不破坏自然地形、地貌和植被，在进行绿化的时候，多采用本土植物自然式种植，以便使它恢复成与周边一样的植被。

边坡绿化不但要考虑美化功能，还要考虑吸尘、隔音、净化有害气体和防止雨水冲刷坡面，保护边坡、路基的功能。

（3）互通及立交桥绿地。在高速公路交叉口或出入口都有互通。每当车行驶到一互通时，不管是驾驶员还是乘客的心里都会有一种轻微的兴奋感（这是由突变规律所引发的）。因此，互通成为高速公路上最为引人观注的景观。

互通的样式一般都大同小异，都会形成一些圆滑优美的弧线，汽车沿弧线运行时，会从多个角度观看互通绿地景观，并且是一个连续变化的过程，这一点要求在设计互通绿地景观时要注意：①满足动态观景要求；②满足从不同角度观景的要求。另外，汽车进入互通时，视线要求通透，以保证交通安全。

互通绿地景观要避免雷同，要求体现个性、地域性、以及连续性。比如，把某一段高速公路比成一个故事，那么每一个互通则可比成这个故事的一个个小标题，它们不是孤立的，而由这个故事串联起来的，这就有了连续性，也避免了重复。体现地域性则可与当地人文或自然特征联系起来进行造景。

城市立交桥绿化与高速公路互通大致相似，不同的是桥体对景观和植物生长的影响。立交桥已成为现代城市中一道亮丽的景观，一条条流畅的曲线，相互交错，给人以强烈的动感和美感。立交桥绿地景观就是要使这一感受更加鲜明。立交桥形成的阴影对桥下植物的生长产生了一些负面影响，但在进行植物选择时，可以选择一些耐阴、适应性强的植物，如一叶兰、紫鸭跖草、胡颓子、麦冬、蜘蛛兰等。对立交桥桥体的垂直绿化也是立交桥绿化要完成的。

第六节　综合性公园绿地建设

公园是供公众游览休息的场所。综合性公园是把广泛的社会活动、科学技术的普及、文化教育以及群众的休息娱乐融为一体的、新型的群众性活动场所。城市的综合性公园是现代化城市建设的重要组成部分，也是城市森林绿化系统中的有机组成部分，对改善城市的生态环境、美化城市面貌、丰富人民文化生活、陶冶大众情操以及对人们休息、保健等都起着重要的作用。世界各国通常采用城市拥有的公园数量、面积、人均占有的公园面积以及公园面积与城市用地面积之比等，来反映城市公园绿化的水平与现状，也作为衡量城市现代化建设的一个标志。

一、综合性公园的内容和规模

综合性公园的建设，必须以创造优美的绿色自然环境为基本任务，要充分利用有利地形、河流、湖泊、水系等天然有利条件，同时还要充分地满足保护环境、文化休息、游览活动和生态艺术等各方面功能的要求。

在一个城市中设立综合性公园的数量，要根据城市的规模而定，一般情况在大、中城市可设置几个为全市服务的市级综合性公园和若干个区级公园，而在小城市或城镇，只需设置一个综合性公园。不论是市级的或区级的综合性公园，都是为群众提供服务的综合性公共绿地，只是在公园的内容和园内的设施有所不同。

综合性公园的内容，应该包括多种文化娱乐设施、儿童游戏场和安静休息区，也可设立小型游戏型的体育设施。在已建有动物园的同一城市，则在综合性公园中不宜再设立大型的或猛兽类动物展区。

由于综合性公园的服务对象，既有不同层次的旅游者，又有不同年龄段的游客，所以确定城市综合性公园的内容，既要做到符合整体的需要，又要满足居民和游者的各种爱好以及各种不同游憩的要求。综合性公园必须具备以下几方面的功能：①提供完备的休息游乐场地；②进行文化、科学技术知识的普及和教育；③有良好的服务设备；④有科学的园务管理。

要按照综合性公园服务对象的不同年龄层次，各种不同的爱好、不同的职业和生活习惯等多方面的需求，在公园里要提供和合理安排各种活动内容的分区。如在公园内设立专供老年人活动的安静休息区，供少年儿童活动的儿童游玩的儿童活动区，和建立为大多数游客活动的文化娱乐区等，使游人在公园内各尽其乐，各得其所，满足各层次的需要。

在公园内可设立展览室、陈列室、阅览室等，通过展览和陈列来介绍科学技术成果和卫生知识。并可利用节日、假日组织科技游园，为青少年提供科学技术知识普及及活动的场所。

在公园内设立专为游人提供服务的各种公用设施并提供相应的优质服务。

科学的园务管理是办好综合性公园的必要条件，也是丰富公园内容的重要保证。

确定公园的用地面积要与城市的规模、性质、用地条件、城市的气候条件、绿化状况以及公园在城市的位置与作用等条件有关系。一些学者经过大量的调查，计算出每 100 个游人需要公园面积为 6 042 平方米，每 1 游人则需要 60 平方米的面积，按照经验，一般游人总数不少于全市居民的 10%，所以，每个居民应占有公园面积为 6 平方米。在计算公园设计面积时要使公园有足够的面积能使居民在休假日进入公园时不显得过分拥挤；同时应该满足全市 10% 的市民同时进入公园的需要；还要满足公园内容摆放所需的面积。按规定，综合性公园的面积不宜小于 10 公顷。市级综合性公园的面积一般应在 20 ~ 100 公顷或者更大一些，其服务半径为 2 ~4 千米周围的游人；而区（或县、城镇）级的综合性公园虽然只是为本区（或县、城镇）的居民提供服务，其面积可根据周围居民的人数来确定。但是，由于综合性公园需要有较多丰富的内容和较多完备的设施，所以，区级综合性公园的面积也不应低于 10 公顷，其服务半径为 1 ~1.5 千米。

二、综合性公园的功能分区

综合性公园应该设立多种多样的设施，以最大限度地满足不同年龄和不同爱好的游人的文化娱乐和休息的需要。在公园内必须进行既科学又合理的功能分区，以达到使游人游憩方便、互不干扰、便于管理，并且形成景观构图上统一的整体。

综合性公园的功能分区一般可分为：安静休息区、文化娱乐区、体育运动区、儿童活动区、动植物展览区和园务管理区。各区域要相对独立，要使各类活动使用方便，互不干扰，功能分区的规划，要根据公园所在地自然环境与现状特点布置安排，必要时，可以按照我国传统的造景方法，进行地形地貌的改造，因地制宜地合理规划出多功能的空间形态，尽可能地安排好场地空间与各类景区，以便进行多种活动和游玩，巧妙组景，合理设计建筑，创造出优美环境，增加文化情趣，具有特色的综合性公园。

（一）安静休息区

综合性公园中的安静休息区，是全园中占地面积最大，而单位面积内游人密度最小的一个活动区域。是专供游人在一个宁静的环境中休息散步、欣赏自然景色的地方，诸如散步、游览和欣赏风景等。安静休息区应该是公园中风景最优美的地段，所以应该选择在树木较多，绿化基础较好，并具有起伏多变的地形、曲径或者还有天然或人工的水面、泉水和瀑布的地方，以便创造非常优美的风景景观。

安静休息区应该是公园中森林绿地面积最大的区域，而且森林植物的种类和植物配置的类型也应该是最为丰富的，在区内点缀式的建筑着一些具有很高艺术性造型的建筑物，结合在不同地段、山坡、水旁种植的丰富多彩的树群、密林、草地和具有优美树形的孤立树，形成了植物、水体、建筑物融为一体的各种景区。在这一区的设计中，还可以运用我国古典园林的造景手法，丰富的植物配景的原理和叠山理水的原则，丰富公园的风景。为了要创造安静休息区的宁静环境，该区最好和公园的其他活动区要有一个自然的隔离，以免除喧闹声的干扰。安静休息区一般应安排在远离公园出入口的地方。

安静休息区的游人密度一般以100平方米/人为宜。

（二）文化娱乐区

文化娱乐区是公园中人流最集中的地方。由于这一区游人的流量大，为便于管理和人游的集散，所以文化娱乐区一般设置在公园的主要出入口的附近。而在艺术风格上，可以成为从城市规则的面貌向自然的安静休息区过渡。以展览室、小型剧场、技艺表现场、露天剧场、舞池等建筑，作为整个公园或局部的构图中心，在艺术风格上也采用整形式规则。但在设计上也不要把建筑物堆积过多，要与一定的绿地相结合，使园内的这些建筑设施，充分利用周围的自然条件，利用树木、山石、土丘等作为自然的隔拦，使区内的各项活动互不干扰，有些露天活动场地，为避雨，还可以辅助修建游廊亭树和花架等形式的建筑，使游人在绿荫下游玩。在公园中组织大型的群众性娱乐活动，往往是人游集中而且数量也大。所以要科学合理的组织安排活动空间。

文化娱乐区的游人密度以30平方米/人为宜。

（三）体育活动区

综合性公园中可以设置并开辟以娱乐性的体育活动设施。一些娱乐性的体育活动，如网球、羽毛球等活动，可以利用林间空地开辟小型的非竞赛性的网球场、羽毛球场和拳术（如太极拳）场等场地，置这些运动于绿荫之中。公园中，有较大的水面，还可以开辟划船、舢板等活动。

在北方寒冷地区的综合性公园，一般情况下，冬季游人较少，为了充分提高公园的利用时间，可以在公园中开展冰上活动。溜冰区一般要根据不同的年龄段和不同的溜冰类型，划分出不同的类型区。如可以开辟速滑区、花样滑水区、冰球区等不同的运动场地。冰上运动场地既可以利用天然水面，也可用人工泼水形成冰场。

（四）儿童活动区

据统计，我国去公园游人数，无论是在平时或者在假日，儿童约占总游园人数的30%。为了满足儿童游人的特殊需要，在综合性公园中单独划出一定的区域来满足儿童活动的特殊需要是很有必要的。

综合性公园的儿童活动区和儿童公园的功能是一致的，只是其设施要比儿童公园简单些。儿童在这区域中不仅可以游玩、运动和休息，而且可以在这优美的自然风景条件下，开展多种多样的课余活动，学习知识，开阔眼界。在儿童活动区内，可以根据不同年龄段分设学龄前儿童活动区，小学生活动区和青少年活动区，在不同活动区里，按照年龄和智力设立不同的儿童游戏场、儿童运动场、文化娱乐区、阅览室等。儿童活动区和综合性公园的其他区域要用园路与其他区域相隔开，不要和公园的成人活动区相混杂。儿童活动区应有固定的出入口，而不能使游人随便穿行。在儿童活动区的不同小区也应有一定的隔离，以便于管理。

儿童活动区内最好有些小地形的变化，如土丘等，区内的各种建筑和活动设施，要考虑到儿童的身高条件，建筑小品要适合儿童的心理和兴趣，要富有教育意义和丰富的想象力。在活动区内除在必要的地方铺设砖地外，最好多铺设草坪，以利于儿童的活动。在儿童活动区内要种植多种有较大蔽荫的乔木，树木花草品种也要有丰富的季相变化。在种植花草和树木时，不要选择有毒、有刺、有臭味的浆果植物。儿童活动区的人均用地面积为50平方米。

（五）动植物展览区

按照《公园设计规范》的规定，在已有动物园的城市，其综合性公园内不宜设大型或猛兽类动物展区。因为驯养大型的或猛兽类动物，需要较好的安全防护设施和较高的环境卫生条件，而且饲养的费用也大，同时也不利于公园的自身发展。但是，在区（县）级综合性公园内，选择一定的区域安排一些小型动物（如鸟类、猴类、兔类）的展区，也可以丰富公园的活动内容。

综合性公园是普及植物科技知识的课堂，由于公园内种植着品种繁多的各种植物挂牌，介绍有关的植物知识，起到科学知识普及的作用。有些公园，还可以结合本地的特点建立一些小型专类植物园和盆景园，用来展出具有明显特征或重要意义的植物和各类盆景作为主要内容。

三、综合性公园的种植设计

综合性公园的种植设计，要根据公园的建设规划的总要求和公园的功能、环境保护、游人的活动以及树林庇荫条件等方面的要求出发，结合植物的生物学和生态学特性，做到植物布局的艺术性。

公园的绿化，只有在统一规划的基础上，根据不同的自然条件，结合不同的功能分区的特点使环境、建筑和绿色植物的合理配置，才能充分发挥各个功能分区的作用，使每个分区成为人们娱乐、休息、游览和赏景的乐园。在进行综合性公园的总体规划时就应该考虑各种用地的比例。游人在各分区的分配量以及乔灌木、花卉、草地间的比例。公园中各种用地的分配，要根据园中设置的各种功能分区、公园性质和各分区人流分配量来安排。经过对我国一些综合性公园的调查分析，在大型的综合性公园中绿地占公园陆地面积的75% ~80%。道路占5% ~10%。建筑用地占3% ~5%。其他用地占6% ~8%的用地比例是比较合理的，在同一公园的绿地面积中，草坪（含草地）的面积占整个绿地面积的25% ~30%，乔、灌木占绿地面积的70% ~75%。而乔、灌木之间的用量比例视各功能区的需要而定。但是在进行公园种植的实际设计中，又因各种因素的限制而出现的多种变化，所以上述的几组数字也只能作为设计时的参考，实际应用时还要按照因地制宜的原则。

公园的绿化，就是用各种植物和草坪覆盖地面，既起到防尘、防噪音、防风、改善局部小气候等环保作用，形成清新和卫生的公园环境，同时也起到改善景观生态美的作用。但由于各功能区的要求不同，各功能分区的绿化工作要求也不一样。

1. 安静休息区

本区有很大的面积。由于要形成幽静的憩息环境，所以应该采用密林式的绿化，在密林中分布了很多的散步曲径和自然式的林间空地草地和林下草地，也具有开辟多种专类花园的条件。人们在密林、草地、专类花园和小溪下安静地散步休息，犹如进入仙境。安静休息区以自然式绿化配置为主。

2. 文化娱乐区

本区常有一些比较大型的建筑物、广场、雕塑等，而且一般地形比较平坦，绿化要求以花坛、花境、草坪为主，以便于游人的集散。在本区可以适当地点缀种植几种常绿的大乔木，而不宜多栽植灌木，树木的枝下净空间应大于2米，以免影响交通安全视距和人流的通行。在大量游人活动较集中的地段，可设置开阔的大草坪。本区一般可采用规则式和混合式的绿化配置。

3. 游览休息区

可以以生长健壮的几种树种作为骨干，突出周围环境的季相变化的特点。在植物配置上根据地形的起伏而变化，在林间空地上可以建设一些由道路贯穿的亭、廊、花架、坐椅凳等，并配合铺设相应面的草坪。也可以在合适的地段设立如月季园、牡丹园、杜鹃园等专类花园。

4. 体育活动区

宜选择生长快、高大挺拔、树冠整齐的树种。不宜种植那些落花、落果和散落种毛的树种。球类运动场周围的绿化地，要离运动场5 ~6 米。在游泳池附近绿化可以设置一些花廊、花架，不要种植带刺或夏季落花落果的花木和易染病虫害、分蘖强的树种。日光浴场周围，应铺设柔软而耐踩踏的草坪。本功能区最好用常绿的绿篱等与其他功能区隔离分开。本区绿化基本上采用规则式的绿化配置。

5. 儿童活动区

应采用生长健壮、冠大荫浓的乔木种类来绿化，不宜种植有刺、有毒或有强烈刺激性反应的植物。在儿童活动区的出入口可以配置一些雕像、花坛、山、石或小喷泉等，并配以体形优美、奇特、色彩鲜艳的灌木和花卉，活动场地铺设草坪，以增加儿童的活动兴趣。本区的四周要用密林或树墙与其他区域相隔离，本区植物配置以自然式绿化配置为主。

6. 公园大门

公园大门是公园的主要出入口，大多数大门都面向城市的主干道。所以公园大门的绿化，应考虑到既要丰富城市的街景，又要与大门的建筑相协调，还要突出公园的特色。如果大门是规则式的建筑，则绿化也要采用规则式的绿化配置。对于大门前的停车场四周可以用乔、灌木来绿化，以便夏季遮阴和起隔离环境的作用。在公园内侧，可用花池、花坛、雕塑小品等相配合，也可种植草坪、花卉或灌木等。

在公园的小品建筑附近，可以设置花坛、花台、花境，沿墙可以利用各种花卉境域，成丛布置花灌木。门前种植冠大荫浓的大乔木或布置艺术性设计的花台、展览室、阅览室和游艺室的室内，可以摆设一些耐阴的花木。所有的树木、花草的布置都要和小品建筑相协调，四季的色相变化要丰富多彩。

公园的水体可以种植荷花、睡莲等水生植物，创造优美的水景。在沿岸可种植较耐水湿的草木花卉或者点缀乔灌木和小品建筑，以丰富水景。

7. 园路

公园内主要干道的绿化，可采用种植高大、荫浓的乔木，树下配植较耐阴的草坪植物，园路两旁可以用耐阴的花卉植物布置花境。

山水景园内的园路多依山傍水，其园路的绿化要起到点缀风景的作用而不得妨碍视线。平地的园路可用乔灌木树丛、绿篱、绿带来分割空间，使园路时隐时现，有高低起伏之感。园路交叉口是游人视线的焦点，可以用花灌木来点缀。山地的园路要根据地形的起伏，有疏有密的绿化。在有风景可观赏的山路外侧，宜种矮小的花灌木和草花，以不影响观景；而在无景可观的山路两侧，可以密植或丛植乔灌木，使山路隐蔽在丛林之中，形成林间小道。

8. 公园广场

公园广场的绿化，既不要影响交通的通行，又要形成一个景观。如休息广场的四周可以种植乔木、灌木，中间铺设草坪、花坛，形成平静祥和的气氛。另外，还可以根据游人活动的需要建立空旷铺装广场、林荫铺装广场、空旷草坪、林间草地和开放式活动草坪广场等。

总之，公园管理者要根据各项活动的不同功能，因地制宜地安排好与全园的景观相协调的各功能区的绿化。

第七节　儿童公园森林绿地建设

近几年来，各地都很重视儿童公园的建设，对丰富城乡儿童生活起了很大的作用。为儿童游戏、娱乐、体育及进行文化科学普及教育提供了户外空间，其目的是为儿童创造丰富多彩的，以户外活动为主的良好环境，让儿童在活动中接触大自然、熟悉大自然、热爱科学，锻炼身体与增长知识。

儿童处于长身体、长知识的重要时期，从生理上与心理上均要求有良好的生长环境，不少资料表明，由于社会发展家电设施与娱乐器材的普及及学习任务的繁重，使儿童的户外活动明显减少。因此，儿童公园的户外活动尤显重要，应该十分重视创造优良的生态环境，为儿童提供一个卫生、舒适与美观的户外活动场所。

一、儿童公园绿地的特点

（1）儿童公园所需活动场地种类多，面积大，人流集中，环境负荷量大。

（2）儿童公园的活动设施与内容多，游览路线复杂，再加上儿童活动的自由度大，容易造成绿地的穿插破坏。

（3）使用的时间性与季节性强，以周末与节假日为主，尤以暑假的使用时间最长，利用率最高。

（4）儿童的心理与生理特点，对环境质量要求高，生理上要求日光充足、温湿度适中、空气清新；心理上要求景观明快、造型丰富生动。虽然儿童喜欢艳丽的色彩，但大量的绿色与开朗的景观都有利调节视力、振奋精神。

（5）除一些机动玩具项目外，儿童的活动量一般较大，消耗能量多。从现有儿童公园来看，存在着一些问题，突出表现在偏重建筑景观与设施而忽视绿化，以至儿童公园的生态环境质量不高，很多儿童公园，由于大面积的建筑、铺装与裸露地面，在日光照射后升温快、反射强烈，造成这些表面与临近区域温度明显高于周围环境，在夏季、秋季尤为突出。又由于缺少足够的绿色植物，城市的污染物与噪声也容易在园内弥漫，裸露泥地或有地被植物而受破坏后的地面的泥土容易被带到道路与广场上。再加上很多儿童公园连片设置活动场地，一遇刮风就会扬尘，使公园的降尘量与空气中的悬浮尘量大大的增加。从而降低了公园的生态环境质量，影响了儿童公园的使用效果。

根据以上儿童公园的特点，应着重从降低夏季高温辐射与二次扬尘入手，综合考虑卫生、防污、减噪与生态景观等方面问题，通过合理规划、精心设计、配合良好的施工与养护管理来达到较高的生态环境质量。

二、儿童公园对森林绿地的要求

首先，要保证足够的森林绿地，公园生态环境效益主要是通过一定量的绿色植物来达到的。绿化的量要从绿地面积，绿化覆盖率与叶面积总数 3 个方面来考虑。植物的生态环境效益主要是通过植物的叶子来达到的，植物通过叶面吸碳放氧，吸附烟尘、降低噪声、夏季通过树冠叶群遮阴与通过叶表面气孔蒸腾给环境增湿降温，所以，生态环境的质量主要取决于叶面积总数的多少。因此，要选择叶面积指数高的植物与植物组合结构。但因用叶面积指数作为规划指标还有困难；可先用绿地的面积与绿化覆盖率两个指标来控制公园的生态环境质量，用绿地面积指标来保证绿地的面积在 65% 以上，在尽可能提高绿地百分比的前提下，将绿化覆盖率提高到 25% 以上。

在纬度 35°以下的低纬度地区，夏季中午前后的太阳角度均达 70°～80°，在水平面上的太阳辐射能远比垂直面上的要大得多。水泥铺装、平屋顶与干燥裸地表面温度可达 50～60℃，成为巨大的辐射热源，而树荫下的水泥铺装表面温度则接近周围气温。因此，有条件的应尽可能给铺装与裸露活动场地庇荫，以降低环境辐射温度。由于儿童公园大部分建筑物与构筑物都不高，只要不影响立面造型与采光，完全可以在旁边栽植一些主干高、树冠舒展的乔木，配合以攀缘植物与屋顶绿化等来提高绿化覆盖率。通过精心设计还可以极大地丰富建筑物的立面景观。

由于儿童活动需要较多的阳光，较明快、艳丽的色彩与较开朗的景观。因此，蔽荫树宜选落叶树为主，或者选择一些树冠较为稀疏的树种，以免造成过分阴郁、沉闷的景观。因此，最好能够将人流不大集中的活动场地铺设景观开朗、色调明快的草坪，也可利用游戏器具，建筑物与构筑物，如高架车、滑梯、天桥、假山与屋顶平台等提高视点，来获得开阔视野。由于提高视点后，视野内主要是树冠的受光面，色调也就比低视点的要明快得多。

近年来，新玩具与新设备的时代感强，更新换代快，要防止增添新玩具与设备而侵占绿地。在规划时对规模要有预测，多留一些备用地，使有发展余地。建设前期，这些用地可作为绿地，以弥补早期蔽荫树树冠小绿化覆盖率不足的弊病，只要我们给予足够的重视，见缝插绿，要提高绿化覆盖率是不困难的。但是，综合前所述，绿化覆盖率的提高只能部分反映叶面积的数量指标。因此，还要规划一定比例的叶面积指数高的植物种类与植物组合。

设置一定量的复式结构的植物组合，建议面积不少于 30%。按照植物生态与造景相结合的原则进行植物配植。在复式结构内适当提高栽植密度与上下层次。采用根据苗的大小密植，以后逐步间伐的方式，使早日达到优良的生态效果。树种选择应以乡土树种为主，广泛选择植物种类，达到乔、灌、草结合，常绿与落叶结合，阴生与阳生结合，尽量提高组合的叶面积指数。植物生态学研究表明，植物群落的结构越复杂，其所起到的生态环境效益就越大，抵抗外界冲击的能力也越强。郁闭幽暗的复式结构还能使儿童产生神秘和幽深莫测等感觉，扩大了景深，同时也可以提供儿童不少有益的游戏内容，如捉迷藏、捉小动物、找“宝石”等。复式结构应该根据防污、减噪、通风、光照与蔽荫等要求布置，以设在园周靠近污染源、噪声源为主，其他部分适当均布。

儿童公园要求黄土不露天，这不仅是生态环境创造的要求，也是卫生防尘的要求。据测定，裸露土壤的地面在夏季干燥时，对太阳辐射的吸收率与反射率都接近水泥路面，有时更高，也是环境的一大热源。雨天，泥土随雨水或践踏污染道路铺装；晴天，产生二次扬尘，因此，不使黄土露天也是提高生态环境质量的基本要求，要做到这一点，虽然养护管理是关键，但如能在规划与设计时就能考虑到怎样方便养护管理，对减少地被与草坪的破坏是很有帮助的。

由于儿童公园活动场地多、面积大，采用太多的建筑材料铺装，不仅影响生态环境质量，造价也过高；而且建筑材料质地坚硬，儿童摔倒时容易受伤害，因此，最好尽量不用太多的建筑材料铺装，因人流量大不得不用时，也尽量采用缀草铺装（水泥构件留孔洞种植草坪）。

最理想的是给活动场地铺设草坪，这不仅提高了公园的绿化覆盖率，也使儿童活动在柔软的草坪上开展。绿色草坪并能减少二次扬尘，调节视力，还能衬托玩具与儿童艳丽的服饰，使环境更和谐。但是由于大部分儿童公园用地紧张、游人量大以及管理人员的缺乏等原因，草坪破坏严重，因此，除了加强管理，应在规划设计上进行探讨，除尽量缩小单位面积容人量外，要合理安排草坪周围的游览路线，均匀分配人流，避免人流集中，更要提高草坪的耐践踏性能。以往对草坪的耐践踏性，主要从草种的选配上考虑，其实土壤对草坪的耐践踏能力影响很大，一般含沙量高或有机质含量高的土壤，排水良好，湿度适中的土壤，其草坪耐践踏能力要比一般黏性重，排水差，湿度大的土壤强得多，践踏后恢复也快。因此，各地都应该因地、因土制定合理的草坪土壤配比。

第八节　动物园绿地建设

动物园是以集中饲养野生动物、濒危动物物种，飞禽以及少数优良家禽种类的公共绿地。它是一个活动物的博物馆，肩负着科学普及教育的任务。由于动物园具有优美的庭院环境和各种完善的服务设施，是一个供人们休息的公共场所。所以，动物园是集游览、科学普及和观赏为一体的公共绿地，使人们在这个优美的环境中，既增长了科普知识，又得到了安逸的休息。

一、动物园的绿地

动物园的绿地建设应该服从动物展览的要求，为生活在其中的各类动物创造接近自然的生态环境，为动物笼舍和陈列创造衬托背景，以及给游人创造良好的活动空间。根据园区的功能分区及动物的特点使其各具特色。现代的动物园逐渐趋向自然式动物园方向，要求绿化采用仿造各类动物原产地的自然生态环境和自然穴巢，其中包括植物、气候、土壤、地形、水体等环境，所以，动物园的绿化布置首先要对各种动物原地生态环境的模拟和创造，并加以美化，使每一展区环境各具特色。同时，也要把各类不同景观适当的过渡相互融合在一起，使动物园的绿化在统一中有变化，形成完整的一体。根据各地的经验，游人在风景秀丽、鸟语花香的环境中，尽兴的观赏动物嬉戏的环境，其动物园的绿化面积至少要占全区面积的55%以上。

二、动物园的绿地种植设计

根据动物本身的要求，对动物的笼舍，无论是笼内、笼外都应尽可能的进行绿化。对于动物展览区的种植设计，应该符合以下4个规定：有利于创造动物的良好生活环境；不能造成动物的逃逸；创造有特色的植物景观和游人参观休憩的良好环境；有利于卫生防护隔离。

动物来到动物园后，生活环境发生很大变化，不仅生活地域大大地缩小了，自然环境也发生了变化。但动物的生物特性不能轻易发生变化，所在生活环境方面要根据当地的天然条件考虑动物原来的生活习性，如温度、湿度、采光、遮阴、防风沙等方面的要求，尽量改善动物展区的环境，给动物创造良好的生活空间。例如，在鸟类等飞禽笼舍内搭设可供鸟类休息的支架；绿化可供某些兽类的攀缘，同时植物的芽、叶、嫩枝、树皮、青草可供食用，还可以起到遮阴、避雨、防风、调节气候和避免尘土的作用。兽舍附近的绿化在满足防风遮阴等功能要求的情况下，尽可能结合动物的生态习性和原产地的地理景观来布置。如猴山，附近布置以花果为主，形成花果山的景观，熊猫馆附近多种竹子，爬虫馆可多种蔓藤植物，狮虎山可种植以松树为主的植物等。

对于像猴类这样具有很强攀缘和跳跃能力的动物活动场的绿化，植树要防止动物借助绿化树木攀登而逃逸，这种事件比较容易发生。

动物园绿化的目的是为动物创造原生活地特有的植物景观，为建筑物创造优美的衬景以及为游人创造参观休息时有良好的游览环境。绿化时既要考虑到动物的要求，也要照顾到游人在欣赏动物时，给游人创造良好的观赏视线、背景和遮阴条件。如可以在兽舍附近的安全栏内种植乔木或与兽舍组合成的花架棚等。兽舍外环境能绿化的要尽量绿化，其绿化风格及色调使兽舍内外连成一片，形成一个风格，同时也给游人休息和遮阴一个优良条件。

动物园的周围要设立卫生防护林带，林带宽度可以 10～20 米，疏透式结构林带。卫生防护林带起防风、防尘、消毒、杀菌的作用。在园内可以利用园路的行道树作为防护林副带。按照有效防护距离为树高的 20 倍左右计算，必要时还可设一定的林带，真正解决动物园的风害。在一般情况下，利用植物的绿化作为隔离，以此解决卫生保护问题是有效的。但对于一些气味很大的动物房舍光靠绿化隔离带是不行的，还要靠在规划时把这类笼舍安排在下风方向，并用绿化适当地隔离这些笼舍。

三、绿地植物种类的选择

动物园的绿化植物种类选择，除了应具备同其他公共绿地选择植物的一般规定，如要选择适应种植地段立地条件的适生种类；具有相应的抗性；能适应栽植地的养护管理条件等一般性要求外，还需要具备两点特殊要求。

1. 有利于模拟动物原产区的自然景观

各类动物生活在不同的气候带和不同的地理环境，形成的生物习性，植物也同样在不同的气候和地理环境形成自体生物学和生态学特性。在动物园内创造动物原产地的生态习性和地理景观，不仅是满足动物生活习性的需要，同时，模拟动物原产地的地理环境，也是增加动物展出的真实性和科学性。在创造原产地的生态环境，满足动物和其环境植物生长要求的条件不具备时，可以用植物群体景观和个体形态相似的本地植物作替代。如在北京地区生长的合欢代替南方的凤凰木，也能收到同样的效果。

2. 种植对动物无毒、无刺、萌发力强、病虫害少的树木种类

在配置动物运动范围内的植物时，不仅要选择有较高观赏价值的植物，同时这些植物对于动物不能引起伤害。在动物活动场上不应该种植叶、花、果有毒或有尖刺的树木，以免动物受到伤害。如构树对梅花鹿有毒害，熊猫误食槐树种子易引起腹泻，核桃等对食草动物有害。其他植物如茄科的蔓陀罗、天南星科的海芋、夹竹桃科的夹竹桃，均含有对动物有毒害的物质。

在动物笼舍内也不要种植动物喜欢吃的树种，可以种植动物不爱吃又无毒的植物。

对动物活动破坏树木严重的场地，只能在活动场地周围种上大乔木，以解决动物和游人的遮阴问题。

在动物兽舍迎风面的绿化，应该多用常绿树种，而在笼舍和活动场地，则应该多种植落叶阔叶树种，以解决冬天的日照。

第二十六章　郊区森林的培育

根据国内外科学家对城市森林范围的论述，城市森林范围包括：公园、花园、植物园、河、湖、塘、池林木及其他植物、居民区、公共场所、机关学校、厂矿、部队等庭院绿化、街头绿化、林带(防风、水源涵养)、郊区森林、风景区、国家森林公园等。简言之，凡是城市范围内的森林及其他植物生长区域，以及在该地城内的野生动物，必须设施等都列为城市森林范围。郊区森林从空间分布上根据其距城市距离的远近，首先可分为两大类型，一是近郊森林，它们包括近郊的树木园、植物园、旅游景点以及城边的防护林带，二是远郊森林，主要包括自然保护区和国家森林公园两大类。但这种距离划分不是绝对的，有的城市本身就置于国家自然保护区或者与保护区相当接近的地区。在这样地区城市森林本身就是从原有自然森林发展而来的。

第一节　远郊森林的类型及建立

一、自然保护区的建立与设置

自然保护是指为了人类的生产和生活，使自然保留良好的状态，并对大自然加以利用，维护，管理和改造，使其不致荒弃，并向良好的方向发展，所谓自然保护区就是在能够达到上述目的自然区域内，人为有意识设置的保护区域。

（一）设立自然保护区的目的

（1）作为科研和教育的基地。如日本设立“自然遗迹区”“学述参考保护林”“自然教育国馆”。在美国，这种保护区面积平均为400～500公顷，其中不仅包括森林，还有河流，在自然保护区设置各种观测仪器，进行长期观测以监测原始景观，并与其他自然景观相比较。

（2）作为休养和旅游区。

（3）作为基因库。

（4）作为城市森林系统的一部分维持城市生态系统的平衡与稳定，并作为城市森林游乐区开发与发展的主要对象之一。

（二）国内外自然保护区概况

世界上很多国家重视设立自然保护区。美国是世界上设立自然保护区最早的国家，早在1872年创建黄石公园，面积88.87万公顷，海拔1 600～3 460米，美国同时也是世界上建立自然保护区面积最大的国家，其自然保护区的面积达到1 200万公顷，占国土总面积的1.27%。前苏联早在1920年就设有7个，逐渐发展达到88个，总面积达670万公顷，约占国土面积0.39%。

在我国，自然保护区的建立是从20世纪50年代初开始的，到20世纪80年代发展比较迅速，到目前为止，我国已建立各类自然保护区2 349个，约占陆地国土总面积的15%，其中国家级自然保护区265个。

（三）自然保护区设置

1. 自然保护区设置的原则

（1）稀有性。保护某种特定生物种，如珍贵、稀有品种，受威胁以致于濒临死亡灭绝的物种或品种，如我国在川陕地区设置的大熊猫自然保护区（如卧龙自然保护区等），主要目的是保护大熊猫，并使大熊猫的生态环境保持在良好的状态。

（2）典型性。包括在不同典型自然地带和生态系统设置保持区，如锡林河流域温带草自然保护区，这样的保护区具有广泛的代表性。

（3）科学价值。具有科学方面的研究价值，比如物种繁多，具有基因库的作用。

2. 自然保护区的设置对象

（1）未受或少受破坏，保持原自然景观本色。

（2）具有广泛的代表性，面积不宜过小，至少能包括主要生物群落类型。国外自然保护区一般面积如下，美国最小 12 公顷，最大 3 500公顷；英国最小 16 公顷，最大 26 000公顷；日本最小 770 公顷，最大 231 929公顷。

（3）交通比较方便。

（4）能够长期保持，在保护自然任何成分时，必须同时保护所处的生态系统与环境。

（5）有必要的管理人员和技术人员。

（6）有长期科学研究的规划。

3. 自然保护区设计的主要任务

（1）把保护区域内按不同作用划分地段，并确立每一地段的必要措施。

（2）确定每个单位面积合理的和可能容纳的参观游览人数。

（3）编制自然保护区内图面资料，如地形图、地貌，气候图、植被图，有关文字资料。

（4）建立自然年代记事册，观察记载保护对象的生活类及其变化情况。

（5）同有关大学或科研单位研究协作事宜。

（6）配置一定的科研设备，包括有关的测试仪器、试验室、表册图片等。

二、国家森林公园的建立

（一）国家森林公园的概念

国家森林公园是保护区类型中发展到较高阶段的一种自然保护区，它能使国家森林公园区域内生态系统处于自然状态，并各具典型性。它还是一个拥有众多物种基因库。为科学地研究自然科学、环境科学、人类科学和美学提供基地，其自然景观又给人以美的享受。我国现有国家级森林公园 627 个。

（二）国家森林公园的建园依据

我国幅员辽阔，自然地理条件复杂，气候变化多端，动植物资源丰富，并有许多闻名世界的珍奇物种。森林、草原、水域、湿地、荒漠、海洋等各种类型繁多，同时有许多自然历史遗迹和文化遗产。它们的存在，为我国建立国家森林公园奠定了良好的基础，建园可依据以下自然保护对象分别进行。

众多的自然区域，它们代表着不同典型的自然地带环境和生态系统，包括高山、山地、高原和丘岭、平原、盆地和岛屿等。许多特有珍稀野生动物种和它们生长栖息环境，很多生态系统演替明显，生物种丰富的地区保护价值特殊的地区，如水源、涵养地、母树林、化石产地等。保存完整的自然历史遗迹（包括冰川、火山、海洋、大陆架等）和悠久的文化遗产，被国际重视和列入国际保护的地方。

1. 建园的一般标准

（1）区域内野生物资源（包括微生物，淡水和咸水水生动物，陆生和陆栖动植物，无脊椎动物，脊椎动物）和这些动植物赖以生存的生态系统和栖息地，应得到完整的保护。

（2）区域内自然资源（包括非生禽的自然资源，如空气、地貌类型、水域、土壤、矿物质、泉眼、或瀑布等）应得到完整的保护。

（3）具有美学价值和适于游憩的景观应得到完整的保护。

（4）应消除各种该区域存在的威胁与破坏。

（5）应消除各种该区域内和周围环境污染。

2. 管理标准

国家森林公园是国家自然保护事业的重要组成部分，处级行政部门有责任加强其建设和管理并能使之为自然保护科学研究和服务。

（1）国家森林公园管理机构应具有对国家区域内一切自然环境和自然资源行使全面管理职权，其他单位和部门应予以理解和支持。

（2）管理机构应按国家森林公园的宗旨和要求进行管理，不得曲解和偏离。

（3）管理机构应协调好与当地居民的关系，尽可能向他们提供与建设国家森林公园有关的就业机会和劳务工作。

（4）国家森林公园管理机构应与研究机构、大学和其他科研组织进行合作，对在国家森林公园内进行的科学研究给予支持并实施有效的管理，同时向社会公众宣布和解释科学研究的意义和科研成果。

（5）国家森林公园管理机构应对在国家森林公园内开展的旅游活动和规模进行有效的管理，并通过科学的统计和分析，提出控制旅游的时间和人数及开放的季节，确保国家森林公园不被其干扰和破坏。

3. 区划标准

国家森林公园实行区域划分，受保护的地带面积应在1 000公顷以上（经营区和游览区不在此内）根据各自不同的景观和物种特点，将国家森林公园划分为：特别保护区、自然区、科学试验区、缓冲区、参观游览区、公益服务区等不同区域，各个区域按不同的功能和要求进行设计与建设。特别保护区内禁止搞设施建设；自然科学试验区不搞大的设施建设；游览区和公益服务区的建筑房屋应与自然环境和谐一致融为一体，突出自然的特点。

（三）森林公园的设计区划

1. 宏观设计区划

森林公园按其保护资源性质和景观开发的任务，其宏观设计区划一般都有两个区带或3个区带。

（1）景区。景区是森林公园的主要内涵，是核心区或精华区，是重点保护和开发利用的对象，该区分布如下。

①植物景观区：在森林植物景观区内，其结构是多样化的，有混交林和纯林；单层林和复层林；同龄林和异龄林；天然林和人工林；珍稀、濒危的参天古树组成的景观区。

②动植物景观区：在森林景观内，有珍稀兽类栖息和出没以及候鸟和留鸟活动的景观区。

③自然景观综合区：在森林景观的陪衬下，有高山峻岭、奇峰、怪石、溶洞、温泉、虹吸潮、瀑布、深潭、溪涧、湖面、滩涂、海堤、岛屿、礁石、气象景和自然音响等，以其中一个至几个景观为主，其他为副组成综合景观区。

④人文景观区：在森林景观内，有人类历史文化遗产，如庙宇、古祠、古民居、古塔、名楼、石坊、碑林等和现代著名建筑物景观。

⑤待开发的景观区：目前尚不可及的处女景点或景群，需待开发装饰小区。

（2）景区外围保护带。这种保护带随着景点集中或分散都有它的存在，但通常不作区划，只根据景点面积的大小，划定带的宽度。

（3）周边地带。这是景区外围地段，根据景点集中或分散，划分整齐或宽窄不一的较大面积区域，在其中可组织安排一些小区或小景点。

①生态保护地段：在区内有需要保护的水源、植物、动物的森林植物地段，可划分为保护小区，禁止旅客进入活动，避免污染和不良的干扰。

②游憩点：供游客暂时休息、用餐和临时住宿设施地，应安排在景区边交通方便的地段。

③休养区：供当地或外来休养人们疗养、修心而建立的具一定规模的疗养院或修养所等设施，应设置在幽静又方便进出景区和服务区的地段。

④文体娱乐区：根据游客的流量及森林公园的容量、自然和人文资源的条件，可建筑剧场影院、放像点、舞厅、游泳池、球场、野营地、山地滑雪场、射击场、控制狩猎地和钓鱼等设施，既满足了游客需要，又提高了经济效益。该区应设置在远离森林公园核心区的地方，以防止对核心区造成干扰和破坏。

2. 微观设计区划

微观设计区划是为了全面掌握森林公园的资源数量和质量，针对局部资源性质设计区划保护利用的管理措施，然后汇总全区的分类保护管理任务和建立资源档案，以便查证资源今后的变化状况或控制资源朝着有利于森林公园可持续发展的方向变化。因此，在宏观设计区划的基础上，进一步进行景区的林班、区班或景班的区划，再在其中划分小班或小景班。至于这种微观区划的技术标准、方法和程序在此不作详述。

森林公园一般不进行人工营造植被，通常是采取保护和封禁，通过自然力来恢复当地的自然群落。诚然，如需加速形成自然森林群落的过程，也可采取适当的人工更新或人工促进天然更新的方式进行。但这必须建立在对当地森林群落结构、演替过程了解的基础上。在森林公园设计、建设的过程中，要尽可能地维护和提高不同层次水平的生物多样性。

三、远郊自然保护区和国家森林公园森林的营造

因自然保护区和国家森林公园距离城市较远，同时植被多为天然植被，因此一般情况下在自然保护区和国家森林公园内的森林不需要进行造林。但由于近年来城市居民对于回归大自然的渴望，到自然保护区或国家森林公园进行休假或旅游的人数不断增加。因此在国家森林公园或自然保护区内有计划地开僻一些供游人娱乐、休息和体育活动的场所、野营休闲地和必要的相关设施，已成为这些远郊森林地区整体规划的一个部分。由此在国家森林公园或自然保护区内外栽植一些观赏性强、美观或具有强烈绿荫效果的林木成为一种补植手段。

比如在法国诺曼地区的橡林国家森林公园，它的面积约 4 000公顷，距巴黎市区 100 多千米，是一个典型的远郊国家森林公园。这里的原生植被以欧洲橡林为主，欧洲山毛榉及其他阔叶树伴生而形成的一种森林类型。由于自然条件适于橡木的生长，因此植被非常繁盛，属于森林，可以提供木材。作业方式采用间伐的方式，伐期年龄为 180～220 年。一般不需要人工更新，主要靠天然下种进行更新。仅在天然更新不良的地区，辅之以人工更新措施。人工更新的方法一般采用容器苗造林。为了扩大旅游服务范围，法国林业部门按照多目标营林，原则对其实行经营，设立了许多方便休闲旅游者的设施，如方便的道路网，停车场，道路标志及导游指示路线。

第二节　近郊森林的营造

一、近郊森林的主要类型

近郊森林是指城市周围（城乡结合部）建设的以森林为主体的绿色地带（Green belt zone）。就我国城市近郊森林类型分析，主要是以防护林为主的防风林带；以水土保持为主的城郊水土保持林；以涵养水源为主的水源涵养林；还有近郊人工种植或天然遗留下来的带状或丛林小面积片林（隔离片林），以及人为设置的各种公园、休闲娱乐设施中的林木。这些绿带既可改善生态环境，为市区居民提供野外游憩的场所，又可作为城乡结合部的界定位置，控制城市的无序发展，其功能是多方面的。

二、近郊森林的主要功能效益

1. 改善城市小气候

对于平原城市和大城市，大气环流直接影响该市的小气候，在地形较复杂的中小城市，其地形地貌和地表特性，常形成山谷风、海陆风、城市环流、沙尘暴等，往往对该市的小气候有直接作用。

近郊区林木，比市区森林面积大而集中，有较好的生态效益。据北京市调查，夏季市内空旷地的平均气温达 27.2℃，而市区一个 32 公顷的公园绿地中，平均气温仅为 25.6℃，城郊大面积绿地，其降温保湿效果更为显著。1 公顷阔叶林在生长期的蒸腾量相当于同面积水库表面的蒸发量。城市环境是缺乏水分的，因此，大部分太阳辐射能都会转变为使空气温度增高的势能。尤其是在夜间，由于市区通风和散热条件差，常发生过热现象。在盛夏季节，市中心的气温比郊区气温高 10～15℃，同时城郊的低温和市区的高温所产生的气压差，形成冷空气，沿着地表进入城市；而带有城市污染物的气流则上升，并逐渐向郊区扩散，形成城市环境特有的小气候环境。因此当人们合理地规划城市近郊森林和市区森林

时，就可以将郊区冷空气引入市区。

2. 防治环境污染

城市空气污染主要有3种排放途径，工业企业烟囱等排放的集中点污染物；城市机动车排放的线污染和分散小工业和居民生活用煤排放的面污染。其中点和线的污染较易采取防治措施，而面污染较难治理。尤其是直径为1微米以下的飘尘，常常可在空中浮悬连续半年之久，危害很大。风对城市的影响既有利又有弊。过强的风速如台风、沙尘暴等，具较大的破坏性，因此需要设置防风林带以降低风速，而经常性的微风或小风又可以加速气流的活动，有利于被污染空气的稀释，并能提供新鲜的空气。

3. 改善城市地下水源条件

城市环境由于人工设施较密集（如建筑、道路、广场以及各种构筑物）使地表的封粘率较高。城市环境中的降水大多不能直接渗入地下，易形成地表径流，使河湖水系的涨落变幅增大，易造成水旱灾害。同时许多工业生产大量使用地下水，使地下水逐渐下降，导致土壤承载力减小。

城郊森林的存在，可以缓解水系的变幅又可作为地下水的补充来源。对于坡度为30°的山丘地，绿化更具有明显的水土保持作用。特别是较大面积的光秃山头，地表径流大，在山脉和土层较厚的地带营造森林，可以减轻水土流失和涵养地下水资源。

4. 提供理想的休息、游乐场所

城郊往往有条件保持大面积的森林和绿地，具有空气清新、环境优美、交通方便等多种优势，是人们节假日休息、游乐的理想场所。

在城市近郊的森林中，可以选择环境适应的地段，分别设置森林公园、植物园、疗养地、野营基地等，人们来到这里，可暂时脱离喧闹的城市环境，在大自然中尽情享受原野的乐趣。

三、近郊森林的规划设计

城市郊区森林虽属郊区的规划范畴，但因近郊和城市森林系统紧密相连，所以必须从整个城市森林生态系统的角度出发，进行规划与设计。

近郊森林规划程序如下。

1. 现状调查

首先对城郊绿地的现状，城市所处自然环境特征（包括地形、水文条件、气候条件、环境污染状况、城市盛行风向、大小频率等），进行调查；然后按照近郊森林的功能类型，对其景观现状进行分类。通常近郊森林地段可分为以下几个地段。

（1）防风林带、水土保持和水源涵养林带的地段。防风林带、水土保持和水源涵养林带，应设置在对城市环境可能产生最大影响，并且在栽植后能够最大地发挥其防风、水土保持和水源涵养效益的地段。

（2）林木茂盛的近郊林地。此类地段可暂划为保护区，作为远期风景林或保护林规划建设用地。

（3）不易作风景林或保持林的地段。这类地段有冲沟、沼泽地、洪水淹埋地区等。经过人工改造，近期内仍难于作为风景林开发的地区。

（4）生产性的果树及其他经济林用地。

（5）风景优美，距城市较近，有一定名胜古迹，可供优先开发的森林地段。这些地段一般林木较繁茂，地貌景观丰富，水面和泉瀑可供游乐。同时，历史上早已形成郊野名胜地的这类地段风景林价值最高，可供优先开放。

（6）植被虽已破坏，但地被和土壤条件好，离城市近，通过风景林或者防护营造，近期就可形成森林景观的地段。

（7）市郊有害工业区，一般只能做为防止各种工业污染的特殊防林用地。

2. 林班和小班区划

根据以上调查情况，郊区森林的建设原则上可采用森林区划中林班区划方法进行。常用综合区划法，即自然区划法和人工区划法相结合进行区划。

自然区划是利用林地的自然界线，如山背、沟谷、道路、河等作为林班。因此林班的形状，大小按照当地地形而定。一般多为不规则形状，自然区划的优点是能充分利用和照顾地形变化和森林自然分布的特点，在山地一般是一个林班为两山夹一沟，经营管理颇为方便。

所谓人工区划和林业上稍有不同，要进一步从森林特点和土地类型再细分为小班，然后用罗盘仪或目测法勾绘在地形图上，以使作为林地规划的依据。

3. 近郊森林规划类型

按照上述的规划设计程序，一般近郊森林首先可以区划出如下几种规划类型。

（1）郊区森林带（也称郊区绿带）。为城郊森林的主要类型，是以林木为主体的绿化带。主要功能是改善城市内部生态环境和城市景观，不允许大量砍伐，包括各种防护林、水土保持林和水源涵养林等。

（2）卫生防护森林（环卫林）。主要设在污染的城郊工业区四周，常在城郊绿地的包围中，使污染物不向外界扩散，这种防护林是近郊森林的特有类型。

（3）城郊公园和森林公园。主要设在交通人流方便、城市景观效果好的地段，是人们活动和游览地，在城郊绿地中占用面积不大。

（4）公墓森林。以森林为主体的公墓绿地亦可起到良好的效果。

各种类型的具体设计，可以参照防护森林培育学、水土保持林学、园林规划与设计等学科的方法进行，这里不再重复。

四、近郊森林的营造

正如前面已讨论过的，近郊森林类型是多种多样的。但从主体上讲，主要有三大类型：一是防风林；二是水土保持林；三是风景林，主要包括近郊公园（有水上公园、森林公园、纪念性游园以及各种文化景点等）。不同的近郊森林类型林木的营造技术是有差异的。

（一）近郊防风林的营造

近郊防护林根据所保护的对象，可以分成防风林及防污减噪林等类型。

城市防风林的营造，关键的技术措施是选择造林树种，并且配置和设计具有不同走向、结构及透风系数的防风林带。一般的城市防风林都是呈带状环绕在市区和郊区的结合部。而有害风的风向每个城市都不尽相同，因此防风林带的设置就应当与当地主害风风向垂直。对于我国北方城市，一般冬春季是大风季节，而且盛行风向大多为西北风。因此在这些城市中防风林带则主要应设置在城市的西北部，并且与主害风方向垂直。树种选择也应最好选用常绿的松柏类树种。冬季不落叶，其防风阻沙能力较好。但是对于南方沿海城市，这些城市经常要受到台风的侵袭。我国台风的路线一般是东南方向的，因此防风林就应布置在市区的东南面，而且在树种选择上，就应选择落叶阔叶林为好。落叶阔叶林在夏季总叶量很大，能够对风形成较大的阻隔作用，但到了冬季以后，由于树叶脱落，而使得太阳辐射能够透过枝干而进入到市区环境当中，从而使市区的冬季气温有所提高。

一般北方地区近郊防风林带近选用的树种有沙枣、小叶杨、青杨、二白杨、新疆杨、白榆、旱柳、樟子松、油松等。

（二）水土保持林的营造

近郊区与市区相比，虽然人为活动的影响程度有所降低，但与远郊森林类型相比较，人类生产活动对它影响仍然是很大的。如果破坏了原有植被，易引起水土流失，特别是坐落在山区或者有一定坡度的城市，这种水蚀现象就更为严重。而营造水土保持林，是解决市郊水土流失问题的关键所在。城郊水土保持林的营造技术可参阅干旱区造林学或水土保持学等课程，这里就不再详细阐述。水土保持林在北方地区常用的造林树种有油松、沙棘、锦鸡儿、紫穗槐、柽柳、柠条、旱柳、珍珠梅、桃、李等。

（三）近郊风景林的营造

配置在近郊各个园林风景点，如植物园、水上公园、森林公园的风景林，一般可分为如下四种类型。

1. 密林

林木郁闭度为0.7~1.0，道路广场密度为5%~10%。

密林的特点和特性：由于密林郁闭度大，一般不允许游人进入，因而道路广场面积相对较大，以便可以容纳一定的游人。从配置上看，密林可分为混交林和纯林两种。纯林多为水平状态的郁闭，同时不应进行行列状种植，株行距离具有自然疏密的变化。树种可选择各种松类、橘、枫香、紫楠、毛竹、金钱松、鸡爪槭、梅、桃、柿等。林下可种植华丽的阴生和半阴生草本植物，如百合科、石蒜科、鸢尾科、天南星科、莎草科等耐阴草花。

混交林是以多树种植物之间形成的稳定群落。树种组合时，不仅要考虑地上部分相互依存的环境关系，还要考虑地下根之间的垂直分布以形成自然均衡的人工混交林。混交林地上部分一般呈成层结构，可以是三层，如乔木、灌木、草木层；或是四层的，如大乔木、小乔木、灌木、草本层；还有的可达五层，即大乔木、小乔木、大灌木、小灌木、草本层等。树种选择一般以常绿和落叶乔木混交景观效果较好。采用50~100株或100株以上，以块状混交为主。株行距和小块的形式以自然为宜，忌成行成排。每一个树种占有的多度也不同，一般上层木占30%，中层木占65%，下层木占5%左右为宜。

2. 疏林草地

林木郁闭度为0.4~0.6，道路广场密度为5%以上。

疏林草地的特点和特性：林木有部分光线可以进入，因此有些阴性、耐践踏的禾本科草种可以生在10~20厘米，林下空间较大。这类疏林适于人们进入活动，特别是夏季人们在婆娑的树荫下，绿草如茵的草地上席地而坐，进行野炊、午睡、游戏、阅读，别有风味。

3. 稀树草地

林木郁闭度为0.1~0.3，道路广场密度为5%左右。

稀树草地的特点和特性：以游憩为主，一般是沿周围小道布置部分树丛、树群，形成各种大小不一的草地空间，或者在草场中布置一株孤立木以满足庇阴的要求，所以草地中的树木，是以观赏为主，庇阴不占主导地位。草地的功能主要为春秋季在日光下进行活动的场所，或是寒冷地带需要阳光而设置这一类草地，一般林木郁闭度可有0.1~0.3。稀树草地以纯林为好，为丰富景观，可采用部分花灌木为下木。

4. 空旷草地

林木郁闭度0.1左右，道路广场密度5%以下。

空旷草地的特点和特性：空旷草地主要指完全没有树木，或只有少量孤立木、树丛的草地。其主要功能是提供体育运动、游戏、群众庆祝活动用的自然或规则式草坪。

需要强调指出，上述四种类型的森林草地要与其环境中的其他设施相协调，形成统一的又丰富多彩的景观。

第三节　郊区森林的抚育与保护

一、远郊森林的抚育与保护

自然保护区或国家森林公园的森林抚育与保护措施主要是对这些地区的森林管理问题，抚育措施与一般天然森林相同。一般对植被已发生退化的地段，采用封育措施进行抚育与保护。封育的具体实施过程如下。

(1) 划定封育范围，或规划封育宽度。

(2) 建立保护措施，在封育区边界上建立网围栏、枝条栅栏、石墙等。

(3) 制定封禁条例。

对天然更新良好的自然保护区和国家森林公园的森林可采用间伐、择伐、疏伐等方式进行抚育，以促进森林可持续发展，同时还能生产一定的木材，获得部分经济效益。

自然保护区与国家森林公园管理与保护的好坏，标志着一个国家在自然保护领域内物种保护的科学技术、管理人员素质、管理措施和手段，以及宣传教育等方面的水平高低。它同时也反映出国家和社会公众对自然保护的重视程度。每一个自然保护区和国家森林公园都应认真详细制订各自的管理计划。按管理计划来行使对自然保护区和国家森林公园的管理。管理计划一经上级批准后，即成为自然保护区和国家森林公园管理机构一定时期内管理的准绳。自然保护区和国家森林公园管理机构应向公众阐明管理计划内容，以便让公众进行监督。

每执行完一个时期的管理计划后，还应根据出现的新情况，新问题和今后的发展，制订下一个时期的管理计划内容（一般每一个管理计划的年限是5～10年），自然保护区和国家森林公园的管理范围很广，大致包括如下内容。

（1）特别保护区的管理。

（2）野生动植物的管理。

（3）景观和栖息地的管理。

（4）自然保护宣传和教育管理。

（5）科学研究的管理。

（6）旅游和娱乐管理。

（7）土地和设施的防污染管理。

（8）水源和空气的防污染管理。

（9）防火和控制自然灾害的管理。

（10）区域内居民生产生活管理。

（11）自然保护区和国家森林公园的行政管理等。

二、近郊森林的抚育与保护

近郊森林无论是防风林、水土保持林、水源涵养林以及各种风景园林的林木，除少数特殊情况（如城市郊区本身就是天然森林分布）外，一般都属于人工林。因此适用于人工林抚育管理的各项管理措施，均适应于城市近郊森林的抚育和管理，目前生产实践中主要的管理措施如下。

（一）林地的土壤管理

林地的土壤管理包括以下几方面。

1. 灌溉管理

一般城郊地区都具备各种灌溉条件，为了确保市郊森林的成活和保存，应当进行适当的灌溉。在降水丰沛的地区，一般只在造林时灌溉一次水。但在干旱、半干旱的地区，则应根据气候状况、土壤水分状况等进行定期或不定期的灌溉。灌溉方式主要有漫灌、渠灌、喷灌、滴灌、渗灌等。

2. 施肥管理

施肥管理对于市郊各种类型的森林生长发育都有很重要的作用。它可以促进生长发育，缩短成材年龄，提前发挥森林的各种效能特别是对于郊区的果园和其他经济林木，施肥是一项不可或缺的抚育管理措施。

具体的施肥种类、施肥方法和施肥时期应根据林地的立地条件、树木生长发育阶段和肥源状况来定。最好是无机肥料与有机肥混施。这样一方面为植物提供营养成分，另一方面也可改良土壤的物理、化学性质。在条件允许的地段，也可以进行间作绿肥的种植。

3. 中耕除草

中耕除草作用有二，一是松土，二是除草。除草的主要方式有人工除草、机械除草和化学除草等方式。

4. 培垄

培垄就是在幼树中沿栽植行将土培于幼树根际周围，使呈垄状，其优越性是垄沟可蓄水保墒，垄梗可扩大幼树林下空间营养面积，促进不定根生长。培垄时间应在雨季之前进行。

（二）树体管理

树体管理的主要措施是修枝。修枝时间应在幼树郁闭成林后进行，一般是为了控制侧枝的生长。

修枝方法主要如下。

（1）促主控侧法。此法适用于侧枝较多，枝条较旺的树种，如榆、杨等，主要是除掉过多的或者衰弱的枝条。

（2）针叶树修枝。一般在造林5年后进行，这时生长变快，第一次修枝后，隔4～5年再修一次，每次从基部往上修去侧枝1～2轮。对双尖树，要去弱留强对下层枝强的树要拉下促上。

（3）树冠整形修枝法。主要是针对观赏树木的一种修枝方法，树冠整形，要做到适量，并且要能够使树冠形成良好的形态和结构。

（三）树木保护管理

1. 林木病虫害的防治

具体防治措施与市区森林病虫害防治方法相同。

2. 气象灾害的防治

主要防止冻拔、雪折、风倒、日灼等。防止风倒的方法是栽植时踏实，防治手段可以通过深植或埋土予以解决。防止雪折的方法是营造混交林。

3. 人畜危害的防治

人畜对森林的危害既是技术问题，也是社会问题。解决的办法是全面区划，综合治理。建立建全护林组织，加强法治。在技术措施上要采取围栏保护的方法。

4. 防火

各种郊区森林主管单位均应建立健全护林防火组织，制定防火制度，严格控制火源。林内制高点架设瞭望塔，并设立防火道。发现火源时及时向上级报告并组织灭火。

第二十七章　城市森林经营

第一节　城市森林的分布

一、城市森林分布范围概况

前面已经讲过，从20世纪60年代开始，人们才把“城市”与森林结合起来。之后经过近40年的发展，其理论基础和应用范围已渐趋成熟，但直到现在有关城市森林的范围，国外科学家的论述也不尽相同，但基本观点是一致的。他们认为：“城市森林包括所有木本植被，其分布遍及城市市区以及城郊所有人口居住地，从很小的村庄到最大的城市”。从这个概念出发城市森林不仅包括了市区所有林木（包括公园、花园、植物园、动物园、城市街道旁的树木及其他植物，河、湖、塘池边树木及其他植物，居民区、公共、场所、机关、学校、厂矿、部队的植物），而且还包括城郊绿化带，片林、郊区森林、风景林区、国家森林公园等。简言之，凡是城市范围内的树木及植物生长的地域，以及该地域内的野生动物，必须的设施等都列为城市森林范围。美国规定，行道树是城市森林的重要组成部分，据1985年统计，美国共有行道树6 165万株，面积50.22万公顷，相当于半个黄石公园，价值300亿美元。英国密尔顿·凯恩斯的城市森林，由3个自然公园、带状公园和22个小灌木林及其他类型的小片林组成。日本横滨城市森林，由1 209个公园，450公顷郊区森林和行道树组成。比利时的城市森林包括城市绿色空间、公园和城市周围的森林。墨西哥城市森林包括郊外和市内古老的公园及市内的林木。

二、确定城市森林分布范围的几种方法

1. 利用土地管辖权或行政归属权来确定

利用森林土地管理辖权或行政归属权来确定森林是否归属于城市范畴，是一个很简单、有效的方法。从理论上讲，不管上述所有森林分布在什么区域和离城市距离的远近，只要其土地所有权或行政管辖权属城市市政管理，它就肯定属城市森林的范畴，这种界定方法，在我国更为有效。因为我国（大陆）所有土地所有权归国家全民所有，但行政管辖权由各个不同级别的行政管理机构管辖，所以只要土地管辖权归城市，则其必为城市森林。如北京市行政管理上辖有18个区县，而呼和浩特市三区和五县，那么分布在这些区县上的所有林木都为北京市或呼和浩特市的城市森林范畴。

2. 利用城市土地利用方式及所占面积来进行间接估算

在市区范围内，把土地利用方式和所占面积大小经过调查，仔细统计，然后根据区域中林木分布的数量，来估算市区森林范围。一般城市土地利用方式和面积，由城市市建部门负责区划和测定，且较为精确。例如据美国佛罗里达州、达迪县的土地利用资料，该县住宅区面积占总土地面积的35%。住宅区土地被一个个家庭所占有，一般地段，住宅区都种植或原来就分布有大量林木，因此由于其面积大，理所当然就成为了城市森林的主体。其他城市森林林分布区有公园占3.8%，街道或其他交通线路占74.6%，农业区域占2.2%，公共事业用地占3.1%，正在开发占23.5%。

3. 根据林木的所有权或管理权来确定城市森林的分布范围和状况

根据这种办法，可以推算出在美国城市森林有30%归公共所有，而其余70%则归私人所有。

三、城市森林分布类型的特点和性质

根据城市森林土地所有权归属，可把城市森林土地类型区分为两大类型。

（一）公有土地

1. 公园

在城市景观中，也许只有公园与天然森林最相似。公园中的城市森林，大部分是人工营造的，也有少部分是原来森林残留的小部分次生林发展而来的。从公园规模上看，可大可小，小的如位于商业区域内的街头绿地或小游园，大的如综合性公园、大型游园或皇家园林。在美国，大部分公园为公共所有，但也有许多位于私人土地上的娱乐场所、企业、工会及其他组织所拥有和管理，几乎所有公园都栽植有大量林木，尤其是自然形成的休闲娱乐区，通常都是以林木为主体的自然群落。

2. 公共道路

街区公共道路是城市森林最主要的组成部分，它们一般呈带状，并与街道相毗邻或位于干道中间，主要类型有树木草坪、林荫大道和公园绿化带。

由于公共道路的宽度变化范围很大，而且经常有人行道路与机运道之分。因此这些地段的林木经常是以单株单列式种植的。但是在空间相对较大，如医疗机构地段，就可以种植多种树木，灌木和其他风景林，并且从空间构型上也可以是多样化的。

行道树木生长空间大小，主要由街道的宽度、街道的用途和其他空间因子所决定，所以株距难以确定。但在住宅区，美国各城市行道树株距最低标准为 15 ~ 25 米，每英里（1 英里≈1 609 米）长街道种植 200 株树木。

3. 高速公路和铁路

在美国，几乎没有一座城镇没有高速公路或铁路，大部分城市都有一条或一条以上铁路和几条高速公路，这些高速公路归县、州或联邦政府所拥有。在高速公路两侧或线路内部的若干地段或者在干线中间，经常种植大量林木。一般县、州级高速公路的林木配置方式与街道树木的配置相似，但联邦级高速公路一般占用土地面积较大，可以栽植乔木、灌木和其他风景园林植物。铁路一般在城市森林所占的比例较小，但在废弃的路道和站区广场可以种植大量林木。

4. 公共建筑和广场

与公共建筑相邻或处于公共建筑之中的广场、道路、中小学校园、动物园、大学校院、医院、礼堂、博物馆、教堂、及其他公用福利事业是城市森林的一个很重要的组成部分，同时在世界各地绝大部分广场周围都种植着大量林木，它们一方面起绿化、美化效益，另一方面也可以界定广场与其他设施的位置。

5. 治外法权土地

治外法权土地是指虽然从分布上不属于市区范围的土地，但土地拥有权、树木栽植、经营管理权却归市府的土地。主要有城郊绿化带小树丛、防护林带、甚至于各种菜地和果园。这些地区的森林一方面具有防风固沙、水土保持的作用，另一方面也具有休闲娱乐、风景游览、公园墓地、甚至可用做垃圾处理场。因此它们的价值是极其巨大的，比如芝加哥城郊防护林分布的总面积有 4 100英亩，这些防护林由带状、块状和其他不规则的林地所组成。

6. 河湖岸区

河岸、运河、大堤、防洪堤、河槽、湖岸甚至于海岸都属于城市森林的一个部分。这些地区一般总是被造成公园，或者各种休闲娱乐场所。在建设的同时，就为城市提供了绿化带。如果河流或湖泊本身就位于市区之内，就为以水域有关的园林绿化提供了更加广阔的空间。

（二）私有城市森林土地类型

私有的城市森林类型主要分布在宅区、工业区和商业区。

在住宅区，如果土地所有权归私人所有，通常分布在这些土地上的林木一般也归私人所有，尤其是在别墅区，林木花草都会影响这些建筑物的价值。

相对来说，商业区在城市的土地利用面积上所占比例小，因而森林分布面积也小。但是，近年来由于对环境问题的认识在增长，因此林木和其他风景林设施在商业区也有所增加。

工业区的功利主义更明显，但许多企业还是建立了风景小区、园林植物种植区和小型公园，以及其他休闲娱乐区，并且有各种防护林带、隔离林带存在。

第二节　城市森林的调查与测量

一、城市森林调查的意义与目的

城市森林不仅从物质生产上具有经济效益，而且对人类生活环境改善和精神文明建设均具有很大的作用。就我国城市绿化工作而言，每年全国种植几千万株树木，保存率尚不能令人满意。很多地区的单位用大量资金盲目地从远地购进本地不能生长存活的苗木，造成人力物力和财力各方面极大的浪费，几乎所有城市都存在着树种组成单一、种类贫乏的问题，严重地影响了城市森林的发展和水平的提高。为解决上述问题，首先就应做好当地城市森林分布状况、树种组成、生长状况的调查和测量。确定出各种城市森林分布面积，以及树种生长状况。同时对各树种在生长、管理和绿化应用方面的成功和失败进行总结，然后根据本地各种不同城市森林类型对树种组成要求订出规划。苗圃按规划进行育苗、引种和培育各种规格的苗木，并且为市政林业机关制定各种有关城市森林营造和管理利用提供依据。

二、城市森林分布状况调查

城市森林分布状况调查的程序如下。

首先确定城市土地利用类型，方法是：①从城市有关部门收集有关城市建设中土地利用现状，并把它们初步地分成各种土地类型，诸如公园、街道、广场、住宅区、商业区、工业区和混合区，计算出各种类型土地占用面积，在面积计算中可以利用航片、卫片和遥感技术进行测算；②利用城市（包括市郊）平面图或地形图，应用 GIS 技术把各种土地利用类型绘制成分布图。

土地类型确定后，就应进行第二步，即抽样调查。即在各种土地利用类型中选择有代表的区段，进行抽样调查。这种代表性区段的确定应该是随机抽取的，并且选取数量应能满足统计分析所需的样本数量。调查项目主要包括：土地利用类型现状、面积、生境条件、树种组成、树木生长状况、群落结构和配置状况等。

最后确定各种城市森林分布类型和其确切面积。在野外调查的基础之上，利用抽样调查的具体数据和记录对全市范围的城市森林分布类型进行归纳和统计，并确定主要城市森林分布类型和面积。

三、城市森林树种组成及生长状况的调查

城市森林树种组成与生长状况调查是建立在城市森林分布类型与状况调查的基础之上的，它要求根据各种分布类型在城市森林中的面积和功能效益大小，确定各类型中主要调查树种和一般调查树种，并且确定标准树的数量和类型。城市森林树种的调查程序包括 3 个方面。

1. 组织与培训

首先应当由城市森林的主管部门选择具有相当业务水平、工作认真的技术人员组成调查组，在调查以前进行认真的培训与学习，使它们能够很好地掌握有关树种调查的方法和具体要求，然后根据城市森林分布类型，分成不同类型的树种调查测量小组，分别对各种类型的树木进行调查。

2. 调查与测量的实施

在实地调查前，应当印制各种调查记录表或卡片，在野外测量时填写数据用。同时，测量之前首先在具体选定的典型代表区段上，确定标准树若干株，数量由其在城市森林分布面积大小而定（≥30）。面积大，起作用明显的应选择标准树多一些。然后对选定的标准树，根据表中列出的各种调查项目，依次具体测量和填写具体项目，内容如下。

（1）编号。

（2）树种名称（学名、科名）。

（3）类型（公园树木、行道树、防护林、庭院、广场绿化树木等）。

（4）栽树地点。

（5）来源。

（6）树龄。

（7）树冠形态（角锥形、卵形、倒卵形、枝条下垂形，不规则形）。

（8）干形（通直、稍曲、弯曲）。

（9）物候期（展叶期、花期、果期、落叶期）。

（10）生长势（上、中、下、秃顶）。

（11）调查株数。

（12）生长状况（最大树高、最大胸径、最大冠幅；东南西北、平均树高、平均胸围）。

（13）栽植方式（片林、丛植、孤植、绿篱、绿墙）。

（14）繁殖方式。

（15）栽植要点。

（16）栽植位置。

（17）适应性（耐寒力、耐高温力、耐旱力、耐阴性、耐瘠薄力、耐盐碱、耐病虫害程度、耐风沙）。

（18）绿化功能。

（19）抗有毒气体能力（SO_2、Cl、HF、抗粉尘）。

（20）其他功能。

（21）总体评价。

3. 城市树木调查总结

外业调查结束后，应将采集资料集中，进行分析总结。内容包括如下几个方面。

（1）前言。说明目的、意义、组织状况及参加工作人员，调查方法与步骤。

（2）本市的自然环境状况：自然地理位置、地形、地貌、海拔、气象、水文、土壤、污染情况、植被情况。

（3）城市性质及其经济状况。

（4）本市城市森林分布类型及绿化状况。

（5）树种调查结果。

①行道树表：包括树名（附近丁学名），配置方式、高度（米）胸围（厘米），冠幅（东南西北），株行距（米），栽植年代，生长状况，主要养护措施。

②公园及街头小型绿地现有树种表。

③本地抗污染（烟、尘、有害气体）树种表。

④本地防风林树种及水土涵养林树木表。

⑤城市远郊名木古树资源表。

⑥本地特色树种表。

⑦最后根据上述各种调查表，汇总成本城市的树种调查统计表。

（6）经验与教训。

（7）意见与建议。

（8）参考文献。

（9）附件。包括图表，航片、标本或图形资料。

需要指出的是，一般在城市中，对树木的调查每年都要进行，但普查一般三五年进行一次。年度调查还应包括造林活率、生长状况、林木病虫害状况等。在这些调查测量的基础上，建立城市森林分布类型和树种生长状况数据库管理系统。

第三节　城市森林的经营和管理

一、城市林业经营目标

城市森林不同于天然森林或乡村森林。因为从性质上讲，城市森林应划入公有森林或市民森林，也即城市林业的经营隶属于社会林业。因此，发展城市林业要以改善城市环境为其总目标。美国林学会把城市林业经营定义为：“培育和管理林木，对城市居民的生理、健康、社会福利和经济繁荣发挥作用的一种高尚事业”，并据此制定了城市林业经营管理目标：美观、安全和效率。

（一）美观

美观就是美学价值高。审美感和伦理感是人类文明的标志，随着经济发展和生活水准的提高，在初步得到量的满足后，人们要求质的充实和多样化发展。因此城市林业工作者在选用什么树种、什么形态、色彩、都要从总体考虑，达到与环境的和谐统一和审美要求，达到塑造人们生活环境的作用，从而提高人们的生活质量。

（二）安全

凡是城市公用财产的管理，都要确保市民的健康和安全。如枯立木和衰弱木容易发生风折、风倒；枝桠靠近电力线3米以内，常会触电；树根凸出人行道拦倒行人，甚至落花落果亦能污染环境（比如我国北方杨树在春季飞散花絮，造成严重环境污染）等，出现这些情况都对人身安全和健康构成威胁。城市林业工作者必须通过自己的各项经营活动，诸如选择适宜树种，有序的栽植计划，定期检查树木生长状况，经常修剪养护，及时清除枯叶，把上述潜在危险减小到最低限度。保证市民的健康和安全是城市林业工作者的业务，如果掉以轻心，一旦发生事故则要负责法律责任。

（三）效率

这要主取决于经济法则，根据 Kielbas（1978）年调查，美国现有行道树约有5 000万株，平均每个城市约3万株，不少城市还拥有几百万公顷的公园或自然保护区。每个城市林木抚育占财政预算的0. 49%。美国城市林木抚育的固定雇员为3 198人，其中林业和树木栽培学家约占20%。在工作任务繁重，财政预算较小和专业人员缺乏的条件下，必须要对街道树木抚育管理采用系统化、高效率的经营模式。城市林业经营需要高效率的另一个重要原因，是城市人口密集，交通拥挤，在进行各项经营活动和处理各种危害事件中，都须分秒必争，否则会发生交通阻塞，影响市民的生产活动和正常生活。

二、城市森林经营方针

城市森林经营方针是通过城市林业工作者的经营活动，最大限度地正常发挥城市森林的生态效益、社会效益和经济效益。具体地说发展城市森林旨在提供优质的室外环境因素，诸如，凉爽、新鲜、洁净、馨香、美丽、色彩（尤其是绿色），使市民的生活和工作舒适愉快；或者说发展城市森林要从美学、生态学和经济上提高市民的文明素质和生活质量。

三、城市森林经营的主要措施

美国城市林业，正从纯手工劳动向机械化作业和从无序管理向有序过度，逐步实现现代化管理。对城市森林的抚育，已从只满足于半技艺要求，发展到植树造林务必与自然环境因素融为一体及必须维护自然环境因素的专门化管理。

城市林业的经营措施如下。

1. 建立行道树木管理系统

2. 建立害虫综合管理系统

3. 建立资源调查系统

4. 控制树根上浮

5. 控制树高伸展

6. 钻孔埋管线

7. 建立苗圃。

四、城市森林管理

城市森林管理的好坏，取决于林木管理者对林木以及其他城市绿色植物的态度、知识及资金的充足与否。成功的林木管理一般需要如下几个条件作为基础：科学的、有序的管理措施；有效的法律、法规的制定；高效率的管理体制；可靠完整的计划；足够的资金来源。其中，建立一个完善的城市森林资源清查系统是做好城市森林管理的关键。

（一）城市森林资源清查系统的基本概念

在制定城市林业发展项目之前，或者是在实施有关的城市绿地规划时，或者对已有的城市森林进行改建或重建时，必须确切地掌握该城市中现有林木的总体状况（包括林木数量、植物种类组成、分布、林木生长状况、病虫害状况等），使城市林业项目建立在科学合理、经济有效基础之上。为了达到上述目的，一条重要途径就是建立林木资源清查系统——即城市森林的编目与分级系统，并实行计算机管理。

城市森林资源清查系统是指对某个城市现存森林的总体状况进行每木调查或者抽样调查后，对现存林木的数量、植物种类组成、年龄、生境条件、管理需求、造林面积及现有林木总价值进行登记并依照统一的分极标准进行归类划分，建立数据库并且通过年度间的常规调查，剔除无用信息，增补最新的数据资料，从而为城市森林的发展提供较为方便、实用、快捷的资料信息系统。

（二）城市森林资源清查系统的建立

城市森林资源清查系统的建立，首先根据林木的功能用途和分布区域划分行道树、园林、街头绿地、防护林带等大的分级系统。然后在各个大系统中再根据土地利用状况，或者地形，具体分布位置等进行划分，例如对行道树可按其分布的区域（商业区、住宅区、工业区等）进行划分。

建立城市林木资源清查系统所需的资料信息，至少要包括如下几个方面。

（1）林木的总数量。

（2）植物种组成。

（3）林木的位置。

（4）大小组成。

（5）年龄组成。

（6）环境条件的分级与分类。

（7）管理需要（修剪、伤口处理、病虫害防治以及枯木倾倒树的处理）。

（8）造林需求。

（9）总的林木价值。

以上项目中，1～6 项可通过上一章节中我们已经介绍过的城市森林调查与测量的具体方法进行确定。城市森林资源清查系统的程序是，首先要对城市范围林木进行每木或者随机抽样进行林木调查与测量。具体调查项目可参照林木调查登记卡中的项目和上面介绍的几大项目进行野外调查。

在野外调查完成后，对取得的数据和资料进行整理、统计和分析。在此基础之上确定各种林木生长环境条件与位置，并从管理上确定各株林木近期所需要采取的管理措施，并把各株林木的生长状况进行分级，通常分为生长良好、中等、衰弱和死亡及干枯四级。然后依树种进行编号，最后利用街道及其方位确定每一株林木生长地点，最终在计算出林木总价值后填入记录表中，并输入计算机建立相关的数据库（通常应用 GIS 建立数据管理系统），从而完成整个编目与分级工作。

因此，综合上述内容，建立城市森林资源清查系统的一般程序和步骤如下。

（1）收集有关城市林木分布、城市道路、建筑等规划说明书和其他相关信息资料及图面资料。

（2）对所有城市管辖区内的林木进行抽样或每木调查和测量。

（3）根据野外调查的数据对林木进行分级与编号。

（4）城市林木分级与编目记录表的填制。在上述分级的基础上，编制城市林木编目与分级表，并根据实测数据和分目等级逐项填写表格。

（5）建立该城市林木编目分级系统（林木资源清查系统）计算机管理系统（GIS 管理系统），实现城市林业的现代化管理。

五、城市森林政策和法规

（一）制定城市森林政策和法规的必要性及主要作用

从法律基础上制定有关市政林业项目和城市林木管理条例是市政林业的法律基础。这些政策法规为城市政府及相关的林业管理部门赋予了法定权力，并要求他们利用法规和政策许可的各种方式和方法去管理、培植城市林木和其他植被，最终目的就是为城市居民提供健康、安全、有效的城市森林环境。

城市森林经营管理活动在很大程度上涉及各项有关法令和条例的制定和执行。这些法规得到全社会的承认，并且一经得到批准生效后，这些法规与政策就是强制性的，必须得到执行，成为城市居民在城市林业方面的行动准则。它们从权力、义务及责任等几方面为城市所有承担法律责任的公民和机关单位法人代表在城市森林的培育、养护及所有权等进行了详尽阐述和确定，从而为城市林业的发展提供了坚实的法律基础。

（二）城市森林政策和法规的主要内容和形式

随着城市发展和人口的增加对城市环境的压力也随之增大，特别是几十年来西方发达国家在工业化迅速发展、城市人口急剧上升的状态下，对城市环境的污染也日益严重，并且有许许多多的惨痛教训。我国在经济和工业迅速发展的同时，城市化进程也在不断加快，城市环境质量日益严峻。为了吸收西方发达国家的经验和教训，我们现在明确提出我国未来发展必须建立在可持续发展的战略基础之上，提出了人口、经济、社会、资源和环境相互协调可持续发展的总体战略、对策和行动方案。

1992 年 5 月 20 日，国务院通过了中国城市绿化条例，并从 1992 年 8 月 1 日起施行。城市绿化条例共有五章三十四条，它是我国城市林业根本遵循的法规与条例，它对于全国各大小城市绿化，城市林业的管理，以及处罚都做了较为详尽的规定，成为中国城市林业发展的一个非常重要的法律保证和基础。除此之外，各个城市结合当地的实际情况，在服从全国城市绿化条例的总体原则的情况下，进行了适当的补充和完善。

国外特别是美国由于城市林业的研究开展较早，因此有关城市森林的政策与法规和所涉及的内容较多，也非常广泛。

在美国，城市森林政策与法规中一般可能包含下面的某些部分或全部，具体如下。

（1）有关城市森林法规的定义。

（2）林业管理部门或者委员会的建立（组成、名称、职责、程序）。

（3）公有林木所有权及责任和义务。

（4）城市林业工作者和其他相关公职人员的任务（职责与权力）。

（5）造林需要（可能性与必要性，官方选定的植物种、空间位置和种植点配置）。

（6）管理（林木所有者的责任与义务）。

（7）枯树及倾倒木的处理和计划。

（8）私人土地中的林木征收。

（9）公共利用与私人林木管理公司（许可和保险）。

（10）禁止其他部门或机构干扰的防护性条例（禁令）。

（11）违规与处罚。

（12）林业建设的规格和标准（可以写在条例中也可以附表的形式放在附录中）。

以上就是美国现存的有关城市林业政策与法规的主要内容。毫无疑问，上述内容构成了美国城市林业行政管理的基础。因此林木管理的质量好坏是与政策法规的制定详尽明确与否有着极大的相关性。

同时，还必须要注意城市林业的条令必须要适合于各个城市的特殊需要。这种需要随着城市的大小、位置、栽培历史、植物类型和组织结构以及州（省）和联邦政府的要求及规定的变化而变化。

（三）城市森林管理机构

1. 我国的城市森林管理机构简介

在我国，城市林业管理机构的设立与相应的职权范围根据城市绿化条例规定：国务院设立全国绿化委员会，统一组织领导全国城乡绿化工作，其办公室设在国务院林业行政主管部门（也即国家林业局）。国务院城市建设行政主管部门和国务院林业行政主管部门等，按照国务院规定的职权划分，负责全国城市绿化工作。地方绿化管理体制，由省、自治区、直辖市人民政府根据本地实际情况规定。

根据我国多年的城市绿化工作体制的建立，习惯上在城市绿化规划的制定和建设中，一般是由城市人民政府组织和协调城市规划行政主管部门（一般是林业厅或者园林局、处）共同编制，并且纳入城市总体规划。

上述有关的组织与机构，是执行或贯彻有关城市林业建设与管理的政策和法规的执行机关，法律赋予了他们具有对城市林业建设和管理的权力，也明确了他们应当承担的责任和义务。所有这些组织与机构是确保城市林业建设项目得以实施和高效率完成的组织保证。

2. 美国城市林业管理机构的组成和主要职权范围

在美国，大多数的市政林业项目是由委员会、部门和其他权力机关进行管理。这些权力机关参与管理的途径和方式有3种：①咨询；②制定相关政策条例；③项目实际操作。

由于上述方式的差异，因而使得有关城市森林管理机构和部门从实际的职责范围和所具有的权限范围就产生了差异。

（1）城市林业项目咨询委员会的职权和作用。咨询委员会或部门没有制定政策或管理方面的权力和责任。他们的职责是研究和调查该城市林业状况和有关各项林业项目实施的技术可行性论证，并且为市政府管理机关提供参考建议和意见。他们无权扩大或增加经费预算，不参与实际操作。

（2）政策条令制定委员会的职权和作用。政策条令制定委员会是市政府林业管理机构中具有制定政策和管理机能的半独立性机构。他们有制定项目计划和做必要物质准备的责任，并且对有关项目进行经费初步预算。但他们对项目的实施和经费开支不负责，在一些小城市中，有时有关城市林业项目的操作和实施也由这样的委员会执行。

（3）项目实施委员会的职权与作用。项目实施委员会是独立于市政管理组织之外的，它对有关城市林业政策和条令负责解释，并对林业项目的实际操作负完全责任。经费支出也是项目实施委员会的一个明确的职责，并且不受其他因素的干扰。该委员会制定的决议，不需要其他组织机构审查和通过。这样的委员会在立法权和职责方面与学校的校务委员会很相似。

一个城市中项目实施委员会通常有以下几种类型。

①对行道树、林荫大道和高速公路的林木具有管辖权的市政行道树木管理委员会；②对所有道路停车场、公园和其他公共区域中的林木具有管辖权的市政庭荫林木管理委员会；③市政公园和/或私人公园林业委员会；④市政公园和休闲娱乐设施管理委员会。

3. 城市林业管理机构人员的组成及要求

对于各个相关的林业机构或部门无论是主要领导还是一般技术人员都应具备如下条件。

（1）应该是一位具有责任心，并且热心于城市林业建设，具有能够承担法律责任，并履行有关义务的公民。

（2）主要责任人应具备熟练的管理技能，具有制定并执行各项林业项目和计划的能力。

（3）技术人员必须经过一定的有关林业或植物栽培管理知识的培训，并通过市政府或者国家认定合格证书或者取得相应的学历。

（4）对于一些专项委员会可请一些学校或研究机构中的专家作为主要成员。同时，在委员会中必须要有熟悉有关法律方面的律师参加。

第二十八章　城市森林的利用

城市森林既具有生态、社会效益，又具有直接经济价值。同时其亦具有各种林副产品的利用价值。本章将对城市森林的各种利用方式及其可行性和潜在的经济价值进行评述。

第一节　直接木材产品价值与评价

城市森林所具有的直接的木材产品价值与评价，据 Kiclbaso 估计，每株城市树木的价值在 544 ~ 1 114美元。在绝大多数情况下，城市树木价值是根据下述公式计算的：

即：植物的价值 = 基本价格 × 地径面积（90%） × 植物生长情况（90%） × 所在位置（90%）

其中，基本价格指每平方英寸（约合 6.45 平方厘米）地径面积的价值。

如一株地径面积 12 平方英寸、生长情况一般的糖槭，其价值可达 1 238美元。这种价值多在执行法律时应用，亦称法律价值。城市树木的这种价值和标准使得政府和私人拥有者对树木予以关注，如纽约州把周围有树木的房屋和房价提高 15%，这对城市树木的保护和扩展具有积极作用。

城市森林的木材价值一般不是城市森林经营者追求的主要目标。但如果是郊区的防护林，或者自然保护区或国家森林公园的林木，其林木的直接经济效益是十分可观的。

第二节　各种副产品和废弃物的利用与评价

1. 城市森林副产品及废弃物的来源和种类

城市森林副产品及废弃物的来源和种类包括：①各种枯死树木的躯干、树桩、树根；②因具有潜在的机械性危害或可能感染某种昆虫、病菌而需要清理的林木；③从密度过大的林分中疏伐下来的枝、叶及其他非木材产品；④修剪过程中，形成大量的枝条或者暴风雨折断的枝条躯干、残桩；⑤城市森林每年形成的枯枝落叶和一些不能直接成为商品的果实、种子等。

与其他管理措施一样，上述副产品和废弃物处理和利用必须要有明确的法律规定，并且制订出较为详细的计划。同时需要大量资金予以保证。法律规定的主要目的是为城市居民提供一个安全和方便的生产生活的环境，因此必须对一些具有潜在危害和影响的林木进行强制性管理措施。处理计划必须建立在每年对城市森林普查的基础之上，要求对所有已死亡的或具有危害的林木进行确定，然后记录下来，最终制定出详细的处理计划。计划制定好后，将通知林木的拥有者或者管理者，在限期内对这些林木进行砍伐。如在限期内没有处理枯死木或病虫木，则市政机关有权进行强制性处置，并对林木所有者进行罚款处理。

上述各种废弃物或林副产品数量是很大的，处理这些林副产品和废弃物需要花费巨额资金。比如在芝加哥，从 1968—1978 年之间，因荷兰榆树病而死亡树木有 295 000株，在此期间处理这些枯死树木的费用已达到 2.44 亿美元。加上现在大多数城市已经通过了禁止露天焚烧森林废弃物的法律，就迫使城市森林有关管理单位、研究机构去寻找对林副产品和废弃物加以利用的途径，并且取得了一定的成效。

2. 城市森林副产品及废弃物的转化利用途径

目前，对城市森林副产品转化利用途径主要包括以下几种。

（1）作为造纸工业，压缩板材和构筑房屋顶的建筑材料。粗大、沉重的树干及枝条，一般需要就地处理。在美国，经常把这些东西用机械进行粉碎，使其成为木屑，然后做为压缩板或其他材料的原材料。这对于无法作为木材使用的粗大枝干是较为适宜的。在芝加哥，1972 年 21 000株枯死木有 15% ~

20%的林木转化成为压缩板，共获利为32 000美元。

目前这种转化利用途径主要存在问题是：①收集和处理木屑机械非常昂贵；②木材的供应不足；③产品的销售市场有限。

（2）利用细嫩枝条和落叶堆积成为有机肥。在美国的一些城市中，为了处理城市森林大量枯枝落叶，成立了堆肥中心站。利用细枝和落叶进行堆肥，首先要解决落叶的收集。叶子收集非常麻烦，投资也很大。近年来专门研制了叶子收集车，一般以强力真空吸取的办法进行叶子的收集。叶子收集起来后，经过粉碎，然后作为堆肥的基本材料。堆制场地一般选择在公园空旷和偏辟的地方。制成的堆肥可作为城市森林营造中，林木施肥的一个来源和补充。

3. 作为城市能源工业用燃料的补充和代用品

近年来，矿物燃料奇缺（主要是煤、石油、天然气）。能否利用城市森林中的木质废弃物作为矿物燃料的补充和代用品，已经愈来愈引起广泛的重视。利用城市森林的木质废弃物作为矿物性燃烧的代用品，其经济效益十分可观，且发展潜力也十分巨大。目前堪萨斯大学正在设计一个能够为全院提供取暖热量的锅炉取暖系统，其燃料全部为城市森林废弃物和其他一些木质材料，并且种植了薪炭材作为燃料不足部分的补充。

第六篇

矿区植被恢复及森林健康与维护

第二十九章　矿区植被恢复现状

20 世纪 80 年代以来，随着对矿产资源需求的迅速增加及矿业经济的迅猛发展，因矿区开采而造成的生态环境破坏问题也日趋严重，特别是露天开采，不但影响自然景观、造成环境污染，而且还会造成水土流失，诱发山体滑坡等地质灾害。采矿活动所形成的废弃地具有众多极端理化性质，主要表现为物理结构不良、贫瘠、极端 pH 值、重金属含量过高、干旱等。对矿区景观、土地资源、水环境、生物多样性等均产生了巨大影响并危及人类的生存与健康，影响区域经济的可持续发展。我国现有国有矿山企业 8 000多个，个体矿山企业达到 23 万多个。全国中型以上国有矿山企业占地 75 万公顷。其耕地、林地、草地百分比分别为 28. 04%、28. 74%、7. 43%。露天采矿场、工场与尾矿场占地为：6. 16 万公顷、3. 24 万公顷、2. 73 万公顷，采矿业中各类型占地情况为采矿活动本身占 59%、排土场占 20%、尾矿占 13%、废石堆占 5%、塌陷区占 3%。

第一节　国内外矿山植被恢复概况

一、国外矿山废弃地治理现状

近半个世纪以来，发达国家对矿区废弃地治理非常重视。据统计，全世界废弃矿区面积约 670 万公顷，其中露天采矿破坏和撂荒地约占 50%。据美国矿务局调查，美国平均每年采矿占地 4 500公顷，已有 47% 的废弃地恢复了生态环境，20 世纪 70 年代以后生态恢复率为 70% 左右。英国在 70 年代有矿区废弃土地 7. 1 万公顷，其中每年煤矿露采占地 2 100公顷，由于各级政府的重视，通过法律、经济等措施，生态恢复效果显著，1974—1982 年间因采矿废弃土地 1. 9 万公顷，生态恢复面积达 1. 69 万公顷，恢复率达 87. 6%，1993 年露天采矿占用地已恢复 5. 4 万公顷。

矿区生态环境控制与恢复最早开始于德国和美国，美国早在 1920 年《矿山租赁法》中就明确要求保护土地和自然环境，德国从 20 世纪 20 年代开始在废弃地上植树以恢复植被和保护环境。20 世纪 80 年代以后，随着世界各国对环境问题的日益重视和生态学的迅速发展。矿山环境恢复治理中的生态系统的重建工作已成为该领域研究的焦点，呈现出蓬勃发展的态势。英国、德国、美国、波兰等国家在矿区土地复垦与生态重建方面都处于国际领先水平。20 世纪 70 年代以来，人们深刻地认识到复垦是使开采过的土地恢复到可接受的环境状况的理想补救方式，而且是矿山开采活动中不可分割的组成部分。国际社会对这一共识积极响应。自 1985 年以来，已有 90 多个国家颁布了新的矿产法，美国早在 1977 年就通过了《露天开采控制与复垦法》，以规范采矿业和解决废弃矿区的问题，详尽的规定了包括原有矿和新开矿作业的标准和程序及复垦技术与目标。如规定将使用土地恢复到原用途要求的环境，稳定矿渣堆，恢复表层土壤，尽可能降低矿山排水危险，因地制宜的种草植树等。

德国是世界上重要的采煤国家，年产煤量达 2 亿吨，以露天开采为主，德国政府对煤矿废弃地的复垦、生态恢复十分重视，早在 1920 年就开始对露天煤矿矿区废弃地进行复垦，其发展过程大致经历过 3 个阶段：试验阶段（1920—1950），此阶段对各种树木在采矿废弃地的适应性进行了研究，选出了赤杨和白杨可以作为采矿废弃地恢复的先锋树种；综合种植阶段（1951—1958）：此阶段提出了树种的多样性和树种的混交；分阶段种植阶段（1958 年以后）：此阶段主要提出根据不同采矿废弃地分类种植恢复。由于制度健全、严格执法、资金渠道稳定，德国的土地复垦和生态恢复取得了很大的成绩，到 1996 年，全国煤矿采矿破坏土地 15. 34 万公顷，已经完成恢复，生态恢复面积达到 8. 23 万公顷，恢复率为 53. 7%，德国政府在治理矿区废弃地恢复生态环境中的主要做法介绍如下。

1. 制定法律，以法律作为保证

政府颁布的法律、法规，规定采矿后矿区恢复的方向、规划、资金来源等一并报批，否则不允许开矿，同时还规定采矿企业在采矿停止后两年内必须完成恢复工作，否则不再发放采矿许可证。德国在矿区废弃地生态恢复工作中有一套完善的管理机构和工作程序，而且按批准的规划严格组织实施。其程序为采矿公司首先向联邦经济部申请采矿许可证，上报采矿生产设计方案，同时上报恢复规划，然后采矿委员会计划处根据计划安排将恢复计划提交州采矿和恢复理事会审核，由其依照国家有关规定对恢复工作的技术问题提出意见。在审核同意开矿的同时，计划处根据采矿后矿区废弃地的实际情况和当地群众的意见修改完善恢复规划，并和采矿公司一起对恢复规划进行全面审查。修改后的恢复规划由计划处报政府批准，批准后的规划为法定规划，按规划严格组织实施，任何人不得改变。恢复工作完成后，要由德国地方政府、采矿公司和群众联合组织验收，直至符合恢复标准。

2. 确保恢复资金

德国矿区废弃地生态恢复的资金渠道主要有：一是根据谁破坏谁恢复的原则，由采矿公司负责拿出资金存入银行作恢复费用，专款专用；二是由采矿所在地的地方政府根据具体情况提供部分经费补贴；三是由联邦政府在预算中列入专项恢复资金；四是地方集资或社会捐赠资金。

3. 重视科技

德国在矿区废弃地生态恢复中以科学技术为先导，拥有先进的设备和一批有经验的专门技术人才，建立了广泛的科研技术网络，可随时提供有关的信息和技术数据。在联邦科学技术委员会领导下，成立了专门的采矿后景观研究所，负责采矿后生态恢复有关的技术研究工作。研究所的主要任务是研究恢复前后因各种生态因子的改变而对土壤、水分、动植物的生长及环境的影响。研究所目前开展的研究主要有林地渗透水研究；土壤不同深度养分成分及含铅量的研究；土壤分类、温度、水分、太阳辐射的研究；林木径流研究；施肥及林木生长研究；不同树种在各种土壤类型上生长过程的定位研究，以及采矿前后动植物变化的研究等。

在澳大利亚，采矿业是该国的主导产业，矿区恢复已经取得长足进展和令人瞩目的成绩，被认为是世界上先进而且成功地处理扰动土地的国家，土地复垦、生态恢复已经成为开采工艺的一部分。由政府出资对过去开采遗留下来的已封闭的矿区进行复垦、生态恢复工作，同时在法律中规定新开矿区由矿主出资恢复。

为了保证矿区废弃地生态环境恢复的工作顺利进行，许多国家如美国、加拿大、德国、澳大利亚及东欧一些国家都先后制定了有关法律、法令、规章来约束采矿工业对土地的破坏，以法律形式要求对采矿占用、破坏的土地生态环境进行恢复。

二、国内矿区废弃地治理现状

近代我国矿区废弃地的恢复工作开始于20世纪50年代末。但是由于社会、经济和技术等方面的原因，直到1980年代这项工作基本上还是处于零星、分散、小规模、低水平的状况。1988年《土地复垦规定》的出台，使我国矿区废弃地的生态恢复工作步入了法制轨道，矿区废弃地恢复的速度和质量都有较大的提高。1990—1995年全国累计恢复各类废弃土地约53.3万公顷，其中1 526家大中型矿区恢复废弃地约4.67万公顷，占全国累计矿面积的1.62%。然而，小型矿区对土地破坏十分严重，生态恢复率几乎为零。目前经济发达的省市的矿区陆续开展了土地复耕、水土保持等生态恢复建设，如北京、浙江、江苏、山东、广东深圳以及山西朔州、山东兖州、辽宁阜新、内蒙古准格尔出现了一些优秀示范生态恢复矿区。在技术研究方面山西安太堡露天煤矿、辽宁阜新煤矿、兖州煤矿、深圳和北京的矿山生态植被恢复研究取得了丰硕的成果，但是总体上我国矿区废弃地生态恢复的任务还十分艰巨。

三、国内外矿山废弃地生态环境恢复比较

总体来讲，在矿区生态环境恢复方面，我国与国外相比还有很大差距，发达国家矿业废弃地复垦率已达到50%以上，且复垦的质量很高，如美国为79.5%，而我国在20世纪80年代初，复垦率在0.17%~1%；20世纪80年代末，复垦率在2%左右，90年代初复垦率在6.2%，1994年复垦率为

13.3%，与发达国家相比我国矿山生态环境恢复方面存在很大的差距，其中的主要差距如下。

（1）复垦技术仅限于一些基本途径的研究，单一用途的复垦，没有根据整个矿区的条件，按照生态学、生态经济学原理，进行多业、综合、协调并能控制水土流失的生态复垦研究，致使复垦区生态环境改善不明显，复垦环境效益较低。

（2）土地复垦途径研究多为工程复垦技术研究，生物复垦技术研究少，使农林复垦土地生产力低，经济效益较差。

（3）矿山废石、尾矿及废水、废气是矿山生态系统破坏的主要污染源，对减少土地破坏，尾矿的综合利用和复垦；尾矿水的净化、回收、循环和再利用技术，没有从生态学理论高度，综合研究减少废石生产，抑制污染源进行生态恢复和治理，使矿山重建生态系统的方法。

第二节　矿山生态恢复方面存在的问题

美国、英国、德国、法国、澳大利亚、俄罗斯等发达国家的矿山治理工作开展的较早且比较成功，他们注重恢复土地生产性能，生态恢复技术先进。此外，加拿大、日本、匈牙利、丹麦等国家在这方面也做了大量研究工作，取得了不少成绩。近些年来，我国矿山治理工作也取得了长足的发展，但是由于经济和技术等方面的原因，矿区环境修复工作仍存在若干问题。

一、矿山类别多、分布广、治理难度大

我国矿区类型多、地域分布广且分散，植被破坏区域一般在自然状态下缺少植被生长的水土条件，植被恢复困难，导致大量矿山废弃后长期裸露，使这些矿山矿点形成新的污染源，而且涉及行业部门多、面积广，给生态环境造成了严重的不良影响。

二、权责不清、生态恢复业主不明

缺乏严格的监督保障系统，难以确保各项法规的正常执行；在不少部门还未得到应有的重视，得不到充分的保障。现有的一些有关矿山生态植被恢复法律法规，在工作实施过程中由于法律实施保障以及各部门的行业多头管理造成相关监督执法力度不足。部分废弃矿山的权属类型不同，有大型国有企业、集体企业、私企；一些矿山在开采期间未能及时进行植被恢复，并且没有预留生态植被恢复资金，当矿山闭矿或关停之后，植被恢复资金和责任业主难以落实。有部分是近年政府明令关停项目，有些是资源枯竭而停产，还有部分是由于效益不佳而倒闭形成的废弃矿山。对于这些由政府部门明令关停项目可以由政府投资进行生态植被恢复，但是对于一些由于个体和民营企业的私挖乱采等盗采矿山以及无明确业主的废弃矿山造成的植被破坏，尤其是严重的生态环境破坏，其既得利益者并不承担破坏区域的植被恢复责任，这些问题造成权责不清、生态恢复责任业主不明，使生态植被恢复难以实施。

三、理念技术方面的问题

1. 缺少科学理念指导和专业规划

我国矿山治理仍然采用“先破坏、后修复”的模式；理论落后于实践，重工程实践，轻理论研究，研究的薄弱环节乃是政策法规的制定和实施、现行技术的革新和理论提高的关键，多学科专家的参与和联合攻关也是当务之急。重修复数量，轻修复质量，还有大部分矿山未进行治理，远远落后于先进的国家，我国治理的目的主要是解决环境污染和增加可耕地，治理技术主要以单一恢复植被为主，基本来考虑恢复自然生态。

由于缺少统一规划和指导思想理念，零星开展的废弃矿山生态植被恢复虽然起到了一定的生态恢复和示范功能，但是由于开展的工作不系统，未能进行科学设计和全面总结反而对社会选成了一定程度的误导。主要表现在不能按照近自然的原理进行废弃矿山的生态恢复，而是强化人工痕迹，实施人工造景和地面硬化，造成与周围自然环境不协调。

2. 技术形式单一，不能科学的进行技术组合，技术模式的经济可行性差

由于行政决策或设计、施工单位技术单一，缺乏对技术的科学组合运用，对需要生态植被恢复的废弃矿山，不能根据立地条件的差异，采取不同的技术模式或技术组合分区施生态植被恢复，从而造成生态植被恢复效果不理想。

在进行废弃矿山的植被恢复时，一味地追求技术新颖，对本身可以采用一些传统简单的技术形式就能实现植被恢复的，却采用一些从国外引进的技术措施，这样造成资金浪费，同时使得技术模式的经济可行性差，难以推广实施。

3. 植物品种选配合理性差

在进行矿区生态植被恢复时不能最大程度地采用乡土植物品种，而是大量采用国外引进的一些草种和外来植物品种，致使植物对立地条件的适应性差、不能持续稳定地成长，最终可能导致生态恢复工程的失败。同时，由于不能科学合理地进行植物混配，造成植被群落不能实现正常演替，目标群落不能如期实现；此外，选择的植物品种的耐瘠薄、耐干旱等能力较差，一旦失去人上养护，植被就开始退化。

4. 缺乏专业设计和施工队伍

矿区生态植被恢复是一项综合的、跨学科的生态破坏区域植被恢复工程技术体系，集成了生态、材料、植物、土壤等多方面技术，目前国内这方面的专业规划设计人才缺乏，一些工程不是由专业人员设计的。此外，实施废弃矿山生态植被恢复的施工单位也多不专业，多为从土建施工、园林绿化施工转向而来，施工单位对矿区生态恢复认识不够，认为废弃矿山生态植被恢复只是砌道墙、栽棵树、种片草，过于简单的看待，造成不能按照设计思路施工，最终导致项目实施失败。

四、政策规范与环保意识问题

1. 矿区环境恢复治理的政策、技术法规建设有待进一步完善

矿山环境恢复治理中存在的各种问题，归结到一起，都与政策和法规有关。目前我国在立法上只是在《中华人民共和国矿产资源法》《中华人民共和国环境保护法》《中华人民共和国土地管理法》《中华人民共和国水土保持法》《中华人民共和国水污染防治法》《土地复垦规定》中对矿山环境提出原则性的要求，缺少具体的管理法规，可操作性差，并且有关矿区生态修复还没有形成完善的技术规范。

2. 激励和约束机制不完善，宣传教育的力度不够

激励机制和约束机制不完善，使得矿山企业、专业执法各部门以及周边群众对矿山开采造成的环境破坏没能充分重视，在矿产资源开发利用中，还没有认识到资源可持续利用和生态保护的重要意义，没有积极主动地采取措施保护环境，而是纯粹站在利益的角度上开发资源，尤其是民营企业在这一点上更加明显。

五、资金投入不足

废弃矿区生态条件极差，因此消除地质灾害隐患、造林绿化治理的难度大，所需资金量大，由于在此之前的矿山开采过程中没有建立起完善的矿山生态环境恢复制度，矿山企业只管开采，不管治理，或者重开采轻治理，企业方面缺乏生态修复的专项资金，各级政府也没有足够的生态恢复基金，从而造成矿区生态恢复缺口很大的局面。

第三节　矿山生态植被恢复的必要性和可行性

矿山开采造成大规模的土地破坏和植被破坏，在中国乃至世界，都是一个十分严重且日益受到高度重视的问题，矿山开采对生态系统的破坏十分严重，特别是土壤和植被的丧失，使土地失去利用价值，由于矿山废弃地土壤结构性差，有机质含量低，及植物必需的养分元素（尤其是氮、磷、钾）严重缺乏，同时重金属含量高，因此很不利于植物生长和其他生物活动，恢复起来十分困难。我国在这方面的问题更为突出，据统计，全国开发累计破坏土地面积200多万公顷，而且正以每年3.3万～4.7万公顷的速度递增，严重破坏了土地资源和生态环境，所以矿业废弃地的植被恢复和重建对国土资源的合理利用及生态环境保护均有重要意义。矿山废弃地的植被自然恢复是非常缓慢的，应采取积极的人工措施来加快植被的建植过程，缩短水土流失过程，使其在获取生态效益的同时，又能获得良好的经济效益，所以对废弃地植被恢复与重建机理的科学研究，并在此基础上提出植被恢复重建的可行模式，已经成为一项紧迫而极其重要的课题。

第三十章　矿区开采的生态环境影响及植被恢复理论基础

第一节　矿区开采的生态环境影响

矿产资源是一种不可再生的重要的自然资源，也是人类赖以生存和发展不可缺少的物质基础。据统计，当今世界95%以上的能源、80%以上的工业原料以及70%以上的农业生产资料都取自矿产资源。我国丰富的矿产资源的开发利用为国民经济的发展提供了坚强有力的物质基础，但同时矿产资源的不合理开发利用，对生态环境也造成了严重的破坏。要实现资源开发利用和生态环境保护的协调一致，不但要对破坏的矿区进行修复，搞好开采中的生态环境保护，防止出现新的生态破坏，还要考虑未来区域环境的生态恢复和生态补偿建设，最大限度地减少矿山开来带来的不利影响，维护或改善影响区的环境功能，在资源开发中保护环境，促进社会经济实现可持续发展。矿山的生态环境保护工作主要分为污染防治和生态保护两部分，二者相辅相成、密切相连。环境污染导致生态破坏，而污染防治有利于生态保护，同时生态保护又反过来影响环境污染的发生。生态保护不仅是经济持续发展的需要，也是人类社会发展的需要。当今世界面临的水土流失、森林减少、土地退化、物种消失、自然灾害增加、“三废”污染加重等环境问题大部分与生态有关。人类正面临着生态环境恶化的严峻挑战，因此生态保护已成为一个全球性的战略问题。

一、矿山开采污染源分析

我国的矿业活动主要指矿石采掘、选矿及冶炼三部分，矿业活动产生的生态环境问题和破坏的种类很多，例如，开采活动对土地的直接破坏，如露天开采直接破坏地表土层和植被；开采过程中的废弃物（如尾矿、矸石等）需要大面积的堆置场地，从而导致对土地的过量占用和对堆置场原有生态系统的破坏；矿石、废渣等固体废物中含酸性、碱性、毒性、放射性或重金属成分，通过地表水体径流、大气飘尘污染周围的土地、水域和大气，其影响面将远远超过废弃物堆置场的地域和空间，需要花费大量人力、物力、财力经过很长时间才能恢复污染造成的影响，而且很难恢复到原有的水平。

（一）大气污染

采石场柴油发电机产生的二氧化硫和二氧化氮散发到空气中，会严重影响空气质量。另外，采石过程中所产生的总悬浮颗粒物和可吸入颗粒物挥发到空气中，不但影响空气质量，还会对施工人员及周边群众的健康产生危害。煤矿煤矸石运输产生的道路扬尘以及煤炭和煤矸石卸料上堆时产生的扬尘，主、副井场地蒸汽锅炉产生的烟尘、二氧化硫，都会严重影响空气质量，甚至会产生酸雨。

（二）水体污染

我国矿业活动产生的各种废水主要包括矿坑水，选矿、冶炼废水及尾矿池水等，其中煤矿、各种金属及非金属矿业的废水以酸性为主，并多含重金属等有害元素（如铜、铅、锌、砷、锡、六价铬、汞、氰化物）等；石油、石化业的废水中含有挥发酚、石油类、苯类、多环芳香烃等物质。众多废水未经达标处理就任意排放，甚至直接排入地表水体中，使土块或地表水体受到污染；此外，废水入渗也会使地下水受到污染。煤矿井下水、生活污水以及雨季煤炭、煤矸石淋滤下渗水都会污染水环境，主要污染物为悬浮物等。

（三）固体废物

矿山废渣包括煤矿石、废石、尾矿及少量的生活垃圾，占用了大量的土地，其中大部分的弃土石是以临时堆放的形式占压土地。1997 年我国废渣的累计贮存量已达 64.12 亿吨，占地面积为 50 650 万平方米，矿业及相关行业的废渣为 59.51 亿吨，占地面积 2 916万平方米，应引起重视。

（四）噪声

采石场、铁矿等矿山的爆破、机械设备运转产生的通风机、压风机、锅炉鼓、引风机、水泵等运行产生的噪声都会影响到周围村庄的居民。

二、矿区开采生态环境影响

矿业发展中矿山过量或不合理的开采、挖掘，引起了一系列的环境污染和破坏问题，尤其是资源浪费和生态环境的破坏，如空气污染、水体污染、土壤污染和土地荒漠化等系列问题，对公众的安全、健康、生命、财产和生活都造成了很大的危害，已严重地威胁着人类的生存。因此，要针对矿产资源开发过程的特征和污染特点，评价矿区开采对生态环境所造成的不利影响，提出切实可行的生态环境保护以及污染防治方法，提出合理可行的资源循环利用途径，为废弃矿区的生态恢复提供依据。其对环境的危害一般包括以下几个方面。

（一）对大气环境影响

矿山生产各主要环节及矿区废石场、尾砂池、运输道路等产生的粉尘，在外力作用下逐渐在空气中弥散，造成沙尘飞扬，使空气中粉尘含量超标十倍至几十倍，降低空气能见度。由于废气、粉尘及废渣的排放引起大气污染和酸雨，以硫化工业和煤炭最严重。因为煤炭采矿行业中工业废气多为烟尘、二氧化硫、氮氧化物和一氧化碳；炼 1 吨硫黄需排放 1 万立方米有害气体，其含二氧化硫、硫化氢折合 1.8 吨，同时还产生大量废水及汞、砷、镉等有害物质。

（二）对地形地貌影响

矿山建设期间对地形的影响主要是地面整平、地表剥离、道路修建、场地建设、运输系统建设。运营期间废石的堆置，对废石场地形的影响较大。地下开采造成的地面沉降和塌陷，也会引起地形地貌的变化。

（三）对动植物生境影响

矿区及其周边环境组成了一个完整的生态系统。生态系统自身具有一定的自动调节能力，能够维持自身相对的生态平衡。但其自动调节能力是有限的，当人类的活动影响了系统中的某些因素，甚至有时改变其中一个物种都会导致生态平衡的破坏。采矿活动属于自然资源开发，所处地区与自然生态资源所在地交织在一起，一切生产过程都牵动生态系统。如人为的开采建设，破坏了植被系统、水环境，使一些动植物失去了其适宜的生活、生长的环境，致使某些物种在这一地区消失，水土流失与野生动植物生存环境的改变、地面沉降、土壤的退化、水体的污染导致水生生物资源破坏，大气有害气体会使一些动植物变异或者灭绝等都会导致严重的生态环境破坏，甚至会影响到人类的生存。

（四）景观环境破坏

矿山建设过程中剥离表层土，造成岩体裸露，破坏原有山体景观。煤矸石为灰黑色，自燃后变为黑褐色，巨大且表面裸露的矸石山严重影响矿区自然景观。光岩裸地散布于区内主要景点和交通要道沿线，形成裸露斑痕，影响了区内的景观效果，给旅游业发展带来不利的影响。地下开采造成的采空区，易引起地面塌陷，造成地面建筑、道路等设施变形破坏，直接影响区域生态景观价值。

（五）水土流失

矿业活动，特别是露天开采，大量破坏了植被和山坡土体，产生的废石、废渣等松散物质极易发生矿山地区水土流失。如位于鄂尔多斯高原的神府东胜矿区，由于气候及人为因素的影响，已使该区生态环境非常脆弱，土地沙化、荒漠化的面积已超过 4.17 万公顷，占全区面积的 86% 以上。

1. 矿区开采对水土流失的影响

采矿活动中的开挖山体、砍伐树木、剥离表土，以及废土、废石的堆放占地，都会过成强烈的水土流失。通常情况下，一般采石场毁坏的植被面积大约是采坑面积的5倍，加之采石场管理不严、盲目开采、没有相应的水土保持措施，又扩大了土壤侵蚀的范围，增强了土壤侵蚀强度。

2. 弃渣堆积对水土流失的影响

弃渣不合理的堆放，再加之未设置拦挡措施和实施植被恢复，会造成严重的水上流失。如采用倾倒式形成的自然坡度，无分层、无压实，松散度和坡度较大，在无覆盖、无拦挡的条件下，极易产生水上流失：大量的矿渣无序倾倒，占压了农田，甚至阻塞沟道，影响了排洪。矿山弃渣则是引起水土流失的重要原因。

（六）对水系水资源破坏

废矿、矸石和尾矿含有大量的硫化物，经长期风化、雨水侵蚀和淋滤，会渗出大量的酸性废水，其中常含有浓度较高的基层盐类和酸，如离子、大量有机物、硫化物及其他有害物质。这些废水如排入水体则造成河流污染，如直接渗入地下将造成地下水的高矿化度、高硬度，甚至具有毒性。

疏干水的排放，破坏了地表水、地下水均衡系统，造成大面积疏干漏斗、泉水干枯、水资源逐步枯竭、河水断流、地表水入渗或经塌陷灌入地下，严重影响了矿山地区的生态环境。沿海地区的一些矿山因疏干漏斗不断发展，当其边界达到海水面时，易引起海水入侵。煤矿地下开采方式及矿坑排水造成矿区大面积地下水位下降，形成漏斗区。地下水位下降造成矿区及附近居民用水及饮水困难。

（七）土地占压与土壤污染

矿山开发占用、破坏了大量土地，其中占用土地指生产、生活设施及开发破坏影响的土地，其中破坏的土地指露天采矿场、排土场、尾矿场、塌陷区及其他矿山地质灾害破坏的土地面积“三废”排放使矿区周围土壤受到不同程度污染。大量尾矿、废渣、废石的堆放不仅会侵占大量的土地，而且其中有害成分经过风化、雨淋和地表径流的侵蚀很容易渗入土壤，含有害物质的大气降水及其他废水也会渗入土壤，不仅会使土壤中的微生物死亡而且这些有害成分在土壤中过量积累，还会使土壤碱化、毒化。

三、矿区废弃地类型及植被恢复特点

矿山资源类型和开采方式的不同、原始地形地貌的差异，所造成矿山废弃地的类型和立地条件特征也不同，相应矿山生态植被恢复所采用的技术措施也因之而异。矿区的生态植被恢复与普通园林绿化的目标和任务有所区别，尤其需坚持近自然的恢复思路。对矿区不同的废弃地进行植被恢复时，需进行调查分析，制定有针对性的生态植被恢复方案。

（一）矿山类型

矿山类型分类依据不同，根据矿山生态植被恢复的需要，可以进行以下分类。

1. 按照矿产资源种类分类

煤矿、铁矿、采石场、采砂场、金矿、稀有金属矿山等。

2. 按照矿产开采方式分类

露天开采、地下开采、露天和地下综合开采等。露天矿开采主要指以层层剥离方式进行的煤炭、金属矿等矿产资源开发。当矿藏的埋藏深度较浅时，多采用这种开采方式。

地下采矿主要指以立井、斜井和平硐开拓方式进行的煤炭、金属矿等矿产资源开发，当矿床呈倾斜或急倾斜薄矿脉，或深埋地下，上覆岩层很厚时，宜地下开采。

矿山开采方式不同形成的开采区破坏不同，并且排渣量也不一样，尤其地下开采会形成采空区，最终进行植被恢复的形式和内容也有所区别。

3. 按照矿山生产状况分类

开采矿山、关停废弃矿山等。矿山生产状况的不同，在生态恢复时对土地的最终利用方向分析有所区别，并且对生产安全的保护也是一项重要内容。

(二) 矿区组成

按照功能和地貌类型进行分区，在进行生态植被规划实施中也应对不同的矿区区别对待。

1. 按照功能分区

可以分为开采区、弃渣区、生产区、办公区、运输道路等。在进行生态植被恢复中，开采区、弃渣区是重点，弃渣区主要包括排土场、尾矿库或矸石山。这两部分工作量最大，并且技术难度也最大。

2. 按照地貌类型

开挖坡面和平台、弃渣坡面和平台、采空区。开挖坡面是矿区生态植被恢复的难点，常常多陡坡；弃渣坡面和等个知对上于地形整理进行植被恢复；采空区作为特殊的立地条件，重点是进行综合利用，防止地质灾害。

(三) 矿区废弃地类型

根据矿区类型，可作如下划分。

(1) 煤矿废弃地。有排土场、沉陷区、煤矿石堆放场、开采坑、道路等，有尾矿库、低品位废弃矿石的堆放场、开采坑等。

(2) 金属矿区废弃地。有贫瘠废弃场地、道路砖瓦厂等取土后的场地。

(3) 非金属矿废弃地。有贫瘠废弃场地、道路砖瓦厂等取土后的场地。

(四) 矿区废弃地特点

1. 地形破碎

矿山开采和弃渣的堆放，都属于人工重新塑造地形的活动。矿区一般地处山区，地形起伏较大，加之人为的地形重塑活动，尤其是一些民采小矿，无序开采和堆放，地形尤显破碎。矿山开采过程中开采区域常形成开采陡壁，弃渣区域常形成占地面积不等、坡度不同的碎砂石坡，还存在一些不稳定弃渣边坡。一些地下采空区形成地表塌陷，地形更加破碎不堪。

2. 立地条件差

矿山废弃地普遍保水、保肥性差，缺少土壤肥力、水分，土层薄，甚至没有土壤，有些土壤被污染不利于植物的生长，没有植被恢复的土壤条件。

(1) 煤矸石山。煤矸石是由碳质页岩、碳质砂岩、砂岩、页岩、数上等岩石组成的混合物，矿物组成主要是高岭土、石英、蒙脱石、长石、氧化铝等。因此风化速度快，堆置数月就崩解放碎砾，1～2年后细粒（3毫米）及以下的颗粒占总固体重的50%以上，经常发生泻溜和沟蚀，加速水土流失。此外，煤矸石山的酸碱度不适宜植物生长，并且燃烧值高的煤砰石山还存在自燃的问题。

(2) 排土场。露天开采是将矿层上的岩石、土层全部剥离后的露天采矿，故采矿前将矿层上的岩石、土层作为废弃物堆置在另一场所，形成的废弃岩土堆置的场所即排土场。排土场通常缺少植物生长的土壤条件或是土层较薄，并且还会存在不稳定的弃渣边坡，植被恢复首先需要进行渣体整理和客土作业。

(3) 贫瘠废弃场地。包括开采区和矿区道路系统修建留下的裸露创面，采石场、铁矿等开发区，其物理、化学性质稳定，难以风化，不能提供植物生长所需的养分，采矿遗留下的废弃物难以风化，并且常存在高陡边坡，处于生产状况下的矿区道路裸露创面，由于粉尘量大，植物生长困难，但施工结束后植被恢复相对容易。

(4) 井工采煤塌陷地。塌陷地若采用固体废弃物充填，因其主要充填物料多为煤矸石和坑口电厂的粉煤灰，还有数量较少的生活垃圾或为河泥、湖泥。有些塌陷地可以经简单的改造形成鱼塘。

(5) 尾矿库。矿石开采后，经研磨、水磁选，铁精粉被选取出来，其他矿渣粉末一般会通过高压管道输送至尾矿库。对于无毒害物质的尾矿库坝面虽然缺少植物生长的土壤条件。

(6) 含金属废弃物的堆置场。含金属的废弃场包括来自锌矿、铜矿、铅矿、钨矿等的金属废弃物、矿渣或这类矿的尾矿库。由于金属性和营养缺乏，这些堆置物不宜生长植物，含有重金属的废弃堆内排出的水还会造成水污染。

3. 交通运输与供水限制

由于石材、煤矿开采多为乡镇和个体私营企业，为了减少投资，大部分施工道路并不通畅，因此在进行植被恢复的过程中，会存在交通不便的问题，另外一部分矿区还存在无可用水源的问题。

4. 高陡边坡问题

矿山开采形成的高陡裸岩，给生态植被恢复造成了一定的困难；此外大多数的排土场和弃渣场几乎没有拦沙坝、挡土墙等水上流失防治措施，不但边坡存在安全隐患，而且由此造成的严重的水土流失，可能导致泥石流、滑坡等的发生。

5. 排水问题

矿山开采中弃渣的不合理排放，可能堵塞沟道，影响小流域行洪排水；开采过程中由于地形扰动、排水系统破坏等问题，也常出现排水不畅影响正常生产的现象。

6. 采空区问题

地下开采形成的采空区是矿山生态植被恢复面临的又一项重要难题。由于采空区有塌陷的可能，开采后，地下水位下降，原有植被生长退化；一旦塌陷，地形地貌发生变化，植被需要重建。矿山开采过程中由于未全面考虑矿场的位置、角度、坡向和走向及废土、弃渣的堆放等，导致复垦需要的土方量和水土保持任务很大；另外，开采中设有采用台阶，留下的石壁陡峭，植树种草难度也很大。矿山开采对山体植被和土壤结构的毁灭性破坏，也增加了生态植被恢复的难度。

（五）生态恢复的要求

(1) 安全稳定、行洪安全。进行矿山生态植被恢复工作，要注意矿山生产安全和坡体的安全稳定，疏浚矿区的排水通道，保证排水系统通畅。

(2) 近自然生态植被恢复。在矿山生态植被恢复中要遵循生态学自然规律，师法自然，按照近自然的原则实施，避免出现过多的人工痕迹。

(3) 与矿山生产相结合。进行矿区生态植被恢复中，对每一地块的规划要与矿区内土地利用规划，尤其是处于生产阶段的矿山企业，避免恢复好又破坏的现象。

(4) 与区域总体规划相结合。矿山生态恢复应与政府对所属区域的总体规划相结合尤其是土地利用方向，使得矿山生态恢复成为全面恢复，包括生态经济恢复。

矿山生态恢复应在近自然的基础上进一步提高景观价值，为促进区域经济发展创造条件。

第二节 矿山生态植被恢复理论基础

矿山生态植被恢复主要包括恢复生态学、景观生态学等植被生态方面的理论基础和土壤学方面的基础知识，以及水力学、工程力学等排水和防护方面的理论，以下就矿山植被恢复的生态学和土壤学方面的理论基础进行简要介绍。

一、生态学理论基础

生态恢复（Ecologlcal restoration）是帮助退化的、受损的或者破坏的生态系统恢复的过程。基于生态恢复的实践，恢复生态学（Restoration ecology）是研究生态系统退化的过程和原因、退化生态系统恢复和重建的技术和方法、生态学过程和机理的科学，因而恢复生态学可以作为生态恢复实践的理论基础，同时还为生态恢复提供模式和方法。恢复生态学的主要理论包括：自然演替理论、集合规则理论、自我设计理论。

景观生态学的研究对象是作为复合生态系统的景观，景观是自然和人文系统的载体，景观是地球土层自然的、生物的和智能的因素相互作用形成的复合生态系统。景观生态学在研究景观生态系统自身发生、发展、演化的规律特征的同时，强调合理利用、保护和管理景观的途径与措施。目前，景观生态学的系统整体优化、保护和建设生态环境提供理论方法和科学依据；探求解决发展与保护、经济与生态之间的矛盾，促进生态经济持续发展的途径与措施。

（一）生态因子及其限制性作用

生态因子是指环境中对植物生长、发育、生殖、行为和分布有直接或间接影响的环境因子。在研究植物与环境的相互关系中，通常根据生态因子的性质，可把生态因子分为非生物因子与生物因子两大类。非生物因子包括气候因子、土壤因子、地形因子、生物因子包括植物因子、动物因子、人为因子。

环境中各种生态因子不是孤立存在的，而是彼此联系、相互促进、相互制约。任何一个单因子的变化，都将引起其他因子不同程度的变化及其反作用，这种关系称为综合作用。但在诸多环境因子中，它们对生物的作用是不相同的，其中有一个生态因子对生物起决定性的作用，这一因子称为主导因子。另外，生态因子对生物的作用还有直接作用和间接作用之分，由于生物生长发育不同阶段对生态因子的需求不同，因此生态因子对生物的作用也具有阶段性。环境中各种生态因子对生物的作用虽然不尽相同。但都各具重要性，尤其是起主导作用的因子，如果缺少，便会影响生物的正常发育，甚至造成其死亡。因此从总体上来讲，生态因子是不可替代的。

1. Liebig 最小因子法则

1840 年，德国化学家 Liebig 指出“植物的生长取决于处在最小量状况的生态因子”，称为“Liebig 最小因子法则”。Liebig 最小因子法则不仅适用于土壤营养元素对作物产量的影响，光和温度等其他生态因子也具有这种限制作用。Odum（1983）对最小因子法则的概念作了两个方面的补充：一是最小因子法则只能严格用于稳态条件下，即物质和能量的输入与输出平衡。如果不处于动态平衡，那么植物对于各种营养物质的需要量就会发生变化，在这种情况下，Liebig 的最小因子法则就不能应用。二是应用最小因子法则时必须考虑到各因子之间的相互关系。如果有一种营养物质的数量很多或容易被吸收，它就会影响到数量短缺的那种营养物质的利用率，另外生物可以利用所谓的代用元素，如两种元素属于近亲元素的话，它们之间常常可以相互代用，即生态因子作用的互补性。

2. 限制因子

Liebig 在提出最小因子法则的时候，只研究了营养物质对植物生存、生长和繁殖的影响，并没有考虑到能否应用于其他生态因子。经过多年研究，Blackman（1905）通过光合作用实验发现，植物的生存与繁殖依赖各种生态因子的综合作用。其中限制植物生长和繁殖的关键性生态因子就称为限制因子。任何一种生态因子只要接近或超过植物所能忍受的最低限度，就成为这种植物的限制因子。如水分是干旱地区的限制因子；重金属污染的矿山废弃地，重金属元素则成为限制因子。主导因子不一定是限制因子，但限制因子一定是主导因子。一旦环境变化，植物对主导因子的需要得不到满足，主导因子便很快成为限制因子。限制性因子的分析有利于在矿山废弃地进行植被恢复中能够抓住矛盾的主要方面，采取针对性的措施予以解决，保证植被恢复的成功率。

3. Shelford 耐性定律

1913 年美国生态学家 shelicrd 在 Liebig 最小因子法则的基础上又提供了耐受性法则或称 Shelford 耐受定律。即生物对每一种生态因子都有其耐受的上限和下限，上下限之间称为为耐性范围，即生态幅。在这个生态因子作用范围内生物都能生长、发育、繁殖并能很好的适应；若生态因子作用强度超过这个范围，该生物种就不能生存甚至灭绝。

Sheifod 耐性定律在很大程度上进一步扩充和完善了限制因子的概念。任何接近或超过植物耐性范围的生态因子都可以成为限制因子。但是不同生态因子成为限制因子的可能性不同。一般植物对某一生态因子的耐性范围越宽，生态因子的稳定性越强，那么该生态因子越不容易成为限制因子。

（二）空回格局原理

1. 种群密度制约原理

根据经典的阿利氏原理，种群密度太高或太低，都可能成为种群发展的限制因子。另外，在某些情况下，对于每个个体的可利用空间而言，如果高于或等于最适宜的空间，那么就可以产生有利影响，而如果空间太小，则会产生不利影响。种群密度制约原理有助于在矿山植被生态系统重建时加强对生物种群密度配置的研究，选用合理的物种密度，并通过加强管理来人工调控，使植物群落生物种的密度趋于合理。

2. 种群的空间分布格局原理

种群的空间分布格局在总体上有随机、均匀和集群分布格局的方式。一般矿山退化生态系统总采用均匀格局，实际上有时集群格局有利于种群的发展。种群的空间分布格局原理在指导矿区植被恢复过程植物的配置，避免过于规范化、均匀化的现象，按照近自然的原则进行自然式布置。

3. 生态位原理

生态位是指生态系统中各种生态因子具有明显的变化梯度，这种变化梯度中能被某种生物占据利用或适应的部分。不同种生物在生态系统中总占用资源和空间，其生态位的大小反映种群的遗传学、生物学和生态学特征。一个生物种群在生态系统中所处的位置和空间是空间生态位、时间生态位和营养生态位的统一，对于退化生态系统的恢复与重建均应考虑物种在水平空间、垂直空间和地下根系的生态位分化。使物种在分布、形态、生理、营养，年龄、时间、高度等方面有适当的差异并分别占领相应的生态位。

根据生态位原理，要避免引进生态位相同的物种，尽可能使各物种的生态位错开，使各种群中具有各自的生态位，避免种群之间的直接竞争，保证群落的稳定。在矿山生态植被重建中，合理运用生态位原理，构建一个具有多样化种群的稳定而高效的生态系统。

（三）生态演替原理

演替是一个植物群落为另一个植物群落所取代的过程，它是植物群落动态的一个最重要的特征，演替导向稳定性，是植物植被生态学的一个首要的和共同的法则。演替顶极或称为顶极群落，则是演替最终的成熟群落，顶极群落的种类彼此间在发展起来的环境中能很好的配合，能够在群落之内繁殖、更新。顶极群落无论在区系植物上和结构上，以及它们相互之间的关系和与环境相互间的关系都趋于稳定。同一地段顺序出现的生物群落都要经过迁徙、定居、群聚、竞争、反应和稳定的阶段而达到与生境相应的稳定群落阶段。自然演替的速度极为缓慢，矿山废弃地植被生态恢复实质上是一种人为创建条件以加快其自然演替的过程，其关键在于土壤理化性质改善和群落的构建。

（四）生物多样性原理

生物多样性一般的定义是：生命有机体及其赖以生存的生态综合体的多样化和变异性。生物多样性有着丰富的内容，包括多个层次，主要是遗传多样性、物种多样性、生态系统多样性和景观多样性。遗传多样性又称基因多样性，指广泛存在于生物体内、物种内以及物种间的基因多样性。物种多样性是指物种水平的生物多样性。生态系统多样性是指生境的多样性、生物群落多样性和生态过程的多样性。景观多样性是指不同类型的景观在空间结构、功能机制和时间动态方面的多样化和变异性.

MacArthurr 在进行群落学研究时发现自然群落的稳定性归结为两个方面的因素，一是物种的多少，二是物种间相互作用的大小，而物种的多少对稳定性的作用是相互的。一个物种较多的群落就可能保持稳定。退化生态系统的恢复过程，毫无例外地增加了生态系统的物种多样性，最终生态系统的演替趋向于稳定的地带性顶级类型。

矿区废弃地植被生态系统的恢复与重建，总是朝向生态多样性的方向构建，而其中的关键则是植物多样性的构建，这同时应考虑物种之间的竞争关系和物种之间的互惠关系对植物多样性构建的影响。

（五）自生原理

自生原理包括自我组织、自我优化、自我调节、自我再生、自我繁殖和自我设计等一系列机制。自生作用是以生物为主要和最活跃组成成分的生态系统与机械系统的主要区别之一，生态系统的自生能力能维持系统相对稳定的结构和功能，及动态的未定，以及可持续发展。

1. 自我设计与人为设计原理

自我设计理论与人为设计理论都是生态系统恢复的理论观点。自我设计理论认为，退化生态系统会根据环境条件改变系统内的组分，合理地调整系统的结构，只要有足够的时间，就会形成稳定的生态系统，人为设计理论认为，通过工程和生物学方法可以间接恢复退化生态系统，可以根据需要选择或引导恢复生态系统的类型，并认为通过调整物质生活史的办法即可加快植被的恢复，自我设计理论把恢复放在生态系统层面考虑，最终决定群落类型的是群落的环境，而人为设计理论的恢复考虑的是生态系统内的个体或种群的生活和发育，因此人为因素决定了恢复的结果和可能的多样性。

2. 自我维持原理

生态系统是直接或者间接地依赖太阳的系统，因而是一个自我维持系统。一旦一个系统被设计并开始动作，它就能不断地自我维持，期间仅靠适量的外界投入。如果该系统不能自我维持，说明在该系统和环境之间的连接不畅。

3. 自我调节原理

自我调节是属于自我组织的稳态机制，其目的在于完善生态系统整体的结构与功能，而不仅是其中某些成分量的增减。在一个稳态的生态系统中负反馈常较正反馈占优势。自我调节能在有利的条件和时期加速生态系统的发展，同时在不利时也可避免受害，得到最大限度地自我保护，即它们对环境变化有强的适应能力。生态系统的自我调节主要表现在同种生物种群间密度的自我调节、异种生物种群之间数量调节、生物与环境之间的相互适应调节 3 个方面。

（六）缀块－廊道－基底理论

景观的结构单元为：缀块、廊道和基底。缀块泛指与周围环境在外貌和性质上不同，并具有一定内部均质性的空间单元。具体地讲，缀块可以是植物群落、湖泊、草原、农田或居民区等。廊道是指景观中与相邻两边环境不同的线性或带状结构。常见的廊道包括农田间的防风林带、河流、道路、峡谷、输电线路等。基底则是指景观中分布最广、连续性最大的背景结构。常见的有森林基底、草原基底、农田基底、城市基底等。景观中缀块面积的大小、形状以及数目，对生物多样性和各种生态学过程都会有影响。

景观生态学理论核心集中表现为空间异质性和生态整体性两方面。矿山废弃地生态植被恢复就是使采矿废弃地具有某种利用方式和一定水平的生产力，维持相对稳定的生态平衡，且与周围景观价值相协调，恢复与保持景观多样性和完整性。

二、土壤学理论基础

土壤是植物生长繁育的基础，不同土壤的物理、化学特性以及它的水、肥、气、热状况对植物的生育有着重要的影响。植物的健康持续生长，必须以废弃地具有适宜植物生长的土壤环境为前提。因此，矿山废弃地植被恢复必须遵循土壤学的基本理论，营造适宜植物生长的土壤环境。以下概述了土壤的物理特性、化学特性及土壤的水、肥、气、热状况对植物生长的影响。

（一）土壤物理特性与植物生长的关系

1. 土壤物质组成

土壤是由固、液、气三相物质组成的多相分散的复杂体系。土壤中固、液、气三相物质的比例关系称为土壤的三相分布，它影响着上坏的肥力状况，从而影响植物的生长。自然土壤合理的三相分布应该是固相约占土壤总体积的 1/2，液相和气相各占 1/4 左右。

固相物质由颗粒状的矿物质（含原生矿物和次生矿物）、有机物质（动植物残体及其衍生物、分泌物）和土壤生物（活的动物和微生物）组成。矿物质含量一般占土壤质量的 95% 以上，构成土壤的基本骨架。有机质占土壤质量的 1% ~5%，通常被吸附于矿物质的表明，形成有机—无机复合体，虽然有机质含量少，但对土壤肥力和植物生长起着重要的作用。有机质供给植物养分，并提高其有效性；壤保肥性与缓冲性。土壤有机质不断地供给微生物生长所需的养分和能量，同时能调节土壤酸碱度，有利于微生物的正常繁殖和活动，因而促进土壤物质和能量的转化，微生物是土壤有机质的分解者，起着活化土壤物质并释放有效养分的作用。

液相物质是土壤中的溶解有各种养分的水溶液，它提供给植物生长所必须的水分，并直接进行养分的供应，同时，对于养分及水分的流动性起着重要作用。

2. 土壤质地

土壤质地指土壤中各粒级含量的百分比。土壤质地一般分为砂土、壤土和黏土 3 大类。不同质地的土壤具有不同的特性，它直接影响土壤透水、保水、保肥、供肥、通气等肥力特性，与植物生长的关系十分密切。

砂土类土壤大颗粒多，粒间空隙大，毛管作用弱，通气透水，内部排水通畅，不易积聚还原性有毒物质。好气性微生物活动强烈，土壤中有机质分解速度快，易释放有效养分。矿物成分以石英为主，养分含量低，保水保肥性差。热容量较小，土壤温度易升降，变幅较大。土粒间黏结性弱。

黏土类土壤的粒间孔隙很小，多为毛细管孔隙和无效孔隙，故通气不良，透水性差，内部排水不良。黏土中一般矿质养分含量高。由于通气性差，有机质分解慢，易于聚集腐殖质。黏土保水力强，热容量大，增温降温慢，温差小。土粒间黏结力强。

壤土类土壤砂黏适中，兼有砂土和黏土的优点，消除了其缺点，是植物生长比较理想的质地。它既有一定数量的大孔隙，又有相当多的毛管孔隙，故通气透水性良好，又有一定的保水保肥性能。含水量适宜，土温比较稳定。黏性不大。

3. 土壤结构

土壤结构是指在内外因素的综合作用下，土粒相互粘结成大小、形状和性质不同的团聚体，这种团聚体称为土壤结构。它影响着土壤中水、肥、气、热状况，从而在很大程度上反映了土壤肥力水平。常见的土壤结构有块状结构、核状结构、柱状结构、片状结构和团粒结构。团粒结构是指形状近似圆球、疏松多孔的小团聚体，其粒径为0.25～10毫米。具有团粒结构的土壤，能协调水、肥、气、热诸肥力因素，是最适于植物生长的土壤结构。团粒结构能调节土壤水分与空气的矛盾；能协调土壤养分的消耗和积累的矛盾；稳定土温，调节土壤热状况；有利于植物根系伸展。

（二）土壤的水、气、热状况与植物生长的关系

1. 土壤水分

土壤水分以固态、液态和气态三种形态存在。当水分进入土壤后，会受到土壤中各种力的作用，如土粒表面的分子引力、毛管孔隙的毛管引力、重力等。由于土壤水所受力的大小、性质的不同及其被植物利用状况的差异，一般把土壤水分分为吸湿水、膜状水、毛管水、重力水4种类型。土壤从干燥状态吸水开始，随着水分含量的增加，其形态经吸湿水、膜状水、毛管水和重力水一直到饱和持水量，土壤对水的吸力由1.0×10^9帕直降到接近于零。

土壤中各种形态的水分，对植物来说并非都能被植物吸收利用。其中，可以被植物吸收利用的水分称为有效水，不能被植物吸收利用的水分称为无效水。土壤水分对植物是否有效，主要取决于土壤对水分的保持力及植物根系的吸水力。当土壤水的保持力小于植物的吸水力时，土壤水分就能被植物利用，反之就不能从土壤中吸水。土壤有效水的范围是从田间持水量到凋萎持水量之间的含水量。两者之差就是土壤能保存的最大有效持水量，以下简称有效持水量。不同的土壤，其有效持水量差异很大。它主要受土壤质地、有机质含量、结构等的影响。

2. 土壤通气性

土壤通气性是指土壤空气与大气空气之间不断进行气体交换的性能。维持土壤适当的同期性，是保证土壤空气质量、维持土壤肥力不可缺少的条件。土壤空气与大气进行气体交换的方式有气体分子的扩散作用、气体的整体交换两种。土壤通气性对植物生长发育的影响是多方面的，主要有影响种子萌发；影响根系的发育与吸收水分、养分的功能影响很大；影响养分的转化，从而影响到养分的形态及其有效性；影响植物的抗病性。土壤通气状况的好坏，对植物生长有很大影响。因此，需要调节土壤的通气状况，改善土壤水、肥、气、热条件，为植物生长创造适宜的环境条件。

3. 土壤温度

热量是生物赖以生存、繁衍的基础，土壤温度是衡量土壤热量的一种尺度。土壤中一切生物的生命活动都要求一定的土壤温度，土壤中的许多物理、化学过程也与土壤温度有密切关系，土壤温度还影响土壤水分、空气和养分的转化。土壤温度主要决定于土壤热量的收支和土壤的热性质。土壤热量的来源包括太阳辐射能、地球的内热、生物热及化学热等。土壤温度影响植物种子的发芽、出苗；土壤温度也是土壤肥力因素之一，它不仅直接决定土壤的热量状况，还对其他肥力因素有很大影响，土壤温度影响土壤养分的转化和供应。合理调控土壤温度，对满足植物的温热条件和提高土壤肥力有重要意义。

（三）土壤的化学特性与植物生长的关系

1. 土壤酸碱性

土壤酸碱性是土壤重要的化学性质，是土壤形成过程中产生的重要属性。不同的成土条件产生不同的土壤酸碱性，它对植物生长、微生物的活动、养分的存在状态以及土壤理化性质等均有很大影响。

土壤溶液中存在着 H^+ 和 OH^-，土壤酸碱性就是土壤溶液中的 H^+ 和 OH^- 浓度比例不同所表现的酸碱性质。如 H^+ 多于 OH^- 时，土壤呈酸性；而 OH^- 多于 H^+ 时，土壤则呈碱性，二者数量相近，土壤呈中性。土壤的酸碱性通常用土壤溶液 pH 值来表示。土壤的 pH 值表示土壤溶液中 H^+ 浓度的负对数值，即 $pH = -\lg[H^+]$。

根据我国土壤的酸碱变化情况及其与土壤肥力的关系，可把土壤酸碱性分为 7 个等级。

土壤 pH 值	<4.5	4.5～5.5	5.5～6.5	6.5～7.5	7.5～8.5	8.5～9.5	>9.5
土壤酸碱性	极强酸性	强酸性	酸性	中性	碱性	强碱性	极强碱性

土壤酸碱性对土壤肥力与植物生长有重要的影响，主要表现对土壤养分有效性的影响；对土壤物理性质的影响；对植物生长的影响几个方面。

2. 土壤养分

植物体的组成成分非常复杂，含有 70 多种元素，其中有些元素是所有植物都必需的，称为必需营养元素。目前已确认碳、氢、氧、氮、磷、钾、钙、镁、硫、铁、锰、铜、锌、硼、钼和氯 16 种为植物生长发育的必要营养元素。按植物对必需营养元素的需要不同，这 16 种必需元素分为大量元素和微量元素。大量营养元素约占植物体干重的千分之几到百分之几，包括碳、氢、氧、氮、磷、钾、钙、镁、硫 9 种，微量营养元素是植物需要量微小的元素，包括铁、锰、铜、锌、硼、钼和氯。在这 16 种必需营养元素中，除碳、氢、氧来自大气中的二氧化碳和水外，其余几乎全部来自于土壤。土壤供应各种养分的能力有很大差异，因此，为保障植物良好的生长发育，不足的养分需要通过合理施肥来解决。

三、林木培育理论

林木培育学是研讨营造和培育森林的理论和技术的学科。造林是扩大森林资源和更新森林资源的生产过程，目的是为了维持、改进和扩大森林资源，以生产更多的木材和其他各种林产品，并发挥森林的多种生态效益和社会效益。

林木培育既是一个以林木和林地为主要对象，培育具有一定结构和功能的森林为主要目标的生产技术系统，又是一项涉及政策、人员、经费和物质的人为经营活动。其工作全过程是一个复杂的系统，其结构关系依据植被恢复现状实际调查结果及林木培育理论，采用适宜的工程造林的方法进行生态恢复治理，按照系统工程的思想方法对其进行规划设计、施工和经营管理。

矿区开采会给当地生态环境带来了巨大的破坏，造林地多为土壤瘠薄、肥力较差的土地，因此在林木培育工作设计过程中必须贯彻因地制宜，适地适树的原则，选择与造林地立地条件相适应的树种，在树种选择上以适应性强的树种为重，注意优先选择本土树种，同时注意提高生物多样性。在树种选择上还要注意了解树种种间关系的发展和变化规律，并根据变化规律指导生产实践，避免出现有害的种间关系，充分发挥混交林的优势，更充分地利用营养空间，促进林木生长，维护地力，改良土壤，涵养水源，保持水土。如深根性的杨树和浅根性的刺槐混交或油松、侧柏混交可以减轻大风危害；针阔混交林可起阻隔作用，减缓树冠火和地表火的蔓延，增强对森林火灾的抗性；混交林营养结构多样，有利于各种生物种类的生存，众多生物种类相互制约，可控制病虫害的大量发生。另外混交林还具有较好的社会效益。

四、水土保持理论

利用径流调控理论，合理地调配坡面径流，能控制水土流失或将水土流失减少到最低限度。采用在坡地上修建梯田切断坡面径流方式，减少坡面径流汇集面积，减少径流量，可以有效地减弱和控制水土流失，同时达到保水、保土、保肥目的，是全面发展山区农业生产的一项重要措施。植被能防止径流对坡面的冲刷，在坡度不很大的坡上植树种草，能在一定程度上防止崩塌和小规模滑坡。采用深根性和浅根性树种结合的乔灌木混交林，防止浅层块体运动有一定的效果。选用生长快的矮草种可使边坡迅速绿化，提高坡面抗蚀能力，减少径流速度，有效保持水土。在河谷狭窄，坝轴线短，库区宽阔容量大，沟底比较平缓位置修建淤地坝。它可用于拦泥、落淤、造地，变荒沟为良田同时为山区农林牧业发展创造了有利条件。

第三十一章　土地整理与土壤改良技术

矿区废弃地一般地形破碎、土壤贫瘠，缺少植物生长的立地条件。为了改善其立地条件，创造植物生长的有利条件，必须对其进行地形整理。地形整理应该做到因地制宜，随坡就势，营造与周边环境相协调的地形地貌，同时要求符合植被恢复作业需要。对于废弃地贫瘠的土壤条件以及受酸碱度、重金属等污染的情况，需要进行专项分析，采取针对性措施进行土壤改良。

第一节　基本要求与思路

一、基本要求

1. 结合总体规划

土地整理需要与总体规划相结合，要符合矿区内对本区域土地的最终利用方向，对一些弃渣优先进行综合利用，对一些塌陷地和开采坑可以结合土地的调整利用方向，改为养鱼坑或是尾矿库，减少地形整理的工作量。有条件的地方可以利用坑洼改建为蓄水池，蓄积降水，合理开发利用水资源。

2. 保障坡面安全稳定

土地整理要保障、增强坡体的稳定性，避免造成坡体失稳。对于弃渣坡面要做好分级工作，避免出现不利于稳定和水土保持的过长坡面；对于开采岩质坡面，要因地制宜地处理，做到无浮石、危石即可，无须进行大量开山而产生二次破坏。

3. 经济可行

土地整理和客土改良方案需经济可行，没有必要进行大平大整，要因地制宜、随坡就势的平整，以利于植被恢复的操作为宜。对于土源紧张的废弃矿区能够采取局部客土解决植被恢复问题的，尽可能不采用全面客土的方式；能够用简单易行方式的避免使用高成本的方式。

4. 利于施工操作和植被生长

土地整理和客土改良需满足植被恢复施工作业的要求，注意施工中机械作业、材料运输通道和后期人工维护管理的作业道的预留。此外，需要适宜的坡度和微地形，便于植株利用人工和天然降水，提高苗木的成活率。

5. 结合排水系统建设

由于矿区废弃地地形起伏较大、坡面多，表面覆土后很容易发生表面侵蚀，产生水土流失，并且存在上游来水的可能，因此土地整理应与排水系统的完善相结合，保证植被恢复成果持续稳定。

6. 与蓄水保土相结合，综合考虑生态景观

土地整理中要充分考虑地形地貌，结合景观设计和整地种植，采取平缓陡坡、修建梯田平台等方法重塑地貌景观，有利于水土保持，避免坡面客土流失。

7. 土地整理与治污相结合

土地整理与土壤改良、治污相结合，将对植物生长有不利影响的不良土壤进行隔离或弃除，并对不宜酸碱度进行调整。

8. 与植物种植相结合

土地整理的微地形处理如鱼鳞坑、水平条等应与植物栽植工程结合；客土改良工作与抗旱节水造林技术的实施有效结合有利于提高植物的成活率，避免重复作业，降低成本。

二、思路

因地制宜、近自然整理，“随坡就势、小平大不平”的方式。对高陡渣坡进行放坡处理，减缓地形起伏，保障安全，同时还营造了适宜植物种植的相对平缓的立地条件，便于植被恢复；此外，利用弃渣塑造地形，使排土场在植被恢复后地形起伏，接近自然，能与周边原始自然山体相融合。

第二节　土地整理

一、土地整理的作用

土地整理主要提高渣体和坡面的稳定性，便于施工作业；同时通过微地形的整理，增加天然降水地表径流的利用率，从而提高植物成活率。对弃渣体地形整理的主要目的和作用在于以下几个方面。

减缓坡度，减少粒度，改善地表组成物质的粒径级配。

改善孔隙状况，增加毛管孔隙度，提高土壤的持水、供水能力。

改善局部土壤的养分和水分状况，增加土壤含水量。

稳定地表结构，减少水土流失，控制土壤侵蚀。

便于植被恢复施工，提高造林质量。

增加栽植区土层的厚度，提高植物对有限降水的利用率，从而提高栽植成活率和保存率，促进植物生长。

通过对开采坡面的整理，可以清除浮石、危石，提高坡面作业安全性，对于一些土石结合的坡面，可以通过削坡、放坡等坡面整理措施还可以增加坡面的稳定性。

二、土地整理的方式

（一）地形整理

1. 堆渣的地形整理

首先对影响排水行洪、占压沟道的弃渣体进行疏浚清理，满足矿区安全的需求。对自身存在稳定性隐患的渣体，尤其是下游还存在村镇等重要设施的渣体坡面，急需进行清理、地形整理、拦挡加固等措施，从而实现坡体的稳定。对于坡度较陡、坡面较长的渣坡，在空间场地条件允许的情况下，一般可以通过放坡处理，同时设置分级平台提高渣坡的稳定性，便于植被恢复实施作业。

弃渣地形整理过程中因地制宜，塑造地形，与周边地形条件相融合，避免出现陡坡陡坎等突变地形。在满足安全的条件下，便于植被恢复施工作业和水土流失的防治。

2. 开挖坡体的地形整理

对岩石等稳定坡面的危石、浮石进行清理，对于一些坡面进行特殊处理，如挂网客土喷播、种植槽修砌等特殊的微地形整理。不稳定土质或是土石松散物陡坡放坡处理可以通过对上部削坡来实现；在上部空间有限，而坡脚施工作业条件允许的情况下，也可以用部分渣体填坡或是上挖下填实现放缓坡度的目的。

（二）植被恢复整地

1. 整地的方式

矿区废弃地植被恢复整地的方式可分为全面整地和局部整地，局部整地又分为带式整地和点式整地。在矿山废弃地的整地常与客土、土壤改良等作业相结合，尤其与客土作业联系紧密，全面整地与全面客土作业相对应，而局部整地对应局部客土改良作业。全面整地尤其是全面客土改良整地改善土壤理化性质的作用大，便于全面恢复矿区植被，提高地表植被覆盖率，但是用工较多，投资较大，成本高。

局部整地包括带式客土整地和点式客土整地。带式整地是长条状整理废弃地，在带上作为重点客土改良种植区域，坡面可以采用全面播层客土或是点式客土。带式客土整地是弃渣边坡如煤矸石山、铁矿排土场等堆积废弃地重要的整地方法。在山地带状整地时，带的方向应沿等高线保持水平。破土带的断面可与原坡面平行（如水平带状整地）或者成阶状（水平阶整地）、沟状（水平沟整地），带长应根据地形情况而定，在可能的情况下，带宜长一些，但不宜过大，否则不宜保持水平，容易汇集水流，造成冲刷。

点式整地多用于地形较为破碎或坡面较陡的情况下，在需种植的点位进行局部点式整地。点式整地灵活性大，整地省工，但改善立地条件的作用相对较差。矿区废弃地应用的点式整地方法有：穴状、块状、鱼鳞坑、“回”字形漏斗坑、反双坡或波浪状等。点式整地的整地面积，主要是依据坡面水土流失量的大小、植被、土壤条件等确定。块状地的形状有长方形、圆形、正方形、半圆形，大规格的有鱼鳞坑等。

2. 常用的几种局部整地方法

（1）水平带状。沿等高线在坡地上开垦成连续带状，带面与坡面基本持平，带宽 0.5～3.0 米不等，保留带可宽于或等于整理部分的宽度。

（2）带状。在平原区的平缓坡上开垦成连续带状，带面与坡面基本持平，带宽 0.6～1.0 米或 3～5 米，带间距等于或大于带面宽度。

（3）反坡梯田整地。又称为三角形水平沟。堆积废弃物疏松深厚，坡面整齐和坡度 10°～35°的坡面上可采用这种整地方法。反坡梯田田面宽度因坡度和树种的不同而异。反坡梯田蓄水保土，抗旱保墒能力强，改善立地条件的作用大，植被成活率较高，生长良好。

（4）水平阶。一般沿等高线将坡面修筑成狭窄的台阶状台面，阶面水平或稍向内倾斜，有较小的反坡；阶面宽因立地条件而异。水平阶地是比较适宜矿区堆移坡面废弃地的一种整地方式，有一定的改善立地条件的作用，比较灵活，可以因地制宜地改变整地规格，如地形破碎、阶长可短。

（5）水平沟整地。是沿等高线断续或连续带状挖沟的一种整地方法，沟面与原地面断面形状多呈梯形。根据地形条件分片划段，沿等高线自上而下的开沟，呈“品”字形配置。沟的大小、深浅，距离视径流大小而定。沟内每隔一定距离做一横档，以保持沟底水平，防止冲刷。水平沟整地由于沟深、容积大，能够拦蓄较多的地表径流；沟壁具有一定的遮阴作用，可以降低沟内温度，减少土壤水分蒸发。

（6）鱼鳞坑整地。为形似半月形的坑穴，规格有大小两种，整地时沿等高线自上而下地开挖，大鱼鳞坑长 0.8～1 米、宽 0.6～1 米，小鱼鳞坑长 0.7 米、宽 0.8 米。坑面水平或向内倾斜，挖出的弃渣刨向下方，成弧形埂，并可以用碎石码放形成围埂，埂高 0.2～0.3 米，坑内客土；坑与坑呈“品”字形配置，以利保土蓄水。

（7）块状（方形）或穴状（圆形）整地。坑为方形或圆形的一种块状整地方法，一般沿等高线自上而下，按“品”字形翻挖深 0.3～0.4 米或直径 0.3～0.5 米的块状或穴状坑。其间距，按树种的株行距而定。穴面在山地与坡面平行；在平地与地面平行。

（8）“回”字形漏斗坑整地。是按 3～4 米边长块状扩埂整地，深度视地形和土质确定，平面上呈“回”字形，断面为双坡形。人为地使原来比较平坦的地面上形成的一种起伏地形，能够将雨水汇集到的坑内，大大提高了造林成活率。这种整地方法的作用主要发生在苗木成活及幼树生长初期，林木郁闭后，由于截留的影响，作用就慢慢消失了。

上面介绍的仅是其中比较有代表性的几种，这些整地方法分别适用于不同的立地条件的矿区废弃地。因此，矿区植被恢复中必须根据废弃地的具体情况，选择适当的整地方法，既保证幼树具有较高的成活率和生长量，又省工省费。

3. 造林地整地技术规格

造林地整地的技术规格，包括整地的深度、宽度、长度（局部整地）、断面形式、附辅设施及整地质量等。整地技术规格的制定，应有一定的科学依据。

（1）整地深度。是整地各种技术指标中最重要的一个指标，整地深度在改善立地条件方面的作用，比整地破土面积大得多，所以，适当地增加整地深度，加厚疏松肥沃土层，往往比加大整地面积更能给林木的生长发育创造适宜的环境。确定整地深度，首先应考虑造林地区的气候特点。在干旱地区，为了提高蓄水能力，增加土壤含水量整地深度应比湿润地区大得多。矿区废弃地的整地深度因植被不同而异，一般情况草本植物为 15 厘米，小灌木为 30 厘米，大灌木为 45 厘米，小乔木为 60 厘米，大乔木为

100 厘米。

(2) 整地宽度。从改善造林地的立地条件来看宽些好，但要考虑水土流失和经济可行。整地宽度的基本原则是，在自然条件和经济条件许可的前提下最大限度地改善立地条件，控制水土流失。一般矿区废弃堆积物坡度较大，整地宽度不宜过大，以免加剧水土流失。

(3) 长度。主要是指带状或块状整地的带或块的边长。整地长度随地形破碎程度、裸岩和坡度而不同。一般长度大，有利于种植点的均匀配置，有条件的情况下，应尽量长些。但地形破碎、坡度陡，长度应短些，因为太长、工程量大，不利于施工且易造成水土流失。

(4) 断面形式。指整理破土面与原地面（或坡面）所构成的断面形式。这种断面形式一般应与矿区废弃地的气候特点和立地条件相适应。在干旱地区，为了更多地积蓄降水，减少蒸发，增加土壤湿度，破土面应低于原地面（或坡面），与原地面（或坡面）成一定角度构成一定的积水容积；在水分过剩地区，为了排除多余的土壤水分，提高地温，改善通气条件，促进有机质的分解，坡土面可高于原地面。

4. 整地季节

选择适宜的整地季节，是充分利用外界有利条件，回避不良因素的一项措施。在分析矿区废弃地自然条件和经济条件的基础上，选定适宜的整地季节，可以较好地改善立地条件，提高植被成活率，节省整地用工，降低植被恢复成本。如果整地季节选择不合理，不仅不能蓄水保墒，而且可能导致水分大量蒸发，适得其反。

一般对矿区废弃地的植被恢复来说，整地的时间要提前。提前整地具有以下优点。

(1) 便于安排植栽植、播种工作。地形整理、整地、土壤改良等工作在矿山植被恢复中占了工作量的1/2~2/3，如果到来年春天才开始进行整地等基础工作，那么植物的栽种就容易错过最佳季节。

(2) 有利于地形的基本稳定。提前整地，有利于扰动后的坡地基本稳定，避免塌陷变形。

(3) 有利于植物茎叶、根系残体的分解，增加煤矸石山的有机质含量。特别是经过降雨多、气温高的夏季，植物残体的分解更快。

(4) 对于煤矸石等易风化废弃物，通过提前整地还能够起到促进风化，改善结构的作用。

5. 整地施工方式

整地施工时一般是按照由上而下的顺序施工，可以借助重力的作用方便施工，同时下部施工不会影响到上部已完成的工作。

三、土地整治程序

矿区废弃地土地整治的实施程序是挖填方—土地平整—覆土。实际上就是再塑土体的过程。

（一）挖填方工程

主要是对影响行洪排水、交通以及危及人民群众生命、财产安全的一些渣体进行开挖、疏浚，对一些需要放坡的挖方、填方坡体需要进行开挖放坡。对一些由于开采形成的陡峭岩体或是大型露天开采坑在进行植被恢复前需要进行一定的填方作业。对于终了采坑、大规模深凹塌陷或其较深的挖损地貌，填方过程中极易出现滑坡，造成伤亡事故，需进行必要的特殊处理。

（二）平整工程

挖填方结束后，紧接着就是对堆垫场地进行整平。整平一般不止一次，需要多次，包括粗平整和细平整。

1. 粗平整工程

按设计标高或整平基准线，确定挖、填运向、运输量和作业方法的，可分为全面成片平整、局部平整、阶地式平整。平整的具体方法主要有如下。

(1) 简易落堆法即在堆体停止均匀沉降后，将堆体高度降低，并达到设计整平标高。最常用的办法是先在堆体周边开挖堑沟，并将表土堆置在沟外侧，挖沟工程量略等于落堆量，然后用推土机把设计标高以上岩石推入周边堑沟，此法宜于中小堆垫地貌的整平。

(2) 拉台阶落堆法对于有运输条件的开采系统，外排土场地形较平坦，整平工程主要是整坡和拉台阶，即利用放缓坡度，自上而下整成台阶状。

2. 细整平工程

细平整包括修坡、做梯地和其他地面工程，尤其是地形破碎、坡度较陡的矿山废弃地工程量大，且工程要求比粗整平更严格。细致整平过程中不仅要保证土体再塑，而且要稳定边坡，防止水土流失，保障再塑土体安全，考虑防渗、排水等以避免滑坡的产生。细致整平应根据不同再塑地貌和粗整平后的状况来确定。整形工程属于细整平的一部分，主要包括地块、田畦和梯田等。

(三) 覆土工程

土地整平和整形工程结束之后，即可选择素土填料，依据一定施工程序进行铺覆，最好覆熟表土。其次是生土，实在没取土条件可使用易风化物。

第三节　土壤改良

一、土壤改良的作用

根据矿山废弃地植被恢复制约因子的分析，通过土壤改良作业，可以提供植物生长的适宜土壤条件，克服或者避免限制性因子对植被恢复的影响。主要作用表现如下。

提供植物生长需要的土壤层。

调整土壤物理结构，以满足植物生长需要。

提高土壤有机质含量和土壤肥力，促进植物生长。

调整土壤 pH 值，以利于植物生长。

隔离重金属污染，避免对植物生长造成危害。

二、土壤改良的方式

矿区废弃地是指为采矿活动所破坏的，未经治理而无法使用的土地。根据其来源可分为 4 种类型：一是由剥离的表土、开采的废石及低品位矿石堆积形成的废石堆废弃地；二是随着矿物开采形成的大量的采空区域及塌陷区；三是利用各种分选方法分选出精矿物后的剩余物排放形成的尾矿废弃地；四是采矿作业面、机械设施、矿山辅助建筑物和道路交通等占用后废弃的土地。矿山废弃地原有的生态系统遭到破坏，形成极端生境条件，影响植物的定居。矿山废弃地形成的主要环境胁迫因子有土壤基质物理结构不良，持水、保肥能力差；极端贫瘠，氮、磷、钾及有机质含量极低或是养分不平衡；重金属含量过高，影响植物各种代谢途径，抑制植物对营养元素的吸收及根系的生长；极端 pH 值；干旱或盐分过高引起的生理干旱等多个方面。

土壤是世界万物之源，人类生存之本。人类在改造自然、创造财富的同时也给土壤环境产生了巨大的影响，甚至可能破坏土壤环境的功能。土壤环境遭到破坏或是受到污染无疑会给土壤的生态功能带来影响，甚至可能使土壤系统崩溃、功能丧失。土壤环境是植物生长的基地，通过植物的吸收、积累作用可降解土壤中的污染物质，但同时也可能将污染物转移到植物体内，然后可能通过食物链的形式进入人体，从而危及人体健康。

在矿山废弃地生态恢复中，土壤基质改良是首先需要解决的问题也是核心问题。矿山废弃地的基质改良材料和方法很多，但都是要实现三项基本目标，一是改善土壤基质的物理结构；二是改善基质的养分状况；三是去除基质中的有毒有害物质。

(一) 物理改良

1. 表土保护利用技术

在地表扰动破坏前先把表层（30 厘米）及亚层（30 ~ 60 厘米）土壤取走，加以保存，尽量减少其结构的破坏和养分流失，以便工程结束后再把它们运回原处利用。西欧大多数国家已要求在露天矿山中采用此技术，但是有些矿山废弃地根本没有土壤层，必须先在废弃地上覆土、改良，或者当废弃地的有毒物质含量很大，必须在废弃地上面先铺一层隔离层（可以用压实的黏土或高密聚酯乙烯薄膜），以阻挡有毒物质通过毛细管作用向上迁移，然后再覆土。如想在废弃地上种植农作物或果树，则需加大覆土厚度，防止有毒有害物质进入农作物或果树中。

2. 客土覆盖

废弃地土层较薄时或是缺少种植土壤时，可直接采用异地熟土覆盖，直接固定地表土层，并对土壤理化特性进行改良，特别是引进氮素、微生物和植物种子，为矿区植被重建创造有利条件。客土作业中尽可能利用城市生活垃圾污泥或是其他项目剥离表土，减少对其他区域土壤土层的破坏。

3. 施用有机改良物质

有机肥料不仅含有作物生长和发育所必需的各种营养元素，而且可以改良土壤物理性质。有机肥料种类很多，包括人畜粪便、污水污泥、有机堆肥、泥炭类物质等。污水污泥、泥炭、垃圾及动物粪便等富含氮、磷有机质，被广泛地应用于矿山废弃地基质改良。它们都可作为阴阳离子的有效吸附剂，提高土壤的缓冲能力，降低土壤中盐分的浓度。加入的有机质还可以螯合或者络合部分重金属离子，缓解其毒性、提高基质持水保肥的能力，这种施用有机肥料的方法是使用固体废弃物来治理废弃地的土壤结构，既达到了废物利用，又收到了良好的环境和经济效益。城市泻泥除含有丰富的氮、磷、钾和有机质外，还有较强的黏性、持水性和保水性，从而能够改良废弃地的理化性质、增加土壤肥力，并提高矿区废弃地微生物的活性。将城市污泥与白滤泥等碱性废弃物按一定比例混合，进行堆沤处理后再施用，效果会更好。植物秸秆还田也能改善基质的物理结构，有利微生物生长，固定和保存氮素养分，促进基质中养分的转化。但是生活污泥还含有部分病原微生物和寄生虫卵以及微量重金属元素，通过各种传播途径，污染土壤、空气、水源，危害植物的生长，所以在使用中应合理控制生活污泥的使用年限和使用数量。只要控制适当，就不会造成土壤基质的再次污染。

（二）化学改良

1. 土壤肥力

添加营养物质提高土壤肥力。大部分矿山废弃地缺乏氮、磷等营养物质，是植物生长的限制因子之一，可以通过施肥来提高土壤肥力。鉴于有些废弃地基质结构不良，速效的化学肥料极易被淋溶，这样只有少量、多次施用速效化肥或选用一些分解缓慢的长效肥料。

2. 重金属毒性

如果存在有毒因素，缺乏主要养分不过是次要因素。当溶液中的一种离子浓度提高时，则可观察到植物对其他离子吸收增多或减少，当一种离子抑制另一种离子的吸收时，则可认为两者之间产生拮抗作用 Ca^{2+} 就具有此作用，许多重金属离子的毒性就是由于 Ca^{2+} 的存在而趋于缓和。已经有实验证明，Ca^{2+} 存在显著降低植物对重金属的吸收，施加含 Ca^{2+} 化合物缓解重金属毒性，可以在废弃地中施加 $CaSO_4$ 或 $CaCO_3$ 等以解决 Ca^{2+} 含量低的问题。

3. 极端 pH 值

由于多数矿业废弃地存在不同程度的酸化问题，有些废弃地具有酸性，致使金属离子浓度过高或者酸性过高，不适宜植物的生长，因此需要改善其酸性条件。可以施用硅酸钙、碳酸钙、熟石灰等市售农用石灰性物质以中和土壤的酸性条件即可以中和酸性，还可以利用 Ca^{2+} 的拮抗作用来降低植物对重金属的吸收。当废弃地的酸性较高时，应少量多次施用碳酸氢盐与石灰，防止局部石灰过多而使土壤呈碱性。磷酸盐能有效地控制含硫矿物酸的形成，亦可用于改良含酸废弃地。若 pH 值过高，则可以投加 $FeSO_4$、硫黄、石膏和硫酸等物质来改善废弃地的环境。并且对富含碳酸钙及 pH 值较高的废弃地可利用适当的煤炭腐殖质酸物质进行改良，施用低热值的煤炭腐殖酸物质，仅仅靠干湿交替的土壤热化过程，就可以提高石灰性土壤中磷的供应水平，从而达到改良土壤的目的。

（三）生物改良

1. 植物改良

植物具有独特的功能，可与微生物协同作用，从而发挥更大的效能。主要包括利用植物固定或修复重金属污染土壤，利用植物净化干净化学水体和空气，利用植物清除土壤基质里面的有机污染物等。植物对土壤改良从原理上考虑可以分为植物提取、植物挥发、植物过滤、植物钝化等。植物提取是目前研究最多并且最有发展前景的一种方法法。已经发现400多种植物能超量富集重金属。如海州香薷、鸭跖草、蝇子草、头花蓼、滨蒿种群都可用于富铜土壤如矿业废弃地的植被重建，而超富集植物鸭跖草可用于铜污染土壤的植物修复。

种植具有受耐性或积累能力的树种，可以促进土壤系统的生物恢复或减少土壤的重金属含量。具有超积累能力的植物一般生活在含金属的土壤中，在组织中含有高浓度重金属的时候依然可以存活。在毒性较低的废弃地中，生物固氮的利用价值也越来越高。豆科植物能够与根瘤菌形成固氮根瘤，从而将土壤中的氮气转化为氨固定下来，因此，寄主植物和根瘤菌的生长状况、固氮效率及最终形成根瘤菌一寄主共生协同关系的能力都非常重要。如果某一方面受到重金属毒性的严重抑制，豆科植物就不可能促进土壤中氮元素的积累，豆科植物只有在具备适宜的根瘤菌存活的情况下才有价值。所以应用豆科植物修复重金属污染土壤，首先要考验寄主植物、根瘤菌和它们的共生体系对废弃地土壤中重金属毒性的耐受能力。豆科植物在重金属污染地区的生长和重建取决于两方面的因素：寄主植物对重金属的耐性和根瘤菌对重金属的耐性。除了一些豆科草本植物外，还有一些木本植物，如槐树等都可以对矿区废弃地的基质改良有一定的帮助。目前中国大约有44种非豆科固氮树种。

此外，各种废弃地影响植物定居的因素复杂多变，各种改良物质有其独特的性质和作用，这就要求具体工作需慎重，在大规模的野外工作之前，必须对基质作详尽的理化分析和室内模拟基质改良实验。

2. 微生物改良技术

微生物修复是指利用微生物的生命代谢活动减少土壤环境中有毒有害物的浓度或使其完全无害化，从而使受污染的土壤环境能够部分或完全地恢复到原始状态的过程。微生物在增加植物的营养吸收、改进土壤结构、降低重金属毒性及对不良环境的抵抗等方面具有不可低估的作用。因此，微生物在植被恢复与重建中的作用受到越来越多的重视。

微生物改良技术是利用微生物的接种优势，对复垦区土壤进行综合治理与改良的一项生物技术措施。借助向新建植的植物接种微生物，在改善植物营养条件、促进植物生长发育的同时，利用植物根际微生物的生命活动，使失去微生物活性的复垦区土壤重新建立和恢复土壤微生物体系，增加土壤生物活性，加速复垦地土壤的基质改良，加速自然土壤向农业土壤的转化过程，使生土熟化，提高土壤肥力，从而缩短复垦周期。微生物复垦技术在国外复垦中有较快的发展，特别是微生物肥料已在复垦土壤培肥中得到工业化应用。微生物的接种可以考虑选择抗污染的细菌，许多细菌具有抗污染的特性，因此在污染区接种抗污染菌是一种去除污染物的有效方法。这些细菌有的能把污染物质作为自己的营养物质，把污染物质分解成无污染物质，或者是把高毒物质转化为低毒物质，如在铁污染的土壤中可以接种铁氧化菌，不仅效果好，而且比传统的方法节约费用；在汞污染的河泥中，存在的一些抗汞微生物，能把甲基汞还原成元素汞，降低了汞的毒害，还可以接种营养微生物。废弃地的植物营养物质非常贫瘠，接种能提供营养的微生物对废弃地的生态恢复无疑是有很大的促进作用。有的微生物不仅能去除污染物，而且还能为群落的其他个体提供有利的条件。研究表明，在铅锌矿尾砂库的生态恢复中，把根瘤菌接种到银合欢等豆科植物的根部，能促进根瘤的形成，进而促进地上部分的生长，植株健壮。在有钼污染的地区接种菌根不仅有利于植物对磷的吸收，而且还有利于对钼的吸收，降低钼的污染。

3. 土壤动物改良

土壤动物在改良土壤结构、增加土壤肥力和分解枯枝落叶层促进营养物质的循环等方面有着重要的作用。作为生态系统不可缺少的成分，土壤动物扮演着消费者和分解者的重要角色，因此，在废弃地生态恢复中若能引进一些有益的土壤动物，将能使重建的系统功能更加完善，加快生态恢复的进程。如蚯蚓是世界上最有益的土壤动物之一，蚯蚓在改良土壤结构和肥力方面有重要作用。在矿区生态恢复方面率先将蚯蚓引入到煤矿山的土壤复垦中，不仅能改良废弃地的土壤理化性质，增加土壤的通气和保水能力，同时又富集其中的重金属，减少了重金属的污染，达到了矿山废弃地生态恢复持续利用的目的。

在现有的土壤重金属污染治理技术中，生物恢复技术被认为是最有生命力的。矿山废弃地的生态恢复是当今世界关注的重要问题之一，基质改良又是进行生态恢复的关键。经过近几十年的研究与实践，国内外在矿山废弃地的土壤基质改良方面的研究有了突破性的进展。但由于矿区废弃物构成的多样性、局部立地条件的差异性、地带性差异、恢复利用目标的不同，致使土壤基质改良更为复杂，存在着一些迫切解决的问题。根据矿业废弃地土壤基质针对恢复利用的限制性因子划分为不同的类型，并在此基础上研究不同类型矿山废弃地的土壤基质改良适宜的方式方法，这是矿山废弃地复垦和生态恢复的关键问题。土壤改良方法的选用，应该遵循因地制宜、就地取材的原则，结合以往的研究成果，借鉴国际矿区土地复垦和生态修复的成功经验，研究废弃物土壤化演化的自然规律和机理。通过有效利用土壤、土壤母质和煤矸石、粉煤灰、矿渣、低品位矿石等煤矿废弃物进行土壤化发育机理研究，实现人工辅助的土壤化演化。

第三十二章　植被建植及管理技术

矿山废弃地的立地条件一般以干旱、缺水、贫瘠为突出的生态环境特征，即使在多雨的南方地区，由于雨量时空上的分布不均以及废弃地保水性差等原因，土壤水分仍然是植被恢复的限制性因子，因此抗旱技术措施的应用，在矿山废弃地植被恢复中显得尤为重要。植被后期养护管理也是矿山废弃地植被恢复的重要组成部分，它是目标群落能否实现的关键环节。

第一节　建植方式

矿山废弃地植被恢复常用的建植方式主要有播种和植苗两种方式。播种技术多采用沟播、穴播、条播、撒播等具体形式，主要适用于灌草植物品种，对于一些发芽迅速的乔木也可以采用，如刺槐、臭椿等。乔木和常绿针叶树一般采用植苗的建植方法，常与鱼鳞坑、减渗、覆盖等具体技术形式结合应用。

一、播种植被恢复技术

自然界大部分植物的更新都是由种子萌发完成的，播种恢复植被符合植物繁殖的自然规律，是对自然规律的模拟。播种恢复植被具有不需要育苗、技术简单易行、节省劳力与投资的优点，主要适用于种子发芽力强的树种，但对立地条件（尤其是水分环境）的要求较高。

灌草种选择要遵循适应当地气候条件；适应所恢复坡面的土壤水分、土壤性质、土壤类型等；具有较强的抗旱性、抗寒性、抗贫瘠性、抗病虫害等特性；植物生长迅速、根系发达，能在短期内覆盖坡面；种子易得且成本不高。根据植被恢复实施范围，确定具体的播种形式，撒播可以采用手摇式播种器播种，保证播种的均匀性，条播或是穴播可直接人工播种。后期可选用无纺布、草帘等物进行覆盖。

通过撒播灌草种，可迅速形成植被覆盖，施工简单易行。播种植韧根系发育完全，固土效果好，抗旱能力强。实施初期需要采用覆盖物进行覆盖保护，防止天然降水或人工养护浇水引起水土流失。对边坡坡度和土壤质地要求较高，必须有植物生长必需的土壤条件。坡面植被覆盖形成后，水土流失防治效果明显，并且随着植物的生长，防治效果不断增强。

施工前期选择合适的施工场地，并确定施工及后期养护用水方案。清除坡面浮石、树根、杂草等，对表层土壤进行平整，必要时增施有机肥进行土壤改良。根据坡面土壤、养分、水分等条件将灌草种按照设计播种量，并做到播种均匀。对难发芽的植物种进行适当处理后，再按照设计播种量播种。在有条件的施工现场，播种后覆土、镇压，能够有效蓄水保墒，促进发芽、利于生长。植物出苗前覆盖无纺布或草帘进行保护，一方面起保水保墒作用，另一方面防止雨水或后期养护浇水时冲刷坡面甚至带走植物种子。

在养护管理中注意：施工后立即洒水，保持地表2～3厘米的土壤湿润，直至种子发芽在养护期间根据植物生长情况，可适当施肥。植被覆盖保护形成后的前2～3年，注意对灌草植被组成的人工调控，利于向目标群落方向发展。

矿区废弃地的播种植被恢复，多采用沟播、穴播、条播、撒播等几种形式。对缺少植物生长土壤条件的区域，还可以结合客土改良、增施有机肥以及点穴、条状开沟整地，改善局部土壤环境，实现局部控制性植被恢复。

二、植苗植被恢复技术

植苗植被恢复是在造林季节，将育苗地培育成型的，已经形成根系和茎、干的各种规格的苗木，进行异地栽植，从而实现快速形成木本群落的一种植被重建方式。

植苗需选用良种壮苗，栽植方法有裸根栽植和带土球栽植两种。其中的带土球栽植，根据容器的有无还可以分为带土坨栽植和容器育苗栽植两种；植苗技术常与地形整理和抗旱保水技术相结合使用。

成型苗木对不良环境的适应能力较强，能够较快地适应废弃地的环境条件；成活率较高，植被恢复效果稳定；适用苗木范围广，几乎适用于所有的树种；在干旱及水土流失严重的立地条件下尤其适用；带土球栽植具有不伤害、不裸露苗木根系、成活率高的优点，尤其是容器育苗，能保持原土壤和根系的自然状态，栽植后无缓苗过程，幼苗生长快，即使在立地条件较差的情况下也能大幅度提高成活率。

在土壤贫瘠的矿山废弃地，苗木栽植尤其是裸根苗木，要适度扩大种植坑，并在坑底施加 3 ~ 5 厘米厚的有机肥或基肥，进行局部客土改良。植苗的关键是确保树穴规格能保证苗木根系舒展（不窝根）。树穴规格要根据树种根系特点（或土球大小）、土壤情况来决定。平生根系的土坑要适当加大直径，直生根系的土坑要适当加大深度。挖穴时把表土与底土按规定分别放置。树穴上口沿与底边必须保持垂直，大小一致。切忌挖成上大下小的锥形或锅底形，否则栽植踩实时会使根系劈裂、卷曲或上翘，造成不舒展而影响树木成活。

裸根苗木从掘苗到栽植的时间应尽量短，以随起随栽为佳。运输过程中务必保持根部湿润，采用湿草覆盖，可以防止根系风干；此外采用根系打浆可提高移栽成活率。裸根苗木栽植时，要保持根系完整，骨干根不可太长，要尽量多带侧根、须根。也可对根系进行适度修剪，以促进发育。土球苗木注意装卸过程中对土球的保护，避免破裂、伤根，影响成活；容器苗木注意对容器剥离，避免导致土球散坨。较大规格苗木运输到栽植地，应进行适度修剪，以减少蒸腾作用，提高苗木成活率。

施工后及时浇水，保证苗木成活的三遍透水必须满足。矿区废弃地土壤结构呈砾状，人工浇水或是降雨径流会使土壤呈流态沿块石缝隙下渗，导致原种植坑内、根系范围内出现空洞，应及时发现并进行回填，避免苗木脱水死亡。在养护期间根据植物生长情况，可适当施肥。在苗木栽植的当年遇连续干旱少雨情况，需人工及时补水；当年入冬，需要浇防冻水，来年春天，需要浇返青水。注意病虫害的及时防治。

适用于土质、土石结合质地的矿山废弃地。适用于平地以及坡度不陡于 1：4 的稳定坡面或坡面平台；裸根栽植多用于常绿树小苗及落叶树，土坨栽植主要用于较大规格的针叶树，容器育苗尤其适用于矿区植被恢复。植苗植被恢复技术适用于全国各地，但干旱半干旱地区要加强人工水分补充。

矿区废弃地的植被恢复中，植苗植被恢复需要与客土改良、抗旱技术结合使用，能够有效提高苗木成活率，增强绿化效果、提高效果的稳定性。在实践中一般与播种植被恢复技术结合使用。矿区废弃地植被恢复中推荐使用容器苗。

第二节　植被恢复与养护技术

合适的植被恢复季节是矿区废弃地植被恢复成功的关键，同时也直接影响到投入成本和初期养护工作量。合理的苗木规格是植被恢复效果和植被稳定性的重要保证，同时也直接影响到苗木的成活率和初期覆盖率。

一、植被恢复季节

矿山废弃地的植被恢复原则上应选择在温度适宜、湿度较大、遭受自然灾害的可能性小、符合植物生物学特性、栽植省工、投资少的季节来进行，但主要依据植物种类的生物学特性而定。

（一）播种植被恢复季节

播种植被恢复理论上只要温度适宜植物种子发芽的季节都可以实施，但是要考虑冬季时，植株能安全越冬；夏季时，植株能忍受高温；雨季前能形成基本植被覆盖，能够抵抗雨水径流的冲刷、侵蚀；并且要考虑能够充分利用天然降水，用于植被初期的生长用水；利于恢复植被的后期稳定性等多方面因素来选择适宜的播种季节。

合理的安排播种季节，能够有效地弥补施工其他环节造成的不足，并且达到降低成本，事半功倍的效果。一般播种植被恢复在春季实施综合效果最好。

（二）栽植植被恢复季节

一般根据树木生长规律和栽植成活原理，最适宜的植树季节是树木的休眠期，即早春和晚秋。这两个时期树木对水分和养分的需求量不大，容易得到满足，而且此时树体内还储存有大量的营养物质，又有一定的生命活动能力，有利于伤口的愈合和新根的再生，所以在这两个时期栽植成活率最高。

另外，雨季（夏季）是全年降水集中，气温最高的季节，土壤水分条件好，所以雨季植苗有利于根系恢复和生长。但由于植物生长旺盛，蒸腾量大，应掌握好时间，一般是在下过一两场透雨而且降雨稳定之后开始植苗。采用容器苗进行植被恢复，由于苗木根系未受损坏，所以施工季节一般不受时间限制。

二、养护管理技术

植被后期养护管理是植被建植工作中非常重要的技术环节，矿区废弃地植被后期养护管理的目的是通过对林地、植被的管理与保护，为植物的成活、生长、繁殖、更新创造良好的环境条件，使之快速形成植被覆盖。植被养护管理主要包括浇水、施肥，灌草组成的调控、平茬、整形修剪等措施以及防止病虫害、火灾等自然灾害以及人畜活动对植被破坏的保护措施等。植被养护管理直接影响到植被生长效应、生态防护效应的发挥。

植被养护管理的主要措施因不同区域、不同植被恢复目的、不同矿种、不同立地条件和不同经济条件而异。

1. 水分管理

矿山废弃地持水力弱，含水量低，植被可利用的水分极少。通过人工补充水分，在苗木栽植、播种初期，可以保证苗木成活、种子发芽；在后期一方面提高土壤的含水量，有利于植被的生长，另一方面，降低地温防止夏季高温对苗木的灼伤。

在植物种植和喷播以后，应及时进行灌溉，保证苗木的成活和种子的发芽，以确保恢复目标的早期实现而进行的管理。在这期间对水分的要求相对较高，前期特续养护时间为 45 天左右，在雨季到来之前基本形成植被覆盖，以后人工养护用水量明显减少。栽上苗木后，要及时浇水，保证前三遍水及时足量供给。

植被形成前两年，需要注意冻水和返青水的浇灌。加强苗木树盘的维护管理，并且加强天然降水的利用和人工补水有效性的观察。在植被恢复 2 ~ 3 年后植被生长稳定，一般不需进行太多的人工水分养护，但是遇特别干旱年份需要注意人工补水。

2. 肥力管理

由于矿山废弃地一般异常贫瘠，其中速效养分缺乏，尤其缺乏植物生长必需的氮素和磷素。为了给植被的健康成长提供养分迅速形成植被覆盖，人工施肥就成为植被恢夏初期必需的环节。

合理的施肥措施有助于改善土壤性状，一般施肥以氮肥为主，辅以磷肥和钾肥，最好是施用有机肥。在追施肥料时，由于废弃地土壤保水保肥能力很弱，所以要坚持少施多次的原则。当植被恢复 2 ~ 3 年后，可利用一些豆科固氮植物以及植物自身残体有机质，实现自循环，减少人工养分管理。

3. 修剪

矿山废弃地植被恢复的目的主要是为了生态防护，应尽快促进枝叶扩展，增加郁闭度，一般不提倡单一修剪。但是当有病虫枝，应及时修剪。当幼树的地上部分由于种种原因而生长不良，失去培养前途，或苗木在栽植初期由于缺水失去水分平衡影响成活时，都可进行平茬。平茬一般在植苗后 1 ~ 3 年进行，幼树新长出的萌条一般都能赶上未平茬的同龄植株。

4. 人工调控

从植物栽植、播种施工结束到植物群落成型的一段时间内，需要有一支专业的养护管理队伍来从事植被恢复的人工促控，以便目标群落的实现。每个工程在施工结束后均需进行浇水、追肥、补种补播和病虫害防治等养护工作，才能达到预定的目标，工程质量的好坏与养护管理的重视程度密切相关。

早期应进行林木比例检查，人工诱导木本植物侵入，提高废弃地植物防护群落的稳定性。如果 2 ~

3个月之后木本植物长势不良，可以通过补栽、施肥的方式来引入木本群落。

初步完成植被恢复和重建后，要及时观察研究种内、种间关系，通过整枝、间伐、刈割等抚育措施，及时调整种内种间关系，使植被向稳定群落演替。一般来说，至少经过2年以上的后期养护管理，才有可能实现未来的粗放式管理。

5. 保护管理

保护管理是为了保护植被，防止植被破坏而进行的管理。在目标群落没有形成前要减少人为、牲畜对坡面植被的破坏，并做好冬季防火措施。

幼林的保护通常包括对病虫害、鸟兽害、极端气候因子（大风、高温、低湿、暴雨等）危害、火灾，以及人畜破坏等自然灾害与人为灾害的预防和防治。有条件的矿区应安排专职人员进行护理，特别注意人畜对植株的破坏。杜绝人为破坏，防止牲畜的践踏和啃食工程。

要保护好地表植被与枯枝落叶，更好地防止土壤侵蚀，减少土壤水分蒸发，以利于植株生长和植被演替。对病虫害要注意观察，做到早发现、早防治。暴雨和大风过后，要及时了解植株的受害情况，积极采取补救措施，扶植受害的植株，必要时及时进行补植。对植物发芽生长不良或引进植被急剧退化的现象，应分析原因，改善立地条件，进行灌溉、排水、追肥、除草、防病虫害、补播等管理工作。

第三节　抗旱保水及促进生根技术

矿山废弃地自然条件差，土壤水分成为植被恢复的限制性因子，导致植被成活率、保存率低，给生态环境建设工作增大了难度。因此在植被恢复工程中，必须考虑抗旱技术，在春季、雨季综合运用集水技术、保水剂、地膜或植物材料覆盖、营养袋容器苗、生根粉处理等技术进行生态植被恢复。

一、保水剂技术

保水剂是一种高吸水性树脂，使用方法有蘸根、泥团裹根和土施等。保水剂的最大吸水力高达13~14千克/平方厘米，可吸收自身重量的数百倍至上千倍的纯水，并且这些被吸收的水分不能用一般的物理方法排挤出来，所以它又具有很强的保水性。树木根系的吸水力大多为17~18千克/平方厘米，一般情况下不会出现根系水分的倒流，而树木根系却能直接吸收贮存在保水剂中的水分，这一特性决定了保水剂在农林业抗旱节水植物栽培技术中的广泛应用。

保水剂的种类

目前保水剂分为两大类，一类是丙烯酰胺—丙烯酸盐共聚交联物（聚丙烯酰胺、聚丙烯酸钠、聚丙烯酸钾、聚丙烯酸铵等）；另一类是淀粉接枝丙烯酸盐共聚交联物。

聚丙烯酰胺使用周期和寿命较长，在土壤中的蓄水保墒能力可维持4年左右，但其吸水能力会逐年降低。聚丙烯酸钠吸水倍率高，吸水速度快，但保水性只能维持2年。淀粉接枝丙烯酸盐使用寿命一般只能维持1年多，但吸水倍率和吸水速度等，性状较佳。

在雨季前整地时就施用保水剂，经过一个雨季的充分吸水，可使当年的雨季、秋季甚至翌年春季植被成活率提高15%~20%，生长量提高25%左右。在干旱少雨而且又无灌溉条件的情况下，例如春季，当土壤含水量不足10%时，施用保水剂前应使之充分吸水呈饱和凝胶后再与土壤混合，否则结果将适得其反。干保水剂在土壤中遇水膨胀时，由于周边土壤的压力会降低其吸水的能力；而事先吸水膨胀后的保水剂，特别是大颗粒的保水剂，既可保证其释水缩小后再遇水膨胀的有效空间，还可增大土壤空隙和通气性能。

矿山废弃地适宜采用0.5~3毫米粒径的大颗粒保水剂，既可满足土壤空隙空气通畅的要求，又可保证所贮水分的80%~85%被林木高效利用。粉状保水剂，使用时应与土壤混合均匀，否则吸水后会在局部产生糊状凝胶，造成相当范围的土壤蓄水过高，严重影响土壤通气和林木生长，甚至造成苗木枯死。也可用塑料纱网缝制成直径8厘米、长50厘米的棒状网袋，承装已吸足水分的凝胶状大颗粒保水剂1.3~1.4千克（相当于干保水剂10.7~10.8克），植苗时，针叶树苗木根系旁垂直放置1个，阔叶树和果树苗木根系两侧各垂直放置1个；其水分释放可涉及直径25~30厘米的范围，周边的土壤含水量在20～30天内可维持在12%～13%。如若该期间无降水过程，可在植苗后的第25天左右，将网袋抽出重新吸水，再放回原处。采用保水剂蘸根的方法可以防止苗木运输过程中根系失水。

二、地表覆盖技术

覆盖是改变土壤蒸发条件的最有效方法，主要利用秸秆、地膜、草纤维、土面增温保墒剂等。覆盖可以避免晚霜或春寒、春旱、大风等造成的冻害，提高地温，促进土壤中微生物的活动，加快有机质的分解和养分的释放，从而利于根系的生长、吸收及营养物质的合成和转化，保证苗木的成活和生长。此外，覆盖还可以充分利用地表蒸发的水分，提供苗木成活后生长所需的水分，防止苗木因干旱造成生理缺水而死亡。因此，地表覆盖在保水增温、促进幼苗的迅速生长、尽快恢复植被、防止水土流失、改善生态环境等方面，发挥着重要的作用。

（一）地膜覆盖技术

地膜的主要作用是提高地温，保墒，改善土壤理化性质，提高植物光合效率，能大幅度提高植被成活率，是有效的抗旱技术。选择时要选用无色、透明的地膜，膜的厚度可根据使用方法选择，直接铺在地表则宜选用较厚的膜，铺在地下可以选用较薄的膜。根据树种、栽植密度和苗木规格等将地膜裁成大小合适的小块。苗木栽植浇透水后，将地膜在中心破洞，从苗木顶端套下、展平，将边缘压实，并随树盘做成漏斗状，使雨水集中到中心的破洞，提高苗木对雨水径流的利用效率，同时避免土壤水分蒸发。为了防止大风将地膜刮走，可在地膜上敷一层薄土。

（二）秸秆纤维覆盖技术

秸秆纤维覆盖是采用麦秸、稻草和其他含纤维素的野生植物的地上部分为主要原料进行地表覆盖，其性能与聚乙烯地膜接近，但能被土壤微生物降解。覆盖后土壤温度变化小，提高了蒸腾效率，减少覆盖区内干物质无效损耗，有利于根系生长，具有明显的保墒作用。另外，还可采用矿山废弃地杂草、紫穗槐以及石片等进行覆盖。

（三）土面增温保墒剂覆盖技术

土壤增温保墒剂为黄褐色或棕色膏状物，属油型乳液，成膜物质有效含量为30%，含水量为70%，加水稀释后喷洒在土壤表面能形成一层均匀薄膜，是一种田间化学覆盖物，又称液体覆盖膜。

它主要作用如下。

（1）将其直接覆盖在土壤表面，可以阻挡土壤水分蒸发，减少无效耗水。

（2）通过减少土壤水分蒸发，从而减少了汽化的热量消耗，起到提高地温的作用。

（3）具有一定黏着性，与土壤颗粒紧密结合，覆盖地表等于涂上一层保护层，能避免或减轻农田土壤风吹水蚀。使用时，应根据种子萌芽温度和播种时的天气确定使用时间，并整平地表，尽可能地将大土块压碎，避免影响剂膜的完整性。

三、局部防渗保水技术

矿区废弃地多为块砾状弃渣，保水性极差，并且缺少植物生长的土壤条件。为了满足植物正常生长的需要，在苗木栽植时一般会进行局部客土改良。为了保证局部客土能够有效的保留，避免从块石缝隙间渗流，同时加强对人工补水和天然降雨的有效利用，客土回填前，在坑底及周边采用地膜铺垫，起到蓄水减渗的效果。

客土回填前，根据种植坑规格裁减地膜，折叠后铺于坑底和侧壁。对于底部块石棱角分明的，先适当回填土壤少许然后再铺设地膜。

客土回填过程中下部块石的挤压，会使地膜出现孔洞，具有一定的透水透气性，因此并不需特意将底部地膜捅漏。

由于采用的地膜相对较薄，当苗木成活，根系充分发育后，能够扎破地膜，进入深层，克服了地膜对苗木生长的禁锢。

四、生根粉应用技术

生根粉是一种广谱、高效、复合型的植物生长调节剂，能通过强化、调控植物内源激素的含量和重要酶的活性，促进生物大分子的合成，诱导植物不定根或不定芽的形成，调节植物代谢强度，达到提高植被成活率的目的。它可提高出苗率、保存率，增加生长量；通过浸种、喷洒种子或植株，处理块根或块茎等，使各种作物种子幼苗发生一系列生理变化，提高作物种子发芽势、发芽率，加快营养生长，根深叶茂，使作物个体发育健壮。在实际应用中，有浸根、喷根、速蘸、浸根包泥团4种方法。

对于一些裸根苗木在栽植前修根，用ABT生根粉1号3%浓度蘸根，能够促进植物新的根系的发育，从而提高成活率。

五、菌根菌造林技术

菌根菌造林技术就是在高等植物的根系受特殊土壤真菌的侵染而形成的互惠共生体系，然后用这种被侵染的菌根苗造林的技术。菌根苗的根系能扩大对水分及矿质营养的吸收；增强植物的抗逆性；提高植物对土壤传染病害的抗性，在干旱贫瘠的矿区废弃地环境中作用尤其显著。

在矿区废弃地这种极端缺水的立地条件下进行植被恢复，保证植物成活和生长的关键是保持苗木水分。苗木栽植工程中避免苗木失水、供给苗木足够水分的主要措施有起苗前浇水、运输时洒水、假植时浇水、栽植时蘸水或浸水、栽植后浇透水。另外，对萌芽力较强的阔叶树可进行“截干栽植”，去掉茎干，降低水分蒸腾，防止苗干的干枯，提高苗木成活率。常绿针叶树或大苗栽植时，可适量修枝剪叶，以减少水分蒸腾量。

第三十三章　矿区植被恢复的植物选配

矿山废弃地植被恢复工作中植物品种的选择与合理配置是重要的环节，依恢复目的和预期形成的群落及未来演替方向确定植物选配。矿区植被恢复，要符合植物的自然演替和繁育规律，首先让一两种先锋植物生存下来，并以一定的顺序使不同植物种类逐步侵入，最终演变成森林顶极群落。

为了尽快形成目标植物群落，除了尽可能地营造植物生长所需的环境条件、引入先锋植物外，最好能选择一些与目标群落相接近的植物种类。其中很重要的一点是注意不同植物种类的合理组合，以便于种间的有效集合，形成稳定的群落。

采用播种方法进行植被恢复的项目区，其草本、木本植物的搭配是目标群落实现和植被恢复成功的关键；而在采用栽植方法进行植被恢复的项目区，则会影响将来优势种群和植被群落的稳定性。

第一节　立地类型划分

不同立地类型具有不同的土壤条件、气候条件和地貌类型，水、肥、气、热的不同会造成植被生长的差异。对矿区废弃地立地类型划分，是进行植被恢复的重要基础工作，是对项目区植被恢复实现"因地制宜、适地适树"的先决条件。

一、立地类型划分原则

1. 综合性原则

立地类型是由气候、地貌、土壤、植被等多种因素组成，是一个统一的整体。进行分类时应全面考虑各项因素以及它们之间相互关系，系统分析区域内所有的成分和整体特征，综合对林木生长有普遍重大影响的立地因素，视其相似程度划分立地单元，并确定界线，正确反映地域分异情况。

2. 多级序原则

多级序是自然科学的普遍现象，立地分类必须遵循从大到小或从小到大一定的地域分异尺度标准进行逐级划分。

3. 主导因子原则

立地分类取决于自然综合特征的差异，必须综合立地的各种构成因素，找出立地的分异特征，才能反映立地的固有性质。因此，通过分析各个自然因子的因果关系，进行综合比较、系统分析，找出影响林种、树种的主导因子，作为划分立地单元的依据基础。

二、立地因子的选取

随着林业科技水平的发展，人们对立地条件认识逐渐加深，并由低层次向高层次、定性描述向定量分析方向发展。一般可以采用定性与定量分析相结合的方法分析项目区的立地类型。首先根据矿区气候区域、地形地貌、废弃地物质组成特征、坡向、坡度以及植被的变化特征，确定立地类型的主导因子，编制立地类分类系统。一般主要的立地因子有海拔、土壤质地、坡度、坡向等。

1. 海拔

海拔是气候、土壤等自然因子的综合反映（特别在山区）。它主要通过对光、热、水、气等生态因子的再分配，深刻反映小气候条件，强烈地影响土壤的理化性质及母质堆积方式，从而导致了林木生长差异和森林植被的分布规律。根据矿区废弃地的实际情况进行划分。

2. 土壤质地

土壤是立地条件的基础，也是林木赖以生存的载体。土层厚度影响着土壤养分、水分的总贮量和根系分布空间范围，是决定林木生产力的重要因素。不同的地形下分布有不同的土壤、水肥条件，对林木生长的影响也各不一样。所以，土壤种类、土层厚度是划分立地类型的主导因子。

3. 坡度

坡度通过影响太阳辐射的接受量、水分再分配及土壤的水热状况，来对植物的生长发育产生明显的影响。其影响的大小又与坡度的大小相关。坡度越大，土壤冲刷严重，含水量越少，同一坡面上部比下部土壤含水量少，所以将坡度作为划分立地类型的主导因子之一。

4. 坡向

坡向主要通过光照来直接调节空气和土壤的温湿条件（还间接影响土壤发育），从而影响林木生长。在低山区或地形起伏大的丘陵地带，阴坡比阳坡湿润，因此植被群落差异显著，故将坡向作为主导因子纳入。

5. 其他因子

对于影响立地条件的其他因子，如 pH 值、土壤养分等，经调查分析其变化不大，并且有些因子的变化也是随主导因子的变化而变化。同时考虑到划分立地条件类型要以工作方便为主，不易过多选主导因子和划分过细等原则，所以不把其他因子列为划分该地区立地条件类型的主导因子。对一些规模较大的矿区，可根据《中国立地分类》的分类系统和矿区废弃地的特点，依据选择的立地类型主导因子，按立地类型小区、立地类型组、立地类型的三级分类系统进行分类。

第二节 植物种类选择

矿山废弃地植被重建的初始阶段，植物种类的选择至关重要。由于废弃地极端的立地条件，一般选择生长迅速、根系和冠幅的扩展较快、适应能力强，耐瘠薄、干旱、盐碱及抗风寒、病虫害；并且发芽力强、容易成活，种苗来源范围广、繁殖容易、种植期长的植物品种。优先选择具有改良土壤能力的固氮植物。

一、植物种类选择原则

根据矿区废弃地的立地条件特征以及植被恢复的经验，植物品种选择需要遵循以下原则。

（一）生态适应性原则

所选择植物品种的生物学、生态学特性要与废弃地的立地条件相适应，这是矿山废弃地植被恢复必须坚持的基本原则。通过立地类型划分和对植物特性的掌握，选择适应当地立地条件的植物品种。因为只有植物品种对立地条件适应，才能在项目区成活、生长，才能最终形成稳定的目标群落，达到植被恢复、生态修复的目的。在考虑植物品种生态适应性时尤其要考虑立地条件下的限制性因子，这是分析植物适应性的关键因子。同时还要从坡面稳定的角度考虑，选择地上部分较矮、根系发达、生长迅速、能在短期内覆盖坡面的植物品种。

（二）先锋性、可演替性及持续稳定性原则

矿山废弃地植被恢复中需要尽快实现植被覆盖并发挥固土作用，所以需要选择一些适应立地条件、生长迅速的先锋植物。随着植被恢复实施时间的推移，原先的先锋植物品种随着生命的衰退成为弱势品种，甚至退出群落，而侵占能力强、生命力旺盛、寿命长的植物品种慢慢会占据主导地位，形成目标群落，实现自然演替。持续稳定性则要求，目标群落形成后，植物在无人工养护条件下仍能健康生长，这也体现了植物对自然气候和立地条件的适应性。

（三）和谐一致性

所选择的植物品种应该与项目区周边的植被群落和谐统一，在群落形态、植物品种构成等方面和周围的植物群落相近；在水文效应、护坡固土、生态恢复等功能上与周边植物群落相一致。因为实施的目

的是生态修复，当植被破坏区域进行植被修复后，形成的植被群落尽可能与周边生态环境相协调，实现生态和谐的目标。

（四）抗逆性

矿山废弃地立地条件极端恶劣，要求植物品种具有一定的抗旱性、抗寒性、耐瘠薄、耐高温等特性，在重金属污染严重的废弃地还需要有极端忍受力。自然生长在重金属污染土壤上的植物能够富集大量的重金属元素，如 Ni、Zn、Cu、Co 和 Pb 等，称之为超富集植物。矿区废弃地的植被恢复实践中要重视超富集植物的使用。只有具有一定抗逆性的植物在后期无人为养护条件下才能够具有较强的生命力，实现自我维持。抗逆性的强弱直接决定了植被能否达到自我生存的要求，影响到植被后期的稳定持久性。

（五）生物多样性

植物品种选择时还需考虑生物品种的多样性，由多种植物品种形成的植被群落的生态稳定性明显好于品种单一的植被群落。灌木、草本、草花等多层次、多品种的组合，形成综合稳定的复合植物生态系统。但是不能为了多样性而盲目增加植物品种，造成营造的植物群落失去应有的功能性和安全性。如对高陡的岩石边坡，乔木在坡面不能健康成长，并且还会由于自身的重量造成坡面失稳。因此高陡的岩石边坡在先期营建植物群落时以灌草型为主，随着时间的推移在自然的作用下实现顶极植物群落的演替。

二、常用植物种类

（一）乔木

侧柏［*Platycladus orientalis*（L.） Franco］、油松（*Pinus tabulaeformis* Carr.）、栓皮栎（*Quercus variabilis* Bl.）、栾树（*Koelreuteria paniculata* Laxm.）、刺槐（*Robinia pseudoacacia* Linn.）、国槐（*Sophora japonica* Linn.）、白蜡（*Fraxinus chinensis* Roxb.）、臭椿［*Ailanthus altissima*（Mill.） Swingle］、杜梨（*Pyrus betulifolia* Bunge）、山桃（*Prunus davidiana* Franch.）、山杏［*Armeniaca sibirica*（L.） Lam.］、火炬树（*Rhus Typhina* Nutt）、合欢（*Albizia julibrissin* Durazz.）、银合欢［*Leucaena glauca*（L.） Benth.］

（二）灌木

锦鸡儿［*Caragana sinica*（Buchoz） Rehd.］、柠条（*Caragana Korshinskii* Kom.）、胡枝子（*Lespedeza bicolor* Turcz.）、紫穗槐（*Amorpha fiuticosa* L.）、沙地柏（*Sabina vulgaris* Antoine）、绣线菊（*Spiraea Salicifolia* L.）、黄刺玫（*Rosa xanthina* Lindl.）、胡颓子（*Elaeagnus pungens* Thunb.）、丁香（*Syringa oblata* Lindl.）、连翘［*Forsythia suspense*（Thunb.） Vahl］、黄栌（*Cotinus coggyria* Scop. var. cinerea Engl.）、荆条［*Vitex negundo* L. var. *heterophylla*（Fr.） Rehd］、蒙古莸（*Caryopteris mongholica* Bunge）、枸杞（*Lycium chinense* Mill.）、酸枣（*Ziziphus jujuba* var. *spinosus* Hu.）、柽柳（*Tamarix chinensis* Lour）、杞柳（*Salix integra* Thunb.）、木槿（*Hibiscus syriacus* L.）、杜鹃花（*Rhododerzdron simsii* Planch.）、马棘（*Indigofera pseudotinctoria* Matsum）、多花木蓝（*Indigofera amblyantha* Craib）、四季桂［*Osman thusragrans*（Thunb.） Lour.］、迎春花（*Jasminum nudiflorum* Lindl.）、夹竹桃（*Nerium indicum* Mill.）、柠条锦鸡儿（*Caragana korshinskii* Kom.）、沙冬青［*Ammopiptanthus mongolicus*（Maxim. ex Kom.） Cheng f.］、沙棘（*Hippophae thamnoides* L.）、沙柳（*Salix cheilophia* Schneid）、白刺（*Nitraria sibirica* Pall）等。

（三）藤本

野葛［*Pueraria lobata*（WiLld.） Ohwi］、中国地锦［*Parthenocz, ssus tricuspidata*（Sieb. et Zucc.） Planch.］、美国地锦（*Parthenocissus quinquefolia* Planch.）、金银花（*Lonicera japomca* Thunb.）、凌霄［*Campsis grandiflora*（Thunb.） Loisel］、常春藤（*Hedera nepalensis* L.）、山荞麦（*Polygonum umaubertii*）、杠柳（*Periploca sepium* Bunge）等。

（四）草本

多年生黑麦草（*Lolium perenne* L.）、无芒雀麦（*Bromus inermis* Leyss）、苇状羊茅（*Festuca arundi-*

nacea Schreb.）、碱茅［*Puccinellia distans*（L.）Parl.］、香根草［*Vetiveria zizanioides*（L.）Nash］、紫花苜蓿（*Medicago sativa* L.）、白花草木犀（*Melilotus alba*）、山野豌豆（*Vicia amoena* Fisch. ex DC.）、小冠花（*Coronilla varia* L.）、野牛草［*Buchloe dactyloides*（Nutt.）Engelm］、结缕草（*Zoysia japonica* Steud）、二月兰［*Orychophragmns violaceus*（L.）O. E. Schulz］、常夏石竹（*Dianthus plumanius* L.）、马蔺（*Iris ensata* Thunb.）、萱草［*Hemerocallis* fulv（L.）］、披碱草（*Elymus dahuricus* Turcz.）、沙打旺（*Astragalus adsurgens* Pall.）。

第三节　植物配置与植被地带性分布

一、植物配置

植物品种不同的配置方式和密度会直接影响到植被群落的稳定性和恢复成本。应根据恢复目的、立地条件和植物品种的特性，进行科学合理配置，按照既生态又经济的方案实施矿山废弃地的植被恢复，营建与周边生态环境相协调的稳定的目标群落。

植物群落是由一定的植物种类结合在一起的一个有规律的组合。要发挥植被持续永久的综合生态功能，就要运用生态学原理构建一个和谐有序、稳定的植物群落，而其关键又在于植物的配置。植物的配置应遵循以下原则。

1. 以水土保持效果为主，兼顾生态景观效果

按照矿区废弃地植被恢复的目的，遵循自然规律，选择耐瘠薄、抗干旱、繁衍迅速、覆盖效果好、根系发达的水土保持植物种，最大程度体现水土保持生态效应。同时选择一些彩叶树种、常绿植物以及观花、观型植物结合配置，营造适宜的生态景观效果。

2. 遵从因地制宜，乔灌草相结合

植物自然群落的草、灌、乔三位一体多层次结构，抗外界干扰能力强，即使群落中一种或几种植物受到病虫害的危害而死亡，其他的植物也会填补其留下的空白。废弃地生态重建中，为了营建稳定的生态群落体系，必须合理配比乔木、灌木、草本植物，尽量模拟自然群落，建造乔灌草相结合的复合群落结构。同时必须依据立地条件，宜乔则乔、宜灌则灌、宜草则草，因地制宜，不可牵强。

3. 遵从生态位原则，优化植物配置，坚持生物多样性

植物品种的选配除了要考虑它们的生态习性外，还取决于生态位的配置，它直接关系到系统生态功能的发挥和景观价值的体现。在选配植物时，应充分考虑植物在群落中的生态位特征，从空间、时间和资源生态位上来合理选配植物种类，使所选择植物生态位尽量错开，从而避免种间的直接竞争，保证群落生物多样性的自然、稳定、持续。

4. 乡土植物与外来物种相结合

矿山废弃地植被恢复中，充分利用优良乡土树种于并积极推广、引进取得成效的优良外来树种。外来物种在植被恢复初期，可以迅速形成植被覆盖，稳固地表，改善矿山废弃地的土壤环境，为乡土树种正常生长创造良好的条件；乡土树种在植被恢复后期发挥主要作用，有利于实现稳定的目标群落。这样可以达到前期效果和长期效果兼顾的目的。这里说的外来物种是对当地环境适应能力强，生长稳定，能与周围的自然景物融合为一体，形成稳定的群落，并保持群落自然演替的顺利进行，且客观上在该地区有良好的表现的那些植物。当然对引入的外来物种要加强管理，否则会引起外来物种的泛滥，甚至对当地生态系统产生破坏。

二、植被地带性分布

任何植物个体，在其生长发育过程中，始终与所处环境发生作用，一方面环境影响和改变植物形态结构及生物学特性；另一方面植物对所分布的环境具有适应性。因此各种植物都具有自己的地理分布规律，不同地带生长着不同的植物类群，从而形成了多种多样的植被类型。在矿山废弃地植被恢复的植物选配中，首先必须遵循植被的地带性分布规律。

（一）植物分布的水平地带性规律

太阳辐射是地球表面热量的主要来源，随着地球纬度的高低不同，地球表面从赤道向南、向北形成了各种热量带。植被随着这种规律的更替，称为植被的纬度地带性。植被分布的经度地带性主要与海陆位置、大气环流和地形相关，一般规律是从沿海到内陆，随着降水量的逐渐减少，植被也出现明显的规律性变化。

我国植被分布的纬向地带性变化可分为东西两部分。在东部湿润森林区，自北向南依次分布着寒温带针叶林—温带落叶阔叶林—亚热带常绿阔叶林—热带季雨林、雨林；西部从北至南依次出现一系列东西走向的巨大山系，打破了纬向地带性，自北向南植被纬向变化如下：温带半荒漠、荒漠带—暖温带荒漠带—高寒荒漠带—高寒草原带—高寒山地灌丛草原带。

我国植被的经向地带性在温带地区特别明显，从东南至西北受海洋性季风和湿润气流的影响程度逐渐减弱，依次有湿润、半湿润、半干旱、干旱和极端干旱的气候。相应出现东部湿润森林区、中部半干旱草原区、西部干旱荒漠区。

值得注意的是，经度地带性和纬度地带性并无从属关系，它们处于相互联系的统一体中。某一地区植被分布的水平地带性规律，取决于当地热量和水分的综合作用，而不是其中一种因子（即热量或水分）。

（二）植物分布的垂直地带性规律

植被分布的地带性规律，除纬向和经向规律外，还表现出因高度不同而呈现的垂直地带性规律，它是山地植被的显著特征。一般来说，从山麓到山顶，气温逐渐下降，而湿度、风力、光照等其他气候因子逐渐增强，土壤条件也发生变化，在这些因子的综合作用下，植被随海拔升高依次呈带状分布。其植被带大致与山体的等高线平行，并有一定的垂直厚度，这种植被分布规律称为植被分布的垂直地带性。在一个足够高的山体，从山麓到山顶更替着韵植被带系列了大体类似于该山体所在的水平地滞至极地的植被地带系列。因此，有人认为，植被的垂直分布是水平分布的“缩影”。而两者间仅是外貌结构上的相似，而绝不是相同。

山地植被垂直带的组合排列和更替顺序构成该山体植被的垂直带谱。不同山体具有不同的檀被带谱，一方面山地垂直带受所在水平带的制约，另一方面也受山体的高度、山脉走向、坡度、基质及局部气候等因素影响。总之，位于同一水平植被带中的山地，其垂直地带性总是比较近似。

地球的不同地区，水热条件的组合配置不同，形成的植被类型也不同。

（三）中国植物分布区划

我国植被分布的地带性规律也取决于温度和湿度条件，但由于青藏高原、北部寒潮和东南季风的影响，使得主要植被分布的方向，是从东南向西北延伸，依次出现森林、草原、荒漠3个基本植被地带。

大兴安岭—吕梁山—六盘山青藏高原东缘一线，将我国分为东南和西北两个半部，东南半部是季风区，发育各种类型的中生性森林，西北半部季风影响微弱，为无林的旱生性草原和荒漠。东南半部森林区，自北而南，随着热量递增，植被的带状分布比较明显，依次为寒温带针叶林带、温带针阔叶混交林带、暖温带夏绿阔叶林、亚热带常绿阔叶林、热带季雨林带和赤道雨林带。除上述植被的纬向变化外，由于受夏季东南季风的作用，从东南向西北，植被出现近乎经度方向的更替。而且北部的温带及暖温带地区较南部的亚热带、热带地区表现得更加明显。

中国树种分布区主要受水、热条件限制，反过来说，中国的树种分布区可以反映各区的水、热等自然环境。根据水土保持中适地适树的原则，结合我国的气候环境，可以把植物作如下划分。

（1）热带南亚热带。主要分布于五岭山麓以南、中国台湾、海南等地；土壤为红壤、赤红壤、砖纽壤；≥10℃天数大于300天；年积温6 500～8 000℃。主要水土保持植物有：马尾松、海南五针松、华南五针松、火炬松、思茅松、木麻黄、台湾杉、杉木、水杉、巨尾桉、柠檬桉、窿缘桉、大叶桉、大叶相思、金毛相思、肯氏相思、毛卷相思、苦楝、木荷、火力楠、格木、合欢、樟黄牛木、厚皮香、春花木、筋竹、麻竹、黄竹、青皮竹、笋竹、黑荆树、肉桂、八角、千年桐、木棉、蔡蒲、柑橘、龙眼、荔枝、余甘、柁果、三华李、猕猴桃、木波罗、番石榴、油梨、橡胶树、胡椒、椰子、金鸡纳树、腰果、咖啡树、白藤。

（2）中亚热带。主要分布于浙、赣、湘、川的南部和滇、桂、黔的丘陵低地；土壤为红壤、黄壤、紫色土；≥10℃天数240～300天；年积温5 300～65 000℃。主要水土保持植物有：马尾松、杉木、柏木、水杉、柳杉、秃杉、湿地松、火炬松、云南松、华南五针松、黄山松、麻栎、栓皮栎、青冈栎、大叶桉、窿缘桉、檫、樟、川楝、苦楝、枫杨、桤木、木荷、刺槐、楸、紫楠、泡桐、合欢、马桑、紫穗槐、胡枝子、南酸枣、黄荆、六月雪、毛竹、淡竹、青皮竹、慈竹、茶、桑、黑荆树、香椿、漆树、油茶、油桐、杜仲、猕猴桃、刺梨、银杏、山苍子：板栗、柑橘、桃、李、枇杷、杨梅、梨、柿、葡萄、泰国石榴。

（3）北亚热带。主要分布于淮河、秦岭以南；土壤为黄壤、黄棕壤；≥10℃天数200～300天；年积温4 500～5 300℃。主要水土保持植物有：马尾松、杉木、油松、火炬松、湿地松、秃杉、华山松、柏木、水杉、柳杉、池杉、麻栎、栓皮栎、青冈栎、椴、木荷、枫杨、刺槐、檫、樟、紫花泡桐、枫杨、桤木、皂荚、檀木、柳、榆、合欢、苦楝、紫穗槐、胡枝子、栀子、马桑、黄荆、毛竹、箭竹、刚竹、淡竹、斑竹、笋竹、漆树、杜仲、辛夷、山茱萸、香榧、猕猴桃、刺梨、拐枣、山苍子、杨梅、桃、李、苹果、枇杷、葡萄、樱桃、石榴、梨、杏。

（4）南温带。主要分布于秦岭、淮河以北，西起天水，北至延安、太原、丹东；土壤为黄绵土；≥10℃天数160～220天；年积温3 500～4 500℃。主要水土保持植物有：油松、樟子松、红松、黑松、华北落叶松、日本落叶松、水杉、中山杉、华山松、侧柏、柏木、刺槐、泡桐、麻栎、栓皮栎、臭椿、白蜡、复叶槭、黄连木、紫椴、楸、皂荚、桑、白榆、日本桤木、枫杨、旱柳、杨类、紫穗槐、胡枝子、杞柳、黄荆、杜梨、酸枣、柽柳、马桑、杠柳、黄刺玫、刚竹、淡竹、板栗、核桃、桑、柿、枣、花椒、香椿、忍冬、枸杞、辛夷、山杏、杜仲、漆、猕猴桃、拐枣、茱萸、斑竹、苹果、梨、桃、杏、李、山楂、葡萄、樱桃、玫瑰。

（5）中温带（一）东北半湿润区。南温带以北，东北大部，内蒙古东部；土壤为黑土、栗钙土、森林土；≥10℃天数<160天；年积温3 400℃。主要水土保持植物有：樟子松、长白落叶松、兴安落叶松、红松、白榆、椴、水曲柳、黄波罗、槭类、蒙古栎、胡桃、楸、旱柳、杨树、山杏、白桦、胡枝子、沙棘、柠条、花棒、杞柳、沙柳、黄柳、树柳、胡颓子、酸枣、丁香、苹果、山楂、葡萄、梨、海棠、沙果、黑豆、李、刺槐、紫穗槐、红皮云杉。

（6）中温带（二）西北华北半干旱区。主要分布于黄土高原北部及毗邻地区；土壤为黄绵土、栗钙土、灰钙土；≥10℃天数100～160天；年积温1 600～3 400℃。主要水土保持植物有：油松、华北落叶松、樟子松、侧柏、白皮松、槭类、椴、白桦、白榆、栓皮栎、辽东栎、核桃、楸、杨树、臭椿、沙枣、杠柳、苦参、柠条、沙棘、柽柳、杞柳、黄柳、沙柳、旱柳、花棒、胡枝子、紫穗槐、酸枣、火炬树、杜梨、狼牙刺、花椒、枸杞、桑、山杏、文冠果、杜仲、黄芪、苹果、梨、杏、桃、李、山楂、葡萄、刺槐、玫瑰。

（7）中温带（三）西北干旱区。主要分布于新疆大部，内蒙古、甘肃北部，宁、陕、青的北部；土壤为荒漠土、风沙土、栗钙土；≥10℃天数100～160天；年积温1 600～4 000℃。主要水土保持植物有：沙柳、黄柳、花棒、踏郎、沙棘、杞柳、柠条、紫穗槐、胡枝子、柽柳、樟子松、油松、沙枣、山杏、旱柳、白榆、小叶杨、小青杨、河北杨、海红子、槟果、梭梭、白梭梭、沙拐枣、骆驼刺、新疆杨、银白杨、箭杆杨、旱柳、灌木柳、紫穗槐、葡萄、核桃、杏、苹果、沙果、巴旦杏、石榴、樱桃、李、桃。

第三十四章　森林病虫害防治

第一节　森林病虫害

一、森林病害

(一) 林木病害的概念

林木由于所处的环境不适，或受到其他生物的侵袭，使得正常的生理程序遭到干扰，细胞、组织、器官受到破坏，甚至引起植株死亡，造成经济上的损失，我们把这种现象称为林木病害。

引起林木生病的原因简称病原。病原的种类很多，大致分为生物性病原和非生物性病原两类。

生物性病原是指以林木为取食对象的寄生生物。主要包括真菌、细菌、病毒、类菌原体、寄生性种子植物，以及线虫、藻类和螨类等。凡是由生物性病原引起的植物病害都是有传染性的，因此称作传染性病害或侵染性病害。

非生物病原是指那些不适于林木正常生长发育的水分、光照、营养物质、空气组成等因素。如土壤水分失调、温度异常、环境污染等。由非生物病原导致的病害，不具有传染性，故称为非传染性病害，或非侵染性病害，也称生理病害。

遭受侵袭的植物称为感病植物，对寄生物来说是寄主。寄主植物和病原都处于环境之中，受环境的影响和制约。因此，这三者的关系是病害发生、发展的基础，深入了解寄主植物、病原和环境的相互关系是设计正确的病害防治措施的关键。

(二) 林木病害的症状和病害类型

1. 林木病害的症状

林木受害后，首先在生理上受到一系列的干扰，但其不易为人们所感觉。这种生理上的干扰继续发展的结果必然使林木发生组织和形态上的变化，如组织细胞坏死、出现变色斑、瘤肿等。同时，在发病的部位往往出现黄色、白色或黑色粉状物，小黑点等。所有这些特殊的表现称之为病害症状。症状是准确诊断林木病害的主要根据。

2. 林木病害的主要类型

植物的病害，大多数根据其症状特点来命名。林木上常见的病害类型主要有白粉病类、锈病类、斑点病类、烂皮病类、溃疡病类、腐朽类、花叶病类、肿瘤类、丛枝病类、萎蔫病类。

病害的症状随着病害的发展，往往会出现初期、中期和末期症状的截然不同。环境的变化会导致症状的变化，但在一定环境条件下，病害症状又有其特定的特征。因此需要我们掌握病害症状的变化规律，对症下药，施之以治。此外，有些症状，难以用经验判别病原种类，这就需要人们借助于仪器设备如显微镜进行鉴定。

3. 主要林木病害种类

林木的病害，主要包括种实和幼苗病害、幼林病害和成、过熟林病害几个方面。

二、林木虫害

昆虫并不等于害虫。地球上有 100 多万种昆虫，有害的昆虫有 8 万余种，但真正造成危害的仅 3 000余种，在一个地区产生严重危害的也只有几十种。我国约有 14 万种昆虫，其中仅仅有少数是农林牧方面的害虫，在一定意义上也有益处。许多昆虫对林木产生的危害，实际上是人类不科学的耕作方式、栽培方法或管理技术引起的。对待昆虫乃至于害虫的态度，应该是谋求人类与自然协调共存，走保护生物多样性、自然控制农林害虫之路。利用植物的抗害性自然控制害虫是最根本也是最佳的措施。

（一）昆虫的外部形态

昆虫成虫体分头、胸、腹3部分。头部着生有口器、眼和触角等感觉器官；胸部有3对足，通常有2对翅；腹部无足，一般由10～11节组成。体表被以几丁质的外骨骼，由气管进行呼吸。

（二）昆虫的生物学特性

1. 昆虫的生殖方式

大多数昆虫是以两性生殖繁殖后代，即通过雌雄交配，卵受精后，产出体外，才能发育成新的个体。但有些昆虫的卵不经过受精就能发育成新的个体，这种方式称为孤雌生殖（单性生殖）。有的昆虫1个时期进行两性生殖；另一个时期却进行孤雌生殖（如蚜虫），这种生殖方式称为周期性孤雌生殖。

2. 昆虫的变态

昆虫个体整个发育过程，从卵到成虫的性成熟，其间分成不同的发育阶段，每一个发育阶段，在外部形态、内部结构和生活习性等方面，都有或大或小的变化，一般包括卵、幼虫、蛹、成虫4个阶段，或卵、幼虫、成虫3个阶段。同一个体在不同的发育阶段的形态变异，称变态。昆虫变态有2种类型，经过前述4个发育阶段的变化过程，称全变态；而只经过3个发育阶段的变化，称不完全变态。

幼虫咬破卵壳从卵中爬出称孵化。从成虫产卵到卵孵化为幼虫所经历的时间，叫卵期。从初孵幼虫到化蛹的这一段时间称幼虫期。成虫钻出蛹壳的过程称羽化。从化蛹到成虫羽化的这一时期称为蛹期。成虫羽化后到产卵死亡的这一时期称成虫期。

3. 昆虫的世代和年生活史

昆虫大多是卵生的。由卵开始发育到成虫性成熟产生后代叫做一个世代。一种昆虫在1年中完成一个世代的叫做1年1代，如舞毒蛾；1年中完成两个世代的叫做1年2代，如扬雪毒蛾；1年能完成多个世代的称1年多代，如蚜虫。昆虫在一年内出现的各个虫期及世代的变化情况，称为年生活史。我国主要森林害虫，大多是1年1代，部分1年2～3代，有些天牛则需要2年才能完成一个世代。同一昆虫也可能在不同地区发生世代不同，如马尾松在河南南部每年2代，而到广西则达4代。

（三）常见森林昆虫类群

世界上已经命名的昆虫纲总数约100万种，美国昆虫学家估计，全世界昆虫的总数有3 000万种。每种昆虫都有俗名和学名。俗名各国和各地不同，而学名是根据“国际动物命名法”全世界统一为动物规定名称，都由属名和种名两个部分组成，统一用拉丁文书写和发音。在森林里常见而又比较重要的昆虫有直翅目（蝗虫、蟋蟀、蝼蛄）、螳螂目（螳螂）、竹节虫目（竹节虫）、等翅目（白蚁）、半翅目（椿象，俗称“臭大姐”）、同翅目（蝉、叶蝉、蚜、木虱）、鞘翅目（小蠹虫、天牛、象鼻虫、步甲、郭公虫、虎甲）、鳞翅目（蝶类、蛾类）、膜翅目（各种蜂类和蚂蚁）、双翅目（蚊、蝇、虻）。

（四）主要林木害虫类型

我国主要林木害虫类型可分为苗圃害虫、枝梢害虫、食叶害虫、蛀干及干材害虫等几类。

第二节　森林病虫害防治方法

一、林木病害防治方法

林木病害防治的目的是有效地控制病害的发生，降低群体发病率或产量损失率，以减少经济损失。

病原、环境条件、病原寄主是病害发生发展的基础，三者配合“协调”时，病害即发生和流行。因此，在病害的防治上，则必须反其道而行之，以人为的干扰来打破这种协调关系。具体而言，就是采取这样一些措施：消灭病原或切断其传播途径；增强寄主的抗病力或保护它不受病原物的侵袭；改善环境条件，使病原物数量的积累和侵染活动减少，或有益于寄主抗病性能的发挥。一切防治措施都是为了或多或少地达到上述目的。

依据采用的手段不同，林木病害防治措施可分为病害检疫、改进营林措施、选育抗病品种、物理、化学、生物防治法等。

（一）病害检疫

1. 病害检疫的任务

植物病害检疫是为防止危险性病害的国际间或国内地区间人为传播的一种措施。其主要任务如下。

（1）禁止危险性病害随着植物及其产品由国外输入或由国内输出。

（2）将国内局部地区已发生的危险性病害封锁在一定范围内不使蔓延，并采取积极措施逐步消灭。

（3）当危险性病害传入新区时，采取紧急措施就地消灭。

2. 植物检疫方法

检疫工作由国家检疫机构人员依法进行。检疫方法依具体病害而定。对林木病害来说，一般种子带病的情况较少，苗木、插穗、插条等则几乎可以传带各种病原物，是重点检验材料。常根据经验用肉眼或放大镜目测，必要时采用显微镜观察或用分离培养、生物化学方法测定。

（二）营林措施

环境条件的任何重大改变都将影响到整个病害的生态体系，采取正确的营林措施可创造一个有利于苗木或林木生长发育而不利于病害发生和发展的良好环境。关于营林措施对病害的防治，已在前面几篇中有了论述，这里不再加以赘述。

（三）选育抗病树种

选育抗病树种的基本方法与一般的育种方法是一致的。通常采用抗病种源选择、抗病单株选择、抗病实生苗选择、母树林改良、种间杂交和物理、化学诱变等。其中杂交育种和物理、化学诱变是目前培育抗病品种的主要方法。通过这种方法引起遗传基因的改变，然后从中选择抗病的后代。

（四）生物防治

从广义上说，一切利用生物手段来防治植物病害的方法都属于生物防治的范畴。通常是利用某些微生物作为工具来防治植物病害。如利用白粉寄生菌控制白粉病、锈菌寄生菌控制锈病的发展；利用大隔孢伏革菌防治松树银白腐病等。

生物防治法不会破坏生态环境，但作用慢，易受环境影响，效果不稳定。

（五）物理、化学防治

利用高温、射线等物理方法防治植物病害叫物理防治。如对种子、苗木、土壤进行热处理，杀死其中的病原物，用超声波、各种射线来杀死植物种子和苗木中的病原物等。

用化学药物来防治病害称为化学防治。它使用范围广、收效快、方法简便，特别是病害发生后采用化学防治往往是唯一可行的方法。按照化学药剂的作用，可分为铲除剂、保护剂和内吸剂。铲除剂直接可杀死病原物，如五氯酚、甲醛等；保护剂可直接施于植物体，保护植物不受侵害，如低浓度的石硫合剂、波尔多液、有机硫、磷、氯等；内吸剂是指被植物吸入体内，起抑制病原物扩展的药剂，如托布津、多菌灵、苯来特等。化学药剂的使用方法包括土壤消毒、种实消毒和喷洒植株等。

化学防治在短期内效果可能是显著的，但从长远看，从保持生态平衡、减少环境污染的观点出发，必须慎重使用。

二、林木害虫的防治方法

防治害虫方法较多，并各有优缺点，应协调各种措施综合防治，把害虫控制在有虫不成灾的水平。一般害虫的防治类似于病害的防治，有检疫措施、营林措施、物理和化学防治措施及生物防治措施等。

（一）检疫措施

害虫的检疫与病害的检疫相似，重要的区别在于检疫对象不同。如我国国家林业局制定了国内 19 个森林植物检疫对象。

（二）营林措施

选育抗虫品种。如多种杨树和榆树、元宝枫、糖槭易受光肩星天牛蛀干，但毛白杨对其有抗性，因此在受光肩星天牛危害地区选用毛白杨造林。其他造林技术如适地适树、整地、营造混交林，林分的抚育等措施，形成较稳定的森林生态系统，有效地控制虫害的发生。

（三）物理机械防治

常采用捕杀、灯光诱杀、食物诱杀、潜所诱杀等方法防治害虫。如利用松毛虫在树干基部集中越冬的习性捕杀；用黑光灯诱杀松毛虫类、竹螟、毒蛾类、刺蛾、天蛾、蝼蛄、金龟子等；设置饵木诱杀小蠹虫等。

（四）化学防治

采用化学药剂防治，许多害虫对化学农药产生了几十倍甚至成百上千倍的抗药性，一些主要害虫的数量急剧下降后又突然回升造成更大的危害，次要害虫在天敌被杀死后突然暴发成灾，殃及非防治目标物种如天敌、传粉昆虫和野生动物等，严重污染土壤、水域、大气和动植物产品，反过来又造成新的害虫危机。因此，为避免引起害虫的抗药性、杀死有益天敌和破坏环境事件的发生，应注意下面几点。

（1）选择持效期短、有选择性的农药。

（2）尽量减少喷粉，采用喷雾和超低容量喷雾。

（3）用内吸型药剂涂干，减少对天敌的危害。

（4）根据昆虫的特点使用农药，如根据口器类型等。

（5）尽量不污染环境。

（五）生物防治

在昆虫中有 20% 的种类是捕食昆虫的，又有 2.4% 的种类是其他动物体外或体内的寄生物，因此，可利用捕食性和寄生性昆虫来防治害虫。常采用的方法有：以虫治虫，如用赤眼蜂防治松毛虫；以微生物治虫，如用细菌防治松毛虫、大袋蛾、天幕毛虫、杨雪毒蛾等；以鸟治虫，如大山雀、杜鹃取食鳞翅目昆虫，啄木鸟取食蛀干害虫小蠹、天牛、吉丁虫等。

第三十五章　森林防火

第一节　林火原理

一、林火原因

林火的发生是有一定原因和规律的，主要与森林可燃物、火源及天气条件有关。其中火源是发生火灾的主导因子，火源可分为天然火源和人为火源两大类。

（一）自然火

自然火是一种难以控制的自然现象。有火山爆发、陨石堕落、泥炭自燃，雷击起火等。主要是雷击起火，世界上，太平洋附近地区的雷击火最多，美国、加拿大、前苏联雷击火占火源的7%～10%。中国的雷击火主要发生在大兴安岭、内蒙古的呼伦贝尔盟、新疆的阿尔泰山。我国的雷击火占总火源的比例虽很小，只有1%，但一旦着火往往造成的森林损失是巨大的。要减少雷击火的危害，关键是及早发现。

（二）人为火

人为火是发生火灾最主要的原因，世界上人为火一般在90%以上，如前苏联93%，美国91.3%，中国99%。国外主要是疏忽大意及旅游事业的发展而引起，我国主要是生活、生产上用火造成。另外还有一些迷信用火火源，近年来有发展趋势。

二、林火种类

对森林火灾的燃烧状况进行分类，正确估计火灾的危害和可能引起的后果，对于正确预防和扑救火灾，正确实施扑火技术，组织扑火力量，配备扑火工具十分重要。

（一）根据森林燃烧的部位，通常分为地表火、树冠火和地下火三种类型

1. 地表火（地面火）

地表火是林地表面燃烧的火，分布最多，最常见，约占火灾的90%。其特点是：火沿平地表面蔓延，烧掉地被物、危害幼树、灌木、下木、烧伤大树干基和露出地面的树根，影响树木的生长，而且易引起森林病虫害的发生，有的甚至造成大面积的林木枯死和水土流失，面积大可改变森林生态系统，轻度地表火可改善林地卫生。地表火的烟为浅灰色，温度可达400℃左右。在各类火灾中，地表火发生率最高。

根据其蔓延速度的快慢，地表火又可分为两类。

（1）急进地表火。火蔓延速度快，通常每小时可达几百米或者1千米以上，在地表可跳跃前进，火烧不匀，火烧迹地为顺风伸展成三角形或长椭圆形。如“8756”大火是急进地表火为主，树冠火为辅的特大森林火灾，速度最快达每小时20千米，一般每小时5～6千米。

（2）稳进地表火。火蔓延速度慢，一般每小时几十米，燃烧时间长，温度高，强度大，燃烧彻底，破坏性大。火烧迹地为椭圆形。

2. 树冠火

树冠火是指沿树冠蔓延和扩展的火。一般由地表火上升引起，偶尔有雷击火引起。约占火灾4%。这种火多为地表火遇到针叶幼树群、枯立木、低垂树枝和强风影响时发生。树冠火经常与地表火同时并

发，既可烧毁树木的枝叶和树干，又可烧毁地被物、幼树和下木。树冠火的烟为暗灰色，温度可达到900℃左右，烟雾可高达几千米，破坏性大，不易扑救。在火头前，还经常有燃烧的树桠、碎木和火星，加速火的蔓延，更难以控制，易引起新火源。发生树冠火有其一定条件：即气候长期干旱，可燃物特别干燥；地表火遇强风；多发生在针叶林中；樟树等富含油脂也易发生树冠火。按其蔓延情况又分两类型。

（1）连续型树冠火。

①急进树冠火（狂燃火）其特点是：火焰飘流前进，蔓延速度快，一般每小时8～20千米；上、下形成两股火，下面的火落在后面，一般中等枝条全烧，大枝不烧；迹地呈长椭圆形。

②稳进树冠火（遍燃火），是最严重的火灾，火烧速度慢，顺风每小时5～8千米。上、下燃烧彻底，温度高，强度大，破坏性最大。迹地为椭圆形。

（2）间歇型树冠火。一般由强烈地表火烧至树冠，因树冠不连续，又下降为地表火，遇到树冠再上升树冠火，在林中起伏前进。

3. 地下火

地下火是指在林地腐殖质层或泥炭层中燃烧的火。因只有腐殖质层或泥炭层的林区才能发生。故又称腐殖火或泥炭火或越冬火（冬季烧至翌年春天）。约占火灾1%。一般发生在高纬度地区，特别是干旱的季节和针叶林内，如大、小兴安岭，南方较少。这种火的特点是：无火焰，只有烟，燃烧时间长，圆形冒烟，可烧至岩石层、地下水层；蔓延缓慢，每小时4～5米，一昼夜可烧几十米；温度高，持续时间长，破坏性大，很难扑救；火烧后，根系被烧掉，树木枯黄而死，强风一吹林木便倒，从而出现林间空地。迹地为环形。

发生地下火的原因主要是在林内弄火，没有把余火熄灭。

三类火可以单独发生，也可以并发。三类火灾交织在一起，互相转变。所有的森林火灾一般都是由地表火开始，烧至树冠的则引起树冠火，烧至地下的则引起地下火。树冠火也能从树冠下降到地面形成地表火。地下火也能从地表的缝隙中窜出来烧向地表。通常针叶林易发生树冠火，阔叶林易发生地表火。由于它们所释放的能量和强度大小不同，扑救的对策也不相同。一般来说，地表火易扑救，而树冠火、地下火不易扑救，主要采取隔离法。

（二）根据火焰的高度划分为低、中、高强度火灾三种类型

所有的森林火灾一般开始都是低强度火，而后，火的强度随着燃烧时间的增加，因可燃物的种类、高度和载量，立地条件、天气条件等火环境的变化而变化。一般地表火属于低强度的火，树冠火属于中、高强度的火。

1. 高强度火

火焰高度超过3米，火强度在4 000千瓦/米以上，表土最高温度为510℃以上，土层0.76厘米深处为399℃，枯枝完全烧成白灰状，灌木的树冠全部被烧毁，树的大枝叉也被烧毁，只残留直径在1.3厘米以上的树干，土层的颜色、结构都发生了变化，林内所有生物烧死，扑高强度火十分危险。

当树冠火火焰高度达到16米以上时，就会出现跳跃式的火焰，火焰前锋像巨浪翻滚似的向前发展，发出噼噼啪啪的巨响，还会出现暴发火、飞火、火暴、火旋风和对流柱。

（1）暴发火就是在火场上，火场立即由平面转为立体发展，伴有大量的火星，像阵雨一样落在火场的前方，扩大火场，灭火人员难以靠近。

（2）飞火就是在火场上，火由一个山头跃到另一个山头，扑火人员十分危险。

（3）火暴就是在火头前方出现许多飞火，产生爆炸式的、快速的联合燃烧，大火头前方形成一片火海，扩大火场面积。

（4）火旋风就是火燃烧重型可燃物或两个火头相遇时，发生大小不一样的火旋风，小的直径只有50厘米，大的到100米以上，对扑火人员威胁极大。一般风速达到6～13.7米/秒，都能产生火旋风。

（5）对流柱就是火场强大的热流、水蒸气，带着燃烧物上升时形成的塔状柱，在高空层风速大时，对流柱破裂，失去向上的飘散力，趋向水平飘移，使飞火传播到很远的地方。

2. 中强度火

火焰高度在1.5～3.0米，火的强度为750～3 500千瓦/米，表土最高温度为399℃，土层0.76厘米深处为280℃，土壤上层可燃物完全燃烧，使土壤裸露，枯枝落叶层烧成黑状，有40%～80%的灌木树冠被烧毁，残留的树干直径为0.6～1.3厘米，土层的颜色、结构也无明显的变化。扑火人员直接扑火危险，必须采用开防火线等间接扑火方法，或待火势减弱后再扑打。

3. 低强度火

火焰高度在1.5米以下，火强度小于700千瓦/米以下，土壤表面的温度为177℃，土层0.76厘米深处温度为121℃，枯枝落叶层被烧焦，燃烧时产生黑灰，土壤剖面无变化，扑火人员可以采用机具直接扑打。

（三）根据蔓延方向，森林火灾的燃烧还分为上山火、下山火两种

1. 上山火又叫冲火

是指由山下向山上蔓延的火，正如俗话所说的，火往高处走，水往低处流。由于谷风的作用，白天的上山火是顺风火，蔓延速度快，火势猛烈，难以扑救。上山火的速度与坡度成正比关系，坡度愈大，火的速度愈快，大约每增加20℃速度增加一倍。在夜间的上山火则受山风所抑制，是逆风火。其蔓延速度远远低于白天，夜间的上山火不容易蔓延到山顶，这也是夜间山火容易扑灭的原因之一。

2. 下山火又叫坐火

是指从山上往山脚蔓延的火。由于受山风的影响，夜间的下山火是顺风火。虽然夜间的下山火比白天的要快，但速度远不如白天的上山火，蔓延速度缓慢，容易扑救。白天的下山火受谷风的抑制，是逆风火，蔓延速度低于上山火，这也是白天下山火容易扑灭的原因之一。

所有的森林火灾都是这两种火灾的循环过程。一般风力小于三级，火从山脚开始，向山上蔓延，再越过山脊转向山下方向蔓延，风力达到四级以上，乱流火较多，火的蔓延方向和程序变化无常。

（四）根据燃烧的速度，还将森林火灾的燃烧还划分为快速、中速、慢速三种

慢速火的火头前景速度小于2米/分钟，中速火的火头前景速度在2.1～20米/分钟，快速火的火头前进速度大于20米/分钟。森林燃烧的速度主要取决于风力、可燃物类型和地型条件。

三、林火特点

（一）三种火灾（地表火、树冠火和地下火）的发展具有综合性

通常针叶林易发生树冠火，阔叶林易发生地表火。单纯性的森林火灾较少。如果草本层干燥，密集连续，地表火发展就极为迅速，尤其是采伐迹地，火势更强。由草本层燃烧的简单地表火火墙较窄，宽度通常5～8米。由草本和下层木共同燃烧的地表火较为猛烈，火墙宽度可在15米以上，扑救困难，造成大范围的过火面积。针叶林的枝叶富有油脂，自然整枝不良，下枝离地面近，在地表火的烘烤下，极易引起树冠火，通常在地表火过后15～30分钟内发生，其推进速度虽然较慢，但火势猛烈，使周围空气形成热浪，难以接近。

（二）森林火灾蔓延主要受山谷风所控制，具有间歇性

高山峡谷地带的风力作用主要来自于山风和谷风，谷风能加速火向上蔓延。在晴朗的天气，一般都有山谷风这种现象。谷风发生在10时左右，逐渐增强，到15时以后最大。山谷风有阵风性质，受其控制，山火在一天中也有盛期、中期、衰期。一般衰期主要在4～10时，地表火停止发展，树冠火变冲冠火，有些冲冠火在烧掉枝叶后，火焰自动熄灭，火场内多数地段基本上是属于无焰燃烧状态，是扑火的最好时机。俗话说，山火不过夜，如果头天的火到次日10时以前没有扑灭，就要做好打恶仗的准备。盛期出现两次，午后15～17时和20～22时。地表火和树冠火发展迅速，火灾温度高，风向多变，人员已经疲劳，指挥难度较大。另外，主沟的山谷风能够控制支沟的山谷风。因此，主沟发生的山火易向支沟方向发展，而支沟发生的山火不易向主沟方向发展。此外，山谷风还受大气候的影响，对山火的作用具有日际变化特点。火灾蔓延发展的水平方向也受山谷风的影响。当谷风猛烈时，火灾常在火场的上游一带扩展，当山风猛烈时，火势常在火场的下游一带扩展。

（三）火势蔓延受地形因素影响，具有复杂性

地形变化在很大程度上制约着火势的蔓延。在山势大转折（主要是坡向大转折）、窄谷和山脊上，多会出现自然终止燃烧的现象。大的山势转折处，由于反山气流的作用，上山火到山顶时，火势常常衰落，会停止发展。窄谷地段的风速加快，在“峡谷效应”的作用下分流之处，火势至此通常暂时中止。其次，在山区由山脚向山顶蔓延的火要受一些缓坡、小平地、陡坡和峭壁的小地形影响。因为谷风经过各种小地形时会形成很小的涡流旋，对火蔓延能起阻碍作用。缓坡和陡坡上的火蔓延快，不易扑救，而山坳、小平地上的蔓延速度减缓，是高山地带扑火的好时机。

（四）山地森林火灾常呈跳跃式发展，具有立体性

由于山体高拔，沟谷狭窄，林火占有较大的垂直空间。除了水平推移外，还有跳跃式发展的特点，通常跳跃的距离多在500米以内。跳跃式燃烧的原因是球果或小枝燃烧后，随风吹至高空向远处落下后引起的，此时，火场周围在热浪的作用下，空气和林地进一步干燥，温度升高，一有火种，立即起火。

（五）具有反复性

林火虽有一般的蔓延规律，但常有反复，在山地林区表现更为突出。主要是余火相对隐蔽，地面无火无烟，使人难以警觉，到突然起火时，尽管有人在现场监护防守，也已措手不及，特别是在火场的边沿更为严重。其次可能是余火自然问题。腐殖质在高温的作用下，出现可燃气体，一旦与外部空气中的氧气结合，即发生自燃。因此，我们对隐蔽的余火要高度重视，不仅要从烟、温度方面去进行判断，还要反复翻挖，可用水浇灌的方法，使其不能反复出现。

第二节　林火预防和林火扑救

我国森林防火的方针是“预防为主，积极消灭”。预防是森林防火的前提和关键，消灭是被动手段，挽救措施。只有把预防工作搞好了，才有可能不发生火灾或少发生火灾。一旦发生火灾，必须采取积极措施将其消灭。因此，在森林防火各项工作措施中，我们必须做到两手同时抓，一手抓预防，一手抓扑救，两手都要硬。

一、林火预防

近代森林火灾绝大多数又是人们不慎用火引起的，作为人为灾害，通过有效的管理是可以控制的。同时，发生森林火灾必须具备可燃物、火险天气和火源3个基本要素，缺一不可。可燃物和火源可以进行人为控制，而火险天气也可进行预测预报进行防范。所以说森林火灾是可以预防的。

林火预防首先应做好群众性的防火工作，加强森林防火宣传教育，加强法制教育，建立健全森林防火组织，严格控制火源。同时，还要采取技术措施，建立多种系统，逐步实现国家林业局提出的“四网四化”目标，即监测瞭望网、预测预报网、林火阻隔网、指挥通讯网；扑救队伍专业化、扑火器具化、职责制度化、管理法制化。

二、林火扑救

凡是失去人为控制，在林地内自由蔓延和扩展，对森林、森林生态系统和人类带来一定危害和损失的森林气候都称为森林火灾。

（一）扑火方针

扑火方针即“打早、打小、打了”。要做到早发现，领导要亲临火场组织扑救，扑火要做到四快即探火快、报警快、领导快、扑火队伍赶到火场快。

（二）扑火程序

根据森林火灾发生规律和扑火特点，扑救森林火灾必须遵循“先控制，后消灭，再巩固”的程序，分阶段地进行。

1. 控制火势阶段

控制火势阶段是初期灭火阶段，其任务主要是封锁火头，控制火势，把火限制在一定的范围内燃烧，也是扑火的最紧迫阶段。

2. 稳定火势阶段

在封锁火头，控制火势后，必须采取更有效地措施扑打火翼（火地两侧部），防止火向两侧扩展蔓延，是扑火的最关键阶段。

3. 清理余火阶段

火被扑灭后，必须在火烧迹地上进行巡逻，发现余火要立即熄灭。

4. 看守火场阶段

主要任务是留守人员看守火场。一般荒山和幼林地起火监守 12 个小时，中龄林、成龄林地起火监守 24 个小时以上，方可考虑撤离，目的是防止余火复燃。

简言之就是四条即：控制火头（火势）；扑打火边（火线）；清理林地（余火）；看守火场。

（三）扑火方式

扑救林火的方式主要有两种，一是直接灭火，二是间接灭火。两者要因地、因时适宜使用，有时可以单独使用，有时也可以结合使用。

1. 直接扑火

对低、中强度的地表火采用。主要用于扑救火灾初期阶段和火势弱、植被少的地方的火灾。

2. 间接扑火

对高强度的地表火、林冠火、地下火采用。在火头前方开隔离带，阻劫火。间接灭火方法主要用于扑救大面积、大强度、大风条件下的火灾和阻止大面积荒火烧入林内的情况下使用。主要方法是利用河流、道路和山脊作为依托条件开设防火线，阻隔火的蔓延。

（四）扑火方法

1. 扑打法

用扑火工具把火与空气隔离。扑火工具有树枝、扑火拍（胶皮）、拖把、湿麻袋片等。它适于低强度火的扑打及火场清理。

扑打山火的基本要领是：扑打山火时，两脚要站到火烧迹地内侧边缘内另一脚在边缘外，使用扑火工具要向火烧迹地斜向里打，呈 40°～60°的角度。

拍打时要一打一拖，切勿直上直下扑打，以免溅起火星，扩大燃烧点。拍打时要做到重打轻抬，快打慢抬，边打边进。

火势弱时可单人扑打，火势较强时，要组织小组几个人同时扑打一点，同起同落，打灭火后一同前进。

打灭火时，要沿火线逐段扑打，绝不可脱离火线去打内线火，更不能跑到火烽前方进行阻拦或扑打，尤其是扑打草塘火和逆风火时，更要注意安全。

2. 土（沙）灭火法

用土把火与空气隔离。可用铁锹、镐或机械（如拖拉机、喷沙机）开沟喷土。用喷土法只适于疏松土壤上如沙土、沙壤土。不适于壤土、黏土等。

3. 水灭火法

水可吸收大量的热，同时水蒸气可稀释空气中的含量。工具有自压式喷雾器、消防车、水上飞机等。

4. 火灭火法

发生强烈火灾时，在火头前方一定距离用火烧，加宽隔离带。有两种方式。

（1）火烧法。以公路、小溪、小道等为依托条件，用火烧，点逆风火，加宽小道。

（2）迎面火法。当火头前方出现逆风时，在火头前方点迎面火，火沿火头蔓延。点火时应考虑地形、温度等条件，点火人员不应站在两火势之间。点迎面火时，应在火头纵深方向的 7 倍处点。

5. 风力灭火法

高速的气流能移走可燃性气体，同时也能吹走燃烧释放出来的热量。工具有风力灭火机、机载风力灭火机。

6. 爆炸灭火法

利用瞬时爆炸产生冲击波冲散火，并且利用细土沙灭火。用炸药炸，每隔2米一坑，进行引爆。适于枯枝落叶多的、土壤坚实的原始林区。

7. 化学灭火法

化学药剂受热后成薄膜，复盖在可燃物上。有的药剂受热后产生不燃的气体或者是药剂受热后能吸热。

8. 空中灭火法

利用各种类型飞机，对林火进行跳伞灭火，机械灭火和喷洒水或化学灭火剂灭火等。

9. 人工催化降水灭火法

在云层中加进类似的冰晶作用的物质（如干冰、碘化银等），促进降雨。

（五）火场清理

1. 火场的组成

森林火灾发生的现场，称之为火场。火场由火头、火翼（或火侧）和火尾三部分，火头位于火场的前端，是火向前延伸最快、火势最旺的部分，其方向与风向一致；火尾在火场后端，逆风蔓延，速度最慢，强度最小；火翼处于火场的俩侧，与风向成垂直蔓延，速度介于火头与火尾之间，愈靠近火头部分蔓延愈快，强度愈大，而靠近火尾部分蔓延较慢，强度较小。

火头是火场上火强度最大的部位，火头蔓延速度最快，是火场不断增大的主要因素，是影响火场全局的关键。火场上，有时只有一个火头，较大面积的火场，有多个火头。组织扑救森林火灾时，就是找准火头，不放过火翼和火尾，控制火灾的蔓延和发展。

2. 怎样清理火场

火灾扑灭后，火场里面还有余火，特别是各种隐蔽的残余火必须彻底消灭，否则就有可能造成余火复燃成灾。彻底清理火场是扑灭林火的一个不可忽视的重要方面。

清理火场的方法是：把火场按站区分片包干进行清理，段与段直接明确界线，明确任务，分清责任，沿火场边缘5～10米派一人，逐步向里清理，使火彻底熄灭。发现有余火的立木，特别是火场边缘的站杆等，要立即伐倒将火扑灭，并清理到火场内部较远处，以防残火蔓延。

参考文献

敖妍，马履一. 2014. 国家级精品资源共享课“森林培育学”的建设［J］. 中国林业教育（6）：47 – 49.
北京林学院. 1981. 造林学［M］. 北京：中国林业出版社.
蔡晓明. 2002. 生态系统生态学［M］. 北京：科学出版社.
曹凑贵. 2002. 生态学基础［M］. 北京：高等教育出版社.
曹福亮. 2002. 中国银杏［M］. 南京：江苏科学技术出版社.
曹慧娟. 1992. 植物学［M］. 北京：中国林业出版社.
陈祥伟，胡海波. 2005. 林学概论［M］. 北京：中国林业出版社.
陈有民. 2001. 园林树木学［M］. 北京：中国林业出版社.
杜娟. 2007. 林业多层经营管理［M］. 北京：中国农业出版社.
杜娟. 2007. 农村环境保护及防治［M］. 北京：中国农业出版社.
樊金拴，杨爱军. 2015. 煤矿废弃地生态植被恢复与高效利用［M］. 北京：科学出版社.
高光民，Guido Kuchelmeister，等. 1997. 中小型苗圃林果苗木繁育实用技术手册［M］. 北京：中国林业出版社.
顾万春. 1984. 林木遗传育种基础［M］. 南宁：广西人民出版社.
管致和. 1995. 植物保护概论［M］. 北京：中国农业大学出版社.
国家环境保护局. 1998. 中国生物多样性国情研究报告［M］. 北京：中国环境科学出版社.
国家林业局科学技术司. 2000. 长江上游天然林保护及植被恢复技术［M］. 北京：中国农业出版社.
韩海荣. 2002. 森林资源与环境导论［M］. 北京：中国林业出版社.
河北农业大学. 1985. 林学概论［M］. 北京：农业出版社.
贺庆棠. 1999. 森林环境学［M］. 北京：高等教育出版社.
黄选瑞，张玉珍，等. 1999. 森林可持续经营基本任务与实现途经［J］. 中国人口资源与环境（4）：80 – 84.
火树华. 1992. 树木学［M］. 北京：中国林业出版社.
江泽慧，等. 2000. 中国现代林业［M］. 北京：中国林业出版社.
金岩，赵红蕊，孟庆繁，等. 2015. “森林保护基础概论”课程教学的创新与探索［J］. 中国林业教育，33（5）：54 – 56.
孔繁得. 2001. 生态保护概论［M］. 北京：中国环境科学出版社.
雷海清，柏明娥. 2010. 矿山废弃地植被恢复的实践与发展［M］. 北京：中国林业出版社.
李博，杨持，林鹏. 1999. 生态学［M］. 北京：高等教育出版社.
李国雷，翟明普，刘勇. 2016.《森林培育学》教材编写的探究［J］. 中国林业教育（5）：63 – 72.
李坚，等. 1994. 现有林经营管理导论［M］. 哈尔滨：东北林业大学出版社.
李景文. 1994. 森林生态学［M］. 北京：中国林业出版社.
李育才. 1995. 面向 21 世纪的林业发展战略［M］. 北京：中国林业出版社.
李云峰，杨秀清. 2003. 铜锌元素在仁用杏树不同生育期的循环规律初探［J］. 山西农业大学学报（3）：208 – 211.
林凤鸣. 1994. 80 年代世界林产工业发展概况［J］. 世界林业研究（2）：9 – 11.
林业部护林防火办公室. 1984. 森林防火［M］. 北京：中国林业出版社.

林业部科学技术司. 1994. 中国森林生态系统定位研究 [M]. 哈尔滨：东北林业大学出版社.
刘金龙，姚延梼，杨秀清. 2002. 仁用杏树多酚氧化酶和超氧化物歧化酶的研究 [J]. 山西林业科技 (2)：38－41.
刘勇，郭素娟，李国雷. 2014. 采用参与式教学模式将系统思想融入“森林培育学” [J]. 中国林业教育 (2)：50－52.
马世骏，李松华. 1982. 中国农业生态工程 [M]. 北京：科学出版社.
孟宪宇. 1999. 森林资源与环境管理 [M]. 北京：经济科学出版社.
南京林业大学. 1994. 中国林业辞典 [M]. 上海：上海科学技术出版社.
潘瑞炽，董愚德. 1993. 植物生理学 [M]. 北京：高等教育出版社.
钱翌，何章起. 1994. 普通生态学 [M]. 乌鲁木齐：新疆科技卫生出版社.
邵力平，沈瑞祥，等. 1983. 真菌分类学 [M]. 北京：中国林业出版社.
沈国舫. 1989. 林学概论 [M]. 北京：中国林业出版社.
沈国舫. 2001. 森林培育学 [M]. 北京：中国林业出版社.
宋志杰. 1991. 林火管理和林火预报 [M]. 北京：气象出版社.
孙儒泳，李博，诸葛阳，等. 2001. 普通生态学 [M]. 北京：高等教育出版社.
孙时轩. 1992. 造林学 [M]. 北京：中国林业出版社.
孙时轩. 1995. 造林学 [M]. 第2版. 北京：中国林业出版社.
谭高澄，戴策刚. 1997. 观赏植物组织培养技术 [M]. 北京：中国林业出版社.
万福绪. 2003. 林学概论 [M]. 北京：中国林业出版社.
王楚含，徐海量，赵新风，等. 2016. 补水对采金废弃矿区恢复效益的影响 [J]. 草业科学，33 (10)：2126－2135.
王礼先，王斌瑞，朱金兆，等. 2000. 林业生态工程技术 [M]. 郑州：河南科学技术出版社.
王礼先，王斌瑞，朱金兆，等. 2000. 林业生态工程学 [M]. 北京：中国林业出版社.
王明庥. 2000. 林木遗传育种学 [M]. 北京：中国林业出版社.
王培孝，何正伦. 1999. 二十一世纪林业发展趋势分析 [J]. 甘肃林业科技，24 (1)：63－66.
王尚义，石瑛，牛俊杰，等. 2013. 煤矸石山不同植被恢复模式对土壤养分的影响——以山西省河东矿区1号煤矸石山为例 [J]. 地理学报，68 (3)：372－379.
王治国，张云龙，刘徐师，等. 2000. 林业生态工程学——林草植被建设的理论与实践 [M]. 北京：中国林业出版社.
西北林学院. 1983. 简明林业词典 [M]. 北京：科学出版社.
肖扬. 1998. 林木培育 [M]. 北京：中国农业科技出版社.
谢国文，颜享梅，张文辉，等. 2001. 生物多样性保护与利用 [M]. 长沙：湖南科学技术出版社.
闫海冰. 2005. 黑龙江省红松林资源动态变化研究 [J]. 生态学杂志，24 (9)：985－988.
闫海冰. 2005. 黑龙江省森林资源变迁及森林景观变化研究 [D]. 海口：华南热带农业大学.
闫海冰. 2005. 山西省森林资源发展趋势预测 [J]. 山西林业科技 (2)：7－9.
闫海冰. 杨秀清. 2003. 仁用杏多酚氧化酶的年变化规律研究 [J]. 山西林业科技 (4)：5－9.
杨秀清，闫海冰. 2005. 铜锌元素与仁用杏丙二醛含量关系的研究 [J]. 山西林业科技 (4)：4－6.
杨秀清，闫海冰. 2006. 铜锌元素与仁用杏 SOD 活性关系的研究 [J]. 山西农业大学学报 (2)：152－154.
杨秀清. 2001. 铜、锌元素对华北落叶松苗期酶活性的影响 [J]. 山西农业大学学报，21 (3)：277－280.
杨秀清. 2003. 铜、锌元素对仁用杏抗逆性及其机理研究 [D]. 太谷：山西农业大学.
杨玉盛，陈光水，谢锦升. 1999. 论森林水源涵养功能 [J]. 福建水土保持，11 (3)：3－8.
姚延梼，杜娟. 2002. 华北落叶松铜、锌元素与酶活性初探 [J]. 山西农业大学学报 (1)：61－64.
姚延梼. 1997. 华北落叶松铜、钼含量及抗坏血酸氧化酶活性 [J]. 山西农业大学学报 (4)：

325 – 329.
姚延梼. 1998. 混农杨树林生长潜力及营养元素循环［J］. 山西农业大学学报，18（4）：310 – 315.
姚延梼. 1999. 杨树柠条混交林镁和微量元素研究：第二届国际微量元素与食物链学术研讨会论文集［C］. 北京：中国农业出版社.
姚延梼. 2000. 华北落叶松抗坏血酸氧化酶年变化规律初探［J］. 北京林业大学学报（5）：93 – 95.
叶镜中，孙多编. 1995. 森林经营学［M］. 北京：中国林业出版社.
余新晓，毕华兴. 2013. 水土保持学［M］. 第 3 版. 北京. 中国林业出版社 .
张嘉宾. 1986. 森林生态经济学［M］. 昆明：云南人民出版社.
张建国，吴静和. 1996. 现代林业论［M］. 北京：中国林业出版社.
张金池，胡海波. 1996. 水土保持及防护林学［M］. 北京：中国林业出版社.
张佩昌，等. 1999. 天然林保护工程概论［M］. 北京：中国林业出版社.
张佩昌，袁嘉祖，等. 1996. 中国林业生态环境评价、区划与建设［M］. 北京：中国经济出版社.
张守攻，朱春全，等. 2001. 森林可持续经营导论［M］. 北京：中国林业出版社.
张淑敏，许茂红. 1998. 华北落叶松铜、钼含量及多酚氧化酶活性研究［J］. 林业科学研究，11（1）：94 – 98.
张往祥. 2003. 环境因子对银杏光合作用的影响［D］. 南京：南京林业大学.
张银龙. 2003. 环境生态学［M］. 沈阳：辽宁大学出版社.
张颖. 2002. 中国森林生物多样性评价［M］. 北京：中国林业出版社.
张执中. 1997. 森林昆虫学［M］. 北京：中国林业出版社.
赵方莹，刘飞，巩潇. 2013. 煤矸石山危害及其植被恢复研究综述［J］. 露天采矿技术（2）：77 – 81.
赵玉巧，等. 1998. 新编种子知识大全［M］. 北京：中国农业科技出版社.
中国林学会. 1984. 次生林经营技术［M］. 北京：中国林业出版社.
中国森林编辑委员会. 1997. 中国森林［M］. 北京：中国林业出版社.
中国生物多样性国情研究报告编写组. 1998. 中国生物多样性国情研究报告［M］. 北京：中国环境科学出版社.
中国树木志编委会. 1979. 中国主要树种造林技术［M］. 北京：农业出版社.
周达. 1986. 林学概论［M］. 广州：科学普及出版社广州分社.
周世权，马恩伟. 1995. 植物分类学［M］. 北京：中国林业出版社.
周晓峰. 1999. 中国森林与生态环境［M］. 北京：中国林业出版社.
周仲铭. 1990. 林木病理学［M］. 北京：中国林业出版社.
朱天辉. 2003. 园林植物病理学［M］. 北京：中国农业出版社.
邹铨，赵惠勋. 1986. 林学概论［M］. 哈尔滨：东北林业大学出版社.